本书部分实例

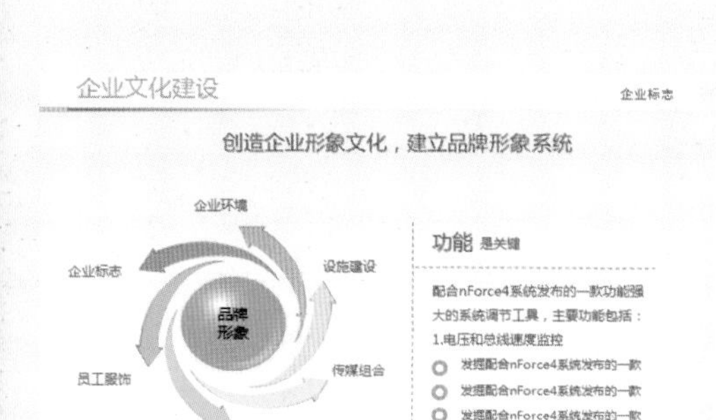

企业文化建设

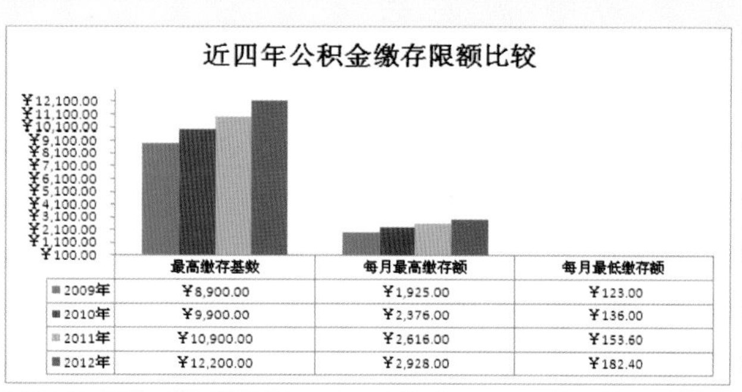

	最高缴存基数	每月最高缴存额	每月最低缴存额
2009年	¥8,900.00	¥1,925.00	¥123.00
2010年	¥9,900.00	¥2,376.00	¥136.00
2011年	¥10,900.00	¥2,616.00	¥153.60
2012年	¥12,200.00	¥2,928.00	¥182.40

住房公积金缴存限额表

员工培训计划表

培训编号　HY010014

培训名称	培训部自开课程	培训时间	从2013年9月至2013年11月
培训课程时数及负责人			
课程	培训时间	负责人	培训地点
处理工作中的情绪	2013年9月10日	蒋晓琳	1楼会议室
解决与同事的冲突	2013年9月17日	蒋怡	3楼待客室
给予建设性反馈	2013年9月24日	李敏敏	1楼会议室
沟通和团队	2013年10月8日	刘沐宇	3楼待客室
解决问题	2013年10月15日	蒋怡	1楼会议室
商务礼仪	2013年10月22日	蒋晓琳	3楼待客室
时间管理	2013年10月29日	李敏敏	3楼待客室
管理基本意识	2013年11月5日	李敏敏	3楼待客室
表达与介绍技巧	2013年11月12日	刘沐宇	1楼会议室

员工培训计划表

微公益 产品

微公益产品企业使用指南

微公益

参加社会保险人员申报表

单位：　诺立公司芜湖分公司

序号	保险号	姓名	社会保障号码	月缴费工资（元）	养老保险缴费测算（元）			失业保险缴费测算（元）			医疗保险缴费测算（元）			生育保险缴费测算（元）	工伤保险缴费测算（元）	总计（元）	
					合计	单位	个人	合计	单位	个人	合计	单位	个人			单位	个人
1	1***57	张云	142***********2568	2200	638	462	176	66	44	22	242	198	44	11	11	726	242
2	1***58	蔡静	142***********2569	2600	754	546	208	78	52	26	286	234	52	13	13	858	286
3	1***59	陈媛	142***********2570	2400	696	504	192	72	48	24	264	216	48	12	12	792	264
4	1***60	王密	142***********2571	2600	754	546	208	78	52	26	[illegible]	[illegible]	52	13	13	858	286
5	1***61	吕芬芬	142***********2572	2400	696	504	192	72	48	24	[illegible]	[illegible]	[illegible]	12	12	792	264
6	1***62	路高泽	142***********2573	1980	574.2	415.8	158.4	59.4	39.6	19.8	[illegible]	[illegible]	[illegible]	[illegible]	9.9	653.4	217.8
7	1***63	陈山	142***********2574	2600	754	546	208	78	52	26	[illegible]	[illegible]	[illegible]	[illegible]	[illegible]	[illegible]	286
8	1***64	廖晓	142***********2575	2500	725	525	200	75	50	25	[illegible]	[illegible]	[illegible]	[illegible]	[illegible]	[illegible]	275
9	1***65	张丽君	142***********2576	2300	667	483	184	69	46	23	[illegible]	[illegible]	[illegible]	[illegible]	[illegible]	[illegible]	253
10	1***66	吴华波	142***********2577	2300	667	483	184	69	46	23	[illegible]	[illegible]	[illegible]	[illegible]	[illegible]	[illegible]	253
11	1***67	黄孝铭	142***********2578	2500	725	525	200	75	50	25	[illegible]	[illegible]	[illegible]	[illegible]	[illegible]	[illegible]	275
12	1***68	丁锐	142***********2579	2450	710.5	514.5	196	73.5	49	24.5	[illegible]	[illegible]	[illegible]	[illegible]	[illegible]	[illegible]	269.5
13	1***69	庄霞	142***********2580	2600	754	546	208	78	52	26	[illegible]	[illegible]	[illegible]	[illegible]	[illegible]	[illegible]	286
14	1***70	黄鹂	142***********2581	3200	928	672	256	96	64	32	352	288	[illegible]	[illegible]	[illegible]	[illegible]	352
15	1***71	侯娟娟	142***********2582	2500	725	525	200	75	50	25	275	225	50	[illegible]	[illegible]	[illegible]	275
16	1***72	王福鑫	142***********2583	2100	609	441	168	63	42	21	231	189	42	10.5	[illegible]	[illegible]	231
17	1***73	王琪	142***********2584	2600	754	546	208	78	52	26	286	234	52	13	13	858	286
18	1***74	陈潇	142***********2585	2800	812	588	224	84	56	28	308	252	56	14	14	924	308

U0301344

参加社会保险人员申报表

各部门员工人数统计

部门	人数
生产部	30
销售部	15
综合部	7
后勤部	6
财务部	3

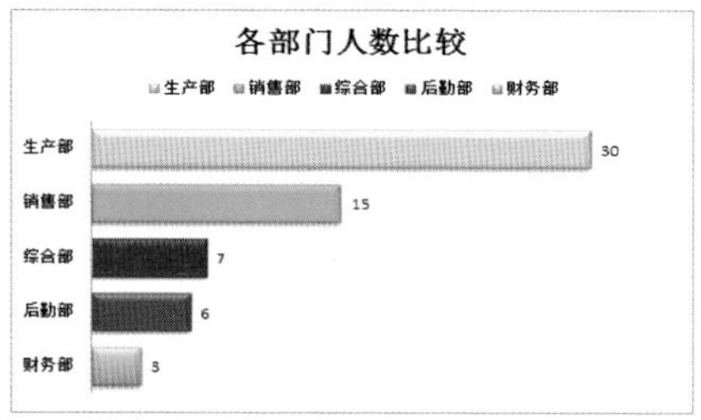

员工性格分析图

热情
活跃
乐观
好奇
情绪化
创造性
80
60
40
20
0

各部门员工人数统计

员工性格分析图

本书部分实例

企业竞争力模型

持续循环

品牌力/服务力

品牌力：……
服务力：……

潜规则

潜规则是……
1. 品质
2. 战略

1. 价值
2. 绩效

人/企业文化

1. 员工
2. 企业
3. 文化
4. 沟通

企业竞争力模型

企业标志

系统调节工具，主要功能包括是

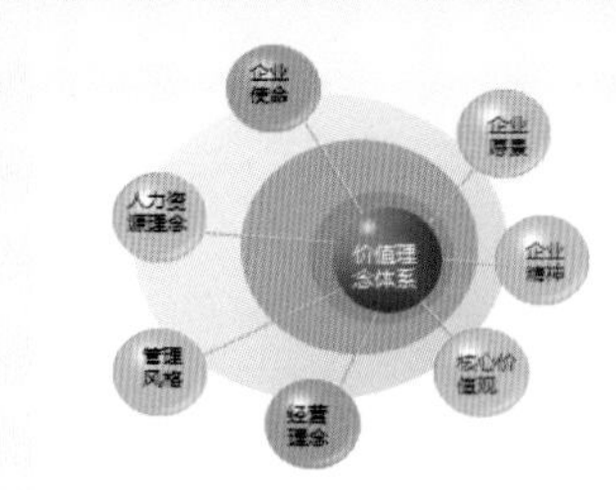

功能 是关键

配合nForce4系统发布的一款功能强大的系统调节工具，主要功能包括：

1.电压和总线速度监控

- 发挥配合nForce4系统发布的一款
- 发挥配合nForce4系统发布的一款
- 发挥配合nForce4系统发布的一款
- 发挥配合nForce4系统发布的一款

企业文化建设

公司电话记录管理表

记录人：________　　记录截止日期：________

编号	被呼叫人的姓名/公司名称	电话号码	日期	通话起始时间	通话结束时间	通话时长	通话费用（元）	交流事宜
JL_DH001	华德公司	010-8677XXXX	2012/11/1	9:28:12	9:33:08	0:04:56	3.5	货款已打，尽快发货
JL_DH002	风向标科技	021-2897XXXX	2012/11/1	10:00:25	10:08:43	0:08:18	6.3	邀请参加新产品发布会
JL_DH003	李光明经理	021-3688XXXX	2012/11/1	14:35:11	14:47:38	0:12:27	9.1	参加风向标科技的新产品发布会
JL_DH004	张千万主任	025-3622XXXX	2012/11/1	14:50:15	14:51:21	0:01:06	0.2	16:00到会议室，召开会议
JL_DH005	方天军主任	025-3621XXXX	2012/11/1	14:51:28	14:53:23	0:01:55	0.2	16:00到会议室，召开会议
JL_DH006	法国麦卡投资公	00-33-77-195XXXX	2012/11/2	10:38:11	10:54:54	0:16:43	54.4	投资项目洽谈
JL_DH007						0:00:00	0	
JL_DH008						0:00:00	0	
JL_DH009								
JL_DH010								
JL_DH011								
JL_DH012								
JL_DH013								
费用合计：							73.7	

公司电话记录管理表

日常费用支出统计表

日期	管理费	财务费	营业费
2012年7月	¥ 1,300.00	¥ 1,500.00	¥ 1,400.00
2012年8月	¥ 1,100.00	¥ 1,700.00	¥ 1,900.00
2012年9月	¥ 990.00	¥ 860.00	¥ 1,400.00
2012年10月	¥ 1,700.00	¥ 1,800.00	¥ 1,600.00
2012年11月	¥ 1,400.00	¥ 1,100.00	¥ 1,660.00
2012年12月	¥ 1,800.00	¥ 1,300.00	¥ 1,770.00

使用移动平均法预测

日期	管理费	财务费	营业费
2013年1月	¥ 1,200.00	¥ 1,600.00	¥ 1,650.00
2013年2月	¥ 1,045.00	¥ 1,280.00	¥ 1,650.00
2013年3月	¥ 1,345.00	¥ 1,330.00	¥ 1,500.00
2013年4月	¥ 1,550.00	¥ 1,450.00	¥ 1,630.00
2013年5月	¥ 1,600.00	¥ 1,200.00	¥ 1,715.00
2013年6月	¥ 1,500.00	¥ 1,450.00	¥ 1,710.00

使用平滑指数法预测

日期	管理费	财务费	营业费
2013年1月	¥ 1,300.00	¥ 1,500.00	¥ 1,400.00
2013年2月	¥ 1,160.00	¥ 1,640.00	¥ 1,750.00
2013年3月	¥ 1,041.00	¥ 1,094.00	¥ 1,505.00
2013年4月	¥ 1,502.30	¥ 1,588.20	¥ 1,571.50
2013年5月	¥ 1,430.69	¥ 1,246.46	¥ 1,633.45
2013年6月	¥ 1,409.21	¥ 1,143.94	¥ 1,652.04

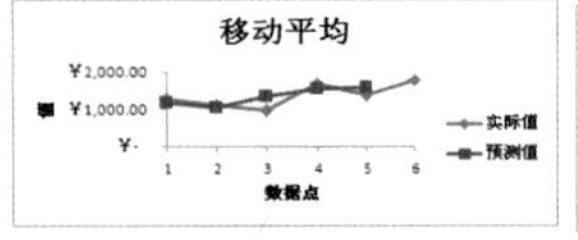

指数平滑

¥2,000.00
¥1,000.00
¥-
1 2 3 4 5 6
数据点
实际值
预测值

日常费用支出预算表

人员增补申请表

申请部门	销售部		增补职位	区域经理	需求人数	5人
申请增补理由	□ 扩大编制　□ 辞职补充 □ 储备人力　□ 短期需要 □ 兼职人员 □ 其他			工作性质 全职	希望报到日期 2012/9/15	
增补岗位的目的及作用		保证各区产品的正常销售				
应聘资格条件	1	性别：	男、女不限			
	1	婚姻：	不限			
	1	户籍要求：	不限			
	1	年龄：	25岁——35岁			
	1	学历：	大专以上			
	1	工作年限：	2年以上工作经验			
	1	工作地点：	全国			
	1	技能需求：	掌握市场渠道管理与促销等策划知识、能出差			
	1	岗位职责：	与经销商协作统筹片区产品销售			
部门经理签名				总经理审批	同意	

人员增补申请表

人在生活中浪费资源

时间管理

微公益 产品

微公益产品企业使用指南

微公益

序号	部门	岗位	工作量（待讨论）	核定人数	现有人数	短缺人数
1	总经理办公室	部门经理	1人/部门	0	0	0
2		部门副经理	1人/部门	0	0	0
3		部门经理助理	1人/部门	0	0	0
4		档案室主任	1人/公司	0	0	0
5		档案管理员	1人/部门	0	0	1
6		内勤	1人/部门	0	0	0
7		服务监督	1人/公司	0	0	0
8		司机	1人/辆	0	0	0
9		党务管理	1人/公司	0	0	1
10		行政秘书	1人/公司	0	0	0
11		法律事务	1人/公司	0	0	0
12		行政管理	2人/公司	0	0	1
总计:		12人				

公司现有人员情况分析

到底追求什么才是最重要的?

安徽诺立科技有限公司

VoIP 网络电话业务

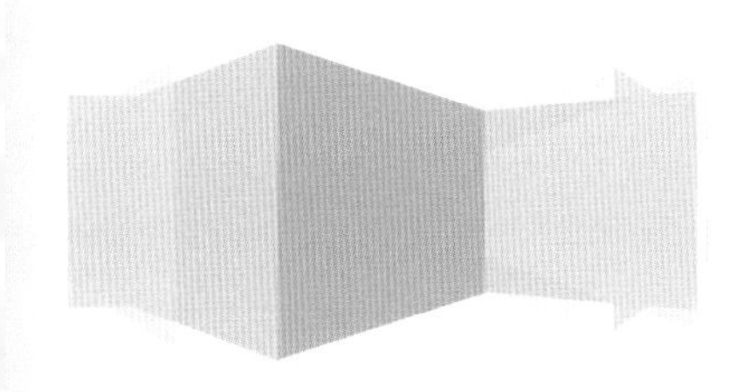

一、公司简介

安徽诺立科技是一家专门致力于开发下一代网络技术应用产品和经营网络通讯设备的高科技企业。

公司现拥有软交换（SOFTSWITCH）、VoIP 网络电话（Voice over IP）、网络传真、IP 视频电话、企业 WEB800、即时通信以及增值业务应用等技术。这些技术广泛运用于企业、集团、电信运营商、IP 话吧、网吧等多个行业领域。

公司目前主要拥有 MG6000 系列媒体网关、网络电话机、SoftPhone 、话吧计费软件等，可以为中大型企业分支机构提供 VOIP 电话互联方案、公安系统解决方案、行业专网解决方案、IP 话吧解决方案、网吧-话吧解决方案、虚拟运营商解决方案、个人用户解决方案。

安徽诺立科技将打造成为安徽省第一流的 VoIP 通信产品开发商和企业 VoIP 解决方案的提供商。

带格式的：缩进：首行缩进：2 字符

二、什么是 VoIP

VoIP（Voice over Internet Protocol 缩写）是一种以 IP 电话为主，并推出相应的增值业务的技术。最大的优势是能广泛地采用 Internet 和全球 IP 互连的环境，提供比传统业务更多、更好、更广泛的服务。

VoIP 可以在 IP 网络上便宜的传送语音、传真、视频、和数据等业务，如统一消息、虚拟电话、虚拟语音 传真邮箱、查号业务、Internet 呼叫中心、Internet 呼叫管理、电视会议、电子商务、传真存储转发和各种信息的存储转发等。

带格式的：缩进：首行缩进：2 字符

三、公司产品与技术

公司目前主要产品有 MG6000 系列媒体网关、企业 WEB800、软交换（SOFTSWITCH）、VoIP 网络电话（Voice over IP）、网络传真、网络电话机、USB 电话机、讯达一线通、网吧计费管理系统、话吧计费管理系统等，即时通信以及增值业务应用等技术。

目前，~~可以为中大型企业分支机构提供~~可以为大部分企业分支机构提供 VOIP 电话互联方案、公安系统解决方案、行业专网解决方案、IP 话吧解决方案、网吧-话吧解决方案、虚拟运营商解决方案、个人用户解决方案。

批注 [u1]: 语言表述不妥，需要更换

~~例~~如：“讯达一线通”是安徽诺立科技有限公司专门针对安徽网吧开发的网络电话客户端系统，是全国最早针对网吧开发的电话软件之一，它具有易操作、易管理、易维护等优点。

批注 [u2]: 删除“例”

“讯达一线通”软件利用现有的数字网关 网守（Gatekeeper）系统，以最新的软交换（Softswitch）设备来实现语音通讯。在语音通讯时，它占用极少的网络资源，并能无限穿透各类防火墙。

只要拥有一台能上网的电脑，并配备了麦克风和耳机，再通过“讯达一线通”申请自己的账户后，给该账户充值一定的话费，就可通过“讯达一线通”拨打国内外长途（如：座机、手机、小灵通）。它资费低廉、音质清晰、不掉线、不延迟，堪称国内通话质量一流的网络电话软件。

安徽诺立　合肥市胜利路 158 号银座大厦 B 座

VoIP 网络电话业务方案

公司名称	信用期账款	0-30账款	30-60账款	60-90账款	90天以上账款
鼓楼商厦	18775	0	0	0	0
好乐家超市	30000	0	0	0	0
极速物流	45365	0	0	0	0
蓝天公司	46804	0	0	0	0
美达商贸	27820	0	0	0	0
天宇科技	62500	0	0	0	0
总计	231264	0	0	0	0

客户应收账款分析

客户等级分类表

客户等级	客户名称	客户所在地	开始合作日期	年平均销售额
A级	郝林云	北京	2006年	280万
D级	王涛	上海	2010年	120万
B级	周美夫	广州	2012年	250万
A级	陶丽	苏州	2007年	320万
C级	张燕飞	云南	2008年	180万
B级	胡斌	北京	2007年	98万
D级	吴昊	苏州	2005年	112万
C级	李明远	上海	2011年	198万

客户所在地	开始合作日期
=苏州	=2007年

客户等级	客户名称	客户所在地	开始合作日期	年平均销售额
A级	陶丽	苏州	2007年	320万

客户等级分类表

企业文化略论

一、企业文化概述

企业文化是 80 年代初兴起的一种管理理论，是一种文化、经济和管理相结合的产物。企业文化这个概念的提出，并不意味着以前的企业没有文化，企业的生产、经营、管理本身就是一种文化现象，之所以要把它当做为一个概念提出来，是因为当代的企业管理已经冲破了先前的一切传统管理模式，正在以一种全新的文化模式出现，只有企业文化这个词汇才能比较确切地反映这种新的管理模式的本质和特点。

1、企业文化的产生与发展

企业文化不同于管理经典的古典管理理论和方法，也不同于古典管理理论之后盛名的人际关系——行为科学的管理理论和方法。但是，从人类文化发展的角度来看，企业文化与管理学的发展有着密切的渊源关系。

（1）管理科学的兴起与衰落
（2）企业管理的新阶段
（3）企业文化理论的产生

2、企业文化的含义及功能

企业文化以“文化”为名称，必然与文化有着一定的相关性。随着对企业文化理论研究，中外学者对企业文化含义的理解也众说纷纭，莫衷一是，主要有以下观点：

（1）总和说
（2）群体意识说
（3）价值观说
（4）复合说
（5）经营管理哲学说

根据近年来国内外学者的研究和众多企业的实践，我们可以把企业文化的功能归纳为以下几点：

（1）导向功能
（2）凝聚功能
（3）激励功能
（4）塑造形象功能
（5）辐射功能

二、企业文化的内容和结构

1、企业文化的内容

企业文化的内容十分丰富。狭义的企业文化包括企业哲学、企业价值、企业精神、企业民主、企业道德、企业习俗、企业形象、企业制度、企业环境、企业礼仪、企业风尚等等无形的意识形态及与

-1-

之相适应的文化结构。

（1）企业哲学
（2）企业精神
（3）企业目标
（4）企业道德
（5）企业制度
（6）企业形象

2、企业文化的层次结构

企业文化内容是丰富而广泛的，以上只列出了一些主要的因素，而且这些因素是互相联系，互相渗透，互相牵制的，相互关系复杂，从层次结构上去研究，可以概括为三个层次：

（1）物质层
（2）制度层
（3）精神层（核心层）

三、企业形象设计——CIS

1、CIS 的含义、发展及构成要素

CIS 是英文 Corporate Identity System 的缩写。意思是"企业的统一化系统"，"企业的自我同一化系统"，"企业识别系统"。CIS 理论把企业形象作为一个整体进行建设和发展，是企业的识别系统。

2、企业 CIS 战略的特点

3、CIS 的功能

4、CIS 的导入与实施策略

（1）CIS 导入的内容和顺序
（2）CIS 的全面实施

四、结束语

-2-

企业文化

工作任务分配时间表

项目：	迎新年大型展示会
开始时间：	2013年12月29日
结束时间：	2013年12月31日
任务安排：	参见下表

单击下拉箭头可以查看任务的相关信息：

姓名	任务描述	开始时间	结束时间	已完成%	已持续（天	还需工作日
周军	取招贴及横幅	2013年12月26日	2013年12月26日	28%	0.28	0.72
苑海东	布展台	2013年12月26日	2013年12月27日	78%	1.56	0.44
周军	布置展示商品	2013年12月27日	2033年12月27日	46%	3369.58	3936.42
李丽	安排彩排	2013年12月28日	2013年12月28日	73%	0.73	0.27
周军	展示会总调度	2013年12月29日	2013年12月31日	80%	2.41	0.59
苑海东	展会后勤补给	2013年12月29日	2013年12月31日	82%	2.46	0.54
李丽	展示会主持	2013年12月29日	2013年12月31日	39%	1.16	1.84
张小芳	计算展示会损益	2014年1月1日	2014年1月12日	10%	1.20	10.80

工作任务分配时间表

职场办公应用

Word/Excel/PowerPoint 2003 三合一办公应用

赛贝尔资讯 编著

清华大学出版社

北 京

内 容 简 介

《Word/Excel/PowerPoint 2003 三合一办公应用》从全新、通俗的角度全面介绍了 Word/Excel/PowerPoint 2003 的具体操作过程，帮助在校学生、职场办公人员快速、高效地完成建立文档、表格、演示文稿等工作。全书的内容与以下“同步配套视频讲解”内容一致。以下内容分别含在光盘中。

同步配套视频讲解（文本、段落及页面的设置，Word 表格的应用，应用图形对象，长文档与批量文档制作，查看、审阅和打印文档，数据的输入、编辑及表格美化，表格页面设置、打印和管理，公式和函数的使用，图表的应用，表格数据排序、筛选和分类汇总，数据的统计与分析，幻灯片版面设计及文本编辑，插入图片、表格及其他对象，演示文稿的动画设计，放映、打包及打印演示文稿）

操作技巧视频讲解资源库（Excel 技巧视频讲解、Word 技巧视频讲解、PPT 技巧视频讲解）

办公文档资源库（常见办公文档、公司管理流程、行政管理表格）

办公报表资源库（财务管理表格、行政管理表格、人力资源管理表格、营销管理表格）

办公 PPT 资源库（背景模板、岗位培训、企业文化、营销管理、入职培训）

设计素材资源库（各类图表、水晶字母、图案类、文件夹类、系统图标、翻页页面类）

本书充分考虑了日常办公的需要，保障全面处理各项工作任务，适合企业行政人员、财务管理人员、新员工培训人员阅读，也适合 Office 应用爱好者作为参考书。

图书在版编目（CIP）数据

Word/Excel/PowerPoint 2003 三合一办公应用/赛贝尔资讯编著．—北京：清华大学出版社，2015
（职场办公应用）
ISBN 978-7-302-38695-7

I. ①W… II. ①赛… III. ①文字处理系统 ②表处理软件 ③图形软件 IV. ①TP391

中国版本图书馆 CIP 数据核字（2014）第 283811 号

责任编辑：赵洛育
封面设计：刘洪利
版式设计：牛瑞瑞
责任校对：王 云
责任印制：何 芊

出版发行：清华大学出版社
网 址：http://www.tup.com.cn，http://www.wqbook.com
地 址：北京清华大学学研大厦 A 座 邮 编：100084
社 总 机：010-62770175 邮 购：010-62786544
投稿与读者服务：010-62776969，c-service@tup.tsinghua.edu.cn
质 量 反 馈：010-62772015，zhiliang@tup.tsinghua.edu.cn
印 刷 者：北京富博印刷有限公司
装 订 者：北京市密云县京文制本装订厂
经 销：全国新华书店
开 本：185mm×260mm 印 张：28.5 插 页：4 字 数：676 千字
（附 DVD 光盘 1 张）
版 次：2015 年 4 月第 1 版 印 次：2015 年 4 月第 1 次印刷
印 数：1～4000
定 价：69.80 元

产品编号：051464-01

前 言

Preface

随着社会信息化的蓬勃发展，如今的企业与个人都面临着前所未有的压力与挑战。过去粗放式、手工式的各项数据管理和处理已经明显不能适应社会的需要，激烈的竞争要求企业的财务管理、市场分析、生产管理，甚至日常办公管理必须逐渐精细和高效。Excel 作为一个简单易学、功能强大的数据处理软件已经被广泛应用于各类企业日常办公中，也是目前应用最广泛的数据处理软件之一。

但是，很多用户应用 Excel 仅仅限于建立表格和进行一些简单的计算，对于 Excel 在财会、审计、营销、统计、金融、工程、管理等各个领域的应用知之甚少。其实，Excel 提供了功能齐全的函数计算和分析工具，如果能熟练地运用它来进行数据分析，必将获取更为精确的信息，并大大提高工作效率，从而增强个人以及企业的社会竞争力。

在大数据时代，在市场、财务、统计、管理、会计、人力资源、营销、工程等领域的日常办公中，掌握 Excel 这个利器，必将让工作事半功倍，简捷高效！

这本书编写有什么特点

案例讲解：相信绝大多数读者朋友对办公软件已经有了一定了解，但是，大多数仅仅限于了解最基本的操作，真正制作一些稍具专业的应用，就无从下手了。为了帮助读者朋友快速学习这些内容，本书采用多个实例、案例，希望读者朋友能照猫画虎，拿来就用。

贴近职场：本丛书是由行业团队创作的，所有写作实例的素材都是选用真实的工作数据，这样读者可以即学即用，又可获得行业专家的经验、提示、技巧等。

好学实用：本丛书以行业应用为主，但并非开篇即介绍专业知识，而是准备了预备基础的铺垫，即书中的“基础知识”。这样是为了降低学习门槛，增强易读性。

章节经过仔细斟酌和合理划分，例如，尽量将不易学习的案例简化成多个便于读者学习的小实例，而且彼此之间的数据关联也不脱节。

另外，讲解步骤简明扼要，更加符合现在快节奏的学习方式。

要点突出：本书内容讲解过程中，遇到关键问题和难点问题时会以“操作提示”、“知识拓展”等形式进行突出讲解，不会让读者因为某处的讲解不明了、不理解而产生疑惑，而是让读者能彻底读懂、看懂，避免走弯路。

配套丰富：为了方便读者学习，本书配备了教学视频、素材源文件、模板及其他教学视频等海量资源。

Note

丛书写给谁看

丛书品种分了不同方向，读者可结合自己的工作选择合适的品种。

从事人力资源管理的 A 女士：在日常工作中，经常需要对人力资源数据进行整理、计算、汇总、查询、分析等处理。熟练掌握并应用此书中的知识进行数据分析，可以自动得出所期望的结果，化解人力资源管理工作中的许多棘手问题。

从事公司行政管理工作的 B 先生：行政管理中经常需要使用各类数据管理与分析表格，通过本书的学习可以轻松、快捷地学习和切入实际工作，以提升行政管理人员的数据处理、统计、分析等能力。

从事多年销售管理工作的 C 先生：从事销售管理工作多年，经常需要对销售数据进行统计和分析，对于销售表格的掌握已经很熟练，但对于众多的管理表格也未必记得。此书还可作为案头手册，在需要查询时翻阅。

从事财务管理工作的 D 主管：从事财务工作多年的工作人员，对于财务表格的掌握已经很熟练，想在最短时间内学习大量的相关表格制作与数据分析功能的应用，通过本书，一定能在最短时间内提升对 Excel 的应用能力。

作为培训机构的使用教材：此书是一本易学易懂、快学快用的实战职场办公用书，也适合培训机构作为教材。

学习这本书时有疑难问题怎么办

读者在学习的过程中，如果遇到一些难题或是有一些好的建议，欢迎和我们直接通过新浪微博在线交流。关于本书共性的问题，我们会在这个微博上予以发布。

http://weibo.com/u/2656251245。

本书光盘有了问题怎么办

本书光盘在使用中极个别可能会出现打不开等问题，可以从如下方面解决：

1．视频如果无法播放或者只有声音没有图像，建议先下载 TSCC.exe 小软件，双击后安装到电脑上。

2．本书光盘内容是教学视频、素材和源文件等，并没有微软 Office 2010 办公软件，读者可以登录微软中国官方商城的网站 http://www.microsoftstore.com.cn/购买。或者到当地电脑城购买。

3．有万分之一的光驱可能无法识别本书光盘，此时建议多试几台电脑，然后把文件复制到可以识别本书光盘的电脑上，之后通过 U 盘等工具再复制到自己的电脑上一样使用。

4．极个别光盘盘面上有胶等异物不能读取，建议先用酒精擦拭干净之后再用。

5．排除以上方面仍无法使用的话，建议拨打光盘背面的技术支持电话。

本书光盘都有些什么内容

1．203节同步配套视频讲解，让读者以最快的方式学习

视频讲解了如下内容：文本、段落及页面的设置，Word表格的应用，应用图形对象，长文档与批量文档制作，查看、审阅和打印文档，数据的输入、编辑及表格美化，表格页面设置、打印和管理，公式和函数的使用，图表的应用，表格数据排序、筛选和分类汇总，数据的统计与分析，幻灯片版面设计及文本编辑，插入图片、表格及其他对象，演示文稿的动画设计，放映、打包及打印演示文稿。

2．提供全书实例素材、源文件、效果图等，方便完全按照书中步骤操作

本书中所有例子的素材、源文件都在光盘中，读者不必自行输入或者制作，可直接复制或调用，完全按照书中步骤操作，并可对照效果图查看结果。

3．操作技巧视频讲解资源库

213个Excel技巧视频讲解、225个PPT技巧视频讲解、179个Word技巧视频讲解，寻找办公捷径，提高办公效率。

4．办公文档资源库

81个常见办公文档、12个公司管理流程文档、129个行政管理表格，模板改改拿来就能用，提高办公效率必备。

5．办公报表资源库

207个财务管理表格、205个行政管理表格、211个人力资源管理表格、207个营销管理表格，模板改改拿来就能用，提高办公效率必备。

6．办公PPT资源库

25个背景模板、11个岗位培训模板、9个企业文化模板、10个营销管理模板、13个入职培训模板，模板改改拿来就能用，提高办公效率必备。

7．设计素材资源库

600余各类图表、水晶字母、图案类、文件夹类、系统图标、翻页页面类，美化文档必备。

此书的创作团队是什么人

本丛书的创作团队都是长期从事行政管理、人力资源管理、财务管理、营销管理、市

场分析以及教育/培训的工作者，还有微软办公软件专家。他们在计算机知识普及、行业办公中具有多年的实践经验。

本书由赛贝尔资讯组织编写，参与编写的人员有：陈媛、汪洋慧、周倩倩、王正波、沈燕、杨红会、姜楠、朱梦婷、音凤琴、谢黎娟、许琴、吴祖珍、吴保琴、毕胜、陈永丽、程亚丽、高亚、胡凤悦、李勇、牛雪晴、彭丹丹、阮厚兵、宋奇枝、王成成、夏慧文、王涛、王鹏程、杨进晋、余曼曼、张发凌等，在此对他们表示诚挚的感谢！

寄语读者

亲爱的读者朋友，千里有缘一线牵，感谢您在茫茫书海中找到了本书，希望她架起您和我们之间学习、友谊的桥梁，希望她能使您的办公工作更加高效和专业，希望她成为您成长道路上的铺路石。

赛贝尔资讯

目　录

Contents

Note

Note

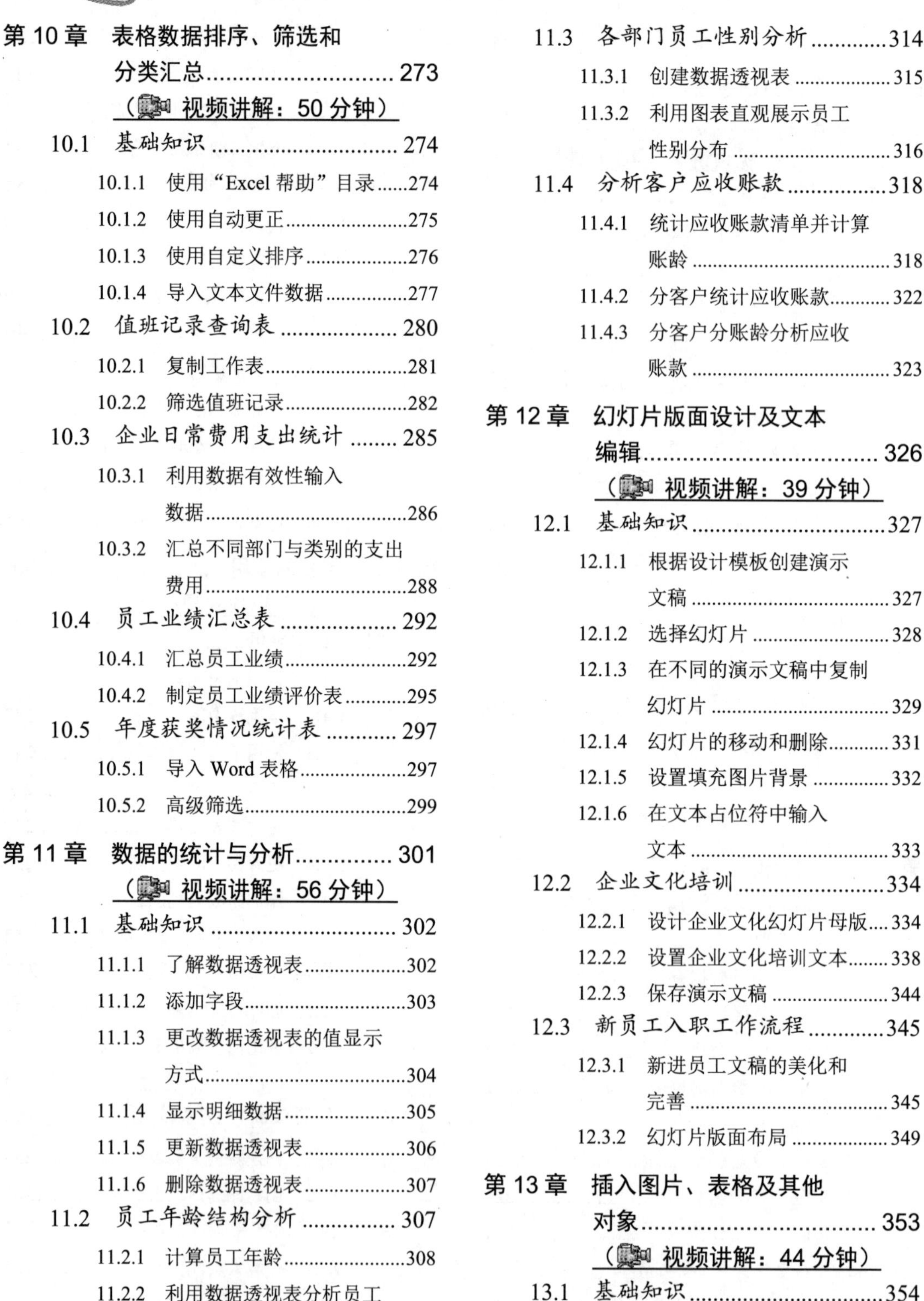

Note

本书光盘“资源库”目录列表

（以下只是目录列表，内容在光盘中的“资源库”文件夹下）

第 1 大部分　操作技巧视频讲解资源库

一、Word 操作技巧视频

Note

二、Excel 操作技巧视频

Note

Note

三、PPT操作技巧视频

Note

表格的应用

- 使用占位符快速插入指定行列的表格
- 通过“插入”选项卡中的“表格”按钮插入
- 通过“插入表格”插入
- 在幻灯片中插入现有的Excel 文件
- 在幻灯片中链接 Excel 表格文件
- 将 Excel 表格中的数据导入到幻灯片中
- 移动表格在幻灯片中的位置
- 快速选定表格元素
- 用键盘快速选定表格元素
- 精确调整表格大小
- 精确调整单元格大小
- 快速改变表格样式
- 快速删除表格样式
- 单元格的合并与拆分
- 绘制复杂表格
- 将表格中的数据对齐
- 让单元格中文字纵向排列
- 让文字撑满单元格
- 设置文字和边框的间距
- 快速在表格中添加行或列
- 快速删除行与列
- 绘制表格斜线
- 修改表格边框线和底纹
- 快速为表格添加背景色
- 在 PPT 中实现表格计算

图表的应用

- 快速插入图表
- 插入 Excel 中的图表到PPT 中
- 改变图表的类型
- 设置图表的样式
- 格式化图表区域
- 快速重新调整图例的显示位置
- 设置图表的坐标轴
- 为图表添加数据标签和数据表
- 在图表上使用标题
- 在图表中显示隐藏数据和空单元格
- 快速设置图例边框及背景效果
- 快速重新设置坐标轴的刻度
- 根据图表需求更改刻度线标签的位置
- 快速更改垂直轴与水平轴的交叉位置
- 快速设置刻度线间隔显示
- 让刻度线显示在图内或是不显示
- 精确调整图表大小
- 快速向图表中添加垂直线
- 快速向图表中添加高低点连线
- 快速向图表中添加趋势线
- 使用移动平均趋势线
- 向图表中添加误差线
- 用 R 平方值判断趋势线的可靠性
- 在图表中添加涨跌柱线

动画与多媒体处理

- 更改为不同的动画效果
- 快速复制应用动画方案
- 快速应用幻灯片切换动画
- 删除动画效果
- 为单一对象指定多种动画效果
- 为对象添加自定义的动画效果
- 重新排序动画效果
- 添加动作按钮
- 为每张幻灯片添加动作按钮
- 应用预设的动作路径
- 使用自定义的动作路径
- 设置时间效果
- 美化幻灯片切换效果
- 精确设置动画播放时间
- 让动画同步播放
- 让动画连续播放
- 设置多个动画的播放顺序
- 为幻灯片添加电影字幕效果
- 让动画更连贯
- 制作不停闪烁的文字
- 让多张图片同时动起来
- 插入剪辑管理器中的声音
- 插入使用文件视频
- 自行录制声音
- 打开或关闭自动播放
- 设置影片的音量和显示
- 设置单击鼠标时或鼠标移动时
- 设置影片的播放时间
- 设置影片的窗口大小
- 使声音跨多张幻灯片播放

设置放映方式

- 设置放映方式
- 设置放映类型
- 设置放映选项
- 设置手动放映方式
- 设置幻灯片切换声音
- 自定义放映方式
- 将演示文稿保存为自动放映文件
- 播放隐藏的幻灯片
- 复制自定义放映
- 放映时隐藏声音
- 重复播放声音
- 设置播放音量
- 隐藏不需要放映的幻灯片
- 自由调整播放窗口
- 在放映幻灯片时隐藏鼠标指针
- 设置排练计时
- 手动设置放映时间
- 应用排练计时

- 添加旁白
- 快速删除旁白
- 播放旁白

第2大部分　办公文档资源库

Note

一、常见办公管理文档

- 办公行为规范
- 公司工资制度方案
- 岗位职务说明书
- 各级培训机构工作职责
- 公司纪律规定
- 规范化管理实施大纲
- 计算机管理规定
- 加班管理制度
- 经济合同管理办法
- 培训手册
- 考核制度
- 聘任书
- 人事管理制度样例
- 文书管理办法
- 休假程序
- 印章管理办法
- 员工辞职管理办法
- 职工奖惩条例
- 保密制度
- 财务管理规定
- 餐饮业人事管理规章
- 费用开支管理办法
- 兼职员工工作合约
- 考勤制度
- 劳动合同管理规定
- 录用员工报到通知书
- 培训管理制度
- 缺勤处理办法
- 人事档案管理制度
- 人事管理的程序与规则
- 人事考核制度
- 人事作业程序
- 试用合同书
- 图书、报刊管理办法
- 薪酬制度
- 薪资、奖金及奖惩制度
- 医疗及意外伤害保险管理
- 员工聘用制度
- 员工在职训练制度
- 在职员工受训意见调查
- 暂借款管理办法
- 个人年度总结报告
- 公司工资制度
- 公司员工规章制度
- 关于企业体制改制的新方案、新计划方案书
- 关于元旦放假的通知
- 售后服务体系
- 员工晋级管理制度
- 员工异动制度
- 干部绩效考核管理办法
- 竞业限制协议
- 内部讲师管理办法
- 培训须知
- 培训制度
- 人才科技月活动
- 人才培养与人才梯队建设管理办法
- 人力资源管理流程操作指引
- 人力资源开发与培训管理制度
- 人力资源招聘成本管理规定
- 入职手续办理指南
- 项目薪资管理办法
- 宣传指引
- 优秀员工评选管理办法
- 员工绩效考核管理办法
- 员工手册
- 专业及技术人员职等评定及聘用管理试行办法
- VoIP 电子商务方案
- 企业文化
- 公司服务与产品
- 公司工作证
- 公司信纸
- 公司红头文件制作（任命通告）
- 公司简介
- 公司简历制作
- 公司联合公文
- 公司请柬设计
- 公司新数码产品展示
- 企业招聘简章制作
- 职责书说明
- 产品使用说明

二、公司管理流程文档

- 公司会议流程安排图
- 公司企业网站建设流程图
- 公司组织结构图
- 会议安排流程图 1
- 会议营销流程图
- 会议准备流程图
- 总经理岗位职责说明书
- 培训操作流程
- 培训计划流程
- 集团会议安排流程图
- 培训流程图
- 公司组织结构图

三、行政管理表格文档

- 工资调整表
- 工作内容调查日报表
- 工作说明书
- 公司中层领导年度工作考核表
- 公司奖励种类一览表
- 管理才能考核表
- 管理员工考核表
- 绩效考核面谈表
- 纪律处分通知书
- 技术人员能力考核表
- 经理人员能力考核表
- 经理人员综合素质考核表
- 离职申请书
- 离职通知书
- 面试表
- 年度考绩表
- 聘约人员任用核定表
- 普遍员工工资计算
- 普通员工服务成绩考核表
- 普通员工考核表
- 请购单
- 人事部年度招聘计划报批表
- 人事动态及费用资料表
- 人员试用标准
- 人员增补申请表
- 试用员工考核表
- 新进职员教育表
- 新员工培训计划表
- 业务人员考核表
- 员工出勤工薪计算表
- 员工岗位变动通知书
- 员工工资变动申请表
- 员工奖惩建议申请表
- 员工奖惩月报表
- 员工考勤记录表
- 职员具体工作能力考核表
- 职员品行分析表
- 职员品行评定表
- 主管人员服务成绩考核表
- 专业人员服务成绩考核表
- 综合能力考核表
- 部门工作综合测量表
- 部属行为意识分析表
- 操作员奖金分配表
- 出差旅费报销清单
- 出差旅费清单
- 岗位职务说明书
- 个人外部培训申请表
- 个人外部训练申请表
- 个人训练教学记录表
- 各级培训机构工作职责
- 工资调整申请书
- 工资分析表
- 工资扣缴表
- 工资统计表
- 工作奖金核定表
- 管理人员升迁计划表
- 会计部门业务能力分析
- 绩效考评样本
- 计件工资计算表
- 加班费申请单
- 间接人员奖金核定
- 间接人员奖金核定表
- 件薪核定通知单
- 件薪计算表
- 奖惩登记表
- 津贴申请单
- 考核表范例
- 面谈记录表
- 年工资基金使用计划表
- 普通员工服务成绩考核
- 求职者基本情况登记表
- 人事变动申请表
- 人事部门月报表
- 人事登记表
- 人事考评表
- 人事流动月报表
- 人事日报表
- 人事资料卡
- 人员出勤表
- 人员调动申请单
- 软件工程师考评表
- 生产部门业务能力分析
- 生产奖金核定表
- 提高能力的对策表
- 相互评价表
- 新进职员教育成果检测
- 新员工试用表
- 新员工试用考查表
- 新员工试用申请核定表
- 选拔干部候选人评分表
- 训练成效调查表
- 业务员工作日报
- 预支工资申请书
- 员工档案
- 员工抚恤申请表
- 员工工时记录簿
- 员工工资表
- 员工工资单
- 员工工资调整表
- 员工离职移交手续清单
- 员工培训报告书
- 员工培训需求调查表
- 员工签到卡
- 员工通用项目考核表
- 员工自评表
- 员工自我鉴定表
- 在职技能培训计划申请
- 在职训练费用申请表
- 在职训练实施结果表
- 招聘（录用）通知单
- 招聘人员登记表
- 职务说明书
- 职员阶段考绩表

Note

第 3 大部分　办公报表资源库

一、行政管理表格

Note

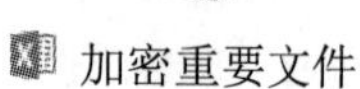

Note

- 员工工作作品考核表
- 目标与实际业绩比较图

员工出勤情况管理表格

- 员工请假单
- 员工月考勤表
- 员工出勤统计表
- 员工出勤查询表
- 员工出勤情况分析图
- 员工请假流程图
- 员工签到簿
- 员工年假休假统计表
- 员工出勤率统计表
- 员工出勤工薪记录表

员工值班与加班管理表格

- 值班安排表
- 值班人员的合理调整表
- 值班人员提醒表
- 值班记录查询表
- 加班工资统计表
- 员工加班申请表
- 加班记录表
- 加班费用计算表
- 值班补贴申请表
- 值班替换申请表

员工出差管理表格

- 员工出差申请单
- 员工出差计划表
- 员工差旅费报销单
- 各部门员工出差统计表
- 出差一周定期报告表
- 预支差旅费申请单
- 出差误餐费申领单
- 差旅费精算表
- 月份出差补助统计表
- 部门领导出差动态表

员工福利管理表格

- 企业的人力资源类型示意图
- 个人社会保险登记表
- 参加社会保险人员申请表
- 住房公积金缴存限额表
- 职工住房公积金提取申请表
- 医疗费用申报表
- 生育保险申请表
- 养老保险转移申请表
- 员工个人缴纳保险费用代缴表
- 员工住房公积金缴纳费用表

员工奖惩管理表格

- 员工奖惩登记表
- 奖惩呈报表
- 员工奖惩裁决表
- 奖惩申诉流程图
- 年度获得奖励情况统计表
- 员工奖惩月报表
- 员工奖惩查询表
- 纪律处分通知书
- 员工处罚记录表
- 工作奖金核算表
- 员工奖惩条例

员工薪酬管理表格

- 基本工资表
- 员工工资明细表
- 员工工资条
- 各部门平均工资透视图表
- 上半年平均工资趋势图表
- 员工工资查询表
- 员工工资转账表
- 员工工资级数评定表
- 计件工资计算表
- 变更工资申请表
- 员工工资动态分析表
- 各等级薪资分布情况

薪资统计与分析图表

- 抽样调查员工薪资构成
- 抽样调查员工的学历构成
- 年龄与薪资的相关性分析
- 男、女薪资高低比较图
- 员工快乐指数与薪资关系图
- 薪资与业绩关系图
- 薪资涨幅趋势分析图
- 不同职位薪资比较图
- 改变目前薪资状况的选择
- 不同学历背景对薪酬的满意度

人员调动管理表格

- 人事变动申请表
- 人员调职申请书
- 人员调整建议表
- 员工调派意见表
- 人员编制变更申请表
- 派遣员工录用通知书
- 员工调离呈签表
- 员工调动通知单
- 人员晋升核定表
- 管理职位递补表

人员离职与流失统计分析表

- 离职原因调查问卷
- 各部门人员流失率统计表
- 流失人员学历结构比例图
- 员工流失率统计分析
- 人员流失原因统计与分析
- 离职申请表
- 离职申请审批表
- 工作移交情况表
- 员工离职结算单
- 职务免除通知单
- 离职原因的种类
- 员工流入与流出统计分析表

员工安全管理表格修改

- 安全教育培训计划安排表
- 员工安全知识考核成绩表
- 安全管理实施计划表
- 用电安全检查表
- 安全日报表
- 工伤事故报告表

Note

- 工伤报告单
- 事故调查报告
- 赔偿处理调查报告书
- 安全隐患整改通知单
- 员工安全管理合理化建议表
- 员工食堂食品安全检查表

员工健康管理表格

- 健康档案登记表
- 健康体检流程图
- 员工健康体检表
- 员工健康状况一览表
- 员工健康与工作环境关系图
- 员工心理健康档案卡
- 员工健康水平分布图
- 企业员工健康检查汇总表
- 员工健康与个人习惯关系图
- 员工健康与晨运关系图
- 入职体检表
- 员工心理调查问卷

人才测评管理表格

- 个性品质测评
- 员工工作动力测试
- 创新能力测评
- 心理健康测评成绩分析
- 职业适应性测评
- 解决问题风格测评
- 事业驱策力测评
- 职业性格测评
- 领导能力结构测评
- 人才综合素质测评表格

三、营销管理表格

营销表单设计

- 商品报价单
- 商品调拨通知单
- 本月销售任务分配表
- 商品库存余额登记表
- 比价单
- 月销售情况统计表
- 加盟店来访人数统计表
- 销售部门月度考评表

销售管理实用表单

- 商品订购单
- 商品出库单
- 商品发货单
- 销售凭条
- 退货申请单
- 退货单

销售日常事务管理

- 销售部员工通讯录
- 销售部组织机构图
- 销售部业务流程图
- 销售员管理区域统计表
- 销售部门月度考评表
- 销售员终端月拜访计划表
- 销售部月度工作计划
- 销售员培训日程安排

设计市场调查问卷

- 新产品市场调查问卷
- 广告效果调查问卷
- 品牌形象调查问卷
- 客户满意度调查问卷
- 消费者购买行为调查问卷
- 商品房需求市场调查问卷
- 女性护肤品调查问卷
- 日常运动方式调查问卷
- 零售业调查问卷
- 手机购买力度调查问卷

市场调查结果与分析

- 新产品市场调查结果与分析
- 广告效果调查结果与分析
- 品牌形象调查结果与分析
- 客户满意度调查结果与分析
- 消费者购买行为调查结果与分析
- 商品房需求市场调查结果与分析
- 女性护肤品调查结果与分析
- 日常运动方式调查结果与分析
- 零售业调查结果与分析
- 手机购买力调查结果与分析

客户关系管理与分析

- 新增客户详情表
- 客户等级划分表
- 不同等级客户数量统计
- 客户销售额排名
- 客户月拜访计划表
- 客户类型分析
- 客户人数及平均消费金额分析
- 客户平均销售次数和金额分析
- 不同性别客户消费能力分析
- 不同年龄段客户消费能力分析

定价管理表

- 商品零售价格表
- 批量订货价格折扣表
- 各级代理商价格表
- 商品定价单
- 产品售价调整表
- 地区产品价格表

产品定价分析

- 产品定价分析
- 产品价格测算结果分析
- 产品可接受价格范围分析

- 年销量随价格变动趋势分析
- 价格敏感度分析
- 产品价格年度比较分析

产品促销表格设计与分析

- 营销活动促销计划表
- 促销费用预算明细表
- 促销费用透视分析
- 实际促销费用占比分析
- 促销业绩透视分析
- 实际与预计费用差异分析
- 产品促销效果差异分析
- 按日期分析销售排名
- 按门面分析销售效果
- 发放赠品记录单

销售任务的制定与分析

- 年度销售计划表
- 各月销售任务细分表
- 销售员单月任务完成情况分析
- 年度销售任务完成进度分析
- 月度销售任务完成进度分析
- 销售任务分解表
- 年度任务完成进度条形图
- 销售员任务完成比例分析
- 各月销售目标达成分析图表
- 各销售点任务完成情况分析

订单与库存管理

- 按月汇总订单数量
- 按销售员汇总订单数量
- 按产品和销售员统计订单
- 按客户和月份统计订单
- 商品进出销存月报表
- 安全库存量预警报表
- 商品短缺表
- 库存商品盘点表
- 商品库龄分析
- 按客户名称统计各产品订购数量

销售业务记录与分析

- 对销售记录进行排序
- 自定义排序销售记录
- 自定义筛选销售记录
- 对销售记录进行高级筛选
- 分类汇总销售记录
- 按升序查看各部门销售额
- 按部门和销售额筛选
- 按多条件筛选销售数据
- 筛选销售记录到新工作表
- 按月份和部门汇总销售额

销售报表

- 销售日报表
- 销售月报表
- 销售员业绩报表
- 销售费用计划报表
- 产品销售情况分析报表
- 销售订金与应收款统计报表
- 区域销售额统计报表
- 销售量增减变动报表
- 销售员业绩增减变动报表
- 销售利润年度报表
- 促销期间商品销售报表

销售收入

- 日销售收入变动趋势分析
- 各店面销售收入统计与分析
- 按品牌统计分析销售收入
- 统计各店面各产品销售收入
- 各月销售收入及增长率分析
- 不同品牌收入占比分析
- 各月销售收入与平均销售收入
- 价格对销售收入的影响
- 日销售收入变化图
- 计划与实际收入比较分析

销售成本、费用

- 销售成本变动趋势分析
- 产品成本降低完成情况分析
- 产品单位成本升降分析
- 比较不同区域销售成本
- 按成本性分析季度成本和费用
- 按产品比较单位成本
- 按季度分析销售成本
- 行业成本费用结果分析
- 成本费用收入结构分析
- 比较不同区域销售费用

销售利润

- 年度利润表
- 利润总额及构成分析
- 分析各月销售利润
- 销售利润变动趋势分析
- 销售利润相关性分析表
- 比较年度销售利润
- 产品单位利润比较图
- 产品利润趋势变动图
- 产品利润完成情况分析
- 利润表比率分析

销售业绩透视分析

- 各销售员销售业绩
- 销售员业绩情况分析
- 年度销售业绩区间分析
- 销售员各月销售提成计算
- 销售额和运费透视分析
- 年度销售员业绩及占比分析
- 各单位销售业绩排名
- 销售员销量和每单平均销量统计
- 不同区域销售业绩差异分析
- 不同等级销售业绩占比分析

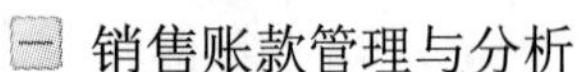

Note

四、财务管理表格

- 材料入库明细表
- 材料入库分类汇总表
- 材料进出库存月报表
- 安全库存量预警表
- 材料短缺表
- 材料领料单
- 材料出库汇总表
- 三个月无异动滞料明细表
- 滞料出售损益明细表
- 材料存量计划表

企业负债管理表格

- 短期借款明细表
- 本月到期借款月报表
- 应付票据备查簿
- 应付账款月报表
- 企业短期负债结构分析表
- 短期借款清查明细表
- 短期借款分类统计表
- 短期借款利息分类统计表
- 应付职工薪酬明细表
- 长期借款明细表

企业日常费用管理表格

- 日常费用明细表
- 各部门日常费用汇总表
- 按月份分类汇总日常费用表
- ABC分类费用数据透视表
- 企业管理费用 ABC 分类图表
- 各部门结构费用分析透视图表
- 管理费用明细表
- 各部门营业费用分类汇总表
- 一季度费用数据透视表
- 费用责任主体ABC分析表

员工工资管理表格

- 基本工资表
- 员工工资明细表
- 员工工资条
- 各部门平均工资透视图表
- 上半年平均工资趋势图表
- 员工工资查询表
- 加班工资计算明细表
- 绩效考核表
- 计件工资计算表
- 变更工资申请表

所得税申报表格

- 收入明细表
- 纳税调整增加项目明细表
- 广告费跨年度纳税调整表
- 企业所得税年度纳税申报表
- 成本费用明细表
- 税前弥补亏损明细表
- 税收优惠明细表
- 资产减值准备项目调整明细表
- 投资所得（损失）明细表
- 资产折旧、摊销明细表

常见财务报表

- 资产负债表
- 利润表
- 现金流量表
- 应缴增值税明细表
- 所有者权益增减变动报表
- 资产减值准备明细表
- 财务分部报表
- 利润分配表
- 现金流量结构表
- 成本费用明细表

财务预算表格

- 销售收入预算表
- 材料预算表
- 三项费用预算及分析
- 预算损益表
- 固定资产折旧预算表
- 预算现金流量表
- 生产产量预算表
- 制造费用预算表
- 预算资产负债表
- 财务指标预算分析表

产品成本管理表格

- 年度生产成本分析表
- 年度生产成本趋势分析图表
- 生产成本结构分析图
- 各月生产成本年度比较图表
- 生产成本与产量相关性分析
- 单位成本比较表
- 年度成本项目对比分析图表
- 总成本与明细成本复合图表
- 同类子产品成本比较图表
- 成本随产量变动趋势分析图表

财务报表分析图表

- 资产总量及结构分析
- 资产变化状况分析
- 资产负债指标分析
- 利润表比率分析
- 现金流量表结构分析
- 负债变化状况分析
- 货币资金支付能力分析表
- 利润总额及构成分析
- 现金收入结构趋势分析
- 现金流量表比率分析
- 利润表结构分析

财务预测分析图表

- 资金需要量预测分析
- 企业日常费用线性预测
- 移动平均法预测主营业务利润
- 指数平滑法预测产品销量
- 销售量与利润总额回归分析
- 销售额预测表
- 主营业务收入预测与趋势分析
- 指数法预测生产成本

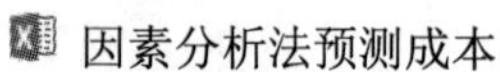

Note

- 因素分析法预测成本
- 多元线性回归法预测生产产量
- 根据计划产量预测存货量

销售收入管理图表

- 按品牌统计分析销售收入
- 销售收入变动趋势分析
- 月销售收入总和分析
- 月销售收入结构图表分析
- 企业年收入比较表
- 销售收入同比分析
- 销售收入与销售费用对比分析
- 销售收入与销售成本对比分析
- 销售收入与销售税金对比分析
- 影响销售收入的因素分析

销售利润管理图表

- 各月销售利润结构图表
- 销售利润变动趋势分析
- 销售利润相关性分析
- 客户销售利润排行榜
- 影响利润的因素分析图表
- 各子公司利润结构图
- 销售利润年度比较表
- 主要利润中心利润产品结构图
- 产品单位利润比较图
- 产品利润趋势变动图

固定资产管理表格

- 固定资产清单
- 余额法计提折旧表
- 双倍余额递减法计提折旧表
- 年限总和法计提折旧表
- 多种折旧方法综合计算表
- 固定资产的查询
- 固定资产减损单
- 固定资产增加单
- 固定资产转移单
- 固定资产出售比价单
- 固定资产改造、大修审批表
- 折旧费用分布统计表

筹资决策管理表格

- 长期借款筹资单变量模拟运算
- 租赁筹资决策模型
- 债券筹资决策模型
- 贷款偿还进度分析
- 逆算利率和贷款额模型
- 筹资风险分析
- 企业资金来源结构分析
- 长期借款双变量模拟分析
- 股票筹资分析模型
- 等额摊还法计划表
- 等额本金还法计划表
- 最佳还款方案决策模型

投资决策管理表格

- 投资静态指标评价模型
- 净现值法投资模型
- 内部收益法投资评价模型
- 项目投资可行性分析
- 生产利润最大化规划求解
- 项目甘特图表
- 股票投资组合分析模型
- 现金指数法方案评价
- 投资项目敏感性分析
- 生产成本最小化规划求解
- 投资方案比较
- 投资方案优选

货币资金时间价值分析图表

- 存款单利终值计算与分析
- 普通年金现值与终值计算表
- 普通年金与先付年金比较分析
- 计算可变利率下的未来值
- 账户余额变化阶梯图
- 存款复利终值与资金变动分析
- 复利现值的计算与资金变化
- 单利现值的计算与资金变化
- 先付年现金值与终值计算
- 外币存款与汇率相关性分析

第 4 大部分　办公 PPT 资源库

一、企业应用模板

企业文化

- 组织文化
- 企业文化与团队建设
- 某某公司介绍企业文化
- 某公司企业文化培训
- 公司企业文化建设方案 PPT
- 企业文化 PPT 模板
- 职场礼仪-迎来送往
- 企业文化培训 1
- 企业文化培训 2

入职培训

- 入职培训 1
- 入职培训 2
- 入职培训 3

- 入职培训 4
- 入职培训 5
- 入职培训 6
- 入职培训 7
- 入职培训 8
- 入职培训 9
- 入职培训 10
- 入职培训 11
- 入职培训 12
- 入职培训 13

岗位培训

- XX 电信 BPR 业务技能培训
- 大客户销售技能培训
- 饭店优质服务专题培训
- 岗位分析与薪酬体系培训课程
- 销售技能培训
- 销售培训 PPT
- 销售人员基本销售技巧培训
- 销售手册
- 医药代表岗位职责培训
- 营销人员销售实战技能培训
- 营业员岗位实训

企业营销模板

- 企业营销策划 1
- 企业营销策划 2
- 公司营销战略规划
- 某品牌有限公司战略业务规划 PPT
- 企业营销策划-目标市场营销战略
- 企业战略
- 全国经销商答谢会
- 市场推广方案 PPT 模板
- 微博营销推广方案
- 某产品营销策划模板

二、优秀 PPT 背景模板

- 背景模板 1
- 背景模板 2
- 背景模板 3
- 背景模板 4
- 背景模板 5
- 背景模板 6
- 背景模板 7
- 背景模板 8
- 背景模板 9
- 背景模板 10
- 背景模板 11
- 背景模板 12
- 背景模板 13
- 背景模板 14
- 背景模板 15
- 背景模板 16
- 背景模板 17
- 背景模板 18
- 背景模板 19
- 背景模板 20
- 背景模板 21
- 背景模板 22
- 背景模板 23
- 背景模板 24
- 背景模板 25

第 5 大部分　设计素材资源库

一、图表

二、图标

- 电脑类
- 警告类
- 图案类
- 驱动器类
- 水晶字母
- 系统图标
- 文件夹类
- 翻页页面类

文本、段落及页面的设置

Word 2003 是很实用的文字处理软件，主要用于输入文字和编辑文字，在现代公司日常办公中经常使用。在编辑文本的过程中，用户需要对输入文字的字体、段落、页面等进行设置，使文档显得有层次感和美感，以及使用方便。

- ☑ 公司行为规范
- ☑ 人事档案管理
- ☑ 竞争协议书

本章部分学习目标及案例

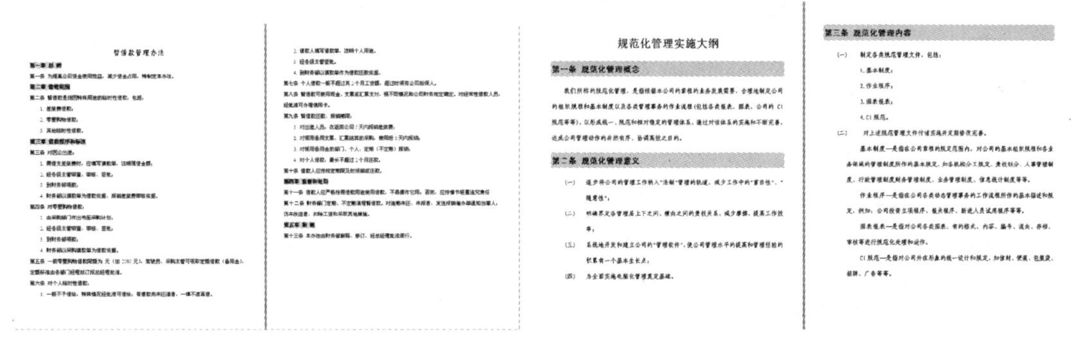

暂借款管理办法

第一章 总 则

第一条 为提高公司资金使用效益，减少资金占用，特制定本办法。

第二章 借款范围

第二条 暂借款是指因特殊用途的临时性借款，包括：

1. 差旅费借款；
2. 零星购物借款；
3. 其他临时性借款。

第三章 借款程序和标准

第三条 对因公出差：

1. 需借支差旅费时，应填写请款单，注明预借金额；
2. 经各级主管审查、审核、签批；
3. 到财务部领款；
4. 财务部以请款单为借款依据、报销差旅费审核依据。

第四条 对零星购物借款：

1. 由采购部门作出书面采购计划。
2. 经各级主管审查、审核、签批；
3. 到财务部领款；
4. 财务部以采购请款单为借款依据。

第五条 一般零星购物借款限额为 元（如 2000 元），驾驶员、采购主管可领取定额借款（备用金），定额标准由各部门经理拟订报总经理批准。

第六条 对个人临时性借款：

1. 一般不予借给，特殊情况经批准可借给；有借款尚未还清者，一律不准再借。
2. 借款人填写借款单，注明个人用途。
3. 经各级主管签批。
4. 到财务部以借款单作为借款还款依据。

第七条 个人借款一般不超过其2个月工资额，超过时须有公司担保人。

第八条 暂借款可使用现金、支票或汇票支付，视不同情况和公司财务规定确定。对经常性借款人员，经批准可办理信用卡。

第九条 暂借款还款、报销期限。

1. 对出差人员，在返回公司7天内报销差旅费。
2. 对领用备用支票、汇票结算的采购，使用后5天内报销。
3. 对领用备用金的部门、个人，定期（不定期）报销。
4. 对个人借款，最长不超过2个月还款。

第十条 借款人应按规定期限及时报销或还款。

第四章 监督和处罚

第十一条 借款人应严格按照借款用途使用借款，不得挪作它用，否则，应按情节轻重追究责任

第十二条 财务部门定期、不定期清理暂借款，对逾期未还、未报者，发送报销催办单通知当事人，仍未改进者，扣除工资和采取其他措施。

第五章 附 则

第十三条 本办法由财务部解释、修订，经总经理批准施行。

（1）

规范化管理实施大纲

第一条 规范化管理概念

我们所称的规范化管理，是指根据本公司的章程的业务发展需要，合理地制定公司的组织规程和基本制度以及各类管理事务的作业流程(包括各类报表、图表、公司的 CI 规范等等)，以形成统一、规范和相对稳定的管理体系，通过对该体系的实施和不断完善，达成公司管理动作的井然有序、协调高效之目的。

第二条 规范化管理意义

（一） 逐步将公司的管理工作纳入"法制"管理的轨道，减少工作中的"盲目性"、"随意性"；

（二） 明确界定各管理层上下之间、横向之间的责权关系，减少摩擦，提高工作效率；

（三） 系统地开发和建立公司的"管理软件"，使公司管理水平的提高和管理经验的积累有一个基本生长点；

（四） 为全面实施电脑化管理奠定基础。

第三条 规范化管理内容

（一） 制定各类规范管理文件，包括：

1. 基本制度；
2. 作业程序；
3. 图表报表；
4. CI 规范。

（二） 对上述规范管理文件付诸实施并定期修改完善。

基本制度—是指在公司章程的规定范围内，对公司的基本组织规程和各业务领域的管理制度所作的基本规定，如各机构分工规定、责权划分、人事管理制度、行政管理制度财务管理制度、业务管理制度、信息统计制度等等。

作业程序—是指在公司各类动态管理事务的工作流程所作的基本描述和规定，例如：公司投资立项程序、报关程序、新进人员试用程序等等。

图表报表—是指对公司各类图表、有的格式、内容、编号、流向、存档、审核等进行规范化处理和运作。

CI 规范—是指对公司外在形象的统一设计和规定，如信封、便笺、包装袋、招牌、广告等等。

（2）

1.1 基础知识

1.1.1 通过桌面快捷方式图标启动 Word

源文件：01/源文件/1.1.1 桌面快捷方式.doc、**视频文件**：01/视频/1.1.1 桌面快捷方式.mp4

如果经常使用 Word 2003 程序，可在桌面上添加快捷图标，需要使用时直接双击图标即可打开，利用下面的方法即可添加快捷图标。

❶ 单击任务栏中的“开始”按钮，在弹出的“开始”菜单中依次选择“所有程序”→Microsoft Office→Microsoft Office Word 2003 命令。

❷ 单击鼠标右键，打开快捷菜单，选择“发送到”命令，在右侧的子菜单中选择“桌面快捷方式”命令（如图 1-1 所示），即可将 Word 2003 程序的快捷图标发送到桌面，如图 1-2 所示。

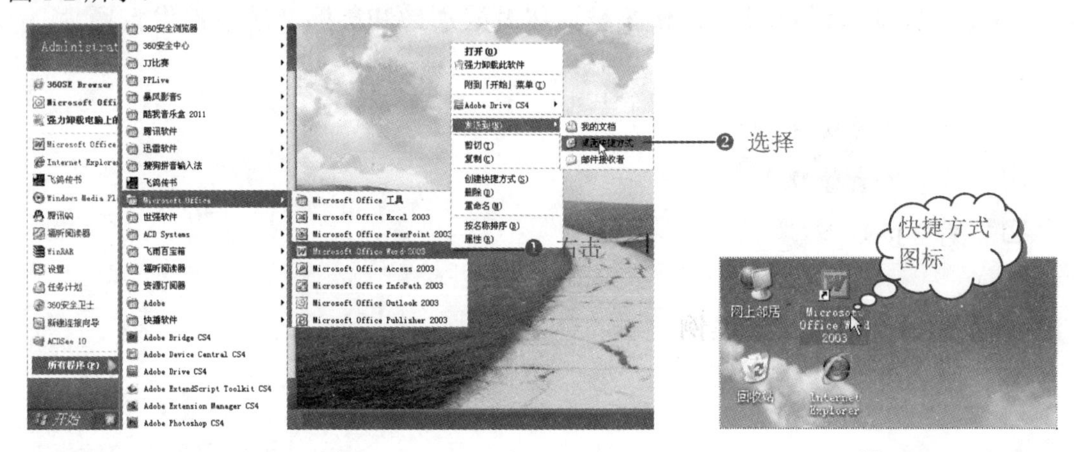

图 1-1　　　　图 1-2

知识拓展

通过“运行”命令启动

单击“开始”按钮，在“开始”菜单中选择“运行”命令，在打开的“运行”对话框中输入“Winword”，如图 1-3 所示，单击“确定”按钮或按“Enter”键，即可启动 Microsoft Word 2003 程序。

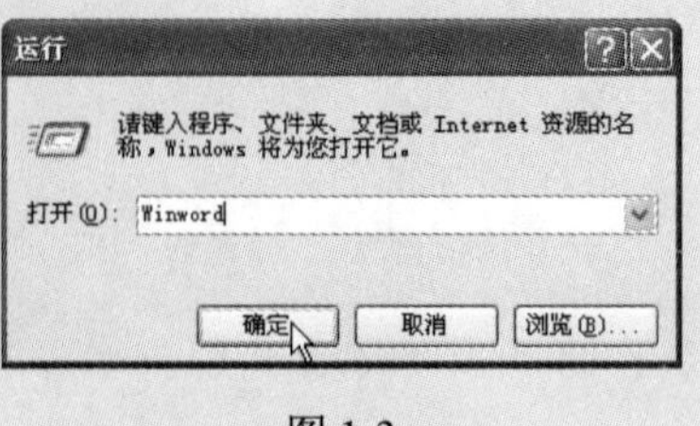

图 1-3

1.1.2 创建模板文档

：源文件：01/源文件/1.1.2 创建模板文档.doc、**效果文件**：01/效果文件/1.1.2 创建模板文档.doc、**视频文件**：01/视频/1.1.2 创建模板文档.mp4

在 Word 2003 中利用模板可以更加快速地创建出符合实际需要的文档，创建模板文档的情况有多种，下面分别进行介绍。

❶ 选择“文件”→“新建”命令，打开右侧的“新建文档”任务窗格，单击“模板”栏中的“本机上的模板”超链接，如图 1-4 所示。

图 1-4

❷ 打开“模板”对话框，选择合适的模板类型选项卡，如选择“备忘录”选项卡，选择“典雅型备忘录”选项，如图 1-5 所示。

❸ 单击“确定”按钮，即可自动下载打开备忘录文本，如图 1-6 所示。

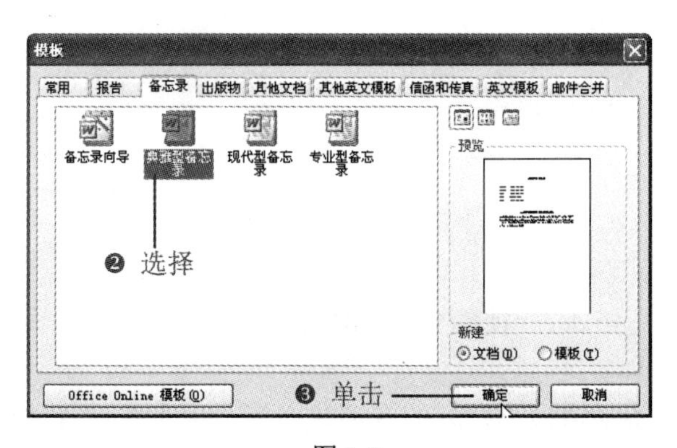

图 1-5

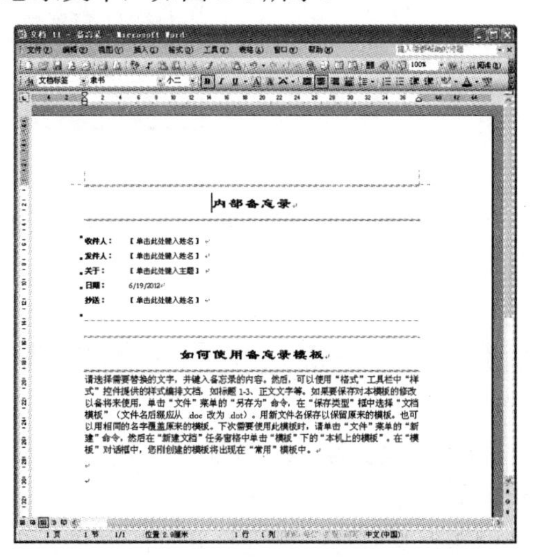

图 1-6

操作提示

在“新建文档”任务窗格中，单击“Office Online 模板”超链接，自动进行网络连接，打开 Microsoft Office Online 的模板主页，可选择合适的模板类型进行下载。

Note

1.1.3 设置保存选项

源文件：01/源文件/1.1.3 设置保存选项.doc、**视频文件**：01/视频/1.1.3 设置保存选项.mp4

在 Word 中为保存提供了多种选项设置，例如自动保存、允许后台自动保存等，不同的保存选项设置代表不同的含义。

❶ 选择“工具”→“选项”命令，打开“选项”对话框。

❷ 切换到“保存”选项卡，在“保存选项”栏中提供了多种不同的复选框，根据需要进行保存设置。这里选中“保留备份”复选框，并设置“自动保存时间间隔”为“5 分钟”，如图 1-7 所示。

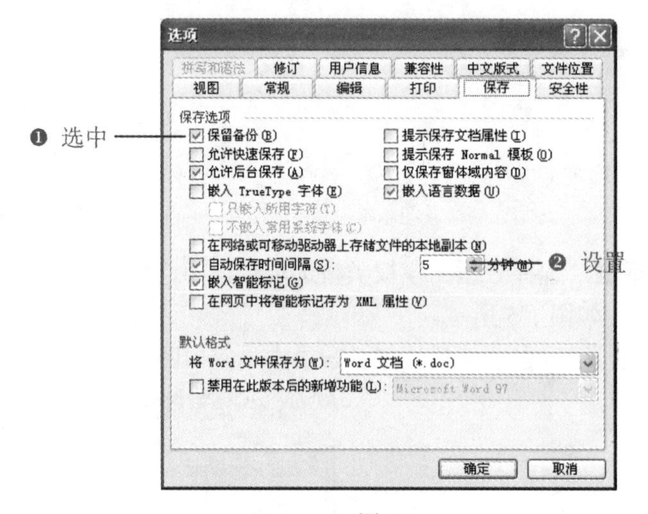

图 1-7

❸ 单击“确定”按钮，即可将文档保留备份，并且在编辑文档的时候每隔 5 分钟自动保存一次。

1.1.4 打开最近使用过的文档

源文件：01/源文件/1.1.4 打开最近文档.doc、**视频文件**：01/视频/1.1.4 打开最近文档.mp4

如果需要打开最近打开过的文档，但是不知道最近打开的有哪些文档，也不知道具体放在哪个文件夹中，可以通过下面的方法打开。

方法一：选择“文件”菜单，在其下拉菜单中显示了最近打开的文档以及文档的具体位置，单击选择即可快速打开最近使用过的文档，如图 1-8 所示。

方法二：选择“文件”→“打开”命令，打开“打开”对话框，选择左侧的“我最近的文档”选项，在列表框中显示最近打开的文档，选择需要打开的文档，单击“打开”按钮即可，如图 1-9 所示。

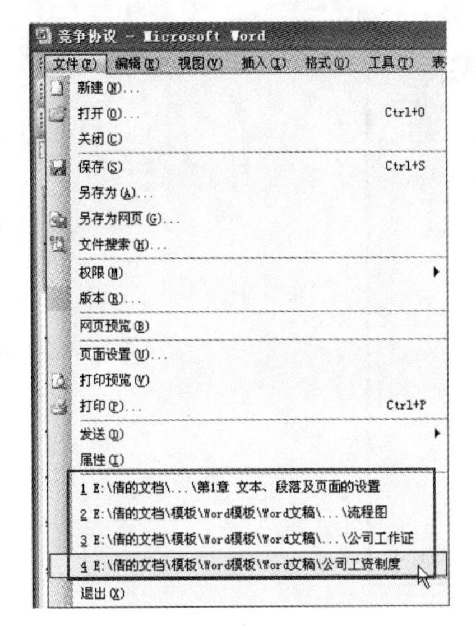

图 1-8

图 1-9

方法三：在 Windows 界面中选择“开始”→“我最近的文档”命令，打开右侧的列表框，显示最近打开的所有文档，如图 1-10 所示（除 Word 文档外还显示其他类型的文件），双击选择的文档即可打开。

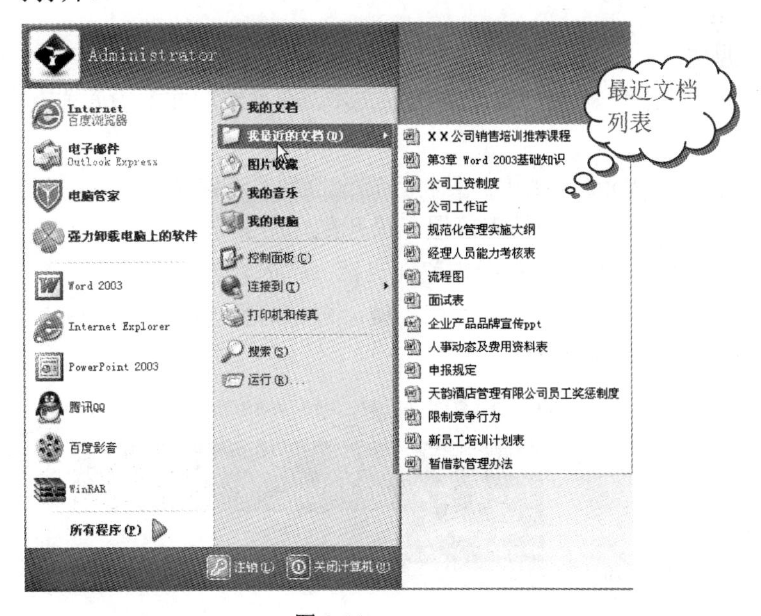

图 1-10

知识拓展

Note

设置列表中最近所用文件的显示数目

在“文件”菜单中显示的最近打开的文档个数可以自主设置。

选择“工具”→“选项”命令，打开“选项”对话框，切换到“常规”选项卡，在“常规选项”栏的“列出最近所用文件”数值框中输入个数，如图 1-11 所示，单击“确定”按钮即可。

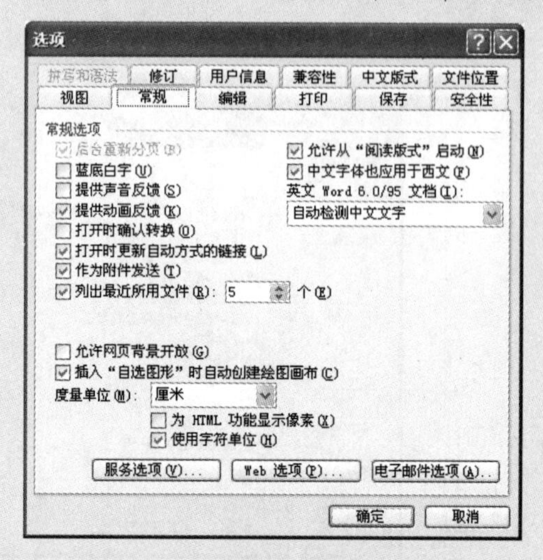

图 1-11

1.1.5 选取文本

源文件：01/源文件/1.1.5 选取文本.doc、**视频文件**：01/视频/1.1.5 选取文本.mp4

对 Word 文档操作时，随时需要选取文本，而且选取文本的方式有多种，方便用户选取不同文本。

❶ 在打开的 Word 文档中，先将光标定位到要选取文本内容的起始位置，按住鼠标左键拖曳至该行（或多行）的结束位置，松开鼠标左键即可。

❷ 按“Ctrl+A”快捷键，选中整篇文档文本内容。

❸ 在文档操作中，先按住“Ctrl”键，再在该整句的任意处单击鼠标左键，即可将该句全部选中，如图 1-12 所示。

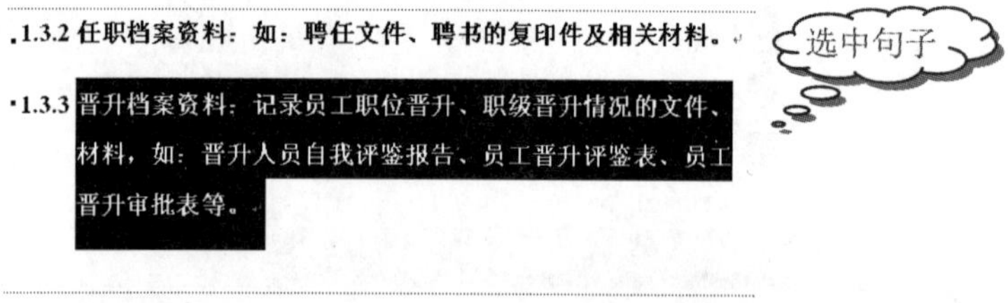

1.3.2 任职档案资料：如：聘任文件、聘书的复印件及相关材料。

1.3.3 晋升档案资料：记录员工职位晋升、职级晋升情况的文件、材料，如：晋升人员自我评鉴报告、员工晋升评鉴表、员工晋升审批表等。

选中句子

图 1-12

❹ 在文档操作中，若要快速选取整段内容，可以在需要选择的段落上连续单击鼠标左键 3 次，即可将该段内容全部选中。

❺ 在文档操作中，先将光标定位到想要选取区域的开始位置，接着按住“Shift”键，在选取区域的结束位置处，单击鼠标左键或右键，即可将两端内的全部内容选中，如图 1-13 所示。

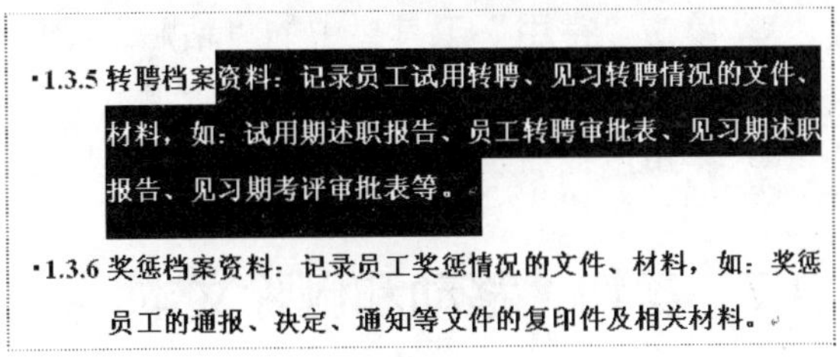

·1.3.5 转聘档案资料：记录员工试用转聘、见习转聘情况的文件、材料，如：试用期述职报告、员工转聘审批表、见习期述职报告、见习期考评审批表等。

·1.3.6 奖惩档案资料：记录员工奖惩情况的文件、材料，如：奖惩员工的通报、决定、通知等文件的复印件及相关材料。

图 1-13

❻ 在文档操作中，使用鼠标拖曳的方法先将不连续的第 1 个文字区域选中，接着按住“Ctrl”键不放，继续用鼠标拖曳的方法选取余下的文字区域，直到最后一个区域选取完成后，松开“Ctrl”键，即可选中不连续区域，如图 1-14 所示。

❼ 在文档操作中，若要选取文档中某块区域内容，则需要利用“Alt”键配合鼠标才能实现。先将光标定位在想要选取区域的开始位置，按住“Alt”键不放，拖曳至结束位置处，即可实现块区域内容的选取，如图 1-15 所示。

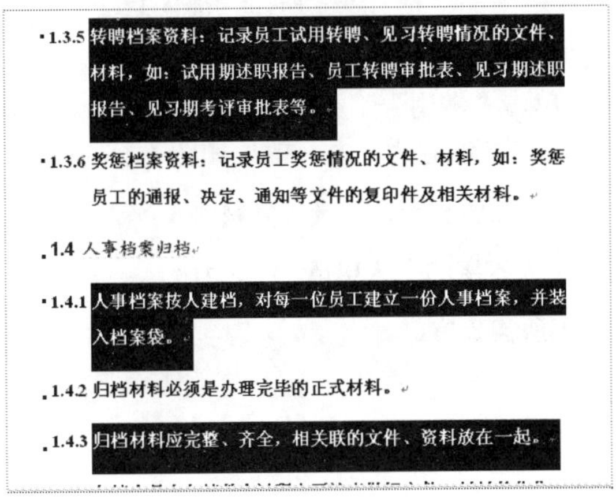

·1.3.5 转聘档案资料：记录员工试用转聘、见习转聘情况的文件、材料，如：试用期述职报告、员工转聘审批表、见习期述职报告、见习期考评审批表等。

·1.3.6 奖惩档案资料：记录员工奖惩情况的文件、材料，如：奖惩员工的通报、决定、通知等文件的复印件及相关材料。

·1.4 人事档案归档

·1.4.1 人事档案按人建档，对每一位员工建立一份人事档案，并装入档案袋。

·1.4.2 归档材料必须是办理完毕的正式材料。

·1.4.3 归档材料应完整、齐全，相关联的文件、资料放在一起。

图 1-14

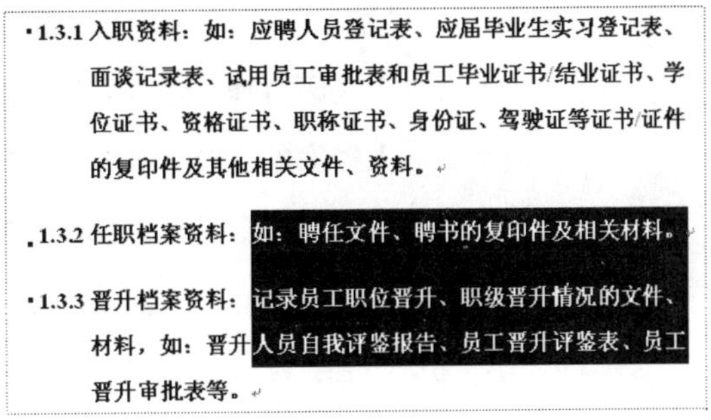

·1.3.1 入职资料：如：应聘人员登记表、应届毕业生实习登记表、面谈记录表、试用员工审批表和员工毕业证书/结业证书、学位证书、资格证书、职称证书、身份证、驾驶证等证书/证件的复印件及其他相关文件、资料。

·1.3.2 任职档案资料：如：聘任文件、聘书的复印件及相关材料。

·1.3.3 晋升档案资料：记录员工职位晋升、职级晋升情况的文件、材料，如：晋升人员自我评鉴报告、员工晋升评鉴表、员工晋升审批表等。

图 1-15

❽ 选择“编辑”→“全选”命令可以选择整篇文档。

1.1.6　复制和粘贴文本

源文件：01/源文件/1.1.6 复制粘贴文本.doc、**视频文件**：01/视频/1.1.6 复制粘贴文本.mp4

通过复制和粘贴操作可以将选择的文本复制到另一个位置。

复制的方法：

❶ 按“Ctrl+C”快捷键。

❷ 单击“常用”工具栏中的“复制”按钮。

Note

❸ 选择“编辑”→“复制”命令。

❹ 单击鼠标右键，在弹出的快捷菜单中选择“复制”命令。

粘贴的方法：

❶ 按“Ctrl+V”快捷键。

❷ 单击“常用”工具栏中的“粘贴”按钮。

❸ 选择“编辑”→“粘贴”命令。

❹ 单击鼠标右键，在弹出的快捷菜单中选择“粘贴”命令。

1.1.7 剪切、移动和删除文本

：源文件：01/源文件/1.1.7 剪切移动删除文本.doc、**视频文件**：01/视频/1.1.7 剪切移动删除文本.mp4

通过移动文本可以将选择的文本从一个位置移到另一个位置，也可将文本剪切后在其他多个位置进行粘贴，对于多余的文本可将其删除。

剪切文本：

❶ 选中需要剪切的文本，单击“常用”工具栏中的“剪切”按钮，或选择“编辑”→“剪切”命令，或按“Ctrl+X”快捷键剪切文本。

❷ 在文档最开始的位置上单击定位插入点，单击“常用”工具栏中的“粘贴”按钮，或选择“编辑”→“粘贴”命令，或按“Ctrl+V”快捷键粘贴文本，效果如图 1-16 所示。

1.5.5 个人因办理公正、职称、上学等，需要查阅、摘录、复制本人档案的，需持本单位/部门负责人签字的个人申请，经人力资源部门负责人批准，直接办理所需事宜。

经人力资源部门负责人批准，直接办理所需事宜

图 1-16

操作提示

在粘贴文本后有一个“粘贴选项”按钮，单击这个按钮后会出现 4 种粘贴方式：“保留源格式”、“匹配目标格式”、“仅保留文本”和“应用样式或格式”选项，用户可根据需要进行选择。

用鼠标移动文本：

移动文本时还可以用鼠标拖动实现，其方法是选择需要移动的文本后，按住鼠标左键不放，此时鼠标光标变为形状，并出现一条虚线，移动鼠标光标，当虚线移动到目标位置时（如图 1-17 所示），释放鼠标左键，即可将选择的文本移动到该处。

1.5.4 非上述指定人员，查阅管理权限以外人员档案，需先提交查阅申请，写清查阅何人档案、查阅目的、要求（摘录、复制）和查阅人，需要本单位/部门负责人签字，经人力资源部门负责人批准后方能查阅。

1.5.5 个人因办理公正、职称、上学等，需要查阅、摘录、复制本人档案的，需持本单位/部门负责人签字的个人申请，经人力资源部门负责人批准，直接办理所需事宜。

图 1-17

删除文本：

❶ 按“Backspace”键删除插入点左侧的文本。

❷ 按“Delete”键删除插入点右侧的文本，或选择要删除的文本后按“Delete”键。

❸ 选择文本后，单击“常用”工具栏中的“剪切”按钮。

❹ 先选择要删除的文本，再选择“编辑”→“清除”→“内容”命令。

1.1.8　选择性粘贴文本

：源文件：01/源文件/1.1.8 选择性粘贴.doc、**视频文件：**01/视频/1.1.8 选择性粘贴.mp4

在粘贴文本时，会连同文本的字体等格式一起复制到目标位置，因此当从其他软件复制或要复制的文本格式与粘贴位置格式不一样时，便可通过选择性粘贴功能选择粘贴方式。

❶ 选择需要复制的文本，执行复制操作，然后将光标定位到需要粘贴的位置，选择“编辑”→“选择性粘贴”命令，如图 1-18 所示。

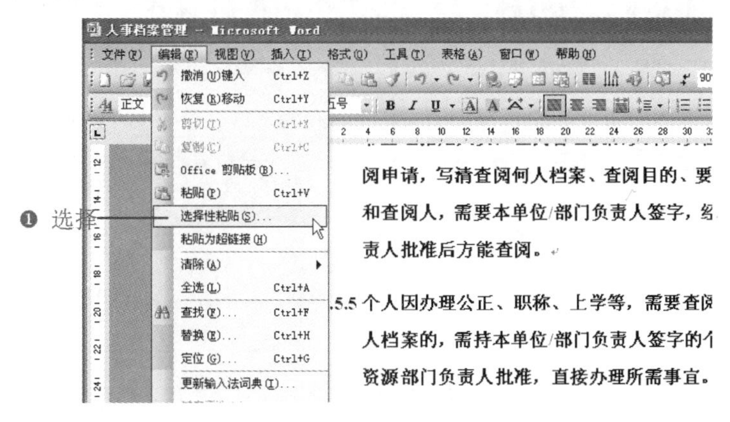

图 1-18

❷ 打开“选择性粘贴”对话框，在“形式”列表框中选择一种粘贴形式，这里选择“图片（Windows 图元文件）”选项，在“结果”栏将出现对该粘贴形式的说明，如图 1-19 所示。

❸ 单击“确定”按钮，即可将文本粘贴为图片形式，如图 1-20 所示。

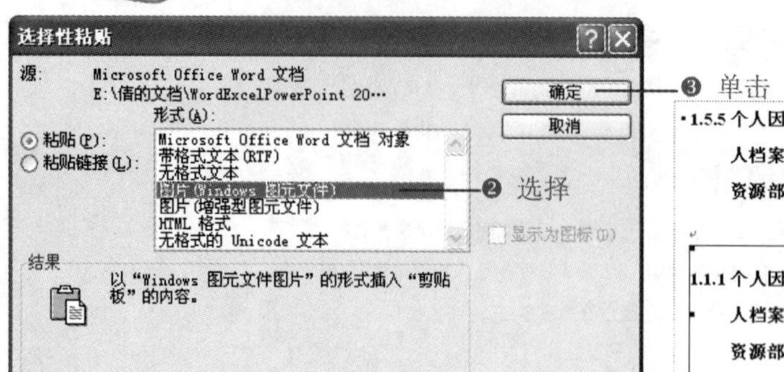

图 1-19

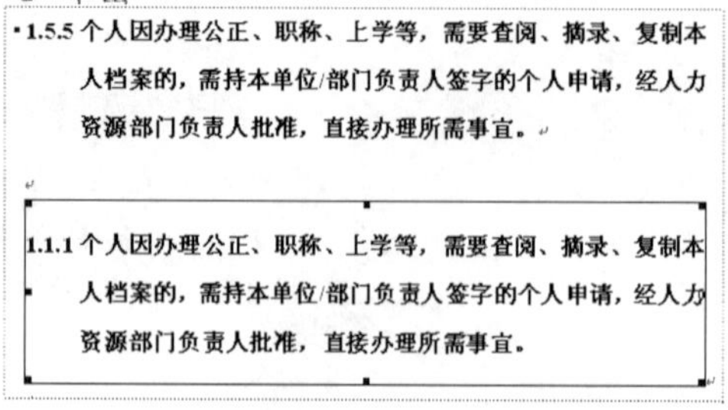

1.5.5 个人因办理公正、职称、上学等，需要查阅、摘录、复制本人档案的，需持本单位/部门负责人签字的个人申请，经人力资源部门负责人批准，直接办理所需事宜。

1.1.1 个人因办理公正、职称、上学等，需要查阅、摘录、复制本人档案的，需持本单位/部门负责人签字的个人申请，经人力资源部门负责人批准，直接办理所需事宜。

图 1-20

操作提示

在“选择性粘贴”对话框中，如果粘贴的对象来源于其他程序，则可以选择“粘贴链接”或“显示为图标”选项。

1.2 公司行为规范

国有国法、行有行规，公司的管理和日常工作不但包括业务内容，而且需要有一定的行为规范，才能保证公司的正常运行。优良的行为规范制度，可以帮助员工积极参与，在公司有一个良好的工作状态。如图 1-21 所示是制作的公司行为规范文档。

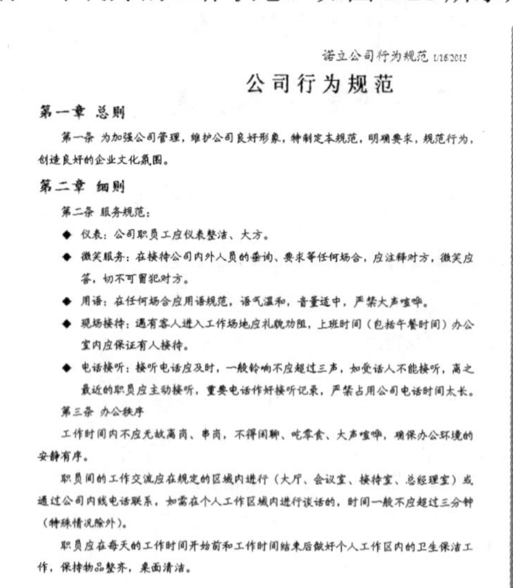

诺立公司行为规范 1/16/2015

公司行为规范

第一章 总则

第一条 为加强公司管理，维护公司良好形象，特制定本规范，明确要求，规范行为，创造良好的企业文化氛围。

第二章 细则

第二条 服务规范：

◆ 仪表：公司职员工应仪表整洁、大方。

◆ 微笑服务：在接待公司内外人员的垂询、要求等任何场合，应注释对方，微笑应答，切不可冒犯对方。

◆ 用语：在任何场合应用语规范，语气温和，音量适中，严禁大声喧哗。

◆ 现场接待：遇有客人进入工作场地应礼貌劝阻，上班时间（包括午餐时间）办公室内应保证有人接待。

◆ 电话接听：接听电话应及时，一般铃响不应超过三声，如受话人不能接听，离之最近的职员应主动接听，重要电话作好接听记录，严禁占用公司电话时间太长。

第三条 办公秩序

工作时间内不应无故离岗、串岗，不得闲聊、吃零食、大声喧哗，确保办公环境的安静有序。

职员间的工作交流应在规定的区域内进行（大厅、会议室、接待室、总经理室）或通过公司内线电话联系，如需在个人工作区域内进行谈话的，时间一般不应超过三分钟（特殊情况除外）。

职员应在每天的工作时间开始前和工作时间结束后做好个人工作区内的卫生保洁工作，保持物品整齐，桌面清洁。

部、室专用的设备由部、室指定专人定期清洁，公司公共设施则由办公室负责定期的清洁保养工作。

发现办公设备（包括通讯、照明、影音、电脑、建筑等）损坏或发生故障时，员工应立即向办公室报修，以便及时解决问题。

第三章 责任

本制度的检查、监督部门为公司办公室、总经理共同执行，违反此规定的人员，将给予 50-100 元的扣薪处理。本制度的最终解释权在公司。

图 1-21

1.2.1　创建公司行为规范文档

源文件：01/源文件/公司行为规范.doc、**效果文件**：01/效果文件/公司行为规范.doc、**视频文件**：01/视频/1.2.1 公司行为规范.mp4

创建文档是最基本的步骤，创建的方法有多种，用户可选择自己习惯和方便的方法。

新建一个空白文档的方法有很多，这里介绍用户使用最多、最方便的方法。

❶ 进入需要保存文档的文件夹中，在文件夹空白处单击鼠标右键，弹出右键菜单，鼠标指向“新建”命令，展开其子菜单，选择“Microsoft Word 文档”命令，如图 1-22 所示。

❷ 执行上述命令后即可创建一个新的 Word 文档，将新文档重命名为“公司行为规范”（如图 1-23 所示），双击即可打开文档进行编辑。

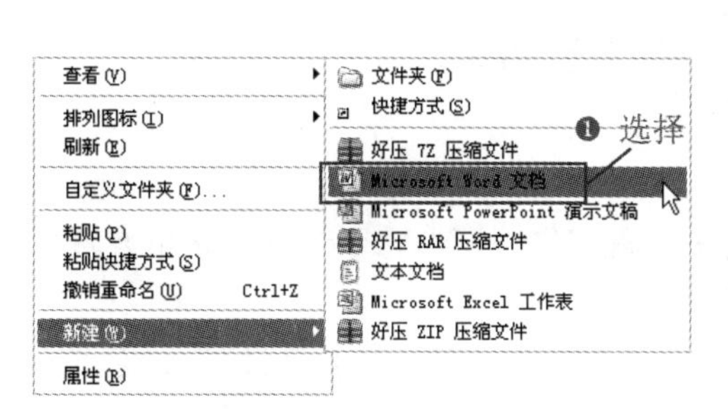

图 1-22

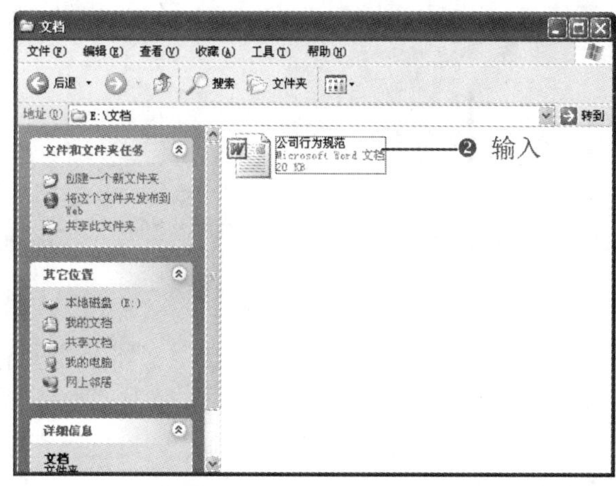

图 1-23

知识拓展

新建空白文档的方法很多，除了上面的方法，还可以通过“开始”菜单中的“所有程序”→Microsoft Office→Microsoft Office Word 2003 命令建立空白文档。

或在 Word 2003 主界面中选择“文件”→“新建”命令，在打开的“新建文档”任务窗格中单击“空白文档”超链接即可。

1.2.2　设置行为规范文档的格式

源文件：01/源文件/公司行为规范.doc、**效果文件**：01/效果文件/公司行为规范.doc、**视频文件**：01/视频/1.2.2 公司行为规范.mp4

创建文档后输入内容，然后为文本设置字体格式、段落格式等格式效果，使整个文档看上去更有条理、清晰、美观。

1. 设置字体格式

❶ 选中文档标题，即“公司行为规范”，在“格式”菜单中选择“字体”命令，如图 1-24 所示。

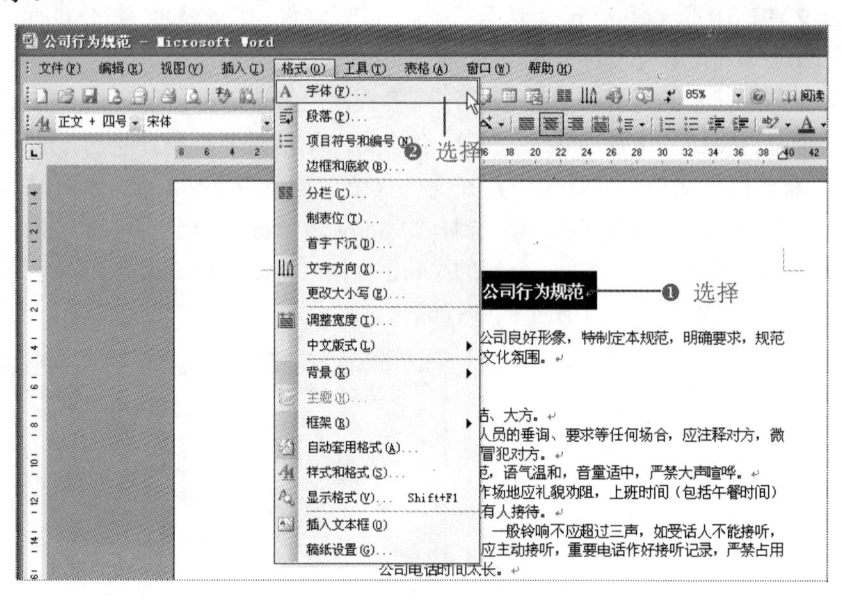

图 1-24

❷ 打开“字体”对话框，在“字体”选项卡中设置字体、字形、字号等，这里设置字体为“宋体”，字形为“加粗”，字号为“二号”，如图 1-25 所示。

❸ 切换到“字符间距”选项卡，设置“间距”为“加宽”，在后面的“磅值”数值框中输入加宽的数值，如图 1-26 所示。

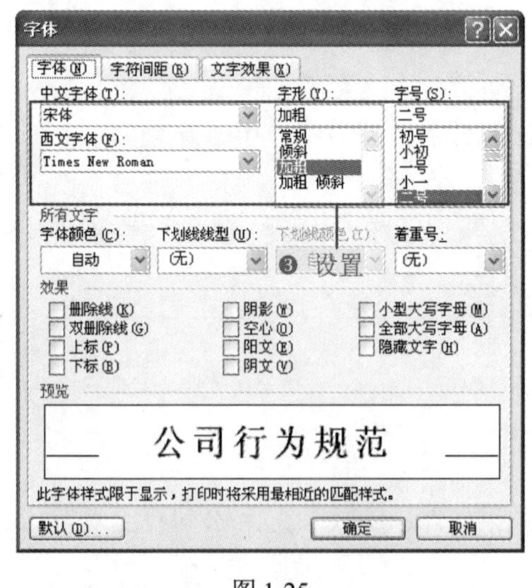

图 1-25

图 1-26

❹ 设置完成后，单击“确定”按钮，设置后的效果如图 1-27 所示。

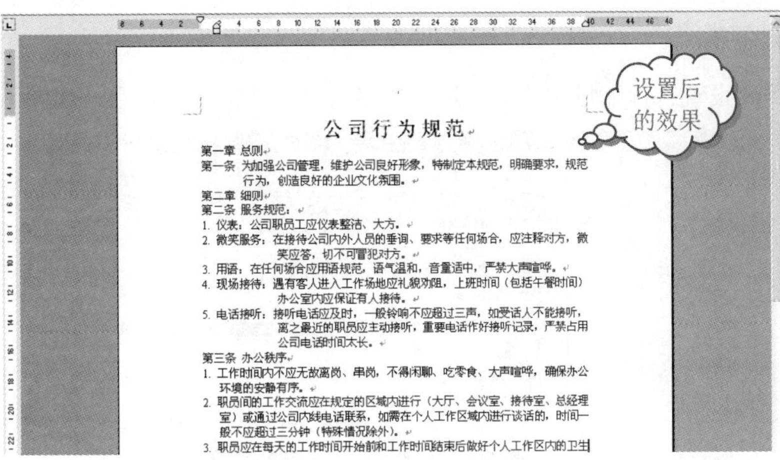

公司行为规范

第一章 总则

第一条 为加强公司管理，维护公司良好形象，特制定本规范，明确要求，规范行为，创造良好的企业文化氛围。

第二章 细则

第二条 服务规范：

1. 仪表：公司职员工应仪表整洁、大方。
2. 微笑服务：在接待公司内外人员的垂询、要求等任何场合，应注释对方，微笑应答，切不可冒犯对方。
3. 用语：在任何场合应用语规范，语气温和，音量适中，严禁大声喧哗。
4. 现场接待：遇有客人进入工作场地应礼貌劝阻，上班时间（包括午餐时间）办公室内应保证有人接待。
5. 电话接听：接听电话应及时，一般铃响不应超过三声，如受话人不能接听，离之最近的职员应主动接听，重要电话作好接听记录，严禁占用公司电话时间太长。

第三条 办公秩序

1. 工作时间内不应无故离岗、串岗，不得闲聊、吃零食、大声喧哗，确保办公环境的安静有序。
2. 职员间的工作交流应在规定的区域内进行（大厅、会议室、接待室、总经理室）或通过公司内线电话联系，如需在个人工作区域内进行谈话的，时间一般不应超过三分钟（特殊情况除外）。
3. 职员应在每天的工作时间开始前和工作时间结束后做好个人工作区内的卫生

图 1-27

❺ 再按照同样的方法设置其他的标题和正文，同一标题级别可用“Ctrl”键同时选中，一次性设置成功，设置后的效果如图 1-28 所示。

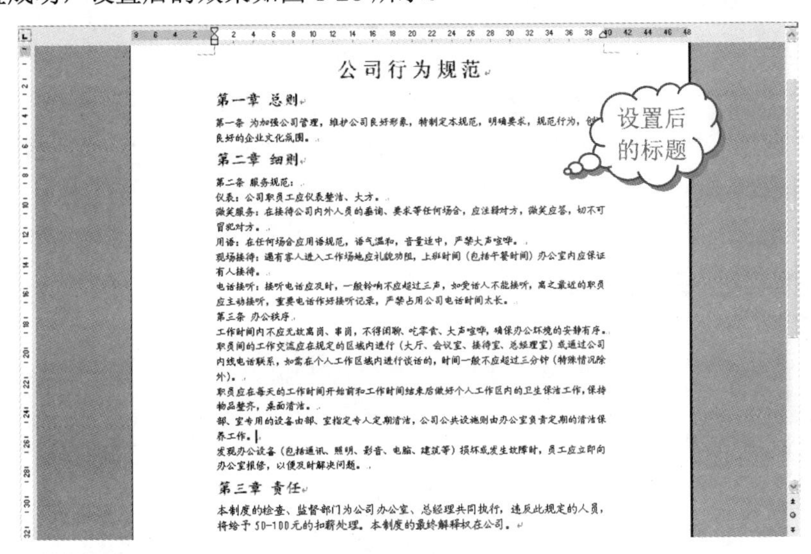

公司行为规范

第一章 总则

第一条 为加强公司管理，维护公司良好形象，特制定本规范，明确要求，规范行为，创良好的企业文化氛围。

第二章 细则

第二条 服务规范：

仪表：公司职员工应仪表整洁、大方。

微笑服务：在接待公司内外人员的垂询、要求等任何场合，应注释对方，微笑应答，切不可冒犯对方。

用语：在任何场合应用语规范，语气温和，音量适中，严禁大声喧哗。

现场接待：遇有客人进入工作场地应礼貌劝阻，上班时间（包括午餐时间）办公室内应保证有人接待。

电话接听：接听电话应及时，一般铃响不应超过三声，如受话人不能接听，离之最近的职员应主动接听，重要电话作好接听记录，严禁占用公司电话时间太长。

第三条 办公秩序

工作时间内不应无故离岗、串岗，不得闲聊、吃零食、大声喧哗，确保办公环境的安静有序。

职员间的工作交流应在规定的区域内进行（大厅、会议室、接待室、总经理室）或通过公司内线电话联系，如需在个人工作区域内进行谈话的，时间一般不应超过三分钟（特殊情况除外）。

职员应在每天的工作时间开始前和工作时间结束后做好个人工作区内的卫生保洁工作，保持物品整齐，桌面清洁。

部、室专用的设备由部、室指定专人定期清洁，公司公共设施则由办公室负责定期的清洁保养工作。

发现办公设备（包括通讯、照明、影音、电脑、建筑等）损坏或发生故障时，员工应立即向办公室报修，以便及时解决问题。

第三章 责任

本制度的检查、监督部门为公司办公室、总经理共同执行，违反此规定的人员，将给予 50-100元的扣薪处理。本制度的最终解释权在公司。

图 1-28

知识拓展

利用“格式”工具栏设置字体

不但可以在“字体”对话框中设置文字的“字体”、“字形”、“字号”、“颜色”等，还可以在“格式”工具栏中设置字体、字号等格式，如图 1-29 所示。

图 1-29

2. 设置段落格式

❶ 选中需要设置首行缩进的段落，选择“格式”→“段落”命令，如图 1-30 所示。

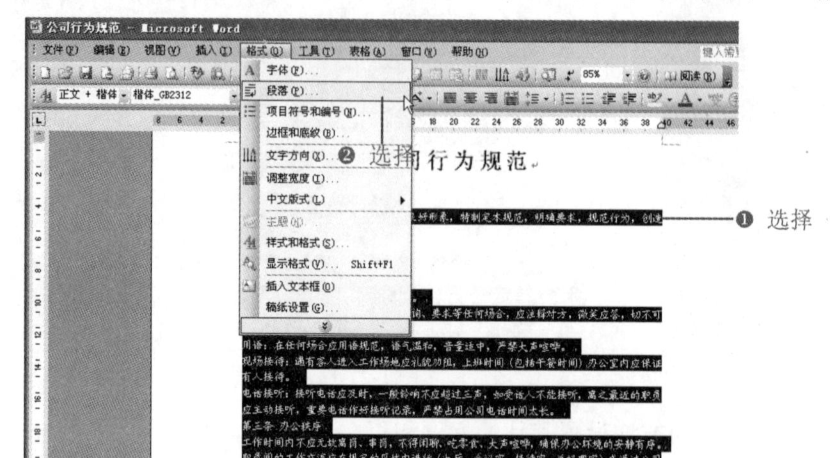

图 1-30

❷ 打开“段落”对话框，在“缩进和间距”选项卡的“特殊格式”下拉列表框中选择“首行缩进”选项，然后在“度量值”数值框中输入“2 字符”；在“行距”下拉列表框中选择“1.5 倍行距”选项，如图 1-31 所示。

❸ 设置完成后，单击“确定”按钮即可，效果如图 1-32 所示。

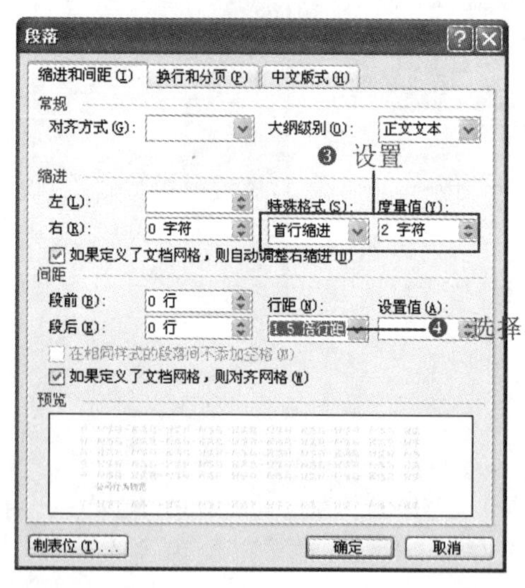

图 1-31

设置后的效果

公司行为规范

第一章 总则

第一条 为加强公司管理，维护公司良好形象，特制定本规范，明确要求，规范行为，创建良好的企业文化氛围。

第二章 细则

第二条 服务规范：

仪表：公司职员工应仪表整洁、大方。

微笑服务：在接待公司内外人员的垂询、要求等任何场合，应注释对方，微笑应答，切不可冒犯对方。

用语：在任何场合应用语规范，语气温和，音量适中，严禁大声喧哗。

现场接待：遇有客人进入工作场地应礼貌劝阻，上班时间（包括午餐时间）办公室内应保证有人接待。

电话接听：接听电话应及时，一般铃响不应超过三声，如受话人不能接听，离之最近的职员应主动接听，重要电话作好接听记录，严禁占用公司电话时间太长。

第三条 办公秩序

工作时间内不应无故离岗、串岗，不得闲聊、吃零食、大声喧哗，确保办公环境的安静有序。

图 1-32

操作提示

在“插入超链接”对话框的“地址”下拉列表框中输入网址，可直接链接到所需的网页；在“链

3．设置文本对齐方式

选中“第一章……”一系列标题，在“格式”工具栏中单击“居中”按钮，即可将选中的文本设置为“居中”对齐，如图 1-33 所示。

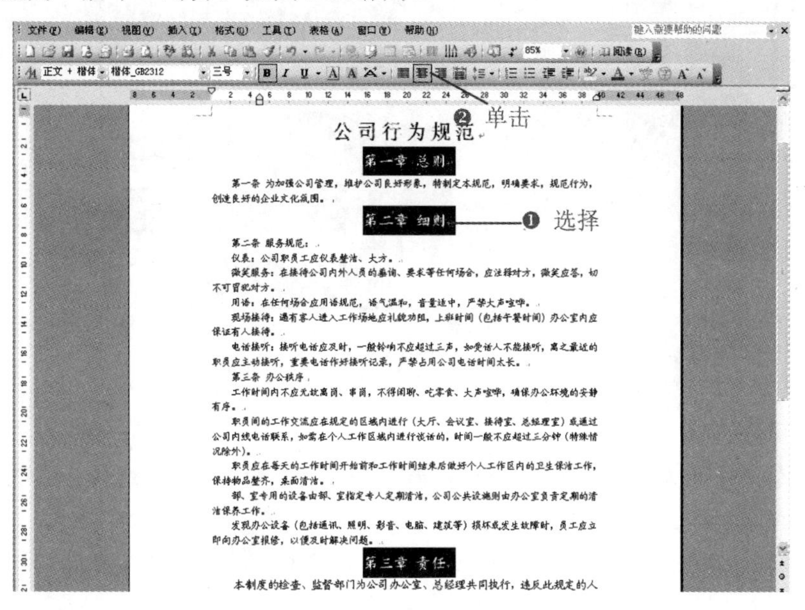

图 1-33

知识拓展

利用“段落”对话框设置对齐方式

选择需要设置的文本段落，打开“段落”对话框，在“缩进和间距”选项卡中单击“对齐方式”下拉按钮，在其下拉列表框中选择对齐的方式，如图 1-34 所示。该对话框中的对齐方式比“格式”工具栏中的选项要多些。

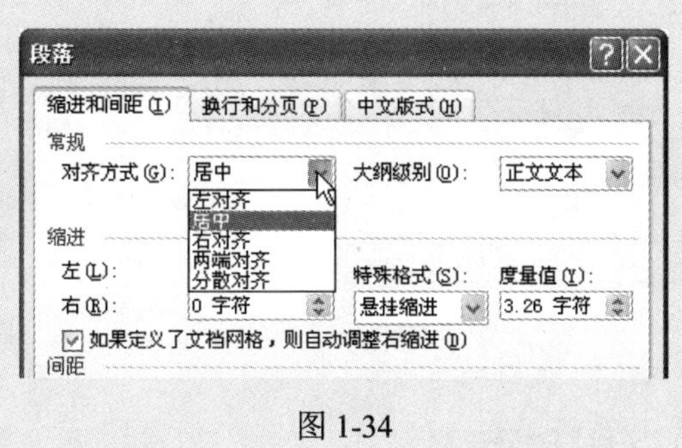

图 1-34

4．为文本添加项目符号和编号

❶ 选中需要添加项目符号的文本，选择“格式”→“项目符号和编号”命令，如图 1-35 所示。

Note

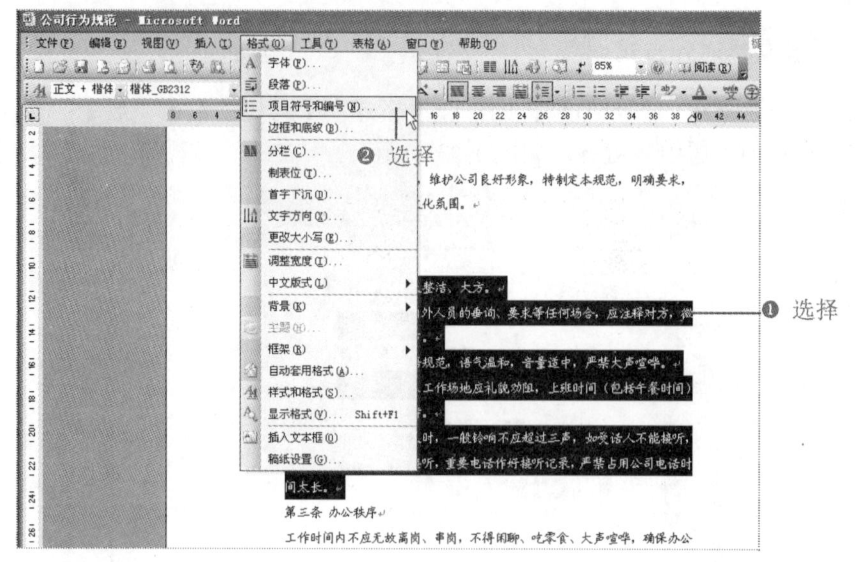

图 1-35

❷ 打开“项目符号和编号”对话框，在“项目符号”选项卡中选择合适的编号样式，如图 1-36 所示。

❸ 设置完成后单击“确定”按钮，然后再用同样的方法为其他文本添加项目符号，最后效果如图 1-37 所示。

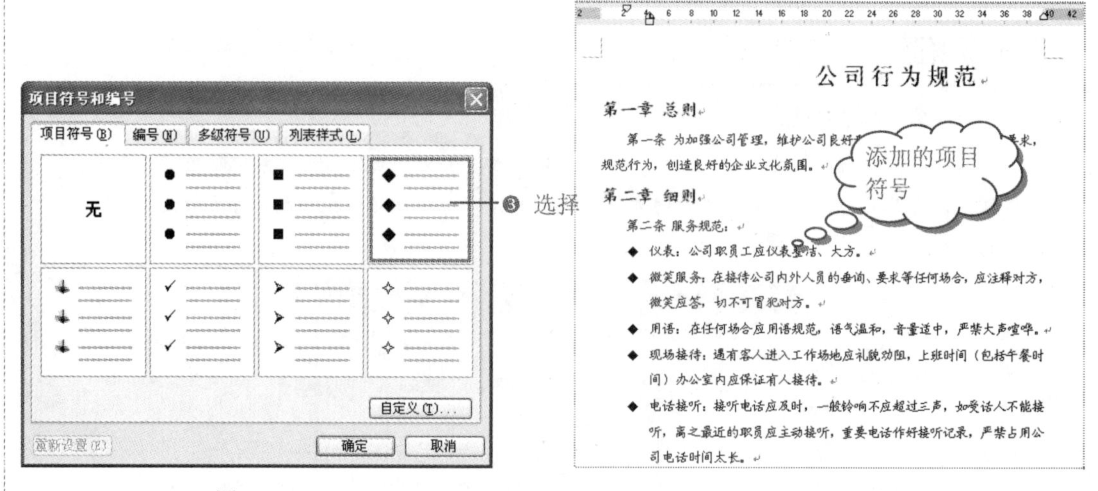

图 1-36　　　　图 1-37

1.2.3 设置文档的页眉和页脚

源文件：01/源文件/公司行为规范.doc、**效果文件**：01/效果文件/公司行为规范.doc、**视频文件**：01/视频/1.2.3 公司行为规范.mp4

页眉和页脚可以起到对文档说明、补充和美化作用。可在页眉、页脚中添加页码、章

节名称、书名等注释，也可插入图片等。

1．插入页眉和页脚

❶ 在菜单栏中选择“视图”→“页眉和页脚”命令，如图 1-38 所示。

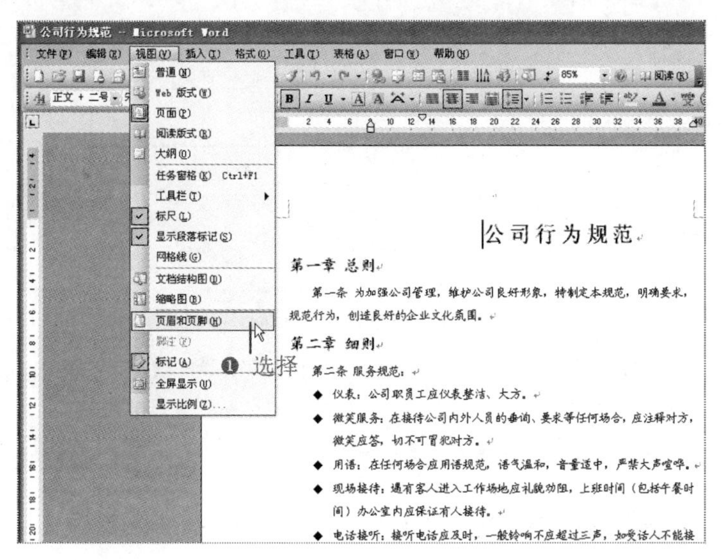

图 1-38

❷ 执行命令后就会激活页眉页脚，并且出现“页眉和页脚”工具栏，将光标定位到页眉中，输入所需的内容，然后单击“插入日期” 按钮，插入当前日期，如图 1-39 所示。

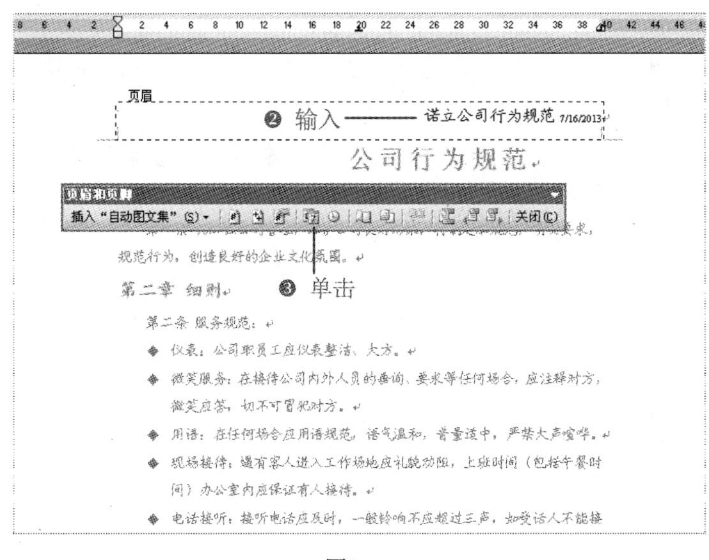

图 1-39

❸ 单击“在页眉和页脚间切换” 按钮，或直接在页脚处单击，将光标定位到页脚，然后单击“插入页码” 按钮，即可在页脚处插入页码，如图 1-40 所示。

❹ 设置完成后，单击“关闭”按钮，即可退出页眉、页脚编辑页面。

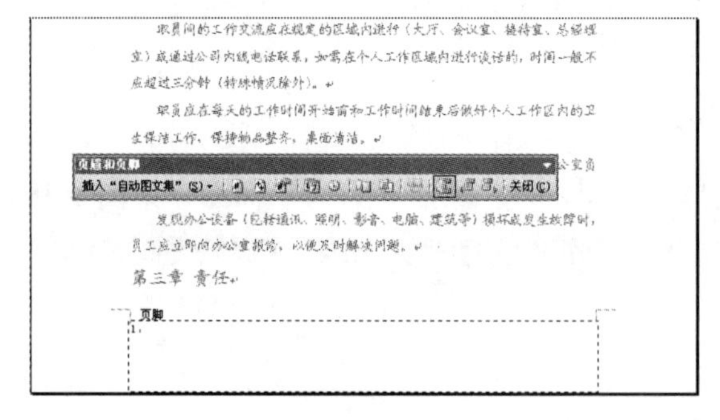

图 1-40

操作提示

在"页眉和页脚"工具栏中，单击"插入自动图文集"按钮可以直接插入已有词条；单击"页码"按钮组中的按钮，可以在页眉和页脚中分别插入页码、页数并设置页码格式；单击"插入日期"按钮，可在页眉和页脚中插入日期；单击"插入时间"按钮，可在页眉和页脚中插入时间；单击"在页眉和页脚间切换"按钮，可在页眉或页脚间切换。

2. 页眉和页脚的大小

设置页眉或页脚的大小具体是指调整页眉或页脚到页面顶部或底部的距离。下面在"投标书"文档中调整页眉距边界的大小为 3 厘米，页脚距边界的大小为 2 厘米。

❶ 选择"视图"→"页眉和页脚"命令，激活页眉和页脚编辑状态，单击"页眉和页脚"工具栏中的"页面设置"按钮，打开"页面设置"对话框。

❷ 选择"版式"选项卡，在"页眉和页脚"栏的"页眉"和"页脚"数值框中分别输入距边界的距离，如图 1-41 所示。

❸ 设置完成后单击"确定"按钮，即可看到设置的页眉和页脚距边界的位置，如图 1-42 所示。

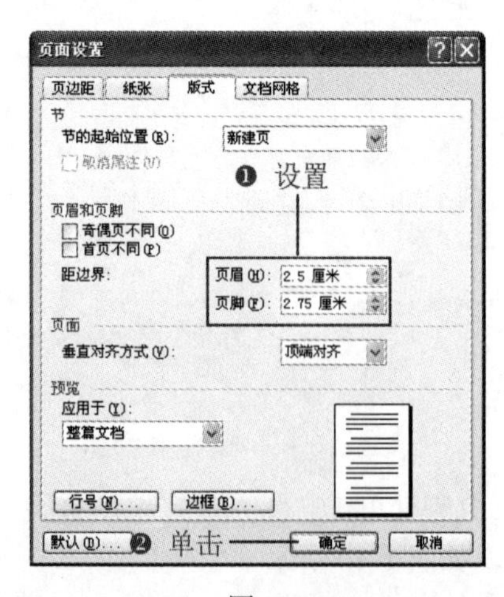

图 1-41

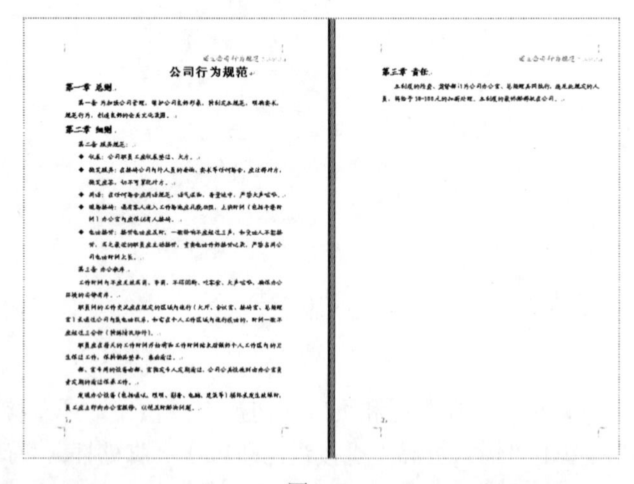

图 1-42

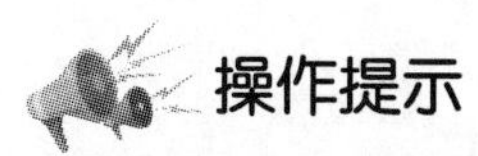

操作提示

选择“文件”→“页面设置”命令，也可打开“页面设置”对话框。

1.3　人事档案管理

人事档案管理就是将人事档案的收集、整理、保管、鉴定、统计和提供利用的活动。人事档案是在人事管理活动中形成的，记述和反映个人经历和德才表现，以个人为单位组合起来，以备考察的文件材料，如图 1-43 所示。主要是由人事、组织、劳资等部门在培养、选拔和使用人员的工作活动中形成的，是个人经历、学历、社会关系、思想品德、业务能力、工作状况以及奖励处罚等方面的原始记录。

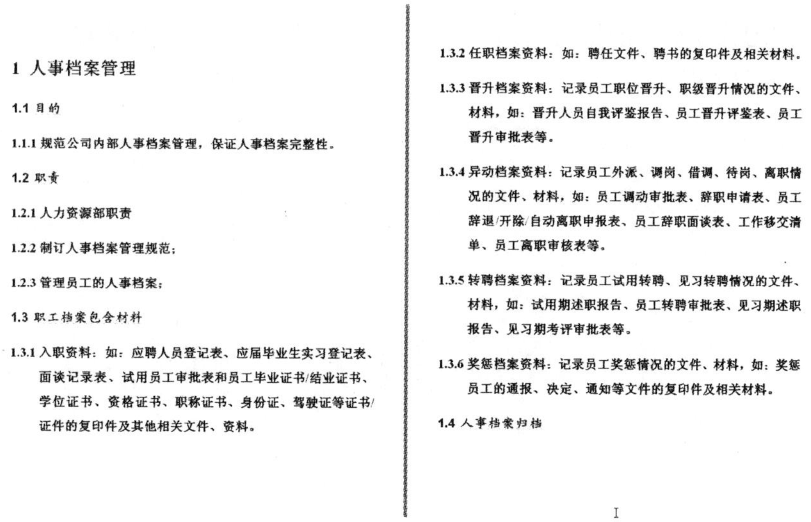

1 人事档案管理

1.1 目的

1.1.1 规范公司内部人事档案管理，保证人事档案完整性。

1.2 职责

1.2.1 人力资源部职责

1.2.2 制订人事档案管理规范；

1.2.3 管理员工的人事档案；

1.3 职工档案包含材料

1.3.1 入职资料：如：应聘人员登记表、应届毕业生实习登记表、面谈记录表、试用员工审批表和员工毕业证书/结业证书、学位证书、资格证书、职称证书、身份证、驾驶证等证书/证件的复印件及其他相关文件、资料。

1.3.2 任职档案资料：如：聘任文件、聘书的复印件及相关材料。

1.3.3 晋升档案资料：记录员工职位晋升、职级晋升情况的文件、材料，如：晋升人员自我评鉴报告、员工晋升评鉴表、员工晋升审批表等。

1.3.4 异动档案资料：记录员工外派、调岗、借调、待岗、离职情况的文件、材料，如：员工调动审批表、辞职申请表、员工辞退/开除/自动离职申报表、员工辞职面谈表、工作移交清单、员工离职审核表等。

1.3.5 转聘档案资料：记录员工试用转聘、见习转聘情况的文件、材料，如：试用期述职报告、员工转聘审批表、见习期述职报告、见习期考评审批表等。

1.3.6 奖惩档案资料：记录员工奖惩情况的文件、材料，如：奖惩员工的通报、决定、通知等文件的复印件及相关材料。

1.4 人事档案归档

图 1-43

1.3.1　设置人事档案的内置段落样式

1. 应用样式

源文件：01/源文件/人事档案管理.doc、**效果文件**：01/效果文件/人事档案管理.doc、**视频文件**：01/视频/1.3.1 人事档案管理.mp4

应用样式不但可以改变字体和段落格式，而且可将标题设置成不同的级别，方便用户区分。

❶ 创建“人事档案管理”文档，并输入基本内容。

❷ 选中要应用样式的一个或多个段落，或将插入点定位到该段落中，选择“格式”→

Note

“样式和格式”命令（如图 1-44 所示），打开“样式和格式”任务窗格。

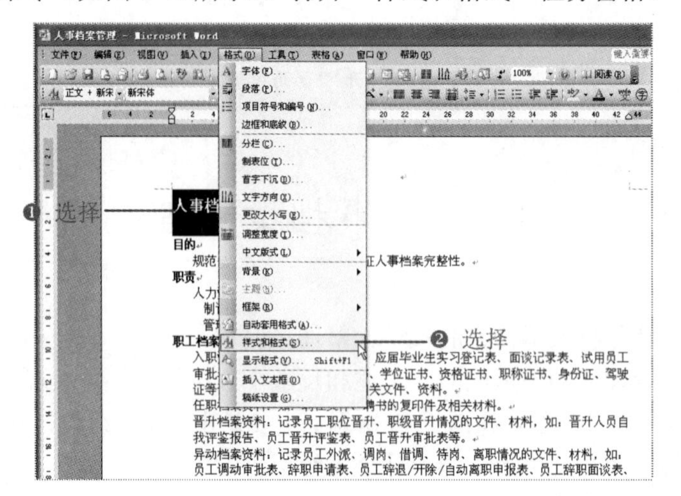

图 1-44

❸ 在“请选择要应用的格式”列表框中选择要应用的样式，这里对文档标题应用“标题 1”样式，如图 1-45 所示。

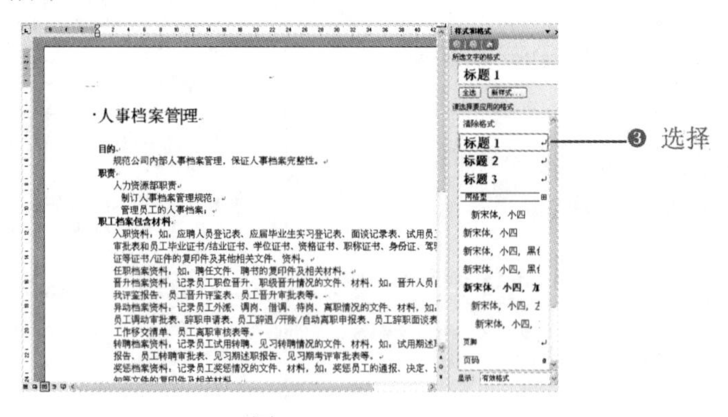

图 1-45

❹ 再按照同样方法设置其他标题的标题样式，相同的标题级别可设置相同标题样式，效果如图 1-46 所示。

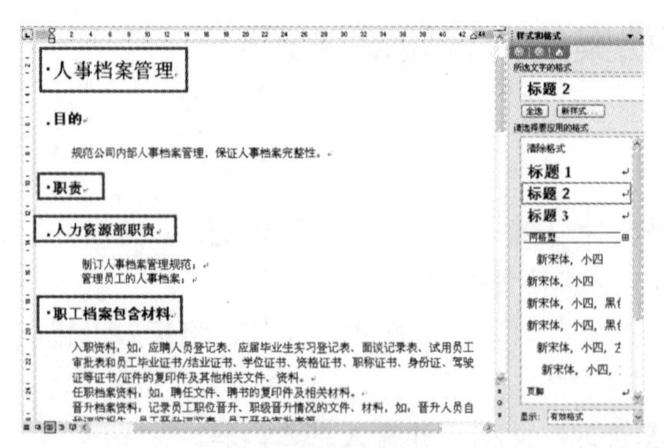

图 1-46

知识拓展

样式快捷键的设置

可以为样式设置快捷键，按相应的快捷键便可快速应用样式，如要将“标题 1”样式的快捷键设为“Ctrl+1”的具体操作如下：

❶ 在“样式和格式”任务窗格中指向“标题 1”样式，然后单击出现于右侧的按钮，在弹出的下拉列表框中选择“修改”命令，打开“修改样式”对话框。

❷ 单击“格式”按钮，在弹出的下拉菜单中选择“快捷键”命令，如图 1-47 所示。

❸ 打开“自定义键盘”对话框，在“请按新快捷键”文本框中单击，然后按下指定的快捷键“Ctrl+1”；在“将更改保存在”下拉列表框中可以选择快捷键的应用范围，默认为 Normal.dot（表示对整个 Normal 文档有效，也可选择仅应用于当前文档），如图 1-48 所示。

❹ 单击“指定”按钮，该快捷键将显示在“当前快捷键”列表框中，单击“关闭”按钮，返回“修改样式”对话框，单击“确定”按钮，使设置生效。

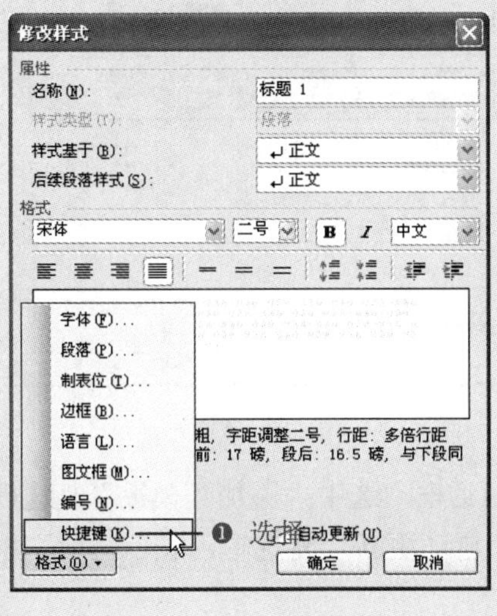

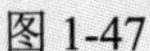

图 1-47

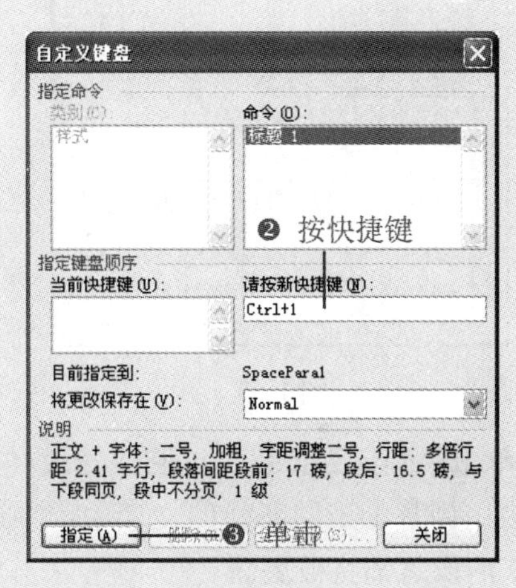

图 1-48

2. 批量修改样式

在使用样式的过程中，有时需要对已应用相同样式的段落格式进行修改，此时便可通过修改样式来达到批量修改的目的。这里将“标题 2”样式的字体修改为楷体、蓝色，并添加黄色下划线的效果，设置完成后，所有应用了标题 2 的文本将自动应用设置的新样式。

❶ 在“样式和格式”任务窗格中指向“标题 2”样式，然后单击出现于右侧的按钮，在弹出的下拉列表框中选择“修改”命令，如图 1-49 所示。

❷ 打开“修改样式”对话框，单击“格式”按钮，在弹出的下拉菜单中选择“字体”命令，如图 1-50 所示。

❸ 打开“字体”对话框，设置字体为楷体、蓝色，在“下划线线型”下拉列表框中选择“字下加线”选项，在“下划线颜色”下拉列表框中选择“黄色”，如图 1-51 所示。

Note

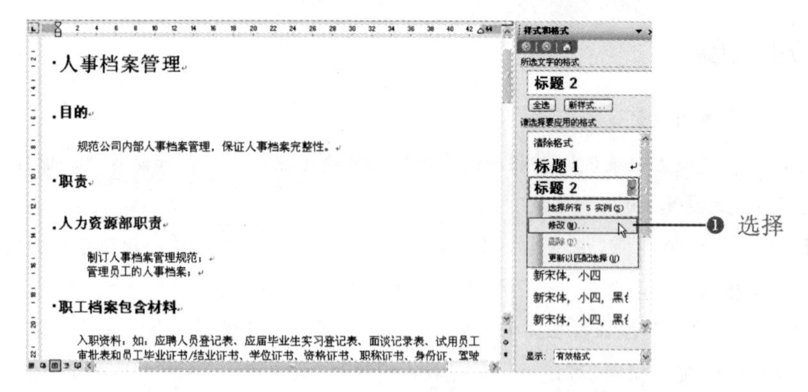

图 1-49

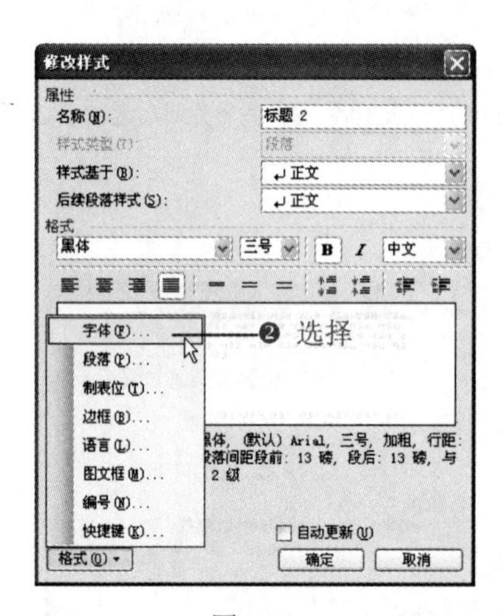

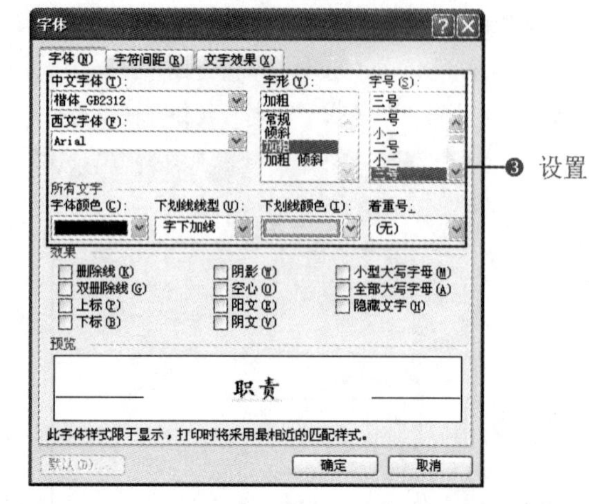

图 1-50　　图 1-51

❹ 单击“确定”按钮，返回“修改样式”对话框，选中“添加到模板”复选框，表示将修改应用到基于一同新建的文档中，并选中“自动更新”复选框，表示当前文档中所有相同格式的段落都将被更新。

❺ 单击“确定”按钮，此时文档中的所有应用了“标题 2”样式的段落格式将发生变化，效果如图 1-52 所示。

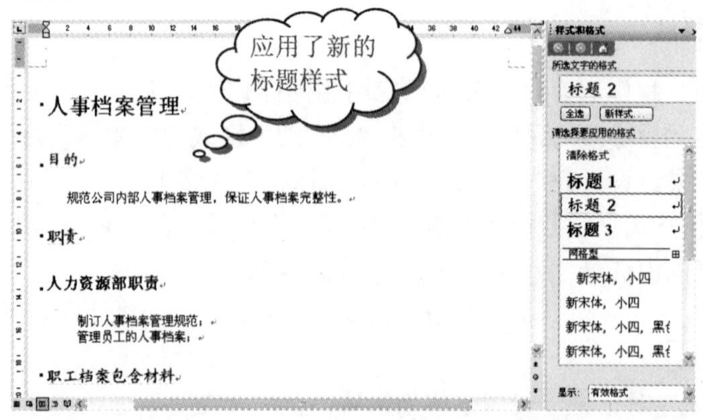

图 1-52

操作提示

如果设置了一个标题样式，其他标题与此标题一样，不用再重新设置。将插入点定位在用于提供格式的段落中，单击或双击“常用”工具栏中的“格式刷”按钮（单击只能复制一次格式，双击可以连续复制多次），此时光标将变成格式刷形状，用格式刷形状的光标单击或选中需要应用相同格式的段落文本，若通过双击“格式刷”按钮进行复制，结束后还需在“常用”工具栏中单击“格式刷”按钮退出格式刷状态。

Note

3．批量转换样式

在使用样式过程中，有时需要将已经应用相同样式的段落格式转换为另一种样式。将文档中的“新宋体，小四……”字体样式全部改成“正文”模式。

❶ 将插入点定位于文档中应用了“新宋体，小四，左侧”样式的任一个标题段落中，打开“样式和格式”任务窗格，此时“新宋体，小四，左侧”样式呈蓝色选框突出显示，单击全选按钮，选择所有“新宋体，小四，左侧”样式，如图 1-53 所示。

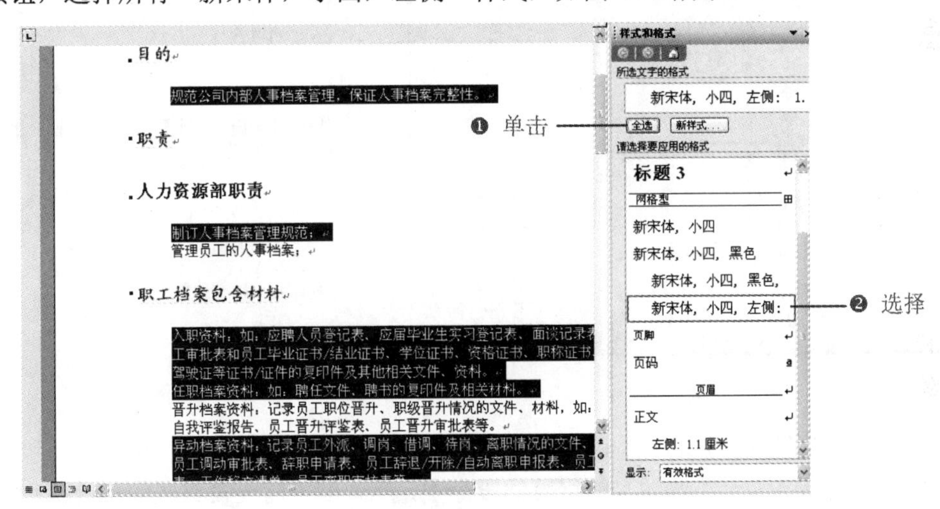

图 1-53

❷ 在“请选择要应用的格式”列表框中找到并单击要转换的“正文”样式即可。

知识拓展

清除段落样式

应用样式后对于不需要的样式可将其清除，即取消格式，而保留文本内容不变，恢复为默认的“正文”样式，方法有以下几种。

在“样式和格式”任务窗格中，单击列表框中的“清除格式”选项；在“样式和格式”任务窗格中重新应用“正文”样式；选择“编辑”→“清除”→“格式”命令。

Note

1.3.2 应用多级符号

源文件：01/源文件/人事档案管理.doc、**效果文件：**01/效果文件/人事档案管理.doc、**视频文件：**01/视频/1.3.2 人事档案管理.mp4

使用多级符号能以符号的形式区分不同级别的标题文本段落，使用多级符号的具体操作如下。

❶ 定位插入点到要使用多级符号的位置或选择要设置的文本段落，选择“格式”→“项目符号和编号”命令，打开“项目符号和编号”对话框。

❷ 切换到“多级符号”选项卡，在列表框中选择一种多级符号样式，其第 1 行一般用于非标题的段落，第 2 行用于标题样式级别，如这里单击第 2 行的第 2 种，如图 1-54 所示。

❸ 设置完成后，单击“确定”按钮，即可看到设置多级符号，如图 1-55 所示。

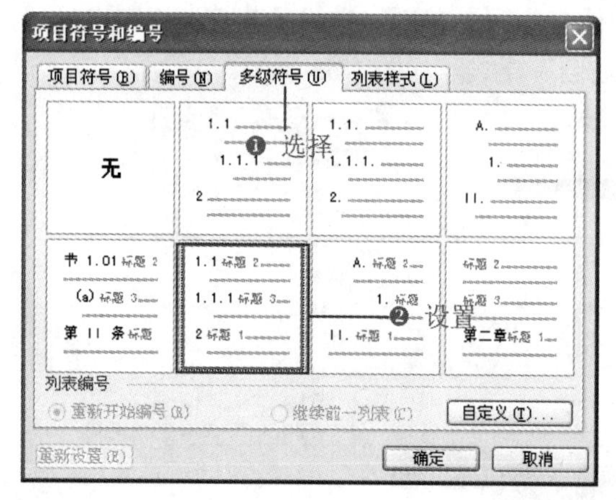

图 1-54

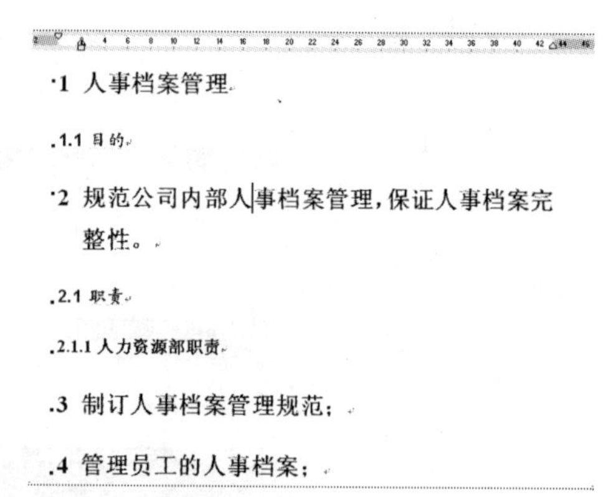

图 1-55

❹ 设置多级符号后发现多级符号顺序不对，下面进行调整。打开“样式和格式”任务窗格，将光标定位于需要调整的符号的段落中，然后单击需要设置成的标题级别，如图 1-56 所示。

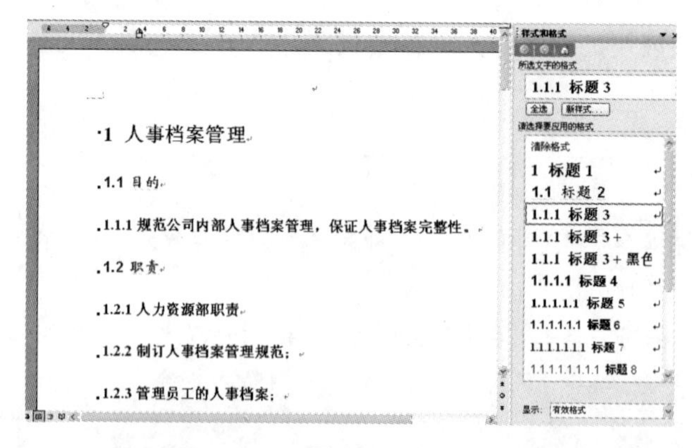

图 1-56

知识拓展

Note

多级图片项目符号的使用

不但可将数字等设置成多级符号，而且还可以将图片设置成项目符号。

❶ 选择所有多级列表，选择“格式”→“项目符号和编号”命令，打开“项目符号和编号”对话框。

❷ 选择“多级符号”选项卡，选择任意一种多级符号，再单击[自定义(T)...]按钮，打开“自定义多级符号列表”对话框，在“级别”列表框中选择需设置的级别（如“2”），在“编号样式”下拉列表框中便可选择一种项目符号作为列表编号格式，若该列表中没有合适的图片，则选择“新图片”命令，如图 1-57 所示。

❸ 打开“图片项目符号”对话框，选择一个合适的图片，如图 1-58 所示。

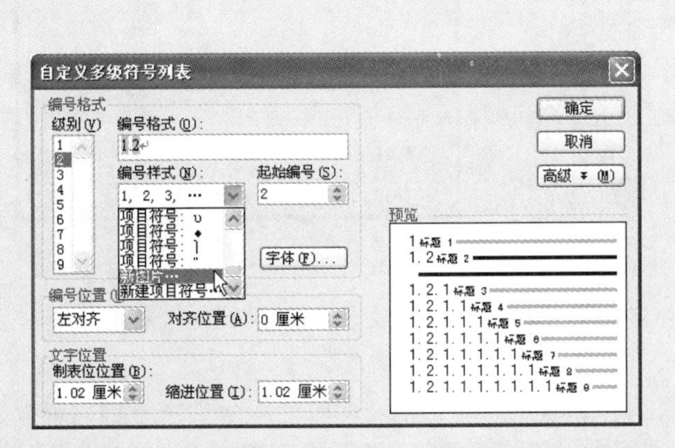

图 1-57

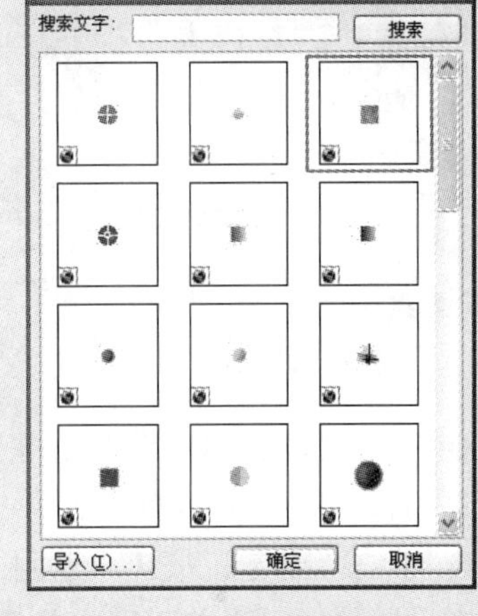

图 1-58

❹ 单击“确定”按钮，返回“自定义多级符号列表”对话框，在右下角的“预览”框中查看效果。在“级别”列表框中设置下一个级别，如选择“3”，在“编号样式”下拉列表框中选择“新图片”命令，打开“图片项目符号”对话框，选择一种图片项目符号进行设置。如果还要设置其他级别，按照此方法依次进行设置即可。

1.3.3 加载和管理模板

源文件：01/源文件/人事档案管理.doc、**效果文件：**01/效果文件/人事档案管理.doc、**视频文件：**01/视频/1.3.3 人事档案管理.mp4

利用模板快速创建文档，可以节约大量的工作时间，提高工作效率。

1. 将文档加载为共用模板

模板分为共用模板和文档模板两种类型。一般情况下用户只能使用保存在 Normal 模板中的模板，如果要使用其他模板，则还需要将其加载为共用模板。共用模板即 Word 启动以后所有文档都可以使用的模板。将文件加载为共用模板之后，今后运行 Word 时都可以使用该模板中的内容。加载共用模板的具体步骤如下。

❶ 选择“工具”→“模板和加载项”命令，如图 1-59 所示。

❷ 在打开的“模板和加载项”对话框中切换到“模板”选项卡，然后在“共用模板及加载项”栏中单击“添加”按钮，如图 1-60 所示。

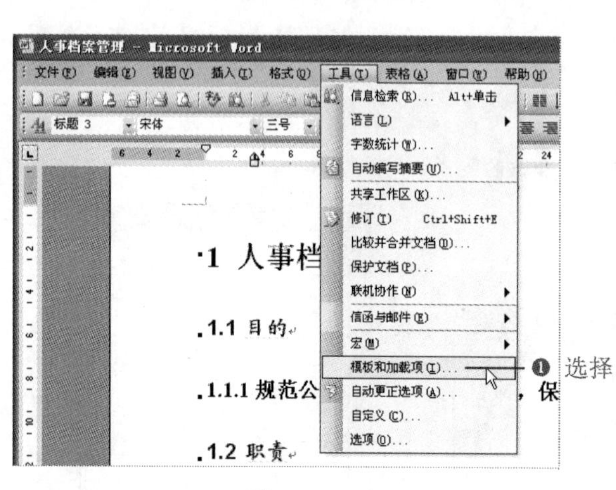

图 1-59

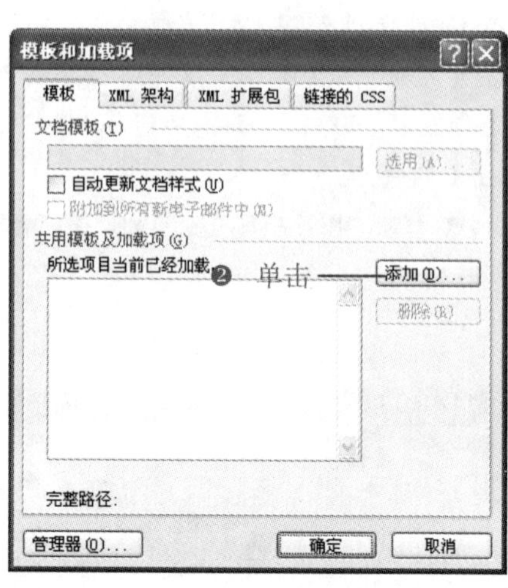

图 1-60

❸ 打开“添加模板”对话框，会自动显示保存的模板文件夹，找到并选中“人事档案管理”模板，如图 1-61 所示。

❹ 单击“确定”按钮，返回“模板和加载项”对话框，此时“人事档案管理”模板已显示在“所选项目当前已经加载”列表框中，其前面的复选框决定了 Word 启动时是否加载该加载项，这里选中该复选框，如图 1-62 所示。

图 1-61

图 1-62

❺ 单击“确定”按钮，即可完成将人事档案管理模板加载为共用模板的设置。

知识拓展

将文档保存为模板

在将文档加载为共用模板前，需要将文档保存为模板文档，具体操作如下。

❶ 选择“文件”→“另存为”命令，打开“另存为”对话框，在“保存类型”下拉列表框中选择“文档模板”选项，保存路径使用默认的路径，如图 1-63 所示。

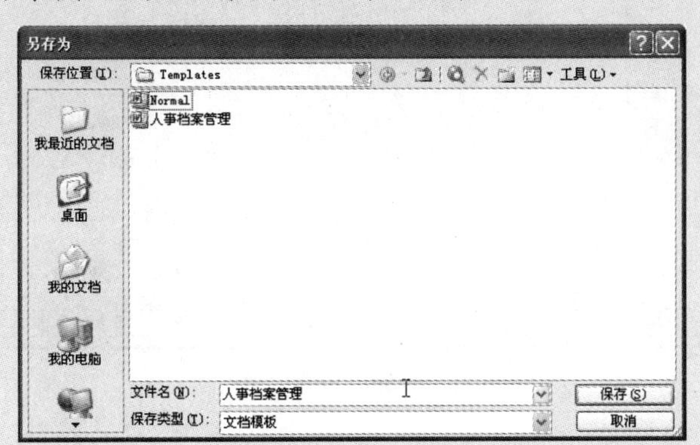

图 1-63

❷ 单击“保存”按钮，即可将文档保存为模板。

2. 管理模板窗口

在日常的办公工作过程中，行政人员需要制作很多的办公文档，为了节省时间，就需要创建很多的工作文档模板，用户可以根据需要将自己制作的各种模板存储于自定义的选项卡中，以便于查找和应用。

❶ 打开“C:\Documents and Settings\Administrator\Application Data\Microsoft\Templates”文件夹，在此文件夹中创建一个新的文件夹“常用模板”，并将“人事档案管理”等设置的模板放到此文件夹中，如图 1-64 所示。

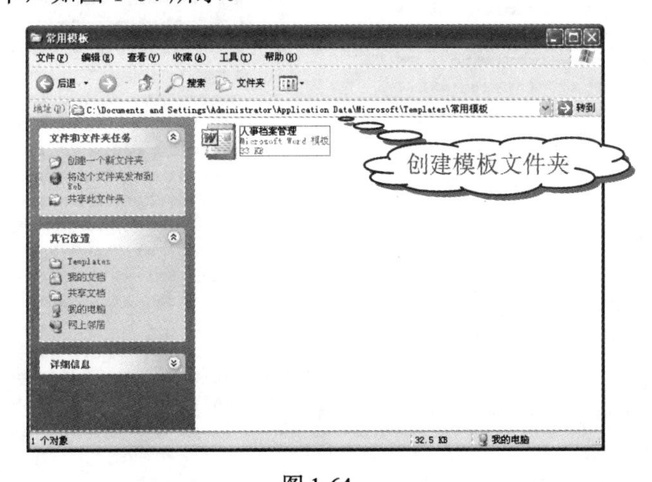

图 1-64

❷ 此时打开一个新的空白文档，选择“文件”→“新建”命令，打开“新建文档”任务窗格，单击“本机上的模板”链接，打开“模板”对话框，在“常用”选项卡中即可看到管理的模板窗格，如图 1-65 所示。

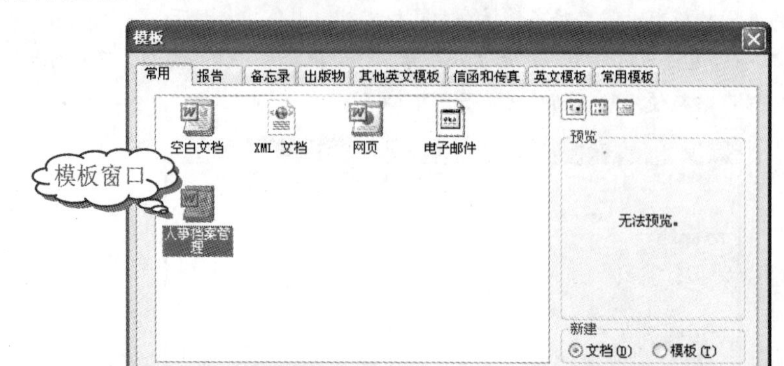

图 1-65

1.4 竞争协议书

现代社会竞争非常激烈，衍生了许多不公平的竞争，这不利于企业的长久发展和社会的和谐，所以为规范大家的竞争和市场行为，有必要签订竞争协议书，保证大家公平竞争，维护大家的利益，如图 1-66 所示。

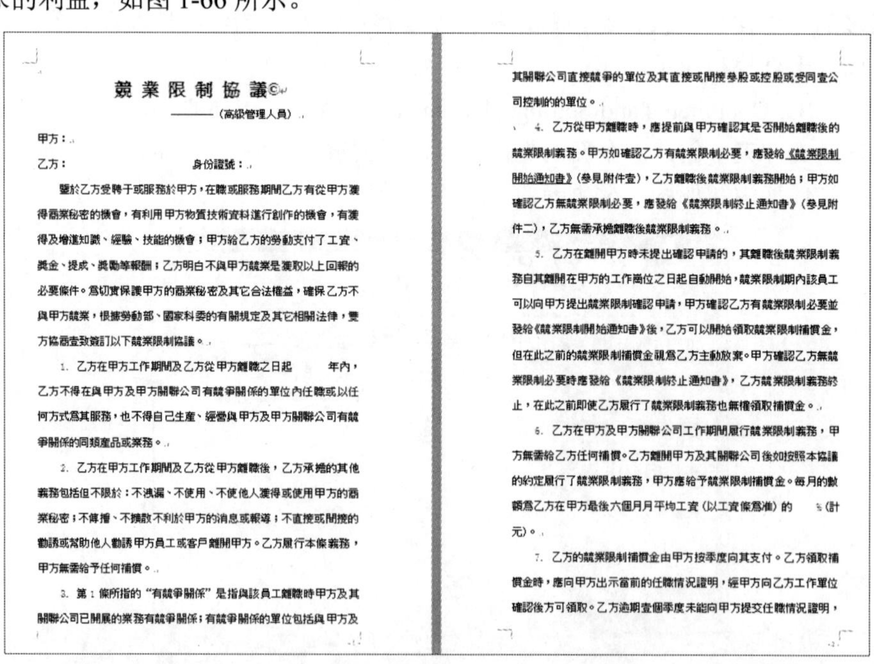

競業限制協議©

——（高級管理人員）

甲方：

乙方：　　　　身份證號：

鑒於乙方受聘于或服務於甲方，在職或服務期間乙方有從甲方獲得商業秘密的機會，有利用甲方物質技術資料進行創作的機會，有獲得及增進知識、經驗、技能的機會；甲方給乙方的勞動支付了工資、獎金、提成、獎勵等報酬；乙方明白不與甲方競業是獲取以上回報的必要條件。爲切實保護甲方的商業秘密及其它合法權益，確保乙方不與甲方競業，根據勞動部、國家科委的有關規定及其它相關法律，雙方協商壹致簽訂以下競業限制協議。

1. 乙方在甲方工作期間及乙方從甲方離職之日起　　年內，乙方不得在與甲方及甲方關聯公司有競爭關係的單位內任職或以任何方式爲其服務，也不得自己生產、經營與甲方及甲方關聯公司有競爭關係的同類產品或業務。

2. 乙方在甲方工作期間及乙方從甲方離職後，乙方承擔的其他義務包括但不限於：不洩漏、不使用、不使他人獲得或使用甲方的商業秘密；不傳播、不擴散不利於甲方的消息或報導；不直接或間接的勸誘或幫助他人勸誘甲方員工或客戶離開甲方。乙方履行本條義務，甲方無需給予任何補償。

3. 第 1 條所指的“有競爭關係”是指與該員工離職時甲方及其關聯公司已開展的業務有競爭關係；有競爭關係的單位包括與甲方及其關聯公司直接競爭的單位及其直接或間接參股或控股或受同壹公司控制的的單位。

4. 乙方從甲方離職時，應提前與甲方確認其是否開始離職後的競業限制義務。甲方如確認乙方有競業限制必要，應發給《競業限制開始通知書》（參見附件壹），乙方離職後競業限制義務開始；甲方如確認乙方無競業限制必要，應發給《競業限制終止通知書》（參見附件二），乙方無需承擔離職後競業限制義務。

5. 乙方在離開甲方時未提出確認申請的，其離職後競業限制義務自其離開在甲方的工作崗位之日起自動開始，競業限制期內該員工可以向甲方提出競業限制確認申請，甲方確認乙方有競業限制必要並發給《競業限制開始通知書》後，乙方可以開始領取競業限制補償金，但在此之前的競業限制補償金視爲乙方主動放棄。甲方確認乙方無競業限制必要時應發給《競業限制終止通知書》，乙方競業限制義務終止，在此之前即使乙方履行了競業限制義務也無權領取補償金。

6. 乙方在甲方及甲方關聯公司工作期間履行競業限制義務，甲方無需給乙方任何補償。乙方離開甲方及其關聯公司後如按照本協議的約定履行了競業限制義務，甲方應給予競業限制補償金。每月的數額爲乙方在甲方最後六個月月平均工資（以工資條爲准）的　　%(計元)。

7. 乙方的競業限制補償金由甲方按季度向其支付。乙方領取補償金時，應向甲方出示當前的任職情況證明，經甲方向乙方工作單位確認後方可領取。乙方逾期壹個季度未能向甲方提交任職情況證明，

图 1-66

1.4.1 创建竞争协议基本文档

源文件：01/源文件/竞争协议书.doc、**效果文件**：01/效果文件/竞争协议书.doc、**视频文件**：01/视频/1.4.1 竞争协议书.mp4

❶ 新建“竞争协议书”文档，打开文档，并输入所有内容。

❷ 根据前面介绍的方法，设置字体、段落格式，以及文本对齐方式，设置后的效果如图 1-67 所示。

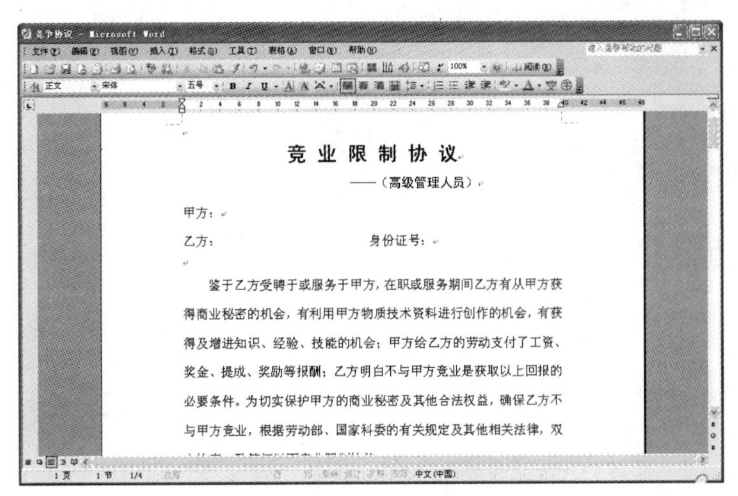

图 1-67

1.4.2 输入字符

源文件：01/源文件/竞争协议书.doc、**效果文件**：01/效果文件/竞争协议书.doc、**视频文件**：01/视频/1.4.2 竞争协议书.mp4

1. 输入日期和时间

自己手动可以输入日期，但是利用 Word 提供的自动输入日期可快速输入日期，而且还可以选择不同的日期格式。

❶ 将文本插入点定位到要插入日期的位置，选择“插入”→“日期和时间”命令（如图 1-68 所示），打开“日期和时间”对话框。

❷ 在“可用格式”列表框中选择要插入的日期或时间格式（如果需要在下次打开或编辑文档时，该日期或时间自动更新为当前的系统时间，可以选中“自动更新”复选框），如图 1-69 所示。

❸ 双击要插入的日期和时间，或选择后单击“确定”按钮，即可将日期插入到文档中，如图 1-70 所示。

Note

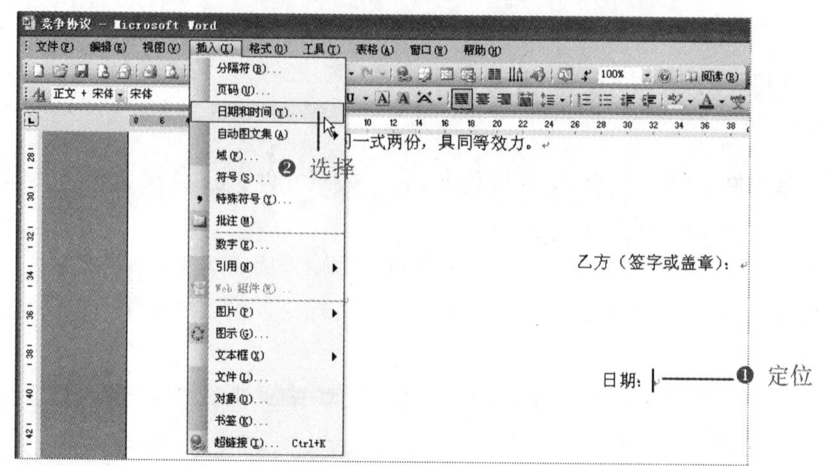

图 1-68

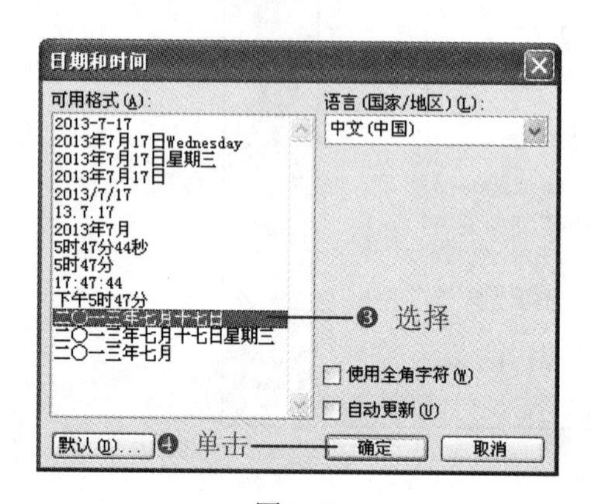

图 1-69

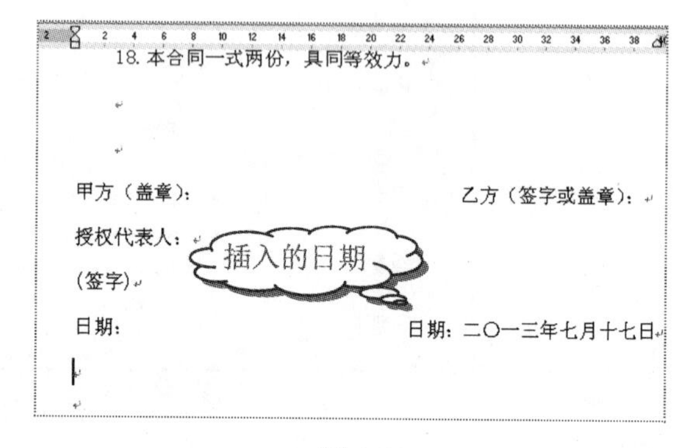

图 1-70

操作提示

Word 默认启用了记忆时间输入功能，每当输入日期或时间的前几个字符时，将自动弹出当前日期的屏幕提示，如图 1-71 所示。此时要接受则按“Enter”键，即可自动全部输入，否则继续输入。

2013-7-17 (按 Enter 插入)
2013

图 1-71

2. 输入页码

在文档中插入页码可方便查找文本，而且打印出来也不会出现混乱。

❶ 选择“插入”→“页码”命令（如图 1-72 所示），打开“页码”对话框。

❷ 在“位置”下拉列表框中选择“页面底端（页脚）”选项；在“对齐方式”下拉列表框中选择“右侧”选项，然后选中“首页显示页码”复选框，表示首页上也要显示页码，如图 1-73 所示。

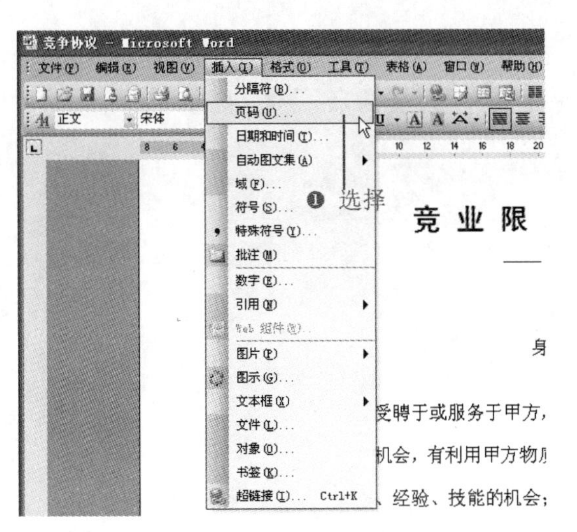

图 1-72

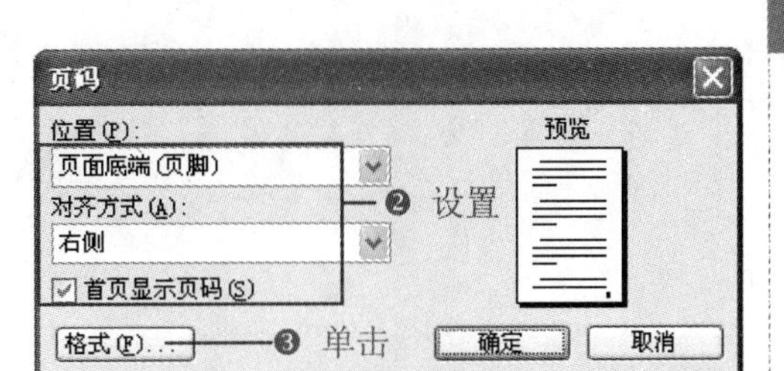

图 1-73

❸ 单击“格式”按钮，打开“页码格式”对话框，在“数字格式”下拉列表框中选择页码的格式，选中“续前节”单选按钮，如图 1-74 所示。

❹ 单击“确定”按钮，即可插入页码，效果如图 1-75 所示。

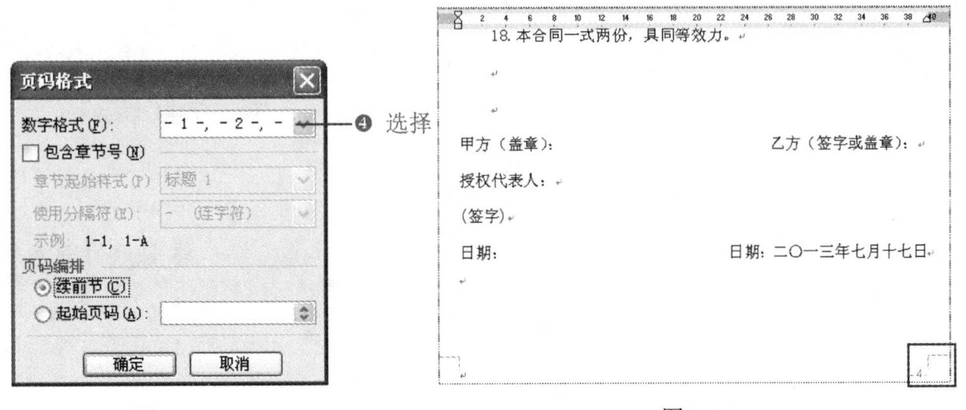

图 1-74　　　　图 1-75

操作提示

插入页码后，若要设置页码的字体格式或删除页码需先进入页眉的页脚视图。双击页眉或页脚即可激活页眉页脚，然后选中页码，像设置普通文本一样设置页码的字体、字号即可。

3. 插入特殊符号

插入特殊符号可以对特殊的文档进行标注，有说明和强调的作用。

❶ 将文档插入点定位到要插入特殊符号的位置，这里定位在文档标题后，选择“插入”→“符号”命令，如图 1-76 所示。

❷ 打开“符号”对话框，选择“特殊符号”选项卡，选中“版权所有”选项，如图 1-77

Note

所示。

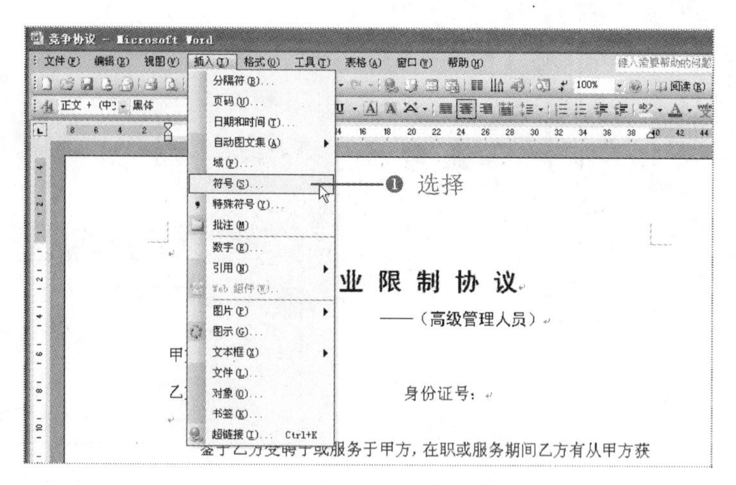

图 1-76

❸ 单击“插入”按钮，即可将符号插入到光标所在位置，再单击“取消”按钮，关闭对话框，插入的特殊符号如图 1-78 所示。

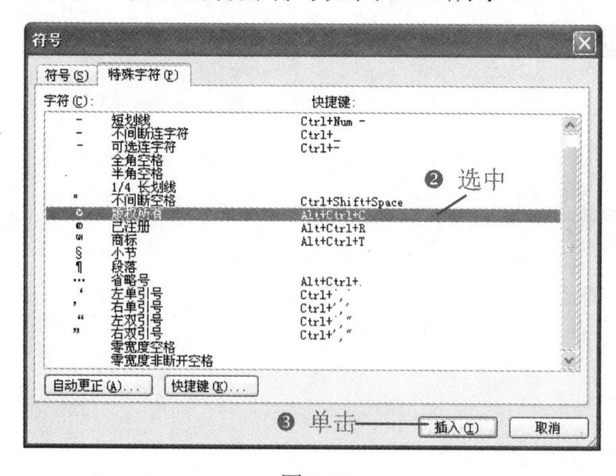

图 1-77

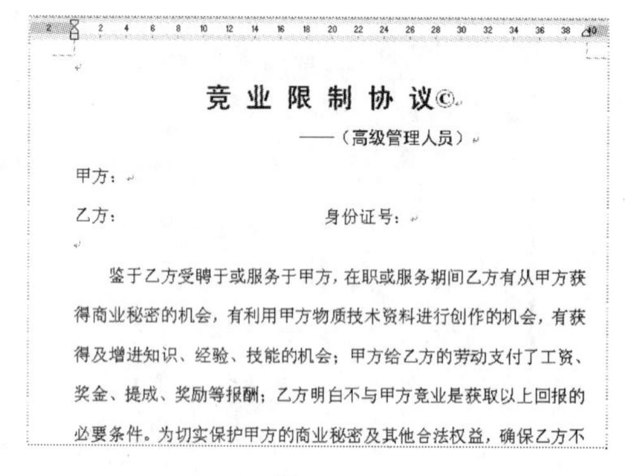

图 1-78

1.4.3 设置竞争协议书的中文版式

源文件：01/源文件/竞争协议书.doc、**效果文件**：01/效果文件/竞争协议书.doc、**视频文件**：01/视频/1.4.3 竞争协议书.mp4

1. 字符的简繁转换

竞争协议参与的企业有中国台湾、中国香港等地区，他们一般使用繁体字，为了方便他们查看，需要将简体中文转换为繁体中文，或者将传过来的繁体文字转换为简体中文。

❶ 选中全文，选择“工具”→“语言”→“中文简繁转换”命令，如图 1-79 所示，打开“中文简繁转换”对话框。

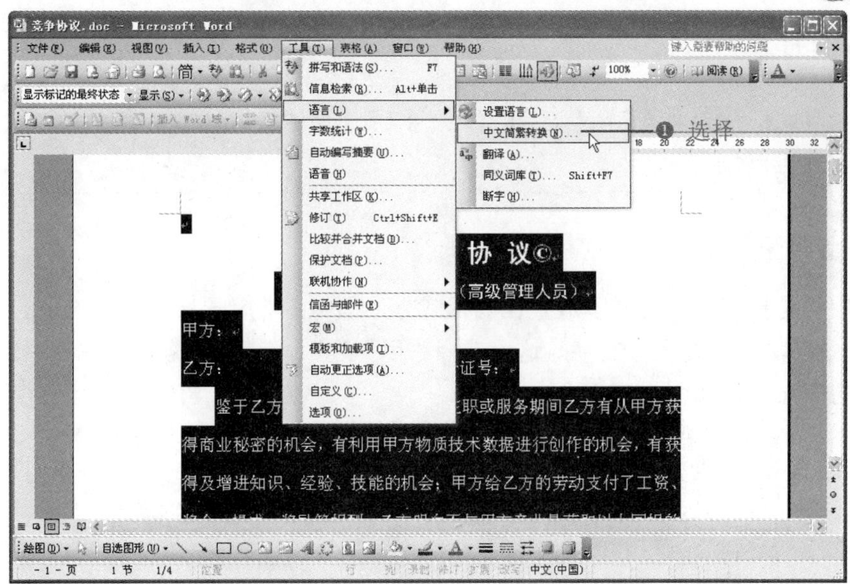

图 1-79

❷ 在“转换方向”栏中选中“简体中文转换为繁体中文”单选按钮，如图 1-80 所示。

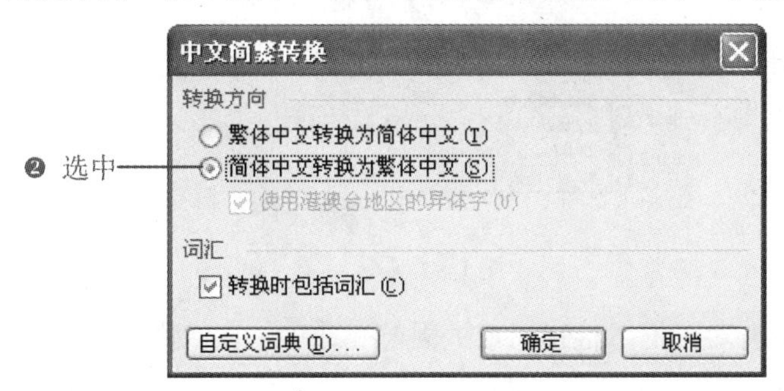

图 1-80

❸ 单击“确定”按钮，即可将简体中文转换为繁体中文，如图 1-81 所示。

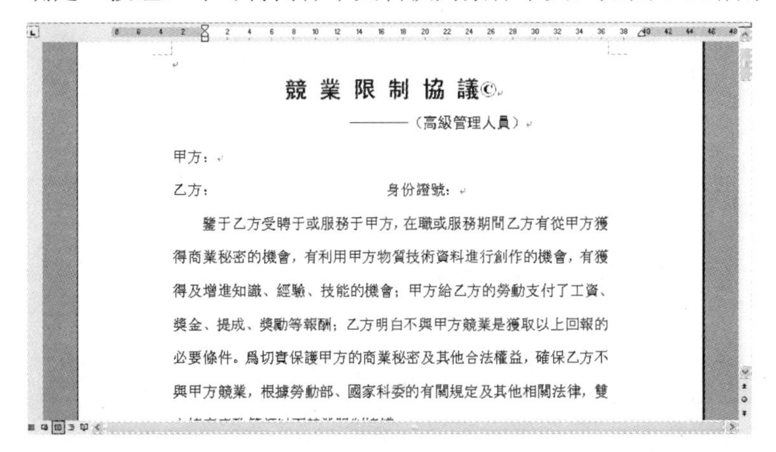

图 1-81

操作提示

如果要将繁体中文转换为简体中文，只需在“中文简繁转换”对话框中选中“繁体中文转换为简体中文”单选按钮即可。

Note

2. 设置带圈字符

带圈字符是指将单个的文本放置在圆形或方形框中，常用于报刊和杂志中的汉字排版。

❶ 选中要输入带圈字符文字，这里选择“甲”选项，选择“格式”→“中文版式”→“带圈字符”命令，如图 1-82 所示。

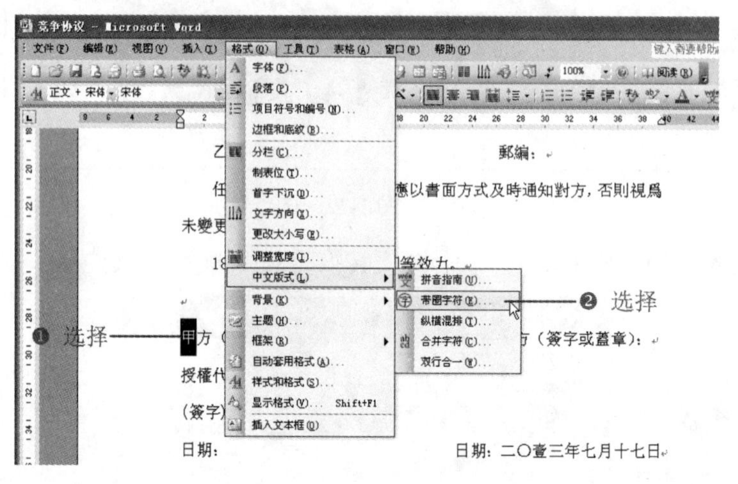

图 1-82

❷ 打开“带圈字符”对话框，选择“增大圈号”选项，在“圈号”栏下选择圆圈，如图 1-83 所示。

❸ 单击“确定”按钮，即可将“甲”设置成带圈字符，再按照相同方法设置其他文字，最后效果如图 1-84 所示。

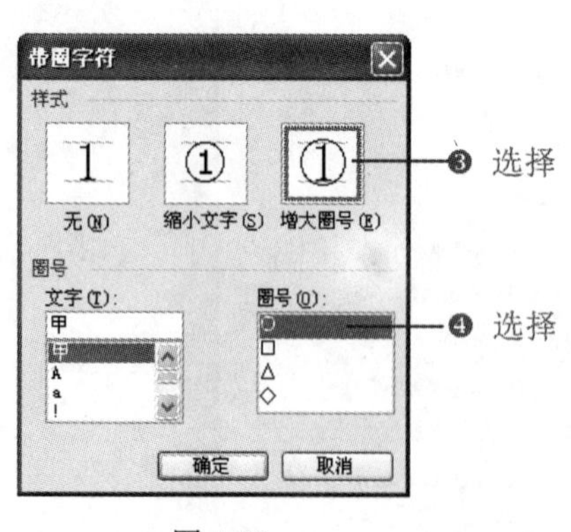

图 1-83

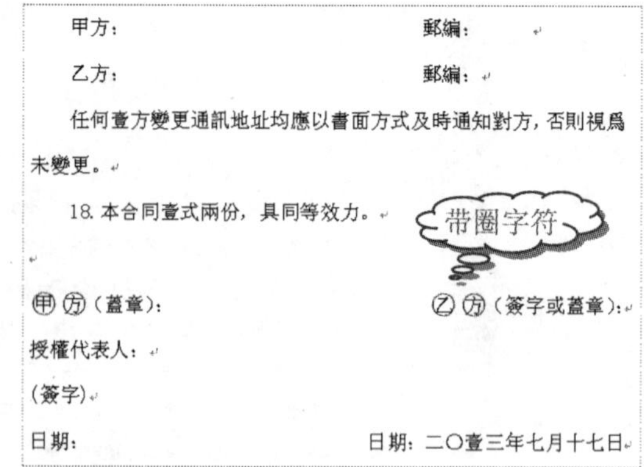

图 1-84

操作提示

设置带圈字符一次性只能设置一个字符，如果选择多个字符，那么设置后默认只将第一个字符设置成带圈字符，其他字符还需重新设置。

1.4.4　插入超链接

源文件：01/源文件/竞争协议书.doc、**效果文件**：01/效果文件/竞争协议书.doc、**视频文件**：01/视频/1.4.4 竞争协议书.mp4

利用超链接可以将相关的文本与其他文件相关联，通过单击文本即可打开此文件，而不必全部在文档中呈现；也不必再重新找到文件所在的位置进行打开。

❶ 选择需要设置超链接的文本，选择“插入”→“超链接”命令，如图 1-85 所示。

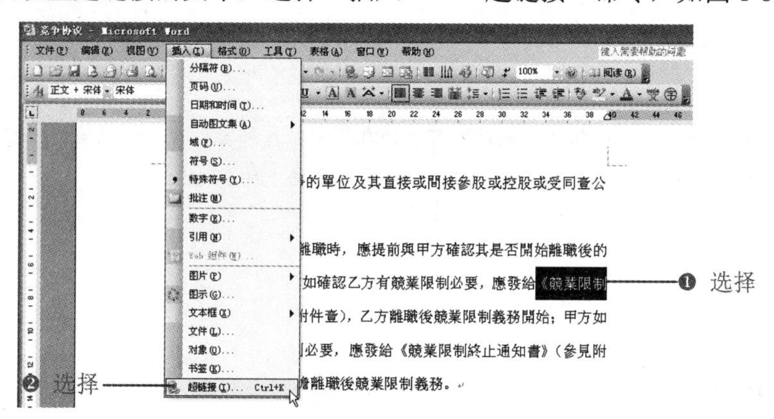

图 1-85

❷ 打开“插入超链接”对话框，在“链接到”栏中选择“所有文件或网页”选项，然后找到文件所在位置并选中，如图 1-86 所示。

❸ 设置完成后单击“确定”按钮，将鼠标放置在设置了超链接的文本上，即可看到提示，如图 1-87 所示。

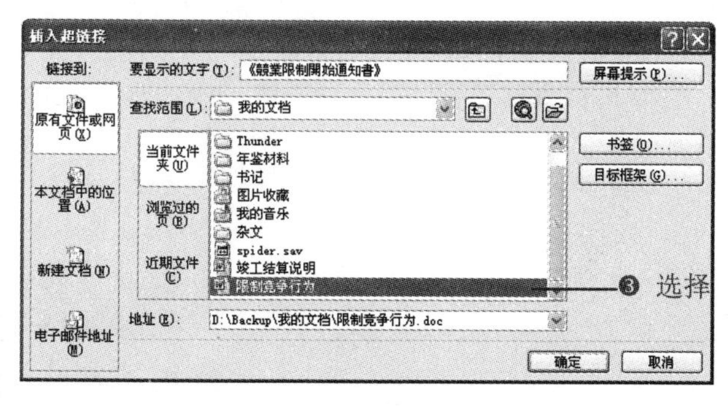

图 1-86

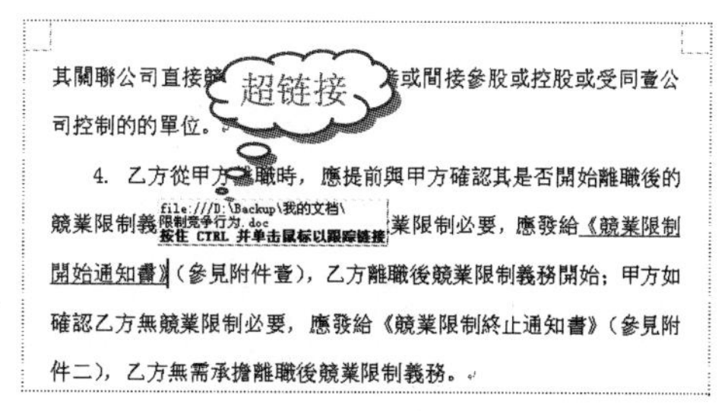

图 1-87

知识拓展

Note

设置屏幕提示

在“插入超链接”对话框中单击“屏幕提示”按钮，打开“设置超链接屏幕提示”对话框，在文本框中输入提示的文字，如图 1-88 所示。依次单击“确定”按钮，即可为超链接添加屏幕提示文字，如图 1-89 所示。

图 1-88

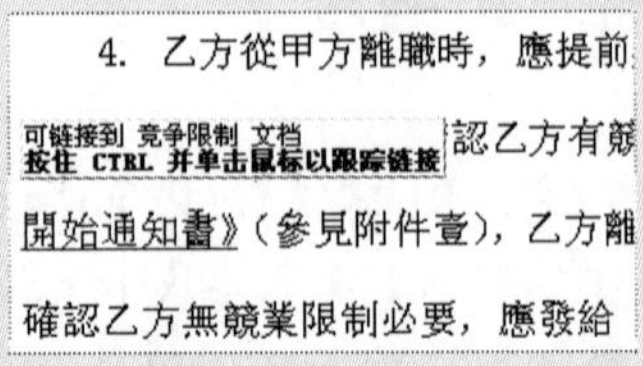

图 1-89

操作提示

在“插入超链接”对话框的“地址”下拉列表框中输入网址，可直接链接到所需的网页；在“链接到”栏中选择“本文档中的位置”选项，可链接到文档中的其他位置。

Word 表格的应用

Word 中不但可以输入文字，而且可以插入表格统计一些数据，减少文档的繁杂凌乱，使文本、数据变得有条理。对 Word 表格可以进行一些设置，并使用一些简单的功能处理里面的数据，使表格美观、有顺序。

- ☑ 员工离职管理办法
- ☑ 人力资源招聘成本管理
- ☑ 月度考勤统计表

本章部分学习目标及案例

出差旅费清单

姓名		所属部门		职位		出差日期	
出差事由							
年月日	起始地点	交通工具	交通费用	住宿费	膳食费用	总额	
合计							
经记人民币（大写）：							

核准：　复核：　主管：　出差人：

（1）

移交清单

离职人姓名		服务单位			离职日期	年 月 日
离职原因						
一、文件移交						
名称	数量	起讫时间			接收人	监交人
二、文件移交						
名称	数量	单位	内容		接收人	监交人
三、人员移交						
人数	人，员工　人，共　人，附名册　份。					
四、待办事项						

监交人：________　接收人：________　移交人：________

（2）

2.1 基础知识

Note

2.1.1 添加工具栏功能按钮

源文件：02/源文件/2.1.1 添加功能按钮.doc、**视频文件**：02/视频/2.1.1 添加功能按钮.mp4

通过对 Word 中的各种设置和操作，会发现许多对话框中的功能“常用”、“格式”等工具栏中也可设置，但是有些功能在工具栏上找不到，可通过下面的方法添加或删除工具栏上的功能按钮。

❶ 单击“常用”工具栏上的“工具栏选项”按钮，在展开的菜单中将鼠标指向“分栏”命令，在展开的菜单中选择“常用”命令，展开子菜单，如图 2-1 所示。

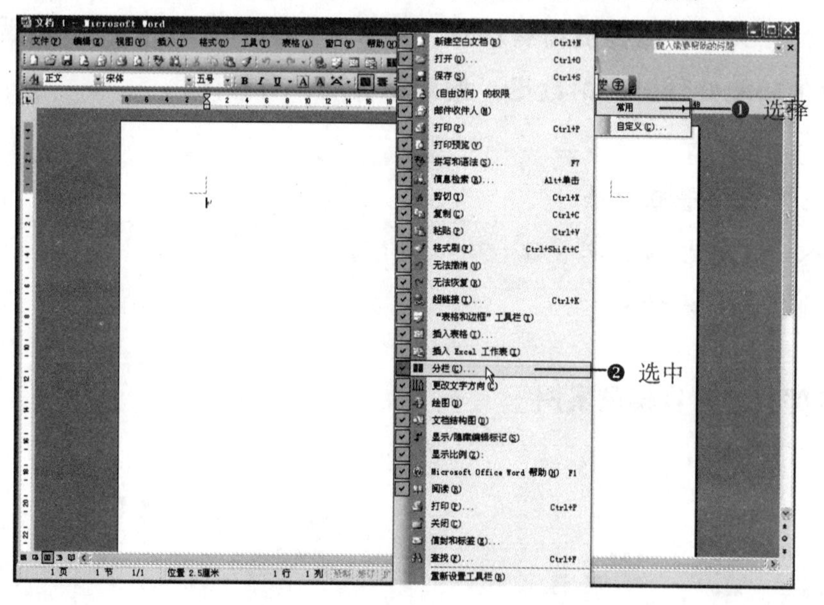

图 2-1

❷ 如果需要添加某个功能按钮到工具栏中，选中此工具前面的复选框；若要取消显示，则取消选中功能按钮即可。“格式”工具栏中的功能按钮也按照此方法添加。

知识拓展

自定义工具栏

如果上面下拉菜单中没有所需的功能选项，可以利用下面的方法实现。

❶ 单击“工具栏选项”按钮，在展开的菜单中选择“添加或删除按钮”命令，在展开的子菜单中选择“自定义”命令，打开“自定义”对话框。

❷ 选择"命令"选项卡，在"类别"列表框中选择需要添加的类别，在"命令"列表框中选择需要的命令，如图 2-2 所示，按住鼠标左键不放，直接拖动到工具栏中即可。

❸ 切换到"工具栏"选项卡（如图 2-3 所示），单击"新建"按钮，打开"新建工具栏"对话框，在"工具栏名称"文本框中输入工具栏名称，如图 2-4 所示，单击"确定"按钮即可创建新的工具栏，然后按照步骤❷介绍的方法在工具栏上添加需要的命令。

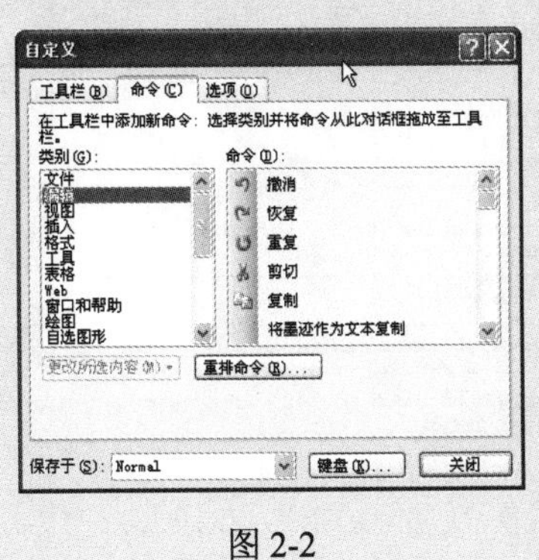

图 2-2

图 2-3

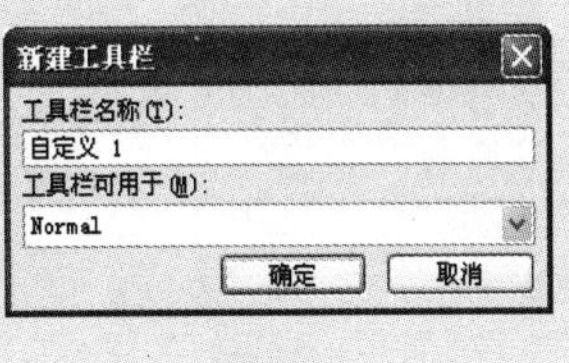

图 2-4

Note

2.1.2 英文大小写转换

源文件：02/源文件/2.1.2 英文大小转换.doc、**视频文件**：02/视频/2.1.2 英文大小转换.mp4

若文档中有英文，而英文都是呈现大写，这样不但不美观，而且不易阅读，可以利用下面的方法转换大小写。

❶ 选中要转换的英文文本，选择"格式"→"更改大小写"命令，如图 2-5 所示。

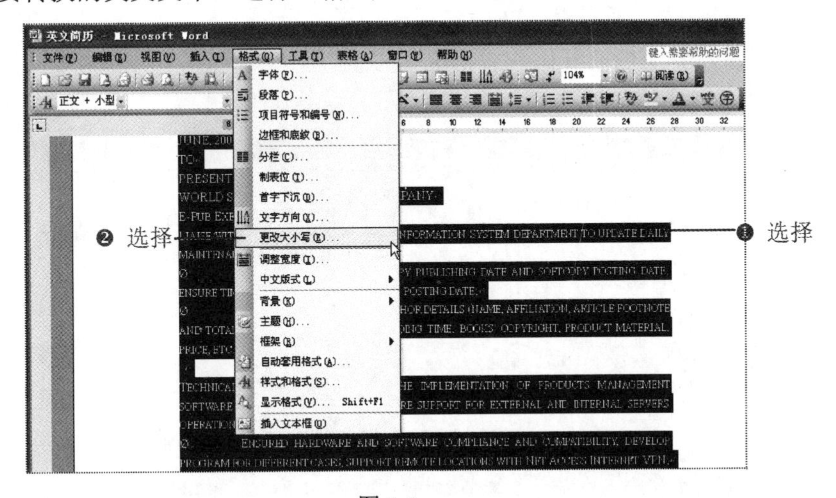

图 2-5

❷ 打开"更改大小写"对话框，选中"小写"单选按钮，如图 2-6 所示。

Note

❸ 单击“确定”按钮，即可将选中的英文转换为小写，如图 2-7 所示。如果需要将文档的居首字母设置为大写，选择文本，然后打开“更改大小写”对话框，选中“居首字母大写”单选按钮，即可将英文的居首字母设置成大写。

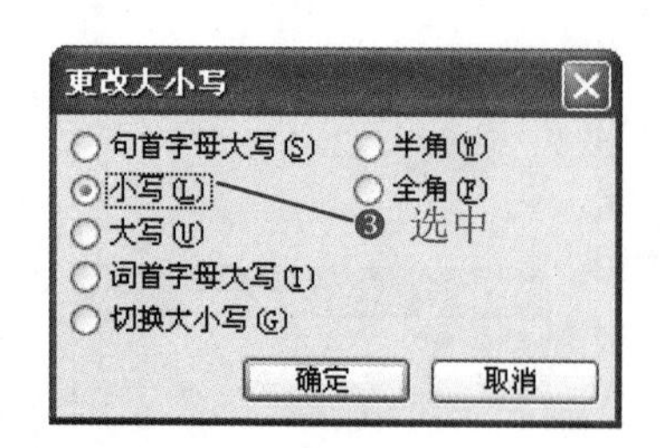

图 2-6

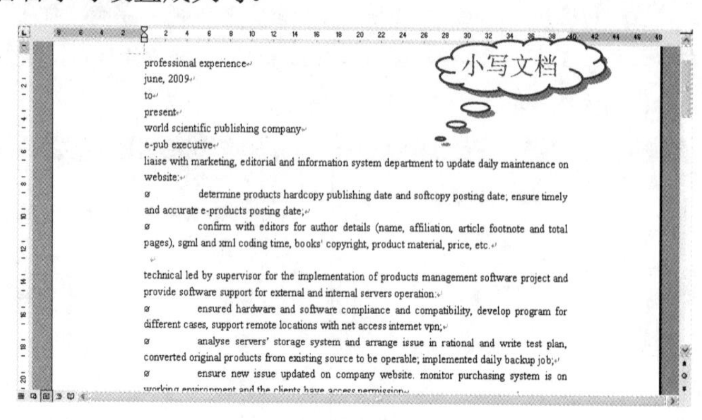

图 2-7

知识拓展

利用“字体”对话框设置大小写

选择“格式”→“字体”命令，打开“字体”对话框，在“字体”选项卡的“效果”栏中选中“小型大写字母”或“全部大写字母”复选框，可将小写字母设置为大写。

2.1.3 查找字符

源文件：02/源文件/2.1.3 查找字符.doc、**视频文件：**02/视频/2.1.3 查找字符.mp4

使用 Word 的查找功能可以在文档中查找任意字符，方便用户查找固定的内容。

❶ 将光标定位到文档的开始位置，选择“编辑”→“查找”命令（如图 2-8 所示），打开“查找和替换”对话框。

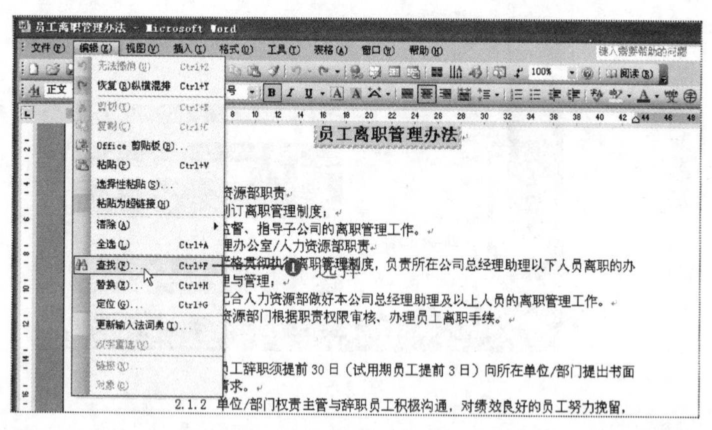

图 2-8

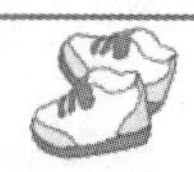

❷ 在“查找内容”文本框中输入要查找的字符，然后单击“查找下一处”按钮，即会以黑色底纹显示查找到的第一处内容，如图 2-9 所示。接着单击“查找下一处”按钮，直到查找完即可关闭对话框。

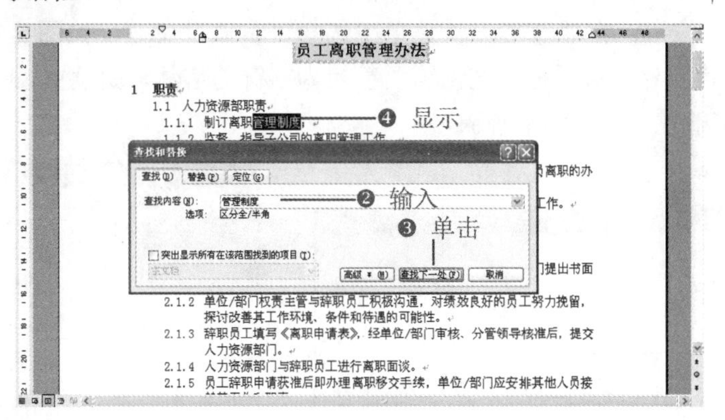

图 2-9

查找特殊字体或特殊字符

除了查找字符外，还可以查找特殊字符。

在“查找和替换”对话框中单击“高级”按钮，展开更多选项，单击“格式”按钮，在展开的菜单中选择“字体”选项，如图 2-10 所示，打开“查找字体”对话框，设置需要查找字体的格式，单击“确定”按钮，再单击“查找下一处”按钮，即可查找到所设置格式的字符。

单击“特殊字符”按钮，在展开的下拉菜单中选择要查找的特殊字符，如“任意字母”，如图 2-11 所示，单击“查找下一处”按钮，即可查找文档中的字母。

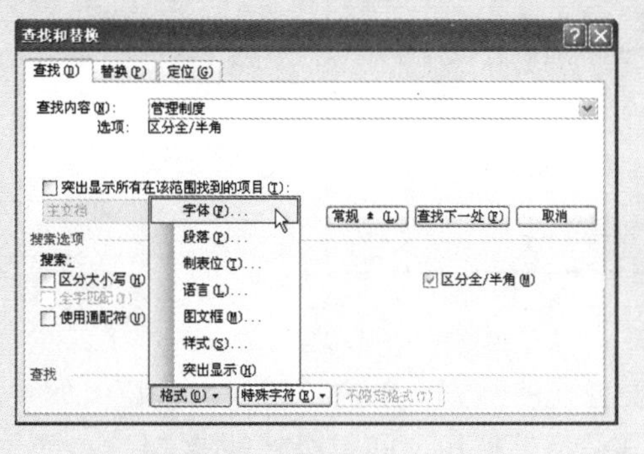

图 2-10

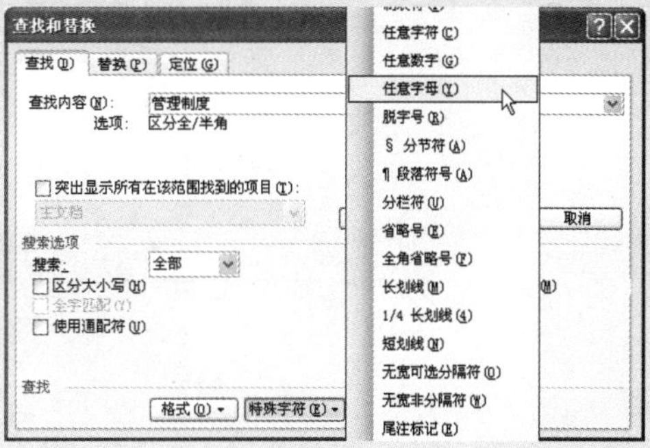

图 2-11

2.1.4 替换字符

源文件：02/源文件/2.1.4 替换字符.doc、**视频文件**：02/视频/2.1.4 替换字符.mp4

使用替换功能可以将查找到的内容快速替换成另一内容，而不用一个一个修改。

❶ 将光标定位到文档开始位置，选择“编辑”→“替换”命令，或按“Ctrl+H”快捷键，打开“查找和替换”对话框的“替换”选项卡。

❷ 在“查找内容”文本框中输入需要替换掉的字符，在“替换为”文本框中输入字符，然后单击“格式”按钮，在展开的下拉菜单中选择“字体”命令，如图 2-12 所示。

❸ 打开“替换字体”对话框，设置需要替换为字符的字体，如设置“中文字体”为“黑体”，字形为“加粗”，如图 2-13 所示。

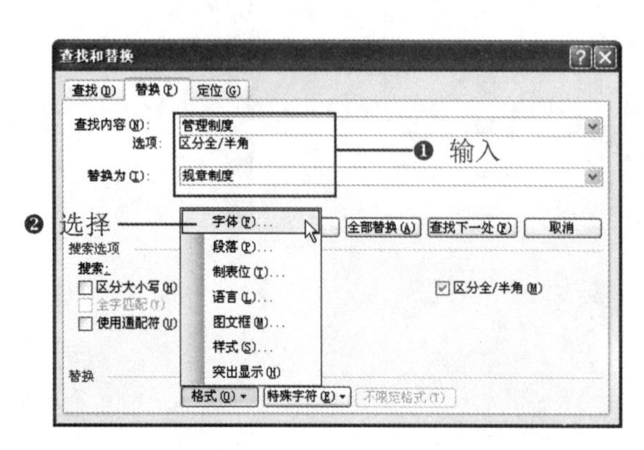

图 2-12

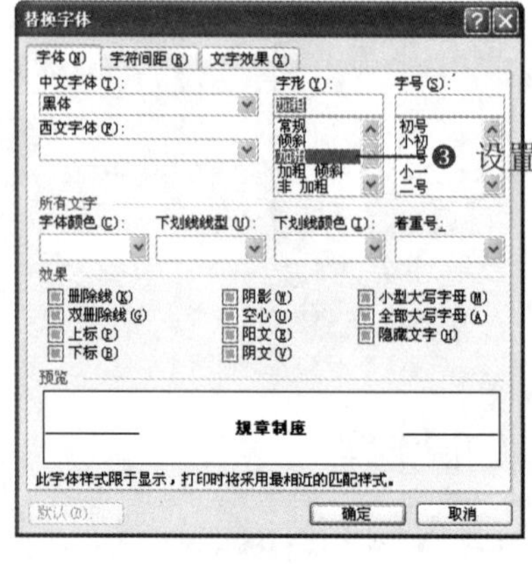

图 2-13

❹ 设置完成后单击“确定”按钮，返回到“查找和替换”对话框，在“替换为”下拉列表框的下方即可看到设置的字体格式，如图 2-14 所示。

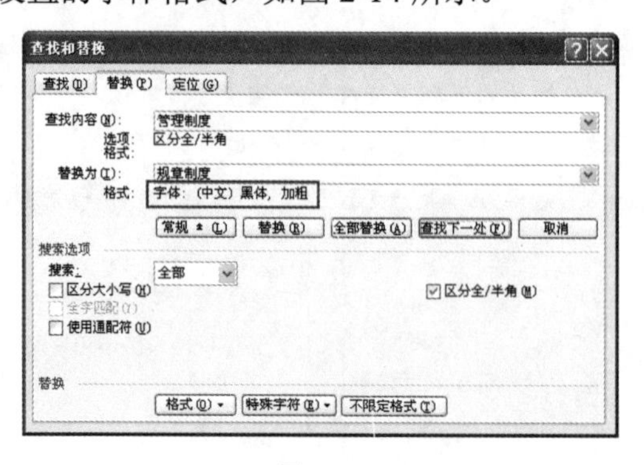

图 2-14

❺ 单击“查找下一处”按钮，查找到需要替换的地方，单击“替换”按钮；如果需要替换文档所有的“管理制度”，只需单击“全部替换”按钮，即可全部替换。

2.1.5 将文本转换为表格

：源文件：02/源文件/2.1.5 文本转换为表格.doc、**视频文件：**02/视频/2.1.5 文本转换为表格.mp4

Word 提供了将文本自动转换为表格的功能，用户将节省绘制表格再输入内容的麻烦操

作。但将文本转换成表格的前提是将各独立单元以制表符、空格或逗号等分隔符号标记，以便识别表格列框线的位置。

❶ 选中文本，选择“表格”→“转换”命令，在展开的子菜单中选择“文本转换成表格”命令，如图 2-15 所示。

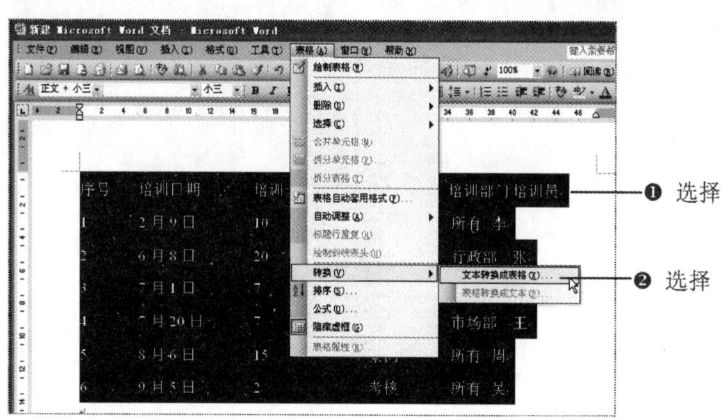

图 2-15

❷ 打开“将文字转换成表格”对话框，设置表格的“列数”，并选中“制表符”单选按钮，如图 2-16 所示。

❸ 单击“确定”按钮，即可将文本转换为表格，如图 2-17 所示。

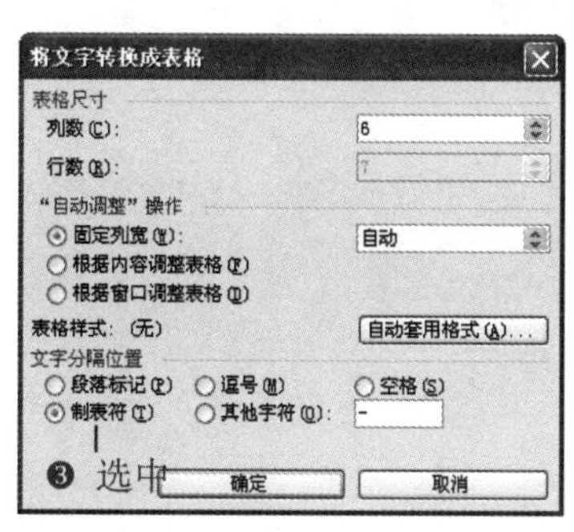

图 2-16

转换为表格

序号	培训日期	培训天数	培训项目	培训部门	培训员
1	2 月 9 日	10	文化	所有	李
2	6 月 8 日	20	管理	行政部	张
3	7 月 1 日	7	业务	市场部	赵
4	7 月 20 日	7	实践	市场部	王
5	8 月 6 日	15	案例	所有	周
6	9 月 5 日	2	考核	所有	吴

图 2-17

操作提示

将表格转换为文本也是相似的操作。选择“表格”→“转换”→“表格转换成文本”命令，打开“表格转换成文本”对话框，选择一种文字分隔符，单击“确定”按钮即可。

2.1.6　删除单元格、行或列

源文件：02/源文件/2.1.6 删除行或列.doc、**视频文件：**02/视频/2.1.6 删除行或列.mp4

Note

如果有多余的单元格、行或列，可以将其删除。

❶ 将光标定位到要删除的单元格中，或要删除的行或列的任意单元格，选择“表格”→“删除”命令，展开子菜单，如图 2-18 所示。

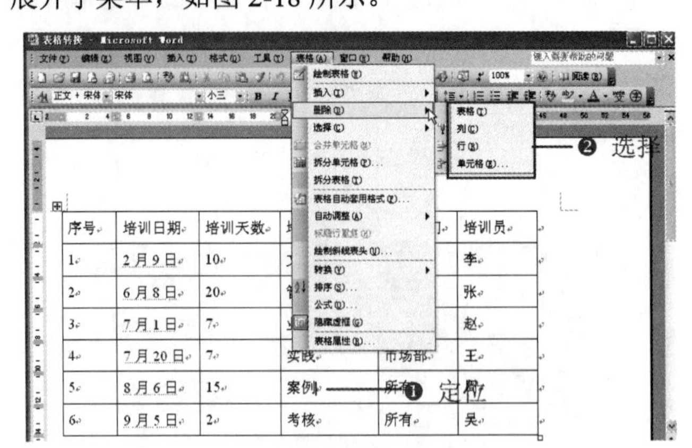

图 2-18

❷ 选择“单元格”、“列”或“行”命令，即可删除相应的对象。

知识拓展

利用快捷菜单删除

除了利用上面的方法删除单元格、行或列，还可以利用右键快捷菜单删除。

❶ 将光标定位到要删除的单元格中，或要删除的行或列的任意单元格，单击鼠标右键，在弹出的快捷菜单中选择“删除单元格”命令，如图 2-19 所示。

❷ 打开“删除单元格”对话框，选中需要删除的项目，如图 2-20 所示，单击“确定”按钮即可删除。

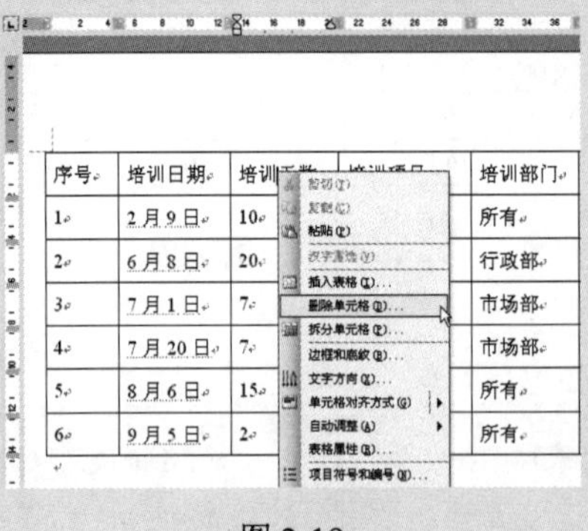

图 2-19

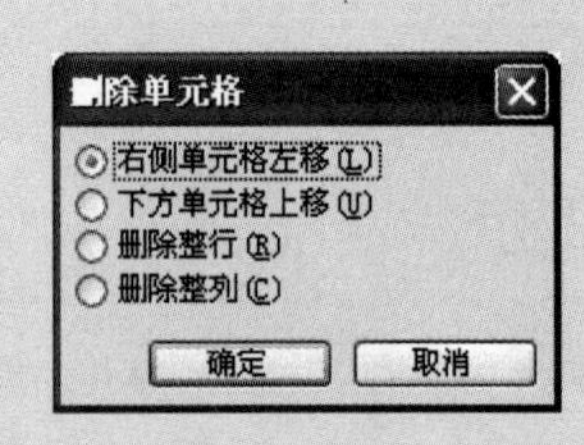

图 2-20

2.1.7 自动调整行高和列宽

源文件：02/源文件/2.1.7 自动调整行列.doc、**视频文件**：02/视频/2.1.7 自动调整行

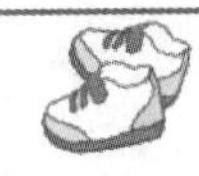

列.mp4

自动调整行高和列宽是根据表格的内容、页面窗口等大小自动调整，用户不用再单独进行设置调整。

❶ 将光标定位到表格中，选择“表格”→“自动调整”命令，在弹出的子菜单中选择对应的命令，如图 2-21 所示。

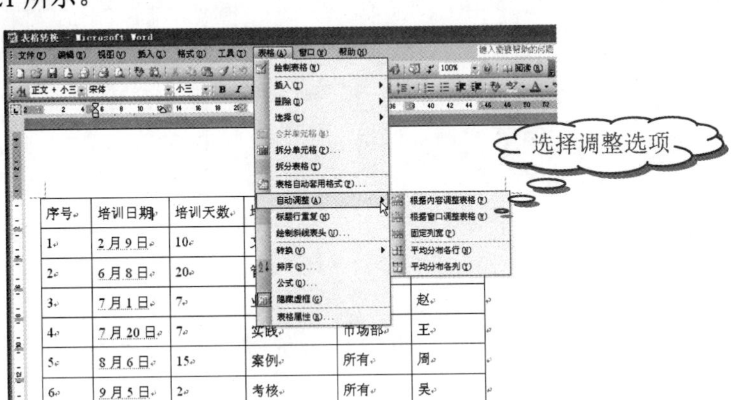

图 2-21

❷ 选择“根据内容调整表格”命令，Word 将根据内容自动调整表格宽度；选择“根据窗口调整表格”命令，Word 将根据页面自动调整表格宽度；选择“固定列宽”命令，此时列宽将不再随内容而发生改变，但此时可以通过手动拖动框线调整列宽。这里选择“根据内容调整表格”命令，设置后的效果如图 2-22 所示。

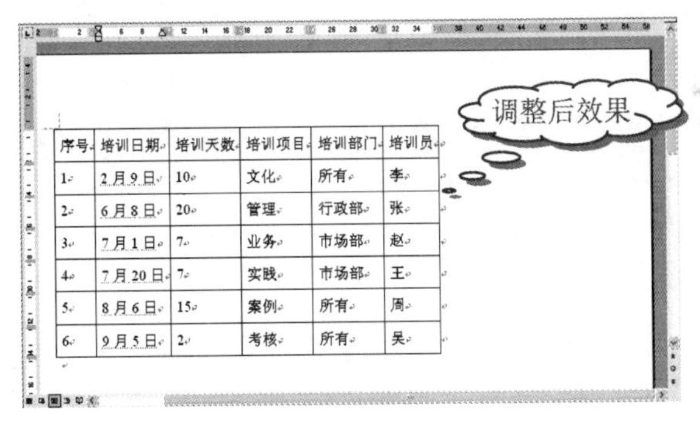

图 2-22

2.1.8　拆分表格

源文件：02/源文件/2.1.8 拆分表格.doc、**视频文件**：02/视频/2.1.8 拆分表格.mp4

如果需要将一个表格拆分为两个表格显示，可按照下面方法操作。

❶ 将光标定位到开始拆分行的任意单元格，选择“表格”→“拆分表格”命令，如图 2-23 所示。

❷ 执行命令后，即可将一个表格拆分为两个表格，效果如图 2-24 所示。

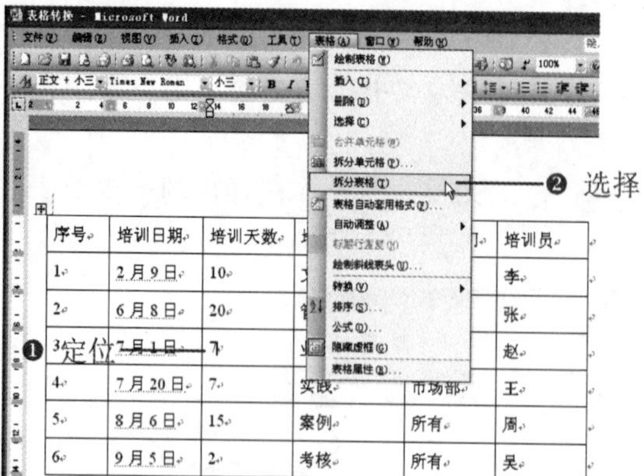

图 2-23

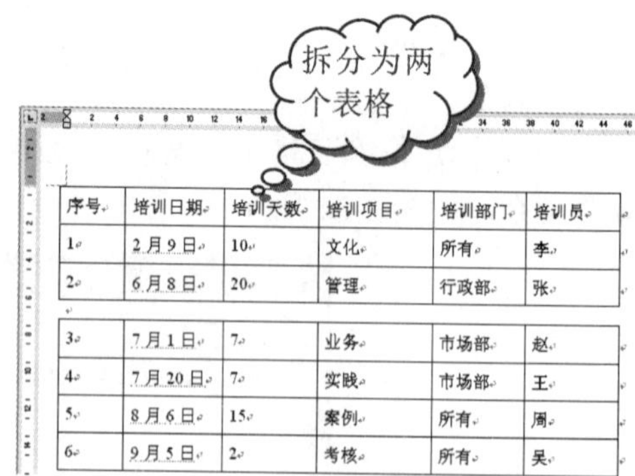

图 2-24

2.2 员工离职管理办法

公司企业的发展离不开员工的进入和离职，离职有利有弊，但是不论好坏，离职都需要一套管理制度和办法，这是为了企业的规范发展和可持续发展，如图 2-25 所示。

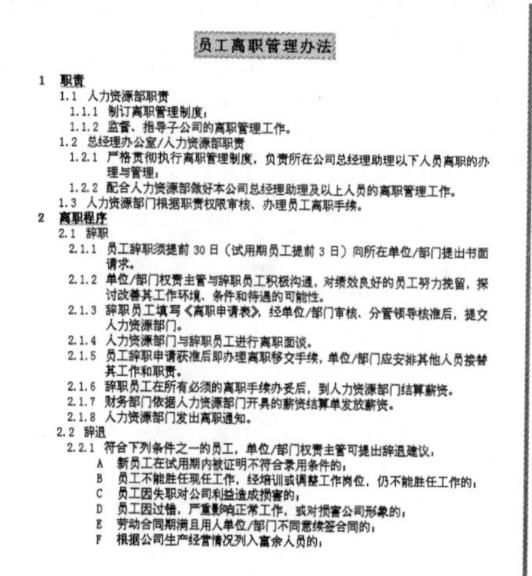

员工离职管理办法

1 **职责**
1.1 人力资源部职责
1.1.1 制订离职管理制度；
1.1.2 监督、指导子公司的离职管理工作。
1.2 总经理办公室/人力资源部职责
1.2.1 严格贯彻执行离职管理制度，负责所在公司总经理助理以下人员离职的办理与管理；
1.2.2 配合人力资源部做好本公司总经理助理及以上人员的离职管理工作。
1.3 人力资源部门根据职责权限审核、办理员工离职手续。
2 **离职程序**
2.1 辞职
2.1.1 员工辞职须提前 30 日（试用期员工提前 3 日）向所在单位/部门提出书面请求。
2.1.2 单位/部门权责主管与辞职员工积极沟通，对绩效良好的员工努力挽留，探讨改善其工作环境、条件和待遇的可能性。
2.1.3 辞职员工填写《离职申请表》，经单位/部门审核、分管领导核准后，提交人力资源部门。
2.1.4 人力资源部门与辞职员工进行离职面谈。
2.1.5 员工辞职申请获准后即办理离职移交手续，单位/部门应安排其他人员接替其工作和职责。
2.1.6 辞职员工在所有必须的离职手续办妥后，到人力资源部门结算薪资。
2.1.7 财务部门依据人力资源部门开具的薪资结算单发放薪资。
2.1.8 人力资源部门发出离职通知。
2.2 辞退
2.2.1 符合下列条件之一的员工，单位/部门权责主管可提出辞退建议，
A 新员工在试用期内被证明不符合录用条件的；
B 员工不能胜任现任工作，经培训或调整工作岗位，仍不能胜任工作的；
C 员工因失职对公司利益造成损害的；
D 员工因过错，严重影响正常工作，或对损害公司形象的；
E 劳动合同期满且用人单位/部门不同意续签合同的；
F 根据公司生产经营情况列入富余人员的；

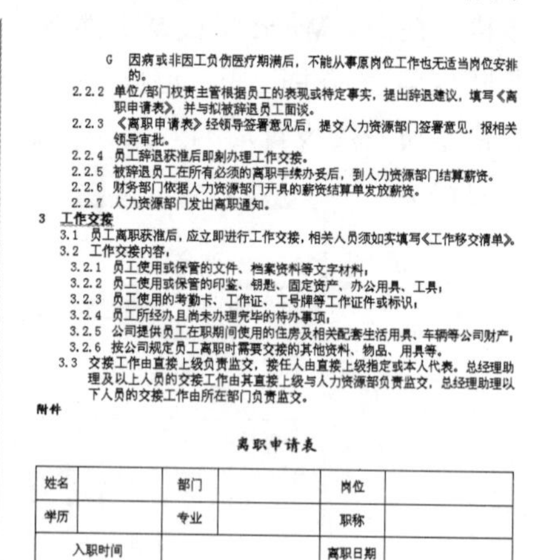

G 因病或非因工负伤医疗期满后，不能从事原岗位工作也无适当岗位安排的。
2.2.2 单位/部门权责主管根据员工的表现或特定事实，提出辞退建议，填写《离职申请表》，并与拟被辞退员工面谈。
2.2.3 《离职申请表》经领导签署意见后，提交人力资源部门签署意见，报相关领导审批。
2.2.4 员工辞退获准后即刻办理工作交接。
2.2.5 被辞退员工在所有必须的离职手续办妥后，到人力资源部门结算薪资。
2.2.6 财务部门依据人力资源部门开具的薪资结算单发放薪资。
2.2.7 人力资源部门发出离职通知。
3 **工作交接**
3.1 员工离职获准后，应立即进行工作交接，相关人员须如实填写《工作移交清单》。
3.2 工作交接内容：
3.2.1 员工使用或保管的文件、档案资料等文字材料；
3.2.2 员工使用或保管的印鉴、钥匙、固定资产、办公用具、工具；
3.2.3 员工使用的考勤卡、工作证、工号牌等工作证件或标识；
3.2.4 员工所经办且尚未办理完毕的待办事项；
3.2.5 公司提供员工在职期间使用的住房及相关配套生活用具、车辆等公司财产；
3.2.6 按公司规定员工离职时需要交接的其他资料、物品、用具等。
3.3 交接工作由直接上级负责监交，接任人由直接上级指定或本人代表。总经理助理及以上人员的交接工作由其直接上级与人力资源部负责监交，总经理助理以下人员的交接工作由所在部门负责监交。

附件

离职申请表

姓名		部门		岗位	
学历		专业		职称	
入职时间				离职日期	

图 2-25

2.2.1 创建员工离职管理办法文档

：源文件：02/源文件/员工离职管理办法.doc、**效果文件**：02/效果文件/员工离职管理办法.doc、**视频文件**：02/视频/2.2.1 员工离职管理办法.mp4

员工离职管理办法文档的创建包括文字和表格，现在主要介绍的是文字部分的创建。

❶ 打开 Word 空白文档，将文档保存并命名为“员工离职管理办法”，输入文档内容。

❷ 设置文本的字体、段落格式，并为文档添加编号和多级符号，最后效果如图 2-26 所示。

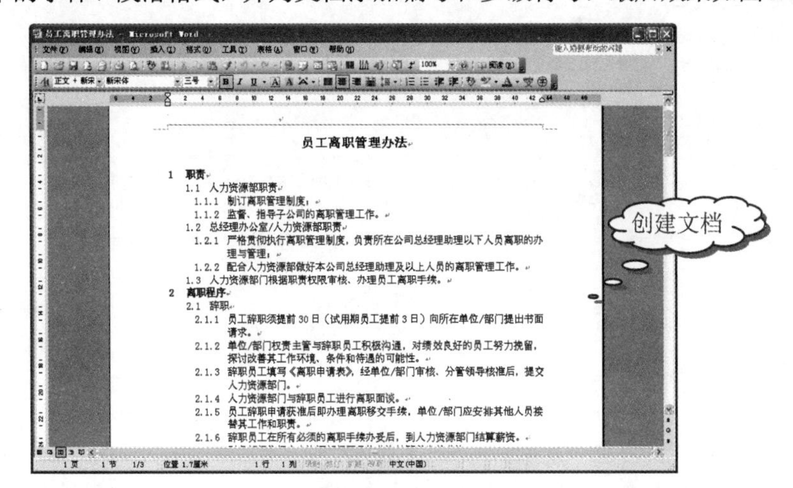

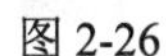

图 2-26

2.2.2 设置管理办法文档的字符格式

：源文件：02/源文件/员工离职管理办法.doc、**效果文件**：02/效果文件/员工离职管理办法.doc、**视频文件**：02/视频/2.2.2 员工离职管理办法.mp4

1. 设置下划线

❶ 选择需要添加下划线的文本，然后选择“格式”→“字体”命令，如图 2-27 所示。

❷ 打开“字体”对话框，在“字体”选项卡的“下划线线型”下拉列表框中选择一种下划线类型，再在“下划线颜色”下拉列表框中选择下划线的颜色，如图 2-28 所示。

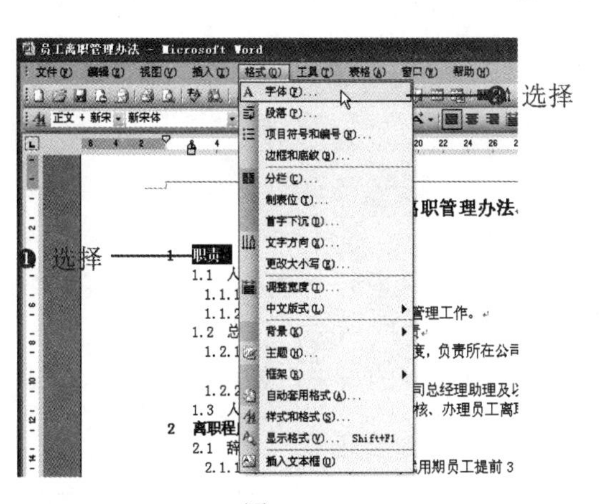

图 2-27

图 2-28

❸ 设置完成后，单击“确定”按钮，然后再用同样的方法为其他文本添加下划线，如图 2-29 所示。

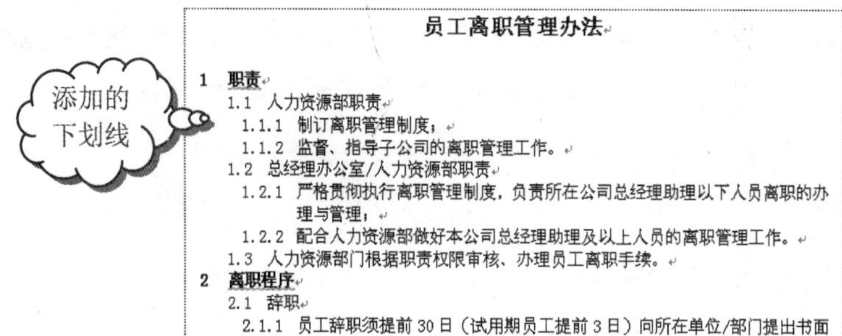

员工离职管理办法

1 职责
1.1 人力资源部职责
1.1.1 制订离职管理制度；
1.1.2 监督、指导子公司的离职管理工作。
1.2 总经理办公室/人力资源部职责
1.2.1 严格贯彻执行离职管理制度，负责所在公司总经理助理以下人员离职的办理与管理；
1.2.2 配合人力资源部做好本公司总经理助理及以上人员的离职管理工作。
1.3 人力资源部门根据职责权限审核、办理员工离职手续。
2 离职程序
2.1 辞职
2.1.1 员工辞职须提前30日（试用期员工提前3日）向所在单位/部门提出书面请求。

图 2-29

Note

操作提示

除了上面的方法，可直接单击“格式”工具栏中的“下划线”U按钮，添加默认的单线下划线效果；单击U右边的▾按钮，在弹出的下拉列表中可选择其他下划线样式，或设置下划线颜色。

2. 设置字符边框

❶ 选中文档标题，选择“格式”→“边框和底纹”命令，如图 2-30 所示。

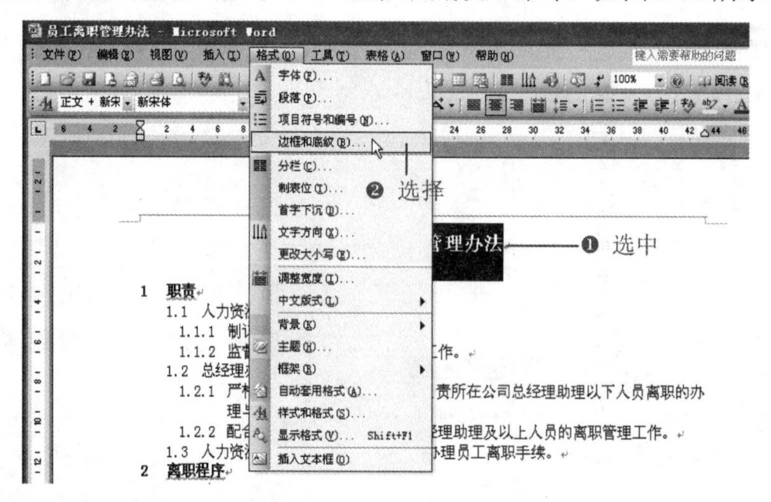

图 2-30

❷ 打开“边框和底纹”对话框，在“边框”选项卡中选中“方框”选项，在“线型”列表框中选择一种线型，再设置边框的颜色，如图 2-31 所示。

❸ 设置完成后，单击“确定”按钮，即可看到设置的效果，如图 2-32 所示。

操作提示

单击“格式”工具栏中的“字符边框”A按钮，添加默认边框效果，再次单击A按钮，便可取消边框；对于自定义的边框可以打开“边框”选项卡，在“设置”栏中选择“无”选项。

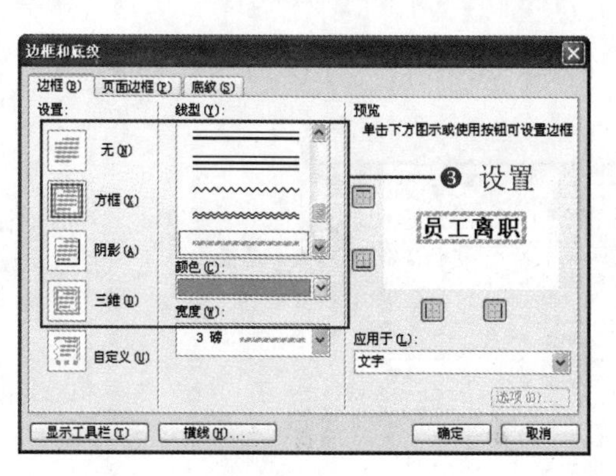

图 2-31

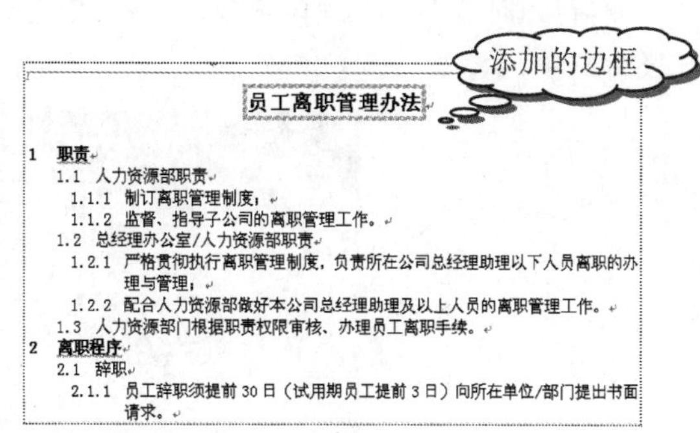

图 2-32

3. 设置字符底纹

❶ 选中文本，选择“格式”→“边框和底纹”命令，打开“边框和底纹”对话框。
❷ 选择“底纹”选项卡，选择一种底纹颜色，如图 2-33 所示。
❸ 单击“确定”按钮，即可看到添加的底纹效果，如图 2-34 所示。

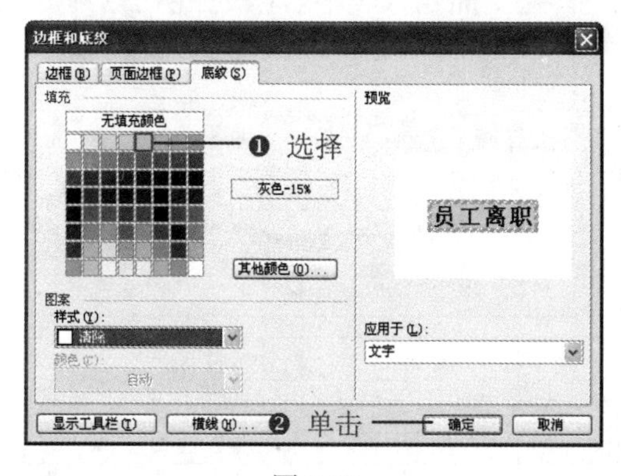

图 2-33

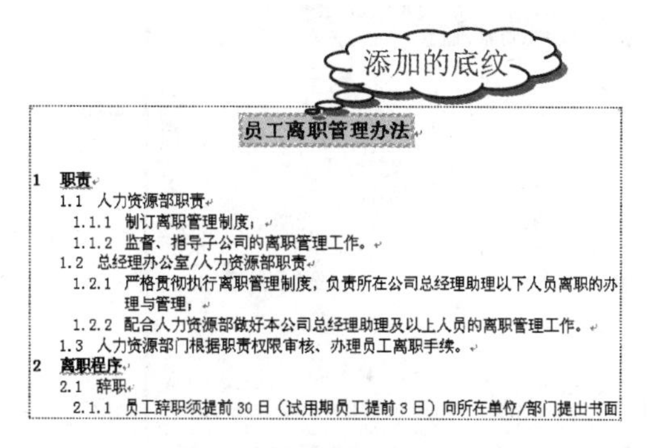

图 2-34

操作提示

单击“格式”工具栏中的“字符底纹” A 按钮，为其添加默认的浅灰色底纹。

2.2.3 创建表格完善文档

源文件：02/源文件/员工离职管理办法.doc、**效果文件**：02/效果文件/员工离职管理办法.doc、**视频文件**：02/视频/2.2.3 员工离职管理办法.mp4

利用表格可以使文档更充实，而且有的内容用表格显示会显得条理清楚，一目了然。

1. 插入表格

下面在附件下插入一个 6 列 7 行的“离职申请表”表格。

Note

❶ 将鼠标光标定位到需插入表格的位置，选择“表格”→“插入”→“表格”命令，如图 2-35 所示。

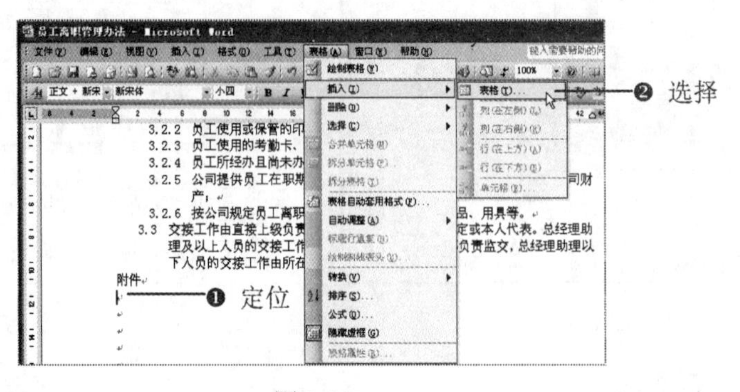

图 2-35

❷ 打开“插入表格”对话框，在“列数”数值框中输入“6”，在“行数”数值框中输入“7”；在“‘自动调整’操作”栏中选中“固定列宽”单选按钮，如图 2-36 所示。

❸ 单击“确定”按钮，即可在光标处插入表格，在上面输入表格名称，如图 2-37 所示。

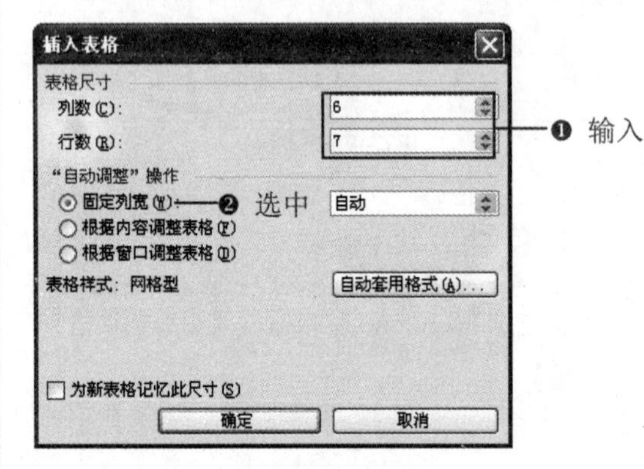

图 2-36

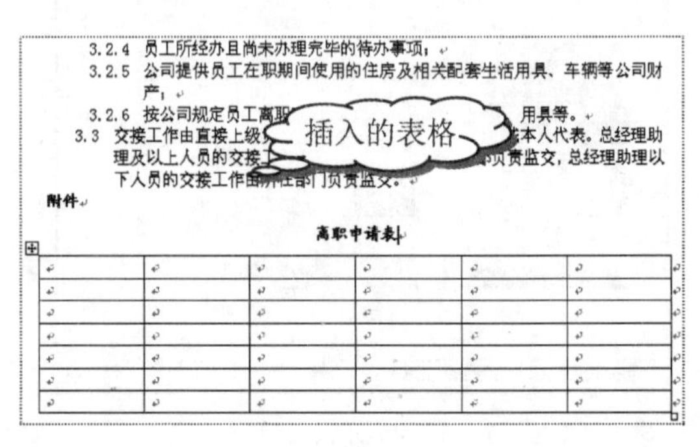

图 2-37

2. 设置表格的行高和列宽

调整好表格的行高和列宽可以使表格看起来更加美观、协调。

❶ 将鼠标光标放置在需要调整行的下边线位置，当其变成÷形状时，向下拖动鼠标，即可增大行高（向上调整可减小行高），如图 2-38 所示。

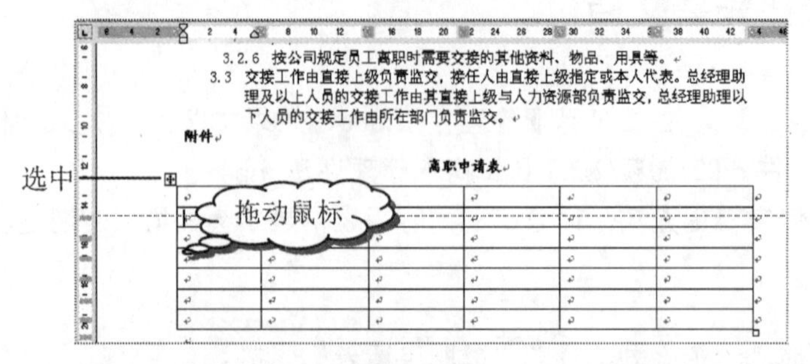

图 2-38

❷ 按照相同的方法调整其他行的行高，效果如图 2-39 所示。

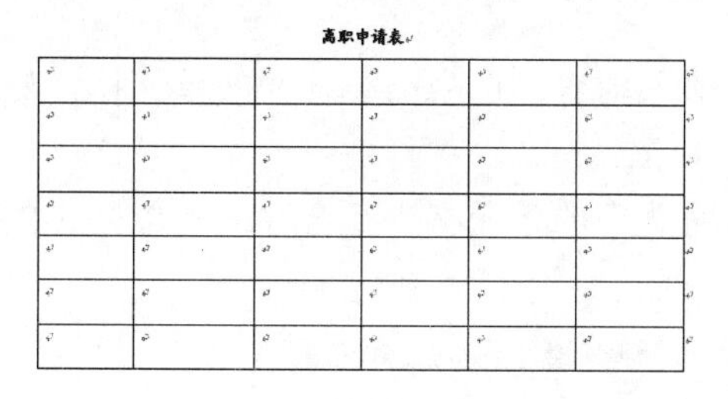

图 2-39

❸ 将鼠标光标放置在需要调整的列的右侧边线，向右拖动是增大列宽，向左拖动是减小列宽，如图 2-40 所示。

❹ 按照需要调整其他列的列宽，效果如图 2-41 所示。

图 2-40

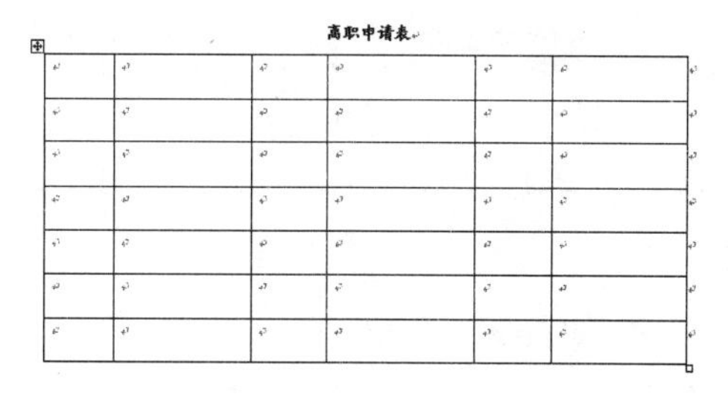

图 2-41

知识拓展

表格属性设置

不但可以通过拖动鼠标调整行高和列宽，还可以通过“表格属性”对话框设置行高、列宽。

选择“表格”→“表格属性”命令，打开“表格属性”对话框。选择“行”选项卡，选中“指定高度”复选框，在后面的数值框中输入行高数值，如图 2-42 所示；切换到“列”选项卡，选中“指定宽度”复选框，然后设置列宽值，如图 2-43 所示，单击“确定”按钮即可。

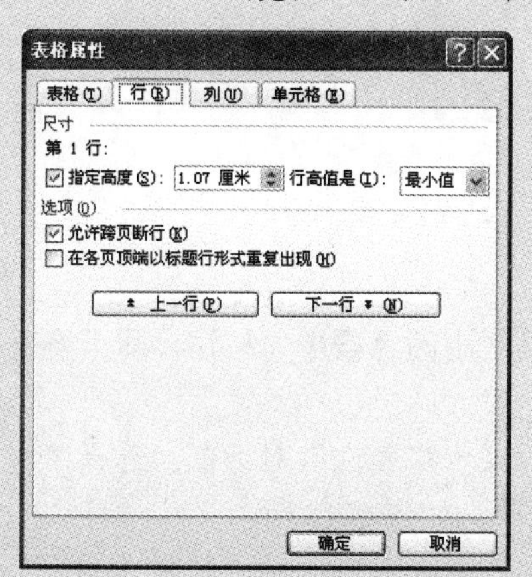

图 2-42

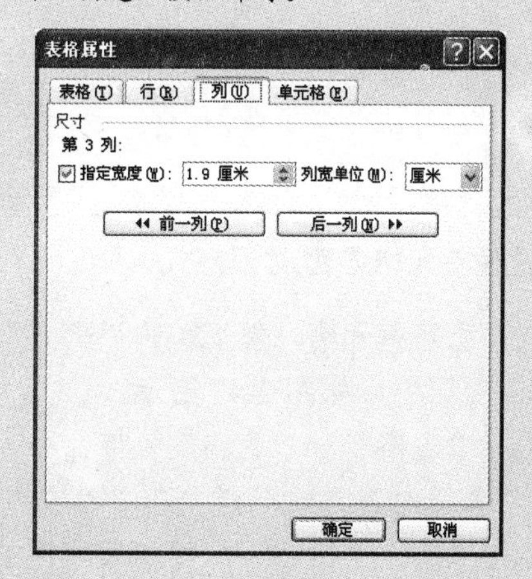

图 2-43

3．合并单元格

❶ 在相应的单元格中输入内容，选中需要合并的单元格，然后选择“表格”→“合并单元格”命令，如图 2-44 所示。

❷ 执行命令后，即可将选中的单元格进行合并，再以同样的方式合并其他单元格，效果如图 2-45 所示。

Note

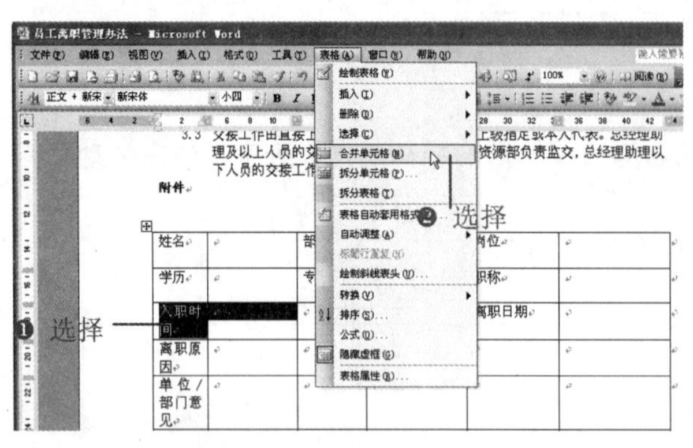

图 2-44

离职申请表

姓名		部门		岗位	
学历		专业		职称	
入职时间				离职日期	
离职原因					
单位/部门意见					
人力资源部意见					
领导意见					

图 2-45

知识拓展

拆分单元格

如果将一个单元格拆分成几个单元格，或者将合并的单元格还原到原来的单元格样式，可以将单元格进行拆分。

将光标定位到需要拆分的单元格中，选择“表格”→“拆分单元格”命令，打开“拆分单元格”对话框，在“列数”和“行数”数值框中输入数值，如图 2-46 所示，单击“确定”按钮，即可将单元格拆分为设置的行数和列数。

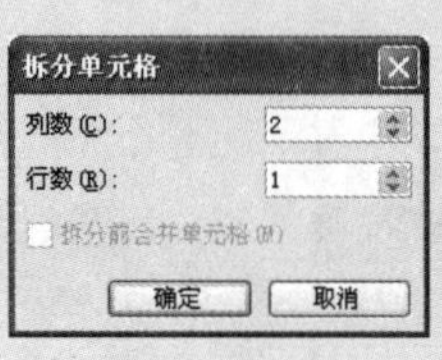

图 2-46

4．设置单元格内容对齐方式

❶ 选中所有单元格，然后单击“格式”工具栏中的“居中”按钮，即可将表格中的文本设置为左右居中，如图 2-47 所示。

❷ 选择“表格”→“表格属性”命令，打开“表格属性”对话框，选择“单元格”选项卡，在“垂直对齐方式”栏中选中“居中”选项，如图 2-48 所示。

❸ 单击“确定”按钮，即可将表格中的内容设置为垂直居中，如图 2-49 所示。

❹ 按照同样的方法建立“工作移交清单”表格，如图 2-50 所示。

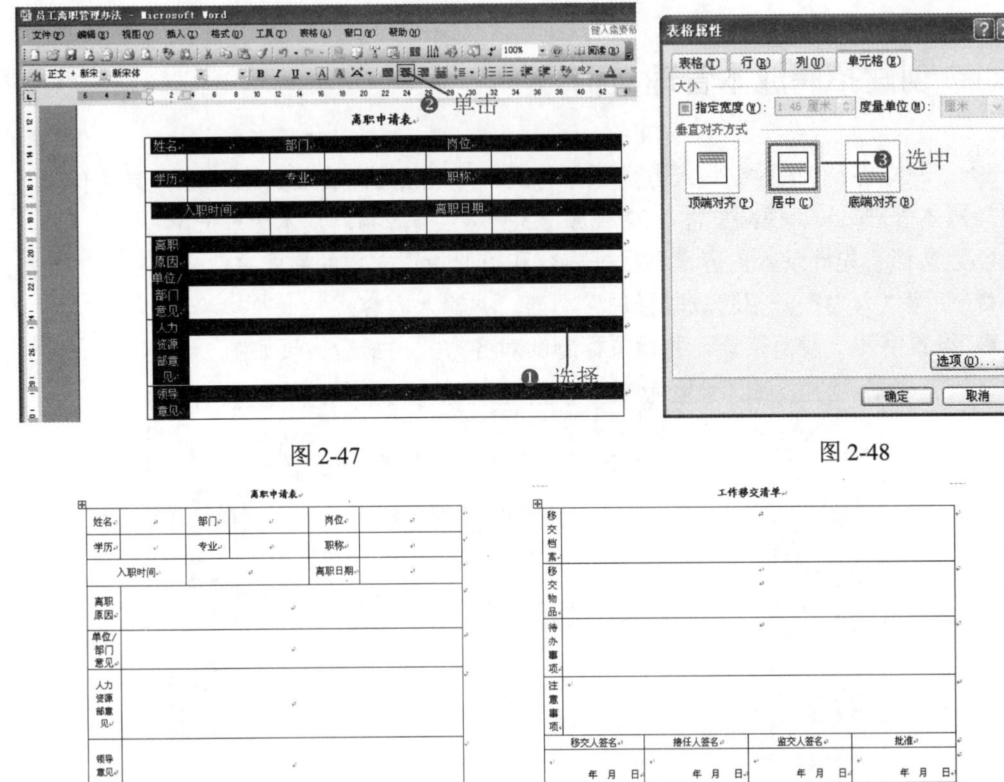

图 2-47　　图 2-48

图 2-49　　图 2-50

2.3　人力资源招聘成本管理

招聘人才需要费用，但费用不是无限的，好的人力资源管理可以用较少的成本招聘到合适的人才，这样才能促进企业长久发展。如图 2-51 所示是人力资源招聘成本管理文档。

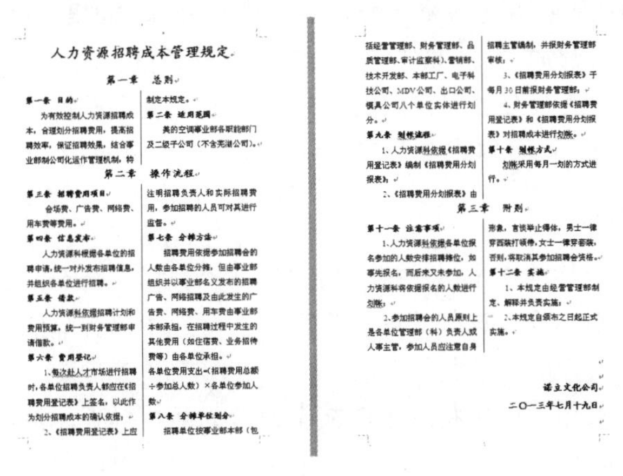

人力资源招聘成本管理规定

第一章　总则

第一条 目的

为有效控制人力资源招聘成本，合理划分招聘费用，提高招聘效率，保证招聘效果，结合事业部制公司化运作管理机制，特制定本规定。

第二条 适用范围

美的空调事业部各职能部门及二级子公司（不含芜湖公司）。

第二章　操作流程

第三条 招聘费用项目

会场费、广告费、网络费、用车费等费用。

第四条 信息发布

人力资源科根据各单位的招聘申请，统一对外发布招聘信息，并组织各单位进行招聘。

第五条 借款

人力资源科依据招聘计划和费用预算，统一到财务管理部申请借款。

第六条 费用登记

1、每次赴人才市场进行招聘时，各单位招聘负责人都应在《招聘费用登记表》上签名，以此作为划分招聘成本的确认依据；

2、《招聘费用登记表》上应注明招聘负责人和实际招聘费用，参加招聘的人员可对其进行监督。

第七条 分摊方法

招聘费用依据参加招聘会的人数由各单位分摊，但由事业部组织并以事业部名义发布的招聘广告、网络招聘及由此发生的广告费、网络费、用车费由事业部本部承担，在招聘过程中发生的其他费用（如住宿费、业务招待费等）由各单位承担。

各单位费用支出=(招聘费用总额÷参加总人数）×各单位参加人数

第八条 分摊单位划分

招聘单位按事业部本部（包括经营管理部、财务管理部、品质管理部、审计监察科）、营销部、技术开发部、本部工厂、电子科技公司、MDV公司、出口公司、模具公司八个单位实体进行划分。

第九条 划帐流程

1、人力资源科依据《招聘费用登记表》编制《招聘费用分划报表》；

2、《招聘费用分划报表》由招聘主管编制，并报财务管理部审核；

3、《招聘费用分划报表》于每月 30 日前报财务管理部；

4、财务管理部依据《招聘费用登记表》和《招聘费用分划报表》对招聘成本进行划帐。

第十条 划帐方式

划帐采用每月一划的方式进行。

第三章　附则

第十一条 注意事项

1、人力资源科依据各单位报名参加的人数安排招聘摊位，如事先报名，而后来又未参加，人力资源科将依据报名的人数进行划帐；

2、参加招聘会的人员原则上是各单位管理部（科）负责人或人事主管，参加人员应注意自身形象，言谈举止得体，男士一律穿西装打领带，女士一律穿套装，否则，将取消其参加招聘会资格。

第十二条 实施

1、本规定由经营管理部制定、解释并负责实施；

2、本规定自颁布之日起正式实施。

诺立文化公司

二〇一三年七月十九日

图 2-51

2.3.1 创建招聘成本管理文档

Note

：源文件：02/源文件/人力资源招聘成本管理.doc、**效果文件**：02/效果文件/人力资源招聘成本管理.doc、**视频文件**：02/视频/2.3.1 人力资源招聘成本管理.mp4

创建文档首先要录入内容，再根据内容和需要设置文本的格式等，使文档更加完善。

❶ 创建“人力资源招聘成本管理”文档，并输入内容。

❷ 设置字体、段落格式，并设置标题的对齐方式，最后效果如图 2-52 所示。

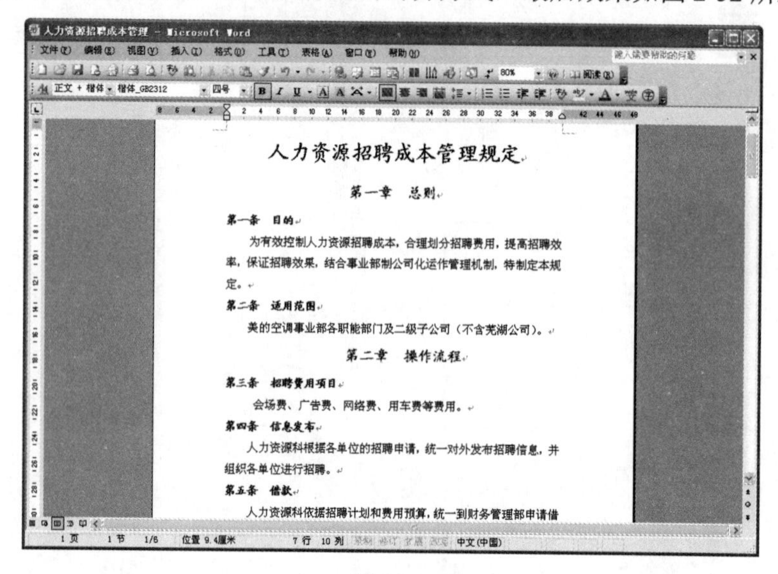

图 2-52

2.3.2 设置文档的排版方式

：源文件：02/源文件/人力资源招聘成本管理.doc、**效果文件**：02/效果文件/人力资源招聘成本管理.doc、**视频文件**：02/视频/2.3.2 人力资源招聘成本管理.mp4

文档的排版方式不是只有上面介绍的单一的方式，也可设置成如分栏等不同的排版方式，使文档新颖；另外，还可以将一个文档设置成纵横两种页面方式。

1. 对文档进行分栏

❶ 选中文档需要分栏的文本，选择“格式”→“分栏”命令，如图 2-53 所示。

❷ 打开“分栏”对话框，选择“两栏”选项，并选中“分隔线”和“栏宽相等”复选框，如图 2-54 所示。

❸ 单击“确定”按钮，即可将选中的文本设置为两栏排版，然后再将其他段落设置成两栏，如图 2-55 所示。

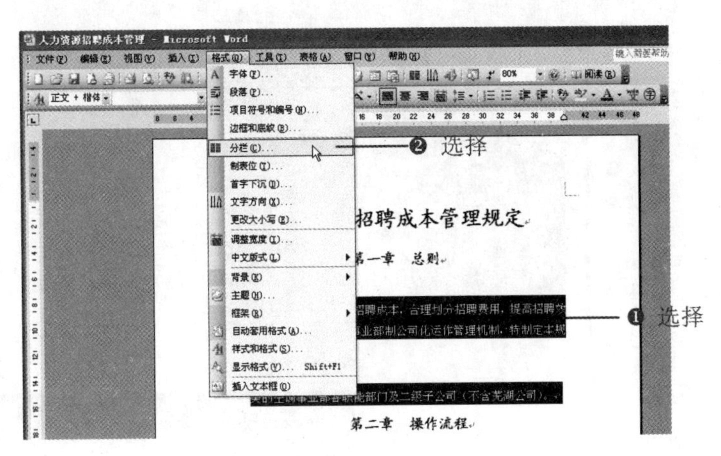

图 2-53

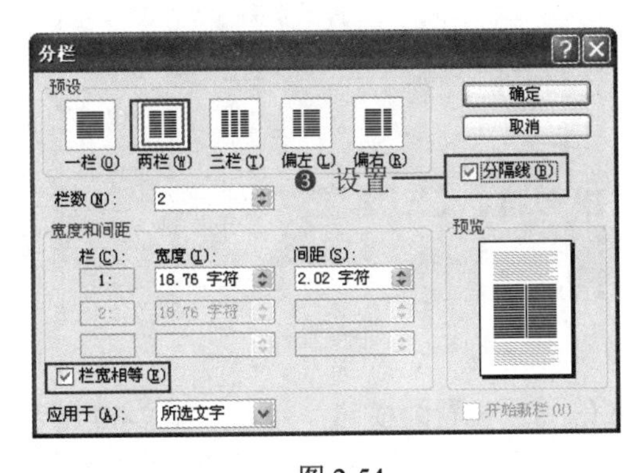

图 2-54

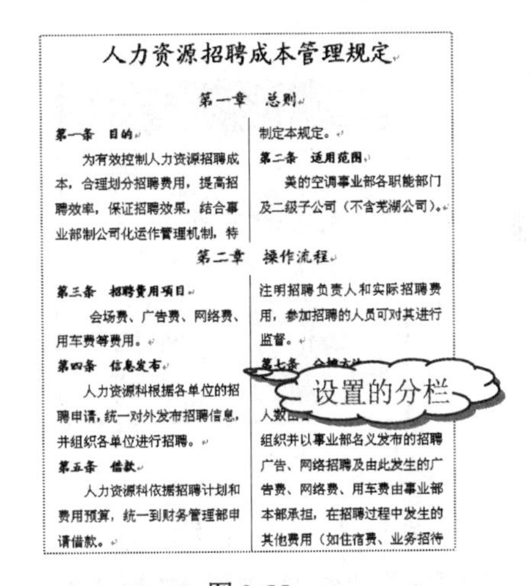

图 2-55

操作提示

在“分栏”对话框中取消选中“栏宽相等”复选框，然后在“宽度和间距”栏中设置各栏的宽度和之间的间距，可以将两栏设置成不同的宽度；在“预设”栏中选中“三栏”选项，可将文本设置成三栏。

2. 将一个文档设置成纵横两种页面

将一个文档设置成纵横两种页面，是为了排版更合适、美观。

❶ 将鼠标光标定位到文档正文的末尾，选择“插入”→“分隔符”命令，如图 2-56 所示。

❷ 打开“分隔符”对话框，在“分节符类型”栏中选中“下一页”单选按钮，如图 2-57 所示。

❸ 单击“确定”按钮，即可在最后插入一页，选择“文件”→“页面设置”命令，如图 2-58 所示。

❹ 打开“页面设置”对话框，选择“页边距”选项卡，在“方向”栏中选择“横向”选项，如图 2-59 所示。

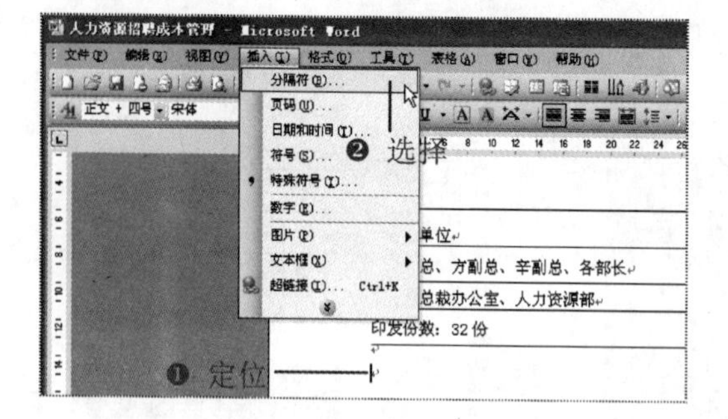

图 2-56

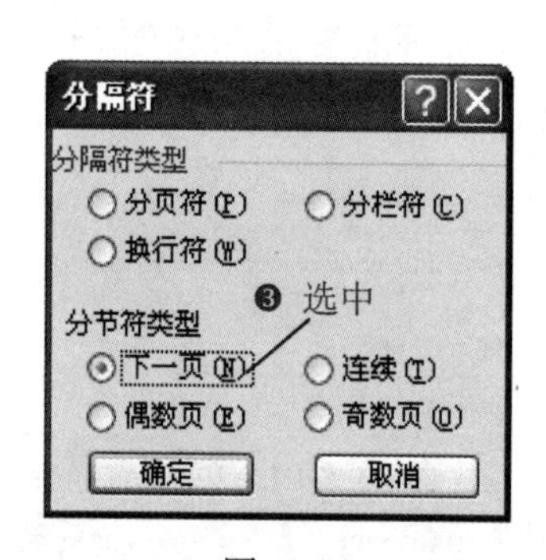

图 2-57

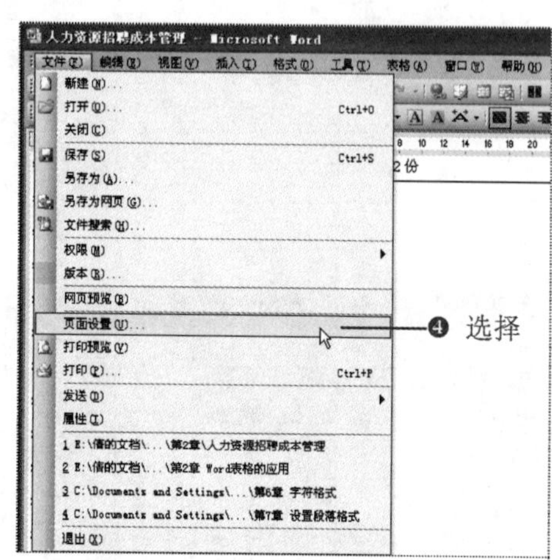

图 2-58

❺ 单击“确定”按钮，即可将最后插入的一页设置为横向，效果如图 2-60 所示。

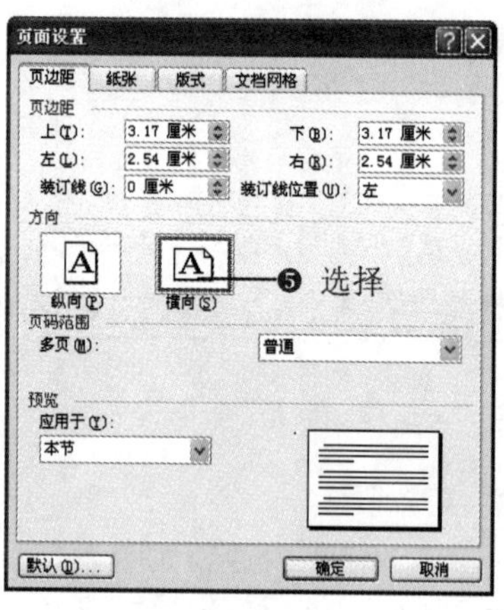

图 2-59

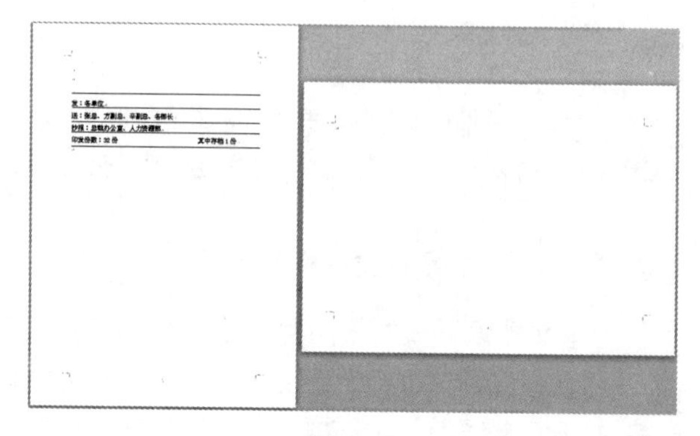

图 2-60

2.3.3 绘制招聘登记表和费用表格

源文件：02/源文件/人力资源招聘成本管理.doc、**效果文件**：02/效果文件/人力资

源招聘成本管理.doc、**视频文件**：02/视频/2.3.3 人力资源招聘成本管理.mp4

招聘登记表和招聘成本分划报表是招聘的基本用表。下面在设置的横向页面中绘制这两个表格，为招聘做好规划。

1. 绘制表格

除了通过对话框插入表格外，还可用画笔绘制表格。

❶ 将鼠标光标定位到横向页面中，选择“表格”→“绘制表格”命令，打开“表格和边框”工具栏，如图 2-61 所示。

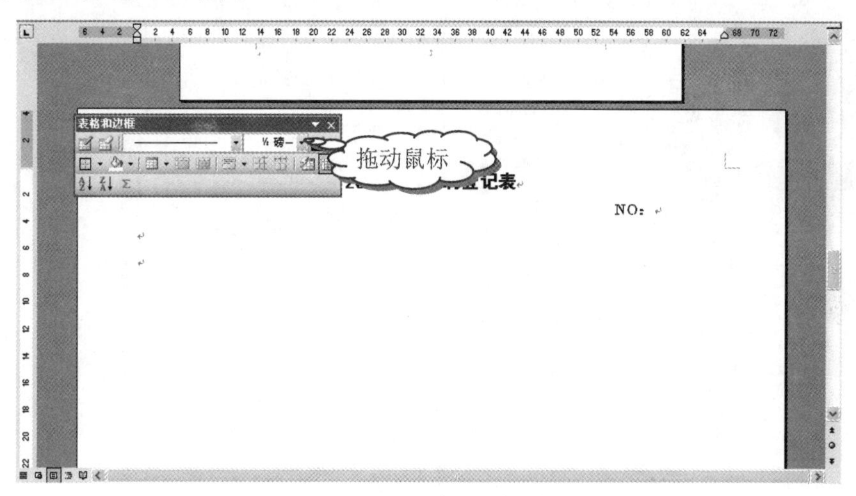

图 2-61

❷ 此时鼠标光标变成铅笔形状，在工具栏中选择合适的框线，在合适的位置拖动鼠标可绘制表格的外框线，如图 2-62 所示。

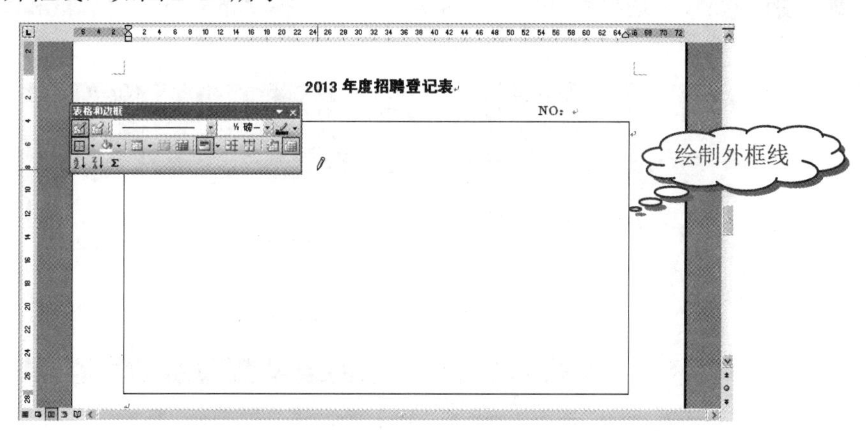

图 2-62

❸ 依次在框线内绘制竖线和横线，划分表格的行和列，如图 2-63 所示。

❹ 单击“绘制表格”按钮，可退出绘制模式，然后利用拖动鼠标的方式可调整表格的行高和列宽，在相应的单元格内输入，合并单元格并设置对齐方式，如图 2-64 所示。

Note

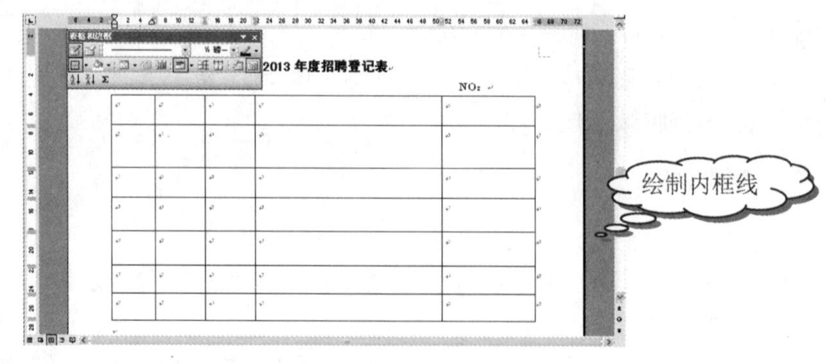

图 2-63

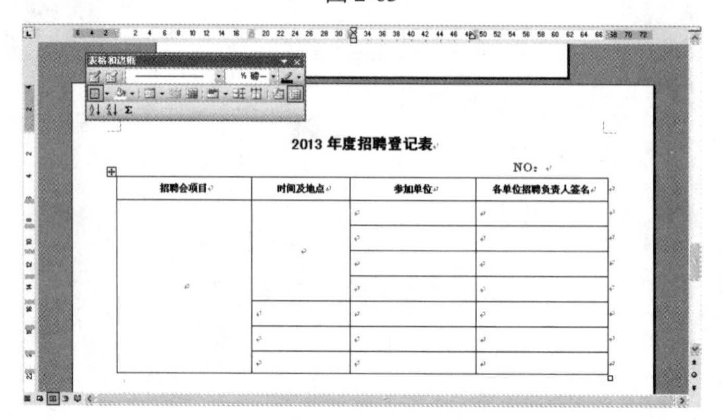

图 2-64

2．设置表格边框和底纹

为表格添加边框和底纹，不但可以美化表格，而且可以对特殊行或列起到强调作用。

❶ 选择需要设置边框和底纹的单元格区域，选择“格式”→“边框和底纹”命令，如图 2-65 所示。

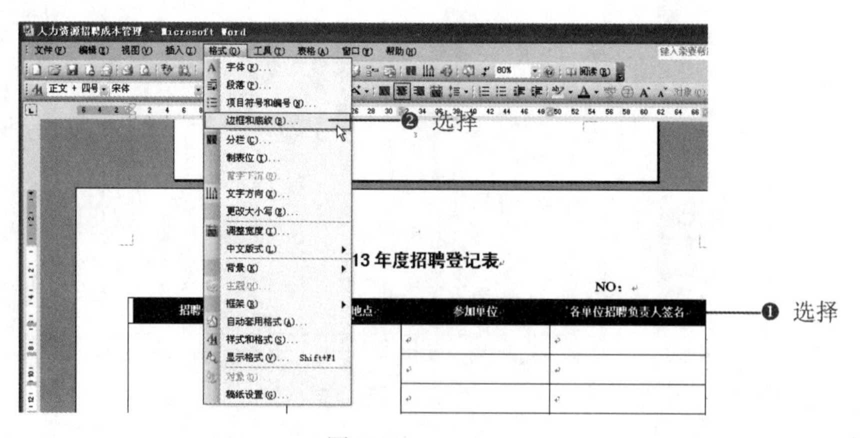

图 2-65

❷ 打开“边框和底纹”对话框，在“边框”选项卡中设置表格的边框的“线型”和“颜色”，如图 2-66 所示；切换到“底纹”选项卡，选择需要添加的底纹颜色，如图 2-67 所示。

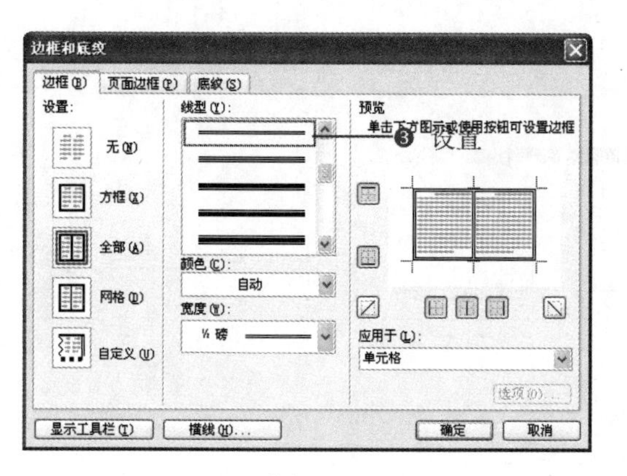

图 2-66

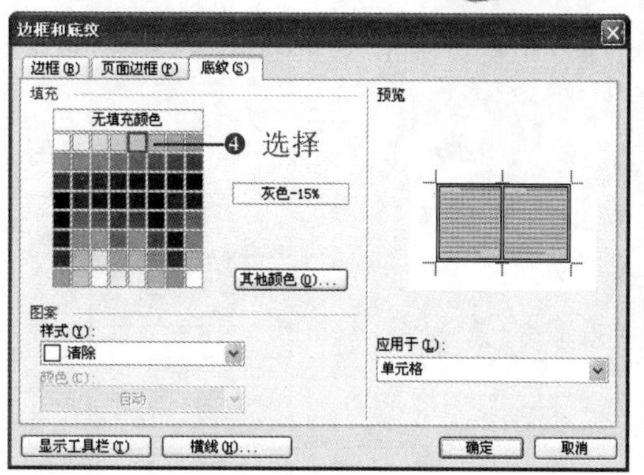

图 2-67

❸ 设置完成后，单击“确定”按钮，即可看到设置后的效果，如图 2-68 所示。

图 2-68

操作提示

选择需要设置的单元格，然后分别单击“表格和边框”工具栏中的“外侧框线”按钮和“底纹颜色”按钮，也可设置边框和底纹。

2.3.4　制作招聘成本分析报表

源文件：02/源文件/人力资源招聘成本管理.doc、**效果文件**：02/效果文件/人力资源招聘成本管理.doc、**视频文件**：02/视频/2.3.4 人力资源招聘成本管理.mp4

制作好招聘的基本表格后，即可制作招聘成本的划分预算报表，为招聘做好资金准备。

1．绘制斜线表头

表头即是指整个表格的标题行。表头的特征与表中其他项目相比更为醒目，一般具有较粗的框线和底纹等。制作表头的重点在于制作斜线表头，具体操作如下。

❶ 在横向页面中插入一个 10 列 9 行的表格，在表格中输入相应内容，并设置好表格的

Note

行高、列宽等属性，如图 2-69 所示。

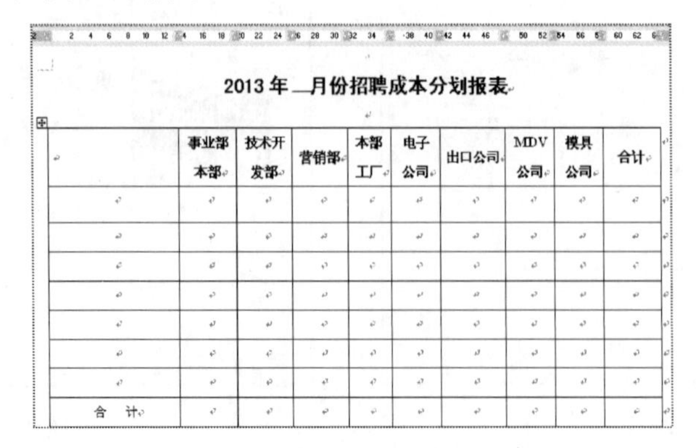

2013 年__月份招聘成本分划报表

	事业部本部	技术开发部	营销部	本部工厂	电子公司	出口公司	MDV公司	模具公司	合计
合　计									

图 2-69

❷ 将光标定位到第 1 行第 1 列的单元格中，选择“表格”→“绘制斜线表头”命令，如图 2-70 所示。

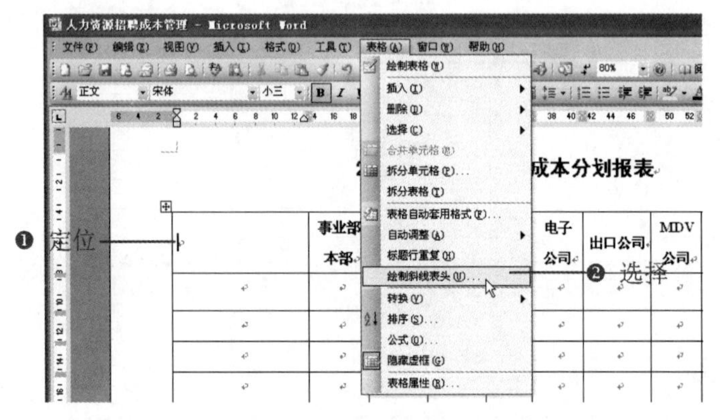

图 2-70

❸ 打开“插入斜线表头”对话框，在“表头样式”下拉列表框中选择表头的样式，这里选择“样式一”；在“字体大小”下拉列表框中选择字号为“四号”；分别在“行标题”和“列标题”文本框中输入“各单位支出”和“招聘会项目”，如图 2-71 所示。

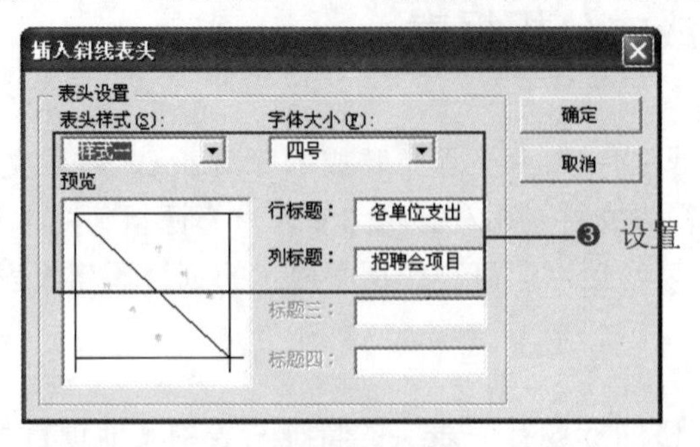

图 2-71

❹ 单击“确定”按钮，即可在单元格中插入表头，如图 2-72 所示。

2013 年__月份招聘成本分划报表

各单位支出 招聘会项目	事业部本部	技术开发部	营销部	本部工厂	电子公司	出口公司	MDV公司	模具公司	合计

图 2-72

操作提示

单击“表格和边框”工具栏中的“绘制表格”按钮，在需要制作斜线表头的单元格中绘制斜线，再输入文字，也可插入表头。

2．插入行

编辑到后期时，如发现表格中的行或列不够用，此时不需要重新绘制表格，利用 Word 工具，可在需要的位置插入行或列。

❶ 将光标定位到需要插入行位置的临近行的任意单元格，然后选择“表格”→“插入”命令，在展开的子菜单中选择“行（在下方）”命令，如图 2-73 所示。

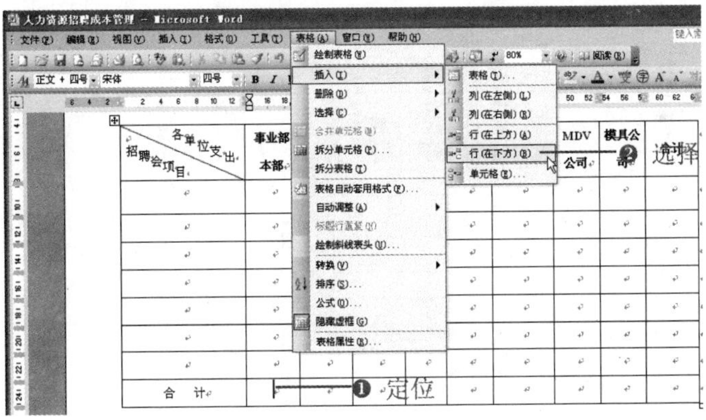

图 2-73

❷ 执行命令后，即可在光标的下方插入一行（如图 2-74 所示），合并所需单元格，再输入相应的内容，如图 2-75 所示。

操作提示

插入列的方法与插入行的方法相似。将光标定位到临近列的任意单元格，然后选择“表格”→“插入”命令，在展开的子菜单中选择“列（在左侧）”或“列（在右侧）”命令，即可插入列。

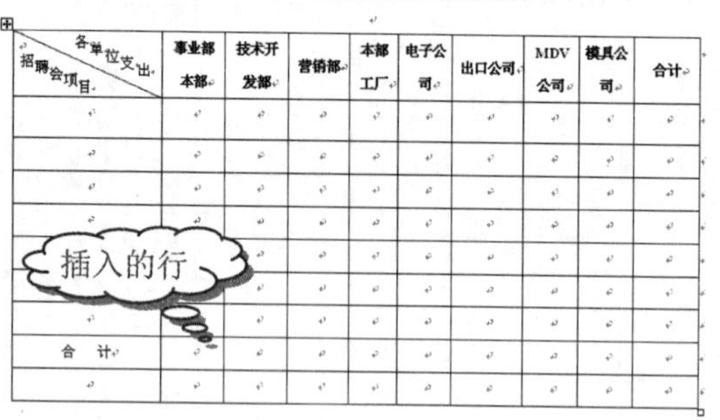

2013 年_月份招聘成本分划报表

各单位支出 / 招聘会项目	事业部本部	技术开发部	营销部	本部工厂	电子公司	出口公司	MDV 公司	模具公司	合计
合　计									

图 2-74

2013 年_月份招聘成本分划报表

各单位支出 / 招聘会项目	事业部本部	技术开发部	营销部	本部工厂	电子公司	出口公司	MDV 公司	模具公司	合计
合　计									
备注	各单位招聘费用支出按每次参加招聘会的人数分摊								

图 2-75

2.4　月度考勤统计表

考勤统计表是记录和反映员工平时工作情况的表格，对于统计一个月内员工出勤情况有很大帮助，如图 2-76 所示。

月度考勤统计表

序号	姓名	假类	天数	出差天数	迟到早退（次）	出勤天数	备注
1.	汪峰	/	/	4	1	30	出差计入出勤天数；迟到3次以上，将被警告；迟到或早退1个小时以上，算旷工一天
2.	王祥瑞	/	/	4	2	30	
3.	李行亮	/	/	/	/	30	
4.	陈晓燕	/	/	/	/	30	
5.	吴亚银	/	/		3	30	
6.	沈亚明	/	/		1	30	
7.	胡琴	/	/	/	2	30	
8.	马涛	/	/	/	1	30	
9.	周淼	病假	2	3	1	28	
10.	沈燕	病假	3	/	1	27	
11.	李艳	病假	1	/	/	29	
12.	肖英全	病假	2	/	/	28	
13.	李涵	婚假	10	/	1	20	
14.	权泉	婚假	10	/	/	20	
15.	严宽	事假	1	/	2	29	
16.	闵敏	事假	1	/	2	29	
17.	马东	事假	2	/	/	28	
合计			32				

图 2-76

2.4.1　自动套用格式美化表格

源文件：02/源文件/月度考勤统计表.doc、**效果文件**：02/效果文件/月度考勤统计表.doc、**视频文件**：02/视频/2.4.1 月度考勤统计表.mp4

首先创建月度考勤基本表格，然后为表格自动套用样式，可快速美化表格。

表格自动套用格式又称为自动套用表格样式，是 Word 默认存在的表格格式的组合方案，其中包括对表格边框线的样式、表格字符格式、表格线颜色以及表格底纹的定义。

❶ 创建“月度考勤统计表”表格，设置表格基本格式，并在相应的单元格内输入内容，如图 2-77 所示。

❷ 将光标定位到表格内的任意单元格，然后选择“表格”→“表格自动套用格式”命令，如图 2-78 所示。

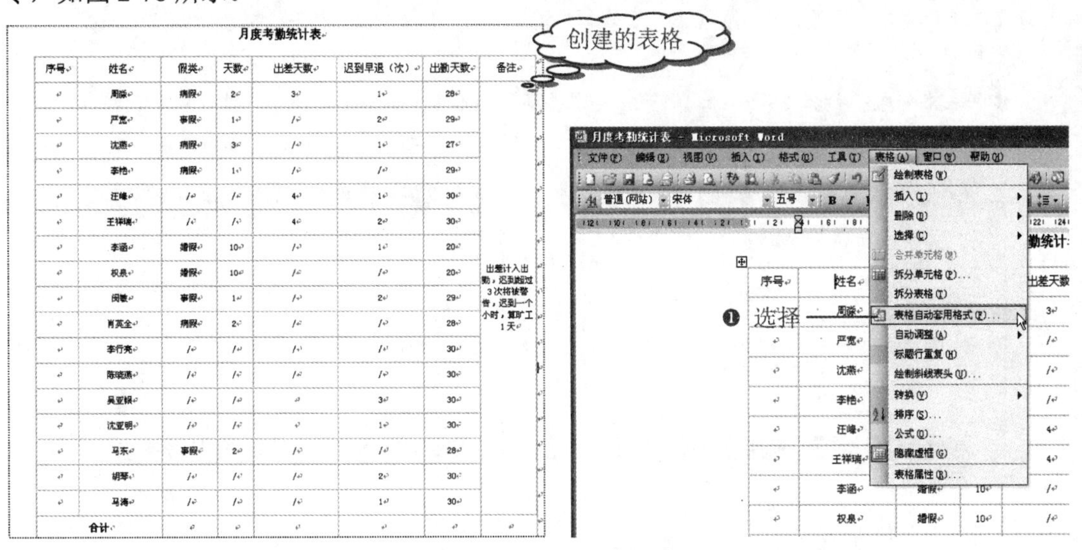

月度考勤统计表

序号	姓名	假类	天数	出差天数	迟到早退（次）	出勤天数	备注
	周淼	病假	2	3	1	28	
	严宽	事假	1	/	2	29	
	沈燕	病假	3	/	1	27	
	李艳	病假	1	/	/	29	
	汪峰	/	/	4	1	30	
	王祥瑞	/	/	4	2	30	
	李涵	婚假	10	/	1	20	
	权泉	婚假	10	/	/	20	出差计入出勤，迟到超过3次将被警告，迟到一个小时，算旷工1天
	闵敏	事假	1	/	2	29	
	肖英全	病假	2	/	/	28	
	李行亮	/	/	/	/	30	
	陈晓燕	/	/	/	/	30	
	吴亚银	/	/		3	30	
	沈亚明	/	/		1	30	
	马东	事假	2	/	/	28	
	胡琴	/	/	/	2	30	
	马涛	/	/	/	1	30	
合计							

图 2-77　　　　图 2-78

❸ 打开“表格自动套用格式”对话框，在“表格样式”列表框中选择一种样式，如“网格型 8”，然后选中“标题行”复选框，如图 2-79 所示。

❹ 设置完成后单击“应用”按钮，即可将样式套用到表格中，但是套用后原来设置的一些格式，如对齐方式、字体等会改变，套用后重新设置即可，效果如图 2-80 所示。

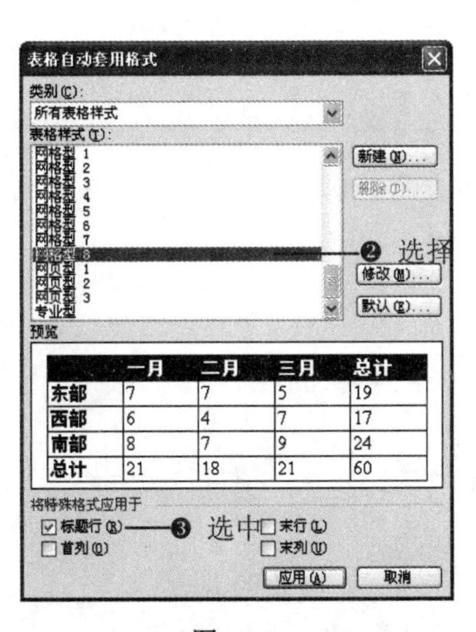

图 2-79

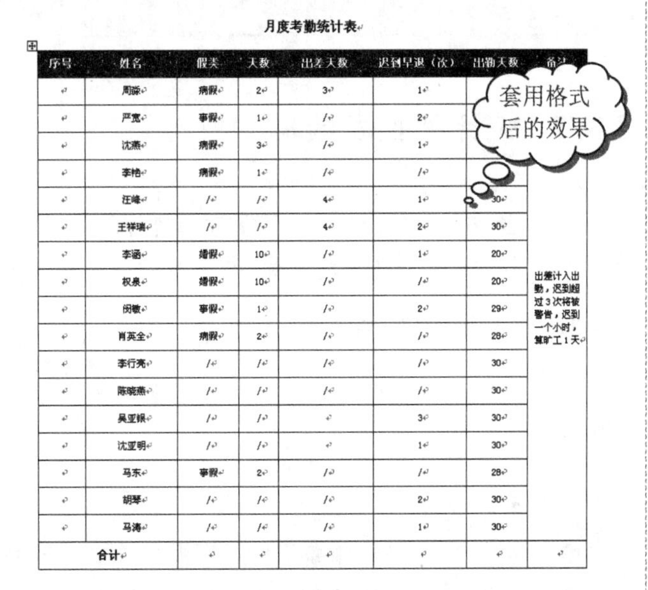

图 2-80

知识拓展

新建和修改表格样式

新建表格样式。在“表格自动套用格式”对话框中单击“新建”按钮，打开“新建样式”对话框，可设置表格的字体、字号、框线类型颜色、表格填充颜色等，再输入创建的表格的“名称”，如图 2-81 所示。

修改表格样式。如果对某一样式的有些地方不满意，可选中此样式，然后单击“修改”按钮，打开“修改样式”对话框，对所需的格式进行修改，如图 2-82 所示，单击“确定”按钮，即可设置成功。

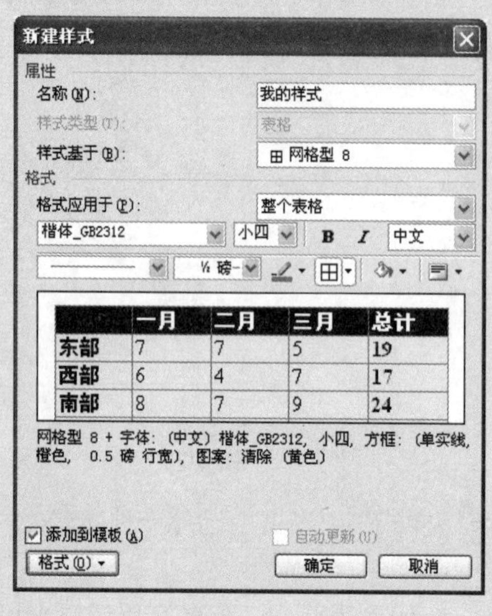

图 2-81

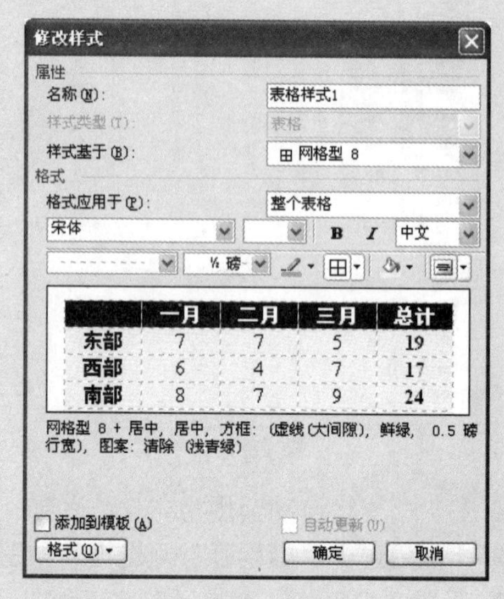

图 2-82

注意：选中“添加到模板”复选框，在其他 Word 文档也可应用此样式。

2.4.2 统计考勤表数据

源文件：02/源文件/月度考勤统计表.doc、**效果文件**：02/效果文件/月度考勤统计表.doc、**视频文件**：02/视频/2.4.2 月度考勤统计表.mp4

1. 为表格添加编号

为表格中的数据添加编号，可以安排好数据的顺序，这样容易找到对应的数值，而不会出现混乱。

❶ 选择表格的第 1 列需要编号的单元格，然后选择“格式”→“项目符号和编号”命令，如图 2-83 所示。

❷ 打开“项目符号和编号”对话框，选择一种编号样式，如图 2-84 所示。

❸ 选择后单击“确定”按钮，即可为选择的单元格自动添加编号，如图 2-85 所示。

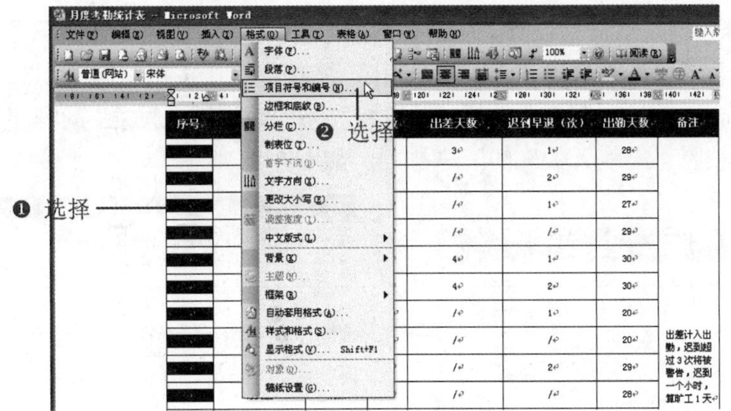

图 2-83

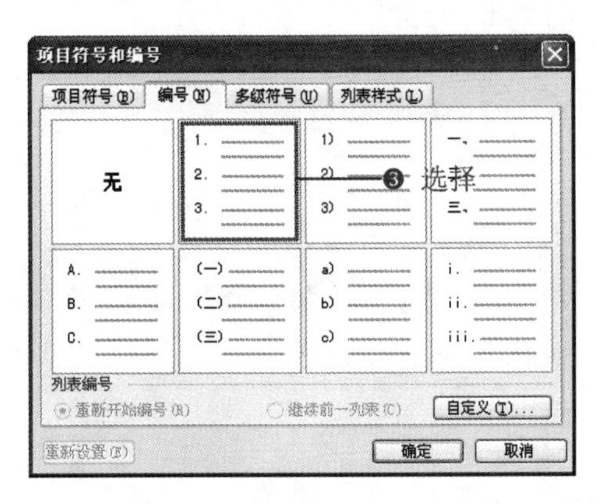

图 2-84

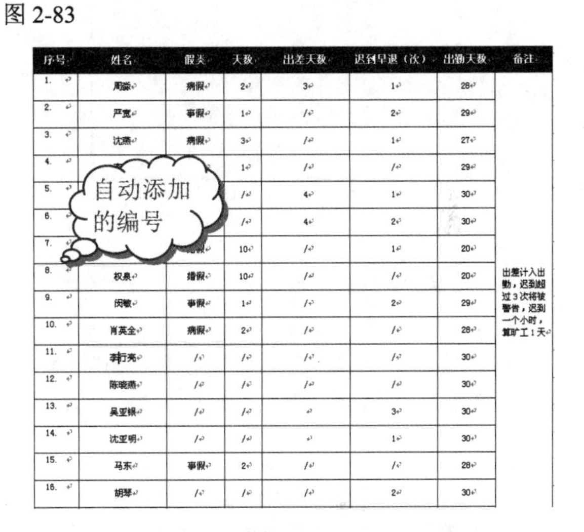

图 2-85

2．表格的排序

Word 可以对表格中的数据按照指定顺序进行排序，方便用户查看同一数据的情况。

❶ 将光标定位到表格内的任意单元格，选择"表格"→"排序"命令，如图 2-86 所示。

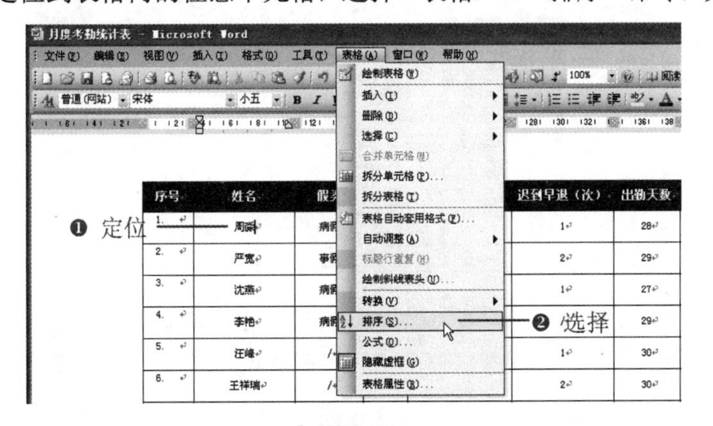

图 2-86

❷ 打开“排序”对话框，设置“主要关键字”为“假类”，并选中“升序”单选按钮；然后设置“次要关键字”为“出差天数”，选中“降序”单选按钮，如图 2-87 所示。

❸ 设置完成后，单击“确定”按钮，即可将表格的数据以“假类”的升序排序，而“假类”相同的数据按照“出差天数”的降序排列，如图 2-88 所示。

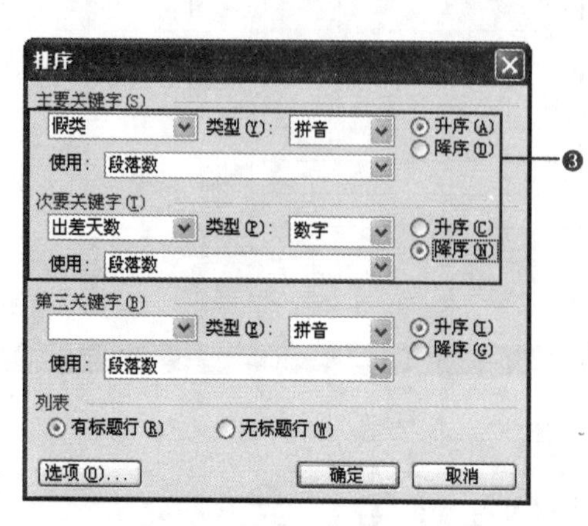

图 2-87

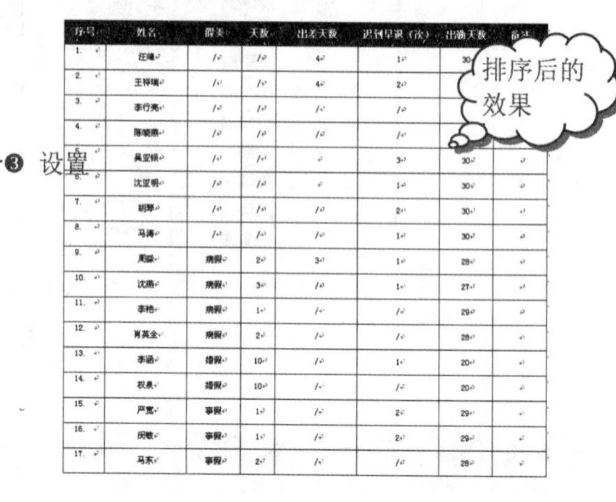

序号	姓名	假类	天数	出差天数	迟到早退（次）	出勤天数	备注
1.	汪峰	/	/	4	1	30	
2.	王梓瑞	/	/	4	2		
3.	李行亮	/	/	/	/		
4.	陈晓燕	/	/	/	/		
5.	吴亚银	/	/		3	30	
6.	沈亚明	/	/		1	30	
7.	胡琴	/	/	/	2	30	
8.	马涛	/	/	/	1	30	
9.	周淼	病假	2	3	1	28	
10.	沈燕	病假	3	/	1	27	
11.	李艳	病假	1	/	/	29	
12.	肖英全	病假	2	/	/	28	
13.	李涵	婚假	10	/	1	20	
14.	权晨	婚假	10	/	/	20	
15.	严宽	事假	1	/	2	29	
16.	闵敏	事假	1	/	2	29	
17.	马东	事假	2	/	/	28	

图 2-88

操作提示

有合并单元格的表格无法进行排序，可将带有合并单元格的一列或一行删除或拆分，然后进行排序，排序后再添加上去；或者在设置合并单元格之前把数据排序好，再进行设置。

3. 利用公式计算数据

利用表格的公式工具，可以简单计算一些数据，方便统计。

❶ 将光标定位到需要计算数据的单元格内，然后选择“表格”→“公式”命令，如图 2-89 所示。

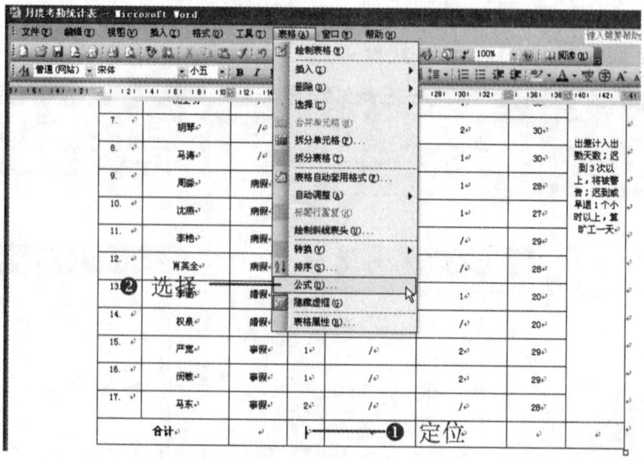

图 2-89

❷ 打开“公式”对话框，在“公式”文本框中显示了计算的公式，如图 2-90 所示。单击“确定”按钮，即可计算出所有人请假的天数，如图 2-91 所示。

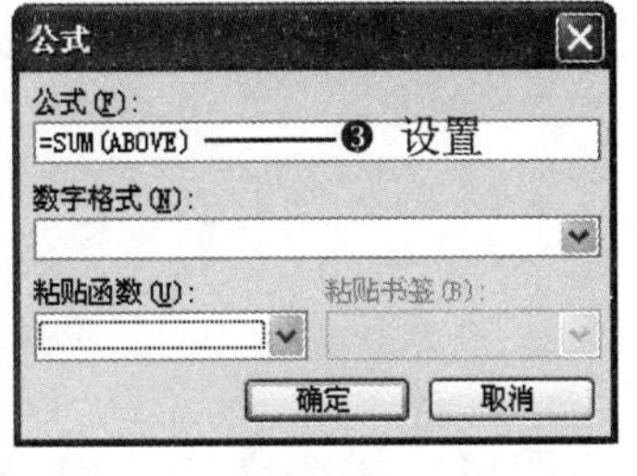

图 2-90

7.	胡琴	/	/	/	2
8.	马涛	/	/	/	1
9.	周淼	病假	2	3	1
10.	沈燕	病假	3	/	1
11.	李艳	病假	1	/	/
12.	肖英全	病假	2	/	/
13.	李涵	婚假	10	/	1
14.	权泉	婚假	10	/	/
15.	严宽	事假	1	/	2
16.	闵敏	事假	1	/	2
17.	马东	事假	2	/	/
合计			32		

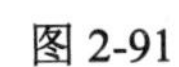

图 2-91

操作提示

在“公式”对话框中，单击“粘贴函数”下拉按钮可选择不同的函数，根据用户需要进行选择；在“公式”文本框的括号中可输入“ABOVE”或“LEFT”，计算上面一列或左侧一列的数据。

应用图形对象

Word 2003不仅可以编辑文字、表格，而且是编辑图形，排列文字和图形的好助手。这里的图形对象包括图片、绘制图形、流程图、图表等，使图形能很好地衬托文字，丰富、美化文档，在办公中很实用。

- ☑ 公司新数码产品展示
- ☑ 公司组织结构图
- ☑ 公司招聘简章制作

本章部分学习目标及案例

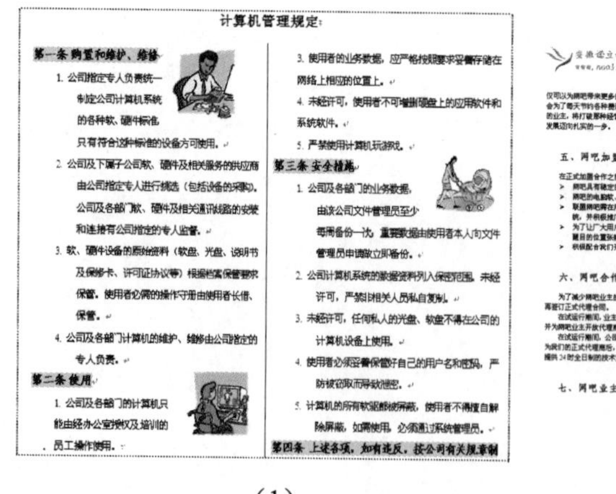

计算机管理规定

第一条 购置和维护、维修

1. 公司指定专人负责统一制定公司计算机系统的各种软、硬件标准，只有符合这种标准的设备方可使用。
2. 公司及下属子公司软、硬件及相关服务的供应商由公司指定专人进行挑选（包括设备的采购）。公司及各部门软、硬件及相关通讯线路的安装和连接有公司指定的专人监督。
3. 软、硬件设备的原始资料（软盘、光盘、说明书及保修卡、许可证协议等）根据档案保管要求保管。使用者必需的操作守册由使用者长借、保管。
4. 公司及各部门计算机的维护、维修由公司指定的专人负责。

第二条 使用

1. 公司及各部门的计算机只能由经办公室授权及培训的员工操作使用。
3. 使用者的业务数据，应严格按照要求妥善存储在网络上相应的位置上。
4. 未经许可，使用者不可增删硬盘上的应用软件和系统软件。
5. 严禁使用计算机玩游戏。

第三条 安全措施

1. 公司及各部门的业务数据，由该公司文件管理员至少每周备份一次，重要数据由使用者本人向文件管理员申请立即备份。
2. 公司计算机系统的数据资料列入保密范围，未经许可，严禁非相关人员私自复制。
3. 未经许可，任何私人的光盘、软盘不得在公司的计算机设备上使用。
4. 使用者必须妥善保管好自己的用户名和密码，严防被窃取而导致泄密。
5. 计算机的所有软驱都被屏蔽，使用者不得擅自解除屏蔽，如需使用，必须通过系统管理员。

第四条 上述各项，如有违反，按公司有关规章制

（1）

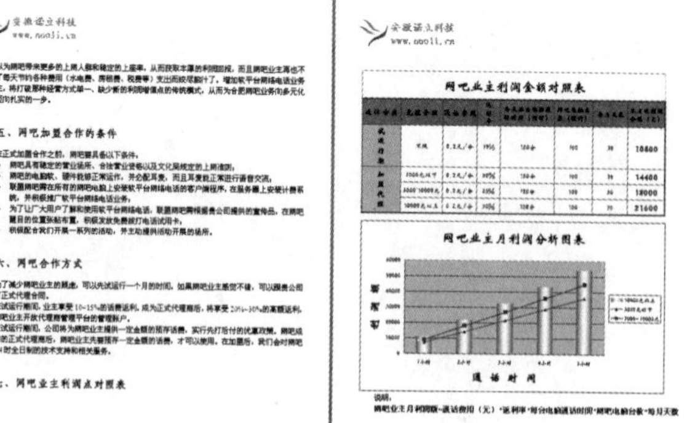

（2）

Note

3.1　基础知识

3.1.1　绘图画布的使用

源文件：03/源文件/3.1.1 使用绘图画布.doc、**视频文件**：03/视频/3.1.1 使用绘图画布.mp4

绘图画布是绘制图形的区域，使用绘图画布绘制图形，可以更直观地安排所绘制图形的大小和位置。

❶ 选择“插入”→“图片”→“绘制新图形”菜单命令，如图 3-1 所示。

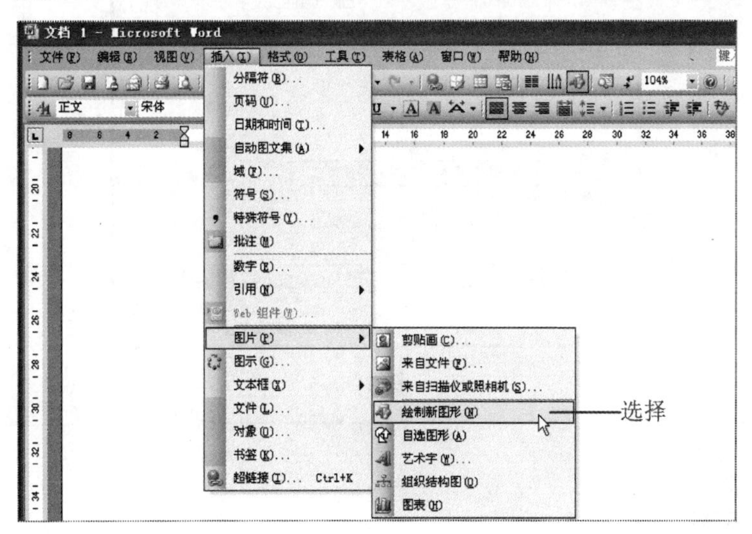

图 3-1

❷ 执行命令后，即可在文档中插入绘图画布，如图 3-2 所示。

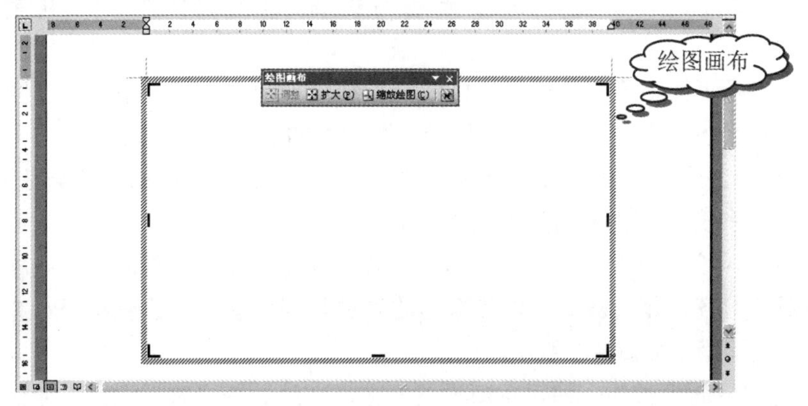

图 3-2

知识拓展

Note

不显示绘图画布

绘制图形时将自动显示出绘图画布，如果不显示绘图画布，可通过下面的方法进行设置。

选择“工具”→“选项”命令，打开“选项”对话框，选择“常规”选项卡，取消选中“插入‘自选图形’时自动创建绘图画布”复选框，如图 3-3 所示，单击“确定”按钮，绘制图形时就不会自动插入绘图画布。

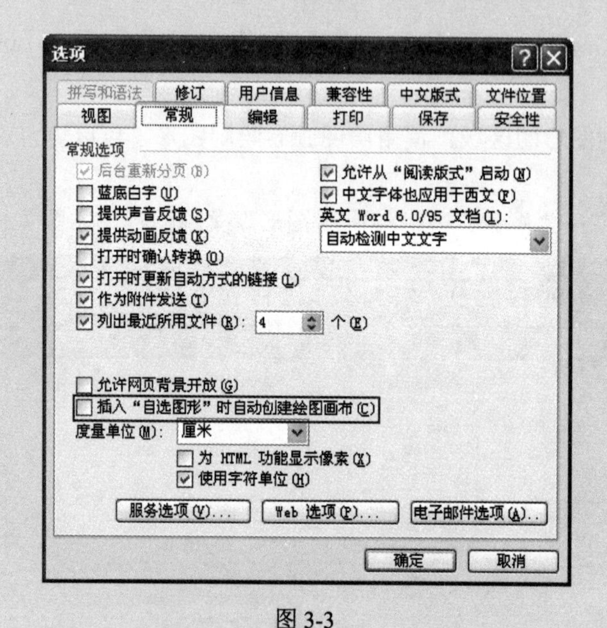

图 3-3

3.1.2 绘图网格设置

源文件： 03/源文件/3.1.2 绘图网格.doc、**视频文件：** 03/视频/3.1.2 绘图网格.mp4

绘图网格是页面中隐藏的一组坐标线，默认坐标起点为页边距。自选图形对象在页面中的移动受制于该网格线，图形不能位于绘图网格的最小间距之间。

❶ 单击“绘图”工具栏中的“绘图”按钮，在弹出的菜单中选择“绘图网格”命令（如图 3-4 所示），打开“绘图网格”对话框。

❷ 选中“对象与网格对齐”复选框，可以使图形对象的边缘对齐于网格线；选中“对象与其他对象对齐”复选框，可以使拖动的对象与其他图形的边缘易于对齐，再设置网格的水平和垂直间距，如图 3-5 所示。

❸ 单击“确定”按钮，即可重新设置网格，在绘制图形时会觉得方便许多。

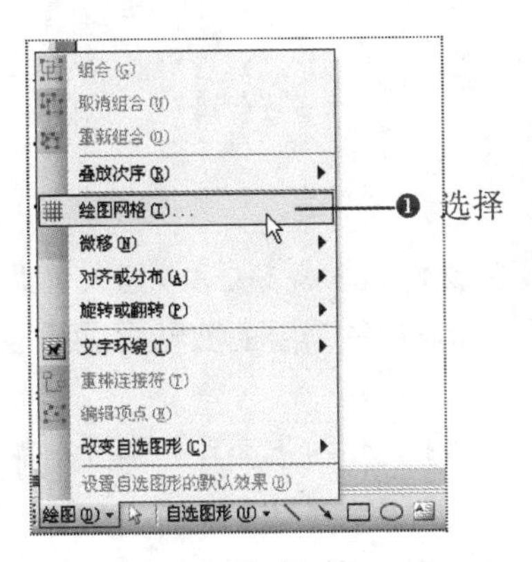

图 3-4

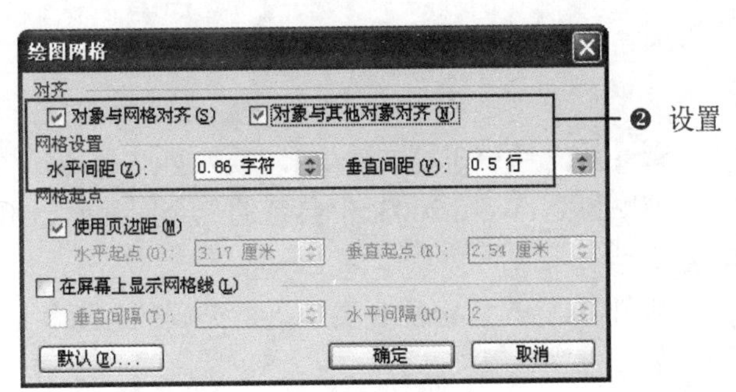

图 3-5

3.1.3 图形微移

源文件：03/源文件/3.1.3 图形微移.doc、**视频文件：**03/视频/3.1.3 图形微移.mp4

平时在移动图形时，或使用鼠标拖动或使用键盘上的方向键进行移动，但是这样一次性移动距离较大，不能精确到所需位置。图形微移是暂时屏蔽绘图网格的作用而使图形进行网格最小间距之间的移动。

❶ 选择要移动的对象，单击“绘图”工具栏中的“绘图”按钮，在弹出的菜单中选择“微移”命令，然后在弹出的子菜单中选择相应的命令，如图 3-6 所示。

图 3-6

❷ 这里选择“向上”选项，即可将图形向上稍微移动一点，如果没达到效果，可以不断地执行此命令，直到符合要求为止。

操作提示

按住“Ctrl”键不放，再按方向键移动图形对象，也可以实现微移。

3.1.4 插入剪贴画

Note

源文件：03/源文件/3.1.4 插入剪贴画.doc、**视频文件**：03/视频/3.1.4 插入剪贴画.mp4

剪贴画是 Word 2003 中自带的一个图片库，用户可以搜索需要的剪贴画进行插入，以丰富文档。

❶ 将鼠标光标定位到要插入剪贴画的位置，选择“插入”→“图片”→“剪贴画”命令，如图 3-7 所示。

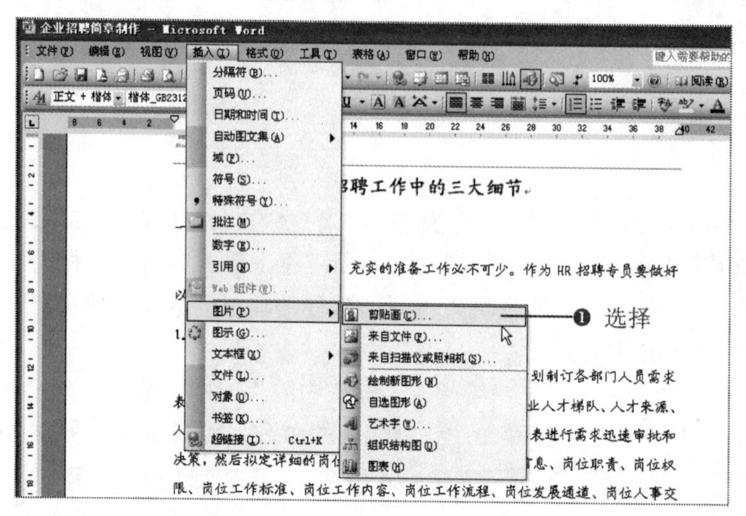

图 3-7

❷ 打开“剪贴画”任务窗格，在“搜索文字”文本框中输入要搜索的关键字，如“招聘”，然后单击“搜索”按钮，即可搜索到相关的图片，如图 3-8 所示。

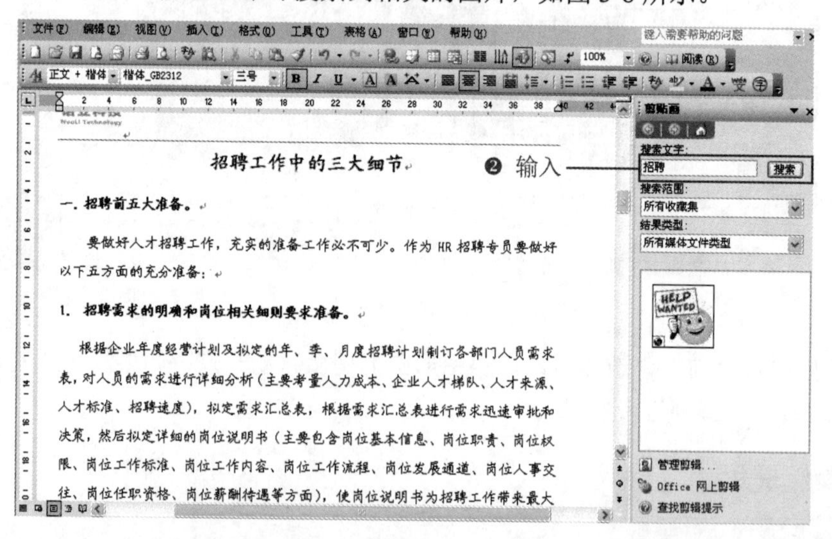

图 3-8

操作提示

在“剪贴画”任务窗格中单击“Office 网上剪辑”超链接，可以在 Office Online 网站上下载更多的剪贴画。

❸ 直接单击所需的图片，或者将鼠标放置在图片上，当出现下拉按钮时，单击此按钮，在弹出的下拉菜单中选择“插入”选项，即可将剪贴画插入到光标位置，然后调整图片大小，效果如图 3-9 所示。

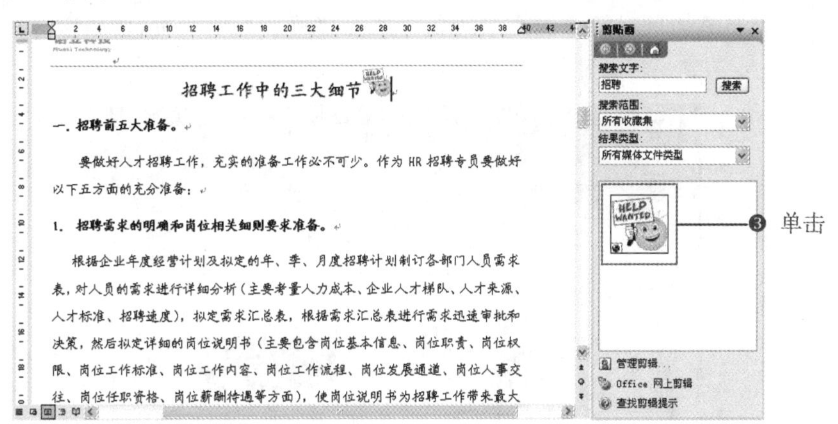

图 3-9

知识拓展

管理收藏剪贴画

在“剪贴画”任务窗格中单击“管理剪辑”超链接，打开“Microsoft 剪辑管理器”窗口。单击左侧的“Web 收藏集”文件夹，在展开的文件夹选项中选择一种类型，在右侧窗口中可看到包含的剪贴画（如图 3-10 所示）。这里都是联网的图片，如果需要下载，在剪贴画上单击鼠标右键，在弹出的快捷菜单中选择“保存以供脱机时使用”命令。在此窗口中也可对收藏的剪贴画进行查看管理。

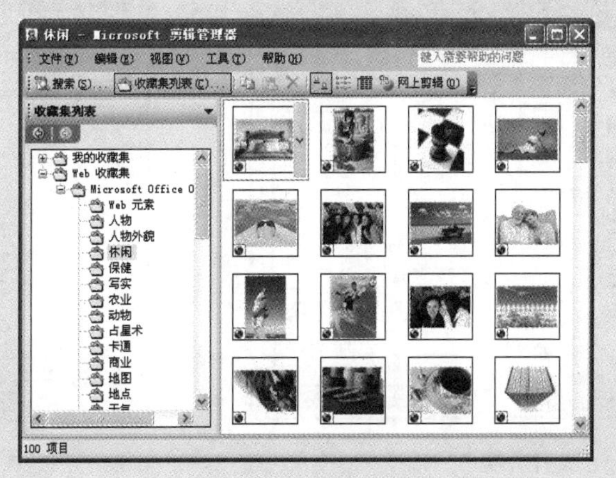

图 3-10

Note

3.1.5　添加图片项目符号

源文件：03/源文件/3.1.5 图片项目符号.doc、**视频文件**：03/视频/3.1.5 图片项目符号.mp4

项目符号不仅可以是数字、图标等，还可以将图片设置成项目符号，这样既个性又有代表性。

❶ 选择需要添加项目符号的文本段落，选择“格式”→“项目符号和编号”命令，如图 3-11 所示。

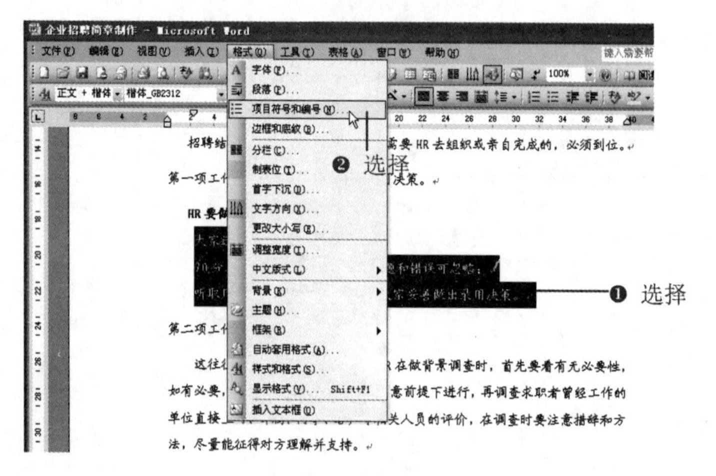

图 3-11

❷ 打开“项目符号和编号”对话框，任意选中一个符号，然后单击“自定义”按钮，如图 3-12 所示。

❸ 打开“自定义项目符号列表”对话框，单击“图片”按钮，如图 3-13 所示。

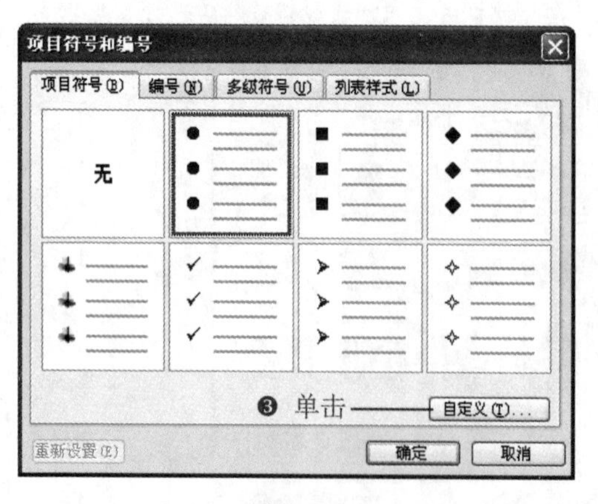

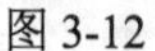

图 3-12

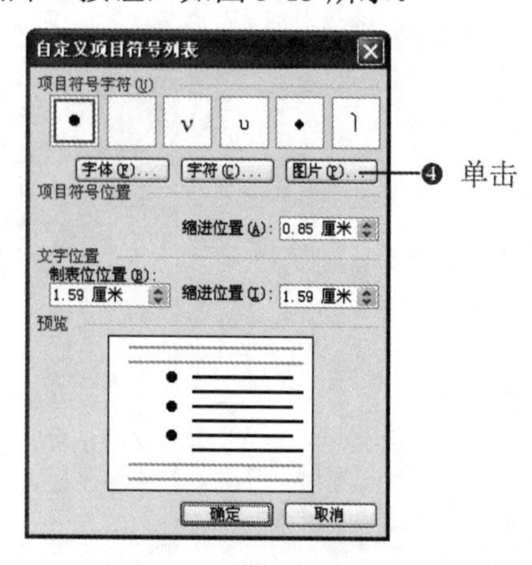

图 3-13

❹ 打开“图片项目符号”对话框，选择一种图片，如图 3-14 所示，单击“确定”按钮，

返回“自定义项目符号列表”对话框，选中刚刚添加的符号，单击“确定”按钮，即可添加图片项目符号，如图 3-15 所示。

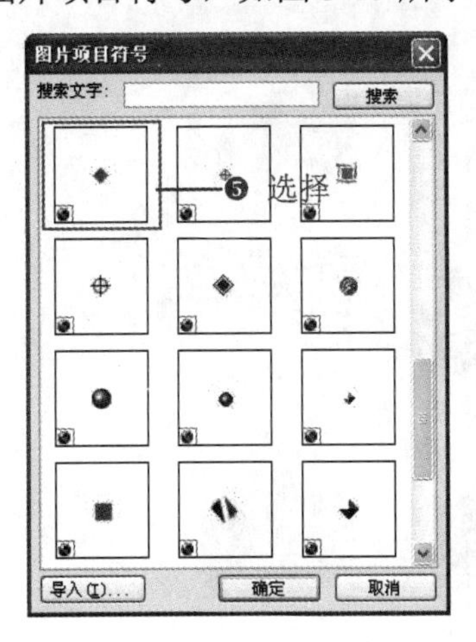

图 3-14

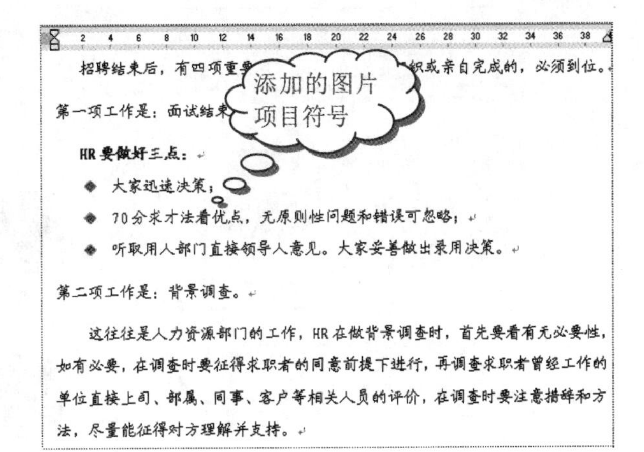

图 3-15

知识拓展

导入外部图片

如果自己有下载的比较适合作为项目符号的图片，也可将其添加到项目符号的列表中。

在“图片项目符号”对话框中单击“导入”按钮，打开“将剪辑添加到管理器”对话框，选中需要添加的图片，如图 3-16 所示，单击“添加”按钮，即可将图片添加到“图片项目符号”对话框中，下次需要使用时直接选中应用即可。

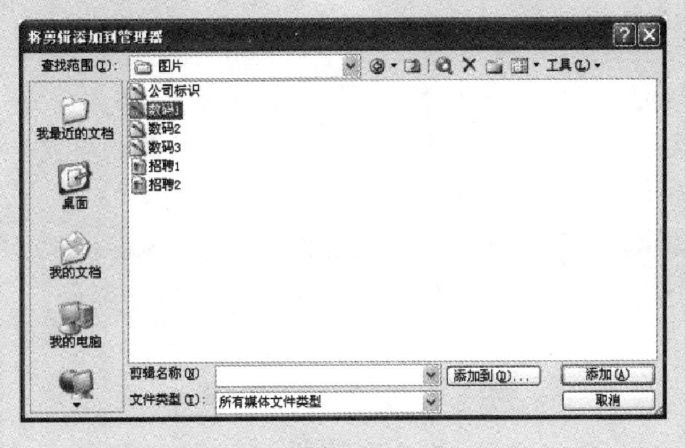

图 3-16

3.2　公司新数码产品展示

公司推出新产品后，就会向外推广宣传，好的宣传方案可以提高产品知名度，且快速被别人接受，如图 3-17 所示是产品展示方案。

Note

图 3-17

3.2.1 创建数码产品展示文档

：源文件：03/源文件/公司新数码产品展示.doc、**效果文件**：03/效果文件/公司新数码产品展示.doc、**视频文件**：03/视频/3.2.1 公司新数码产品展示.mp4

数码产品展示不但包括文字介绍，而且包括图片展示，排列好文字与图片的布局可以使版面美观，且表达效果更佳。

下面首先创建文档，输入文字内容。

❶ 新建“公司新数码产品展示”空白文档，并输入文字内容。

❷ 设置字体的大小、字形、颜色等格式，然后设置段落的格式，使文档美观并条理清晰，效果如图 3-18 所示。

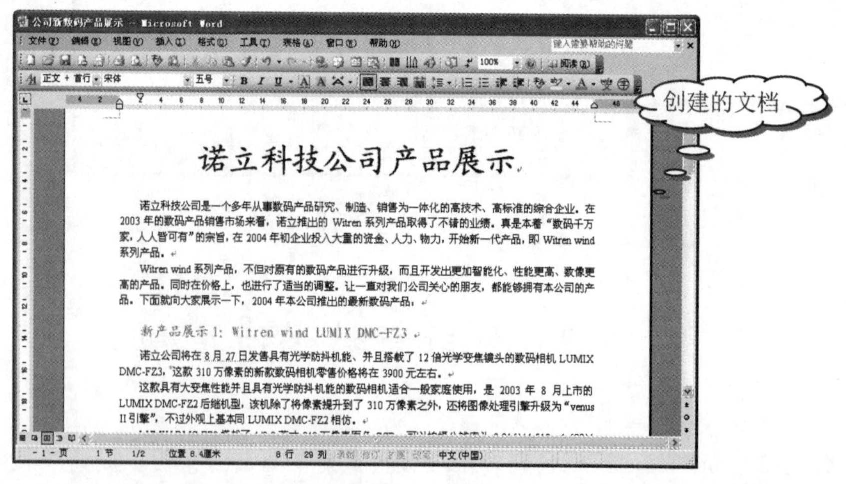

图 3-18

3.2.2 完善、美化文档页面

：源文件：03/源文件/公司新数码产品展示.doc、**效果文件**：03/效果文件/公司新数码产品展示.doc、**视频文件**：03/视频/3.2.2 公司新数码产品展示.mp4

基本文档创建完后，需要为页面添加一些图片、横线等美化版面。

1．添加装饰横线

❶ 将光标定位到需要添加装饰横线的位置，选择"格式"→"边框和底纹"命令，打开"边框和底纹"对话框。

❷ 单击对话框下方的"横线"按钮（如图 3-19 所示），打开"横线"对话框，选择一种横线样式，如图 3-20 所示。

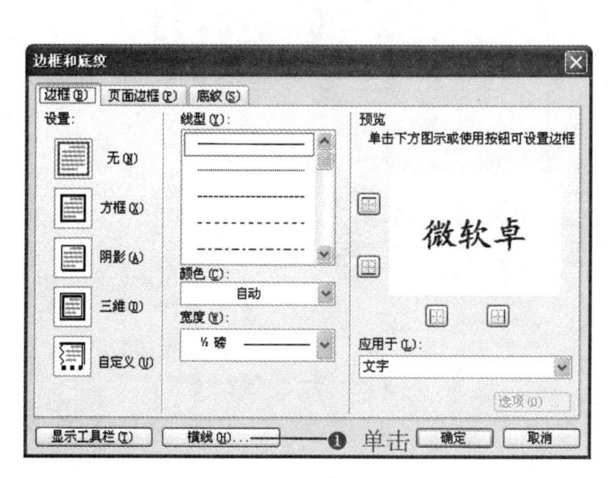

图 3-19

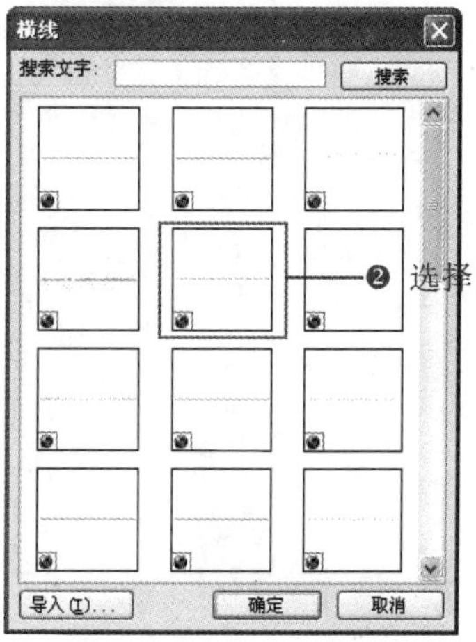

横线
搜索文字:
搜索
❷ 选择
导入(I)...
确定
取消

图 3-20

❸ 设置完成后，单击"确定"按钮，即可在相应位置添加横线，如图 3-21 所示。

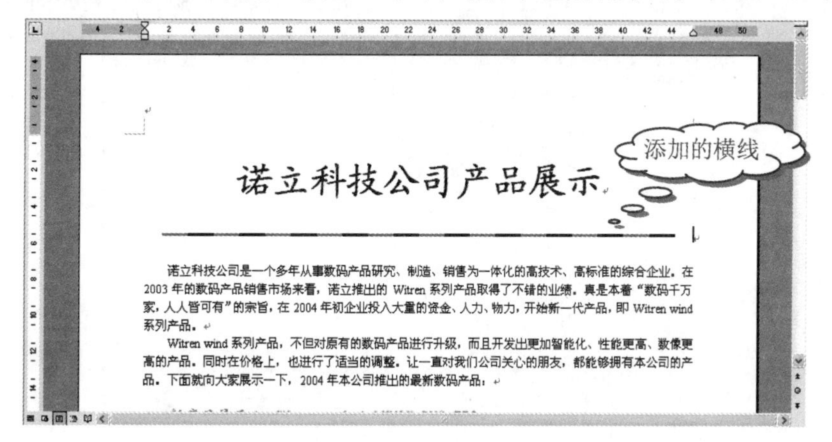

图 3-21

Note

操作提示

在“边框和底纹”对话框中单击“显示工具栏”按钮，可打开“表格和边框”工具栏；在“横线”对话框中单击“导入”按钮，可导入自己保存的一些横线，可选择性更强。

Note

2. 在页眉中插入图片

在页眉中不但可以插入文字、页码等，还可以插入图片，一般插入公司的 LOGO 图片较多，使文档具有标识性。

❶ 选择“视图”→“页眉和页脚”命令，或双击页眉或页脚位置，激活页眉页脚。

❷ 将光标定位到页眉中，选择“插入”→“图片”命令，在展开的子菜单中选择“来自文件”命令，如图 3-22 所示。

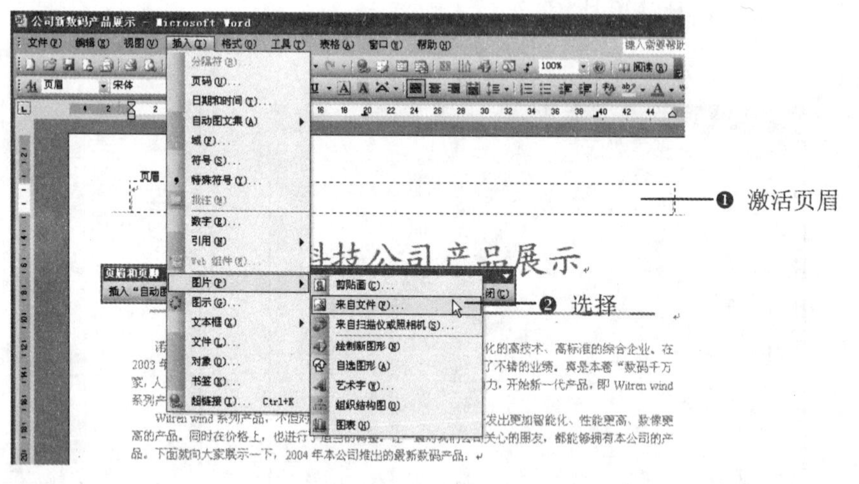

图 3-22

❸ 打开“插入图片”对话框，选择需要插入的图片，如图 3-23 所示，单击“插入”按钮，即可将图片插入到页眉中，调整好图片大小，并关闭页眉页脚，效果如图 3-24 所示。

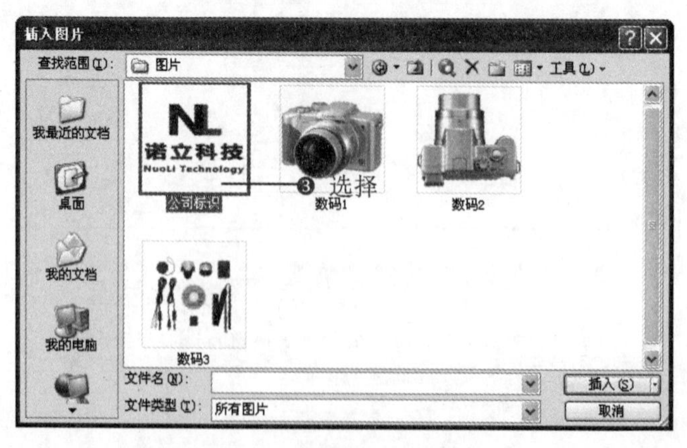

图 3-23

图 3-24

知识拓展

调整图片大小

插入图片的大小并不一定刚好符合文档，可通过下面的方式调整大小。

方法一：选中图片，将鼠标光标放在图片周围的控点上，上下控点调整高度，左右控点调整宽度，对角控点同时调整，如图 3-25 所示，将鼠标光标放置在对角控点上，当鼠标变成双向箭头时，拖动鼠标，向内拖动图片变小，向外拖动图片将变大。

方法二：选中图片，将打开“图片”工具栏，单击“设置图片格式”按钮，或在图片上单击鼠标右键，在弹出的快捷菜单中选择“设置图片格式”命令，打开“设置图片格式”对话框，选择“大小”选项卡，在“尺寸和旋转”栏中输入“高度”和“宽度”，如图 3-26 所示，单击“确定”按钮，即可设置图片大小。

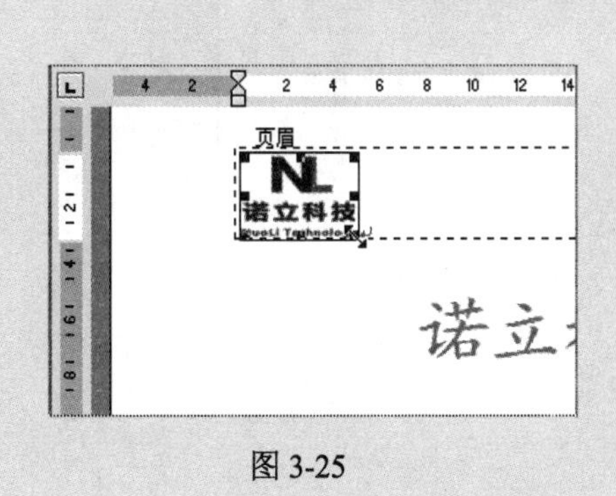

图 3-25

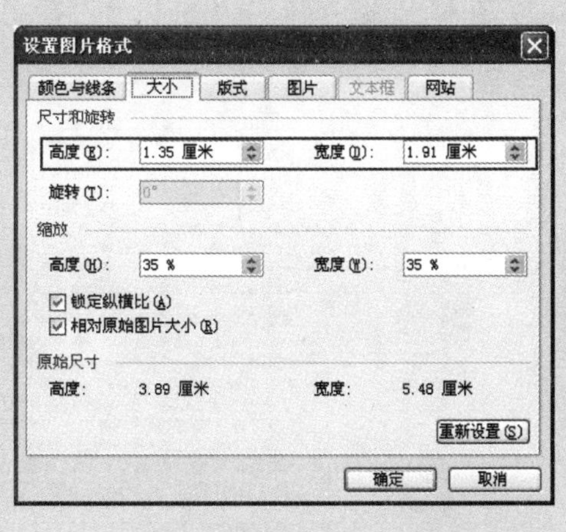

图 3-26

3.2.3 插入并设置产品展示图片

源文件：03/源文件/公司新数码产品展示.doc、**效果文件：**03/效果文件/公司新数

码产品展示.doc、**视频文件**：03/视频/3.2.3 公司新数码产品展示.mp4

首先准备好清晰、美观的展示图片，统一放在一个文件夹中，方便查找，然后进行插入并设置。

Note

1．插入文本框

❶ 选择“插入”→“文本框”命令，在展开的子菜单中选择“横排”命令，如图 3-27 所示。

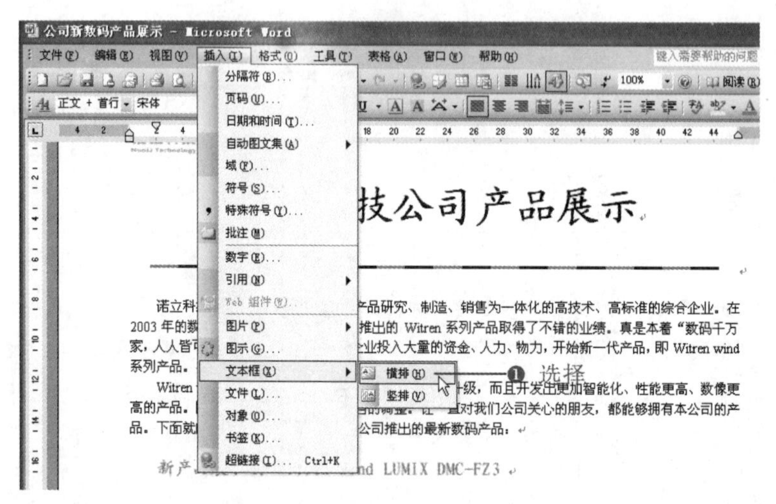

图 3-27

❷ 执行命令后即可在文档中插入一个文本框，调整文本框大小，然后在文本框上单击鼠标右键，在弹出的快捷菜单中选择“设置文本框格式”命令，如图 3-28 所示。

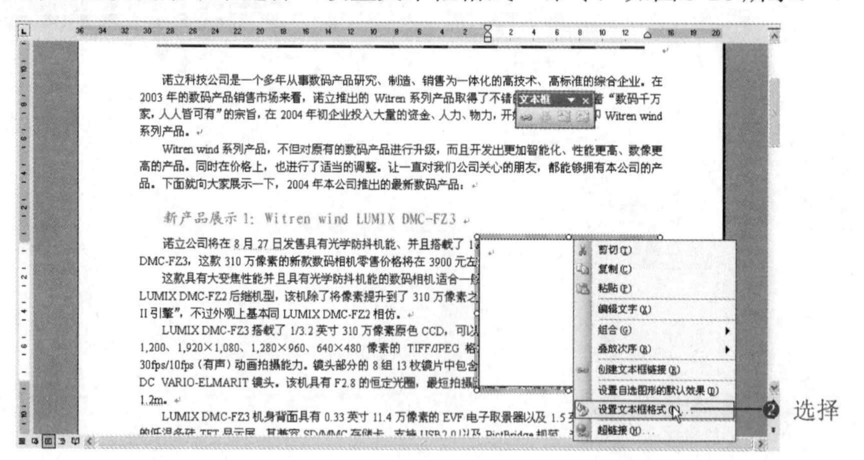

图 3-28

❸ 打开“设置文本框格式”对话框，切换到“版式”选项卡，选择“四周型”选项，如图 3-29 所示。

❹ 单击“确定”按钮，即可将文本框设置成围绕文字显示，如图 3-30 所示。

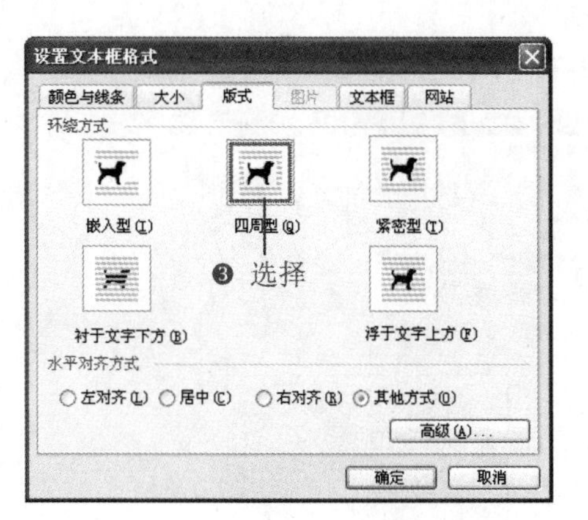

图 3-29

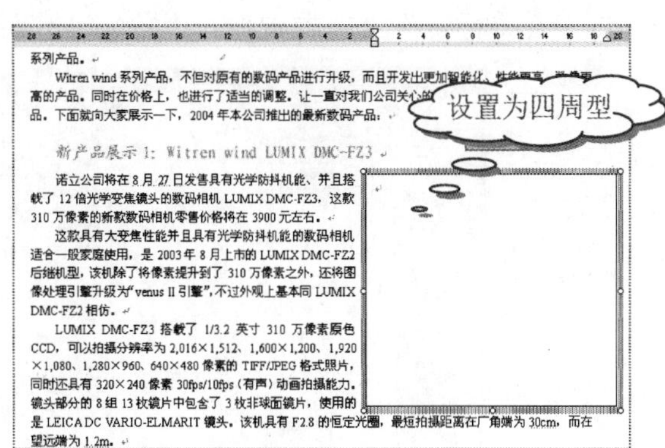

图 3-30

操作提示

在“设置文本框格式”对话框的“大小”选项卡中，按照和设置图片大小一样的方法，可设置文本框的大小。

2．设置文本框线条与颜色

❶ 打开“设置文本框格式”对话框，选择“颜色与线条”选项卡，在“填充”栏中设置“颜色”为“无填充颜色”；在“线条”栏中设置“颜色”为“无线条颜色”，如图 3-31 所示。

❷ 单击“确定”按钮，即可将文本框设置为无填充颜色、无边框样式，如图 3-32 所示。

图 3-31

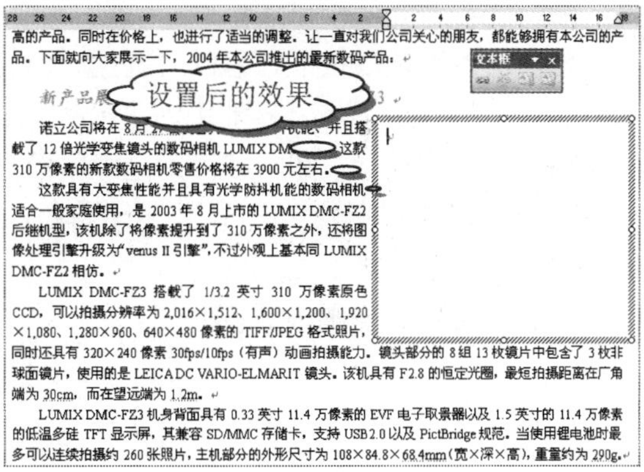

图 3-32

3．为图片插入题注

❶ 将光标定位到文本框中，然后将图片插入到文本框中，选中图片，选择“插入”→“引用”命令，在展开的子菜单中选择“题注”命令，如图 3-33 所示。

❷ 打开“题注”对话框（如图 3-34 所示），单击“新建标签”按钮，打开“新建标签”

Note

对话框，在“标签”文本框中输入“图”，如图 3-35 所示。

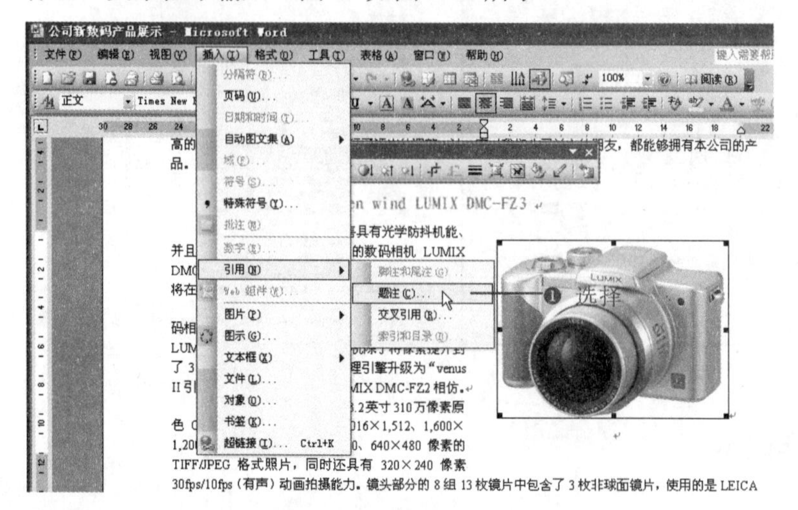

图 3-33

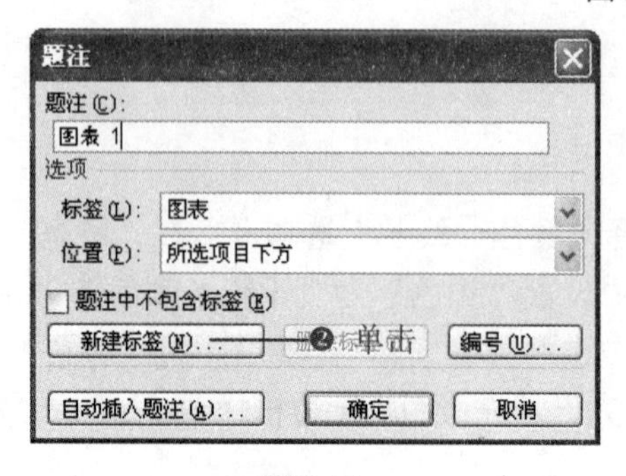

图 3-34

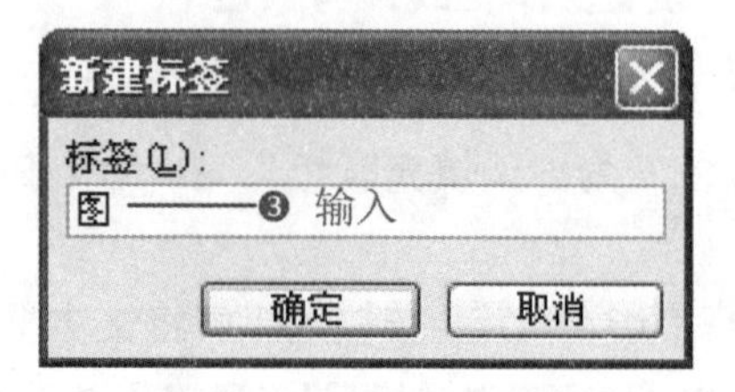

图 3-35

❸ 单击“确定”按钮，返回“题注”对话框，在“题注”文本框中显示了添加的题注（这里显示的“1”是域，不能手动更改），如图 3-36 所示。

❹ 单击“确定”按钮，即可为选中的图片添加题注，如图 3-37 所示。

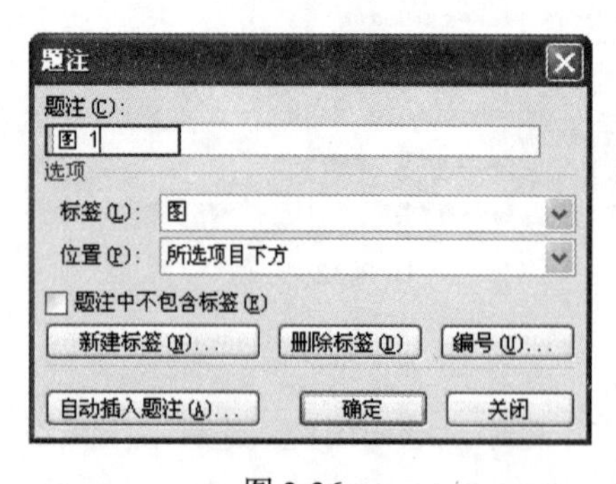

图 3-36

图 3-37

❺ 复制文本框，拖动到合适的位置，并在文本框中插入第二张图片，如图 3-38 所示。

图 3-38

❻ 选中图片，再次打开“题注”对话框，在“题注”文本框中自动显示了“图 2”，如图 3-39 所示。

❼ 单击“确定”按钮，即可为第二张图片添加题注，按照同样的方法将剩下的图片添加到文档中，并插入题注，如图 3-40 所示。

图 3-39　　　　图 3-40

操作提示

用插入题注的方法标注图片，比直接在图片下输入图片编号要方便实用，不但标注的时候比较迅速，而且如果要删除图片，图片下的题注自动编号，不用再重新输入图片编号。

3.3 公司组织结构图

一个发展成熟的公司会有不同的部门、级别，这些构成了公司的组织架构，了解公司的组织架构是非常重要的，方便公司员工的联系和职业发展，利用 Word 的组织结构图的功

Note

能可以很快创建，而且还可以插入图表反映公司员工情况，如图 3-41 所示。

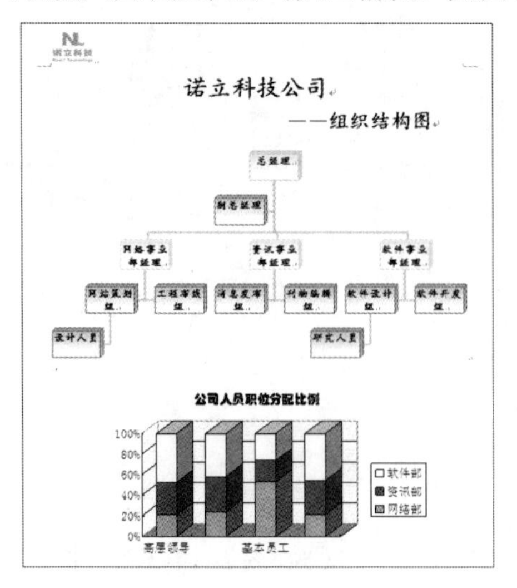

图 3-41

3.3.1 创建公司的组织结构图

源文件：03/源文件/公司组织结构图.doc、**效果文件**：03/效果文件/公司组织结构图.doc、**视频文件**：03/视频/3.3.1 公司组织结构图.mp4

1. 插入组织结构图

Word 为用户提供了几种图示，用户可根据需要进行选择。

❶ 创建“公司组织结构图”文档，输入基本内容，并设置字体、段落格式。

❷ 将光标定位到需要插入结构图的位置，选择“插入”→“图示”命令，如图 3-42 所示。

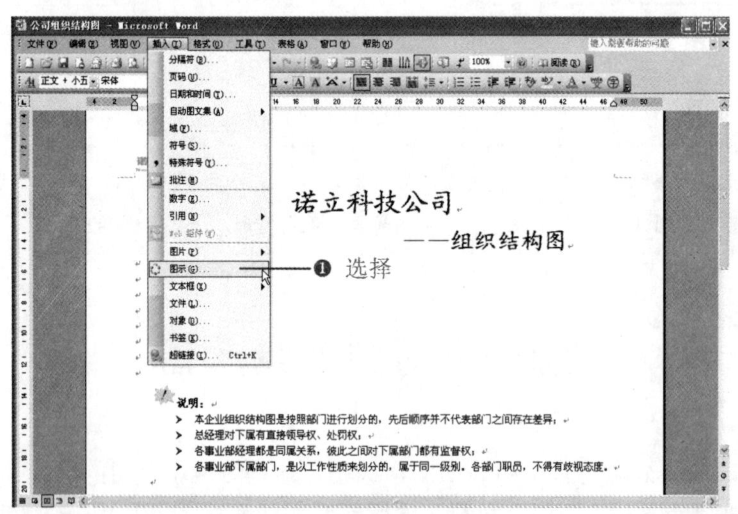

图 3-42

❸ 打开“图示库”对话框，选择“组织结构图”选项，如图 3-43 所示，单击“确定”按钮，即可插入组织结构图，如图 3-44 所示。

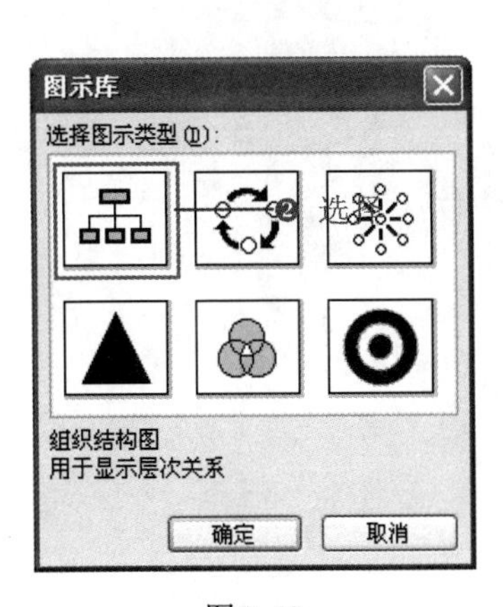

图 3-43

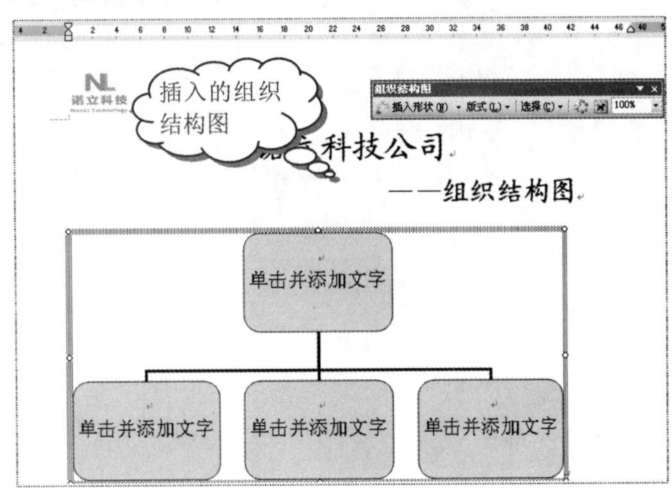

图 3-44

操作提示

选择“插入”→“图片”→“组织结构图”命令，可直接插入一个组织结构图。

2. 插入形状

由于提供的组织结构图中的分支不够用，所以需要在合适的位置添加分支。

❶ 选中需在下面添加分支的形状，单击“组织结构图”工具栏中的“插入形状”右侧的下拉按钮，在展开的下拉列表中选择“助手”选项，如图 3-45 所示。

❷ 执行命令后，即可在选中的形状下插入一个分支形状，如图 3-46 所示。

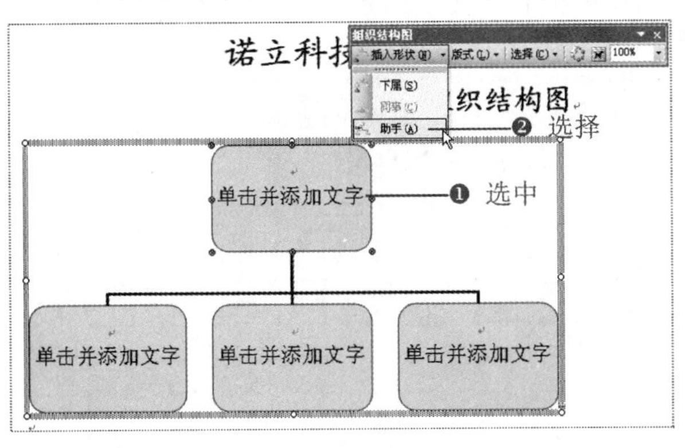

图 3-45

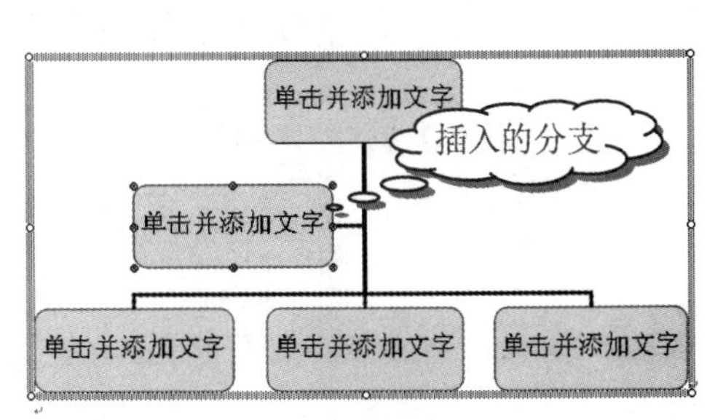

图 3-46

❸ 再按照同样的方法在相应的位置添加不同的形状，效果如图 3-47 所示。

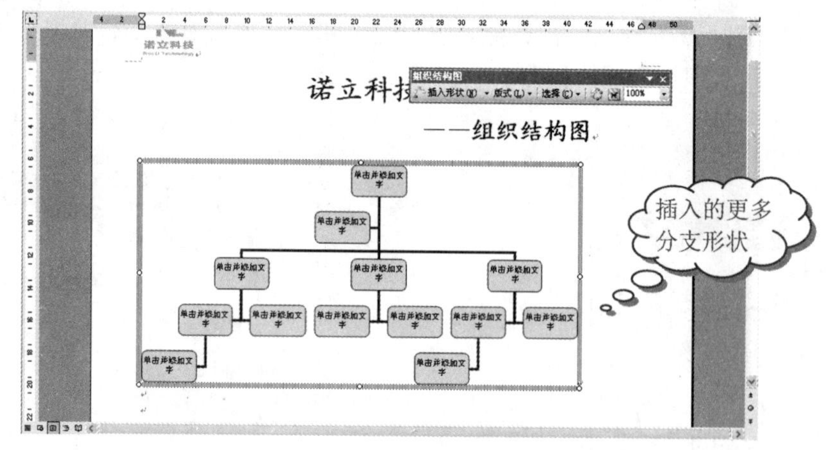

图 3-47

操作提示

在“插入形状”下拉按钮下有“下属”、“同事”和“助手”3个选项，“下属”是把选中的形状降低一级；“同事”是在选中的形状旁边添加一个同一级别的分支；“助手”是在选中的形状下添加一个低一级的形状。

知识拓展

选择形状

如果要选择同一级别形状，一个一个选择比较麻烦，而且也容易出错，可以利用下面的方法实现选择。

选中任何一个分支形状，单击“组织结构图”工具栏中的“选择”下拉按钮，展开下拉列表，如图 3-48 所示，有“级别”、“分支”、“所有助手”和“所有连接线”4个选项，用户可根据需要使用。这里选择“所有助手”选项，即可选中所有助手的形状，如图 3-49 所示。

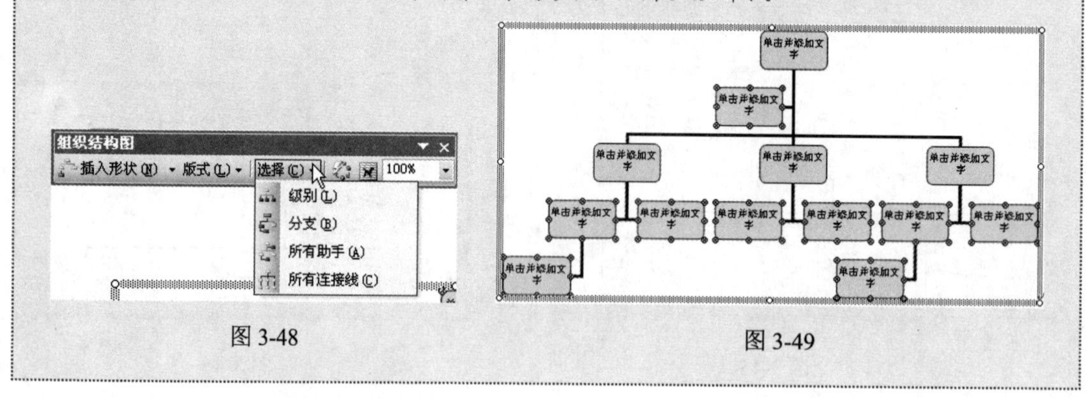

图 3-48　　图 3-49

3. 套用格式美化组织结构图

❶ 在相应的形状内输入组织部门，在形状内单击即可定位光标，输入文字即可，选中

整个结构图（单独选择一个形状，只能设置此形状的格式），然后设置其字体格式，效果如图 3-50 所示。

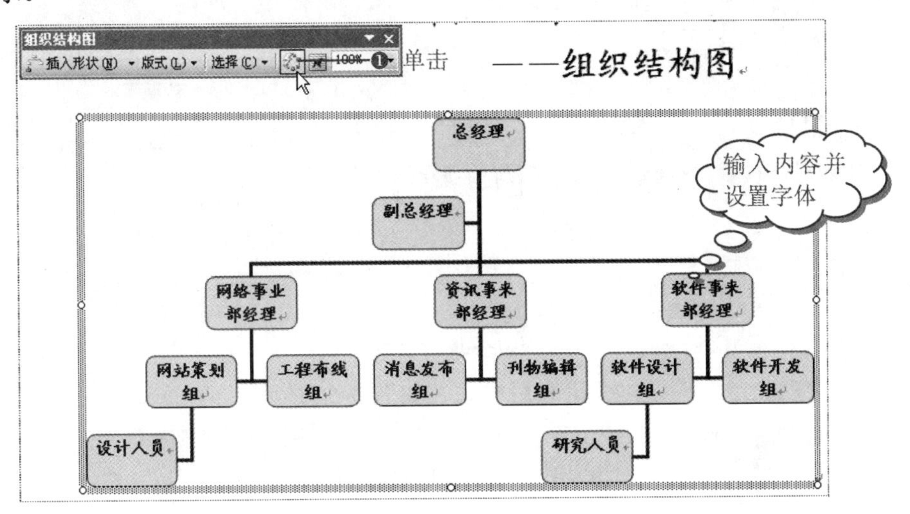

图 3-50

❷ 单击“组织结构图”工具栏中的“自动套用格式”按钮，打开“组织结构图样式库”对话框，选择一种样式，如图 3-51 所示。

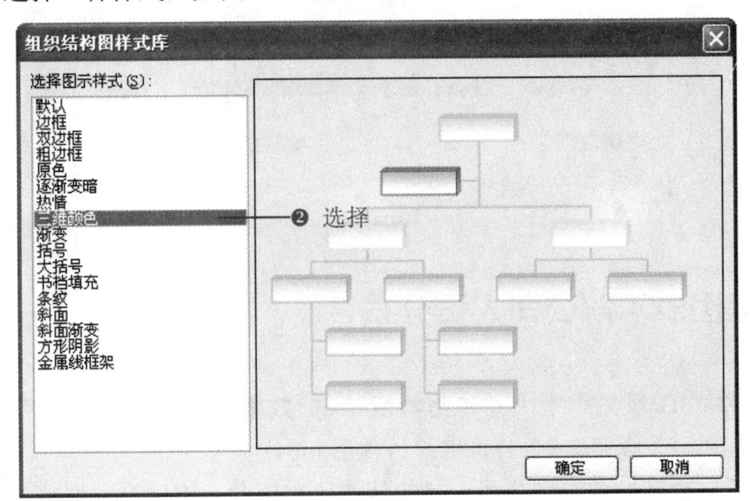

图 3-51

知识拓展

改变组织结构图的版式

插入的组织结构图不是一成不变的，用户可以对其版式进行更改。

❶ 选中组织结构图最上面的一个形状，单击“组织结构图”工具栏中的“版式”下拉按钮，在其下拉列表中选择一种版式，如“两边悬挂”选项，如图 3-52 所示。

❷ 执行命令后，即可将标准版式更改为两边悬挂方式，效果如图 3-53 所示。

Note

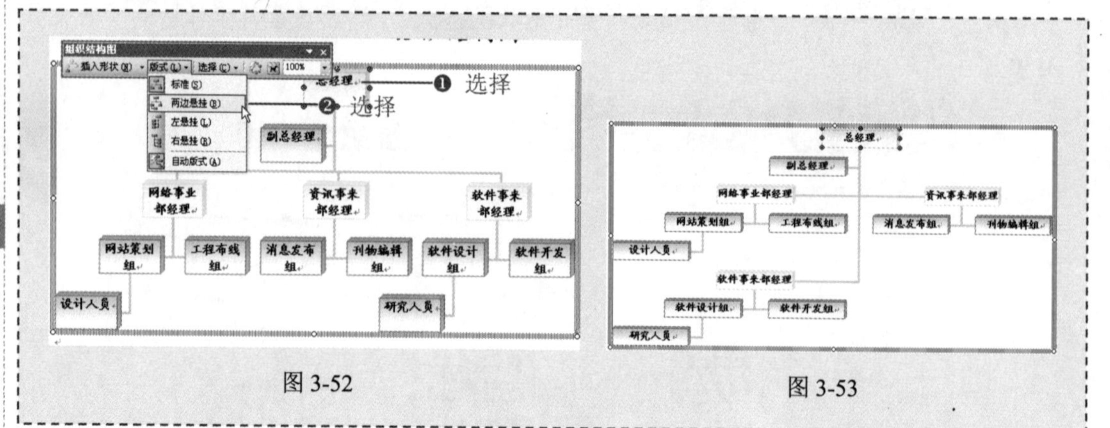

图 3-52　　图 3-53

❸ 单击“确定”按钮，即可套用样式，如图 3-54 所示。

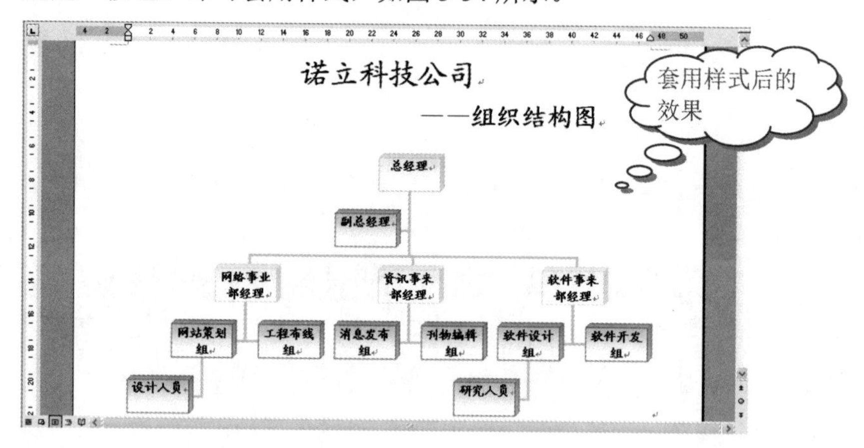

图 3-54

3.3.2　创建图表了解公司人员分布

源文件：03/源文件/公司组织结构图.doc、**效果文件**：03/效果文件/公司组织结构图.doc、**视频文件**：03/视频/3.3.2 公司组织结构图.mp4

利用图表可以很轻松地看到公司人员的基本分布情况，方便公司调整人员分配和指定更好的企业发展战略。

1．插入图表

❶ 将光标定位到需要插入图表的位置，选择“插入”→“图片”命令，在展开的子菜单中选择“图表”命令，如图 3-55 所示。

❷ 执行命令后，即可在光标位置插入图表，并自动打开数据编辑表格，如图 3-56 所示。

❸ 在 Excel 表格相应的单元格中输入文本和数据，图表中相应的内容会自动改变，如图 3-57 所示。

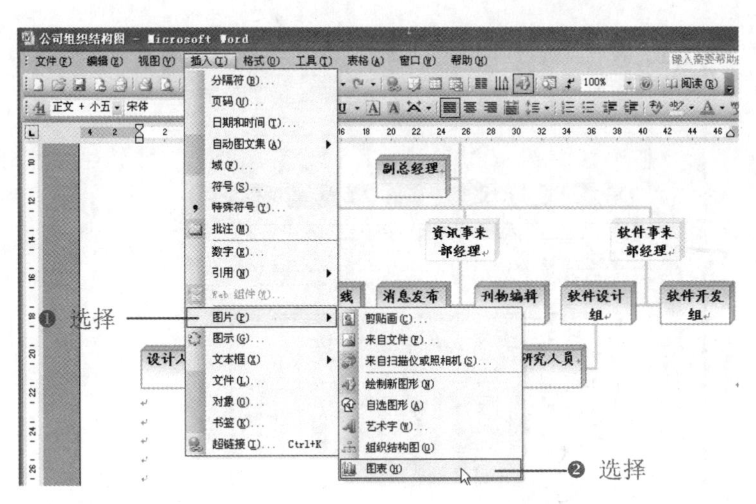

图 3-55

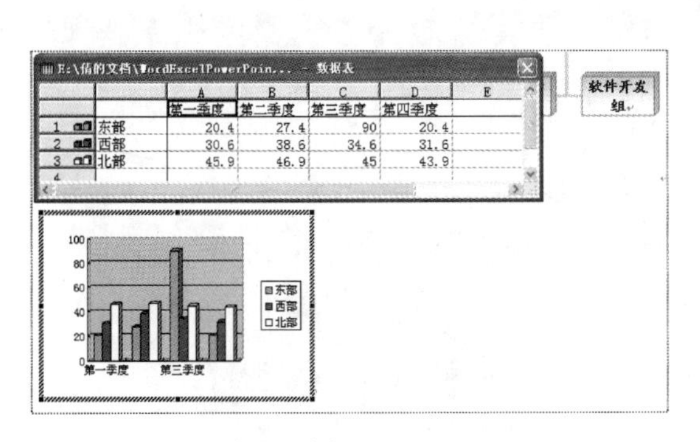

图 3-56

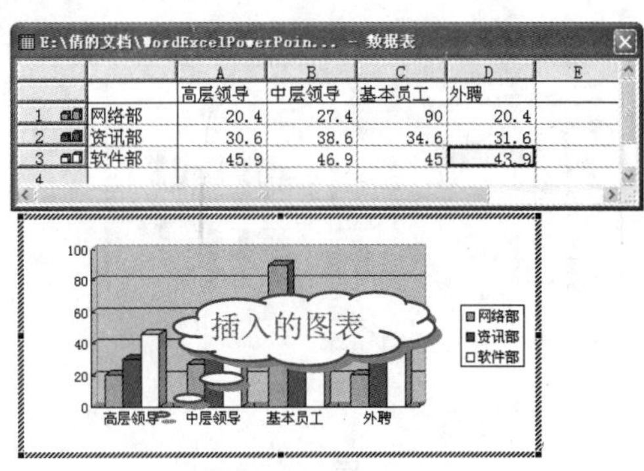

图 3-57

操作提示

将鼠标光标放置在图表周围的控点上，可调整图表的大小；编辑完成后，在文档空白处单击，即可退出编辑状态；若需要修改数据，双击图表区域，即可进入图表编辑状态。

2. 更改图表类型

如果插入的图表类型不能满足用户需要，可以进行更改。

❶ 进入图表编辑状态，选择“图表”→“图表类型”命令，如图 3-58 所示。

❷ 打开“图表类型”对话框，选择合适的图表类型，如“三维百分比堆积柱形图”，如图 3-59 所示。

❸ 单击“确定”按钮，即可更改图表类型，如图 3-60 所示。

3. 完善和美化图表

❶ 选择“图表”→“图表选项”命令，打开“图表选项”对话框。

❷ 选择“标题”选项卡，在“图表标题”文本框中输入标题，如图 3-61 所示。

Note

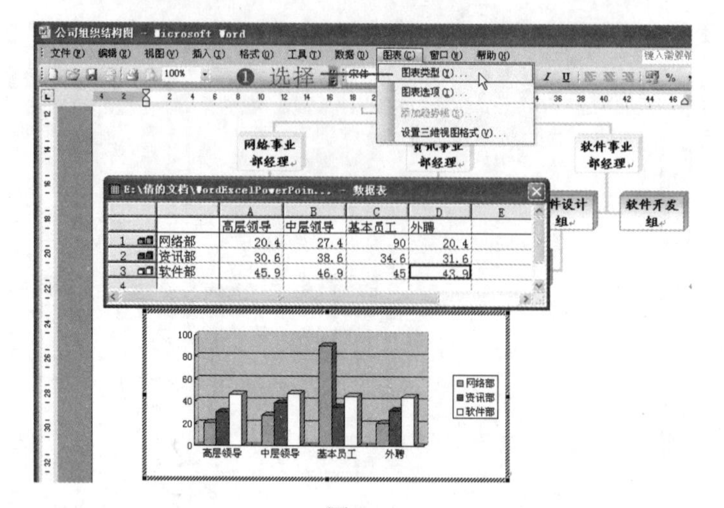

图 3-58

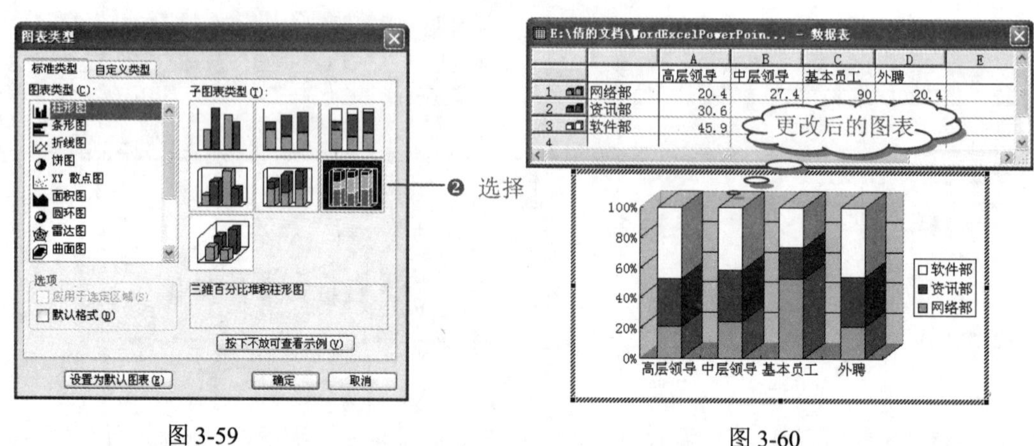

图 3-59

图 3-60

❸ 单击“确定”按钮，即可添加图表标题，选中标题设置其字体格式，然后在图表背景墙上单击鼠标右键，在弹出的快捷菜单中选择“设置背景墙格式”命令，如图 3-62 所示。

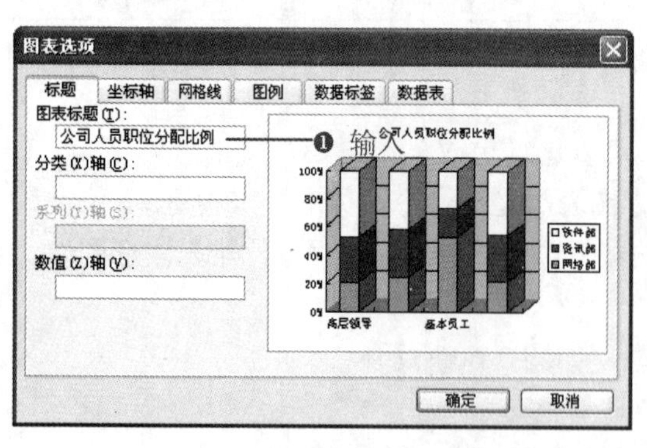

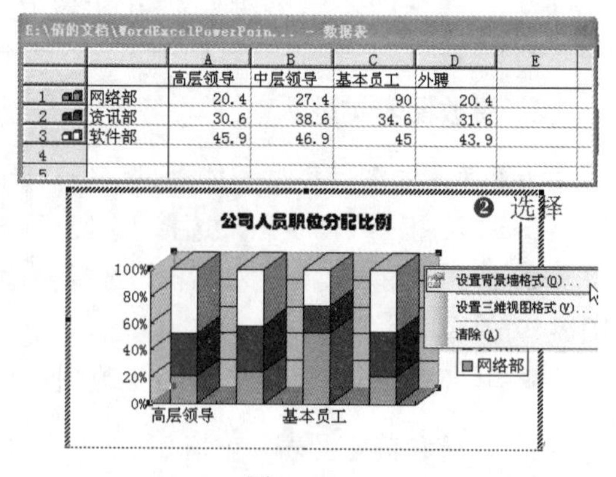

图 3-61

图 3-62

❹ 打开“背景墙格式”对话框，选中“自定义”单选按钮，然后选择一种背景墙颜色，如图 3-63 所示。

❺ 单击“确定”按钮，即可更改背景墙的颜色，效果如图 3-64 所示。

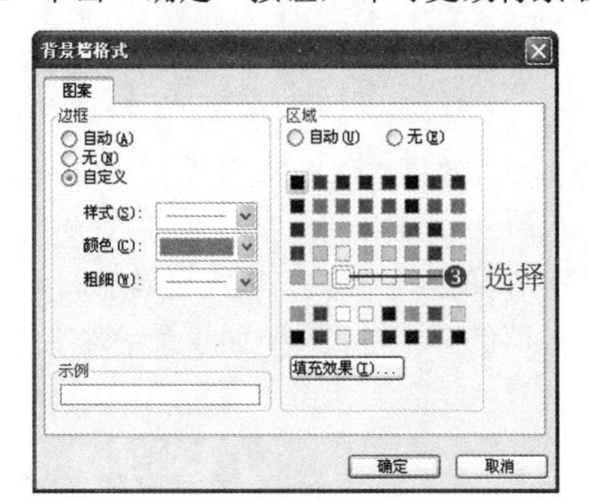

图 3-63

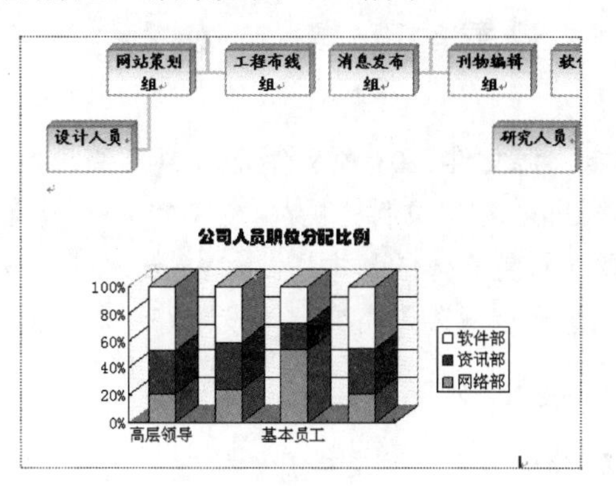

图 3-64

操作提示

在“图表选项”对话框中，用户还可以设置“坐标轴”、“网格线”、“图例”、“数据标签”和“数据表”选项，将它们更改为不同的显示方式，用户可根据需要进行设置。

3.4 公司招聘简章制作

企业的招聘简章是企业对聘用新员工的程序、时间、要求等做出安排的文书，它通常是企业管理部门在招聘员工时向企业主管领导提出的书面报告，同时也向社会公布，便于应聘人员了解企业录用员工的要求。

美观、清晰的招聘简章可以吸引更多人的关注，为企业招纳更多有用之才，如图 3-65 所示是制作的公司招聘简章。

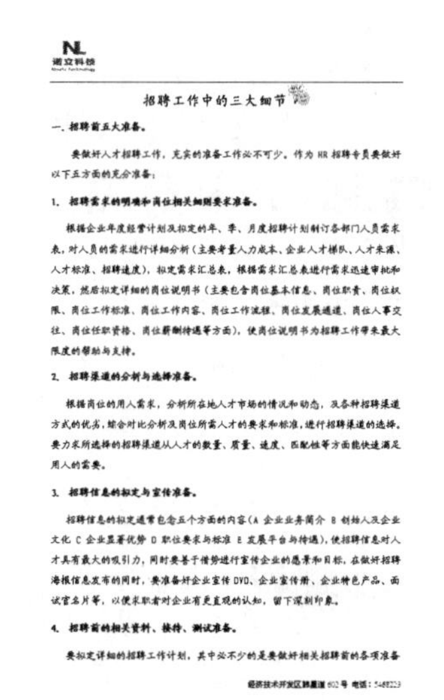

图 3-65

3.4.1 设置首页特殊字体样式

Note

源文件：03/源文件/公司展品简章制作.doc、**效果文件**：03/效果文件/公司展品简章制作.doc、**视频文件**：03/视频/3.4.1 公司展品简章制作.mp4

除了设置字体的基本格式，Word 还可以设置不同的字体样式，以突出显示，且美观。首先创建文档，输入内容，再设置好文本字体、段落的基本格式，下面设置特殊字体样式。

1. 插入艺术字

❶ 将光标定位到文档开始位置，选择“插入”→“图片”命令，在展开的子菜单中选择“艺术字”命令，如图 3-66 所示。

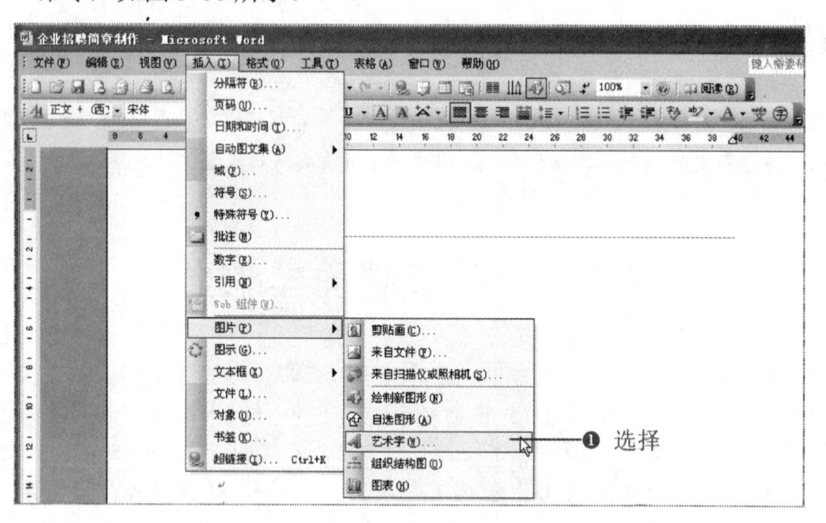

图 3-66

❷ 打开“艺术字库”对话框，选择一种艺术字样式，如图 3-67 所示，单击“确定”按钮，打开“编辑‘艺术字’文字”对话框，输入文字，并设置字体和字号，如图 3-68 所示。

图 3-67

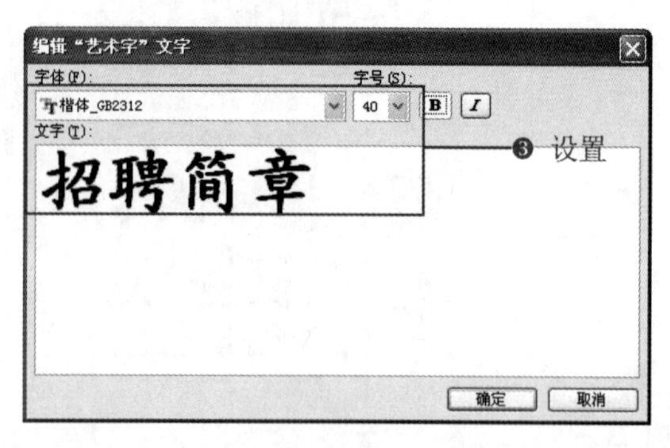

图 3-68

❸ 设置完成后，单击“确定”按钮，即可在光标处插入艺术字，如图 3-69 所示。

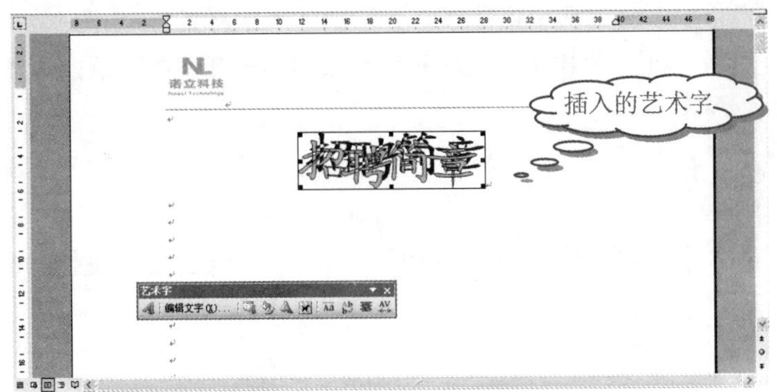

图 3-69

❹ 单击“艺术字”工具栏中的“设置艺术字格式”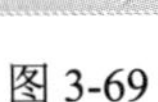按钮，打开“设置艺术字格式”对话框，选择“颜色与线条”选项卡，设置“填充”颜色和“线条”颜色，如图 3-70 所示。

❺ 单击“确定”按钮，即可更改艺术字的填充颜色和线条颜色，效果如图 3-71 所示。

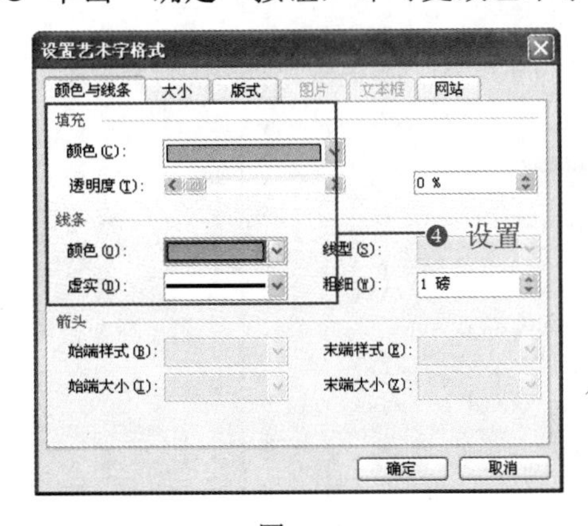

图 3-70　　　　图 3-71

2. 设置竖排艺术字和环绕效果

❶ 在需要的位置再插入一种艺术字，效果如图 3-72 所示。

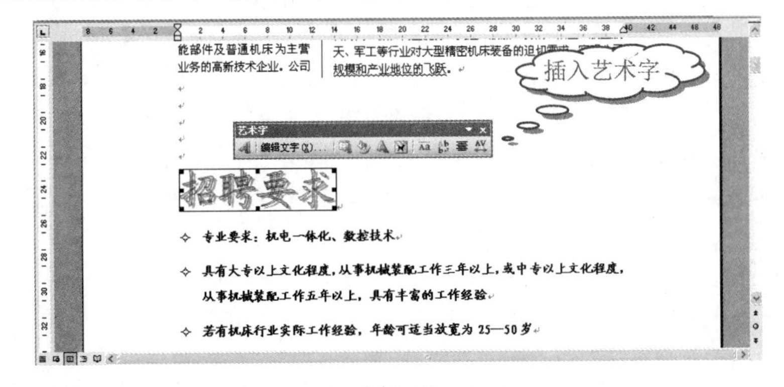

图 3-72

❷ 单击“艺术字”工具栏中的“艺术字竖排文字”按钮，即可将艺术字设置成竖排效果（也可在“艺术字库”文本框中直接选择竖排的艺术字样式），如图 3-73 所示。

❸ 单击“艺术字”工具栏中的“文字环绕”按钮，展开下拉菜单，选择“四周型环绕”选项，如图 3-74 所示。

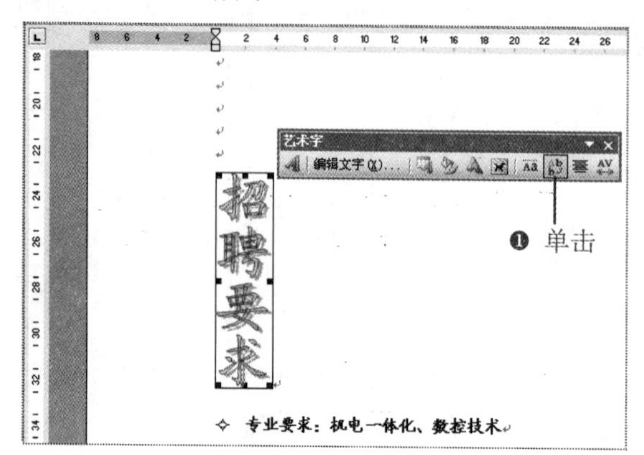

图 3-73

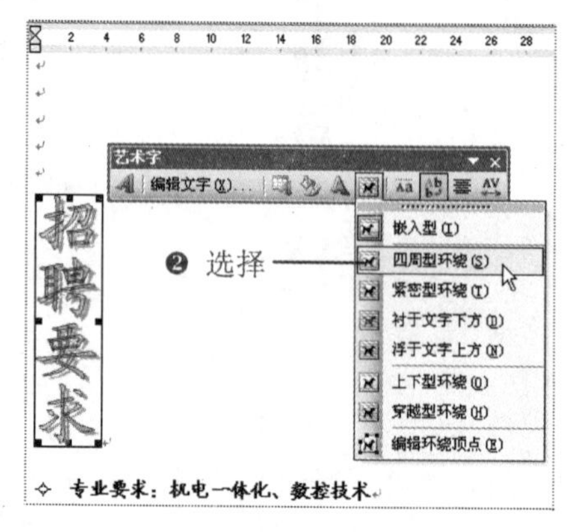

图 3-74

❹ 拖动艺术字到合适的位置，并调整艺术字的大小，最后效果如图 3-75 所示。

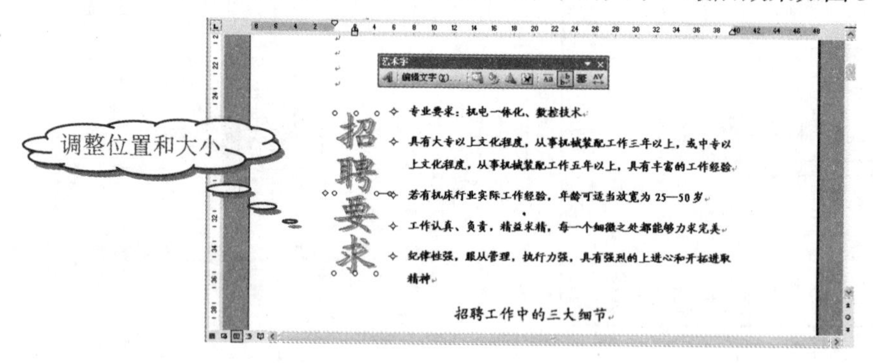

图 3-75

操作提示

通过“艺术字”工具栏可设置更多的艺术字效果，用户可根据需要进行设置。

单击“编辑文字”按钮，可在打开的对话框中重新编辑文字；单击“艺术字库”按钮，可更改艺术字样式；单击“艺术字形状”按钮，在展开的下拉菜单中设置艺术字的不同形状；单击“艺术字字母高度相同”按钮，可将艺术字中的每个文字、字母设置成相同的高度；单击“艺术字对齐方式”按钮，在展开的下拉菜单中选择不同的对齐方式；单击“艺术字字符间距”按钮，可在展开的下拉菜单中选择不同的字符间距。

3．首字下沉

❶ 选中需要设置下沉的文字，选择“格式”→“首字下沉”命令，如图 3-76 所示。

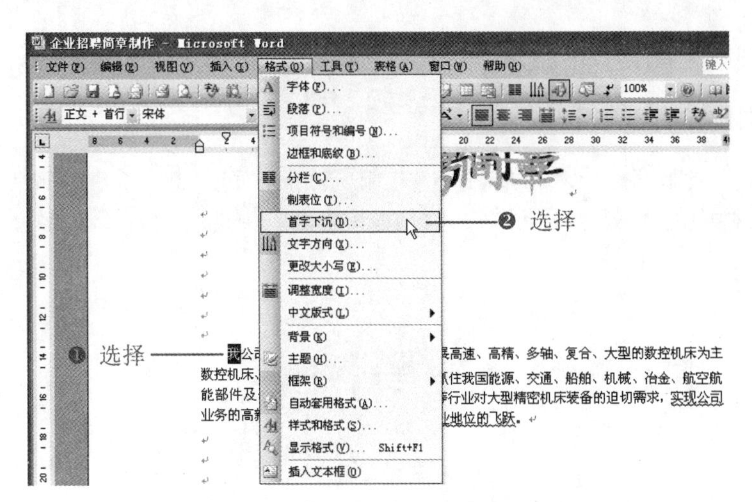

图 3-76

❷ 打开“首字下沉”对话框，在“位置”栏中选择“下沉”选项，然后在“选项”栏下设置“字体”和“下沉行数”，如图 3-77 所示。

❸ 单击“确定”按钮，即可将选中文字设置成下沉显示，如图 3-78 所示。

图 3-77

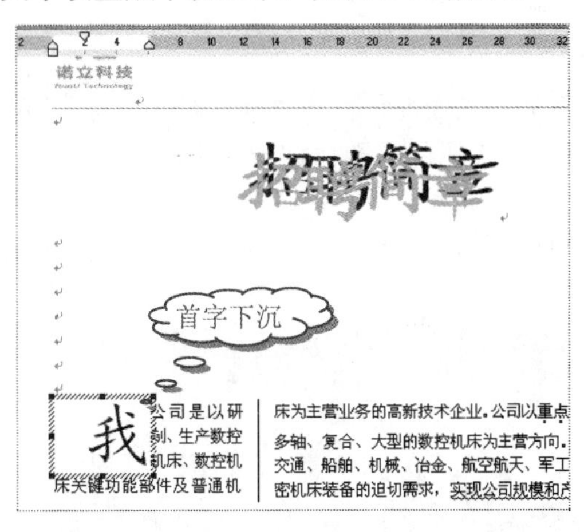

图 3-78

操作提示

设置首字下沉中的下沉文字，只能是一个段落中的开头文字，其他的文字无法设置。设置的时候，不选中首字，将光标定位到段落中即可，除了设置成“下沉”，还可以设置成“悬挂”效果。

3.4.2　为招聘简章插入图片并绘制图形

：**源文件**：03/源文件/公司展品简章制作.doc、**效果文件**：03/效果文件/公司展品简章制作.doc、**视频文件**：03/视频/3.4.2 公司展品简章制作.mp4

Note

文字方面设置完成后，下面为文档插入图片和图形，使文档更漂亮，内容更丰富。

1．旋转图片

❶ 在文档合适的位置插入两张图片，并调整好图片的大小，选中其中一张图片，单击“图片”工具栏中的“文字环绕”按钮，在下拉菜单中选择“浮于文字上方”选项，如图 3-79 所示。

图 3-79

❷ 将另一张图片设置成“浮于文字上方”。将鼠标放置在图片上的一个绿色小圆点上，当鼠标变成带箭头的圆圈，拖动鼠标即可旋转图片，如图 3-80 所示拖动到合适的角度释放鼠标即可。

❸ 用同样的方式旋转另一张图片，并拖动图片，使它们组合得更协调，如图 3-81 所示。

图 3-80

图 3-81

操作提示

双击图片可打开“设置图片格式”对话框，选择“大小”选项卡，在“尺寸和旋转”栏下的“旋转”文本框中输入选择的度数，也可设置图片旋转。

2. 设置图片叠放次序

❶ 在任何一个图片上单击鼠标右键，在弹出的快捷菜单中选择“叠放次序”命令，在展开的子菜单中选择“下移一层”命令，如图 3-82 所示。

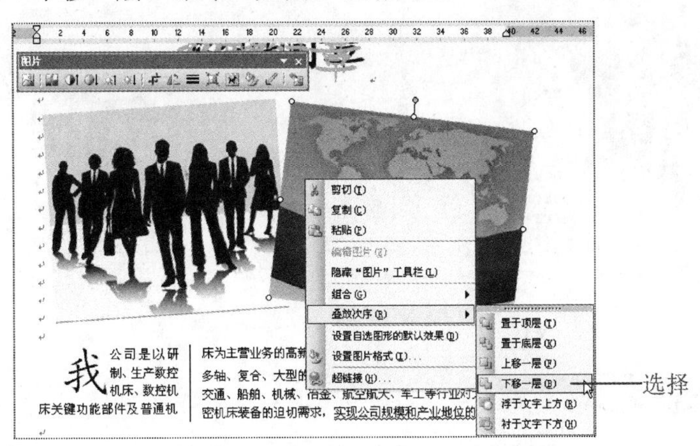

图 3-82

❷ 设置后，图片即会下移一层，图片的一部分会被覆盖，如图 3-83 所示。

图 3-83

操作提示

由于这里的图片不多，所以只能看到一种设置效果，图片插入的比较多，可以试试“上移一层”、“置于底层”和“置于顶层”设置的不同效果。

3. 组合图形

❶ 利用“Ctrl”键同时选中两个图片，单击鼠标右键，在弹出的快捷菜单中选择“组合”命令，在展开的子菜单中选择“组合”命令，如图 3-84 所示。

❷ 执行命令后，即可将两个图片组合成一个图片，这样在拖动图片时，设置的图片效

Note

果就不会被打乱，如图 3-85 所示。

图 3-84

图 3-85

操作提示

如果需要取消组合，在图片上单击鼠标右键，在弹出的快捷菜单中选择“组合”命令，在展开的子菜单中选择“取消组合”命令即可。

4．绘制自选图形

❶ 选择“插入”→“图片”→“自选图形”命令，如图 3-86 所示。

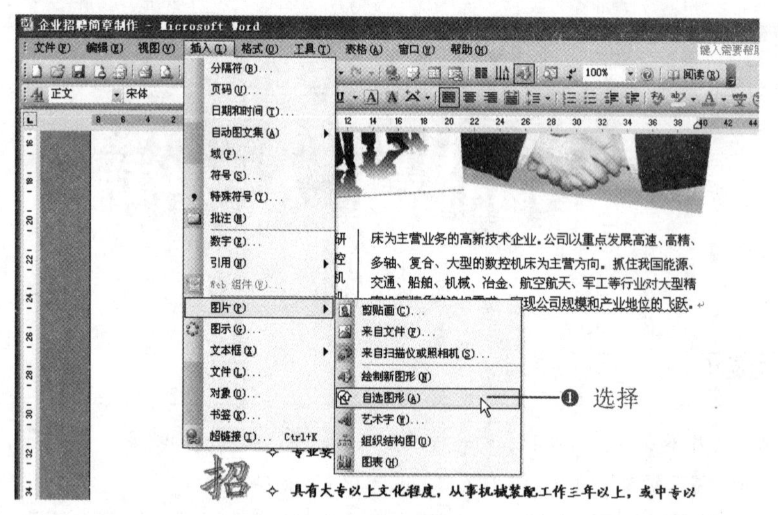

图 3-86

❷ 打开“自选图形”工具栏，单击“基本形状”按钮，在展开的下拉菜单中选择一种图形，这里选择“圆角矩形”，如图 3-87 所示。

❸ 在合适的位置绘制圆角矩形，并调整为合适的大小，在圆角矩形上单击鼠标右键，在弹出的快捷菜单中选择“添加文字”命令，如图 3-88 所示。

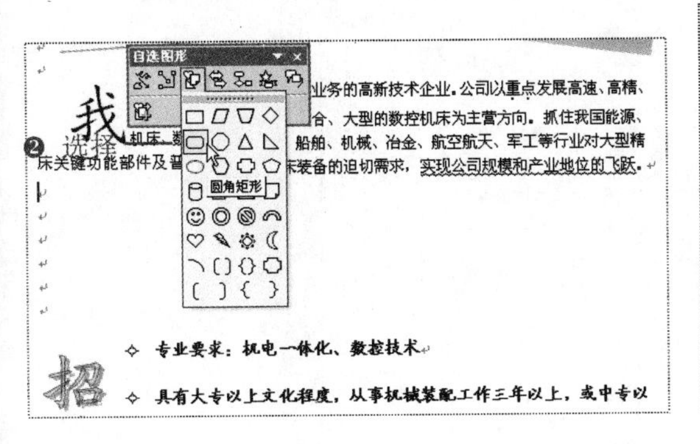

图 3-87

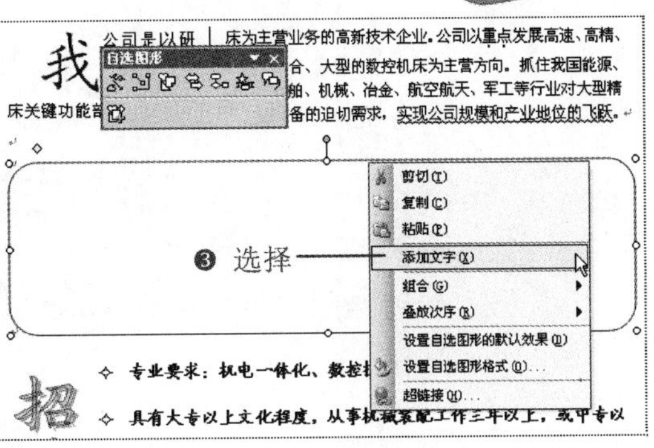

图 3-88

❹ 执行命令后，在圆角矩形中即会出现光标，输入所需内容，并设置字体格式，调整好矩形大小，如图 3-89 所示。

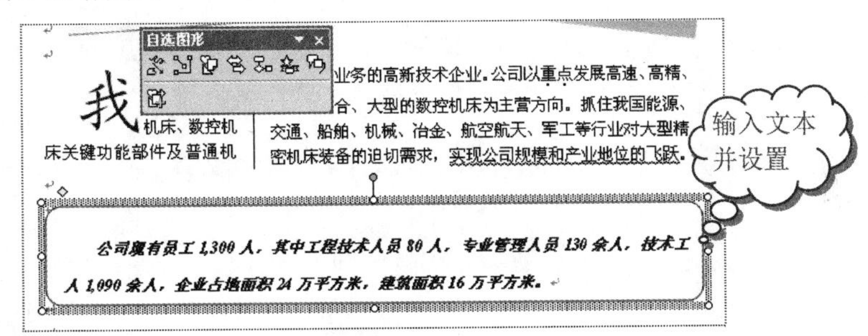

图 3-89

操作提示

在“自选图形”工具栏中，可以绘制更多图形，也可在图形内填充文字，其方法与上面所介绍的圆角矩形操作方法是一样的。

5. 美化图形

绘制好图形后，可以简单为图形做一些美化，看起来更加美观，以传达更好的视觉效果。

❶ 选中图形，单击“绘图”工具栏中的“填充颜色”下拉按钮，在展开的列表中选择一种填充颜色，如“天蓝”，如图 3-90 所示，即可将图形填充成天蓝色。

❷ 单击“绘图”工具栏中的“线条颜色”下拉按钮，在展开的列表中选择“金色”，如图 3-91 所示，即可将图形线条设置成金色。

在“绘图”工具栏中有许多功能按钮，如单击“自选图形”下拉按钮，在展开的下拉菜单中也可绘制各种图形；单击“三维效果样式”按钮，可为图形设置三维效果等。

Note

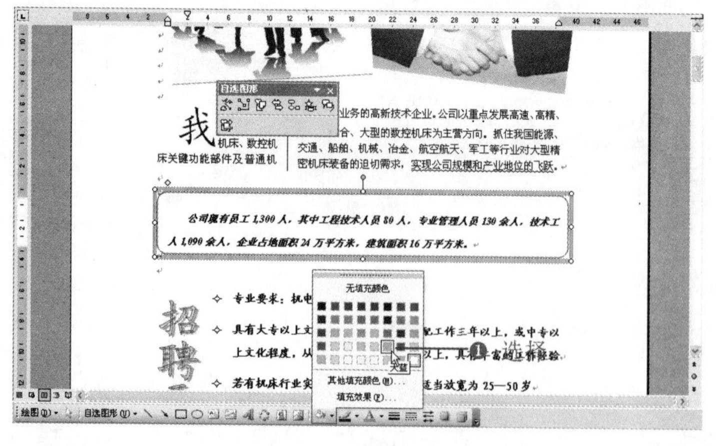

图 3-90

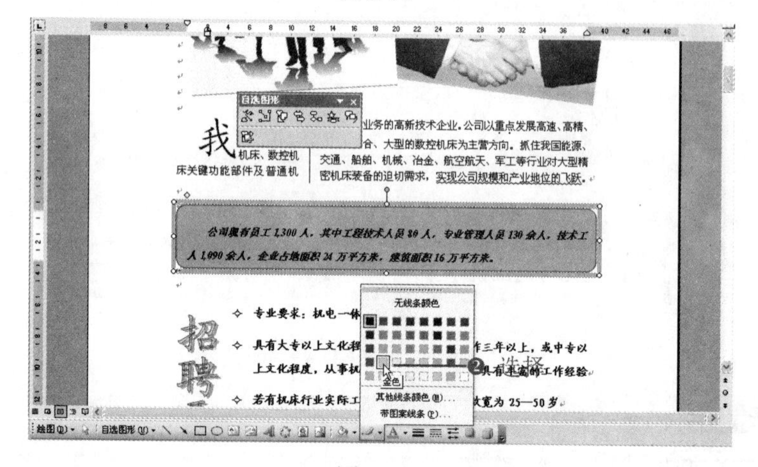

图 3-91

❸ 单击“绘图”工具栏中的“阴影样式”按钮，在展开的列表中选择一种阴影样式，如“阴影样式 6”，如图 3-92 所示。

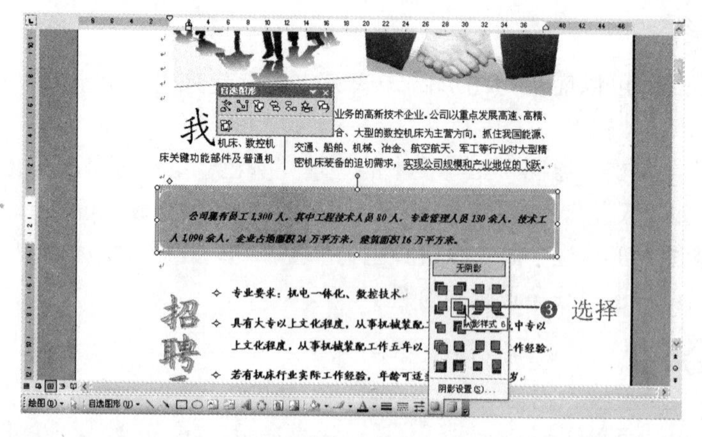

图 3-92

❹ 设置完成后，将光标定位到其他地方，即可看到设置的效果，如图 3-93 所示。

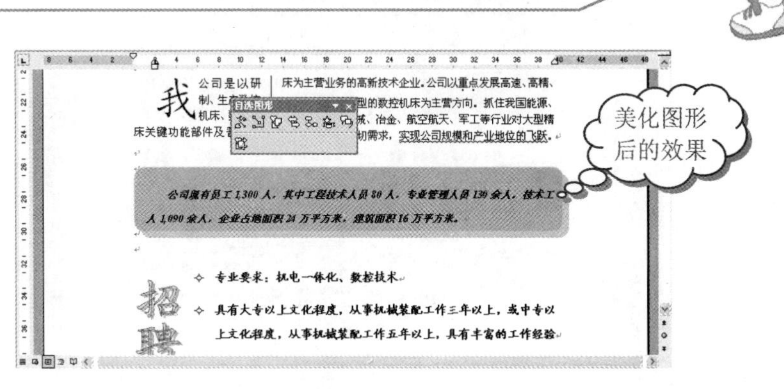

图 3-93

调出工具栏

如果在使用时，发现 Word 中没有“绘图”、“格式”等工具栏，可以通过下面的方法将其调出来。

❶ 选择“视图”→“工具栏”命令，在展开的子菜单中可看到各种工具栏，单击需要的工具栏即可打开。

❷ 如果在子菜单中没有发现需要的工具栏，选择“自定义”命令，打开“自定义”对话框，在“工具栏”选项卡中选中需要的工具栏即可。

6. 设置图形衬于文字下方

❶ 单击“绘图”工具栏中的“自选图形”下拉按钮，在展开的下拉列表中选择“星与旗帜”选项，在展开的子菜单中选择“爆炸形 1”选项，如图 3-94 所示。

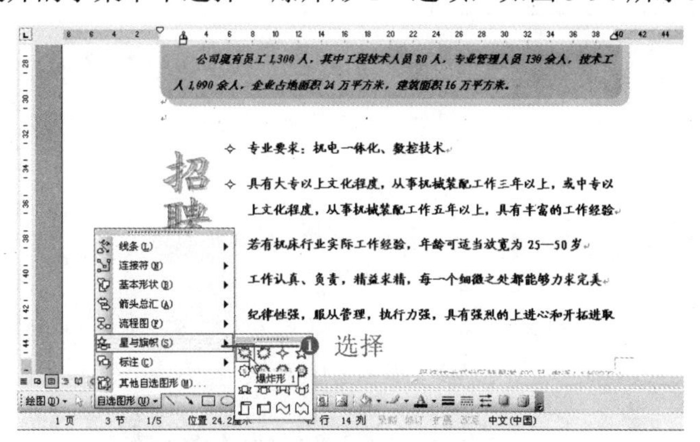

图 3-94

❷ 在需要的位置绘制图形，并将图形填充成“金色”，然后单击“线条颜色”下拉按钮，在其下拉列表中选择“无线条颜色”选项，如图 3-95 所示。

❸ 双击图形，打开“设置自选图形格式”对话框，在“版式”选项卡中选中“衬于文字下方”选项，如图 3-96 所示。

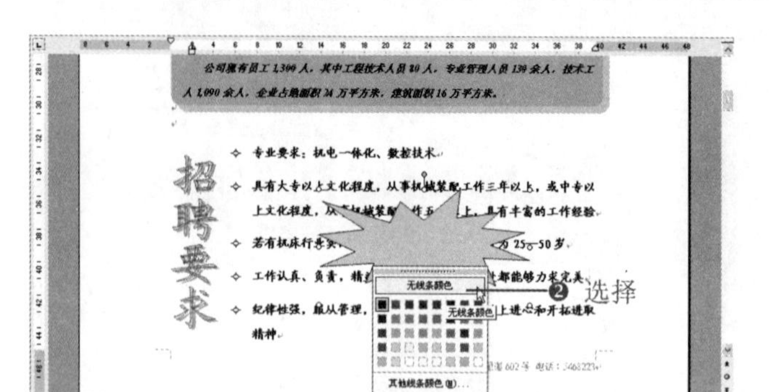

图 3-95

❹ 单击“确定”按钮，即可将图形设置于文字下方，如图 3-97 所示，可对文档起到装饰作用。

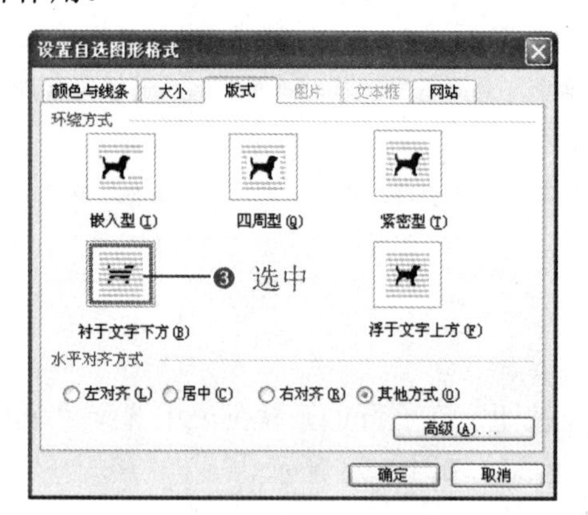

图 3-96

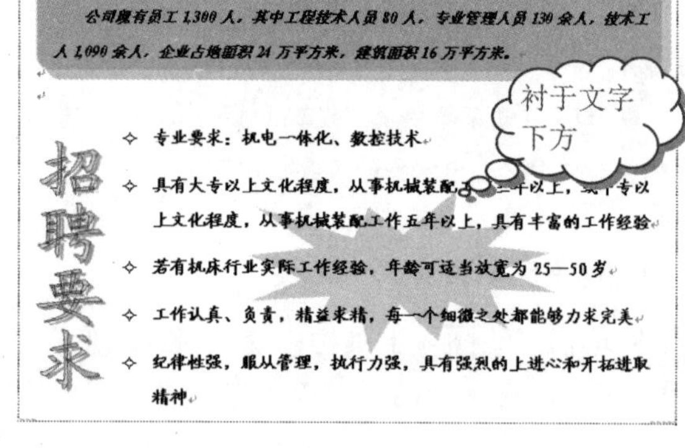

图 3-97

知识拓展

轻松选中对象

有些对象不好选中，如图形、图片等，特别是设置了特殊格式的，如衬于文字下方格式，在图形上单击怎么也选中不了，利用下面的方法就很好选择。

单击“绘图”工具栏中的“选择对象”按钮，然后将鼠标移动到要选中的图形上，当鼠标变成十字箭头符号，在图形上单击一次即可选中，如图 3-98 所示。

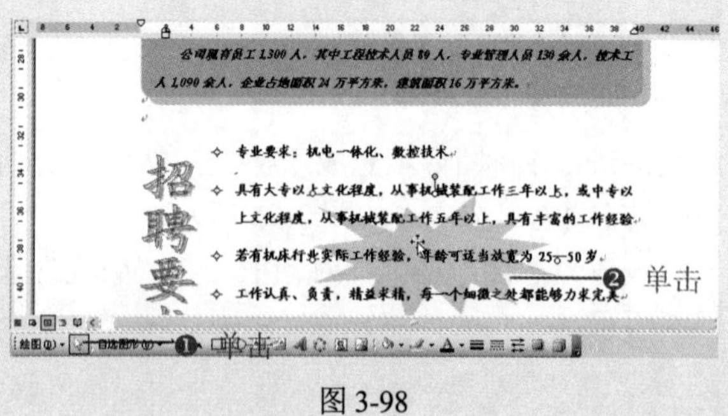

图 3-98

长文档与批量文档制作

长文档和批量文档在日常办公中经常使用。长文档由于页码较多，内容较繁杂，查看和查找都比较麻烦，所以利用一些技巧编辑、使用长文档会给用户带来极大方便；而利用批量处理文档的方法可以快速生成大量文档，效率极高。

- ☑ 干部绩效考核管理办法
- ☑ 员工培训管理
- ☑ 制作批量商务信函

本章部分学习目标及案例

海立科技有限公司

人事管理制度样例

编制________

审核________

批准________

第一章　总则

第一条 本规则依据××××厂（以下简称本厂）组织规程第十八条的规定制定，以达高度运用人力，提高经营绩效之目的。

第二条 凡本厂员工人事管理除另有规定外，悉依据本制度规定办理。

第二章　任用

第一条 各级人员的派任，均应依其专业经验予以派任。

第二条 各级人员任免程序如下：

（一）总经理、副总经理、助理——由董事会任免。

（二）部长、副部长、主任、副主任——由总经理提请董事会任免。

诺立科技有限公司

（三）组长、副组长——由主管部长（主任）任免或主管部长（主任）提请总经理任免，事后报董事会核备。

（四）新进人员经试用考核合格后始予正式任用。

第三条 新进人员之任用，部门主管级以下人员应呈报总经理批准，部门主管级以上人员应居呈董事长批准。

第四条 有下列事情之一者，不得予以任用：

（一）剥夺公权，尚未恢复者；

（二）曾犯刑事案件，经判刑确定者；

（三）受禁治产宣告，尚未撤消者；

（四）通缉在案，尚未撤消者；

（五）吸食鸦片或其它毒品者；

（六）身体有缺陷，或健康状况欠佳，难以胜任工作者；

（七）未满十六周岁者。

第五条 新进人员除另有规定外，自到职日起三个月为试用期，必要时可视其试用期间成绩表现之优劣予以缩短或延长之。

第六条 试用人员成绩表现优良者，由其直属单位主管填报试用人员任免签报单呈报总经理（董事长）核准正式任用。

第七条 试用人员成绩表现欠佳者，应由其直属主管权宜延长试用或停止试用，并填报试用人员任免签报单据呈总经理（董事长）核备。

第八条 新进人员于报到后，试用开始前，应在人事管理部门（本厂人事管理部门为企业管理办公室）办妥下列手续：

(1)

人力资源管理流程操作指引

（第一版）

人力资源部

二00二年十月

目　录

(2)

4.1 基础知识

Note

4.1.1 交叉引用

源文件：04/源文件/4.1.1 交叉引用.doc、**视频文件**：04/视频/4.1.1 交叉引用.mp4

通过插入交叉引用可以引用同一文档中的其他内容，被引用的对象可以是内置样式的标题、题注、脚注、尾注、标签、图表和文字等情况。

❶ 将光标定位到需要插入引用的位置，选择“插入”→“引用”→“交叉引用”命令，如图 4-1 所示。

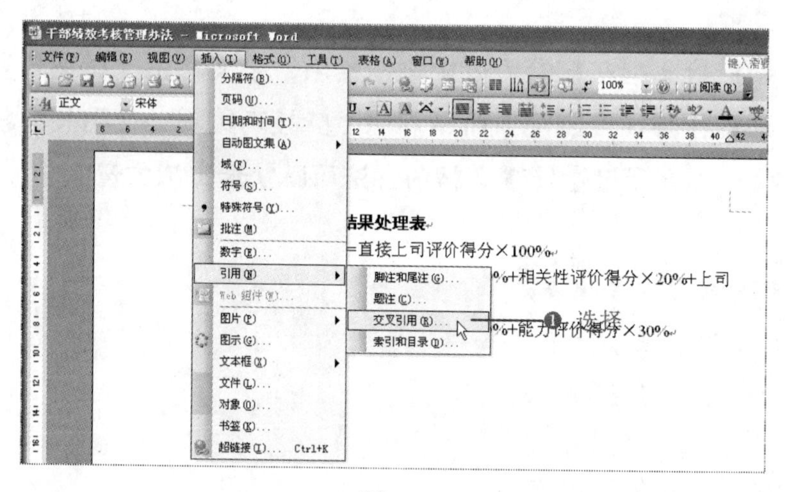

图 4-1

❷ 打开“交叉引用”对话框，在“引用类型”下拉列表框中选择“编号项”选项，在“引用内容”下拉列表框中选择“页码”选项，在“引用哪一个编号项”列表框中选择一个编号，如图 4-2 所示。

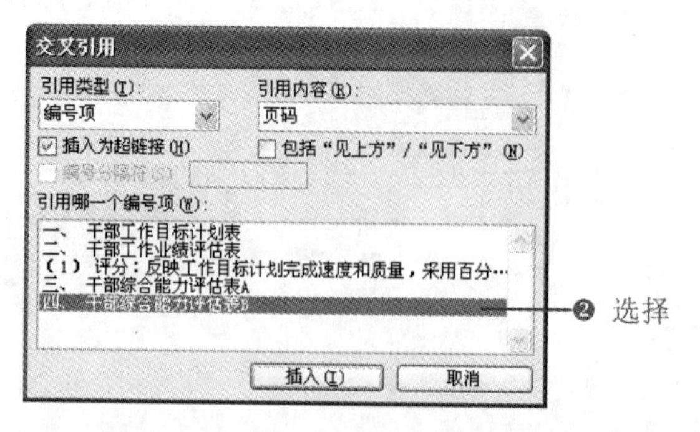

图 4-2

❸ 单击“插入”按钮，即可将编号项插入到光标位置。

4.1.2 创建索引

源文件：04/源文件/4.1.2 创建索引.doc、**视频文件**：04/视频/4.1.2 创建索引.mp4

索引的作用是将文档中指定的关键词条以及其对应的页码罗列出来，以方便读者通过关键词查找内容。创建索引包括标记索引和生成索引目录两大步骤。

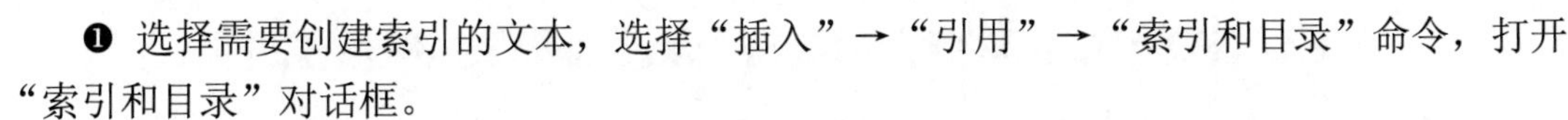

❶ 选择需要创建索引的文本，选择“插入”→“引用”→“索引和目录”命令，打开“索引和目录”对话框。

❷ 在“索引”选项卡中单击“标记索引项”按钮（如图 4-3 所示），打开“标记索引项”对话框，选择的文本将在“主索引项”文本框中出现，如图 4-4 所示。

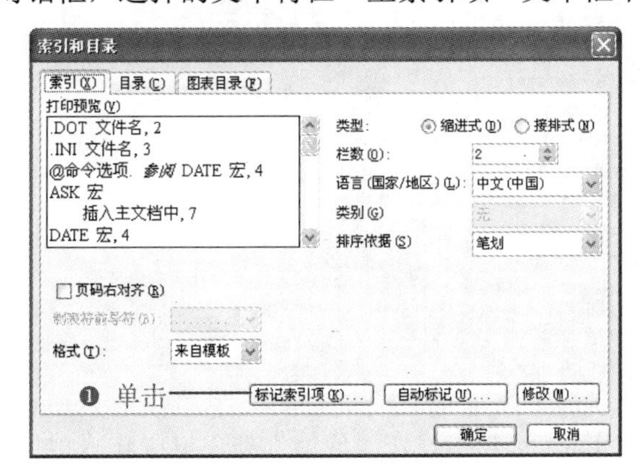

图 4-3

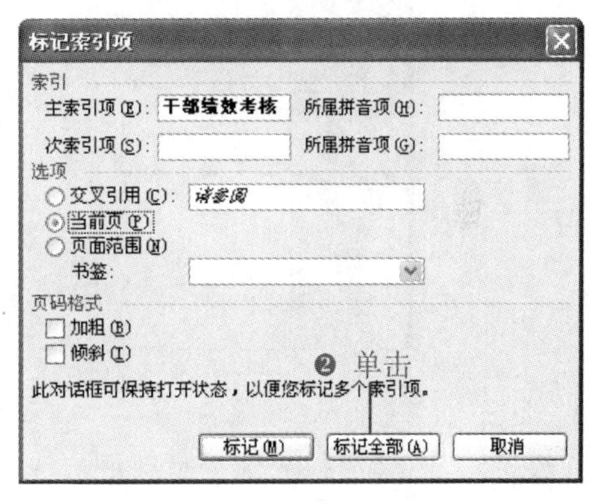

图 4-4

❸ 单击“标记(M)”按钮，可标记该词条；若单击“标记全部(A)”按钮，文档中所有与该词条相同的文本将被标记，这里单击“标记全部”按钮，关闭对话框后标记的效果如图 4-5 所示。

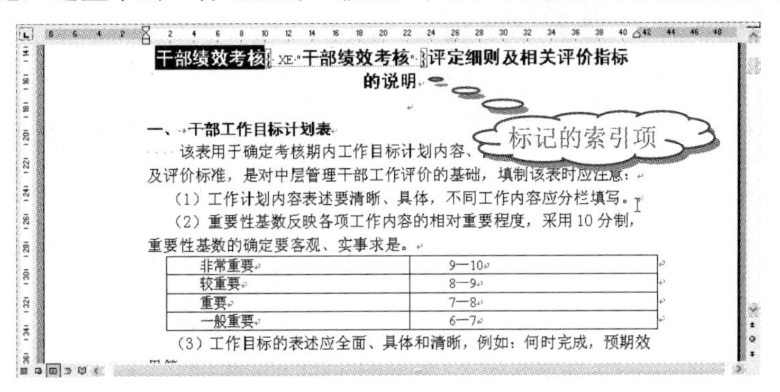

图 4-5

操作提示

对所选内容进行标记后将在该位置出现域代码，该代码不会出现在打印文档中，如需隐藏，只需单击“常用”工具栏中的“显示/隐藏编辑标记”按钮即可。

4.1.3 制作标签

Note

源文件：04/源文件/4.1.3 制作标签.doc、**视频文件**：04/视频/4.1.3 制作标签.mp4

标签可用于制作地址条、卡片和不干胶等。如在 A4 纸中制作一个公司名称标签。

❶ 选择“工具”→“信函与邮件”→“信封和标签”命令，如图 4-6 所示。

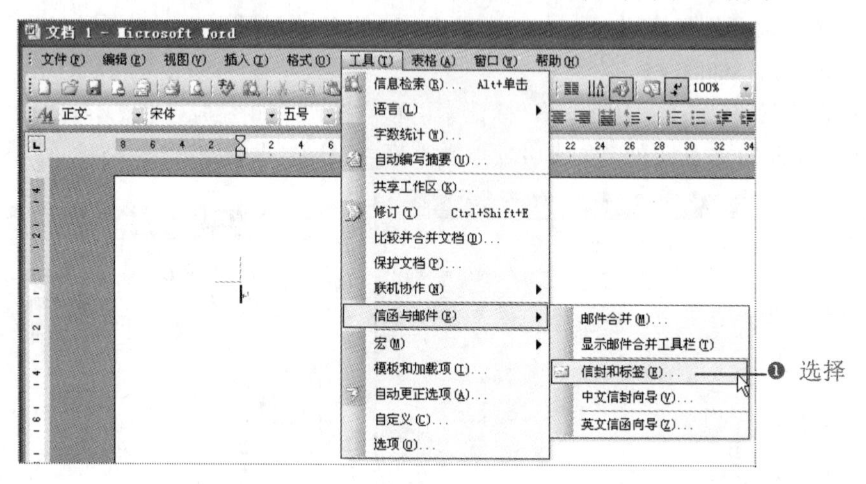

图 4-6

❷ 打开“信封和标签”对话框，选择“标签”选项卡，在“地址”列表框中输入地址，在“打印”栏中选中“全页为相同标签”单选按钮，如图 4-7 所示。

❸ 单击“选项”按钮，在打开的“标签选项”对话框的“标签产品”下拉列表框中选择“Avery A4 和 A5 幅面”选项，如图 4-8 所示。

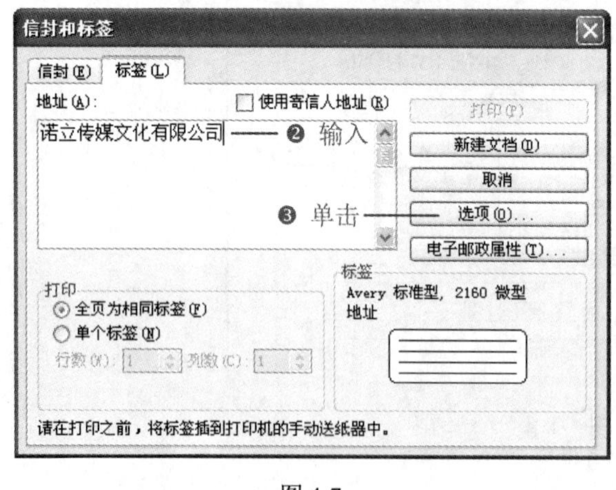

图 4-7

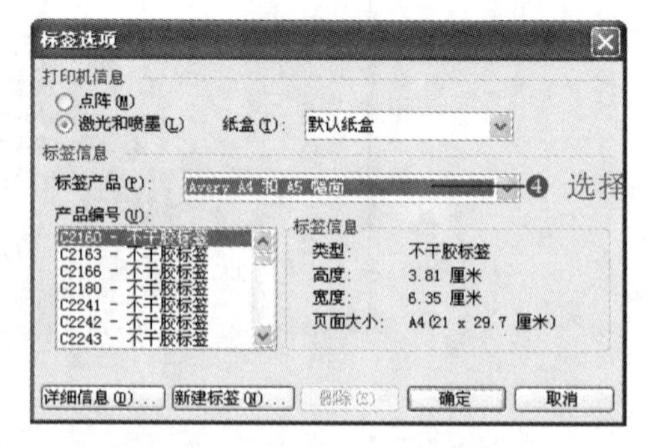

图 4-8

❹ 设置完成后单击“确定”按钮，返回“信封和标签”对话框，单击“新建文档”按钮，即可将制作的标签建立到文档中，效果如图 4-9 所示，再对其进行保存操作。

图 4-9

4.1.4　Word 帮助功能

源文件：04/源文件/4.1.4Word 帮助功能.doc、**视频文件**：04 视频/4.1.4Word 帮助功能.mp4

在 Word 文档中学会通过帮助查找使用方法，可以帮助用户更好地自学 Word 程序的多种功能，同时在不知道如何操作后，可快速获得解决方法。

❶ 选择“帮助”→“Microsoft Office Word 帮助”命令，如图 4-10 所示，打开“Word 帮助”任务窗格。

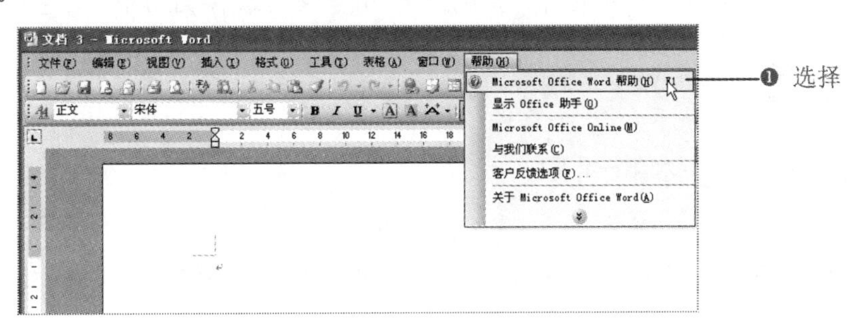

图 4-10

❷ 在“搜索”文本框中输入搜索关键字，如“字体设置”（如图 4-11 所示），单击右侧的按钮，开始进行具体内容搜索，如图 4-12 所示。

❸ 单击其中的主题链接，如“设置默认字体”链接，即可打开“设置默认字体”帮助窗口，如图 4-13 所示。

操作提示

在“Word 帮助”任务窗格中，单击“目录”链接，打开“目录”列表框，显示了 Word 提供的所有的具体帮助项，用户可按照目录查找帮助的内容。

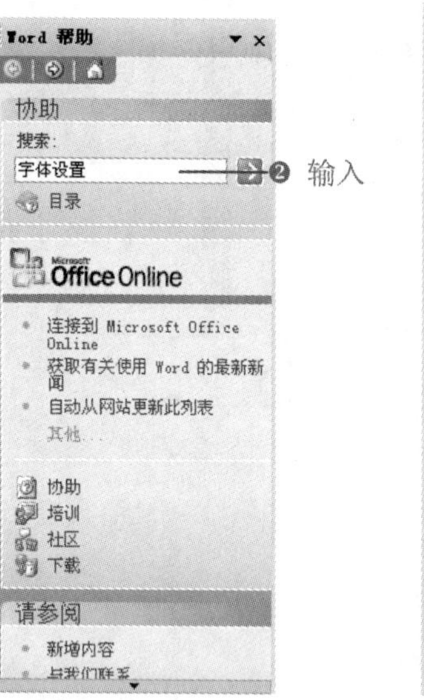

图 4-11

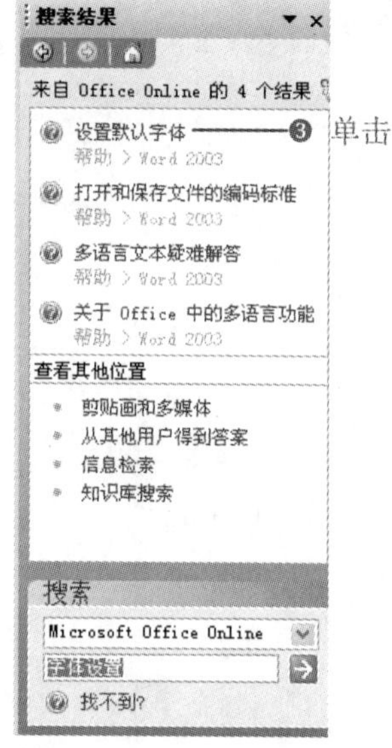

图 4-12

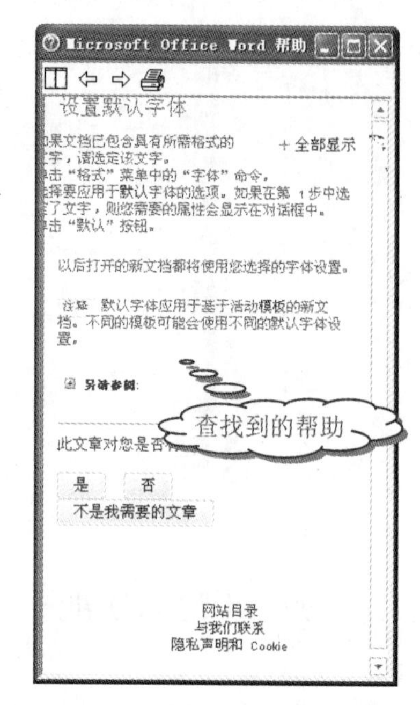

图 4-13

知识拓展

快速搜索帮助

在 Word 菜单栏右侧 键入需要帮助的问题 的文本框中，输入需要帮助的主要关键字，按“Enter”键，自动打开“搜索结果”任务栏窗格，并显示搜索到的帮助内容，单击其中的主题链接，即可显示帮助内容。

4.1.5 常用窗体的创建

源文件：04/源文件/4.1.5 常用窗体创建.doc、**视频文件**：04/视频/4.1.5 常用窗体创建.mp4

常用窗体包括文字型窗体域、复选框型窗体域、下拉型窗体域。下面为文档设置下拉型窗体域和复选框型窗体域。

❶ 将鼠标光标定位到需要插入复选框型窗体域的位置，选择“视图”→“工具栏”→“窗体”命令，打开“窗体”工具栏。

❷ 在“窗体”工具栏中单击“复选框型窗体域”按钮，即可在文档中插入一个复选框型窗体域，如图 4-14 所示。

❸ 在工具栏中单击“窗体域选项”按钮，或双击窗体，或在窗体上单击鼠标右键，并在弹出的快捷菜单中选择“属性”命令，均可打开如图 4-15 所示的“复选框型窗体域选项”对话框进行设置。

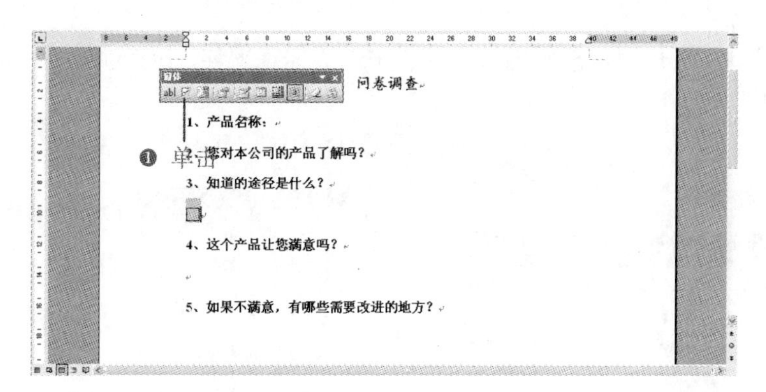

图 4-14

❹ 设置完成后单击“确定”按钮，然后复制更多窗体，并在后面输入文字，如图 4-16 所示。

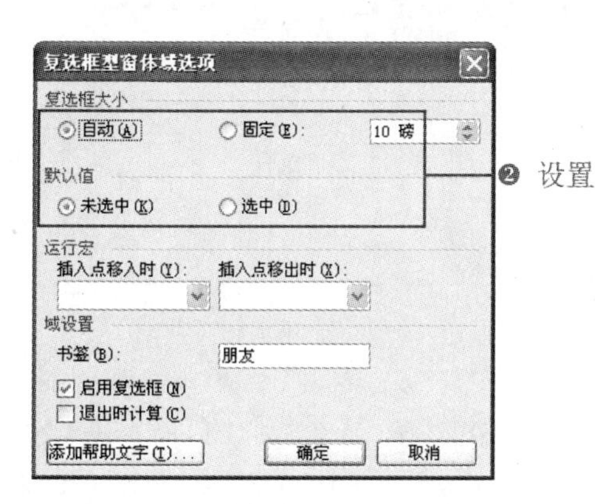

图 4-15

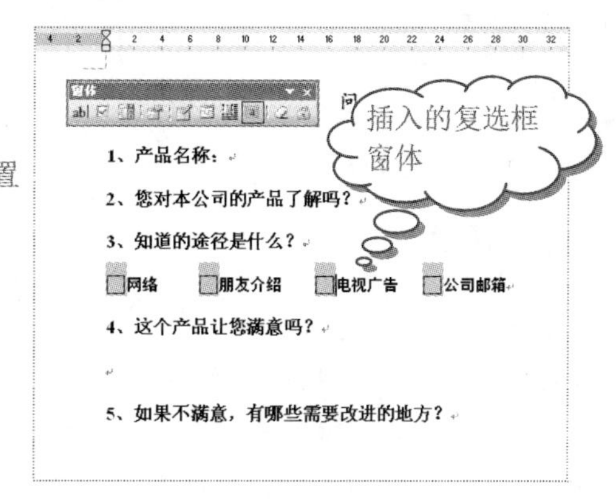

图 4-16

❺ 再将鼠标光标定位到需要插入下拉型窗体域的位置，在“窗体”工具栏中单击“下拉型窗体域”按钮，即可在文档中插入一个下拉型窗体域，如图 4-17 所示。

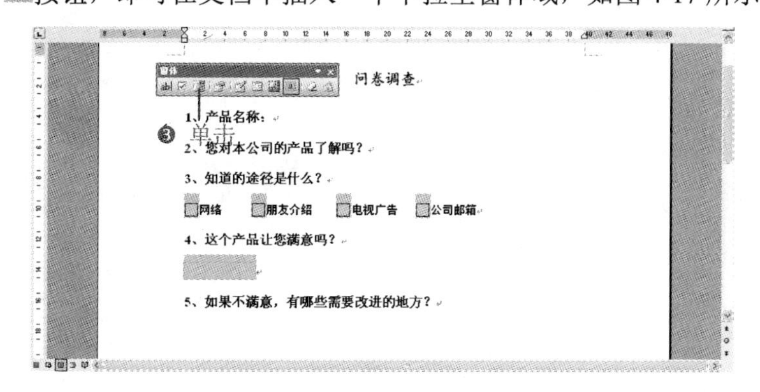

图 4-17

❻ 在工具栏中单击“窗体域选项”按钮，或双击窗体，或在窗体上单击鼠标右键，并在弹出的快捷菜单中选择“属性”命令，均可打开如图 4-18 所示的“下拉型窗体域选项”对话框。在“下拉项”文本框中输入选项，然后单击“添加”按钮，直到添加完成为止。

❼ 单击“确定”按钮，然后单击工具栏中的“保护窗体”按钮，可以对设置的窗体进行选择，如图 4-19 所示。

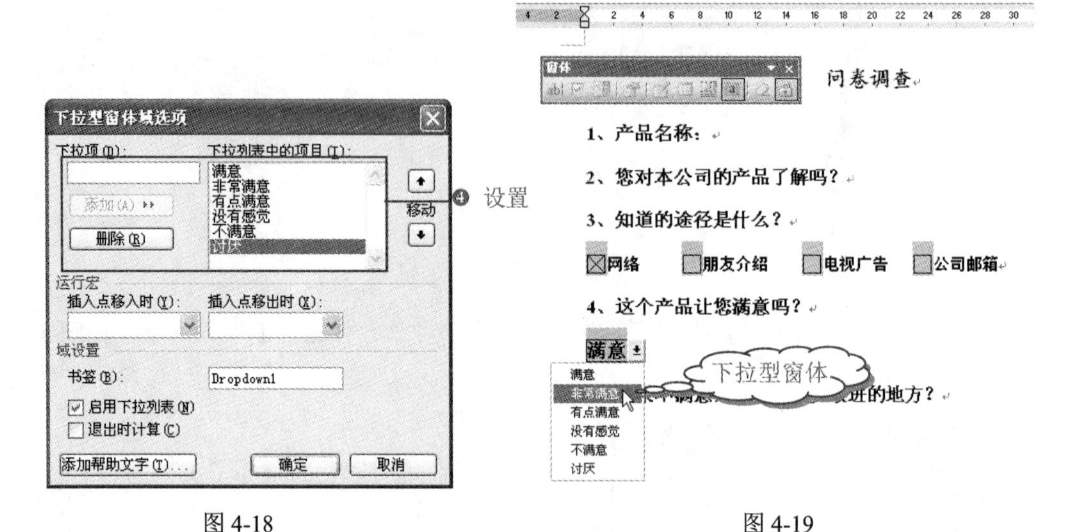

图 4-18　　　　图 4-19

知识拓展

保护窗体

❶ 选择“工具”→“保护文档”命令，打开“保护文档”任务窗格，在“编辑限制”栏中选中“仅允许在文档中进行此类编辑”复选框，在其下的下拉列表框中选择“填写窗体”选项，如图 4-20 所示。

❷ 单击 是，启动强制保护 按钮，将打开如图 4-21 所示的“启动强制保护”对话框，在其中的“新密码（可选）”和“确认新密码”文本框中输入相同的密码，单击“确定”按钮，即可完成对窗体的保护。

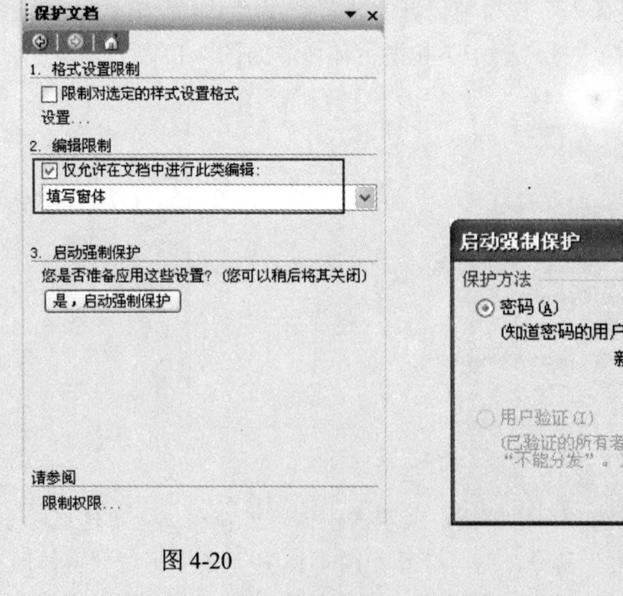

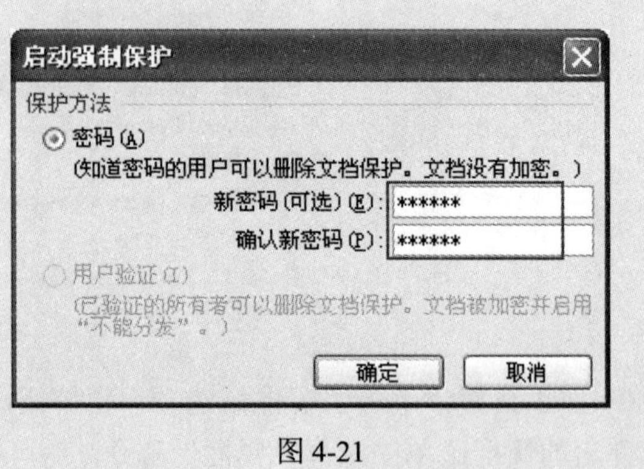

图 4-20　　　　图 4-21

4.2　干部绩效考核管理办法

绩效考核的重点是全面、客观、公正、准确地考核党政领导班子和领导干部政治业务素质和履行职责的情况，加强对领导班子和领导干部的管理与监督、激励与约束。建立健全科学的党政领导干部绩效考核制度有十分重大的意义，如图 4-22 所示为建立的干部绩效考核管理办法。

干部绩效考核管理办法

C:\Documents and Settings\Administrator\桌面\数据源\04\效果文件\干部绩效考核管理办法\总 则.doc
C:\Documents and Settings\Administrator\桌面\数据源\04\效果文件\干部绩效考核管理办法\考核体系.doc
C:\Documents and Settings\Administrator\桌面\数据源\04\效果文件\干部绩效考核管理办法\考核管理.doc
C:\Documents and Settings\Administrator\桌面\数据源\04\效果文件\干部绩效考核管理办法\第四章 考核结果的应用.doc
C:\Documents and Settings\Administrator\桌面\数据源\04\效果文件\干部绩效考核管理办法\第五章 考核面谈与绩效改进.doc
C:\Documents and Settings\Administrator\桌面\数据源\04\效果文件\干部绩效考核管理办法\第六章 考核结果的管理.doc
C:\Documents and Settings\Administrator\桌面\数据源\04\效果文件\干部绩效考核管理办法\第七章 附则.doc

干部绩效考核评定细则及相关评价指标的说明

一、 干部工作目标计划表

该表用于确定考核期内工作目标计划内容、各项工作的重要程度以及评价标准，是对中层管理干部工作评价的基础，填制该表时应注意：

（1）工作计划内容表述要清晰、具体，不同工作内容应分栏填写。

（2）重要性基数反映各项工作内容的相对重要程度，采用 10 分制，重要性基数的确定要客观、实事求是。

非常重要	9—10
较重要	8—9
重要	7—8
一般重要	6—7

（3）工作目标的表述应全面、具体和清晰，例如：何时完成，预期效果等。

（4）重要性基数根据工作内容的重要性程度由被考核者和部门负责人协商进行赋分。

（5）工作目标计划和重要性基数可根据实际情况的变化进行调整，调整后的工作目标计划表要到人力资源部备案。

二、 干部工作业绩评估表

《干部工作业绩评估表》中的评估项目和重要性基数根据《干部工作目标计划表》确定并依据《干部工作目标计划表》中工作目标确立的标准进行评分。

（1）　评分：反映工作目标计划完成速度和质量，采用百分制。

超过工作要求	90—100 分
完全达到要求	80—89 分
基本达到要求	70—79 分
未能达到要求	70 分以下

（2）各项实际得分=评价得分×重要性基数÷100

（3）总得分=Σ（各项得分）/ Σ重要性基数×100

三、 干部综合能力评估表 A

《干部综合能力评估表 A》是被考核者的上级主管对其进行评价的工具性表格，考核项目包括：（1）知识和技能（2）管理能力（3）创新能力（4）自我认知能力（5）人际沟通能力。

（1）知识和技能—要求任职者胜任本职工作，熟悉部门的工作内容和性质，具备工作所需的知识和技能，以及职位需要的工作实践经验。

超过工作要求	90—100 分
完全达到要求	80—89 分
基本达到要求	70—79 分
未能达到要求	70 分以下

图 4-22

4.2.1　创建绩效考核管理办法文档

源文件：04/源文件/干部绩效考核管理办法.doc、**效果文件：**04/效果文件/干部绩效考核管理办法.doc、**视频文件：**04/视频/4.2.1 干部绩效考核管理办法.mp4

创建绩效考核管理办法文档包括建立 Word 文档后，输入内容并设置字体、段落格式，这些基本的设置好以后，就为文档输入特殊的字符、设置特殊的格式。

1. 插入特殊符号

❶ 将光标定位到需要插入特殊字符的位置，选择“插入”→“特殊符号”命令，如图 4-23 所示。

❷ 打开“插入特殊符号”对话框，选择“特殊符号”选项卡，选择需要的符号，这里选择实心向上的三角形，如图 4-24 所示。

❸ 单击“确定”按钮，即可插入选中的符号，再用同样的方法在其他地方插入相同的符号。

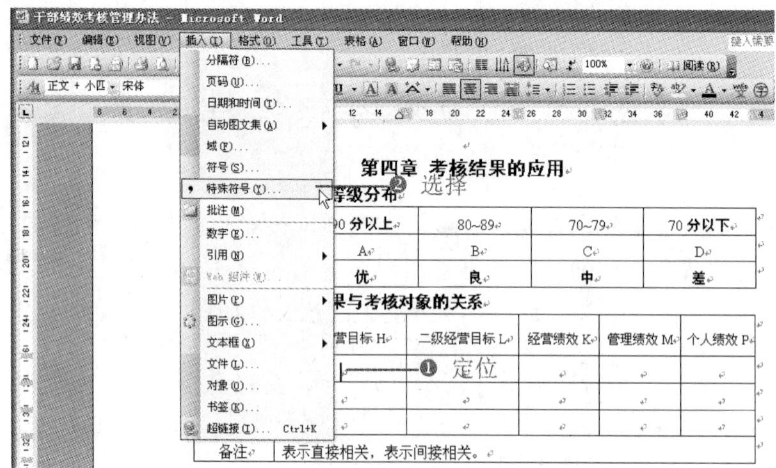

图 4-23

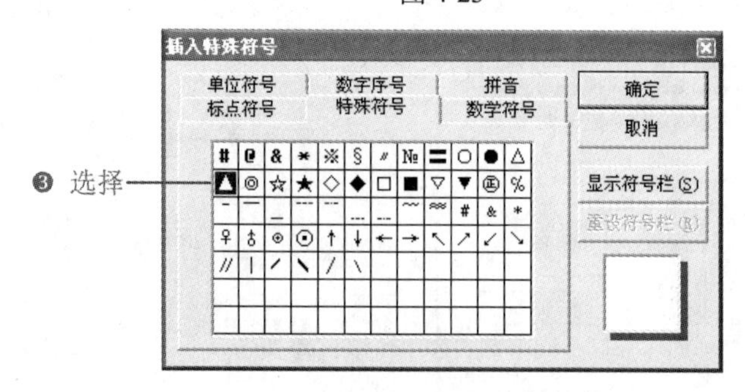

图 4-24

❹ 将光标定位到其他位置，打开“插入特殊符号”对话框，在“特殊符号”选项卡中选中空心向上的三角形，单击“确定”按钮，进行插入即可，最后效果如图 4-25 所示。

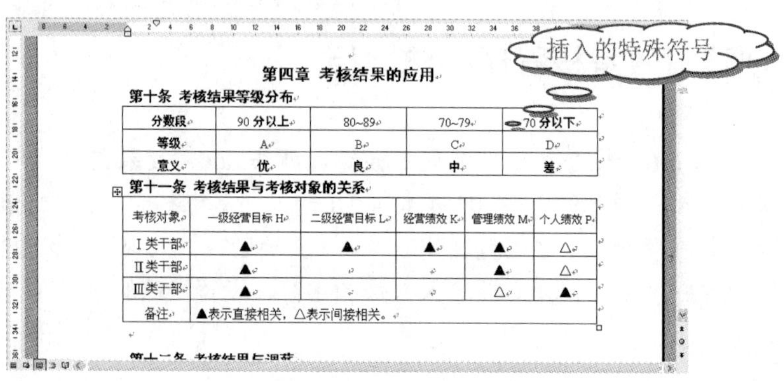

图 4-25

操作提示

在“插入特殊符号”对话框中，有“单位符号”、“数字序号”、“拼音”等各种特殊符号，可以根据需要进行选择。

2. 设置上标、下标效果

❶ 利用“Ctrl”键选择需要设置下标效果的文本，选择“格式”→“字体”命令，如图 4-26 所示。

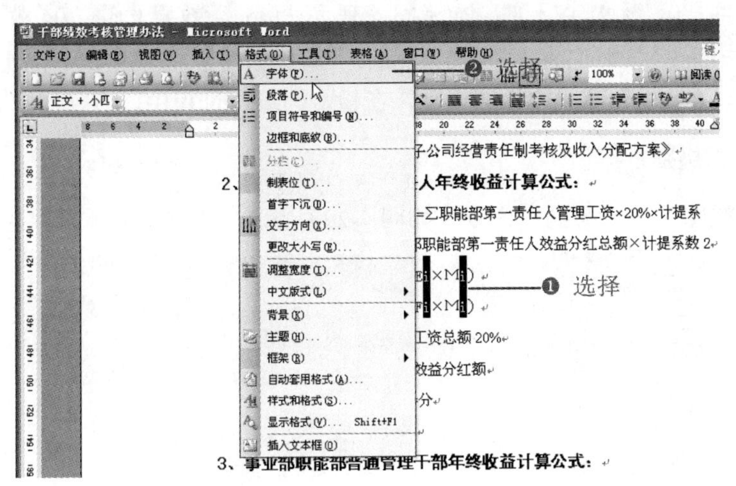

图 4-26

❷ 打开“字体”对话框，在“字体”选项卡的“效果”栏中选中“下标”复选框，如图 4-27 所示。

❸ 单击“确定”按钮，即可将选中的文本设置成下标，效果如图 4-28 所示。

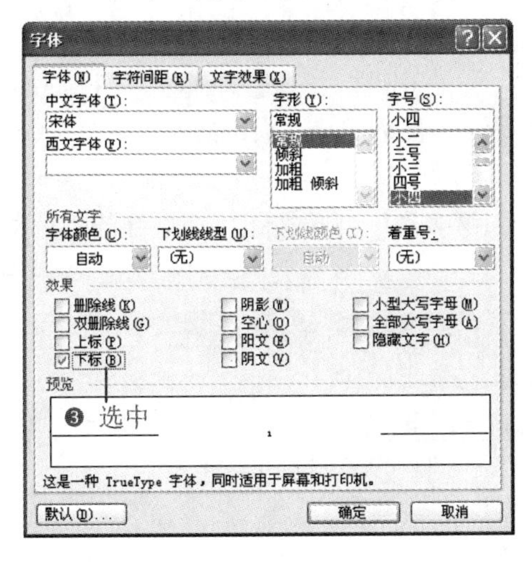

图 4-27

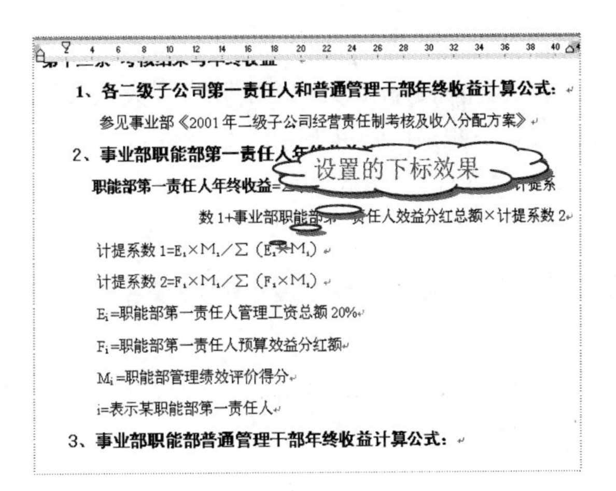

图 4-28

操作提示

在“字体”对话框中，在“字体”选项卡中选中“上标”复选框，即可将文本设置成上标效果，取消选中“上标”或“下标”复选框，即可取消设置。

4.2.2 为文档创建大纲

Note

源文件：04/源文件/干部绩效考核管理办法.doc、**效果文件**：04/效果文件/干部绩效考核管理办法.doc、**视频文件**：04/视频/4.2.2 干部绩效考核管理办法.mp4

大纲级别有助于区分不同的标题级别，在长文档编辑过程中，方便用户管理和查找。

1. 设置大纲级别

❶ 选择“视图”→“大纲”命令（如图 4-29 所示），即可切换到大纲视图中。

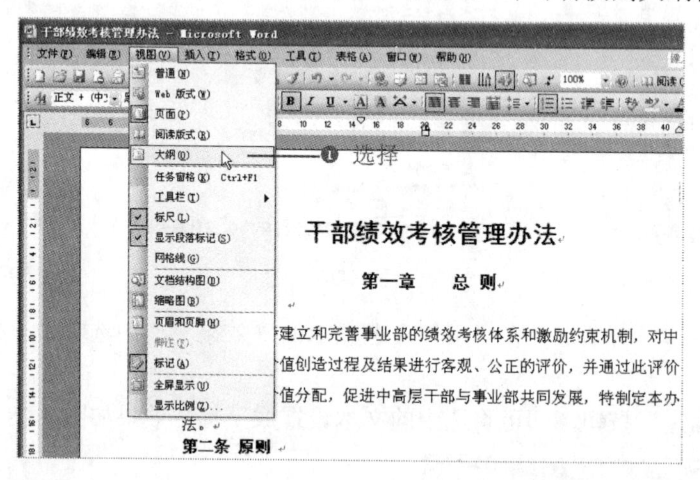

图 4-29

❷ 将光标定位到第一个需要设置大纲级别的标题中，然后单击“大纲级别”下拉按钮，在展开的下拉菜单中单击“1 级”选项，如图 4-30 所示。

❸ 将光标定位到下一级标题的标题中，单击“大纲级别”下拉按钮，在展开的下拉菜单中单击“2 级”选项，如图 4-31 所示。

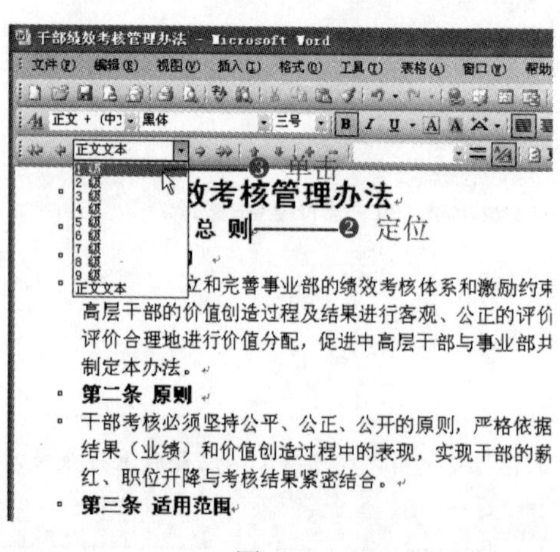

图 4-30

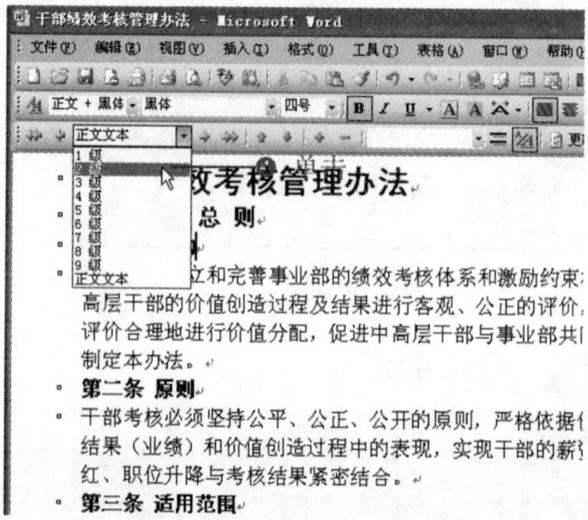

图 4-31

❹ 按照同样的方法调整其他标题，不同的标题级别选择不同的级别，最后效果如图 4-32 所示。

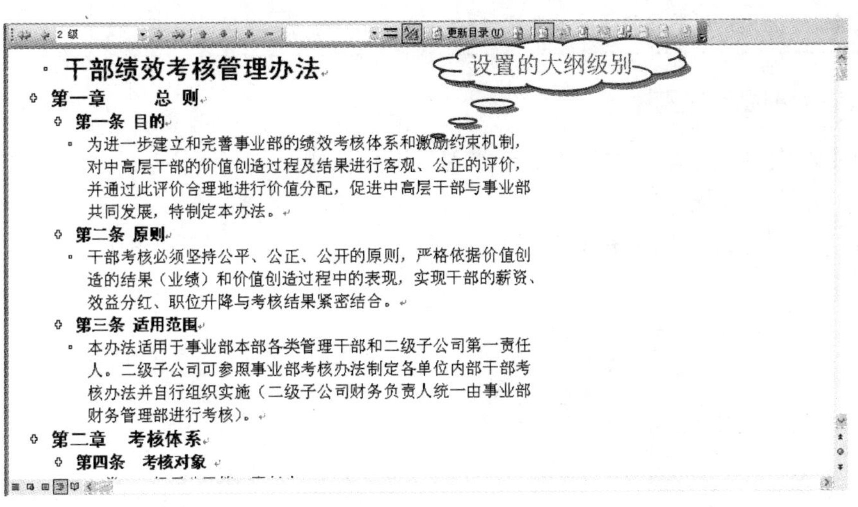

图 4-32

知识拓展

调整与查看大纲

如果大纲的级别设置错误，在“大纲”工具栏中单击“提升”按钮或“降低”按钮，可将标题级别提升一级或降低一级；单击“提升到标题 1”按钮或“降为正文文本”按钮，可将标题提升为最高级别 1 级或降为正文文本。

单击“上移”按钮或“下移”按钮，可将标题或其下属内容上移或下移一行，但不改变标题级别。

单击“折叠”按钮或“展开” 按钮，可以折叠或展开大纲。如将光标定位在 2 级标题的“第一条”中，然后单击“折叠”按钮（如图 4-33 所示），即可将“第一条”的内容折叠起来，如图 4-34 所示，再单击“展开”按钮，即可展开内容。

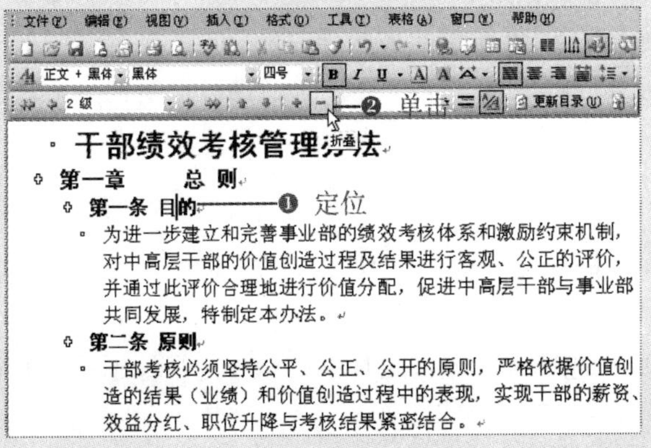

图 4-33

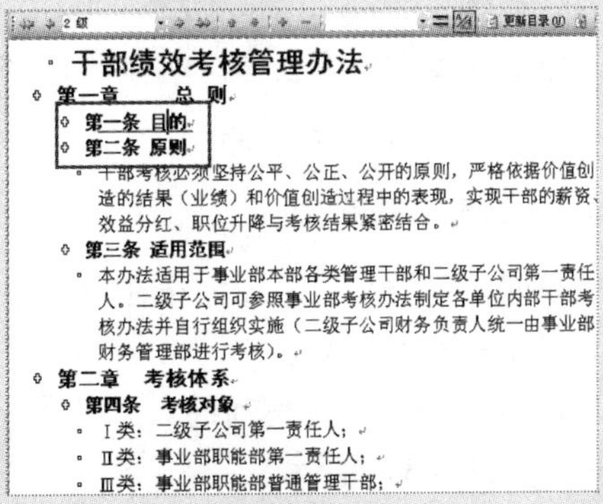

图 4-34

操作提示

如果所设置的大纲级别相同，可用“格式刷”刷取格式，而不用一个一个设置。

Note

2. 查看大纲显示级别

❶ 单击“大纲”工具栏中的“显示级别”下拉按钮，展开下拉菜单，显示了要显示的标题级别，如图 4-35 所示。

❷ 通过选择显示级别可查看到文档的结构，这里选择“显示级别 2”选项，效果如图 4-36 所示。

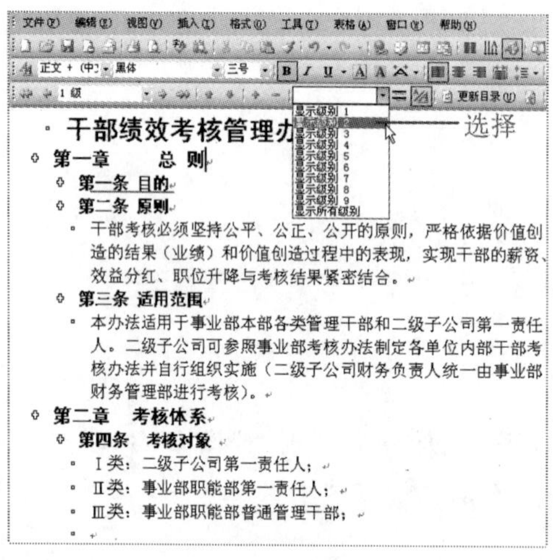

图 4-35

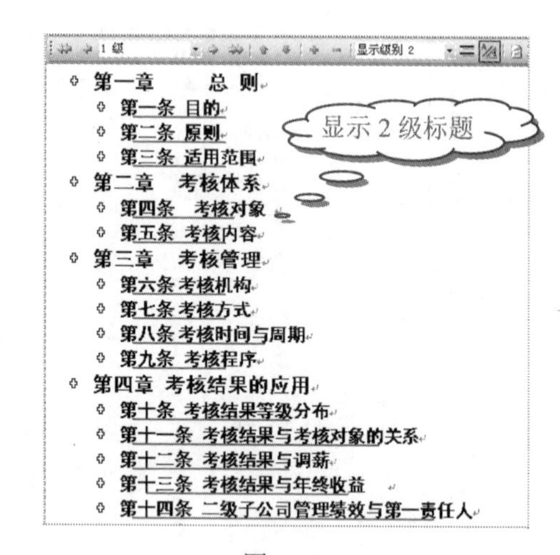

图 4-36

4.2.3 创建主控文档和子文档

：**源文件**：04/源文件/干部绩效考核管理办法.doc、**效果文件**：04/效果文件/干部绩效考核管理办法.doc、**视频文件**：04/视频/4.2.3 干部绩效考核管理办法.mp4

如果一篇文档太长而影响浏览，可将其分解成多个子文档，子文档被分解出来后还可以合并成一篇完整的文档。

1. 创建主控文档

在创建主控文档之前需要在电脑中为其创建一个专用文件夹，然后将要创建主控文档的文档存入该文件夹。

❶ 单击第一章标题前的大纲符号（✥），选择该标题，此时该标题下的子标题将同时被选择，如图 4-37 所示。

❷ 在“大纲”工具栏中单击“创建子文档”按钮，即可创建如图 4-38 所示的子文档，创建后在子文档的前后都插入一个连续的分节符。

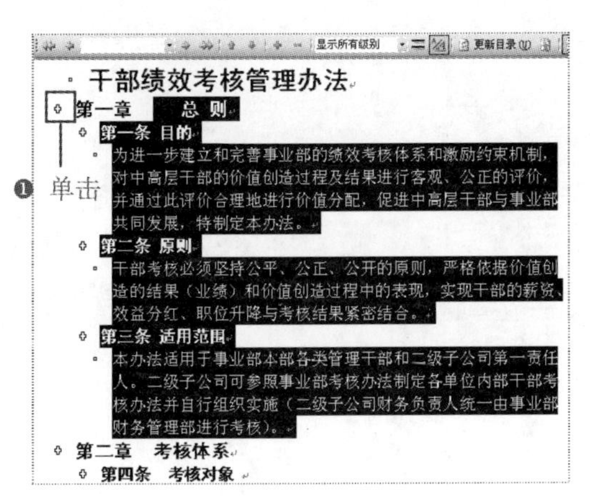

图 4-37

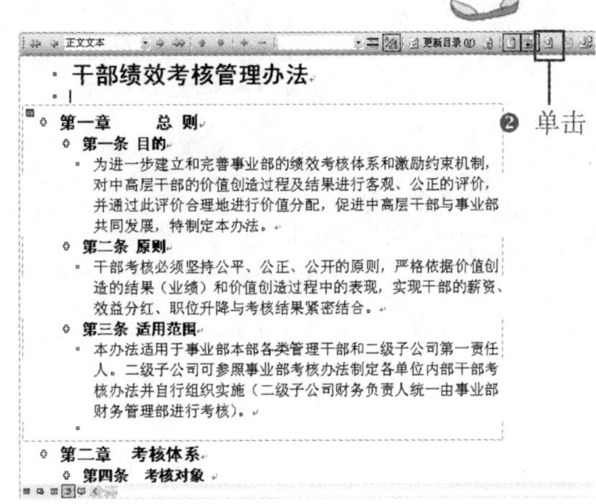

图 4-38

❸ 用与步骤 1 和步骤 2 相同的方法在文档中为其他标题创建子文档，完成后选择“文件”→“保存”命令，或单击“常用”工具栏中的“保存”按钮，在创建的专用文件夹中将生成用子文档首行标题命名的所有子文档，如图 4-39 所示。

图 4-39

2．插入子文档

在主控文档中可以插入原有的 Word 文档作为子文档。

❶ 关闭后再打开“干部绩效考核管理办法”文档，此时子文档折叠显示的是路径，在“大纲”工具栏中单击“展开子文档”按钮，如图 4-40 所示，即可展开子文档。

❷ 展开后将鼠标定位到原有子文档第一章后面空行中，在“大纲”工具栏中单击“插入子文档”按钮，打开“插入子文档”对话框，选择需要插入的子文档，如“考核管理”，如图 4-41 所示。

❸ 单击“打开”按钮，便会将“考核管理”作为第二章插入到第一章后面，如图 4-42 所示。

图 4-40

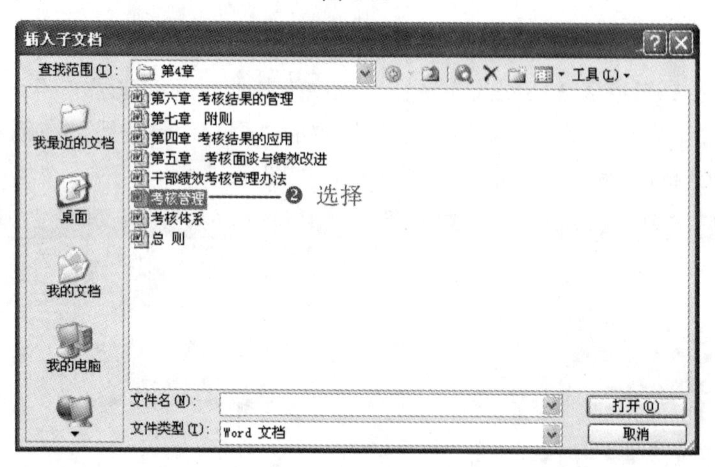

图 4-41

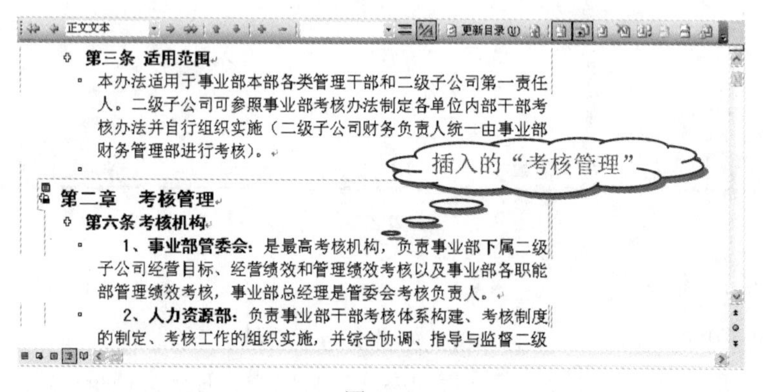

图 4-42

操作提示

在“大纲”工具栏中单击“锁定文档”按钮，可将子文档锁定，再次单击该按钮即可解锁；单击“主控文档视图”按钮，可显示或隐藏子文档图表；要删除子文档，可选择该子文档后按“Delete”键，用户可根据需要进行选择设置。

4.3 员工培训管理

培训企业员工、提高企业员工的素质，是企业适应市场竞争的需要。企业应当把对员工的培训作为一项长期的、经常性的工作抓紧抓好。员工培训强调实用、有效，通过培训教育真正能使员工的业务素质、道德品质有所提高。制定好的管理办法有助于高效率培训好员工，如图 4-43 所示。

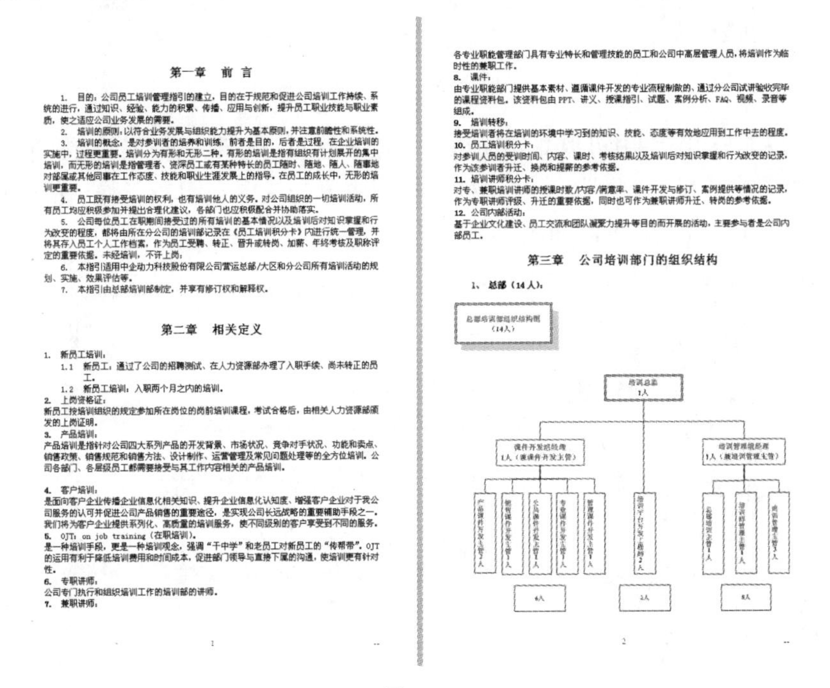

第一章　前　言

1. 目的：公司员工培训管理指引的建立，目的在于规范和促进公司培训工作持续、系统的进行，通过知识、经验、能力的积累、传播、应用与创新，提升员工职业技能与职业素质，使之适应公司业务发展的需要。
2. 培训的原则：以符合业务发展与组织能力提升为基本原则，并注重前瞻性和系统性。
3. 培训的概念：是对参训者的培养和训练，前者是目的，后者是过程，在企业培训的实施中，过程更重要。培训分为有形和无形二种。有形的培训是指有组织有计划展开的集中培训，而无形的培训是指管理者、资深员工或有某种特长的员工随时、随地、随人、随事地对部属或其他同事在工作态度、技能和职业生涯发展上的指导。在员工的成长中，无形的培训更重要。
4. 员工既有接受培训的权利，也有培训他人的义务。对公司组织的一切培训活动，所有员工均应积极参加并提出合理化建议，各部门也应积极配合并协助落实。
5. 公司每位员工在职期间接受过的所有培训的基本情况以及培训后对知识掌握和行为改变的程度，都将由所在分公司的培训部记录在《员工培训积分卡》内进行统一管理，并将其存入员工个人工作档案，作为员工受聘、转正、晋升或转岗、加薪、年终考核及职称评定的重要依据。未经培训，不许上岗；
6. 本指引适用中企动力科技股份有限公司营运总部/大区和分公司所有培训活动的规划、实施、效果评估等。
7. 本指引由总部培训部制定，并享有修订权和解释权。

第二章　相关定义

1. 新员工培训：
   1.1 新员工：通过了公司的招聘测试、在人力资源部办理了入职手续、尚未转正的员工。
   1.2 新员工培训：入职两个月之内的培训。
2. 上岗资格证：
新员工按培训组织的规定参加所在岗位的岗前培训课程，考试合格后，由相关人力资源部颁发的上岗证明。
3. 产品培训：
产品培训是指针对公司四大系列产品的开发背景、市场状况、竞争对手状况、功能和卖点、销售政策、销售规范和销售方法、设计制作、运营管理及常见问题处理等的全方位培训。公司各部门、各层级员工都需要接受与其工作内容相关的产品培训。
4. 客户培训：
是面向客户企业传播企业信息化相关知识、提升企业信息化认知度、增强客户企业对于我公司服务的认可并促进公司产品销售的重要途径，是实现公司长远战略的重要辅助手段之一。我们将为客户企业提供系列化、高质量的培训服务，使不同级别的客户享受到不同的服务。
5. OJT：on job training（在职培训）。
是一种培训手段，更是一种培训观念，强调“干中学”和老员工对新员工的“传帮带”。OJT 的运用有利于降低培训费用和时间成本，促进部门领导与直接下属的沟通，使培训更有针对性。
6. 专职讲师：
公司专门执行和组织培训工作的培训部的讲师。
7. 兼职讲师：

1

各专业职能管理部门具有专业特长和管理技能的员工和公司中高层管理人员，将培训作为临时性的兼职工作。
8. 课件：
由专业职能部门提供基本素材、遵循课件开发的专业流程制做的、通过分公司试讲验收完毕的课程资料包。该资料包由 PPT、讲义、授课指引、试题、案例分析、FAQ、视频、录音等组成。
9. 培训转移：
接受培训者将在培训的环境中学习到的知识、技能、态度等有效地应用到工作中去的程度。
10. 员工培训积分卡：
对参训人员的受训时间、内容、课时、考核结果以及培训后对知识掌握和行为改变的记录，作为该参训者升迁、换岗和提薪的参考依据。
11. 培训讲师积分卡：
对专、兼职培训讲师的授课时数/内容/满意率、课件开发与修订、案例提供等情况的记录，作为专职讲师评级、升迁的重要依据，同时也可作为兼职讲师升迁、转岗的参考依据。
12. 公司内部活动：
基于企业文化建设、员工交流和团队凝聚力提升等目的而开展的活动，主要参与者是公司内部员工。

第三章　公司培训部门的组织结构

1、总部（14 人）：

2

图 4-43

4.3.1 快速定位查找文档

源文件：04/源文件/员工培训管理.doc、**效果文件：**04/效果文件/员工培训管理.doc、**视频文件：**04/视频/4.3.1 员工培训管理.mp4

由于长文档页码较多，内容也比较密集，要查找某项内容就比较麻烦，利用定位查找的方法比较简单，而且查找很快。

1. 使用文档结构图定位

设置好大纲级别后，文档就会产生一个结构，可以了解文档的概况，通过结构可以较快地定位相应的结构位置。

❶ 选择“视图”→“文档结构图”命令（如图 4-44 所示），打开文档结构图。

Note

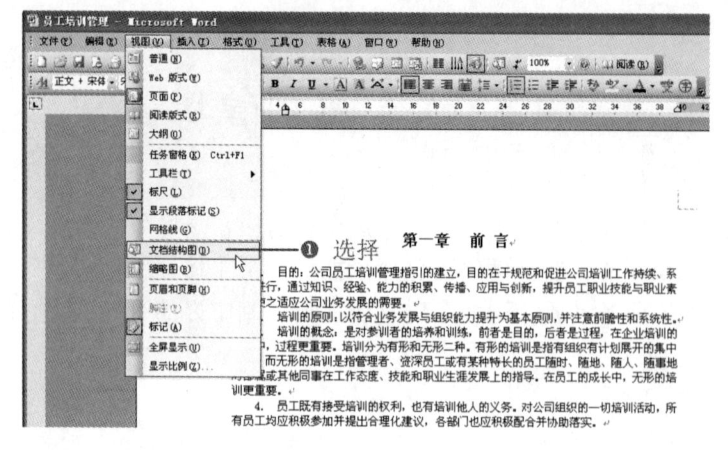

图 4-44

❷ 在“文档结构图”中可以看到文档的框架，这里可以看出框架较多，而且标题设置的比较细，如果想了解主要框架，在文档结构图中单击鼠标右键，在弹出的快捷菜单中选择“显示至标题 1（1）”命令，如图 4-45 所示。

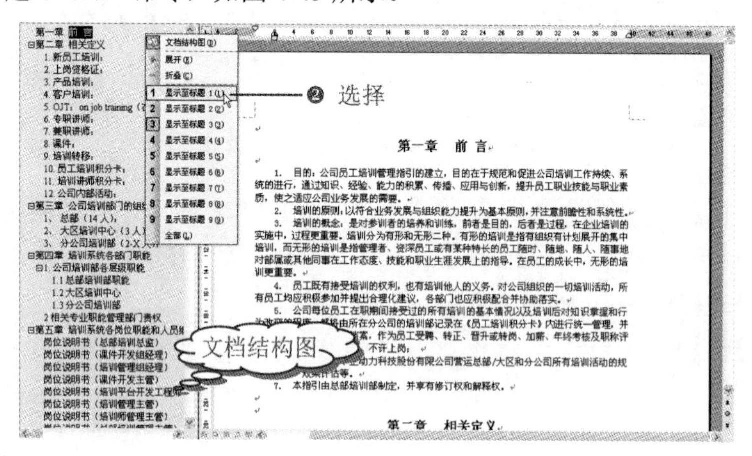

图 4-45

❸ 在文档结构图中只能看到 1 级标题，若要定位到某一章，单击章节名称即可定位，如图 4-46 所示。

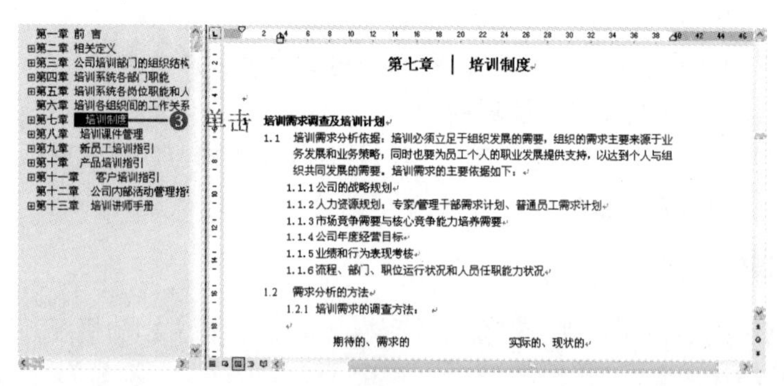

图 4-46

操作提示

除了设置大纲级别可以显示文档结构图，还可将文档中的标题设置成“标题 1”等 Word 内置的标题样式，也能显示出相应的级别标题。

2．添加书签

当文档编辑到某处时，需要中断，但是下次继续再编辑时还要重新查找位置，这样就比较浪费时间，可以利用书签标注，方便查找。

❶ 选中需要插入标签的文本，选择“插入”→“书签”命令（如图 4-47 所示），打开“书签”对话框。

❷ 在“书签名”文本框中输入名称，如图 4-48 所示，单击“添加”按钮，即可将选中内容添加为书签，按照此方法，将其他需要添加的书签地方进行添加。

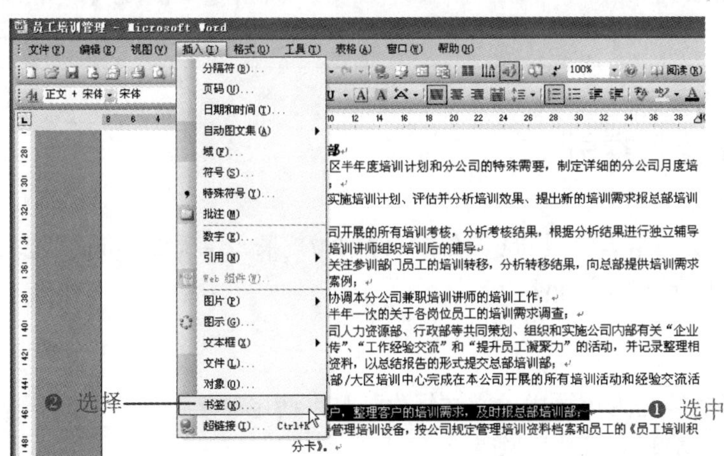

图 4-47

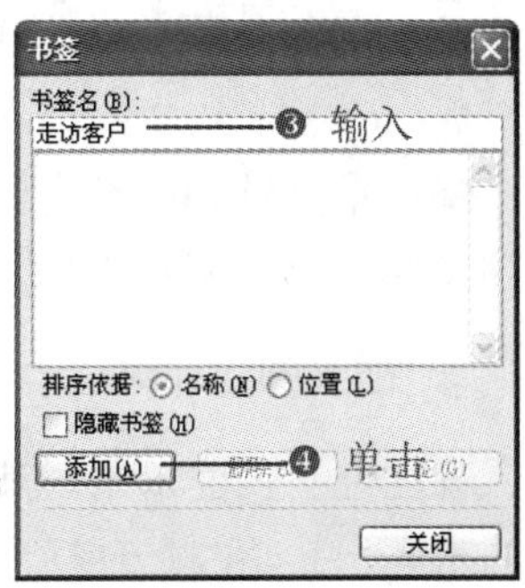

图 4-48

操作提示

设置了书签后，如果设置的书签较多，而有些书签不再需要，可以进行删除。在“书签”对话框中选择需要删除的书签，单击“删除”按钮即可。

3．定位书签

设置了书签后，如果需要定位到书签位置，可使用下列方法。

❶ 选择“编辑”→“定位”命令或按 F5 键，打开“查找和替换”对话框中的“定位”选项卡。

❷ 在“定位目标”列表框中选择“书签”选项，然后在“请输入书签名称”下拉列表框中选择查找的书签名称，然后单击“定位”按钮，即可定位到书签位置，如图 4-49 所示。

Note

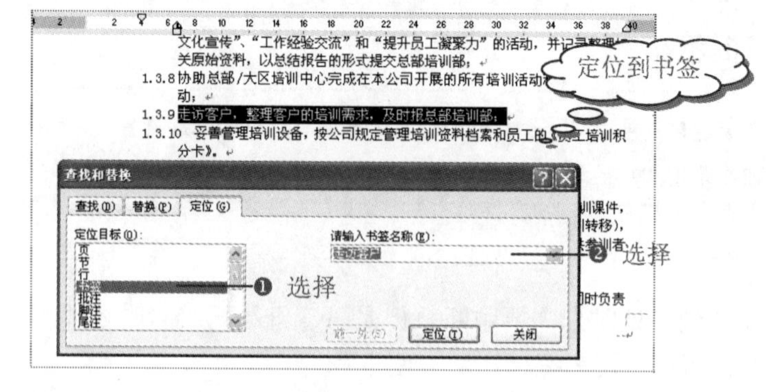

图 4-49

操作提示

除了利用上面的方法定位，还可以利用“书签”对话框定位，在对话框中选择书签名称，然后单击“定位”按钮即可。

4.3.2 为文档添加注释和索引

：**源文件**：04/源文件/员工培训管理.doc、**效果文件**：04/效果文件/员工培训管理.doc、**视频文件**：04/视频/4.3.2 员工培训管理.mp4

1. 插入脚注和尾注

脚注位于页面末尾，其功能是为该页中的文本提供注释，而尾注是位于一节或一篇文档的末尾，其功能是对整节或整篇文档进行说明。

❶ 选择需要插入脚注的文本，选择“插入”→“引用”→“脚注和尾注”命令，如图 4-50 所示。

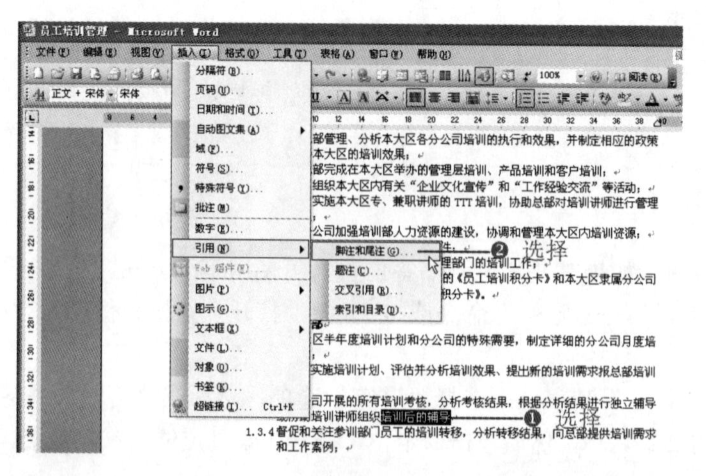

图 4-50

❷ 打开“脚注和尾注”对话框，在“位置”栏中选中“脚注”单选按钮，在后面的下拉列表框中选择“页面底端”选项，然后在“格式”栏中设置脚注的编号格式，如图 4-51 所示。

❸ 单击“插入”按钮，即可在当前页面下插入脚注，输入脚注注释的内容即可，完成脚注的插入后在插入点会出现带有编号的注释引用标记，如图 4-52 所示。

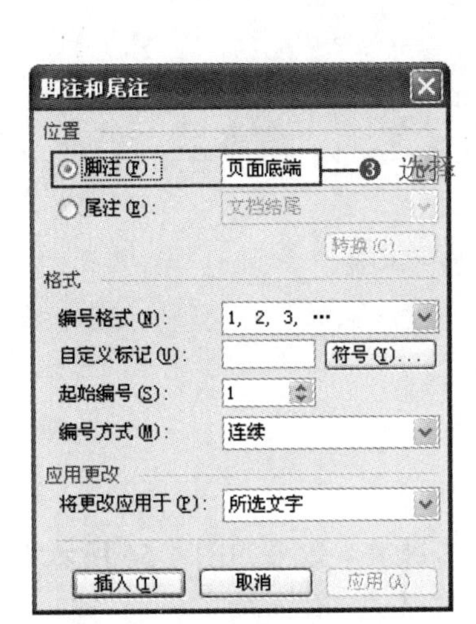

图 4-51

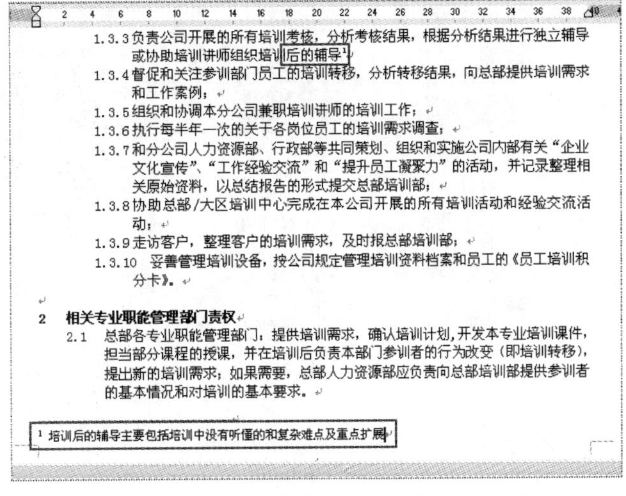

图 4-52

❹ 再按照同样的方法插入更多的脚注，效果如图 4-53 所示。

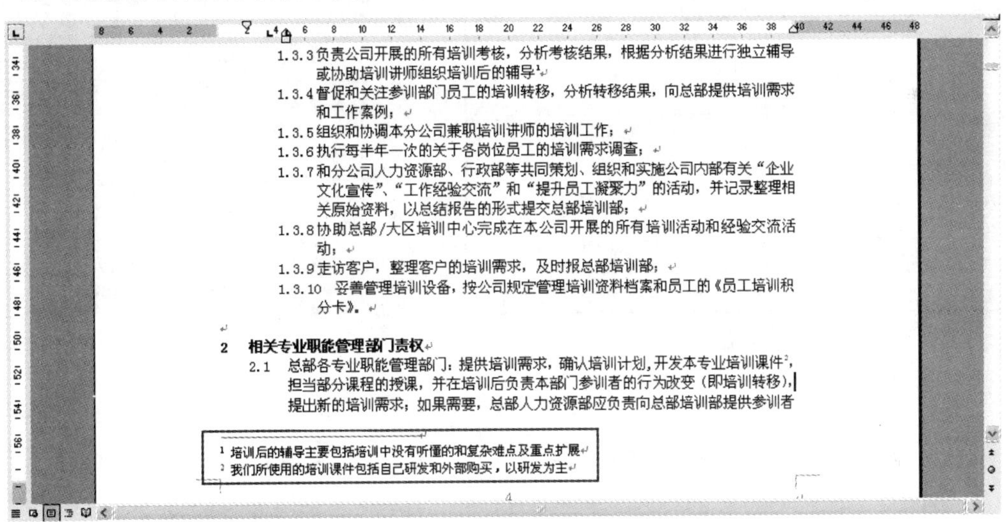

图 4-53

2. 自动生成目录

❶ 按“Ctrl+End”快捷键将鼠标光标定位到文档末尾，选择“插入”→“引用”→“索引和目录”命令，如图 4-54 所示。

❷ 打开“索引和目录”对话框，选择“目录”选项卡，在“显示级别”数值框中输入

“3”，并设置制表符和前导符及格式，如图 4-55 所示。

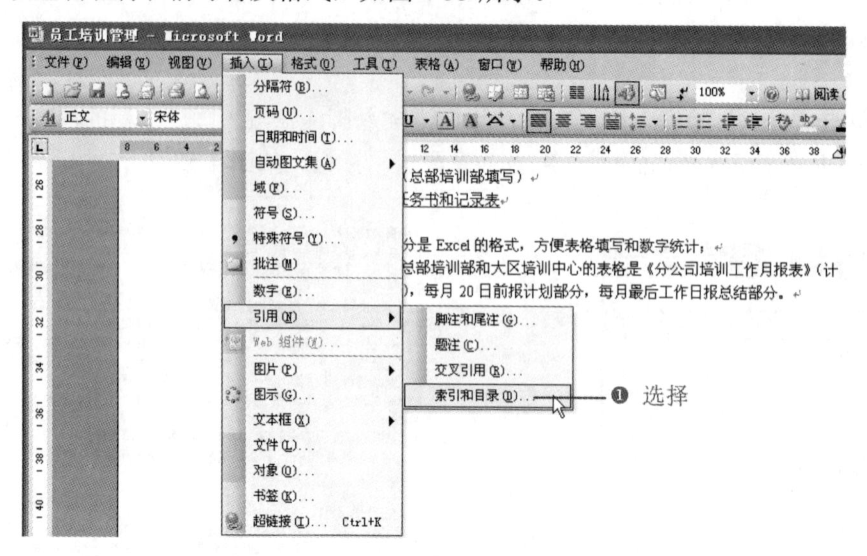

图 4-54

❸ 单击“确定”按钮，即可在文档末尾插入自动生成的目录，效果如图 4-56 所示。

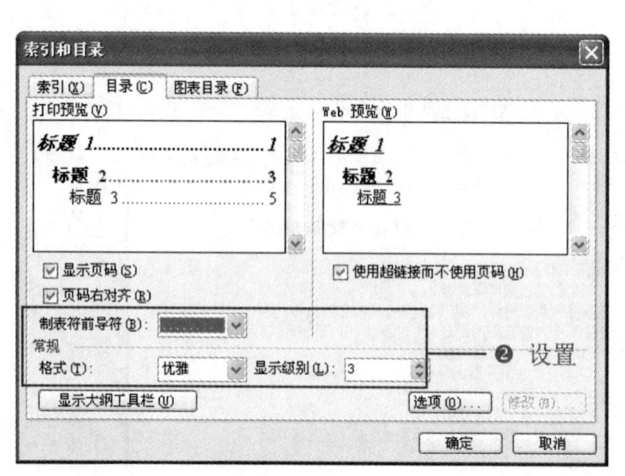

图 4-55

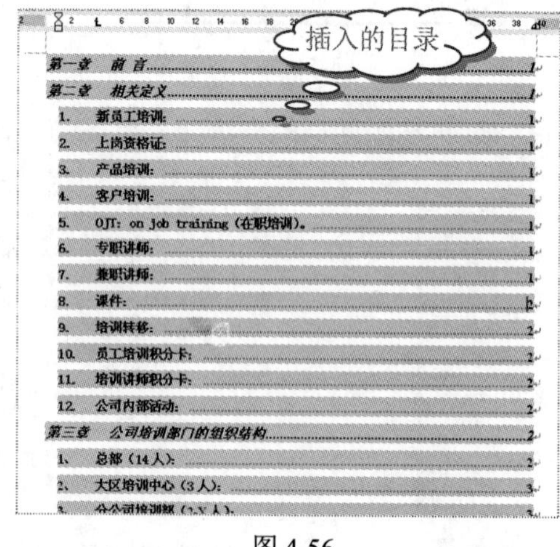

图 4-56

4.4　制作批量商务信函

商业函件业务简称商函业务，它区别于具有个人通信性质的信件，是为社会各类用户提供迅速准确传递商用信息的业务。商务信函是企业之间来往的重要载体，体现了职场的礼仪，如图 4-57 所示。但是如果将信函邮寄给不同的人，如内容一样，只是姓名不同，如果一个一个写就比较麻烦，可以利用下面的方法批量制作信函，以节省时间。

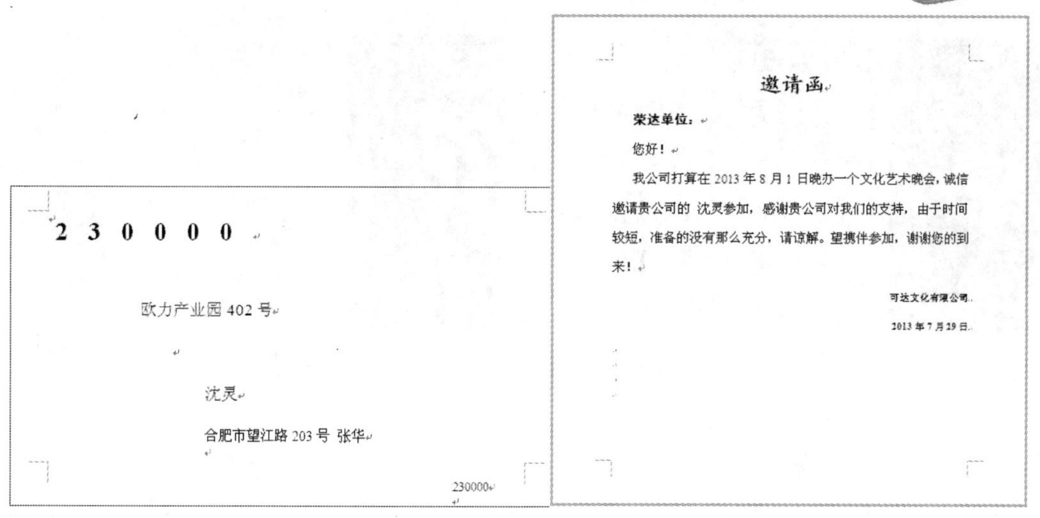
2 3 0 0 0 0

欧力产业园 402 号

沈灵

合肥市望江路 203 号 张华

230000

邀请函

荣达单位：

您好！

我公司打算在 2013 年 8 月 1 日晚办一个文化艺术晚会，诚信邀请贵公司的 沈灵参加，感谢贵公司对我们的支持，由于时间较短，准备的没有那么充分，请谅解。望携件参加，谢谢您的到来！

可达文化有限公司

2013 年 7 月 29 日

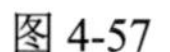

图 4-57

4.4.1　创建信封

：源文件：04/源文件/制作批量商务信函.doc、**效果文件：**04/效果文件/制作批量商务信函.doc、**视频文件：**04/视频/4.4.1 制作批量商务信函.mp4

❶ 选择“工具”→“信函与邮件”→“中文信封向导”命令，如图 4-58 所示。

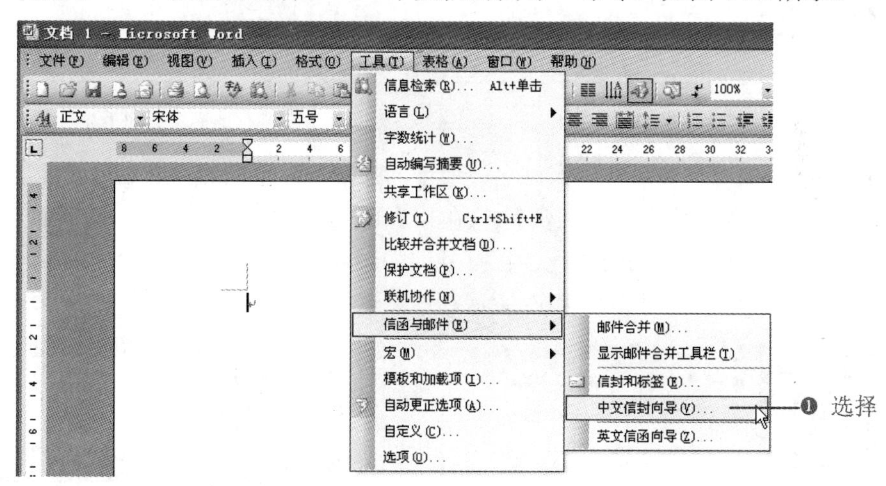

图 4-58

❷ 打开“信封制作向导”对话框，单击“下一步”按钮，如图 4-59 所示。

❸ 在打开的“请选择标准信封样式”对话框的“信封样式”下拉列表框中选择信封的样式与尺寸，如选择“普通信封 1”选项，如图 4-60 所示，单击“下一步”按钮。

❹ 在打开的“怎样生成这个信封？”对话框中，选中“生成单个信封”单选按钮，如图 4-61 所示，单击“下一步”按钮。

Note

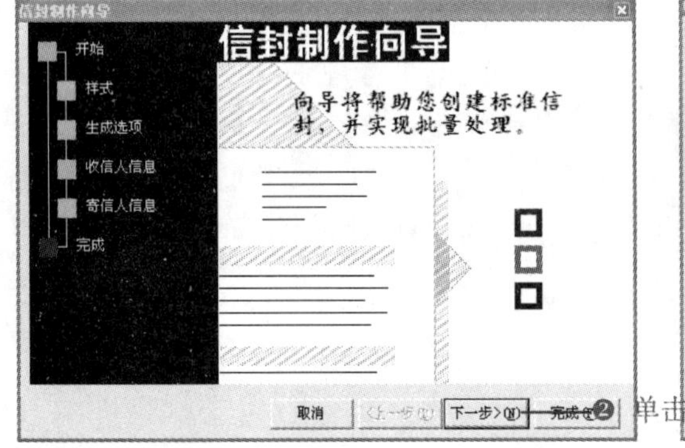

图 4-59

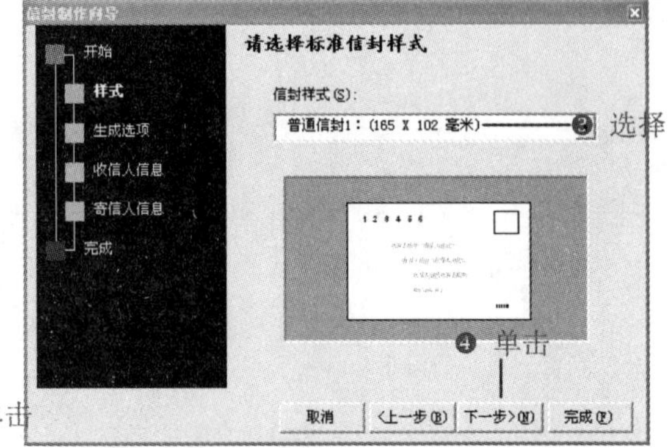

图 4-60

❺ 在打开的“请输入收信人的姓名、地址、邮编”对话框的“姓名”、“职务”、“地址”和“邮编”文本框中分别输入收信人的详细资料，如图 4-62 所示，单击“下一步”按钮。

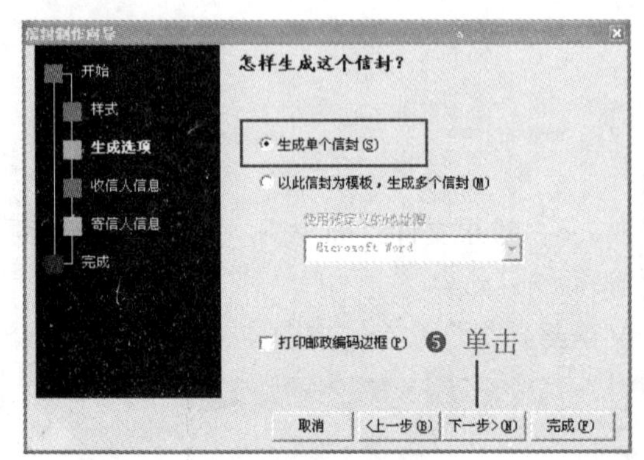

图 4-61

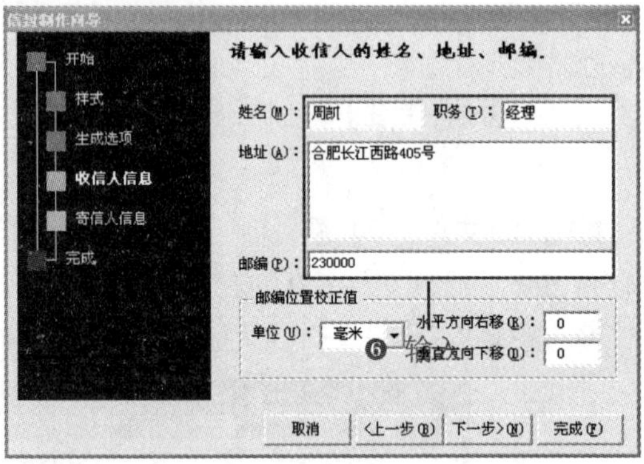

图 4-62

❻ 在打开的“请输入寄信人姓名、地址、邮编”对话框的“姓名”、“地址”和“邮编”文本框中分别输入寄信人的详细资料，单击“下一步”按钮，如图 4-63 所示。

❼ 完成整个信封的制作过程，在打开的如图 4-64 所示的对话框中单击“完成”按钮，制作的中国邮政标准信封如图 4-65 所示。

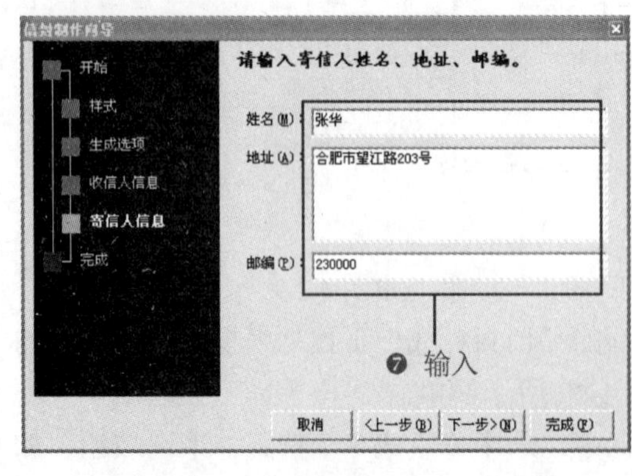

图 4-63

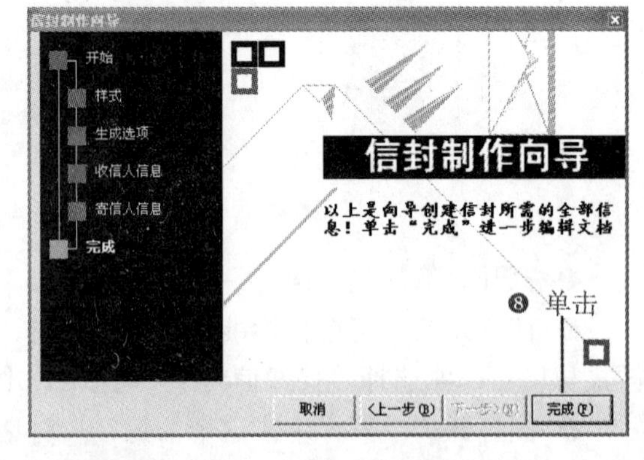

图 4-64

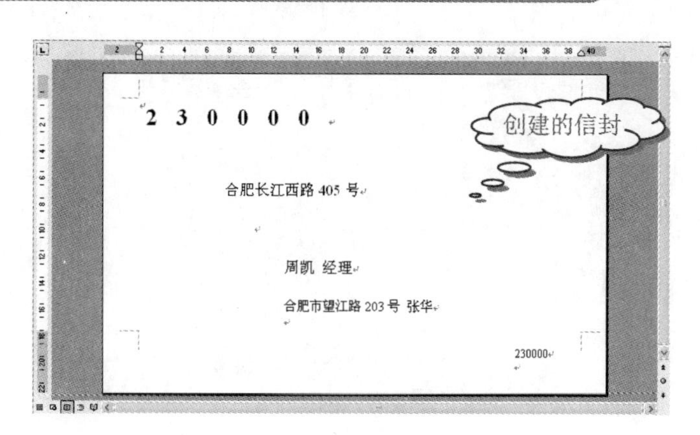

图 4-65

4.4.2　批量邮件制作

源文件：04/源文件/制作批量商务信函.doc、**效果文件**：04/效果文件/制作批量商务信函.doc、**视频文件**：04/视频/4.4.2 制作批量商务信函.mp4

1．创建批量信封

要制作批量信封，可以先用上面创建的单个信封，将其作为邮件合并的主文档，再添加数据源即可。

❶ 在“中国邮政信封”文档中，选择“视图”→“工具栏”→“邮件合并”命令，打开如图 4-66 所示的“邮件合并”工具栏。

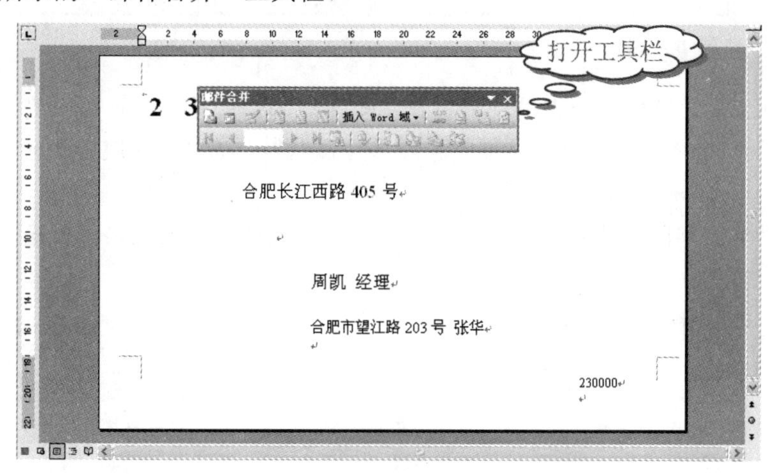

图 4-66

❷ 单击“打开数据源”按钮，打开“选取数据源”对话框，选择要使用的数据源文件，这里选择“联系单位”文档，如图 4-67 所示。

❸ 单击“打开”按钮，弹出“选择表格”对话框，由于所有的数据都在“Sheet1”工作表中，选择“Sheet1$”选项，如图 4-68 所示。

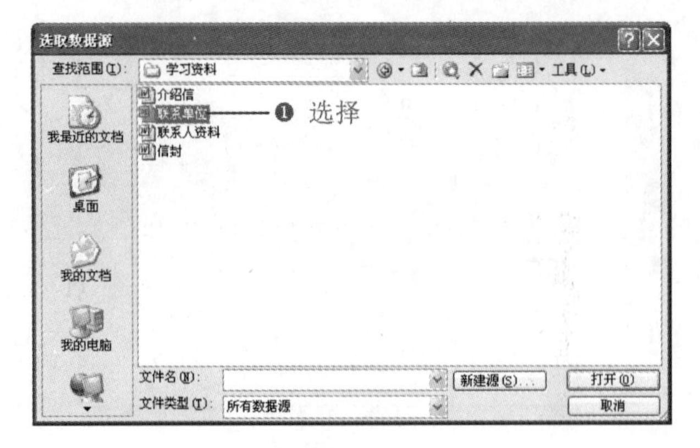

图 4-67

❹ 单击"确定"按钮，再单击"邮件合并"工具栏中的"收件人"按钮，在打开的"邮件合并收件人"对话框中选择要添加的收件人，如图 4-69 所示，完成后单击"确定"按钮关闭对话框。

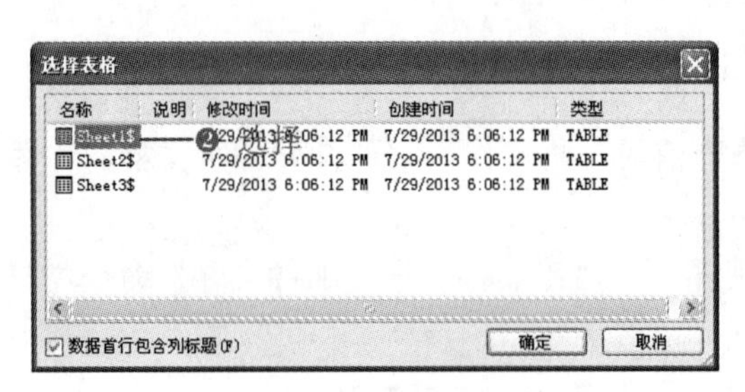

图 4-68

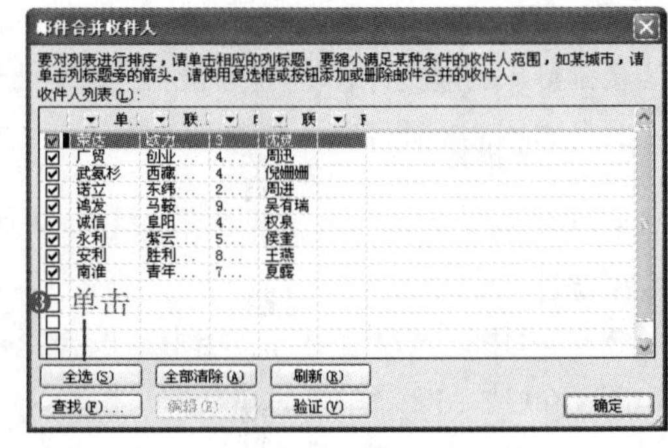

图 4-69

❺ 将鼠标光标定位到收信人地址的位置，单击"邮件合并"工具栏中的"插入域"按钮，在打开的"插入合并域"对话框的"域"列表框中选择"联系地址"选项，如图 4-70 所示。

❻ 单击"确定"按钮插入地址域。再用同样的方式在收信人姓名位置插入"联系人"域，如图 4-71 所示。

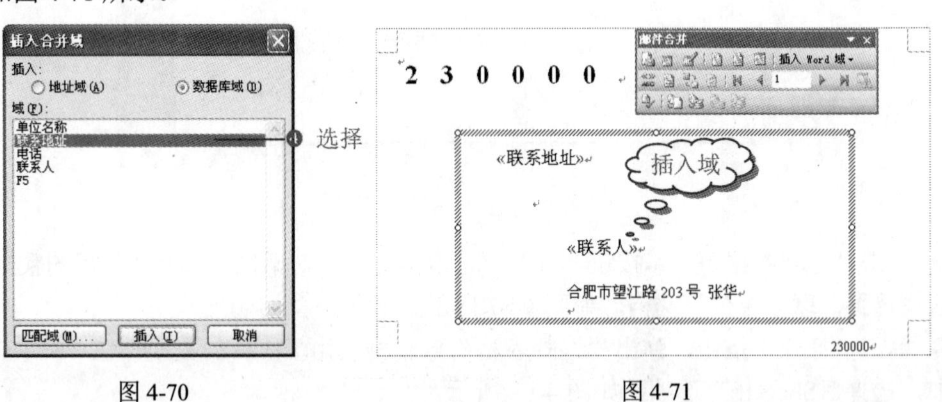

图 4-70

图 4-71

❼ 单击“邮件合并”工具栏中的“查看合并数据”按钮，可对合并后的效果进行预览，如图 4-72 所示。

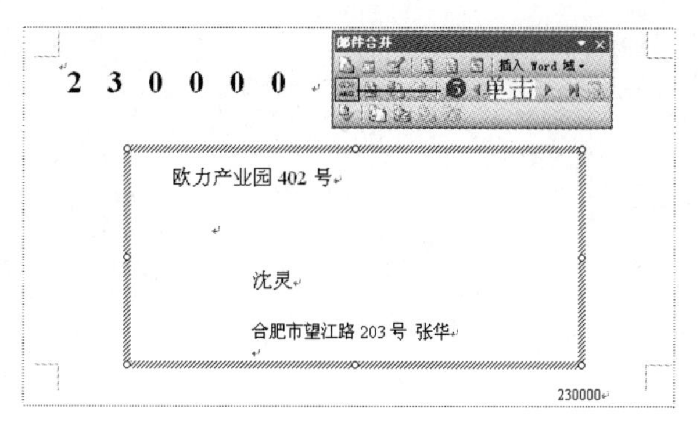

图 4-72

❽ 确定无误后即可单击工具栏中的“合并到新文档”按钮，进行合并，然后将文档保存即可。

操作提示

选择邮件合并收件人时，可以单击左下角的“全选(S)”按钮选择全部收件人，或单击“全部清除(A)”按钮取消选择，如果所列的收件人过多，还可以单击“查找(F)...”按钮快速查找。

2．创建批量信函

❶ 打开“邀请函”文档，选择“工具”→“信函与邮件”→“邮件合并”命令，打开“邮件合并”任务窗格。

❷ 在“选择文档类型”栏中选中“信函”单选按钮，然后单击“下一步：正在启动文档”超链接，如图 4-73 所示。

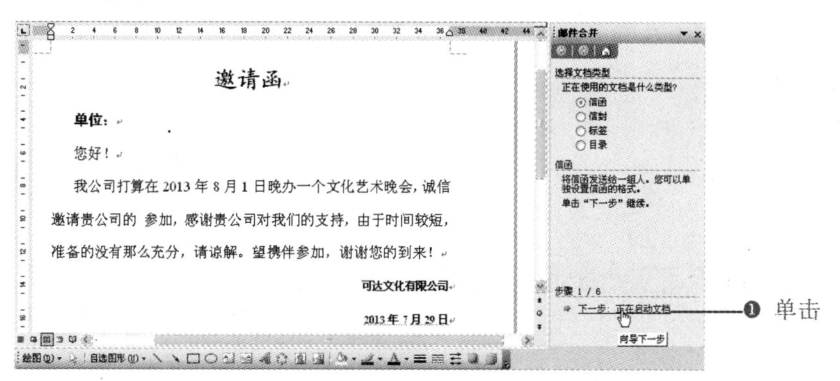

图 4-73

❸ 在打开的“选择开始文档”栏中选中“使用当前文档”单选按钮，单击“下一步：选取收件人”超链接，如图 4-74 所示。

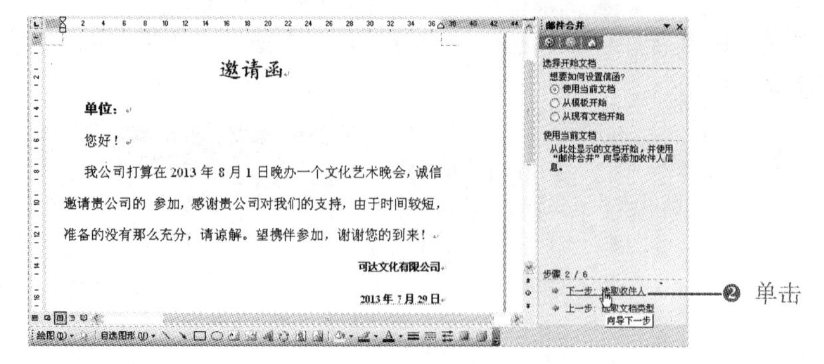

图 4-74

❹ 在打开的“选择收件人”栏中选中“使用现有列表”单选按钮，并单击“浏览”超链接（如图 4-75 所示），打开“选取数据源”对话框，选择“联系人资料”文档，如图 4-76 所示。

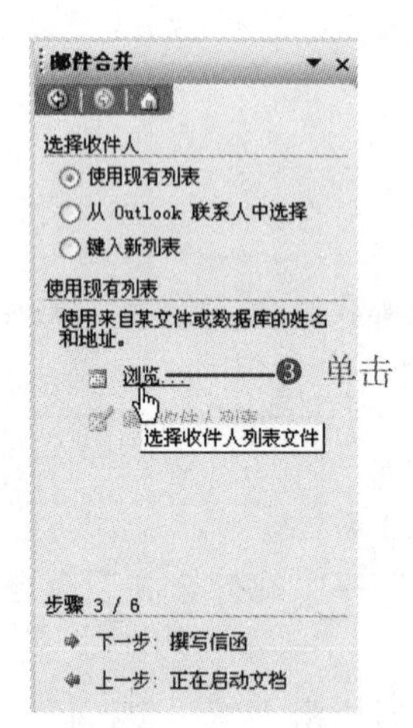

图 4-75

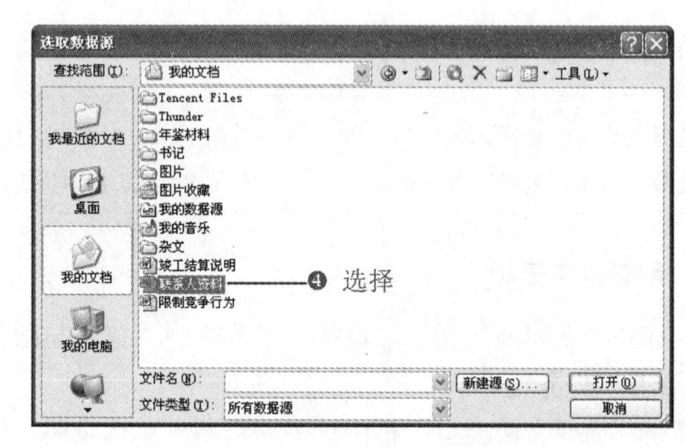

图 4-76

❺ 单击“打开”按钮，弹出“选择表格”对话框，选择“Sheet1$”选项，如图 4-77 所示，单击“确定”按钮，打开“邮件合并收件人”对话框，选择要添加的收件人，如图 4-78 所示。

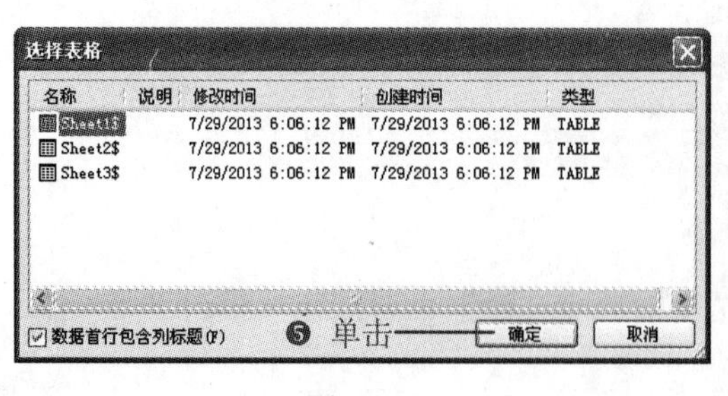

图 4-77

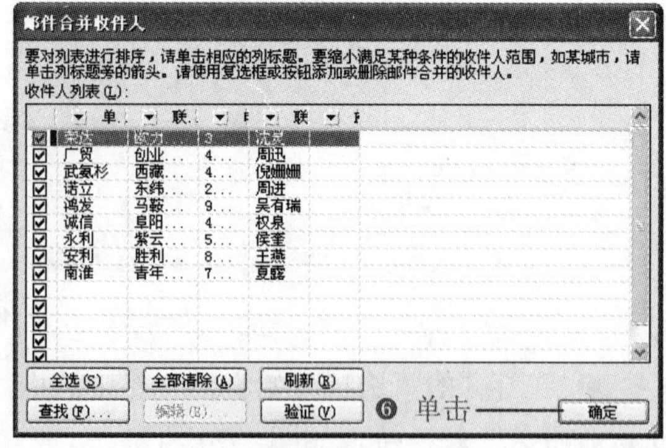

图 4-78

❻ 单击“确定”按钮，返回文档中，单击“下一步：撰写信函”超链接，将光标定位到需要插入单位名称的位置，然后单击“其他项目”超链接，如图 4-79 所示。

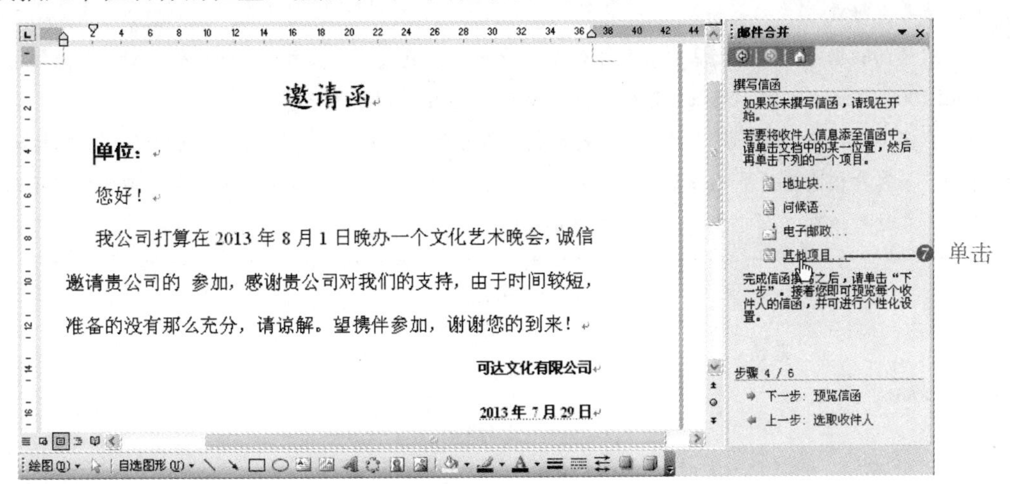

图 4-79

❼ 打开“插入合并域”对话框，选择“单位名称”选项，如图 4-80 所示，单击“插入”按钮，再关闭对话框，即可插入单位名称域。

❽ 再按照同样方法插入“联系人”域，如图 4-81 所示。

图 4-80

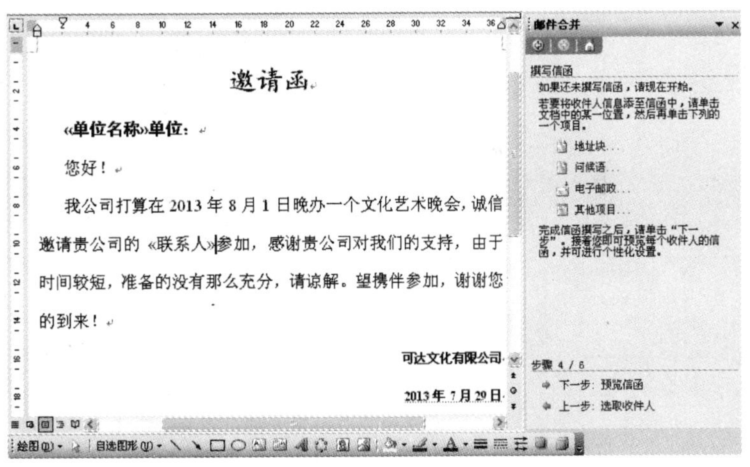

图 4-81

❾ 单击“下一步：预览信函”超链接，开始预览信函，在“邮件合并”任务窗格中可对收件人进行逐一预览或更改收件人，单击“下一步：完成合并”超链接，如图 4-82 所示。

❿ 在“完成合并”栏中单击“编辑个人信函”超链接，在打开的“合并到新文档”对话框中选择需要合并到新文档的记录，默认为“全部”，如图 4-83 所示，单击“确定”按钮，Word 将会把所有介绍信合并到同一个文档中，保存该文档即可。

知识拓展

Note

准备数据源

所谓的数据源，就是指客户的联系信息，如姓名、地址、联系方式、邮编等。数据源表格可以是 Word 2003、Excel 2003、Access 2003 或 Outlook 2003 中的联系人记录表。

在实际工作中，数据源通常是企业内部已经存在的，例如要向企业发送“企业客户增值服务活动”信函，而客户信息可能早已被做成了 Excel 表格，其中含有信函需要的“姓名”、“地址”、“邮编”等字段。在这种情况下，可直接将此类表格拿来使用，而不必重新制作。

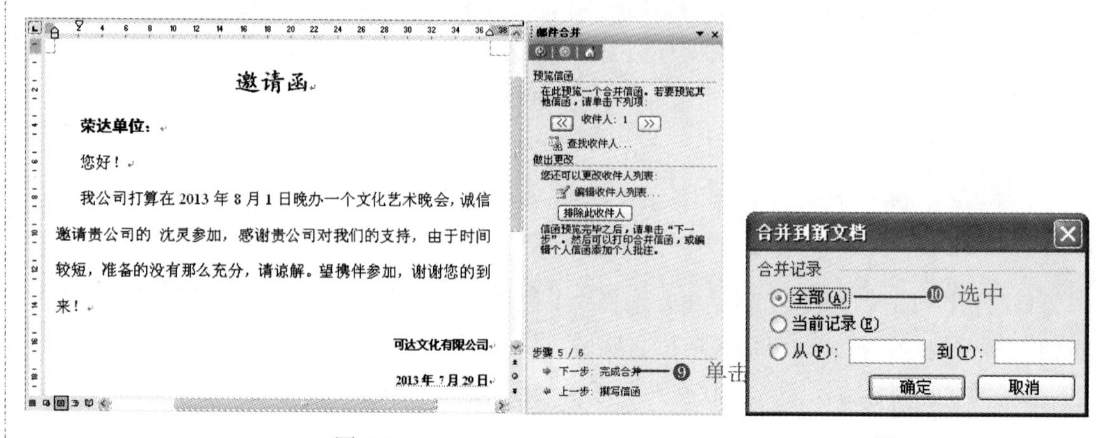

图 4-82　　　　图 4-83

第5章

查看、审阅和打印文档

文档编辑完成后，需要查看编辑效果，以及检查内容、格式有没有错误，最后开始打印文档，这其中有许多技巧和方面需要注意。下面就具体介绍用 Word 2003 查看、审阅以及打印文档的操作方法。

☑ 电子商务方案

☑ 培训须知

本章部分学习目标及案例

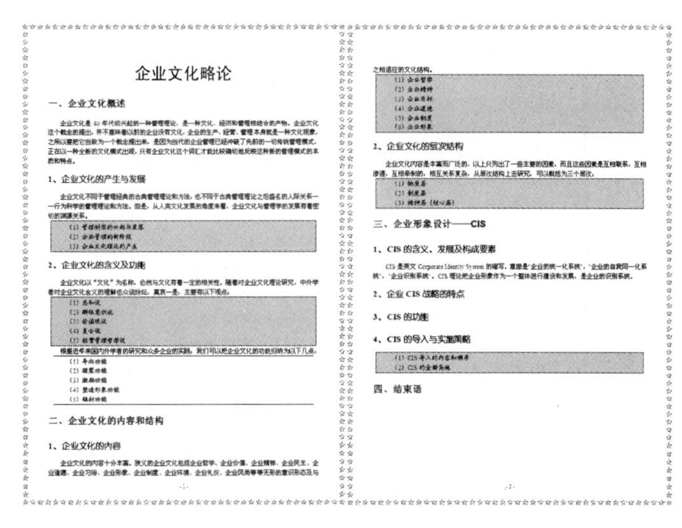

企业文化略论

一、企业文化概述

企业文化是 80 年代初兴起的一种管理理论，是一种文化、经济和管理相结合的产物。企业文化这个概念的提出，并不意味着以前的企业没有文化，企业的生产、经营、管理本身就是一种文化现象，之所以要把它当做为一个概念提出来，是因为当代的企业管理已经冲破了先前的一切传统管理模式，正在以一种全新的文化模式出现，只有企业文化这个词汇才能比较确切地反映这种新的管理模式的本质和特点。

1、企业文化的产生与发展

企业文化不同于管理经典的古典管理理论和方法，也不同于古典管理理论之后盛名的人际关系——行为科学的管理理论和方法。但是，从人类文化发展的角度来看，企业文化与管理学的发展有着密切的渊源关系。

（1）管理科学的兴起与发展
（2）企业管理的新阶段
（3）企业文化理论的产生

2、企业文化的含义及功能

企业文化以“文化”为名称，必然与文化有着一定的相关性。随着对企业文化理论研究，中外学者对企业文化含义的理解也众说纷纭，莫衷一是，主要有以下观点：

（1）总和说
（2）群体意识说
（3）价值观说
（4）复合说
（5）经营管理哲学说

根据近年来国内外学者的研究和众多企业的实践，我们可以把企业文化的功能归纳为以下几点：

（1）导向功能
（2）凝聚功能
（3）激励功能
（4）塑造形象功能
（5）辐射功能

二、企业文化的内容和结构

1、企业文化的内容

企业文化的内容十分丰富，狭义的企业文化包括企业哲学、企业价值、企业精神、企业民主、企业道德、企业习俗、企业形象、企业制度、企业环境、企业礼仪、企业风尚等等无形的意识形态及与之相适应的文化结构。

（1）企业哲学
（2）企业精神
（3）企业目标
（4）企业道德
（5）企业制度
（6）企业形象

2、企业文化的层次结构

企业文化内容是丰富而广泛的，以上只列出了一些主要的因素，而且这些因素是互相联系，互相渗透，互相牵制的，相互关系复杂，从层次结构上去研究，可以概括为三个层次：

（1）物质层
（2）制度层
（3）精神层（核心层）

三、企业形象设计——CIS

1、CIS 的含义、发展及构成要素

CIS 是英文 Corporate Identity System 的缩写，意思是“企业的统一化系统”，“企业的自我同一化系统”，“企业识别系统”。CIS 理论把企业形象作为一个整体进行建设和发展，是企业的识别系统。

2、企业 CIS 战略的特点

3、CIS 的功能

4、CIS 的导入与实施策略

（1）CIS 导入的内容和程序
（2）CIS 的实施策略

四、结束语

（1）

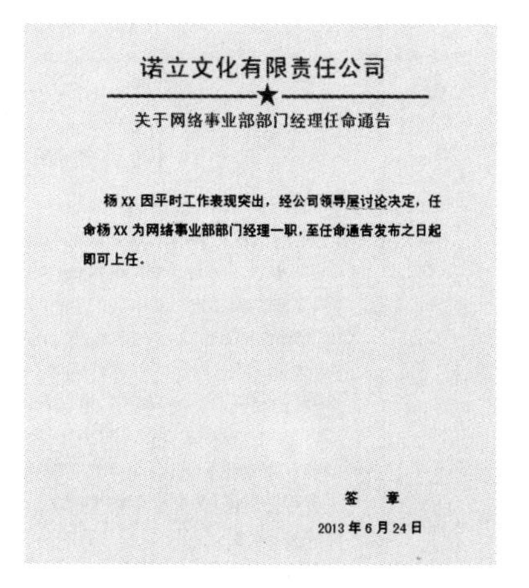

诺立文化有限责任公司

关于网络事业部部门经理任命通告

杨 XX 因平时工作表现突出，经公司领导层讨论决定，任命杨 XX 为网络事业部部门经理一职，至任命通告发布之日起即可上任。

签　章

2013 年 6 月 24 日

（2）

5.1 基础知识

Note

5.1.1 新建窗口

源文件：05/源文件/5.1.1 新建窗口.doc、**视频文件**：05/视频/5.1.1 新建窗口.mp4

如果需查看同一篇文档的不同部分，以便对照前后文进行编辑，可以新建文档窗口，将同一篇文档放在两个独立的窗口中进行比较。

❶ 在文档窗口中选择“窗口”→“新建窗口”命令，如图 5-1 所示。

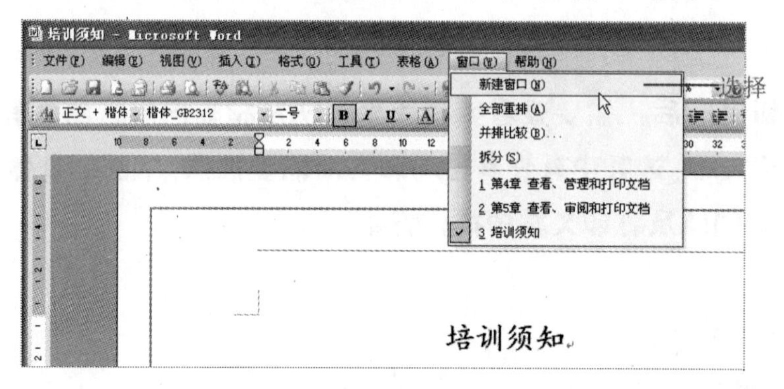

图 5-1

❷ 此时将新建一个相同的窗口，窗口的名称将加上序号，以示区别，如图 5-2 所示。

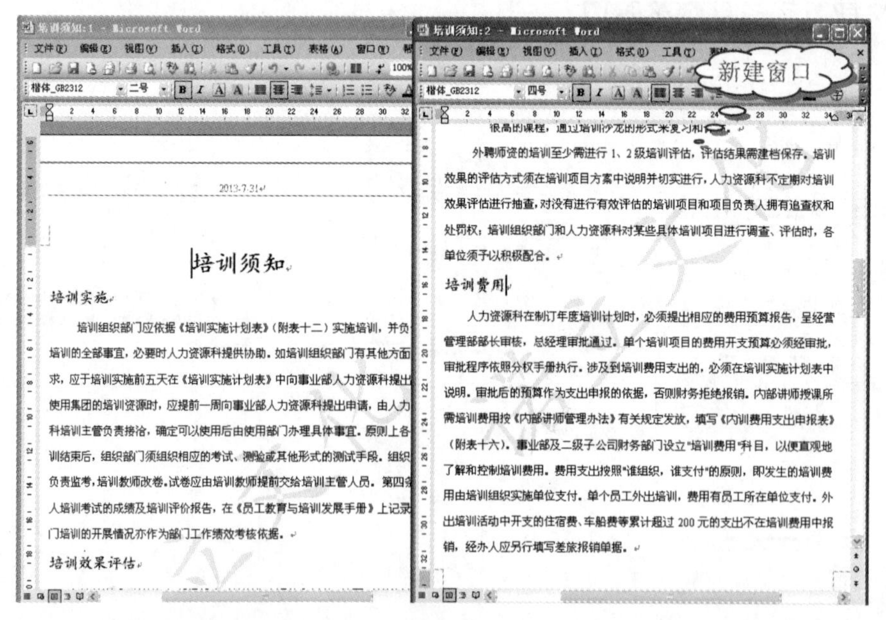

图 5-2

操作提示

选择“窗口”→“全部重排”命令，将打开的 Word 窗口全部并排排列，可同时查看多个文档。

Note

5.1.2　并排比较文档

源文件：05/源文件/5.1.2 并排比较文档、**视频文件：**05/视频/5.1.2 并排比较文档.mp4

并排比较文档是并排比较两个不同的文档，同步查看有什么不同或错误的地方。

❶ 打开要并排的两个文档后，在任一窗口中选择“窗口”→“并排比较”命令。

❷ 打开“并排比较”对话框，选择需要比较的文档，如图 5-3 所示。

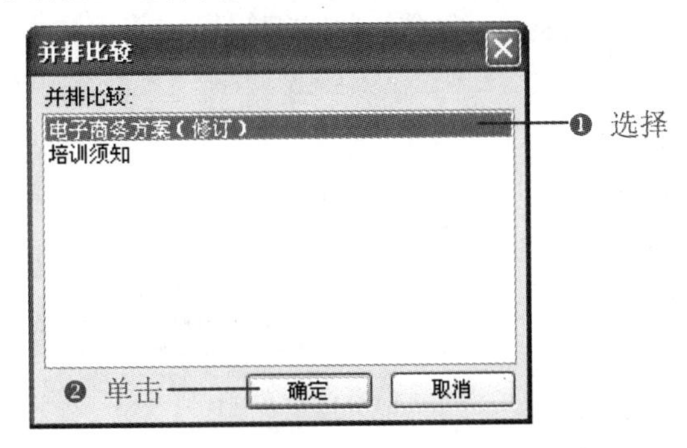

图 5-3

❸ 单击“确定”按钮，即可同步比较文档，拖动滚动条两个文档将同时滚动，如图 5-4 所示。

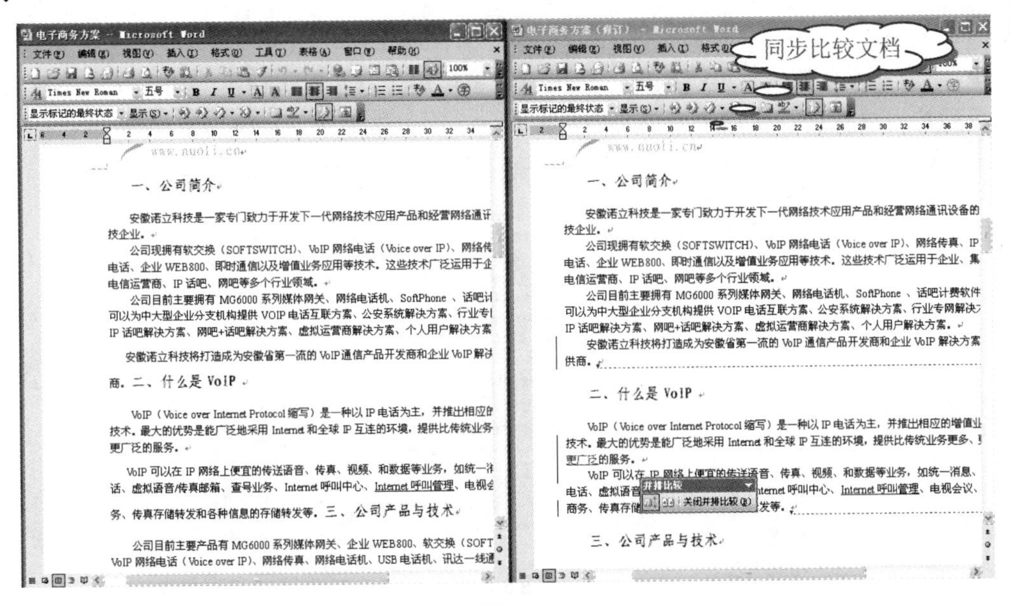

图 5-4

操作提示

如果只打开两个要并排比较的文档，在“窗口”菜单中有“与*并排比较”命令（*表示另一文档的名称），不用打开“并排比较”对话框，即可直接进行比较。

Note

5.1.3 拆分文档窗口

源文件：05/源文件/5.1.3 拆分文档窗口.doc、**视频文件**：05/视频/5.1.3 拆分文档窗口.mp4

通过拆分文档可以将文档的一个页面拆分成两个页面，方便阅读。

❶ 选择“窗口”→“拆分”命令，此时编辑区中将出现一条拆分线（如图 5-5 所示）。

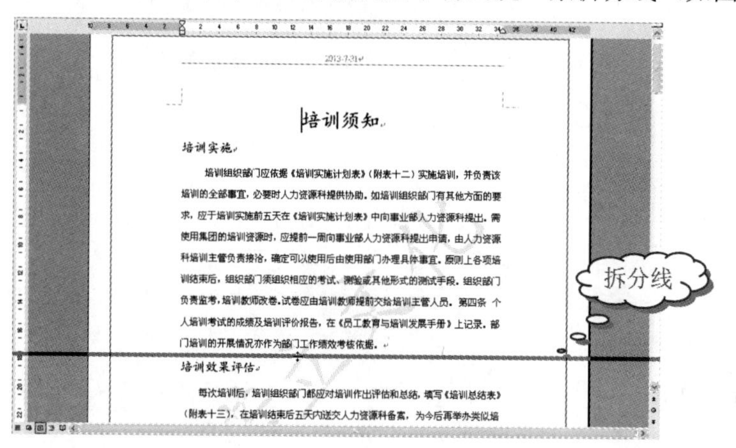

图 5-5

❷ 在需要拆分的位置单击鼠标，便可将原窗口拆分为两个窗口，如图 5-6 所示，拆分窗口后用户可以在任一窗口中编辑文档，在另一个拆分区域中滚动浏览文档的其他部分。

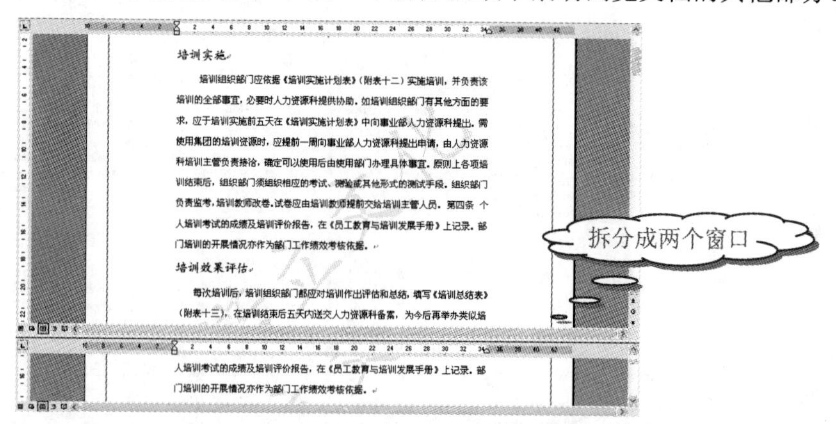

图 5-6

Note

操作提示

取消窗口的拆分有如下3种方法：选择“窗口”→“取消拆分”命令；双击分隔线；将分隔线拖至窗口外面。

5.1.4 添加批注

：源文件：05/源文件/5.1.4 添加批注.doc、**视频文件**：05/视频/5.1.4 添加批注.mp4

❶ 选中要添加批注的文本，选择“插入”→“批注”命令（如图5-7所示），或在“审阅”工具栏中单击“插入批注”按钮。

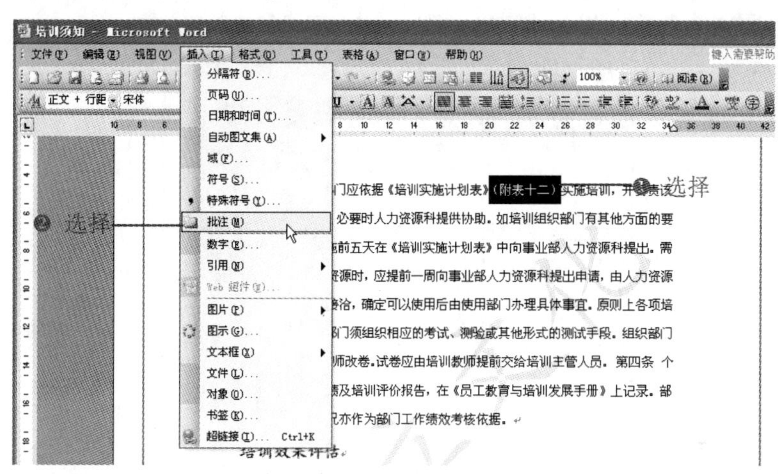

图 5-7

❷ 在出现的批注框中单击并输入批注内容，可选中批注文字设置字体格式，按照同样的方法，插入更多批注，如图5-8所示。

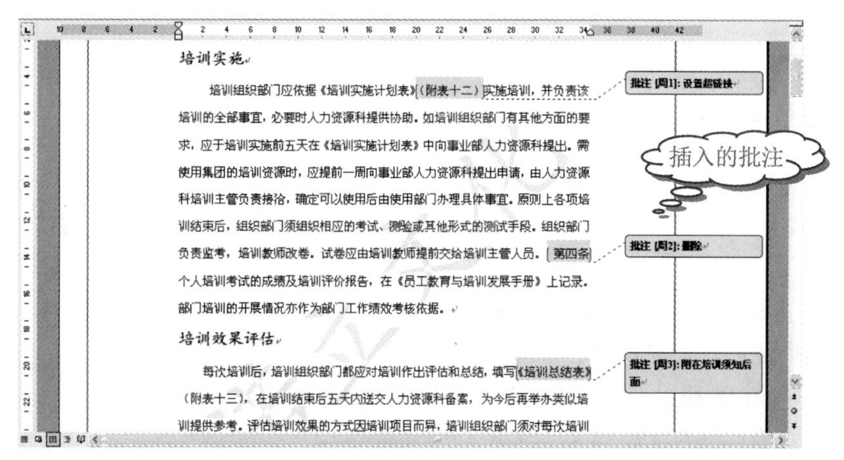

图 5-8

操作提示

在被批注文本上单击鼠标右键，在弹出的快捷菜单中选择“删除批注”命令可以删除批注。也可以单击“审阅”工具栏中的“拒绝所选修订”按钮旁边的▾按钮，在弹出的下拉列表框中选择“删除文档中的所有批注”命令，删除所有批注。同样也可以在批注中加入编号等操作。

Note

知识拓展

更改批注者名称

在上面的批注框中可以看见“周”字样的名称，这个名称可以更改。

选择“工具”→“选项”命令，打开“选项”对话框，选择“用户信息”选项卡，在“姓名”和“缩写”文本框中输入所需名称，如图 5-9 所示，单击“确定”按钮，在插入下一个批注时，批注框的名称即会更改。

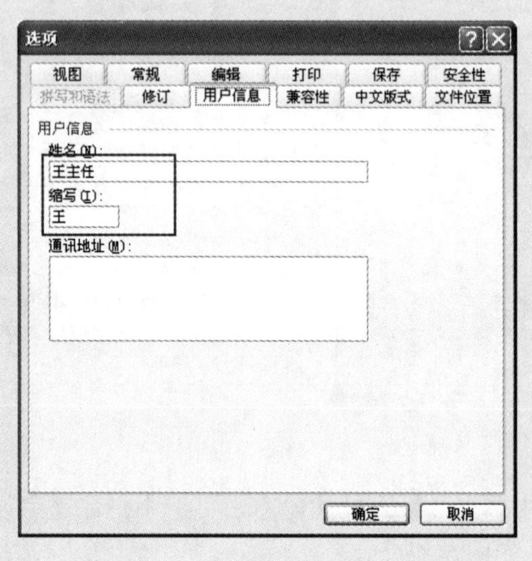

图 5-9

5.1.5 更改批注框颜色

源文件：05/源文件/5.1.5 更改批注框颜色.doc、**视频文件**：05/视频/5.1.5 更改批注框颜色.mp4

批注框的颜色不是一成不变的，可以通过下面的方式进行更改。

❶ 插入批注后，会自动弹出“审阅”工具栏，单击工具栏上的“显示”下拉按钮，在弹出的下拉菜单中选择“选项”命令，如图 5-10 所示。

❷ 打开“修订”对话框，单击“批注颜色”下拉按钮，在展开的下拉列表框中选择一种颜色，如“粉红”，如图 5-11 所示。

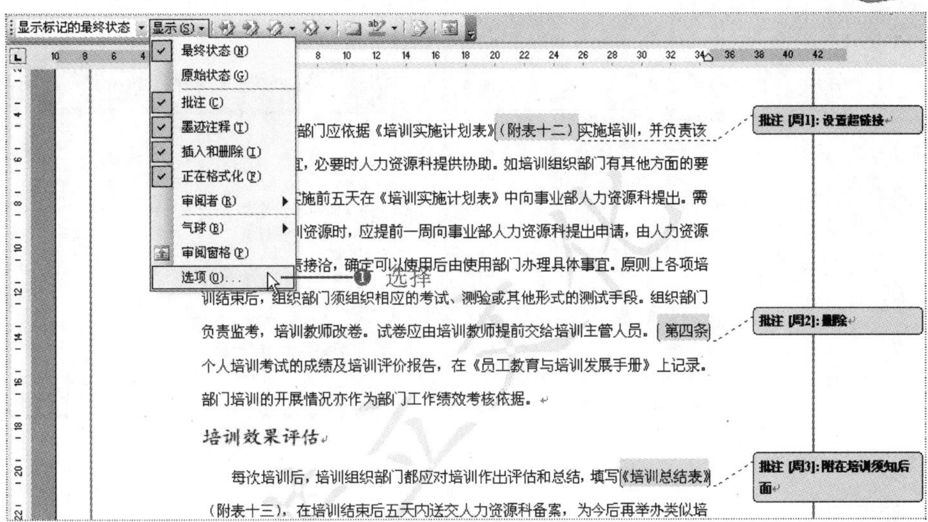

图 5-10

❸ 设置完成后，单击“确定”按钮，即可看到批注的颜色改变了，如图 5-12 所示。

图 5-11

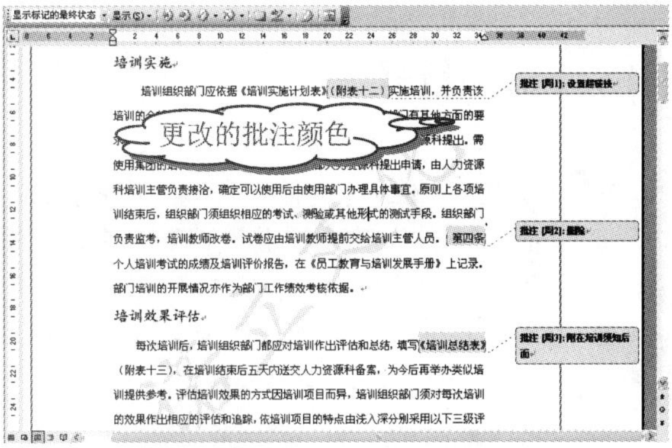

图 5-12

5.1.6　审阅与统计

源文件：05/源文件/5.1.6 审阅与统计.doc、**视频文件：**05/视频/5.1.6 审阅与统计.mp4

文档的统计信息包括字数、页数、段落数等，可通过下面的方式查看。

❶ 选择文档中需要统计的内容（若不选择统计的内容，则表示查看整个文档的统计信息），选择“工具”→“字数统计”命令，如图 5-13 所示。

❷ 打开“字数统计”对话框，可查看所选内容的统计信息，如图 5-14 所示。选中“包括脚注和尾注”复选框，可以将脚注和尾注的字数也统计在内。

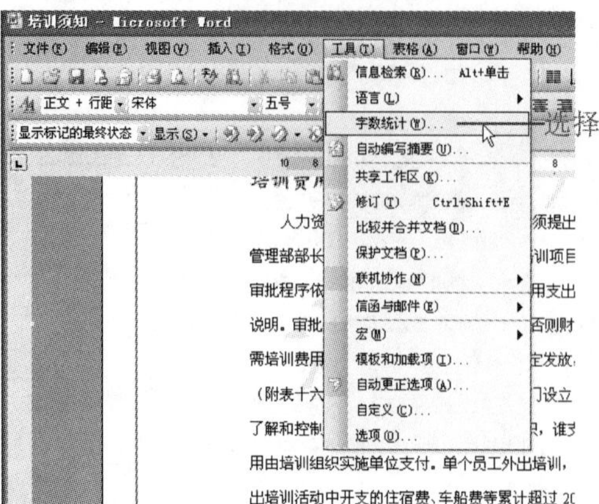

图 5-13

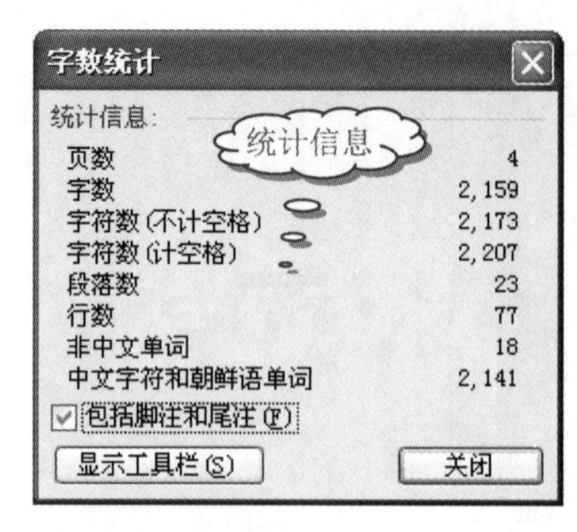

图 5-14

操作提示

选择“文件”→“属性”命令，在打开的对话框中选择“统计”选项卡，可查看整个文档的统计信息；或选择“视图”→“工具栏”→“字数统计”命令，或在“字数统计”对话框中单击 显示工具栏(S) 按钮，将打开“字数统计”工具栏，单击 重新计数(C) 按钮，便可对所选文本进行重新计数，并将结果显示在左侧的列表框中。

5.1.7 添加行号

源文件：05/源文件/5.1.7 添加行号.doc、**视频文件**：05/视频/5.1.7 添加行号.mp4

❶ 选择“文件”→“页面设置”命令，打开“页面设置”对话框，选择“版式”选项卡，单击 行号(N)... 按钮，如图 5-15 所示。

❷ 打开“行号”对话框，选中“添加行号”复选框，再设置起始编号、距正文的距离、行号间隔，并选中“连续编号”单选按钮，如图 5-16 所示。

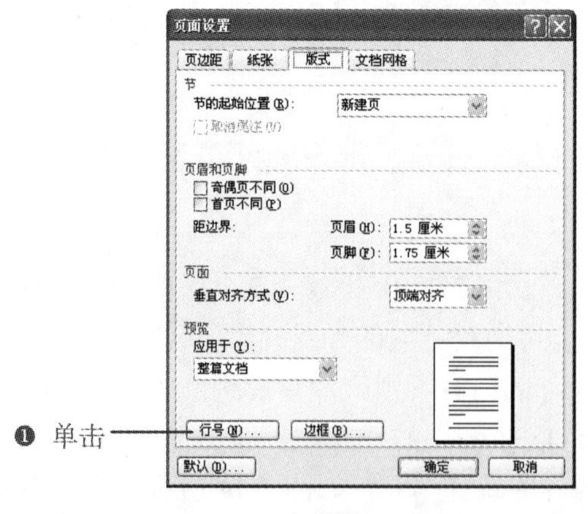

图 5-15

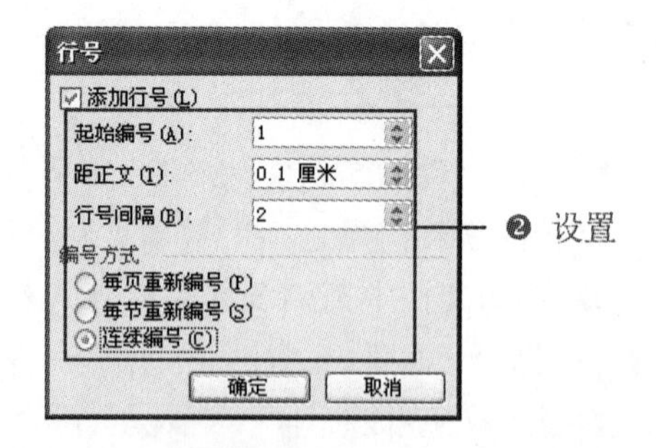

图 5-16

Note

❸ 设置完成后，单击“确定”按钮，即可看到添加的行号，如图 5-17 所示。

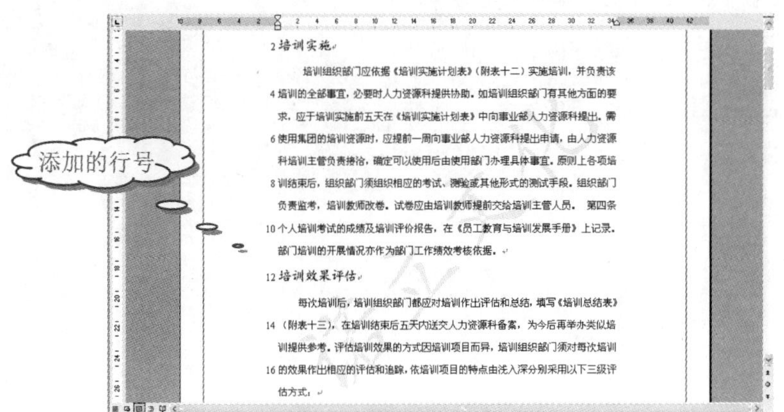

图 5-17

5.1.8 添加背景

：源文件：05/源文件/5.1.8 添加背景.doc、**视频文件**：05/视频/5.1.8 添加背景.mp4

设置文档背景即设置文档纸张的颜色，在 Word 中可以设置单色背景和设置渐变、纹理等填充效果的背景。

❶ 选择“格式”→“背景”命令，在弹出的子菜单中的颜色选择区域选择需要的颜色，即可设置单色背景，如图 5-18 所示。

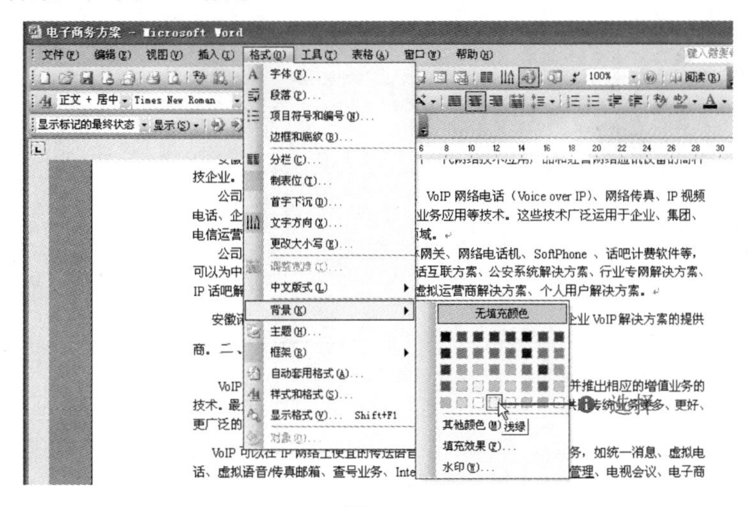

图 5-18

❷ 如果觉得单色太单调，选择“填充效果”命令，打开“填充效果”对话框。

❸ 选择“渐变”选项卡，选中“双色”单选按钮，然后设置“颜色 1”和“颜色 2”的颜色，如图 5-19 所示。

❹ 设置完成后，单击“确定”按钮，即可看到设置的渐变页面效果，如图 5-20 所示。

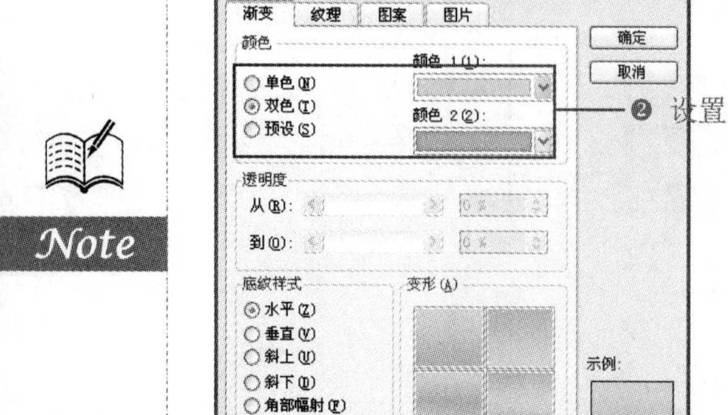

图 5-19

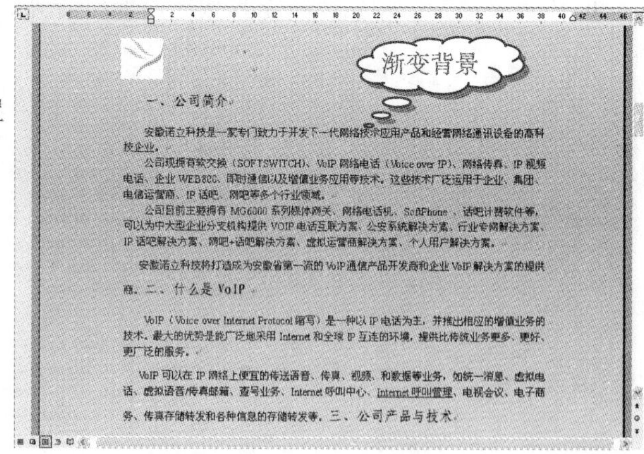

一、公司简介

安徽诺立科技是一家专门致力于开发下一代网络技术应用产品和经营网络通讯设备的高科技企业。

公司现拥有软交换（SOFTSWITCH）、VoIP 网络电话（Voice over IP）、网络传真、IP 视频电话、企业 WEB800、即时通信以及增值业务应用等技术。这些技术广泛运用于企业、集团、电信运营商、IP 话吧、网吧等多个行业领域。

公司目前主要拥有 MG6000 系列媒体网关、网络电话机、SoftPhone、话吧计费软件等，可以为中大型企业分支机构提供 VOIP 电话互联方案、公安系统解决方案、行业专网解决方案、IP 话吧解决方案、网吧+话吧解决方案、虚拟运营商解决方案、个人用户解决方案。

安徽诺立科技将打造成为安徽省第一流的 VoIP 通信产品开发商和企业 VoIP 解决方案的提供商。二、什么是 VoIP

VoIP（Voice over Internet Protocol 缩写）是一种以 IP 电话为主，并推出相应的增值业务的技术。最大的优势是能广泛地采用 Internet 和全球 IP 互连的环境，提供比传统业务更多、更好、更广泛的服务。

VoIP 可以在 IP 网络上便宜的传送语音、传真、视频、和数据等业务，如统一消息、虚拟电话、虚拟语音/传真邮箱、查号业务、Internet 呼叫中心、Internet 呼叫管理、电视会议、电子商务、传真存储转发和各种信息的存储转发等。三、公司产品与技术

图 5-20

知识拓展

设置纹理、图案、图片背景效果

在“填充效果”对话框中选择“纹理”选项卡，选择一种纹理，如图 5-21 所示；选择“图案”选项卡，选择一种图案，并设置“前景”和“背景”颜色，如图 5-22 所示；选择“图片”选项卡，可设置图片作为背景。

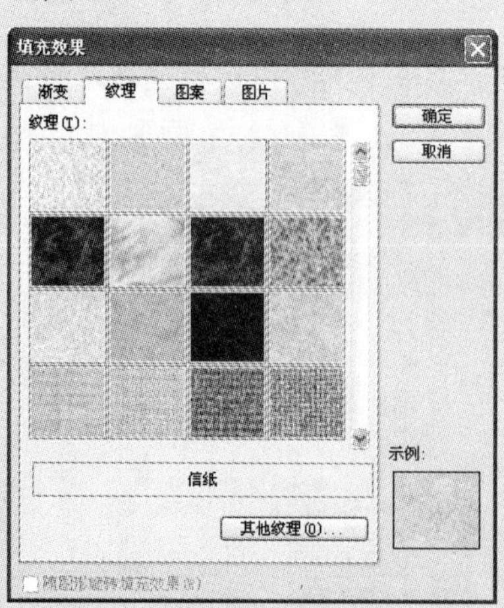

图 5-21

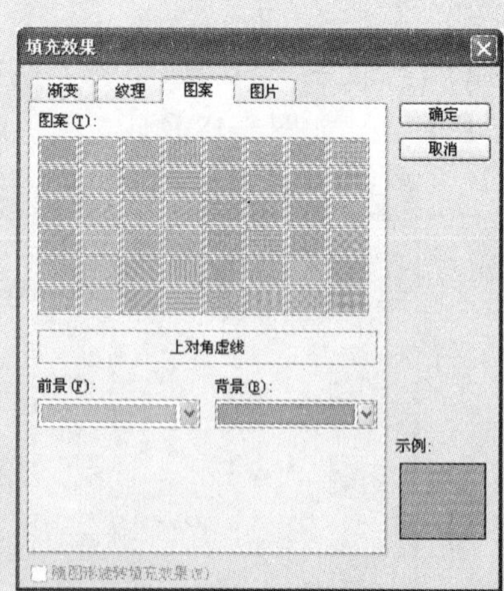

图 5-22

5.2 电子商务方案

电子商务能够规范事务处理的工作流程，将人工操作和电子信息处理集成为一个不可分割的整体，这样不仅能提高人力和物力的利用率，也可以提高系统运行的严密性。由于电子商务的方便性，可以使交流和业务发展更广阔，所以指定好的电子商务方案可以为企

业发展带来更大的方便，如图 5-23 所示。

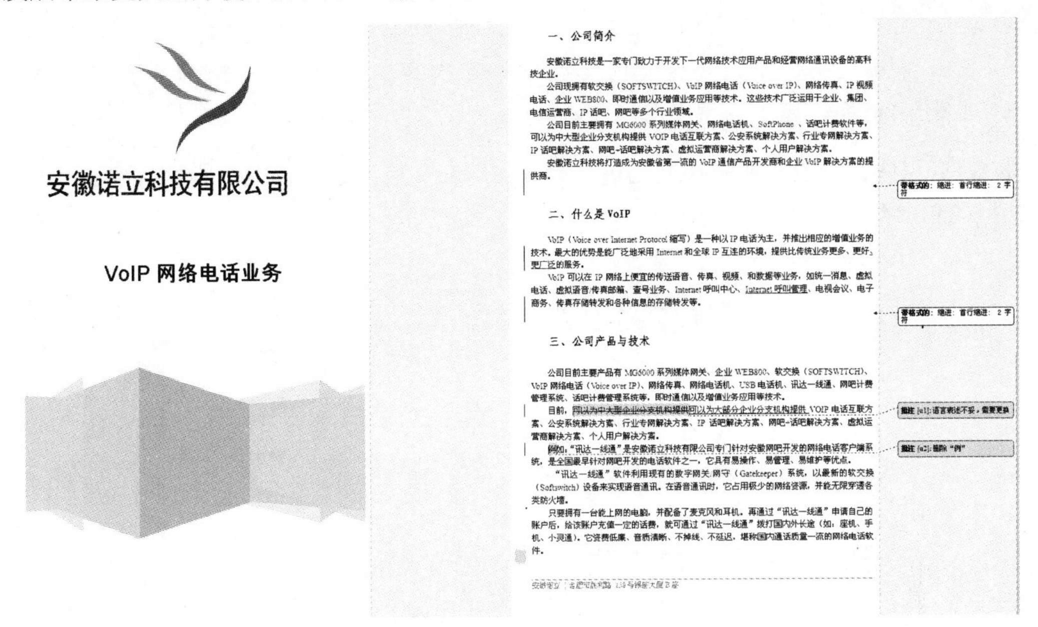

一、公司简介

安徽诺立科技是一家专门致力于开发下一代网络技术应用产品和经营网络通讯设备的高科技企业。

公司现拥有软交换（SOFTSWITCH）、VoIP 网络电话（Voice over IP）、网络传真、IP 视频电话、企业 WEB800、即时通信以及增值业务应用等技术。这些技术广泛运用于企业、集团、电信运营商、IP 话吧、网吧等多个行业领域。

公司目前主要拥有 MG6000 系列媒体网关、网络电话机、SoftPhone、话吧计费软件等，可以为中大型企业分支机构提供 VOIP 电话互联方案、公安系统解决方案、行业专网解决方案、IP 话吧解决方案、网吧+话吧解决方案、虚拟运营商解决方案、个人用户解决方案。

安徽诺立科技将打造成为安徽省第一流的 VoIP 通信产品开发商和企业 VoIP 解决方案的提供商。

二、什么是 VoIP

VoIP（Voice over Internet Protocol 缩写）是一种以 IP 电话为主，并推出相应的增值业务的技术。最大的优势是能广泛地采用 Internet 和全球 IP 互连的环境，提供比传统业务更多、更好、更广泛的服务。

VoIP 可以在 IP 网络上便宜的传送语音、传真、视频、和数据等业务，如统一消息、虚拟电话、虚拟语音/传真邮箱、查号业务、Internet 呼叫中心、Internet 呼叫管理、电视会议、电子商务、传真存储转发和各种信息的存储转发等。

三、公司产品与技术

公司目前主要产品有 MG6000 系列媒体网关、企业 WEB800、软交换（SOFTSWITCH）、VoIP 网络电话（Voice over IP）、网络传真、网络电话机、USB 电话机、讯达一线通、网吧计费管理系统、话吧计费管理系统等，即时通信以及增值业务应用等技术。

目前，可以为中大型企业分支机构提供可以为大部分企业分支机构提供 VOIP 电话互联方案、公安系统解决方案、行业专网解决方案、IP 话吧解决方案、网吧+话吧解决方案、虚拟运营商解决方案、个人用户解决方案。

例如，"讯达一线通"是安徽诺立科技有限公司专门针对安徽网吧开发的网络电话客户端系统，是全国最早针对网吧开发的电话软件之一，它具有易操作、易管理、易维护等优点。

"讯达一线通"软件利用现有的数字网关/网守（Gatekeeper）系统，以最新的软交换（Softswitch）设备来实现语音通讯。在语音通讯时，它占用极少的网络资源，并能无限穿透各类防火墙。

只要拥有一台能上网的电脑，并配备了麦克风和耳机。再通过"讯达一线通"申请自己的账户后，给该账户充值一定的话费，就可通过"讯达一线通"拨打国内外长途（如：座机、手机、小灵通）。它资费低廉、音质清晰、不掉线、不延迟，堪称国内通话质量一流的网络电话软件。

图 5-23

5.2.1 对最终文档进行审阅、批注

源文件：05/源文件/电子商务方案.doc、**效果文件**：05/效果文件/电子商务方案.doc、**视频文件**：05/视频/5.2.1 电子商务方案.mp4

文档编辑完成后，可能要发给不同的审阅人进行审阅、批注，然后再合并成一个文档。

1．使用修订功能

使用修订功能可以方便地查阅文档修改过的地方，然后再决定需不需要这种修订。

❶ 选择"工具"→"修订"命令（如图 5-24 所示），启用修订功能。

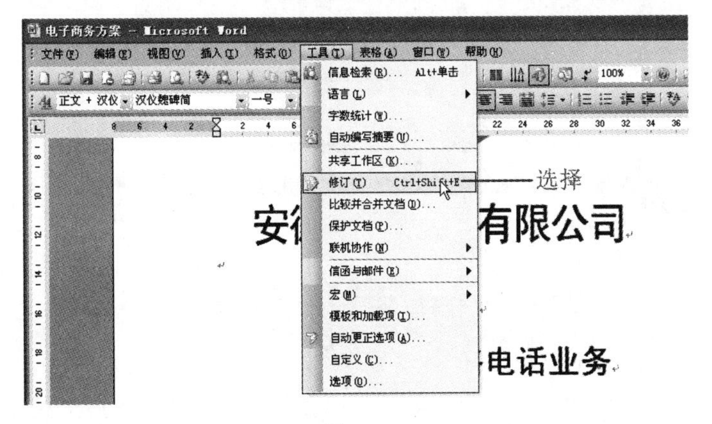

图 5-24

操作提示

选择“视图”→“工具栏”→“审阅”命令，打开“审阅”工具栏，单击其中的“修订”按钮，也可启用修订功能。

Note

❷ 启用修订功能后即可对文档进行修订，即在文档中进行修改、删除、添加等操作，如图 5-25 所示。

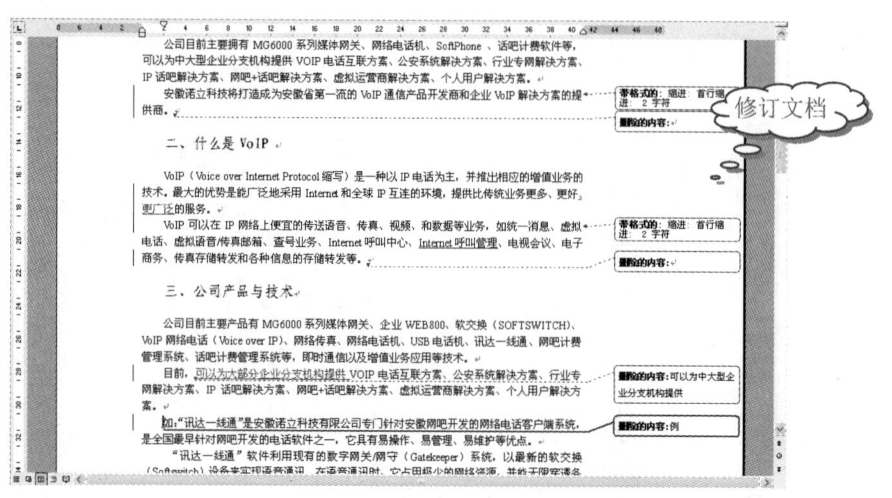

图 5-25

2．接受或拒绝修订

修订设置完成后，就需要对修订的选项进行处理，接受或拒绝修订。

❶ 将光标定位到修订处，单击“审阅”工具栏中的“接受所选修订”按钮，或单击其旁边的按钮，在弹出的下拉列表框中选择“接受修订”选项（如图 5-26 所示），则文档将删除此处修订显示，显示正常文档。

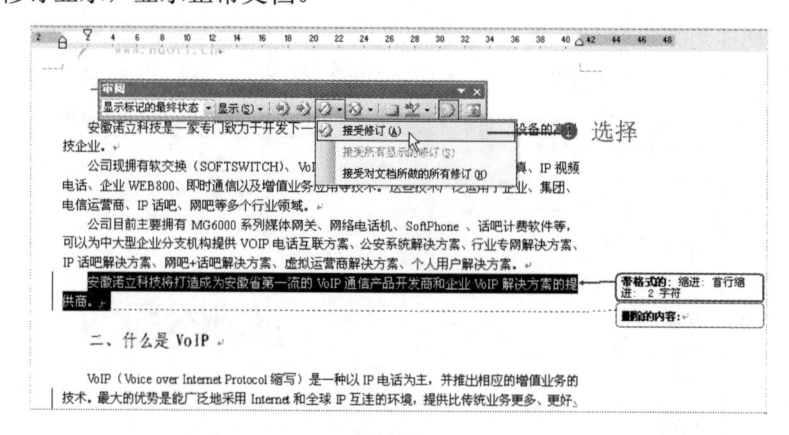

图 5-26

❷ 在“审阅”工具栏中单击“前一处修订或批注”按钮或“后一处修订或批注”按

钮，可以选定或切换定位到上一个或下一个修订标记中，然后单击“审阅”工具栏中的“拒绝所选修订”按钮，或单击其按钮旁边的按钮，在弹出的下拉列表框中选择“拒绝修订/删除批注”选项，如图 5-27 所示。

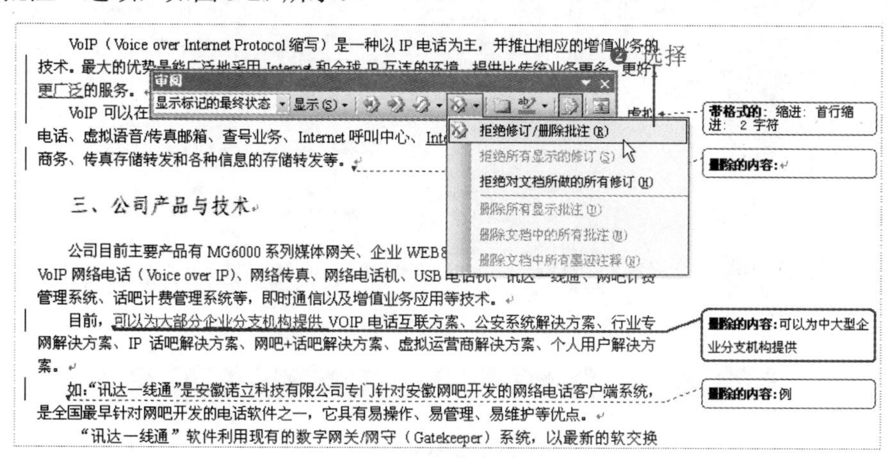

图 5-27

❸ 按照相同的方法接受或删除其他修订，如果检查完文档后发现所有的修订正确，则可单击“审阅”工具栏中的“接受所选修订”按钮旁边的按钮，在弹出的下拉列表框中选择“接受对文档所做的所有修订”选项，则文档将恢复正常显示并进行修订。

知识拓展

设置修订的显示方式

选择“视图”→“标记”命令可以显示或隐藏文档中的修订标记。

单击“审阅”工具栏中的“显示”按钮旁边的按钮，在弹出的下拉列表框中可以选择要显示的标记类型。

单击“审阅”工具栏中的“显示以审阅”按钮显示标记的最终状态旁边的按钮，在弹出的下拉列表框中可以选择修订标记的显示状态，包括显示标记的最终状态（在文档中显示插入的文字，修订批注框中显示删除的内容）、最终状态（接受所有修订）、显示标记的原始状态（在文档中显示删除的文字，修订批注框中显示插入的内容）和原始状态（拒绝所有修订）等。

3．文档的比较与合并

当一篇文档有不同的修改稿时，可以通过比较并合并文档功能进行比较与合并，其具体操作如下。

❶ 打开要进行比较的当前文档，选择“工具”→“比较并合并文档”命令（如图 5-28 所示），打开“比较并合并文档”对话框。

❷ 在对话框中选择要与当前文档进行比较的文档，如图 5-29 所示，单击“合并”按钮，同时将两者的区别用修订方式显示。

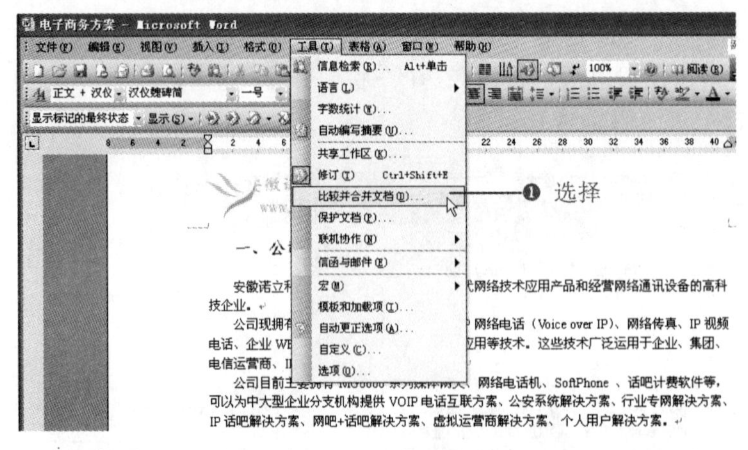

图 5-28

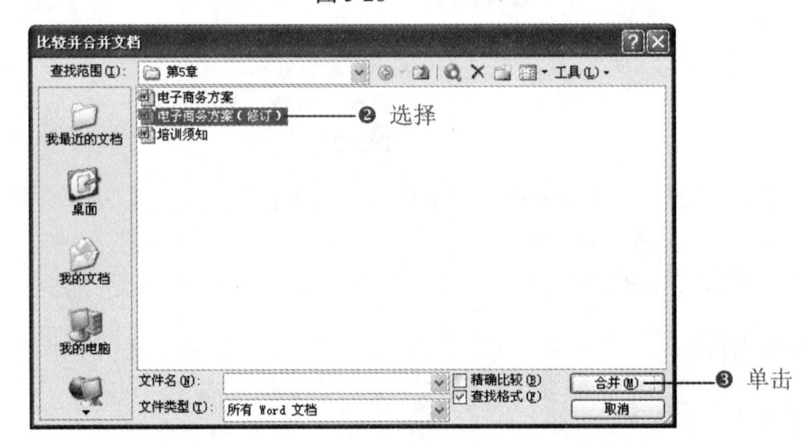

图 5-29

操作提示

在“比较并合并文档”对话框中单击“合并”按钮右侧的下拉按钮，有 3 个选项。“合并”指合并后比较的结果将显示在选择的文档中；“合并到当前文档”合并后比较的结果将显示在当前文档中；“合并到新文档”合并后比较的结果将显示在新文档。用户可根据需要进行选择。

5.2.2 查看和管理文档

源文件：05/源文件/电子商务方案.doc、**效果文件**：05/效果文件/电子商务方案.doc、**视频文件**：05/视频/5.2.2 电子商务方案.mp4

1. 设置文档显示比例

在 Word 文档窗口中可以将文档内容按照不同的大小比例查看。

❶ 选择“视图”→“显示比例”命令（如图 5-30 所示），打开“显示比例”对话框。

❷ 选择一种显示比例，或者单击“多页”下拉按钮，选择页面显示的页数，这里直接在“百分比”数值框中输入“67%”，如图 5-31 所示。

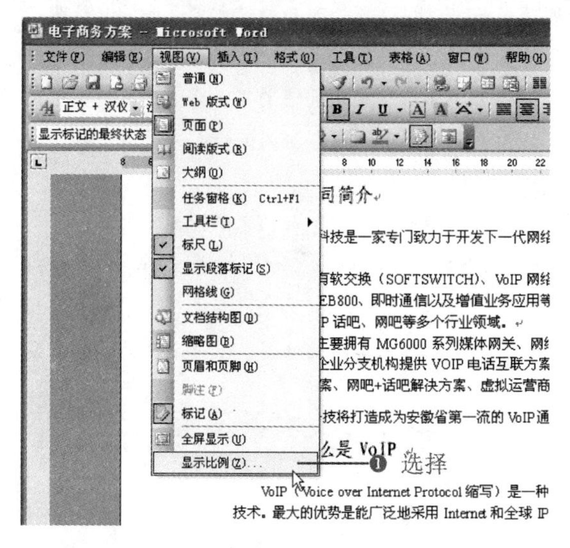

图 5-30

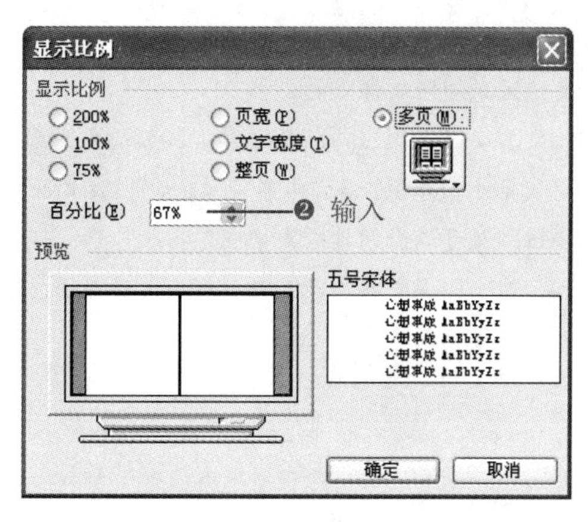

图 5-31

❸ 设置完成后，单击“确定”按钮，按照 67%显示比例显示，如图 5-32 所示。

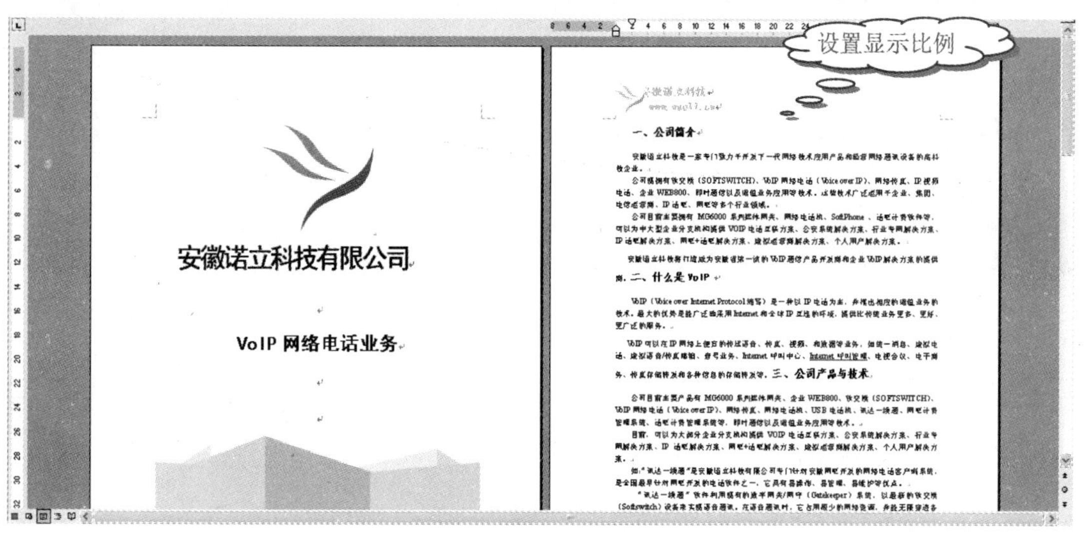

图 5-32

知识拓展

文档视图的切换

除了设置文档的显示比例，还可以用不同的方式查看文档。Word 2003 提供了普通视图、Web 版式视图、页面视图、大纲视图、文档结构图和阅读版式视图等多种视图方式。另外，在编辑长篇文档时，大纲和文档结构图也非常有用。各种显示方式可应用于不同的场合，系统默认使用页面视图。

Note

Note

普通视图是 Word 中较为常用的显示方式之一。它为了能够尽可能多地显示文档的内容，简化了部分内容，即不显示注释、分栏等元素。在该视图模式下可以快速地输入和编辑文字，也可以对图形进行插入和编辑，当要显示的文档不只一页时，分页符将显示为一条虚线，如图 5-33 所示。

Web 版式视图是指以网页的格式显示文档。用 Web 版式显示文档时，正文显示得更大，并且无论文字显示比例为多少，系统会自动换行以适应窗口。Web 版式是最佳的联机阅读模式，适用于预览将要转换成为网页格式的文档。

阅读版式视图将以最佳屏幕阅读的方式显示文档，它将显示“审阅”和“阅读版式”工具栏，而隐藏其他工具栏，以便用户阅读，如图 5-34 所示。阅读结束后，单击“阅读版式”工具栏上的 关闭(C) 按钮，便可退出阅读版式视图。

缩略图视图将显示文档的所有元素，并在左侧窗格中显示每一页的缩略图，单击左侧的缩略图便可浏览该页面布局。

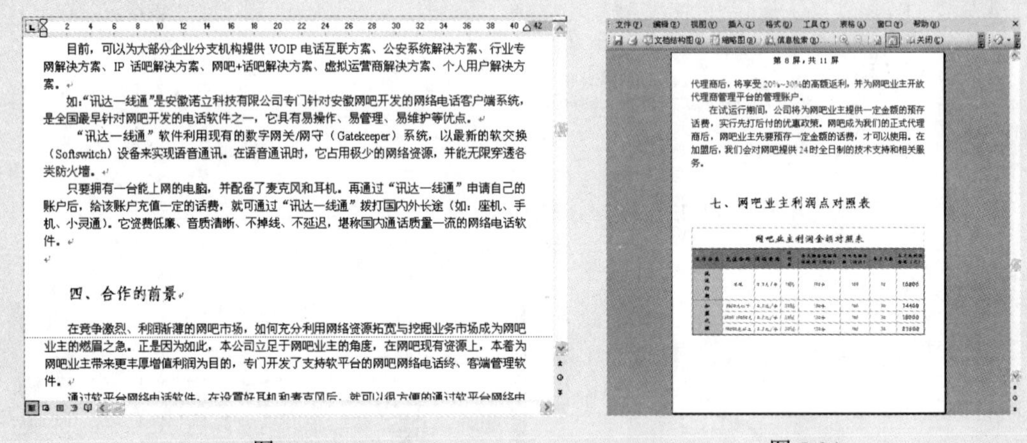

图 5-33　　　　　　　　　　　　图 5-34

操作提示

在“常用”工具栏中单击“调整显示比例”下拉列表框 100% 右侧的 按钮，在弹出的下拉列表框中选择显示比例也可进行设置。

2. 选择浏览对象

如果只想查看文档的某一对象，如图像，而不看文字部分，通过设置可以快速地在图像之间切换。

❶ 单击文档垂直滚动条底部的“选择浏览对象” 按钮，在弹出的选项菜单中选择“按图形浏览”选项，如图 5-35 所示。

❷ 选择图形浏览对象后，单击滚动条两端的 或 按钮，会跳转到上一个或下一个浏览对象，如图 5-36 所示。

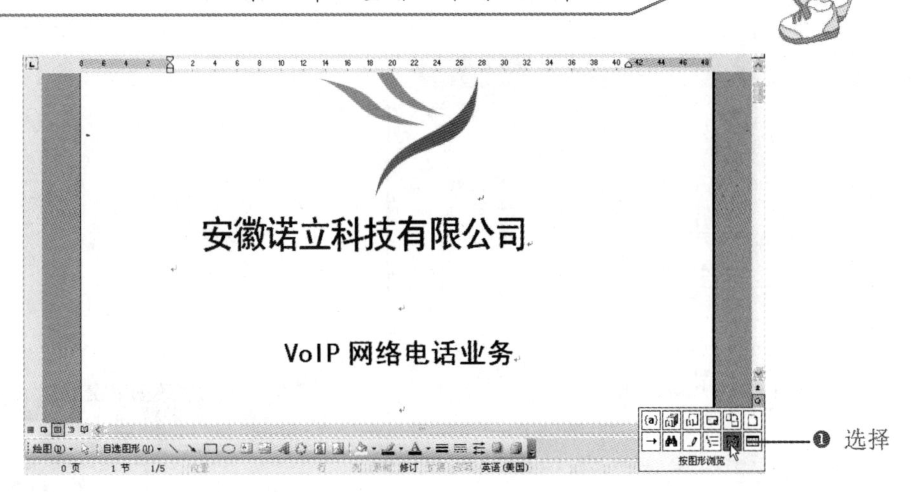

图 5-35

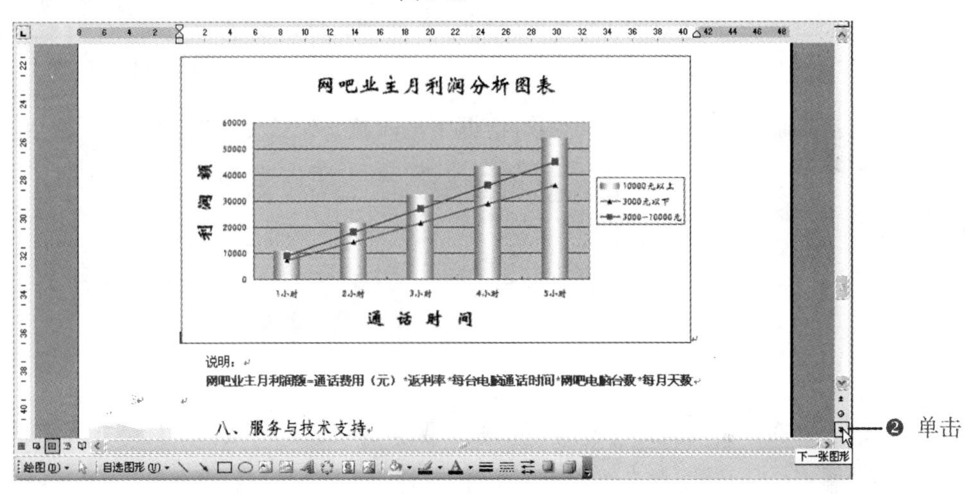

图 5-36

操作提示

在“选择浏览对象”下拉选项中还有按域浏览、按尾注浏览、按脚注浏览、按批注浏览、按节浏览、按页浏览、定位、查找、按编辑位置浏览、按标题浏览和按表格浏览，用户可根据需要进行选择。

3．加密文档

对于比较重要或机密的文档，如果不想让别人看到或修改，可以创建文档密码。

❶ 选择“工具”→“选项”命令，打开“选项”对话框，选择“安全性”选项卡，在“打开文件时的密码”文本框中输入任意字母、数字或符号作为密码，在“修改文件时的密码”文本框中输入任意字母、数字或符号作为密码，如图 5-37 所示。

❷ 设置密码后，单击“确定”按钮，打开“确认密码”对话框，在其中再次输入所设置的打开文件时的密码，如图 5-38 所示。

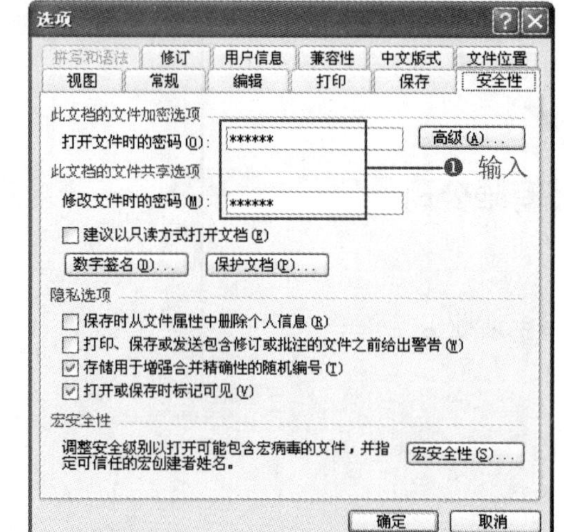

图 5-37

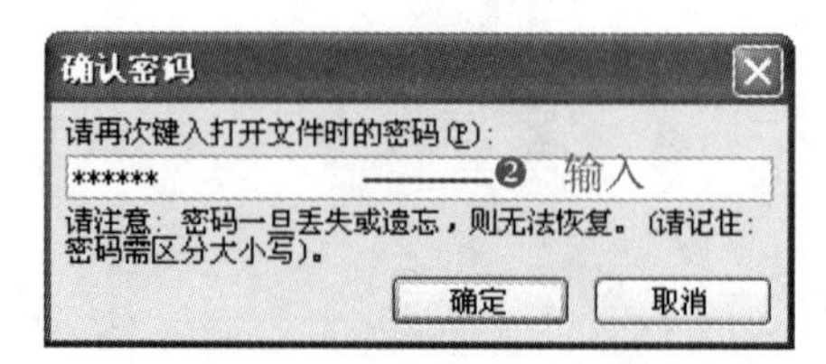

图 5-38

❸ 单击“确定”按钮，在打开的对话框中再次输入修改文件时的密码，如图 5-39 所示。

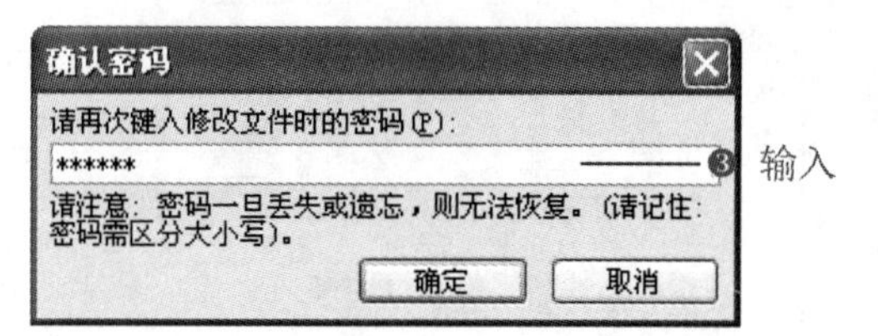

图 5-39

❹ 单击“确定”按钮，密码设置生效，保存文档后，下次打开和修改文档时则将提示输入密码。

操作提示

如果要增加密码长度，在“选项”对话框的“安全性”选项卡中单击[高级(A)...]按钮，选择一种加密类型，最大密码长度为 255 个字符，可以防止破解，但一般使用默认项即可。在创建密码之后，如果不能正确输入密码或丢失密码，将无法打开或编辑受密码保护的文档。设置密码时可以只设置打开密码或只设置修改密码。

4．保护文档

如果要保护文档，使其中某些格式不被修改，可以通过“保护文档”功能来实现。

❶ 选择“工具”→“保护文档”命令，或在“选项”对话框的“安全性”选项卡中单击[保护文档(P)...]按钮，打开“保护文档”任务窗格。

❷ 要保存文档的格式，先选中“限制对选定的样式设置格式”复选框，然后单击下方的“设置”超链接，如图 5-40 所示。

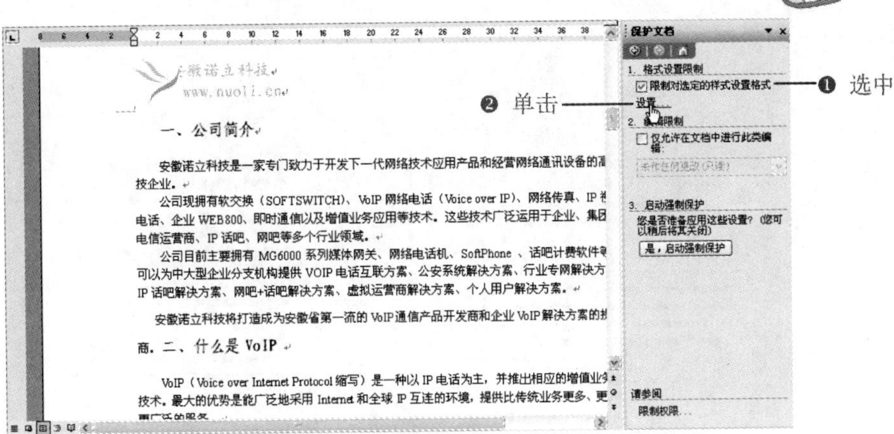

图 5-40

❸ 在打开的“格式设置限制”对话框的列表框中，可以选中或取消选中要限制的样式，如图 5-41 所示，单击“确定”按钮。

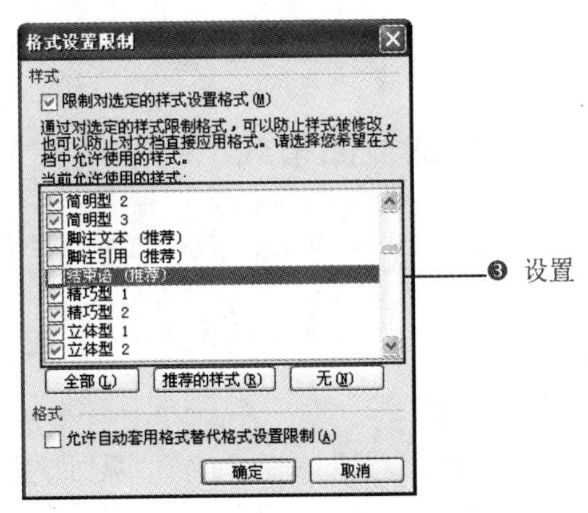

图 5-41

❹ 单击[是，启动强制保护]按钮，在打开的对话框中设置保护文档的密码即可。

操作提示

若要取消文档的保护，只需再次打开“保护文档”任务窗格，取消选中相应的限制复选框；若设置了密码，则需单击[停止保护]按钮，输入正确密码后，才能取消保护。

5.3　培训须知

培训须知是对培训之前的准备工作，是为了更有效率地开展培训事宜提前进行的要求，包括培训前的准备、培训所需费用等方面。制定好的培训须知有利于合理地利用资源达到

更好的效果，如图 5-42 所示。

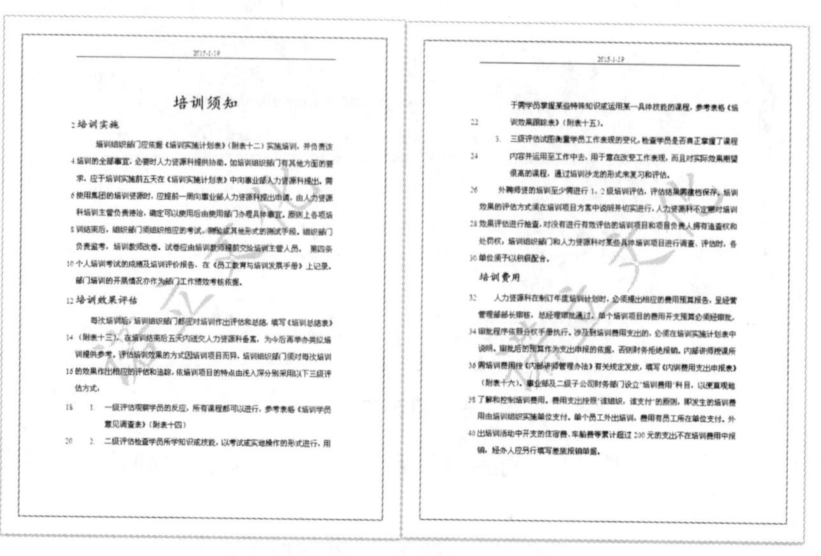

2015-1-19

培训须知

培训实施

培训组织部门应依据《培训实施计划表》（附表十二）实施培训，并负责该培训的全部事宜，必要时人力资源科提供协助。如培训组织部门有其他方面的要求，应于培训实施前五天在《培训实施计划表》中向事业部人力资源科提出。需使用集团的培训资源时，应提前一周向事业部人力资源科提出申请，由人力资源科培训主管负责接洽，确定可以使用后由使用部门办理具体事宜。原则上各项培训结束后，组织部门须组织相应的考试、测验或其他形式的测试手段。组织部门负责监考，培训教师改卷。试卷应由培训教师提前交给培训主管人员。 第四条个人培训考试的成绩及培训评价报告，在《员工教育与培训发展手册》上记录。部门培训的开展情况亦作为部门工作绩效考核依据。

培训效果评估

每次培训后，培训组织部门都应对培训作出评估和总结，填写《培训总结表》（附表十三），在培训结束后五天内送交人力资源科备案，为今后再举办类似培训提供参考。评估培训效果的方式因培训项目而异，培训组织部门须对每次培训的效果作出相应的评估和追踪，依培训项目的特点由浅入深分别采用以下三级评估方式：

1. 一级评估观察学员的反应，所有课程都可以进行，参考表格《培训学员意见调查表》（附表十四）
2. 二级评估检查学员所学知识或技能，以考试或实地操作的形式进行，用于需学员掌握某些特殊知识或运用某一具体技能的课程，参考表格《培训效果跟踪表》（附表十五）。
3. 三级评估试图衡量学员工作表现的变化，检查学员是否真正掌握了课程内容并运用至工作中去，用于意在改变工作表现，而且对实际效果期望很高的课程，通过培训沙龙的形式来复习和评估。

外聘师资的培训至少需进行 1、2 级培训评估，评估结果需建档保存。培训效果的评估方式须在培训项目方案中说明并切实进行，人力资源科不定期对培训效果评估进行抽查，对没有进行有效评估的培训项目和项目负责人拥有追查权和处罚权，培训组织部门和人力资源科对某些具体培训项目进行调查、评估时，各单位须予以积极配合。

培训费用

人力资源科在制订年度培训计划时，必须提出相应的费用预算报告，呈经营管理部部长审核，总经理审批通过，单个培训项目的费用开支预算必须经审批，审批程序依照分权手册执行。涉及到培训费用支出的，必须在培训实施计划表中说明，审批后的预算作为支出申报的依据，否则财务拒绝报销。内部讲师授课所需培训费用按《内部讲师管理办法》有关规定发放，填写《内训费用支出申报表》（附表十六）。事业部及二级子公司财务部门设立"培训费用"科目，以便直观地了解和控制培训费用。费用支出按照"谁组织，谁支付"的原则，即发生的培训费用由培训组织实施单位支付。单个员工外出培训，费用有员工所在单位支付。外出培训活动中开支的住宿费、车船费等累计超过 200 元的支出不在培训费用中报销，经办人应另行填写差旅报销单据。

图 5-42

5.3.1 设置培训须知的页面格式

：源文件：05/源文件/培训须知.doc、**效果文件**：05/效果文件/培训须知.doc、**视频文件**：05/视频/5.3.1 培训须知.mp4

1. 设置页边距

文档版面中文字与页面上、下、左、右的空白距离便是页边距的大小。

❶ 选择"文件"→"页面设置"命令，打开"页面设置"对话框。

❷ 选择"页边距"选项卡，在"页边距"栏中设置"上"、"下"、"左"和"右"的页边距，并设置装订线的位置和距离，如图 5-43 所示。

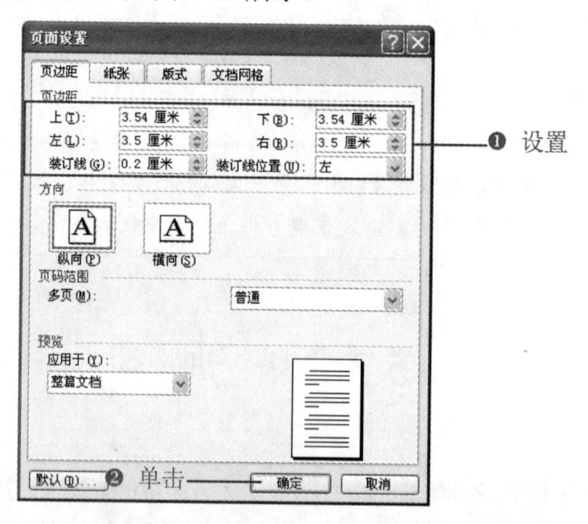

图 5-43

❸ 设置完成后，单击“确定”按钮，即可看到设置的页边距，如图 5-44 所示。

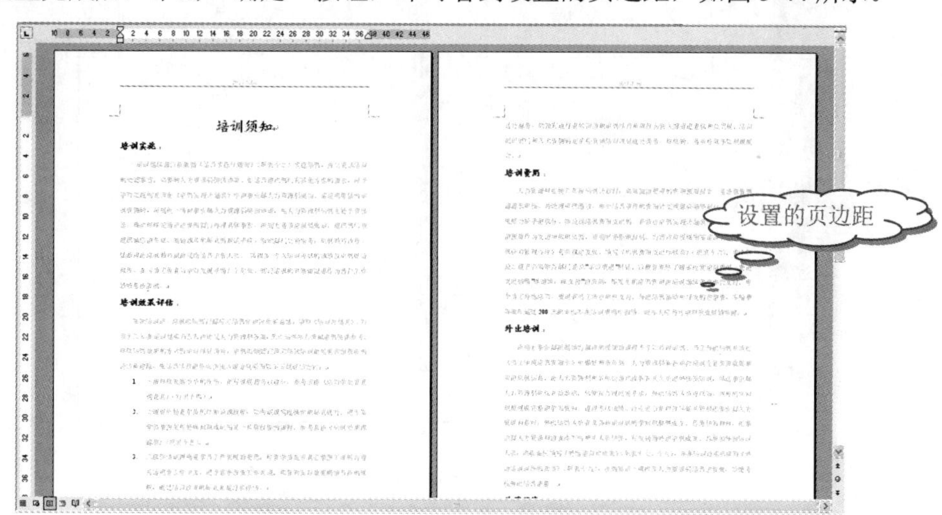

图 5-44

2．设置纸张大小

Word 默认的纸张大小为 A4，即宽度 21 厘米，高度 29.7 厘米，根据需要可通过设置选择其他纸张大小或自定义纸张大小。

❶ 选择“文件”→“页面设置”命令，打开“页面设置”对话框。

❷ 选择“纸张”选项卡，在“纸张大小”栏中可以查看当前的纸张大小设置。单击“纸张大小”栏中的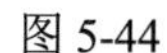按钮，在弹出的下拉列表框中可以选择需要使用的纸张大小，这里选择“自定义大小”选项，然后在下方的“宽度”和“高度”数值框中输入需要的值，如图 5-45 所示。

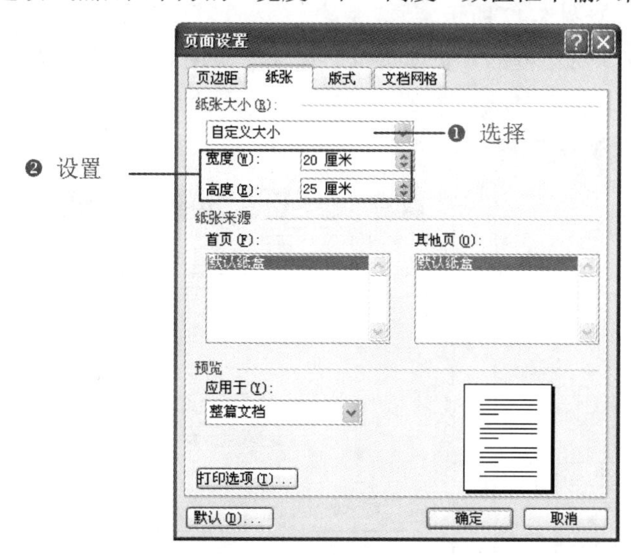

图 5-45

❸ 单击“确定”按钮，即可看到设置的纸张大小，如图 5-46 所示。

Note

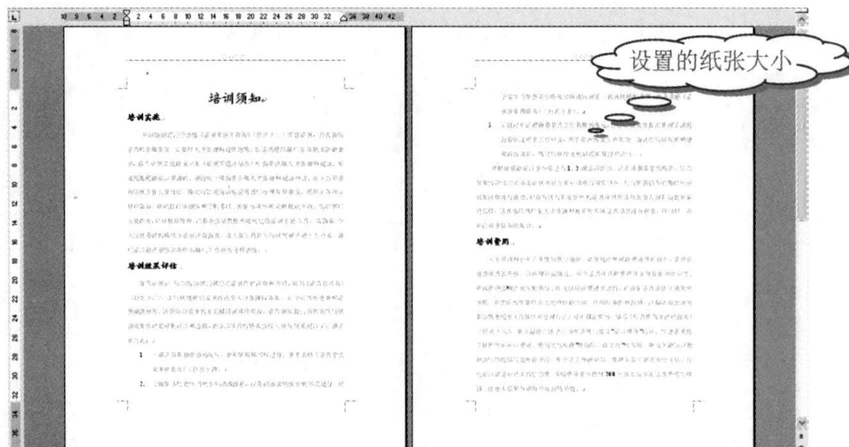

图 5-46

5.3.2 美化培训须知版面

源文件：05/源文件/培训须知.doc、**效果文件**：05/效果文件/培训须知.doc、**视频文件**：05/视频/5.3.2 培训须知.mp4

1．设置页面边框

设置页面边框是指为整篇文档的页面添加边框，具体操作如下。

❶ 选择“文件”→“页面设置”命令，打开“页面设置”对话框，选择“版式”选项卡，再单击 边框(B)... 按钮，如图 5-47 所示。

❷ 打开“边框和底纹”对话框的“页面边框”选项卡，在其中设置边框的线型、颜色和宽度等，如图 5-48 所示。

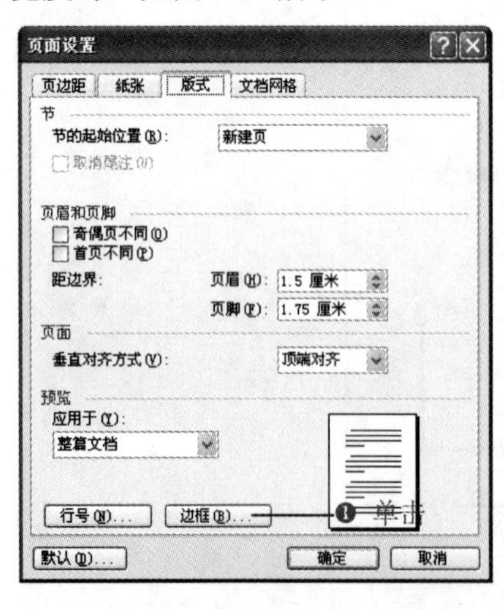

图 5-47

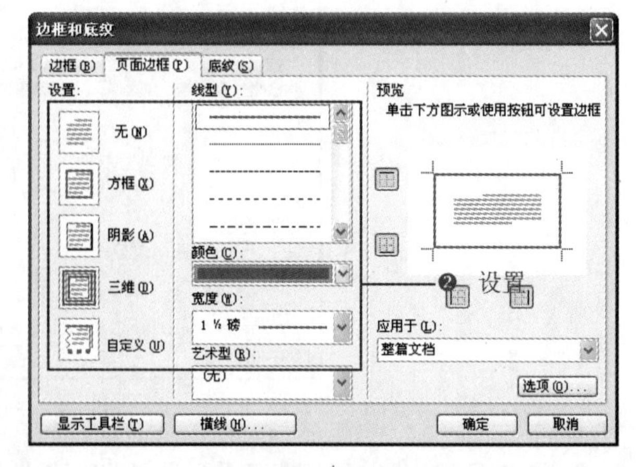

图 5-48

❸ 设置完成后，单击“确定”按钮，添加的页面边框效果如图5-49所示。

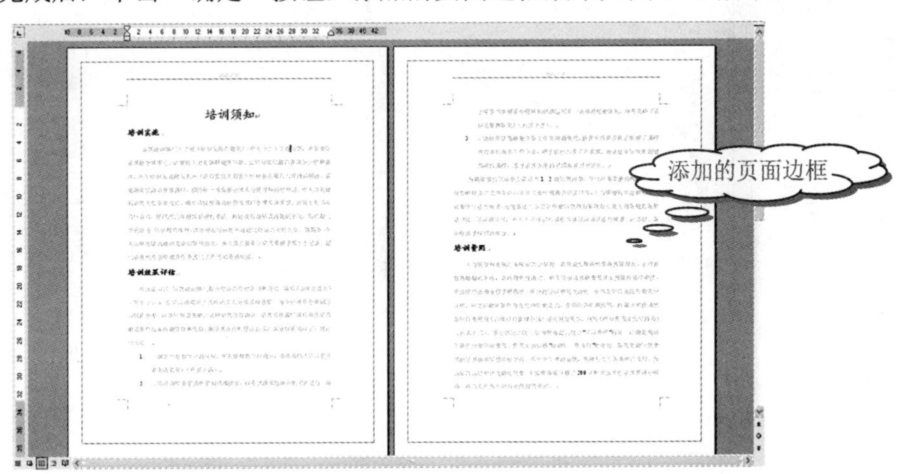

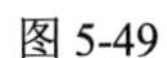

图5-49

操作提示

如果要添加或删除某一边上的边框线，可以在“设置”栏中选择“自定义”选项，然后在“预览”栏中单击相应的位置按钮即可。

2. 添加水印

水印即嵌入页面背景的半透明文字和图案效果，起到装饰和提示效果。

❶ 选择“格式”→“背景”→“水印”命令（如图5-50所示），打开“水印”对话框。

❷ 选中“文字水印”单选按钮，在“文字”下拉列表框中选择自带的水印文字或手动输入，这里输入“诺立文化”；在“字体”下拉列表框中选择字体为“楷体_GB2312”选项，在“颜色”下拉列表框中选择文字颜色为“水绿色”，如图5-51所示。

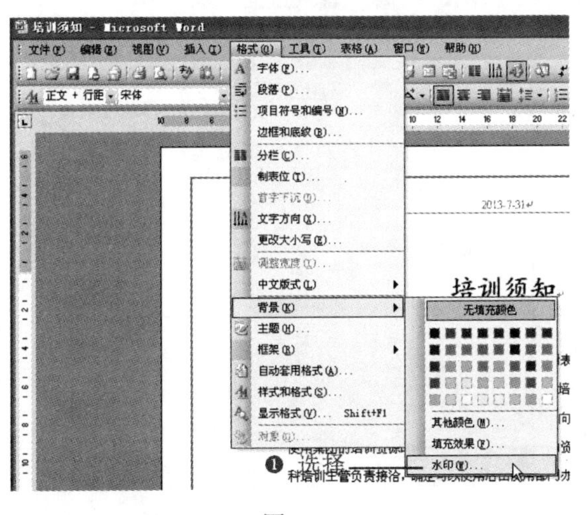

图5-50

图5-51

Note

❸ 设置完成后，单击“确定”按钮，即可看到设置的水印效果，如图 5-52 所示。

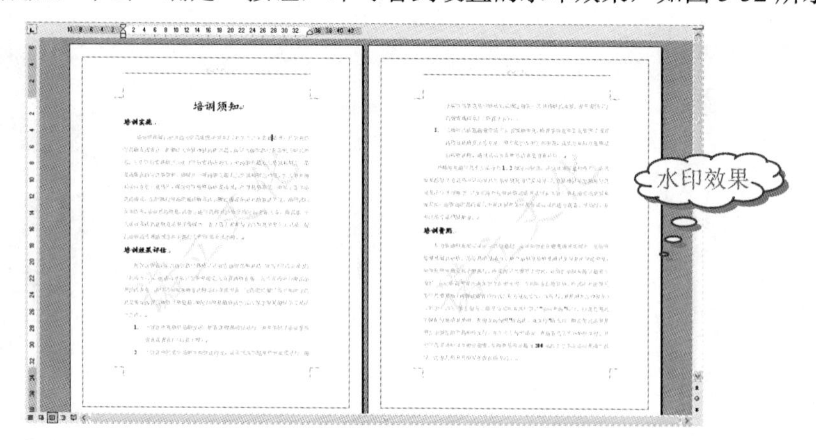

图 5-52

5.3.3　打印培训须知

：**源文件**：05/源文件/培训须知.doc、**效果文件**：05/效果文件/培训须知.doc、**视频文件**：05/视频/5.3.3 培训须知.mp4

1. 打印预览

文本文档编辑后，可将其打印输出，在打印文档之前，应该对其进行打印预览，以便对不完善的地方进行修改和调整。通过打印预览可以使用户在屏幕上预览到实际打印的效果，以确保打印后的效果与用户期望的一致。

❶ 选择“文件”→“打印预览”命令，或单击“常用”工具栏中的“打印预览”按钮，即可切换到打印预览窗口，如图 5-53 所示。

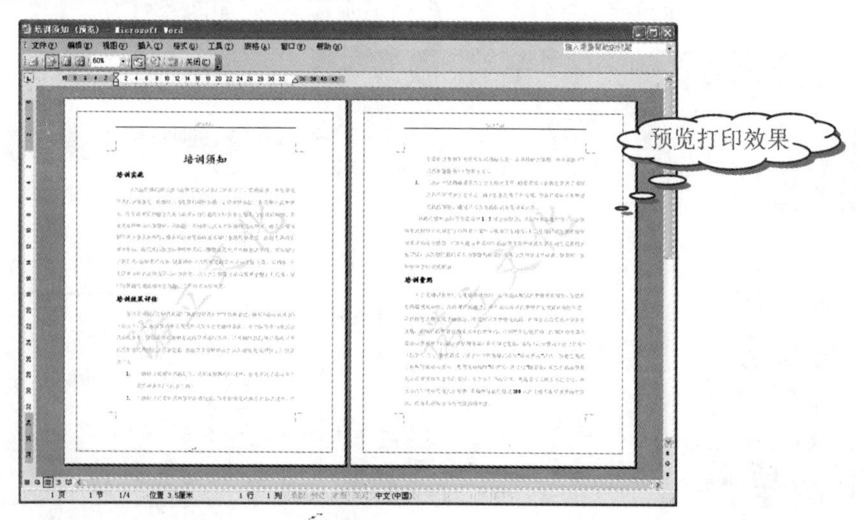

图 5-53

❷ 单击“放大镜”按钮，可以使鼠标光标在“放大镜”状态和编辑状态之间切换。当单击选中该按钮后，此时光标呈放大镜状态，在预览页面上单击可以放大或缩小文档的显示效果，如图 5-54 所示。单击取消该按钮的选中状态后，可以在页面上进行复制、粘贴和删除等编辑操作。

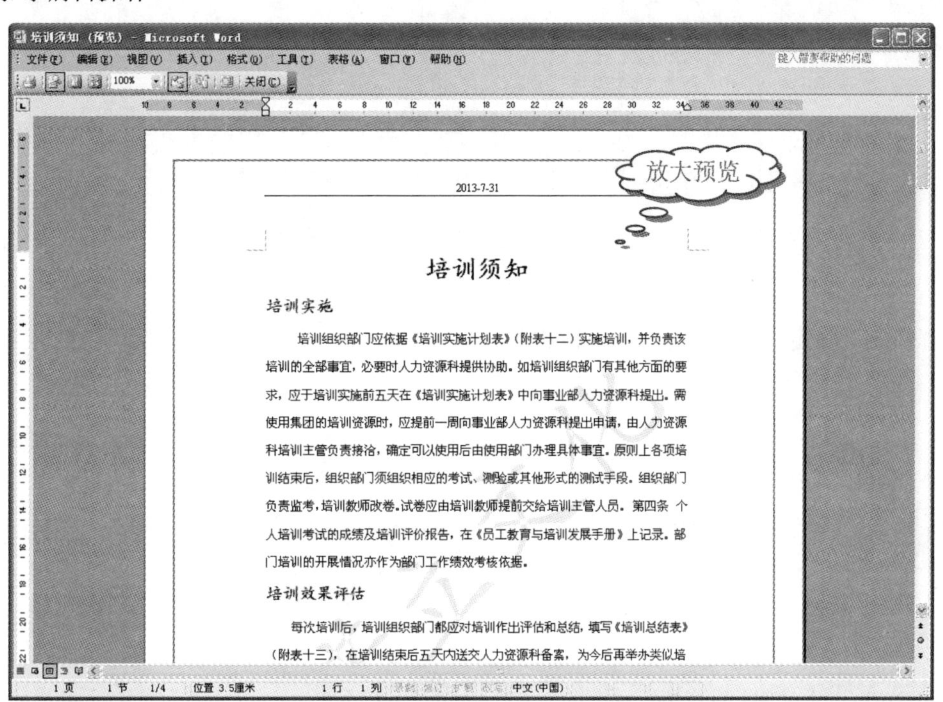

2013-7-31

培训须知

培训实施

培训组织部门应依据《培训实施计划表》（附表十二）实施培训，并负责该培训的全部事宜，必要时人力资源科提供协助。如培训组织部门有其他方面的要求，应于培训实施前五天在《培训实施计划表》中向事业部人力资源科提出。需使用集团的培训资源时，应提前一周向事业部人力资源科提出申请，由人力资源科培训主管负责接洽，确定可以使用后由使用部门办理具体事宜。原则上各项培训结束后，组织部门须组织相应的考试、测验或其他形式的测试手段。组织部门负责监考，培训教师改卷。试卷应由培训教师提前交给培训主管人员。第四条 个人培训考试的成绩及培训评价报告，在《员工教育与培训发展手册》上记录。部门培训的开展情况亦作为部门工作绩效考核依据。

培训效果评估

每次培训后，培训组织部门都应对培训作出评估和总结，填写《培训总结表》（附表十三），在培训结束后五天内送交人力资源科备案，为今后再举办类似培

图 5-54

操作提示

单击“单页”按钮，将在打印预览视图中显示一页；单击并按住“多页”按钮不放，在弹出的列表框中拖动鼠标可选择在打印预览视图中显示的页数；单击“显示比例”42%右侧的下拉按钮，在弹出的下拉列表框中可以选择文档显示的比例；单击“查看标尺”按钮，可以显示或隐藏标尺；如果文档的最后一页只有少量的文字，可以单击“缩小字体填充”按钮，将文字压缩到前一页，若较多则无法压缩；单击“全屏”按钮可进行全屏显示；单击关闭(C)按钮或按“Esc”键可以退出打印预览视图。

2．打印全文

❶ 打开打印机电源开关，选择“文件”→“打印”命令或按“Ctrl+P”快捷键，打开“打印”对话框。

❷ 若装有多个打印机时，则在“打印机”栏的“名称”下拉列表框中选择需要使用的打印机；在“副本”栏的“份数”数值框中可以输入要打印的份数，选中“逐份打印”复选框将逐份打印文档，如图 5-55 所示。

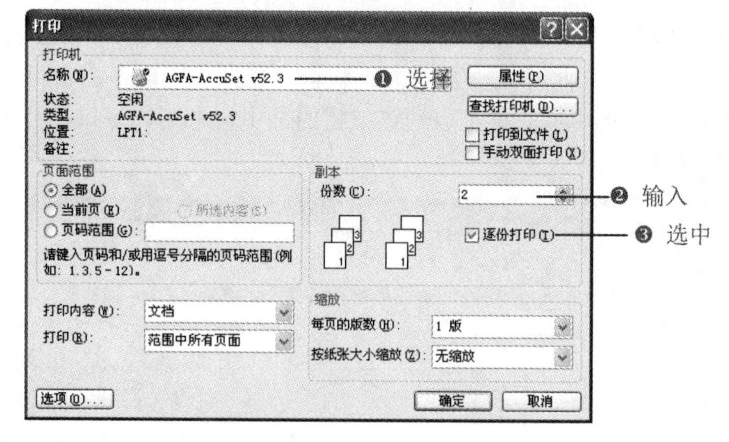

图 5-55

❸ 单击“确定”按钮，开始打印文档。

操作提示

在“打印”对话框中，在“页面范围”栏中选中“当前页”单选按钮，将只打印当前光标所在的页；选中“页码范围”单选按钮，并在其后的文本框中输入要打印的页码或页码范围，如输入“1-4”表示将打印文档的第 1～4 页，输入“2，3，5”表示只打印第 2、3、5 页。

3．双面打印

在 Word 中可以实现手动双面打印功能，以节约资源。

❶ 选择“文件”→“打印”命令，打开“打印”对话框，选中“手动双面打印”复选框，如图 5-56 所示。

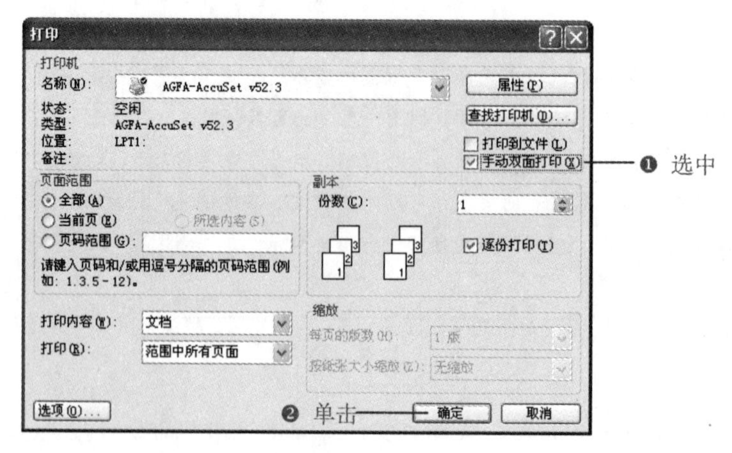

图 5-56

❷ 单击“确定”按钮，将开始打印文档的奇数页，结束后将打开提示对话框，提示将已打印了一页的纸张取出后翻转，再按顺序放入打印机，以打印另一面。

Note

操作提示

在“打印”下拉列表框中选择“奇数页”选项，打印后将纸张取出，翻转到另一页放入，再在“打印”下拉列表框中选择只打印“偶数页”选项，也可实现双面打印。

知识拓展

停止打印作业

发送打印操作后，如果发现错误，可以根据需要取消或暂停打印某些打印任务。

双击状态栏上的“打印机”图标，或选择“开始”→“打印机和传真”命令，在打开的窗口中再双击打印机图标，打开打印队列窗口，显示了当前所有的打印任务，在需要取消的任务上单击鼠标右键，在弹出的快捷菜单中选择“取消”命令即可，如图5-57所示。

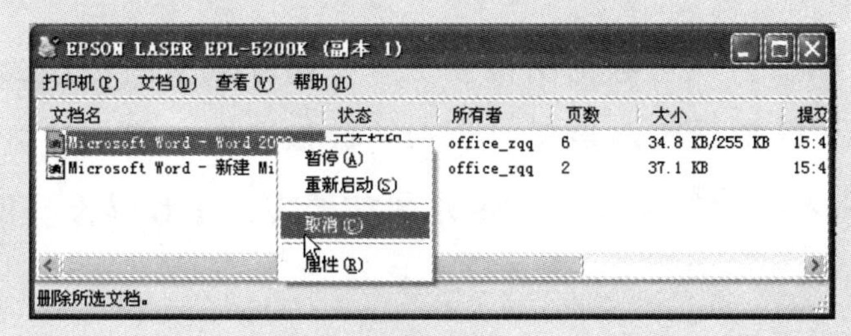

图5-57

数据的输入、编辑及表格美化

Excel 2003 是编辑、处理数据的最佳工具，对于基本数据的输入和编辑，利用 Excel 中的功能可以快速输入数据，也可为数据设置不同的格式等；基本数据编辑好后，可以对表格进行美化，使表格更加美观、个性以及显眼。

- ☑ 员工通讯簿管理表
- ☑ 人力资源需求规划表
- ☑ 招聘职位表
- ☑ 名额编制计划表

本章部分学习目标及案例

培训课程表

时间 \ 星期	星期一	星期二	星期三	星期四
上午8:00～9:30	PhotoShop7.0 电脑基础部	FLASH课件制作 图形图像部		数码相片制作 办公应用部
上午10:00～11:30		数码相片制作 网络信息部	FLASH课件制作 电脑基础部	
下午2:30～4:00	3ds max 6 办公应用部	PhotoShop7.0 办公应用部		PhotoShop7.0 图形图像部
晚上7:00～8:30			3ds max 6 网络信息部	3ds max 6 电脑基础部

（1）

培训成绩统计表

学员编号	学员姓名	培训成绩	名次
HY01002	王晓晓	⇧ 85	7
HY01003	陈明珠	⇨ 74	13
HY01004	张敏	⇨ 79	11
HY01005	陈佳一	⇧ 85	7
HY01006	张强	⇨ 69	16
HY01007	李明浩	⇧ 88	3
HY01008	周伯通	⇧ 98	2
HY01009	李勇	⇨ 84	10
HY01010	吴浩喜	⇨ 71	15
HY01011	魏琳琳	⇩ 45	19
HY01012	章小蕙	⇧ 88	3
HY01013	李菲	⇧ 87	5
HY01014	吴昊	⇩ 59	17
HY01015	王夏林	⇧ 86	6
HY01016	刘佩佩	⇨ 74	13
HY01017	滕念	⇧ 99	1
HY01018	冯雪	⇩ 58	18
HY01019	刘英娇	⇨ 79	11
HY01020	苏雪雪	⇧ 85	7

（2）

6.1　基 础 知 识

6.1.1　在桌面上创建 Excel 2003 快捷方式

：源文件：06/源文件/6.1.1 创建快捷方式.xls、**视频文件**：06/视频/6.1.1 创建快捷方式.mp4

如果经常需要使用 Excel 2003 程序，一般都会将该程序的快捷图标放到桌面上，可快速启动程序。

❶ 单击任务栏中的“开始”按钮，在弹出的“开始”菜单中选择“所有程序”→Microsoft Office→Microsoft Office Excel 2003 命令，单击鼠标右键，在弹出的快捷菜单中选择“发送到”→“桌面快捷方式”命令（如图 6-1 所示），即可将 Excel 2003 程序快捷图标发送到桌面。

图 6-1

❷ 双击桌面上的 Excel 2003 快捷方式，即可启用 Excel 程序，并新建空白工作簿。

操作提示

启动 Excel 的方法有很多，同样退出 Excel 的方法也较多。单击 Excel 2003 程序右上角的按钮；双击 Excel 2003 程序左上角的图标；单击 Excel 2003 程序左上角的图标，在弹出的菜单中选择“关闭”命令；在工作簿的菜单中选择“文件”→“关闭”命令；按“Alt+F4”组合键，均可退出 Excel 2003。

6.1.2　用模板创建工作簿

：源文件：06/源文件/6.1.2 创建模板工作簿.xls、**视频文件**：06/视频/6.1.2 创建模板

工作簿.mp4

模板是一些常用表格的通用模式。因此依据“已安装的模板”新建的工作簿，只要根据自身需要做一些修改即可投入使用。

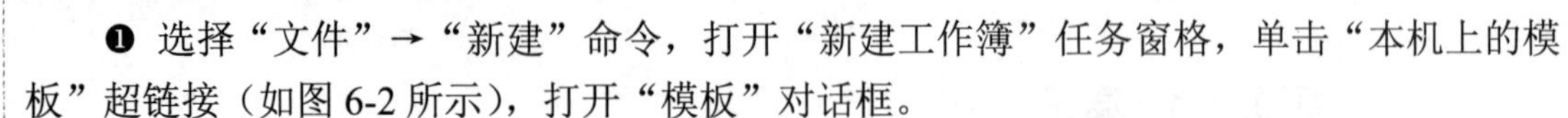

❶ 选择“文件”→“新建”命令，打开“新建工作簿”任务窗格，单击“本机上的模板”超链接（如图 6-2 所示），打开“模板”对话框。

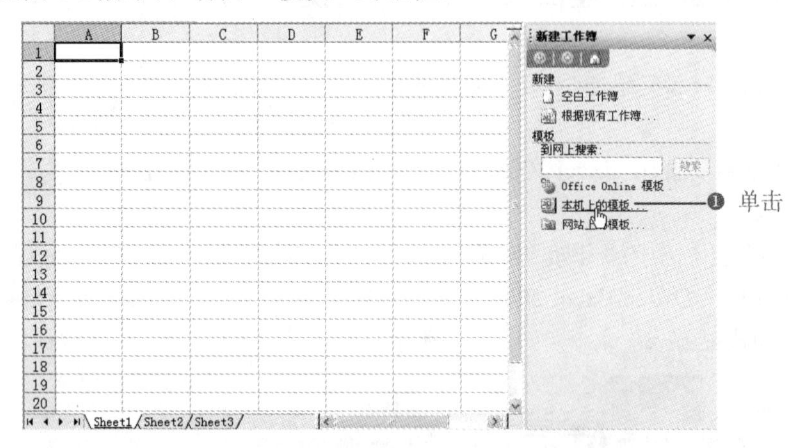

图 6-2

❷ 选择“电子方案表格”选项卡，列表框中显示的是可以使用的模板，选中“个人预算表”模板，如图 6-3 所示。

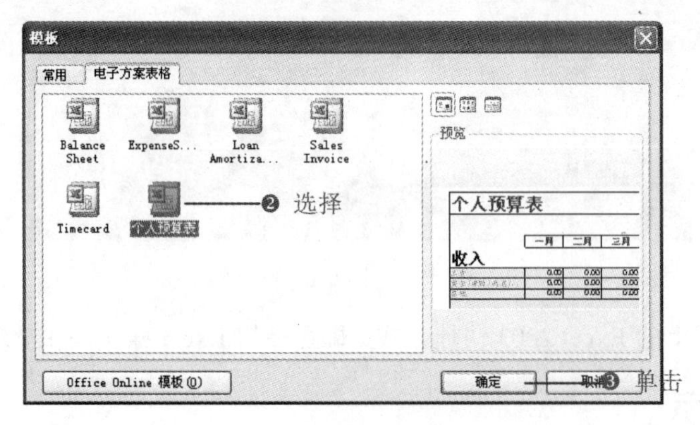

图 6-3

❸ 单击“确定”按钮，系统会依据选中的模板创建新工作簿，此表格框架已经规划好并且有些单元格还设置了计算公式，此时只需要输入相关数据或做部分修改即可投入使用，如图 6-4 所示。

操作提示

在“模板”对话框的“电子表格方案”选项卡中，显示的模板为本机保存的模板（数量有限）。另外，单击“Office Online 模板”按钮，即可充分利用网络资源，从网上下载相关模板以供使用。

Note

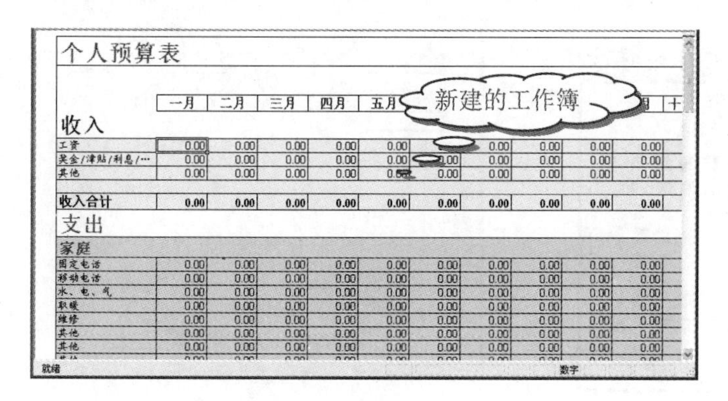

图 6-4

6.1.3　设置工作表标签颜色

源文件：06/源文件/6.1.3 工作表标签颜色.xls、**视频文件**：06/视频/6.1.3 工作表标签颜色.mp4

通过设置工作表标签的颜色也可以起到特殊标注的作用。

❶ 单击需要设置的工作表，如 Sheet1，选择“格式”→“工作表”命令，在展开的子菜单中选择“工作表标签颜色”命令，如图 6-5 所示。

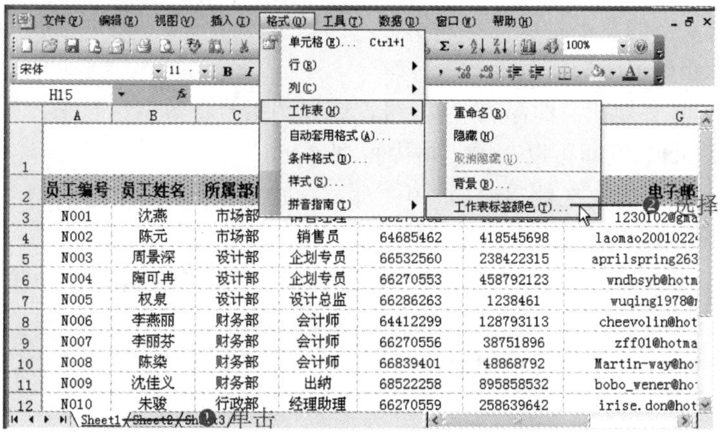

图 6-5

❷ 打开“设置工作表标签颜色”对话框，在列表框中选择一种标签颜色，如图 6-6 所示。

❸ 单击“确定”按钮，切换到其他工作表中，即可清楚地看到设置的工作表标签颜色，如图 6-7 所示。

操作提示

在需要设置的工作表标签上单击鼠标右键，在弹出的快捷菜单中选择“工作表标签颜色”命令，也可打开“设置工作表标签颜色”对话框进行设置。

Note

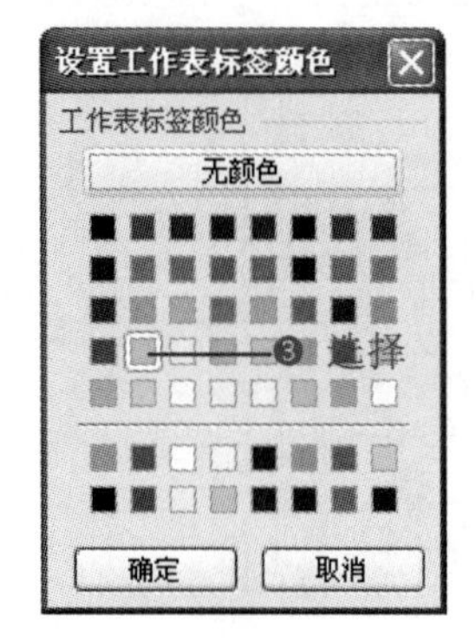

图 6-6

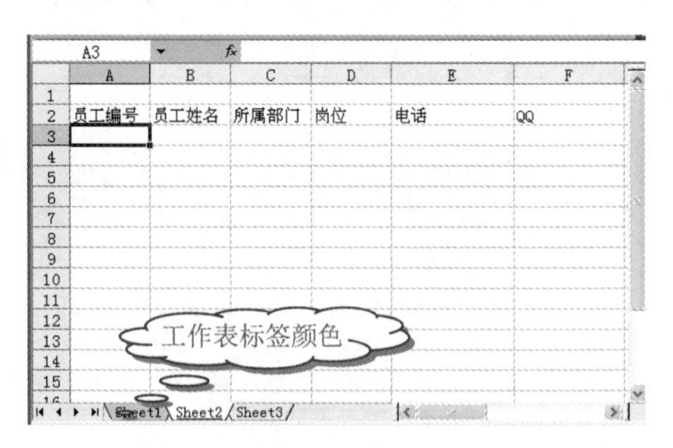

图 6-7

6.1.4　输入数值

：源文件：06/源文件/6.1.4 输入数值.xls、**视频文件：**06/视频/6.1.4 输入数值.mp4

Excel 中可输入的数值包括 0～9 组成的数字，其中包括整数、小数、正负数、分数、百分比等。

Excel 中对数值的输入格式进行了如下一些规定。

❶ 单元格中可显示的最大数字为 99999999999，当超出该值时，Excel 会自动以科学计数法显示；当单元格的宽不足以完全显示输入的数字时，会显示为“#########”符号（调整列宽即可显示正确值）。

❷ 输入负数时必须在前面添加“-”号，或以圆括号将数字括起来。如输入“-58”或“(58)”，按“Enter”键即可以在单元格中得到“-58”。

❸ 输入真分数时需要在数字前加“0+空格”，如输入“0 1/3”即可得到 1/3，但在编辑区中会显示为“0.333333333333333”，如图 6-8 所示。

❹ 输入假分数时，需要在整数部分和分数部分之间以空格隔开，如输入“1 1/2”，即可得到 1 1/2，但在编辑区中会显示为“1.5”，如图 6-9 所示。

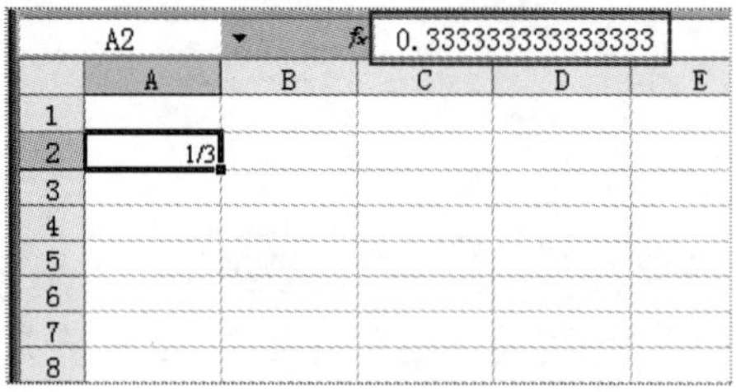

图 6-8

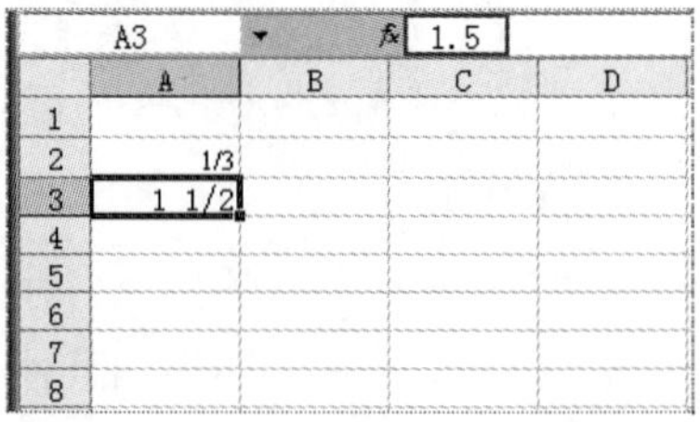

图 6-9

❺ 输入百分比数据时，直接在数字后面加上“%”符号。

❻ 输入时间时，输入时间后添加空格并输入“A”(上午）或“P”(下午)。如输入“8:30 A”，则单元格中显示为“8:30 AM”，编辑区中显示“8:30:00”，如图 6-10 所示；如输入“7:40 P”，则单元格中显示为“7:40 PM”，编辑区中显示“19:40:00”，如图 6-11 所示。

图 6-10　　　　图 6-11

操作提示

除了数值、日期、时间、逻辑值和公式等数据以外，Excel 会将输入的其他类型的数据都判断为文本。输入到单元格中的文本默认都以左对齐的方式显示。

文本型数据可以为在表格中输入的中文汉字，也可以将输入的数字设置为文本格式，在文本单元格中，数字也将作为文本处理，单元格中显示的内容与输入的内容完全一致。

6.1.5　清除单元格

：源文件：06/源文件/6.1.5 清除单元格.xls、**视频文件：**06/视频/6.1.5 清除单元格.mp4

清除单元格可以选择清除内容、清除格式等。

❶ 选中单元格或单元格区域，按“Delete”键或“Backspace”键。

❷ 选中单元格或单元格区域，并在选中区域上单击鼠标右键，在弹出的快捷菜单中选择“清除内容”命令。

❸ 拖动填充柄删除。选中单元格或单元格区域。将鼠标指针移至单元格的右下角，至光标变成十字形状（**+**），按住“Shift”键不放的同时，向选择的区域反向拖动鼠标，使区域出现灰色阴影，释放鼠标即可。

❹ 选中单元格或单元格区域，选择“编辑”→“清除”命令，在打开的子菜单中可以选择需要的清除方式，如图 6-12 所示。

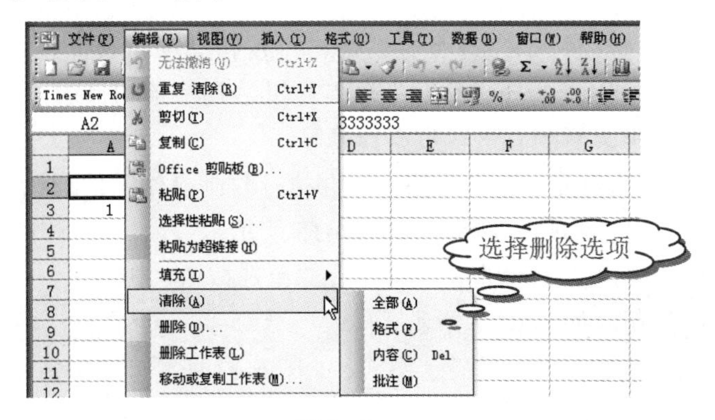

图 6-12

6.1.6 删除单元格、行或列

Note

源文件：06/源文件/6.1.6 删除行或列.xls、**视频文件**：06/视频/6.1.6 删除行或列.mp4

删除单元格、行或列是指不仅清除其中的内容，还要将其从工作中清除，由周围的单元格来填补。

❶ 选中要删除的单元格或单元格区域，依次选择"编辑"→"删除"命令，如图 6-13 所示。

❷ 打开"删除"对话框，选中不同的单选按钮，其删除结果各不相同，前面两个是删除单元格，用户根据需要选择删除项，如图 6-14 所示。

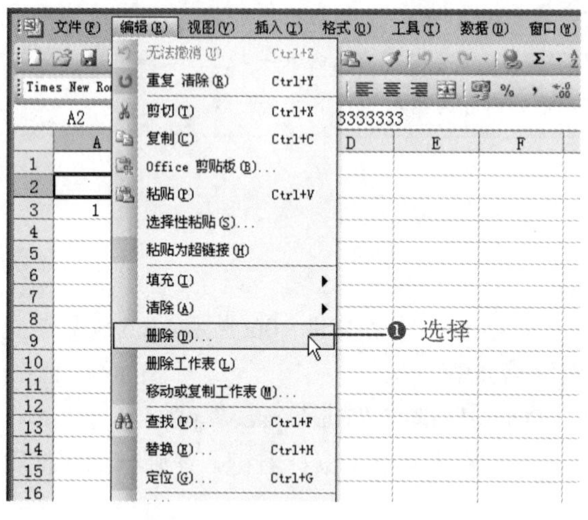

图 6-13

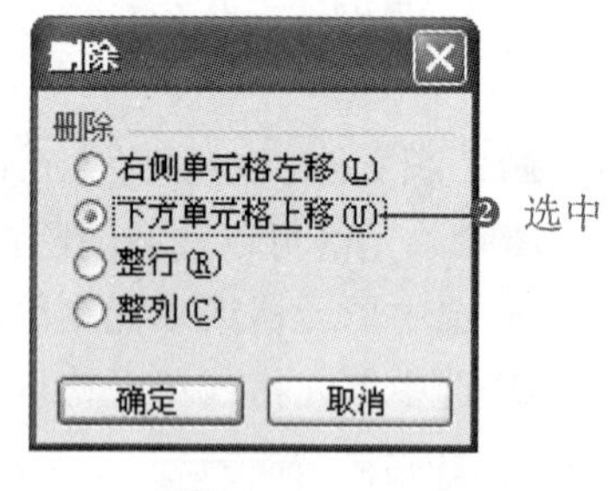

图 6-14

❸ 单击"确定"按钮，即可按照要求删除单元格、行或列。

6.1.7 选择性粘贴

源文件：06/源文件/6.1.7 选择性粘贴.xls、**视频文件**：06/视频/6.1.7 选择性粘贴.mp4

在复制数据时，使用"选择性粘贴"功能可以达到特定的目的，例如可以实现数据格式的复制、公式的复制、复制时进行数据计算等。

❶ 选中需要复制的单元格或单元格区域并执行复制操作，然后选中粘贴目标单元格，选择"编辑"→"选择性粘贴"命令，如图 6-15 所示。

❷ 打开"选择性粘贴"对话框，选中相应的单选按钮，如这里只复制格式，不要内容，选中"格式"单选按钮，如图 6-16 所示。

❸ 单击"确定"按钮，即可只显示格式，如图 6-17 所示。选择性粘贴的功能比较强大，用户可试试其他的粘贴功能。

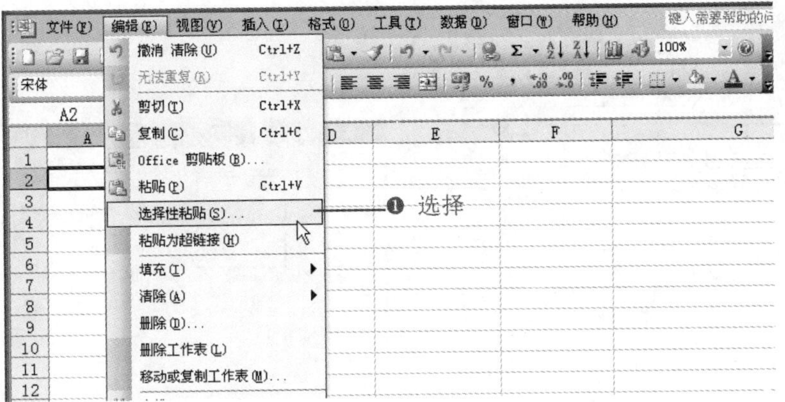

图 6-15

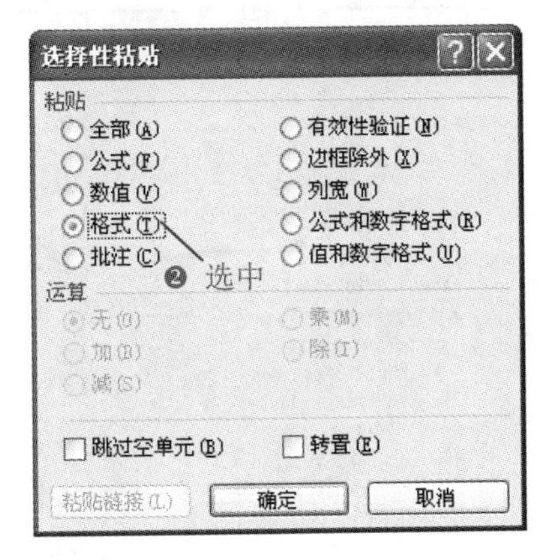

图 6-16

图 6-17

操作提示

使用“常用”工具栏中的“粘贴”按钮，可以进行简单的选择性粘贴操作，如果“粘贴”按钮的下拉菜单中没有合适的粘贴方式，选择“选择性粘贴”命令，也可打开“选择性粘贴”对话框进行设置。

6.1.8　设置工作表的背景

源文件：06/源文件/6.1.8 设置工作表背景.xls、**视频文件：**06/视频/6.1.8 设置工作表背景.mp4

设置工作表的背景也是美化表格的一种方式。

❶ 选择要设置背景的工作表，依次选择“格式”→“工作表”→“背景”命令（如图 6-18 所示），打开“工作表背景”对话框。

❷ 在对话框中找到背景图片保存的位置并选中，如图 6-19 所示。

❸ 单击“插入”按钮，可以看到添加的工作表背景效果，如图 6-20 所示。

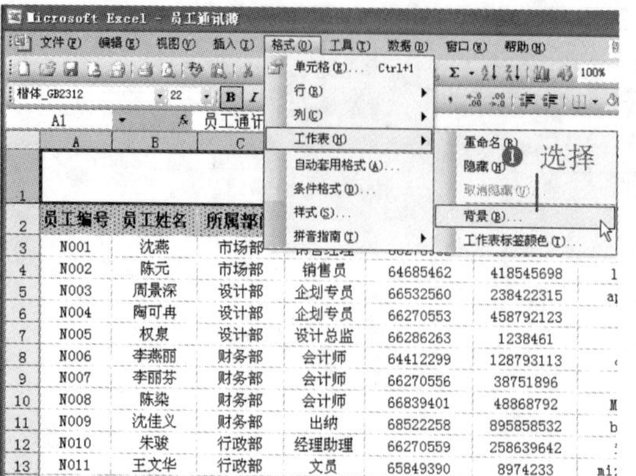

图 6-18

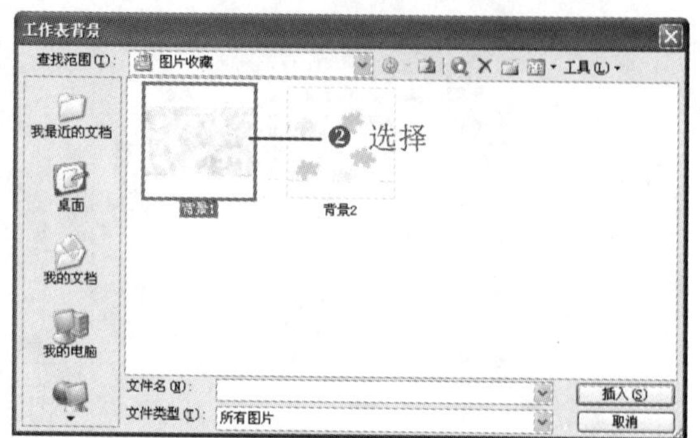

图 6-19

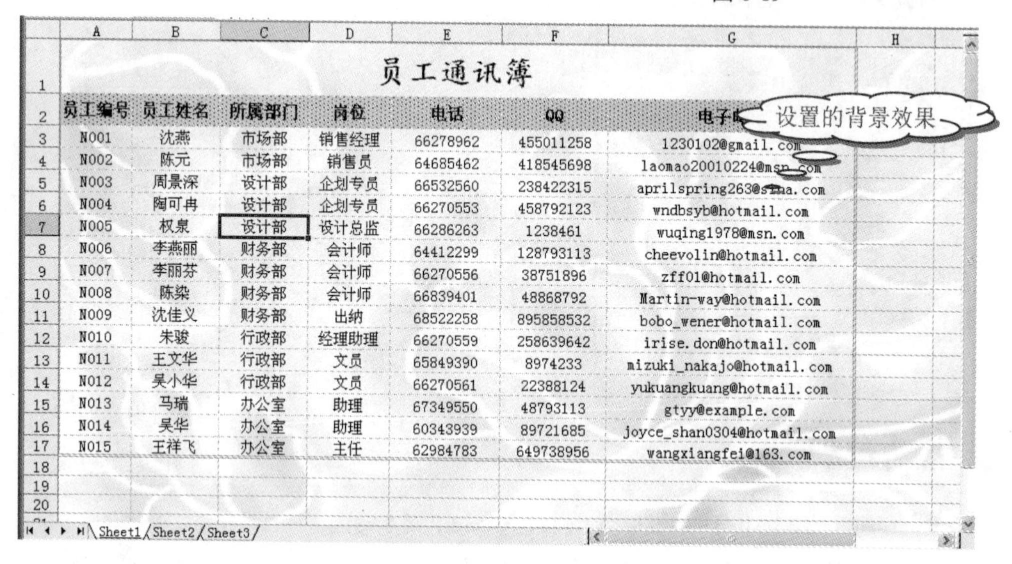

图 6-20

操作提示

依次选择"格式"→"工作表"→"删除背景"命令，可以删除工作的背景。

6.2 员工通讯簿管理表

公司员工通讯录管理是人力资源部门的一项重要工作，能够保证员工之间进行方便的联系，加强公司沟通的氛围和公司上的合作联系，如图 6-21 所示。

员工通讯簿						
员工编号	员工姓名	所属部门	岗位	电话	QQ	电子邮箱
N001	沈燕	市场部	销售经理	66278962	455011258	1230102@gmail.com
N002	陈元	市场部	销售员	64685462	418545698	laomao20010224@msn.com
N003	周景深	设计部	企划专员	66532560	238422315	aprilspring263@sina.com
N004	陶可冉	设计部	企划专员	66270553	458792123	wndbsyb@hotmail.com
N005	权泉	设计部	设计总监	66286263	1238461	wuqing1978@msn.com
N006	李燕丽	财务部	会计师	64412299	128793113	cheevolin@hotmail.com
N007	李丽芬	财务部	会计师	66270556	38751896	zff01@hotmail.com
N008	陈染	财务部	会计师	66839401	48868792	Martin-way@hotmail.com
N009	沈佳义	财务部	出纳	68522258	895858532	bobo_wener@hotmail.com
N010	朱骏	行政部	经理助理	66270559	258639642	irise.don@hotmail.com
N011	王文华	行政部	文员	65849390	8974233	mizuki_nakajo@hotmail.com
N012	吴小华	行政部	文员	66270561	22388124	yukuangkuang@hotmail.com
N013	马瑞	办公室	助理	67349550	48793113	gtyy@example.com
N014	吴华	办公室	助理	60343939	89721685	joyce_shan0304@hotmail.com
N015	王祥飞	办公室	主任	62984783	649738956	wangxiangfei@163.com

图 6-21

6.2.1　创建工作簿并设置格式

：源文件：06/源文件/员工通讯簿管理表.xls、**效果文件**：06/效果文件/员工通讯簿管理表.xls、**视频文件**：06/视频/6.2.1 员工通讯簿管理表.mp4

要制作员工奖惩制度并设置文本内容及格式，首先必须创建员工奖惩制度文档。

1. 合并单元格

❶ 创建“员工通讯簿”工作簿，然后在单元格中输入相应的内容，如图 6-22 所示。

Microsoft Excel - 员工通讯簿

文件(F)　编辑(E)　视图(V)　插入(I)　格式(O)　工具(T)　数据(D)　窗口(W)　帮助(H)　键入需要帮助的问题

宋体　11　100%

I20

创建工作簿

	A	B	C	D	E	F	G
1	员工通讯簿						
2	员工编号	员工姓名	所属部门	岗位	电话	QQ	电子邮箱
3		沈燕	市场部	销售经理	66278962	455011258	1230102@gmail.com
4		陈元	市场部	销售员	64685462	418545698	laomao20010224@msn.com
5		周景深	设计部	企划专员	66532560	238422315	aprilspring263@sina.com
6		陶可冉	设计部	企划专员	66270553	458792123	wndbsyb@hotmail.com
7		权泉	设计部	设计总监	66286263	1238461	wuqing1978@msn.com
8		李燕丽	财务部	会计师	64412299	128793113	cheevolin@hotmail.com
9		李丽芬	财务部	会计师	66270556	38751896	zff01@hotmail.com
10		陈染	财务部	会计师	66839401	48868792	Martin-way@hotmail.com
11		沈佳义	财务部	出纳	68522258	895858532	bobo_wener@hotmail.com
12		朱骏	行政部	经理助理	66270559	258639642	irise.don@hotmail.com
13		王文华	行政部	文员	65849390	8974233	mizuki_nakajo@hotmail.com
14		吴小华	行政部	文员	66270561	22388124	yukuangkuang@hotmail.com
15		马瑞	办公室	助理	67349550	48793113	gtyy@example.com
16		吴华	办公室	助理	60343939	89721685	joyce_shan0304@hotmail.com
17		王祥飞	办公室	主任	62984783	649738956	wangxiangfei@163.com
18							

Sheet1 / Sheet2 / Sheet3

就绪

图 6-22

❷ 选中需要合并的单元格区域，然后单击“格式”工具栏中的“合并及居中”按钮，即可将单元格合并，如图 6-23 所示。

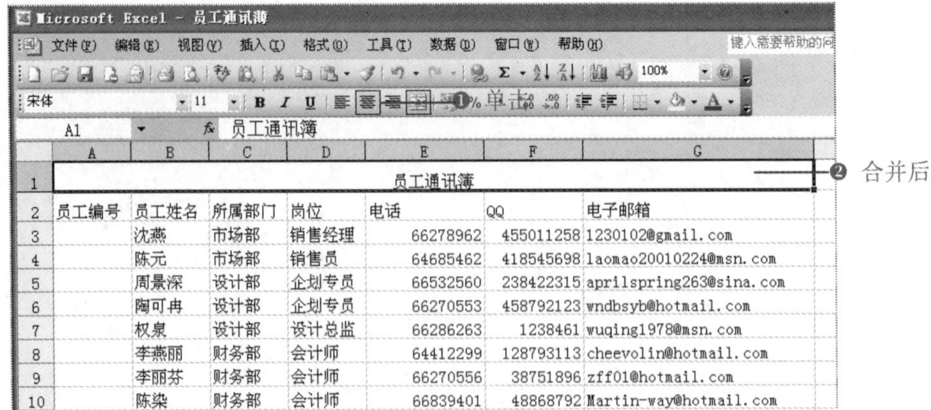

图 6-23

操作提示

若合并的单元格区域中多个单元格均包含数据，合并时会弹出提示对话框，询问是否合并单元格并保留最左上角单元格中的数据。

知识拓展

选择“格式”→“单元格”命令，打开“单元格格式”对话框，选择“对齐”选项卡，选中“合并单元格”复选框，如图 6-24 所示，单击“确定”按钮即可。

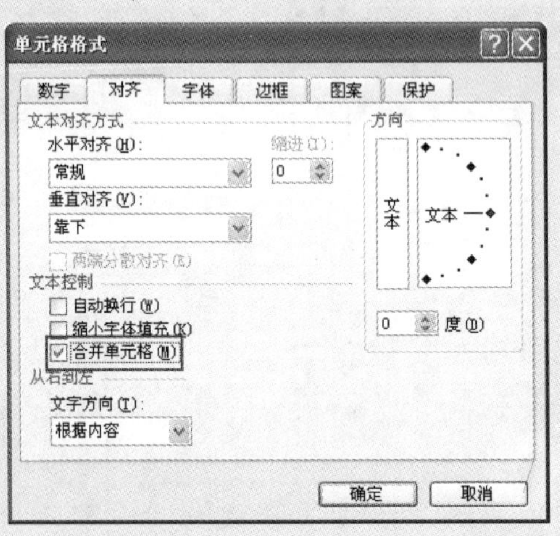

图 6-24

2．利用填充柄输入编号

❶ 选中 A3 单元格，在单元格中输入“N001”，然后将光标定位到 A3 单元格右下角，当光标变成黑色十字形，按住鼠标左键，并向下拖动鼠标，如图 6-25 所示。

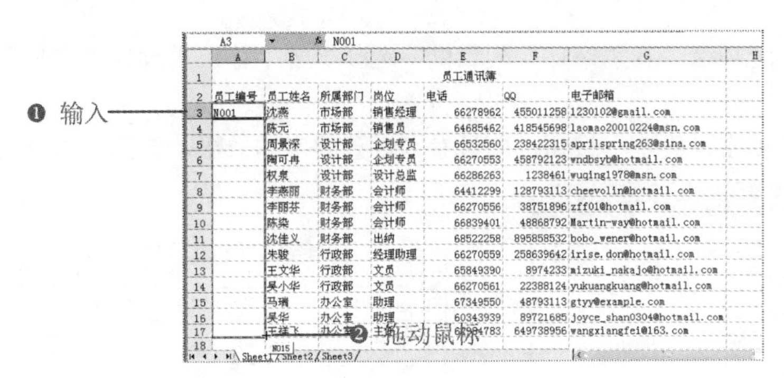

图 6-25

❷ 拖动到目标单元格后，释放鼠标，即可自动填充数据，如图 6-26 所示。

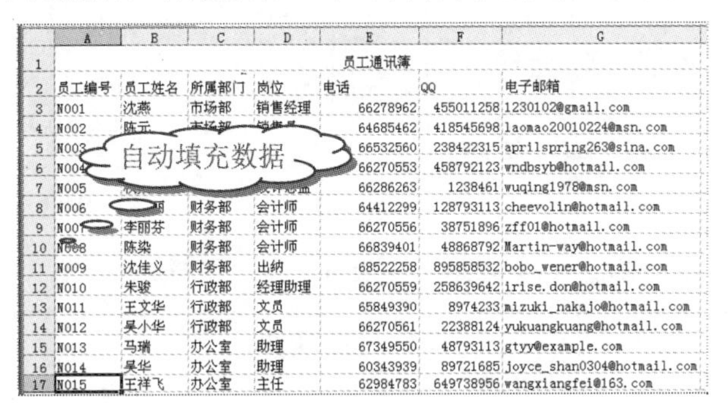

图 6-26

操作提示

在输入普通文本时，直接选中单元格，进行输入即可，或者选中单元格后，再将光标定位到“编辑栏”中，在其中输入文本数据，再按“Enter”键即可。

3. 设置文字格式

❶ 选中 A1 标题单元格，选择“格式”→“单元格”命令（如图 6-27 所示），打开“单元格格式”对话框。

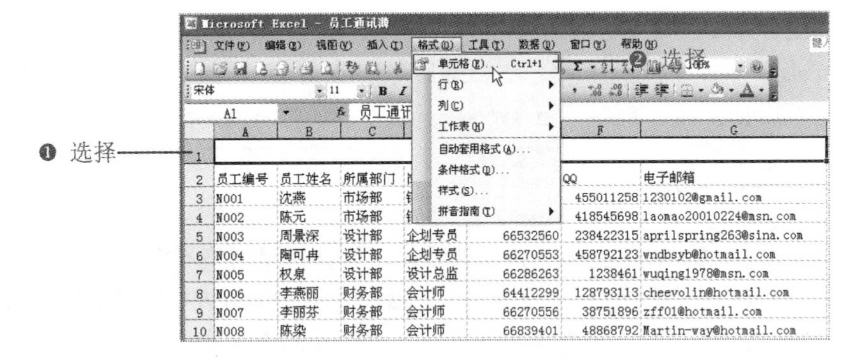

图 6-27

❷ 选择“字体”选项卡，在“字体”列表框中选择一种字体，再设置“字形”和“字号”，如图 6-28 所示。

❸ 设置完成后，单击“确定”按钮，即可看到设置的字体效果，如图 6-29 所示。

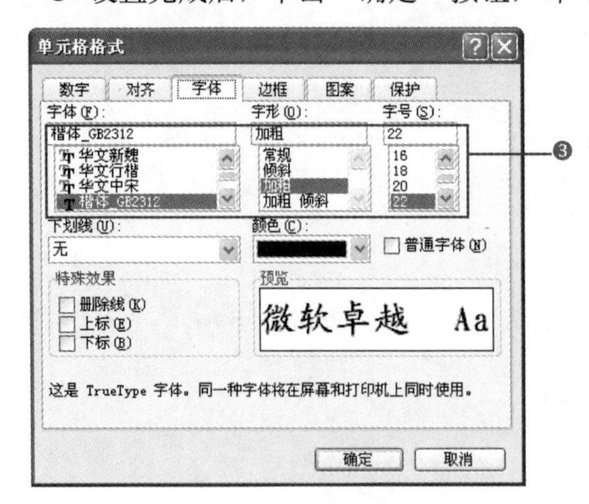

	A	B	C	D	E	F
1	员工通讯簿					
2	员工编号	员工姓名	所属部门	岗位	电[illegible]	QQ
3	N001	沈燕	市场部	销售经理	[illegible]78962	455011258
4	N002	陈元	市场部	销[illegible]	[illegible]	[illegible]
5	N003	周景深	设计部	[illegible]	[illegible]	[illegible]
6	N004	陶可冉	设计部	[illegible]	[illegible]	[illegible]123
7	N005	权泉	设计部	设计总监	66286263	1238461
8	N006	李燕丽	财务部	会计师	64412299	128793113
9	N007	李丽芬	财务部	会计师	66270556	38751896
10	N008	陈染	财务部	会计师	66839401	48868792
11	N009	沈佳义	财务部	出纳	68522258	895858532
12	N010	朱骏	行政部	经理助理	66270559	258639642
13	N011	王文华	行政部	文员	65849390	8974233
14	N012	吴小华	行政部	文员	66270561	22388124
15	N013	马瑞	办公室	助理	67349550	48793113
16	N014	吴华	办公室	助理	60343939	89721685
17	N015	王祥飞	办公室	主任	62984783	649738956

图 6-28 　　　　图 6-29

❹ 按照同样的方法设置其他单元格的字体格式，最后效果如图 6-30 所示。

	A	B	C	D	E	F	G
1	员工通讯簿						
2	员工编号	员工姓名	所属部门	岗位	电话	QQ	电子邮箱
3	N001	沈燕	市场部	销售经理	66278962	455011258	1230102@gmail.com
4	N002	陈元	市场部	销售员	64685462	418545698	laomao20010224@msn.com
5	N003	周景深	设计部	企划专员	66532560	2384223[illegible]	[illegible]a.com
6	N004	陶可冉	设计部	企划专员	66270553	4587921[illegible]	[illegible]
7	N005	权泉	设计部	设计总监	66286263	1238461	wu[illegible]com
8	N006	李燕丽	财务部	会计师	64412299	128793113	cheevolin@hotmail.com
9	N007	李丽芬	财务部	会计师	66270556	38751896	zff01@hotmail.com
10	N008	陈染	财务部	会计师	66839401	48868792	Martin-way@hotmail.com
11	N009	沈佳义	财务部	出纳	68522258	895858532	bobo_wener@hotmail.com
12	N010	朱骏	行政部	经理助理	66270559	258639642	irise.don@hotmail.com
13	N011	王文华	行政部	文员	65849390	8974233	mizuki_nakajo@hotmail.com
14	N012	吴小华	行政部	文员	66270561	22388124	yukuangkuang@hotmail.com
15	N013	马瑞	办公室	助理	67349550	48793113	gtyy@example.com
16	N014	吴华	办公室	助理	60343939	89721685	joyce_shan0304@hotmail.com
17	N015	王祥飞	办公室	主任	62984783	649738956	wangxiangfei@163.com

图 6-30

操作提示

在“格式”工具栏中，有多个功能按钮都是用于文字格式设置的。在“字体”下拉列表中设置字体类型；在“字号”下拉列表中可选择字号，也可设置“加粗”、“倾斜”和添加“下划线”。

4．利用鼠标设置行高、列宽

❶ 设置好字体格式后，发现有些字体无法正常显示，这就需要调整表格的行高和列宽。将鼠标指针定位到要调整列宽的某列右边线上，直到鼠标指针变为双向对拉箭头，按住鼠标向左拖动，即可减小列宽，向右拖动即可增大列宽，如图 6-31 所示。

❶ 拖动鼠标

J23 宽度：10.25（87 像素）

	A	B	C	D	E	F	G
1	员工通讯簿						
2	员工编号	员工姓名	所属部门	岗位	电话	QQ	电子邮箱
3	N001	沈燕	市场部	销售经理	66278962	455011258	1230102@gmail.com
4	N002	陈元	市场部	销售员	64685462	418545698	laomao20010224@msn.com
5	N003	周景深	设计部	企划专员	66532560	238422315	aprilspring263@sina.com
6	N004	陶可冉	设计部	企划专员	66270553	458792123	wndbsyb@hotmail.com
7	N005	权泉	设计部	设计总监	66286263	1238461	wuqing1978@msn.com
8	N006	李燕丽	财务部	会计师	64412299	128793113	cheevolin@hotmail.com
9	N007	李丽芬	财务部	会计师	66270556	38751896	zff01@hotmail.com
10	N008	陈染	财务部	会计师	66839401	48868792	Martin-way@hotmail.com
11	N009	沈佳义	财务部	出纳	68522258	895858532	bobo_wener@hotmail.com
12	N010	朱骏	行政部	经理助理	66270559	258639642	irise.don@hotmail.com
13	N011	王文华	行政部	文员	65849390	8974233	mizuki_nakajo@hotmail.com
14	N012	吴小华	行政部	文员	66270561	22388124	yukuangkuang@hotmail.com
15	N013	马瑞	办公室	助理	67349550	48793113	gtyy@example.com
16	N014	吴华	办公室	助理	60343939	89721685	joyce_shan0304@hotmail.com
17	N015	王祥飞	办公室	主任	62984783	649738956	wangxiangfei@163.com

图 6-31

❷ 调整好后释放鼠标即可，再以同样的方式调整其他列宽。

❸ 将鼠标指针定位到要调整行高的某行下边线上，直到鼠标指针变为双向对拉箭头，按住鼠标左键向上拖动，即可减小行高，向下拖动即可增大行高，这里向下拖动，拖动时鼠标指针右上方显示具体尺寸，如图 6-32 所示。

高度：33.00（44 像素）

❷ 拖动鼠标

	A	B	C	D	E	F	G
	员工通讯簿						
1	员工编号	员工姓名	所属部门	岗位	电话	QQ	电子邮箱
2	N001	沈燕	市场部	销售经理	66278962	455011258	1230102@gmail.com
3	N002	陈元	市场部	销售员	64685462	418545698	laomao20010224@msn.com
4	N003	周景深	设计部	企划专员	66532560	238422315	aprilspring263@sina.com
5	N004	陶可冉	设计部	企划专员	66270553	458792123	wndbsyb@hotmail.com
6	N005	权泉	设计部	设计总监	66286263	1238461	wuqing1978@msn.com
7	N006	李燕丽	财务部	会计师	64412299	128793113	cheevolin@hotmail.com
8	N007	李丽芬	财务部	会计师	66270556	38751896	zff01@hotmail.com
9	N008	陈染	财务部	会计师	66839401	48868792	Martin-way@hotmail.com
10	N009	沈佳义	财务部	出纳	68522258	895858532	bobo_wener@hotmail.com
11	N010	朱骏	行政部	经理助理	66270559	258639642	irise.don@hotmail.com
12	N011	王文华	行政部	文员	65849390	8974233	mizuki_nakajo@hotmail.com
13	N012	吴小华	行政部	文员	66270561	22388124	yukuangkuang@hotmail.com
14	N013	马瑞	办公室	助理	67349550	48793113	gtyy@example.com
15	N014	吴华	办公室	助理	60343939	89721685	joyce_shan0304@hotmail.com
16	N015	王祥飞	办公室	主任	62984783	649738956	wangxiangfei@163.com

图 6-32

❹ 按照同样的方法调整其他行高，调整的最后效果如图 6-33 所示。

	A	B	C	D	E	F	G
1	员工通讯簿						
2	员工编号	员工姓名	所属部门	岗位	电话	QQ	电子邮箱
3	N001	沈燕	市场部	销售经理	66278962	455011258	1230102@gmail.com
4	N002	陈元	市场部	销售员	64685462	418545698	laomao20010224@msn.com
5	N003	周景深	设计部	企划专员	66532560	238422315	aprilspring263@sina.com
6	N004	陶可冉	设计部	企划专员	66270553	458792123	wndbsyb@hotmail.com
7	N005	权泉	设计部	设计总监	66286263	1238461	wuqing1978@msn.com
8	N006	李燕丽	财务部	会计师	64412299	128793113	cheevolin@hotmail.com
9	N007	李丽芬	财务部	会计师	66270556	38751896	zff01@hotmail.com
10	N008	陈染	财务部	会计师	66839401	48868792	Martin-way@hotmail.com
11	N009	沈佳义	财务部	出纳	68522258	895858532	bobo_wener@hotmail.com
12	N010	朱骏	行政部	经理助理	66270559	258639642	irise.don@hotmail.com
13	N011	王文华	行政部	文员	65849390	8974233	mizuki_nakajo@hotmail.com
14	N012	吴小华	行政部	文员	66270561	22388124	yukuangkuang@hotmail.com
15	N013	马瑞	办公室	助理	67349550	48793113	gtyy@example.com
16	N014	吴华	办公室	助理	60343939	89721685	joyce_shan0304@hotmail.com
17	N015	王祥飞	办公室	主任	62984783	649738956	wangxiangfei@163.com

调整行高、列宽后

图 6-33

知识拓展

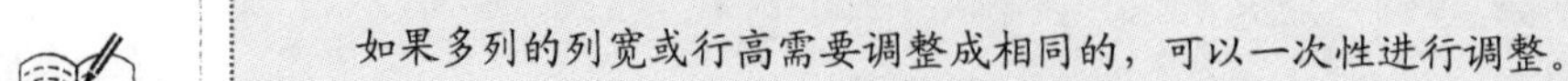

一次性调整多行或多列的行高或列宽

如果多列的列宽或行高需要调整成相同的，可以一次性进行调整。

☑ 如果要一次性调整的行（列）是连续的，那么选取时可以在要选择的起始行（列）的行标（列标）上单击，然后按住鼠标左键不放进行拖动，即可选中多行（列），然后将鼠标放置在任意选中的行(列)边线上，直到鼠标指针变为双向对拉箭头时拖动鼠标，即可调整所有选中行(列)。

☑ 如果要一次性调整的行（列）是不连续的，可先选中第一行（列），按住“Ctrl”键不放，然后依次在要选择的其他行标（列标）上单击，即可选择多个不连续的行（列），再调整行高（列宽）。

Note

5．设置对齐方式

❶ 选中表格编辑区域，选择“格式”→“单元格”命令（如图 6-34 所示），打开“单元格格式”对话框。

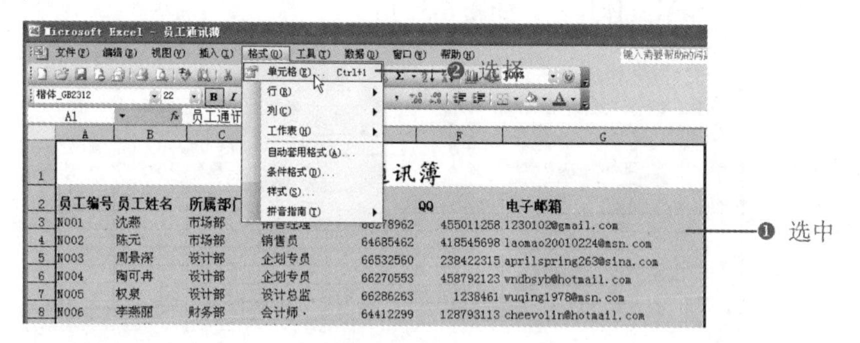

图 6-34

❷ 选择“对齐”选项卡，在“水平对齐”与“垂直对齐”下拉列表框中有多个选项。这里在“水平对齐”下拉列表框中选择“居中”选项，在“垂直对齐”下拉列表框中选择“居中”选项，如图 6-35 所示。

❸ 单击“确定”按钮，即可将表格设置成水平和垂直居中，如图 6-36 所示。

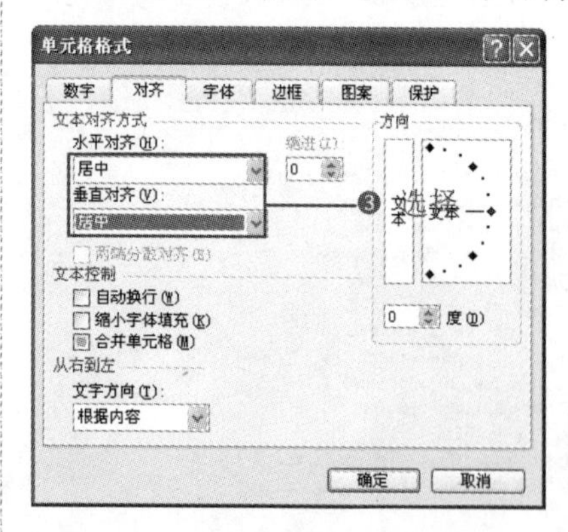

图 6-35

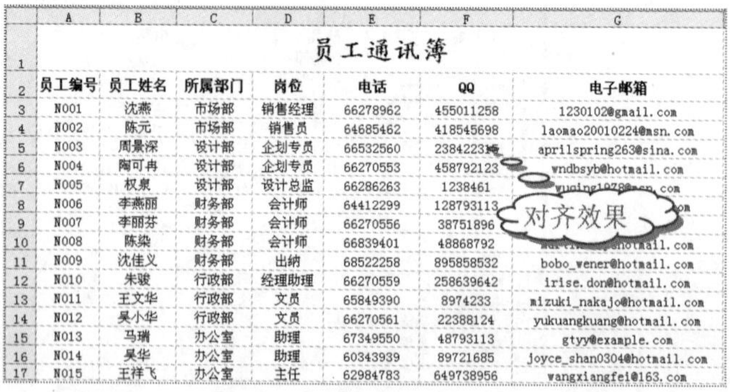

员工通讯簿

员工编号	员工姓名	所属部门	岗位	电话	QQ	电子邮箱
N001	沈燕	市场部	销售经理	66278962	455011258	1230102@gmail.com
N002	陈元	市场部	销售员	64685462	418545698	laomao20010224@msn.com
N003	周景深	设计部	企划专员	66532560	2384223[illegible]	aprilspring263@sina.com
N004	陶可冉	设计部	企划专员	66270553	458792123	wndbsyb@hotmail.com
N005	权泉	设计部	设计总监	66286263	1238461	[illegible]
N006	李燕丽	财务部	会计师	64412299	128793113	[illegible]
N007	李丽芬	财务部	会计师	66270556	38751896	[illegible]
N008	陈染	财务部	会计师	66839401	48868792	[illegible]hotmail.com
N009	沈佳义	财务部	出纳	68522258	895858532	bobo_wener@hotmail.com
N010	朱骏	行政部	经理助理	66270559	258639642	irise.don@hotmail.com
N011	王文华	行政部	文员	65849390	8974233	mizuki_nakajo@hotmail.com
N012	吴小华	行政部	文员	66270561	22388124	yukuangkuang@hotmail.com
N013	马瑞	办公室	助理	67349550	48793113	gtyy@example.com
N014	吴华	办公室	助理	60343939	89721685	joyce_shan0304@hotmail.com
N015	王祥飞	办公室	主任	62984783	649738956	wangxiangfei@163.com

对齐效果

图 6-36

操作提示

在“格式”工具栏中只有 3 个按钮是用于设置对齐方式的，≡ ≡ ≡分别为水平左对齐、水平居中和水平右对齐。当这 3 项简易设置不满足要求时需要打开“单元格格式”对话框来进行设置。

Note

6.2.2　修饰员工通讯簿表格

源文件：06/源文件/员工通讯簿管理表.xls、**效果文件**：06/效果文件/员工通讯簿管理表.xls、**视频文件**：06/视频/6.2.2 员工通讯簿管理表.mp4

基本表格设置完成后，下面对表格进行美化，这样使得表格与众不同，且容易区分。

1．设置表格边框

为工作表设置边框是工作表美化的第一步，可以美化并区分编辑区域与非编辑区域。

❶ 选中要设置边框的单元格区域，选择“格式”→“单元格”命令，打开“单元格格式”对话框。

❷ 选择“边框”选项卡，在“样式”栏中选择线条样式，单击“颜色”下拉按钮，选择线条颜色，选择“预置”栏中的“外边框”选项，即可将选择的线条应用于选中单元格区域的外边框，如图 6-37 所示。

❸ 再在“样式”栏中选择线条样式，并设置线条颜色，选择“预置”栏中的“内部”选项，即可将选择的线条应用于选中单元格区域的内边框，如图 6-38 所示。

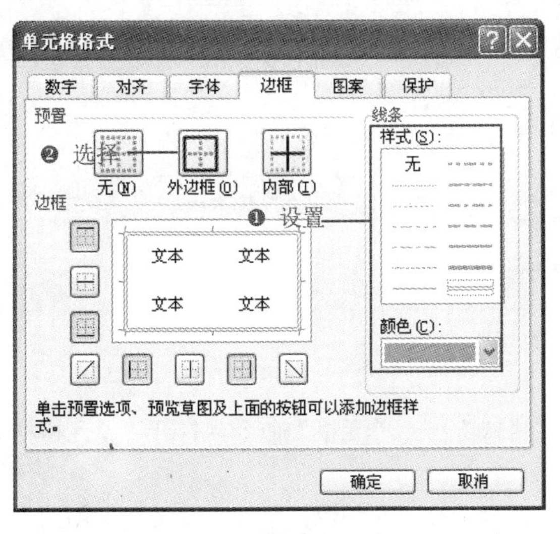

图 6-37

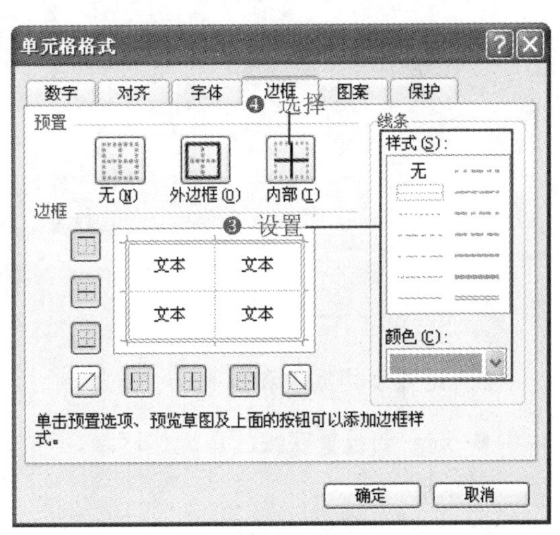

图 6-38

❹ 设置完成后，单击“确定”按钮，即可为表格添加边框，效果如图 6-39 所示。

员工通讯簿

员工编号	员工姓名	所属部门	岗位	电话	QQ	电子邮箱
N001	沈燕	市场部	销售经理	66278962	455011258	1230102@gmail.com
N002	陈元	市场部	销售员	64685462	418545698	laomao20010224@msn.com
N003	周景深	设计部	企划专员	66532560	238422315	aprilspring263@sina.com
N004	陶可冉	设计部	企划专员	66270553	458792123	wndbsyb@hotmail.com
N005	权泉	设计部	设计总监	66286263	1238461	wuqing1978@msn.com
N006	李燕丽	财务部	会计师	64412299	128793113	cheevolin@hotmail.com
N007	李丽芬	财务部	会计师	66270556	38751896	zff01@hotmail.com
N008	陈染	财务部	会计师	66839401	48868792	Martin-way@hotmail.com
N009	沈佳义	财务部	出纳	68522258	895858532	bobo_wener@hotmail.com
N010	朱骏	行政部	经理助理	66270559	258639642	irise.don@hotmail.com
N011	王文华	行政部	文员	65849390	8974233	mizuki_nakajo@hotmail.com
N012	吴小华	行政部	文员	66270561	22388124	yukuangkuang@hotmail.com
N013	马瑞	办公室	助理	67349550	48793113	gtyy@example.com
N014	吴华	办公室	助理	60343939	89721685	joyce_shan0304@hotmail.com
N015	王祥飞	办公室	主任	62984783	649738956	wangxiangfei@163.com

图 6-39

知识拓展

单击“格式”工具栏中“边框”按钮右侧的下拉按钮，在弹出的下拉列表中可以选择不同的边框，但是这里设置边框不能选择边框的样式和颜色。

在“边框”下拉列表中选择“绘图边框”命令，打开“边框”工具栏，且光标变成了笔的形状，设置好边框的样式和颜色后，拖动鼠标即可绘制边框，如图 6-40 所示。若绘制错误，单击“擦除边框”按钮可以擦除绘制错误的线条。但这个方法比较麻烦，没有上面的效率高。

员工编号	员工姓名	所属部门	岗位	电话	QQ	电子邮箱
N001	沈燕	市场部	销售经理	66278962	455011258	1230102@gmail.com
N002	陈元	市场部	销售员	64685462	418545698	laomao20010224@msn.com
N003	周景深	设计部	企划专员	66532560	238422315	aprilspring263@sina.com
N004	陶可冉	设计部	企划专员	66270553	458792123	wndbsyb@hotmail.com
N005	权泉	设计部	设计总监	66286263	1238461	wuqing1978@msn.com
N006	李燕丽	财务部	会计师	64412299	128793113	cheevolin@hotmail.com
N007	李丽芬	财务部	会计师	66270556	38751896	zff01@hotmail.com
N008	陈染	财务部	会计师	66839401	48868792	Martin-way@hotmail.com
N009	沈佳义	财务部	出纳	68522258	895858532	bobo_wener@hotmail.com
N010	朱骏	行政部	经理助理	66270559	258639642	irise.don@hotmail.com

图 6-40

2. 设置表格底纹和图案

❶ 选中要设置底纹的单元格区域，选择“格式”→“单元格”命令，打开“单元格格式”对话框。

❷ 选择“图案”选项卡，在“颜色”栏中可以选择填充颜色；单击“图案”右侧的下拉按钮，打开下拉列表，可以选择图案样式；单击分隔线下面的颜色图标，可以设置图案的颜色，设置的效果在“示例”框中可以预览，如图 6-41 所示。

❸ 设置完成后，单击“确定”按钮，可以看到选中的单元格区域应用设置的效果，如图 6-42 所示。

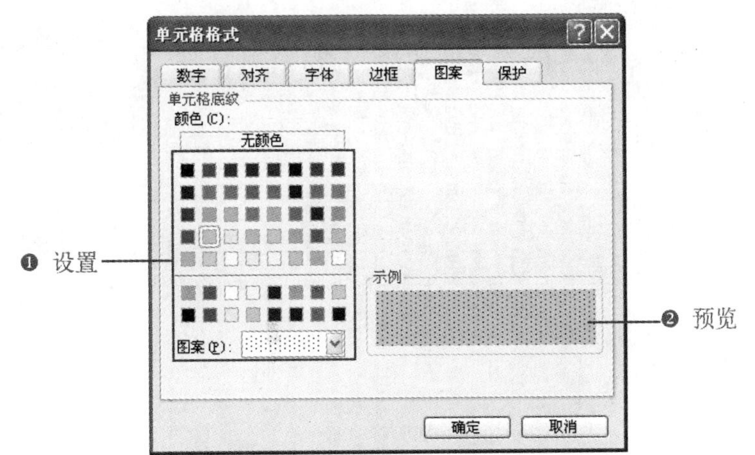

图 6-41

	A	B	C	D	E	F	G
1	员工通讯簿						
2	员工编号	员工姓名	所属部门	岗位	电话	QQ	电子邮箱
3	N001	沈燕	市场部	销售经理	66278962	455011258	12301[illegible]gmail.com
4	N002	陈元	市场部	销售员	64685462	418545698	laomao2001[illegible]4@msn.com
5	N003	周景深	设计部	企划专员	66532560	238422315	apri[illegible]
6	N004	陶可冉	设计部	企划专员	66270553	458792123	wnd[illegible]
7	N005	权泉	设计部	设计总监	66286263	1238461	wuqing1978@msn.com
8	N006	李燕丽	财务部	会计师	64412299	128793113	cheevolin@hotmail.com
9	N007	李丽芬	财务部	会计师	66270556	38751896	zff01@hotmail.com
10	N008	陈染	财务部	会计师	66839401	48868792	Martin-way@hotmail.com
11	N009	沈佳义	财务部	出纳	68522258	895858532	bobo_wener@hotmail.com
12	N010	朱骏	行政部	经理助理	66270559	258639642	irise.don@hotmail.com
13	N011	王文华	行政部	文员	65849390	8974233	mizuki_nakajo@hotmail.com
14	N012	吴小华	行政部	文员	66270561	22388124	yukuangkuang@hotmail.com
15	N013	马瑞	办公室	助理	67349550	48793113	gtyy@example.com
16	N014	吴华	办公室	助理	60343939	89721685	joyce_shan0304@hotmail.com
17	N015	王祥飞	办公室	主任	62984783	649738956	wangxiangfei@163.com

设置的底纹

图 6-42

操作提示

在“格式”工具栏中单击“填充颜色”右侧的下拉按钮，在打开的下拉列表中选择颜色也可设置底纹，只是这里无法设置图案效果。

6.3　人力资源需求规划表

领导审批通过招聘报批表后，人力资源部门需要按照用工量和岗位需求选择合适的方式进行招聘、制定招聘计划并做出招聘费用的预算。常规的招聘费用包括广告宣传费、招聘场地租用费、表格资料打印复印费、招聘人员的午餐费和交通费等，如图 6-43 所示。

人力资源需求规划表

需要补充人员类别			所需条件	招聘方式	人数	希望报道日期
类别		担任工作				
主管	行政部	经理	本科以上学历	社会招聘	2	2013-9-1
	销售部	片区经理	本科以上学历	社会招聘	1	2013-9-2
	生产部	经理	本科以上学历	社会招聘	3	2013-9-15
技术员	生产部	技术助理	大专以上学历	学校招聘	4	2013-9-1
	售后服务	技术助理	大专以上学历	社会与学校招聘	3	2013-9-10
	开发部	开发工程师	本科以上学历	学校招聘	2	2013-10-5
工作员	销售部	销售代表	大专以上学历	社会招聘	5	2013-10-5
	后勤部	后勤助理	大专以上学历	社会招聘	3	2013-10-15
	行政部	行政文员	大专以上学历	社会招聘	3	2013-10-16
其他	清洁部	清洁员	高中以上学历	社会招聘	2	2013-9-10
	安保部	安保员	高中以上学历	社会招聘	5	2013-9-15

图 6-43

6.3.1 重命名工作表

源文件：06/源文件/人力资源需求规划表.xls、**效果文件**：06/效果文件/人力资源需求规划表.xls、**视频文件**：06/视频/6.3.1 人力资源需求规划表.mp4

工作表默认的名称为 Sheet1、Sheet2、…，通过重命名工作表，可以将工作表命名为与该工作表中数据相关的名称。

❶ 创建"人力资源需求规划表"工作簿，选择需要重命名的工作表，并单击鼠标右键，在弹出的快捷菜单中选择"重命名"命令，如图 6-44 所示。

❷ 执行命令后，工作表标签即进入文字编辑状态，输入需要的新名称，按"Enter"键或在工作表中的任意位置单击鼠标确认输入，如图 6-45 所示。

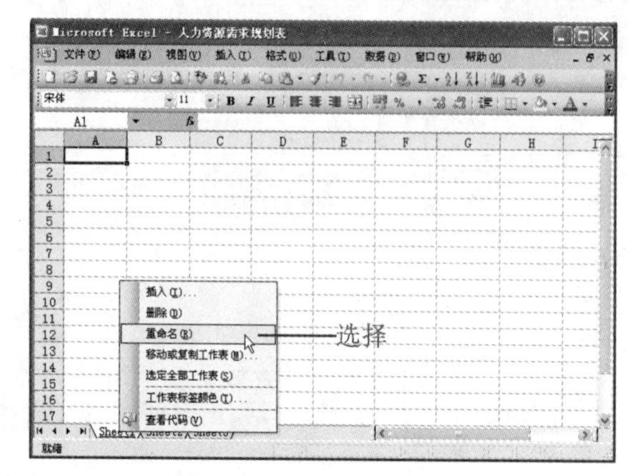

图 6-44

图 6-45

操作提示

在需要重命名的工作表标签上双击鼠标，工作表标签即进入文字编辑状态，也可更改工作表名称。

6.3.2 在单元格输入内容并设置格式

源文件：06/源文件/人力资源需求规划表.xls、**效果文件**：06/效果文件/人力资源需

求规划表.xls、**视频文件：**06/视频/6.3.2 人力资源需求规划表.mp4

创建工作簿并更改工作表名称后，即可在单元格内填充内容，而有些特殊内容需要设置，并且要设置行高、列宽。

1. 设置竖排文字

❶ 在工作表中输入内容，设置标题字体为“华文中宋”、“22”号、“加粗”格式，并合并单元格，设置列标签为“宋体”、“12”号、“加粗”，并设置边框、底纹填充，效果如图 6-46 所示。

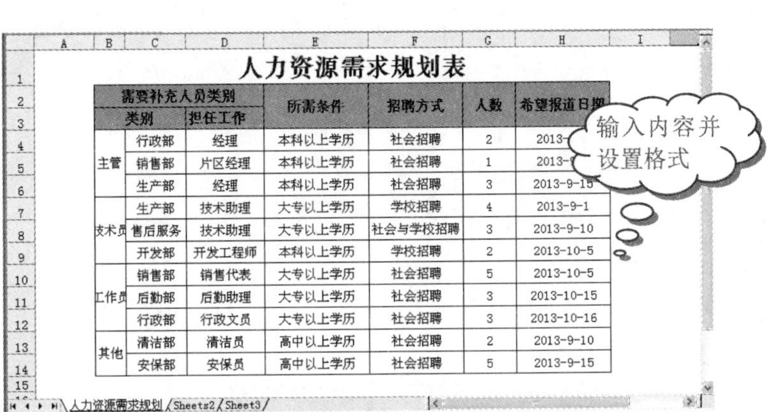

图 6-46

❷ 选中 A4:A14 单元格区域，选择“格式”→“单元格”命令，如图 6-47 所示。

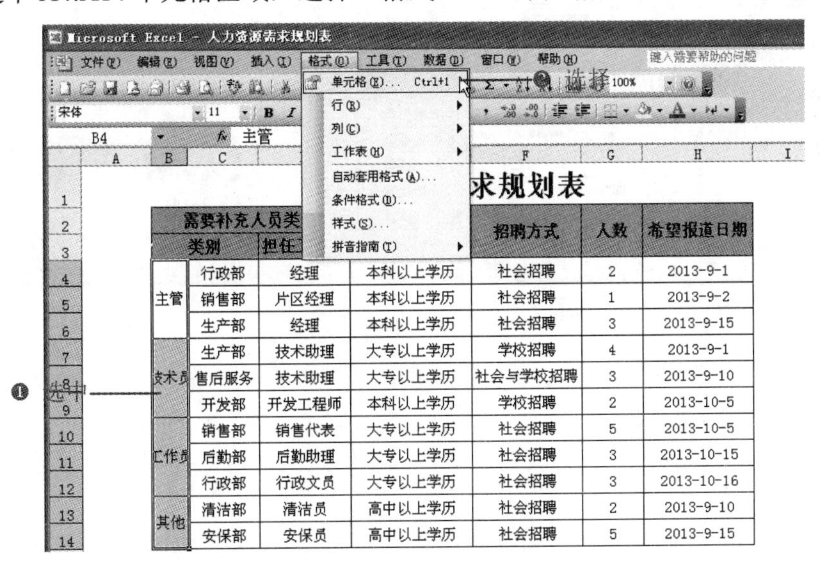

图 6-47

❸ 打开“单元格格式”对话框，选择“对齐”选项卡，在“方向”栏中选择竖排方向，如图 6-48 所示。

❹ 单击“确定”按钮，即可将选中的单元格文本设置成竖排，如图 6-49 所示。

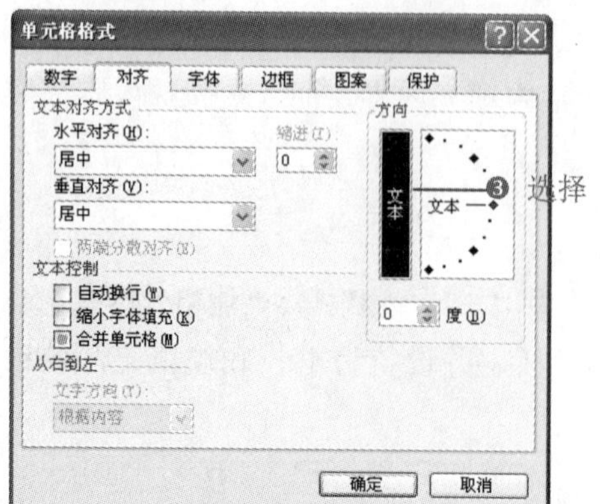

图 6-48

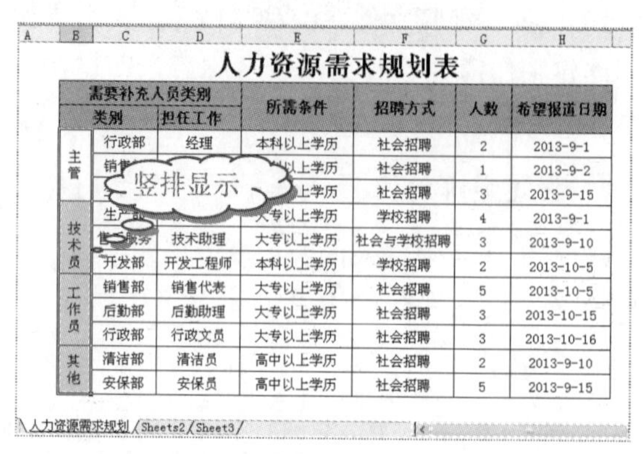

图 6-49

2. 精确设置行高和列宽

❶ 选中需要调整行高的单元格，选择“格式”→“行”命令，在展开的子菜单中选择“行高”命令，如图 6-50 所示。

❷ 打开“行高”对话框，在“行高”文本框中输入行高值，如图 6-51 所示，单击“确定”按钮，即可精确设置行高。

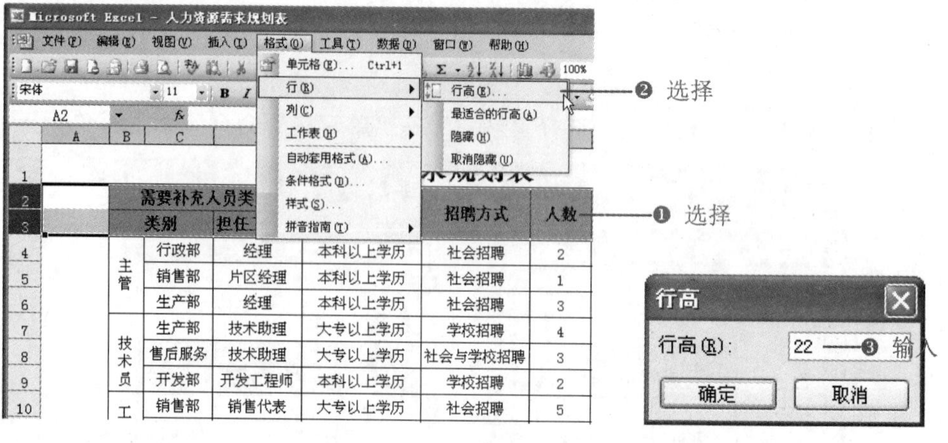

图 6-50　　图 6-51

❸ 再选择需要调整列宽的单元格，选择“格式”→“列”命令，在展开的子菜单中选择“列宽”命令，如图 6-52 所示。

❹ 打开“列宽”对话框，在“列宽”文本框中输入列宽值，如图 6-53 所示，单击“确定”按钮，即可精确设置列宽。

❺ 再以同样的方式设置其他行和列的行高、列宽，最后效果如图 6-54 所示。

操作提示

在“行”和“列”子菜单中有“最适合的行高”和“最适合的列宽”命令，可以根据单元格的内容自动调整行高、列宽。

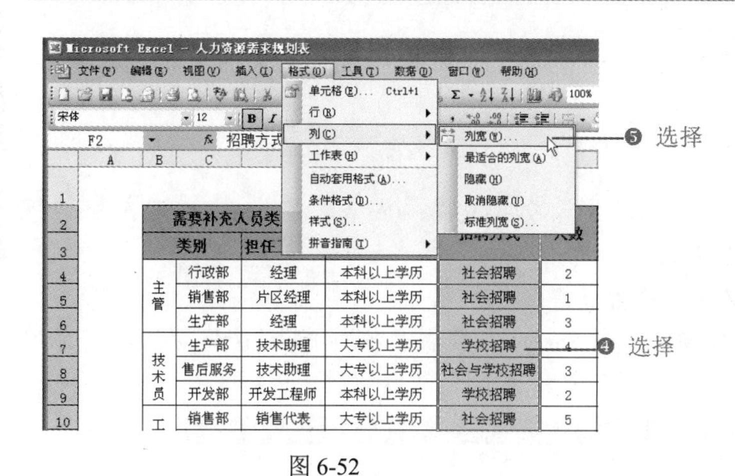

图 6-52

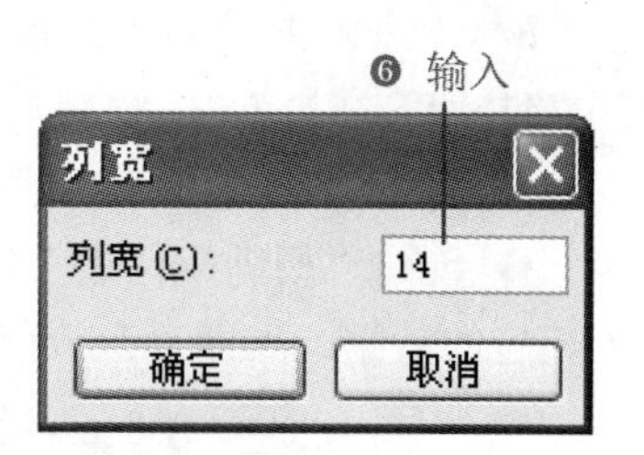

图 6-53

人力资源需求规划表

需要补充人员类别			所需条件	招聘方式	人数	希望报道日期
	类别	担任工作				
主管	行政部	经理	本科以上学历	社会招聘	2	2013-9-1
	销售部	片区经理	本科以上学历	社会招聘	1	2013-9-2
	生产部	经理	本科以上学历	社会招聘	3	2013-9-15
技术员	生产部	技术助理	大专以上学历	学校招聘	4	2013-9-1
	售后服务	技术助理	大专以上学历	社会与学校招聘	3	2013-9-10
	开发部	开发工程师	本科以上学历	学校招聘	2	2013-10-5
工作员	销售部	销售代表	大专以上学历	社会招聘	5	2013-10-5
	后勤部	后勤助理	大专以上学历	社会招聘	3	2013-10-15
	行政部	行政文员	大专以上学历	社会招聘	3	2013-10-16
其他	清洁部	清洁员	高中以上学历	社会招聘	2	2013-9-10
	安保部	安保员	高中以上学历	社会招聘	5	2013-9-15

调整后的行高、列宽

图 6-54

6.4　招聘职位表

在准备招聘会之前，人力资源部门需要根据用工部门各职位申请的人数制作招聘职位表。招聘职位表包括招聘岗位名称、代码、人数以及招聘条件等信息，使应聘者对企业岗位要求有一定的了解，如图 6-55 所示。

招聘职位表

部门	职位代码	职位名称	招聘人数	招考条件		
				学历	专业	其他
销售部	01	营销经理	1	本科以上	市场营销	有两年或以上工作经验
	02	销售代表	5	专科以上	电子商务	30周岁以下
	03	区域经理	2	本科以上	经济管理	有两年或以上工作经验
	04	渠道/分销专员	3	本科以上	市场营销	有两年或以上工作经验
广告部	05	客户经理	1	专科以上	广告学	有两年或以上工作经验
	06	客户专员	4	专科以上	广告学	25周岁以下
	07	文案策划	2	本科以上	编辑出版	有两年或以上工作经验
	08	美术指导	2	专科以上	美术	有两年或以上工作经验
财务部	09	财务经理	1	本科以上	会计学	有两年或以上工作经验
	10	会计师	2	专科以上	会计学	有一年或以上工作经验
	11	出纳员	3	本科以上	会计学	有一年或以上工作经验
生产部	12	生产主管	1	本科以上	市场管理	有三年或以上工作经验
	13	采购员	4	专科以上	会计学	22周岁以上
	14	制造工程师	5	本科以上	工程管理	有三年或以上工作经验

图 6-55

Note

6.4.1 创建招聘职位表

Note

：源文件：06/源文件/招聘职位表.xls、**效果文件**：06/效果文件/招聘职位表.xls、**视频文件**：06/视频/6.4.1 招聘职位表.mp4

首先创建工作簿，然后输入基本内容，并设置格式。

❶ 创建“招聘职位表”工作簿，并将 Sheet1 工作表命名为“职位表”，在单元格中输入相应的数据，如图 6-56 所示。

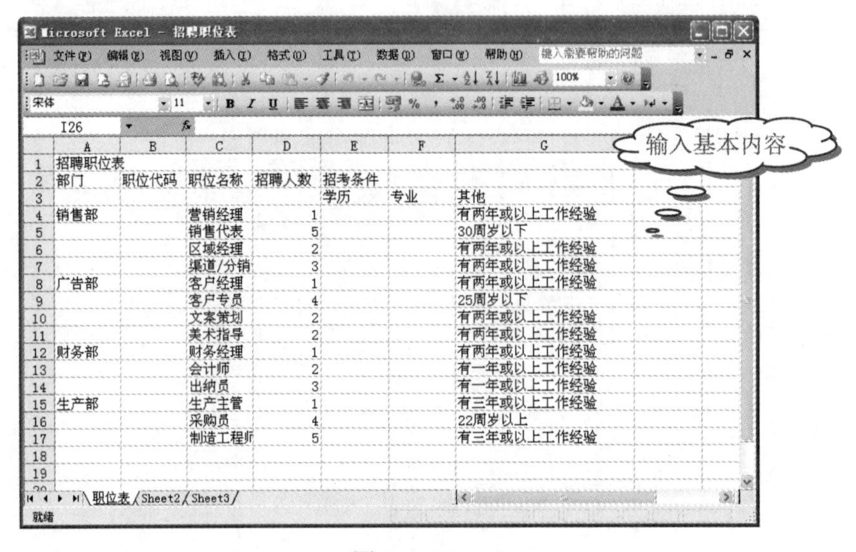

	A	B	C	D	E	F	G
1	招聘职位表						
2	部门	职位代码	职位名称	招聘人数	招考条件		
3					学历	专业	其他
4	销售部		营销经理	1			有两年或以上工作经验
5			销售代表	5			30周岁以下
6			区域经理	2			有两年或以上工作经验
7			渠道/分销	3			有两年或以上工作经验
8	广告部		客户经理	1			有两年或以上工作经验
9			客户专员	4			25周岁以下
10			文案策划	2			有两年或以上工作经验
11			美术指导	2			有两年或以上工作经验
12	财务部		财务经理	1			有两年或以上工作经验
13			会计师	2			有一年或以上工作经验
14			出纳员	3			有一年或以上工作经验
15	生产部		生产主管	1			有三年或以上工作经验
16			采购员	4			22周岁以上
17			制造工程师	5			有三年或以上工作经验

图 6-56

❷ 合并单元格，并且设置字体、字号、对齐方式等格式，调整行高和列宽，为表格添加边框和底纹，最后效果如图 6-57 所示。

招聘职位表

部门	职位代码	职位名称	招聘人数	招考条件		
				学历	专业	其他
销售部		营销经理	1			有两年或以上工作经验
		销售代表	5			30周岁以下
		区域经理	2			有两年或以上工作经验
		渠道/分销专员	3			有两年或以上工作经验
广告部		客户经理	1			有两年或以上工作经验
		客户专员	4			25周岁以下
		文案策划	2			有两年或以上工作经验
		美术指导	2			有两年或以上工作经验
财务部		财务经理	1			有两年或以上工作经验
		会计师	2			有一年或以上工作经验
		出纳员	3			有一年或以上工作经验
生产部		生产主管	1			有三年或以上工作经验
		采购员	4			22周岁以上
		制造工程师	5			有三年或以上工作经验

设置字体和表格

图 6-57

6.4.2　输入招聘职位表剩余内容

：源文件：06/源文件/招聘职位表.xls、**效果文件：**06/效果文件/招聘职位表.xls、**视频文件：**06/视频/6.4.2 招聘职位表.mp4

1. 输入以 0 为开头的数字

❶ 选中“职位代码”下的列表区域（即 B4:B17 单元格区域），选择“格式”→“单元格”命令，如图 6-58 所示。

❷ 打开“单元格格式”对话框，在“数字”选项卡中，在“分类”列表框中选择“文本”选项，如图 6-59 所示。

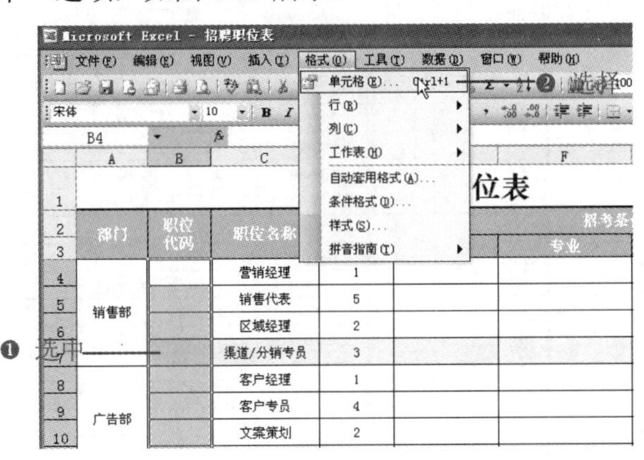

图 6-58

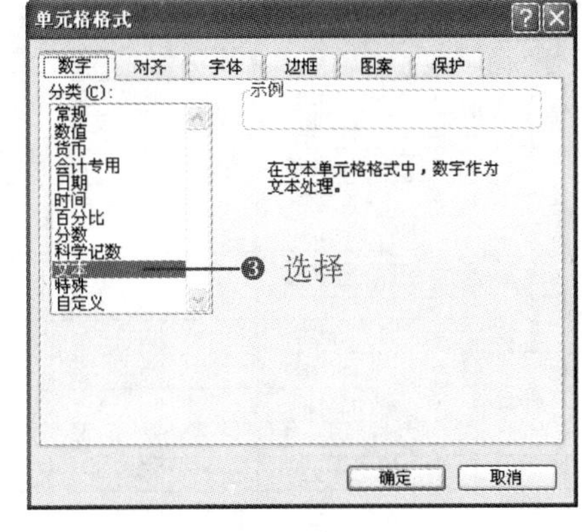

图 6-59

❸ 单击“确定”按钮，然后在单元格中输入以 0 为开头的数字即可输入成功，如图 6-60 所示。然后选中 B4 单元格，将光标定位到单元格右下角，当光标变为黑色十字形状时，向下拖动填充柄填充至 B17 单元格，即可填充序列，如图 6-61 所示。

招聘职位表

部门	职位代码	职位名称	招聘人数	学历
销售部	01	营销经理	1	
		销售代表	5	
		区域经理	2	
		渠道/分销专员	3	
广告部		客户经理	1	
		客户专员	4	
		文案策划	2	
		美术指导	2	
财务部		财务经理	1	
		会计师	2	
		出纳员	3	
生产部		生产主管	1	
		采购员	4	
		制造工程师	5	

❹输入

图 6-60

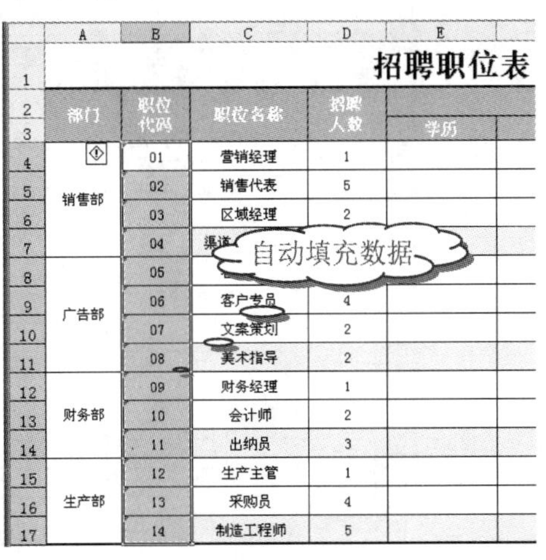

图 6-61

操作提示

选中 B4 单元格，在英文半角状态下输入“'”，接着输入数字 01，按“Enter”键，也可在单元格中输入以 0 为开头的数字。

Note

2．同时在多个单元格中输入数据

❶ 按“Ctrl”键依次单击要输入相同数据的多个单元格，接着输入“本科以上”，如图 6-62 所示。

❷ 按“Ctrl+Enter”快捷键，即可在选中的单元格中同时输入“本科以上”，如图 6-63 所示。

招聘职位表				
部门	职位代码	职位名称	招聘人数	学历
销售部	01	营销经理	1	
	02	销售代表	5	
	03	区域经理	2	
	04	渠道/分销专员	3	
广告部	05	客户经理	1	
	06	客户专员	4	
	07	文案策划	2	
	08	美术指导	2	
财务部	09	财务经理	1	
	10	会计师	2	
	11	出纳员	3	
生产部	12	生产主管	1	
	13	采购员	4	
	14	制造工程师	5	本科以上

图 6-62

招聘职位表				
部门	职位代码	职位名称	招聘人数	学历
销售部	01	营销经理	1	本科以上
	02	销售代表	5	
	03	区域经理	2	本科以上
	04	渠道/分销专员	3	本科以上
广告部	05	客户经理	1	
	06	客户专员	4	
	07	文案策划	2	本科以上
	08	美术指导	2	
财务部	09	财务经理	1	本科以上
	10	会计师	2	
	11	出纳员	3	本科以上
生产部	12	生产主管	1	本科以上
	13	采购员	4	
	14	制造工程师	5	本科以上

图 6-63

❸ 按照相同的方法根据实际需求，快速输入各个岗位的学历要求条件，如图 6-64 所示。

招聘职位表						
部门	职位代码	职位名称	招聘人数	招考条件		
				学历	专业	其他
销售部	01	营销经理	1	本科以上		有两年或以上工作经验
	02	销售代表	5	专科以上		30周岁以下
	03	区域经理	2	本科以上		有两年或以上工作经验
	04	渠道/分销专员	3	本科以上		[illegible]
广告部	05	客户经理	1	专科以上		[illegible]
	06	客户专员	4	专科以上		25周岁以下
	07	文案策划	2	本科以上		有两年或以上工作经验
	08	美术指导	2	专科以上		有两年或以上工作经验
财务部	09	财务经理	1	本科以上		有两年或以上工作经验
	10	会计师	2	专科以上		有一年或以上工作经验
	11	出纳员	3	本科以上		有一年或以上工作经验
生产部	12	生产主管	1	本科以上		有三年或以上工作经验
	13	采购员	4	专科以上		22周岁以上
	14	制造工程师	5	本科以上		有三年或以上工作经验

输入所有内容

图 6-64

3. 开启记忆式键入快速输入

❶ 在 F4、F5、F6 单元格中输入专业后，在 F6 单元格中输入“市场”，会自动在单元格中显示该列中相应的已有数据，如“市场营销”，如图 6-65 所示。

	A	B	C	D	E	F	G
1	招聘职位表						
2	部门	职位代码	职位名称	招聘人数	招考条件		
3					学历	专业	其他
4	销售部	01	营销经理	1	本科以上	市场营销	有两年或以上工作经验
5		02	销售代表	5	专科以上	电子商务	30周岁以下
6		03	区域经理	2	本科以上	经济管理	有两年或以上工作经验
7		04	渠道/分销专员	3	本科以上	市场营销	有两年或以上工作经验
8	广告部	05	客户经理	1	专科以上		有两年或以上工作经验
9		06	客户专员	4	专科以上		25周岁以下
10		07	文案策划	2	本科以上		有两年或以上工作经验
11		08	美术指导	2	专科以上		有两年或以上工作经验
12		09	财务经理	1	本科以上		有两年或以上工作经验

❶ 输入

图 6-65

❷ 利用记忆式键入方法输入其他专业。如果没有开启记忆式键入，可以单击“工具”按钮，在弹出的菜单中选择“选项”命令，打开“选项”对话框，选择“编辑”选项卡，选中“记忆式键入”复选框，如图 6-66 所示，单击“确定”按钮即可。

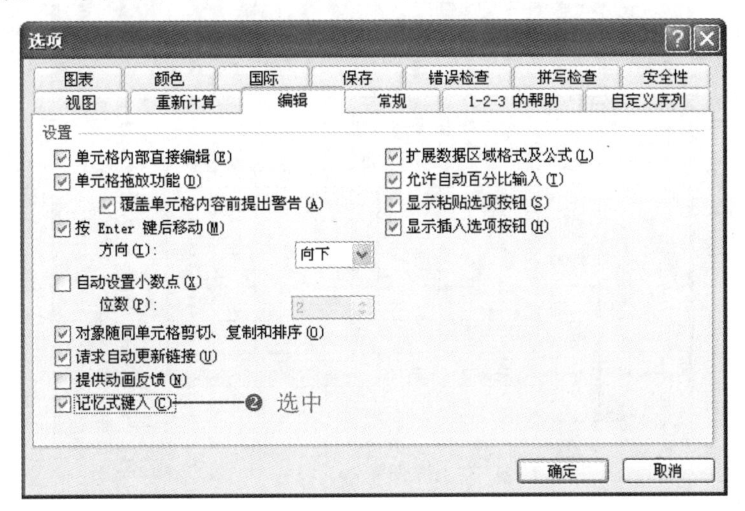

图 6-66

6.5　名额编制计划表

名额编制计划表用于记录企业人力资源人员规划名额数据，方便人力资源部门招聘和统筹安排人员，使企业正常运转，如图 6-67 所示。

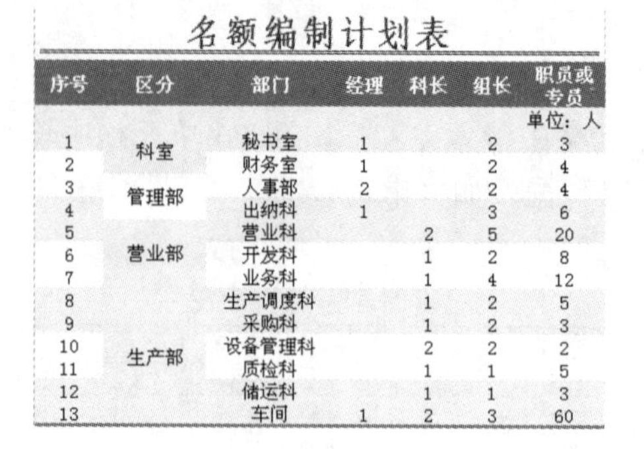
名额编制计划表

序号	区分	部门	经理	科长	组长	职员或专员
						单位：人
1	科室	秘书室	1		2	3
2		财务室	1		2	4
3	管理部	人事部	2		2	4
4		出纳科	1		3	6
5	营业部	营业科		2	5	20
6		开发科		1	2	8
7		业务科		1	4	12
8	生产部	生产调度科		1	2	5
9		采购科		1	2	3
10		设备管理科		2	2	2
11		质检科		1	1	5
12		储运科		1	1	3
13		车间	1	2	3	60

图 6-67

6.5.1 创建名额编制计划表工作簿

：源文件：06/源文件/名额编制计划表.xls、**效果文件**：06/效果文件/名额编制计划表.xls、**视频文件**：06/视频/6.5.1 名额编制计划表.mp4

❶ 创建"名额编制计划表"工作簿，并将 Sheet1 工作表命名为"名额编制计划表"，在单元格中输入相应的数据。

❷ 设置字体、表格的格式，并添加表格边框和底纹，效果如图 6-68 所示。

名额编制计划表

序号	区分	部门	经理	科长	组长	职员或专员
	科室	秘书室	1		2	3
		财务室	1		2	4
	管理部	人事部	2		2	4
		出纳科	1		3	6
	营业部	营业科		2	5	20
		开发科		1	2	8
		业务科		1	4	12
	生产部	生产调度科		1	2	5
		采购科		1	2	3
		设备管理科		2	2	2
		质检科		1	1	5
		储运科		1	1	3
		车间	1	2	3	60

创建工作簿

图 6-68

6.5.2 输入特殊内容、设置特殊格式

：源文件：06/源文件/名额编制计划表.xls、**效果文件**：06/效果文件/名额编制计划表.xls、**视频文件**：06/视频/6.5.2 名额编制计划表.mp4

1. 填充序列

❶ 在 A3 单元格中输入数字 1，将光标定位到 A3 单元格右下角，当光标变为黑色十字

形状时，拖动鼠标向下填充到 A15 单元格，单击“自动填充选项”下拉按钮，在其下拉列表中选择“以序列方式填充”选项，如图 6-69 所示。

❷ 执行命令后，即可看到 A3:A15 单元格数据按照等差数列自动填充，如图 6-70 所示。

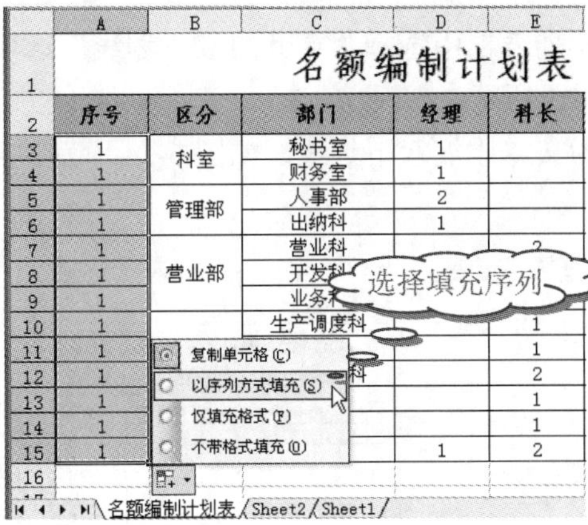

名额编制计划表

序号	区分	部门	经理	科长
1	科室	秘书室	1	
1		财务室	1	
1	管理部	人事部	2	
1		出纳科	1	
1	营业部	营业科		2
1		开发科		
1		业务科		
1		生产调度科		1
1				1
1		科		2
1				1
1				1
1			1	2

图 6-69

名额编制计划表

序号	区分	部门	经理	科长
1	科室	秘书室	1	
2		财务室	1	
3	管理部	人事部	2	
4		出纳科	1	
5				2
6				1
7		业务科		1
8	生产部	生产调度科		1
9		采购科		1
10		设备管理科		2
11		质检科		1
12		储运科		1
13		车间	1	2

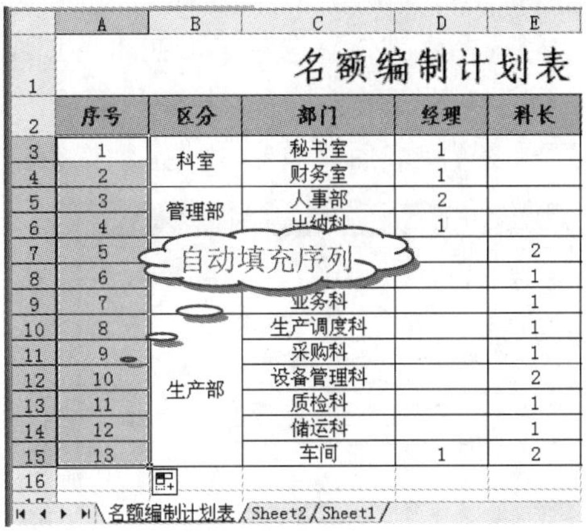

图 6-70

知识拓展

自动填充等差、等比等序列

除了上面的方法填充序列、格式和不带格式填充等，还可以利用“序列”对话框填充等比、工作日等序列。

选择输入数据的起始单元格，选择“编辑”→“填充”命令，在展开的子菜单中可选择“向下填充”、“向右填充”、“向上填充”、“向左填充”等填充方式，如果没有需要的选择，可选择“序列”命令（如图 6-71 所示），打开“序列”对话框，在其中可设置多种填充方式，如图 6-72 所示设置在行中填充步长为 1 的工作日序列，单击“确定”按钮，即可自动填充工作日。

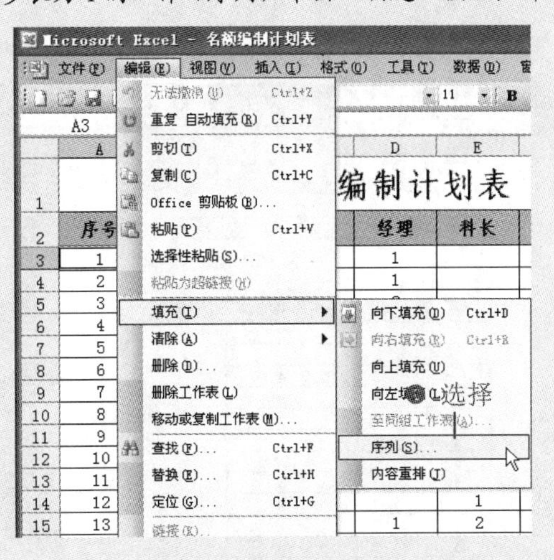

图 6-71

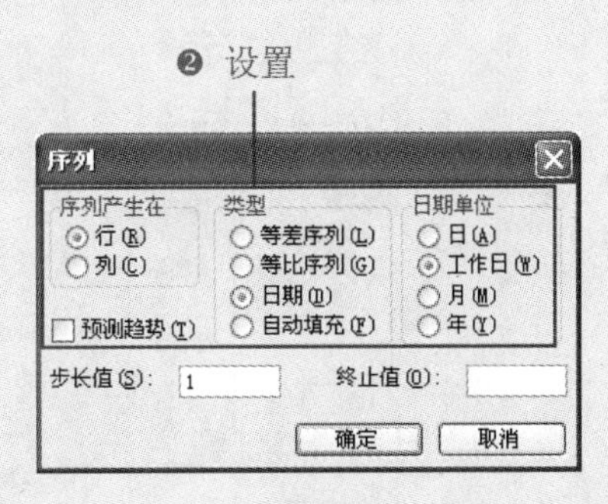

图 6-72

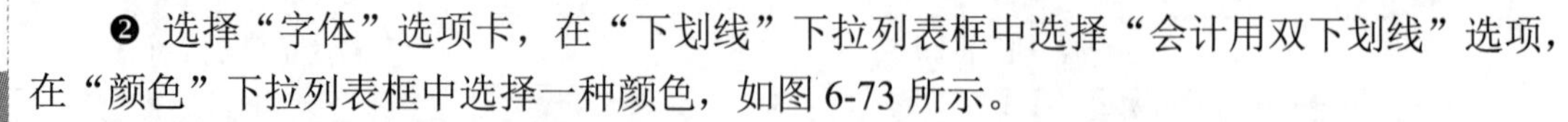

2．设置双下划线样式

❶ 选择需要添加下划线的单元格，选择“格式”→“单元格”命令，打开“单元格格式”对话框。

❷ 选择“字体”选项卡，在“下划线”下拉列表框中选择“会计用双下划线”选项，在“颜色”下拉列表框中选择一种颜色，如图 6-73 所示。

❸ 设置完成后，单击“确定”按钮，即可为文本添加双下划线，如图 6-74 所示。

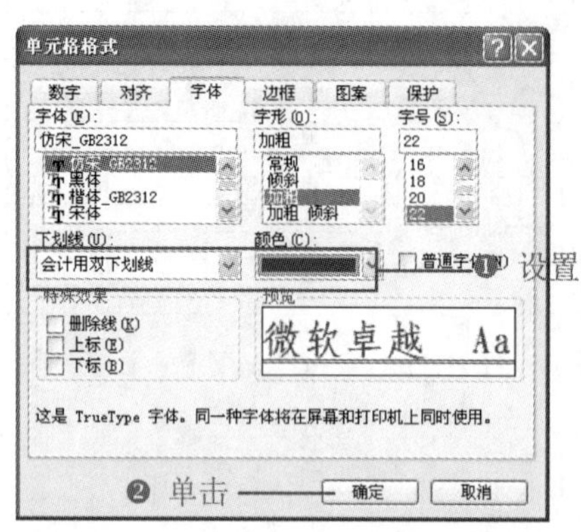

图 6-73

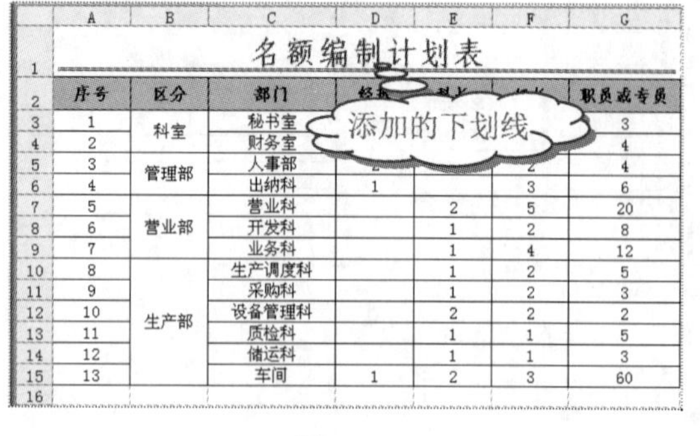

图 6-74

操作提示

在“格式”工具栏中，若单击“下划线” U 按钮，可直接添加默认的单下划线效果，要设置更多的下划线效果，需在“单元格格式”对话框中进行设置。

3．插入行

❶ 选中第 3 行任意单元格，选择“插入”→“行”命令，如图 6-75 所示。

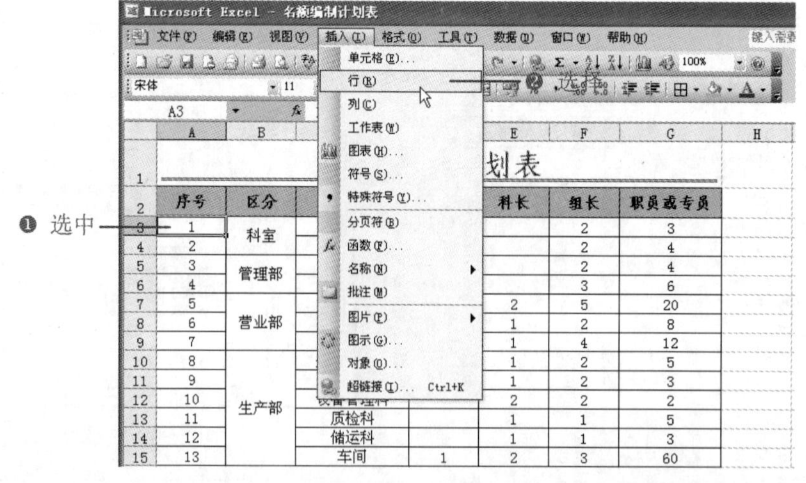

图 6-75

❷ 执行命令后，即可在选择的单元格上面插入一行，格式与上面的一行格式相同，但这里不需要格式，可单击“插入选项”按钮，在展开的下拉列表中选中“清除格式”单选按钮，如图 6-76 所示。

❸ 执行命令后，插入的行即可不带格式，在 G3 单元格中输入“单位：人”，如图 6-77 所示。

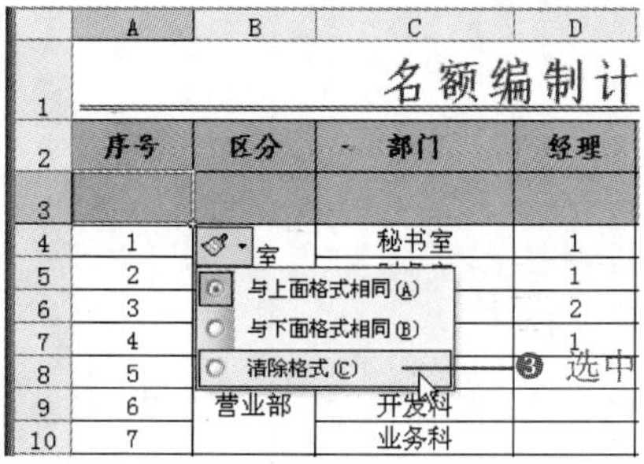

	A	B	C	D
1	名额编制计			
2	序号	区分	部门	经理
3				
4	1	室	秘书室	1
5	2			1
6	3			2
7	4			1
8	5			
9	6	营业部	开发科	
10	7		业务科	

与上面格式相同(A)
与下面格式相同(B)
清除格式(C)
❸ 选中

图 6-76

	A	B	C	D	E	F	G
1	名额编制计划表						
2	序号	区分	部门	经理	科长	组长	职员或专员
3				❹ 输入			单位：人
4	1	科室	秘书室	1		2	3
5	2		财务室	1		2	4
6	3	管理部	人事部	2		2	4
7	4		出纳科	1		3	6
8	5	营业部	营业科		2	5	20
9	6		开发科		1	2	8
10	7		业务科		1	4	12
11	8	生产部	生产调度科		1	2	5
12	9		采购科		1	2	3
13	10		设备管理科		2	2	2
14	11		质检科		1	1	5
15	12		储运科		1	1	3
16	13		车间	1	2	3	60

图 6-77

操作提示

按照同样的方法，选择“插入”→“列”命令，即可在选择的单元格左侧插入一列。

知识拓展

选择要插入行、列或单元格临近单元格，并单击鼠标右键，在弹出的快捷菜单中选择“插入”命令，打开“插入”对话框，该对话框中提供了 4 种插入对象，前两个插入的是单元格，用户可根据需要进行选择，如图 6-78 所示，单击“确定”按钮即可。

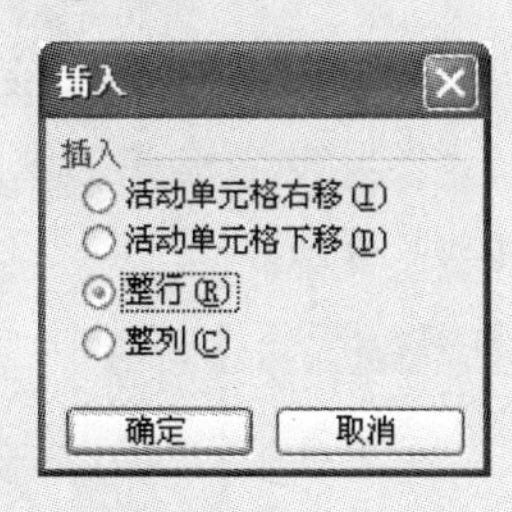

图 6-78

4．自动换行

❶ 选中 G3 单元格，选择“格式”→“单元格”命令，打开“单元格格式”对话框。

❷ 选择“对齐”选项卡，选中“自动换行”复选框，如图 6-79 所示。

❸ 单击“确定”按钮，调整好行高和列宽，最终效果如图 6-80 所示。

Note

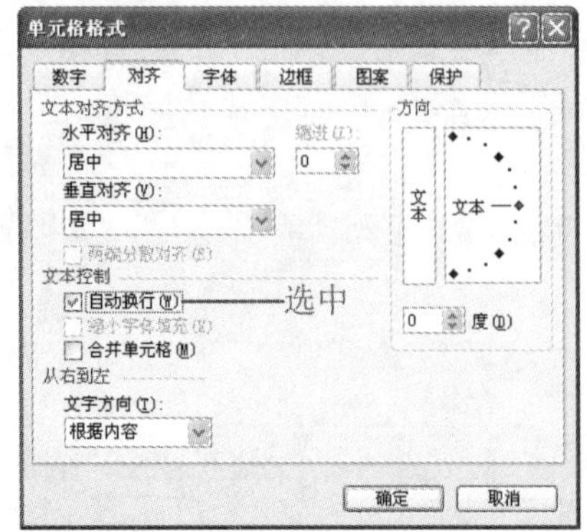

图 6-79

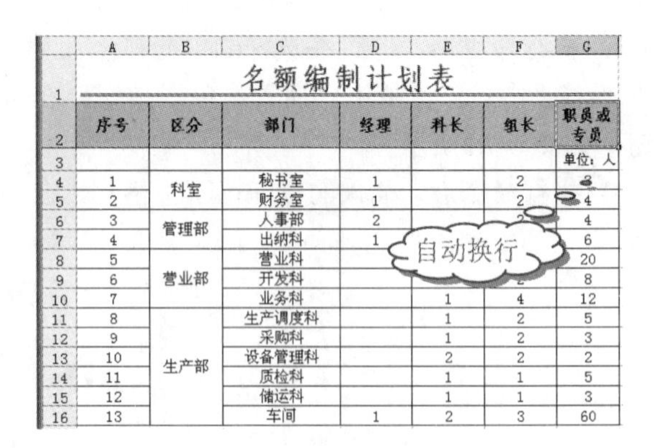

图 6-80

6.5.3 自动套用格式美化表格

源文件：06/源文件/名额编制计划表.xls、**效果文件**：06/效果文件/名额编制计划表.xls、**视频文件**：06/视频/6.5.3 名额编制计划表.mp4

❶ 选择需要套用表格格式的单元格区域，选择"格式"→"自动套用格式"命令，如图 6-81 所示。

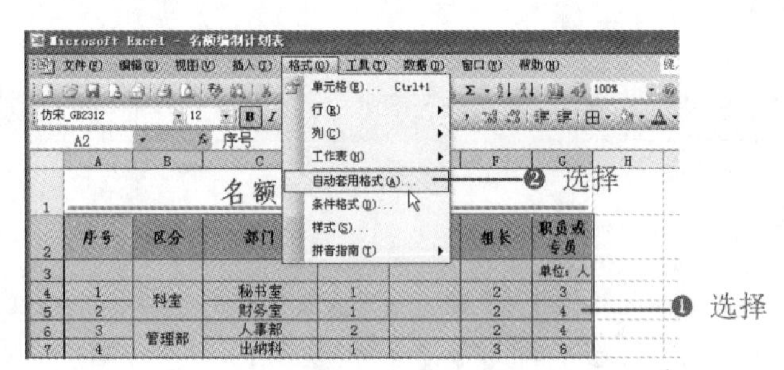

图 6-81

❷ 打开"自动套用格式"对话框，在列表框中选择一种表格格式，如图 6-82 所示。

❸ 单击"确定"按钮，即可自动套用表格格式，套用后原来设置的格式会发生改变，可以重新进行设置，最终效果如图 6-83 所示。

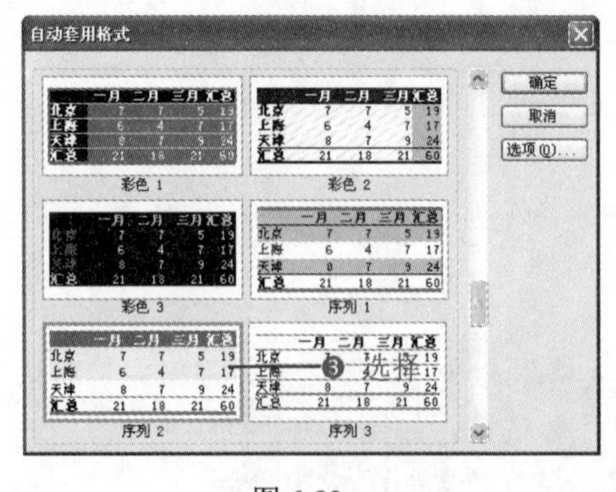

图 6-82

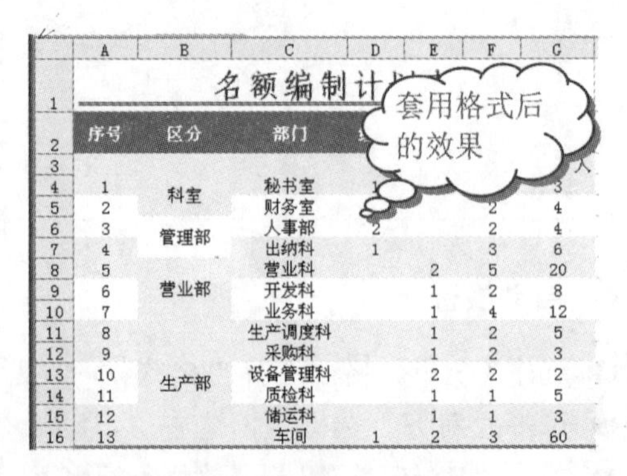

图 6-83

第7章 表格页面设置、打印和管理

Excel表格页面可以像Word一样进行设置，通过设置可以使打印出来的表格更加美观，看起来更方便；对于比较重要的表格，可将其加密保护，防止恶意攻击。本章重点介绍表格页面设置技巧，以及保护和打印表格。

☑ 商品库存需求表

☑ 安全日报表

☑ 企业新进员工登记表

本章部分学习目标及案例

SB0009-1(2004年版)

扣缴个人所得税汇总报告表

填表日期：2004 年 2 月 9 日

税款所得期 2004 年 1 月 1 日至 2004 年 1 月 31 日　　金额单位：元（列至角分）

扣税义务人登记号 440100　扣缴义务人电脑编码 00000-J00　联系电话 12345678

扣税义务人名称(盖章) 广州市xxx有限公司　注册地址 东川路一百九十号　邮政编码 510100

注册类型 JT　法人代表 ABC　开户银行 0　账号 0

所得项目	所属期间	汇总人数	收入汇总额（人民币）	按规定扣除项目 社保费（汇总）	住房公积金（汇总）	其他（汇总）	减费用额（汇总）	应纳税所得额（汇总）	税率	速算扣除数（汇总）	扣缴所得税额（汇总）

请填写税率！　合计 88.50

附表共 1 份

会计主管签名：　财务负责人签名：　填表人签名： Lad

（1）

财务报表

股票代码	股票名称	流通A股(××年,末期)(万股)	每股收益摊薄(××年,末期)(元)	每股收益摊薄(××年,第三季度)(元)	每股净资产(××年,末期)(元)	每股净资产(××年,第三季度)(元)	净资产收益率(××年,末期)(%)	净资产收益率(××年,第三季度)(%)	主营业务收入(××年,末期)(万元)	主营业务收入(××年,第三季度)(万元)	主营业务利润(××年,末期)(万元)	主营业务利润(××年,第三季度)(万元)	净利润(××年,末期)(万元)	净利润(××年,第三季度)(万元)
000028	一致药业	5488.56	0.00	0.04	0.00	1.26	0.00	2.84	0.00	136864.45	0.00	30512.72	0.00	1027.36
000153	丰原药业	2500.00	0.00	0.32	0.00	8.55	0.00	3.78	0.00	12576.58	0.00	5271.23	0.00	2100.30
000411	ST 英 特	3153.07	0.00	0.01	0.00	0.67	0.00	1.18	0.00	95197.09	0.00	4748.88	0.00	91.22
000412	ST 五 环	10632.17	0.00	-0.12	0.00	0.17	0.00	-68.78	0.00	533.96	0.00	82.51	0.00	-3350.99
000416	健特生物	13831.79	0.62	0.52	1.41	1.37	44.33	37.98	42683.76	35759.51	29050.69	24580.53	15682.96	13063.08
000423	东阿阿胶	19175.34	0.32	0.22	2.88	3.04	11.05	7.38	11.00	35775.72	33566.42	21730.49	8680.93	6115.11
000513	丽珠集团	11567.23	0.00	0.22	0.00	3.23	0.00	6.95	0.00	113687.21	0.00	50593.88	0.00	6872.09
000522	白云山A	15654.44	0.16	0.14	1.46	1.37	10.72	10.04	195728.59	153176.37	72497.53	56361.19	5848.21	5163.68
000538	云南白药	5875.05	0.50	0.38	2.50	2.69	20.20	14.13	110094.25	78594.76	38791.37	27975.84	9368.76	7060.43
000545	恒和制药	6809.58	0.00	-0.03	0.00	1.03	0.00	-2.42	0.00	9436.07	0.00	3406.77	0.00	-338.15
000566	ST 海 药	8354.90	0.00	0.05	0.00	-1.18	0.00	-4.09	0.00	12110.21	0.00	6142.17	0.00	976.17
000590	紫光古汉	6355.39	0.00	-0.02	0.00	1.35	0.00	-1.29	0.00	20188.40	0.00	6634.10	0.00	-355.00
000591	桐 君 阁	3828.00	0.00	0.08	0.00	2.51	0.00	3.17	0.00	121504.00	0.00	12867.77	0.00	875.49
000597	东 北 药	10881.00	0.00	0.03	0.00	2.94	0.00	1.09	0.00	107229.84	0.00	22637.55	0.00	977.36
000605	四环药业	2062.50	0.00	0.05	0.00	1.31	0.00	3.49	0.00	3739.01	0.00	1890.92	0.00	376.97
000623	吉林敖东	12529.66	0.32	0.25	4.54	5.13	7.12	4.77	57381.63	38887.66	34728.89	11.00	7556.20	5718.95
000627	百科药业	17111.00	0.01	0.03	1.17	1.19	0.76	2.73	11.00	22957.09	7856.85	5536.66	526.08	1935.96
000661	长春高新	7980.34	0.00	0.03	0.00	3.48	0.00	0.81	0.00	33205.00	0.00	23696.00	0.00	372.00
000705	浙江震元	8085.37	0.00	0.11	0.00	3.41	0.00	3.25	0.00	43540.30	0.00	9109.01	0.00	1387.95
000739	普洛药业	7358.94	0.00	0.11	0.00	1.61	0.00	6.23	0.00	47556.93	0.00	10901.04	0.00	1640.60
000750	桂林集琦	12220.00	0.00	0.00	0.00	2.79	0.00	0.08	0.00	13299.41	0.00	4096.52	0.00	48.66
000756	新华制药	7615.33	0.00	0.12	0.00	3.05	0.00	4.08	0.00	88170.90	0.00	22929.10	0.00	5697.70
000766	通化金马	28493.40	0.00	0.02	0.00	1.07	0.00	1.97	0.00	12101.00	0.00	8745.00	0.00	950.00
000788	ST 合 成	4950.00	0.00	-0.27	0.00	1.23	0.00	-22.36	0.00	20511.42	0.00	2413.48	0.00	-5276.35
000790	华神集团	3978.00	0.00	0.11	0.00	3.18	0.00	3.49	0.00	12131.63	0.00	4342.20	0.00	1417.65
000919	金陵药业	8000.00	0.00	0.32	0.00	4.16	0.00	7.67	0.00	43161.50	0.00	21162.49	0.00	8920.21
000952	广济药业	7076.77	0.00	0.11	0.00	2.96	0.00	3.80	0.00	15045.75	0.00	5546.98	0.00	1922.53
000963	华东医药	10000.00	0.00	0.07	0.00	1.48	0.00	4.89	0.00	155263.03	0.00	22776.06	0.00	2744.38
000989	九 芝 堂	5200.00	0.38	0.32	3.05	4.22	12.34	7.51	90513.09	63965.84	32979.00	23488.69	6292.09	4074.03

（2）

7.1 基础知识

7.1.1 设置工作簿打开和修改密码

源文件：07/源文件/7.1.1 设置密码.xls、**视频文件**：07/视频/7.1.1 设置密码.mp4

工作簿编辑完成后，对于一些机密数据需要对其进行加密保护，以增加文件的安全性。

❶ 选择“工具”→“选项”命令，打开“选项”对话框。

❷ 选择“安全性”选项卡，在“打开权限密码”和“修改权限密码”文本框中分别输入相应的密码，如图 7-1 所示。

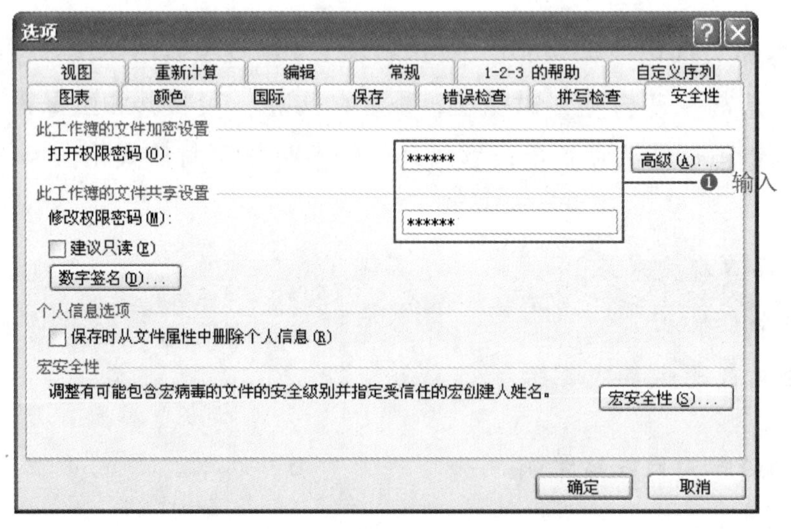

图 7-1

❸ 单击“确定”按钮，打开“确认密码”对话框，再输入一遍密码，如图 7-2 所示，单击“确定”按钮，打开“确认密码”对话框，再次输入修改权限密码，如图 7-3 所示。

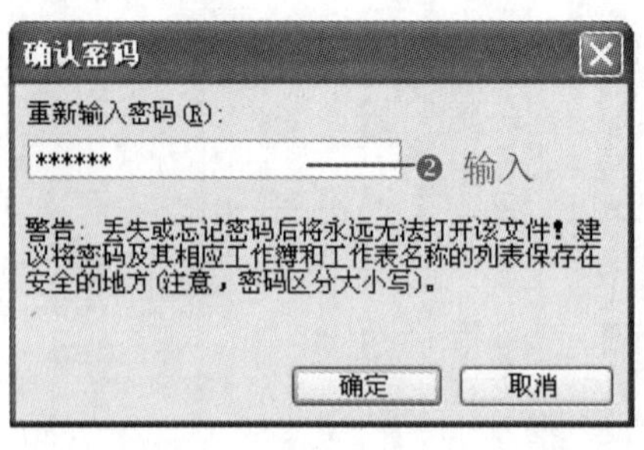

图 7-2

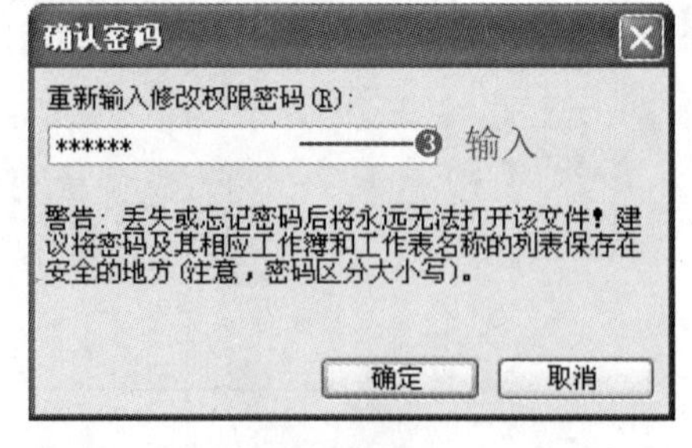

图 7-3

❹ 单击“确定”按钮，再次打开文档和修改文档时，需要输入正确的密码才能操作。

7.1.2 插入工作表

：源文件：07/源文件/7.1.2 插入工作表.xls、**视频文件：**07/视频/7.1.2 插入工作表.mp4

新建的工作簿默认只包含 3 张工作表，当需要使用的工作表多于 3 张时，就需要插入新工作表。

❶ 需要在其前面插入工作表的工作表标签上单击鼠标右键，在弹出的快捷菜单中选择“插入”命令，如图 7-4 所示。

❷ 打开“插入”对话框，在“常用”选项卡中选择“工作表”选项，如图 7-5 所示。

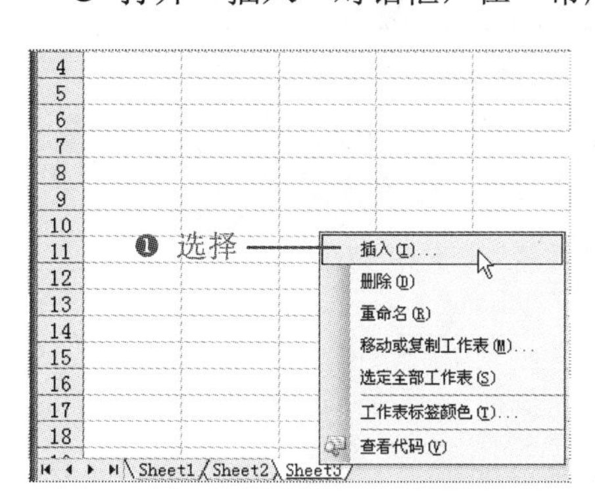

图 7-4

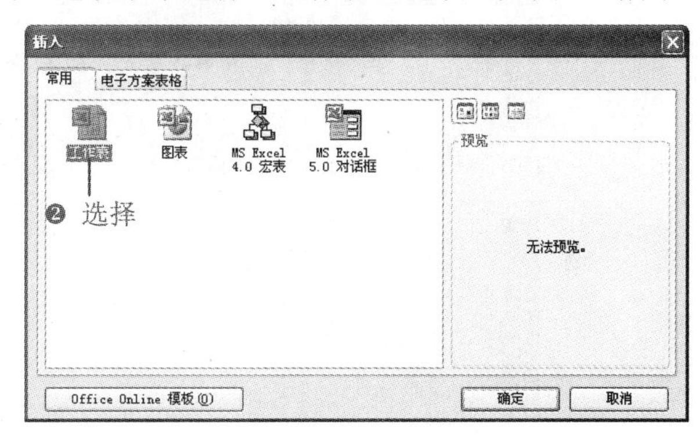

图 7-5

❸ 单击“确定”按钮，即可在选择的工作表前面插入一个新的工作表，如图 7-6 所示。

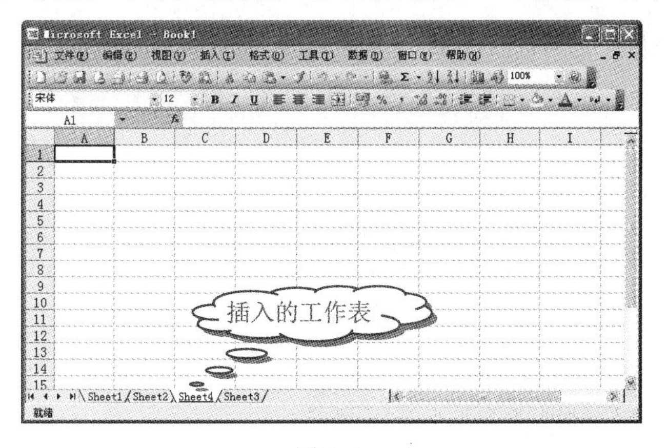

图 7-6

操作提示

选择“插入”→“工作表”命令，也可在选中的工作表前面插入工作表；选中需要删除的工作表，在菜单中依次选择“编辑”→“删除工作表”命令，可删除不用的工作表，或在要删除的工作表的标签上单击鼠标右键，在弹出的快捷菜单中选择“删除”命令即可。

7.1.3 保护单元格

:源文件: 07/源文件/7.1.3 保护单元格.xls、**视频文件:** 07/视频/7.1.3 保护单元格.mp4

保护单元格主要针对锁定或隐藏单元格中的内容。要想保护工作表中的所有单元格或部分单元格，首先要保证单元格所在的工作表处于保护状态。

❶ 单击工作表左上角的“全部选择”按钮，选中工作表中的所有单元格，如图 7-7 所示。

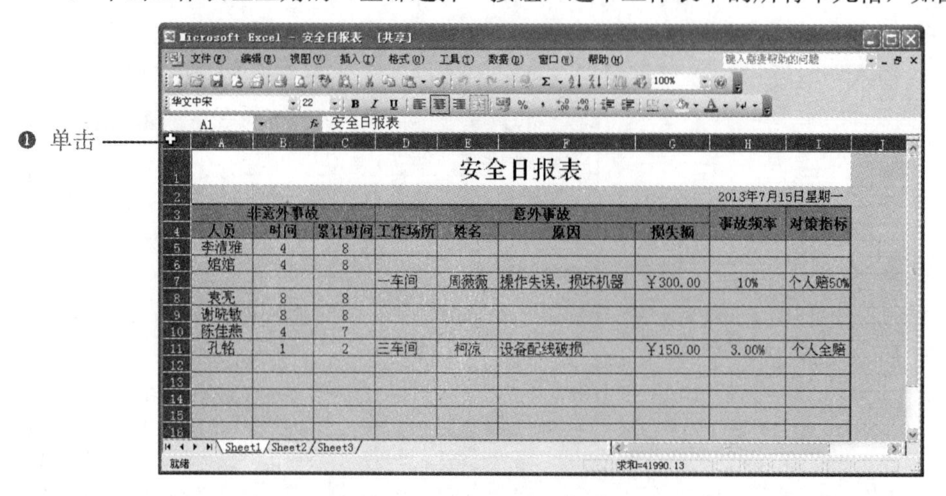

图 7-7

❷ 选择“格式”→“单元格”命令，打开“单元格格式”对话框，选择“保护”选项卡，取消选中“锁定”复选框，如图 7-8 所示。

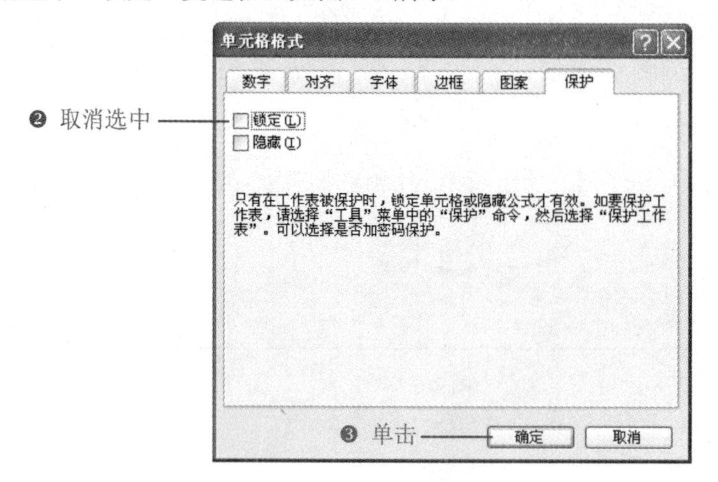

图 7-8

❸ 单击“确定”按钮，在工作表中选中要保护的单元格区域，如 G7:H11 单元格区域，再次打开“单元格格式”对话框，选择“保护”选项卡，重新选中“锁定”复选框，表示仅对选择单元格区域进行锁定。

❹ 单击“确定”按钮回到工作表中，然后依次选择“工具”→“保护”→“保护工作表”命令，打开“保护工作表”对话框，设置工作表保护密码。

❺ 设置完成后，当试图对这一部分单元格进行更改时，弹出对话框提示只有撤销保护后才能操作，如图 7-9 所示。

图 7-9

操作提示

在“保护工作表”对话框的“允许此工作表的所有用户进行”列表框中选中“选中未锁定的单元格”，即不禁止选择未锁定的单元格，否则设置密码后，所有的单元格都不能进行操作。

7.1.4　自定义序列

源文件：07/源文件/7.1.4 自定义序列.xls、**视频文件：**07/视频/7.1.4 自定义序列.mp4

Excel 中有默认的序列可以让我们在填充时直接使用。除此之外，还可以自定义序列，以方便我们日常工作的使用。例如，工作中经常要输入“测试一、测试二、测试三、……”这样一个序列，可以按如下方法来定义序列并使用它。

❶ 选择“工具”→“选项”命令，打开“选项”对话框。

❷ 选择“自定义序列”选项卡，在“输入序列”列表框中输入要建立的序列（注意，每输入一个数据后要使用半角逗号隔开或按“Enter”键换行），单击“添加”按钮，可以将输入的序列添加到左侧的“自定义序列”列表框中，如图 7-10 所示。

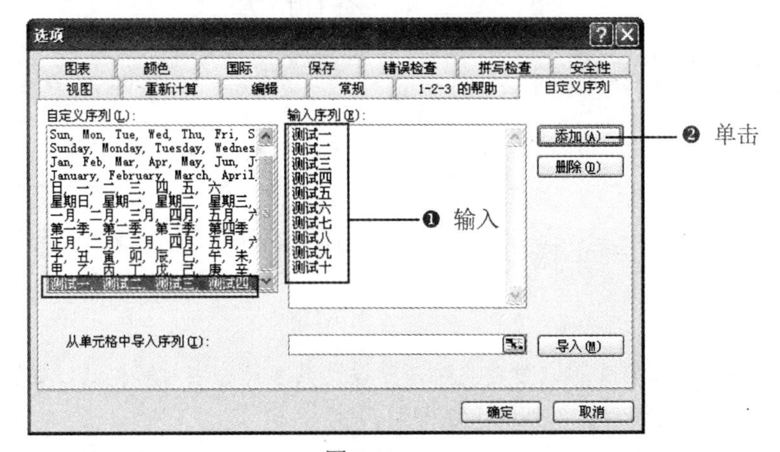

图 7-10

❸ 单击“确定”按钮，即可添加成功。

操作提示

在工作表连续的单元格中输入需要自定义为序列的数据，并将它们选中，在“选项”对话框的“自定义序列”选项卡中，可以看到“导入”按钮前面的编辑框中显示的是前面选中的单元格区域，不需要再输入序列。

知识拓展

删除设置序列

如果设置的序列不再需要，可以进行删除，打开“选项”对话框，选择“自定义序列”选项卡，在“自定义序列”列表框中选中要编辑的序列，该序列就会显示到“输入序列”，单击“删除”按钮可删除序列。

7.1.5 添加批注

源文件：07/源文件/7.1.5 添加批注.xls、**视频文件**：07/视频/7.1.5 添加批注.mp4

批注的作用是对单元格中的内容进行注释，方便用户理解。

❶ 选中需要插入批注的单元格，依次选择“插入”→“批注”命令（如图 7-11 所示），打开批注编辑框。

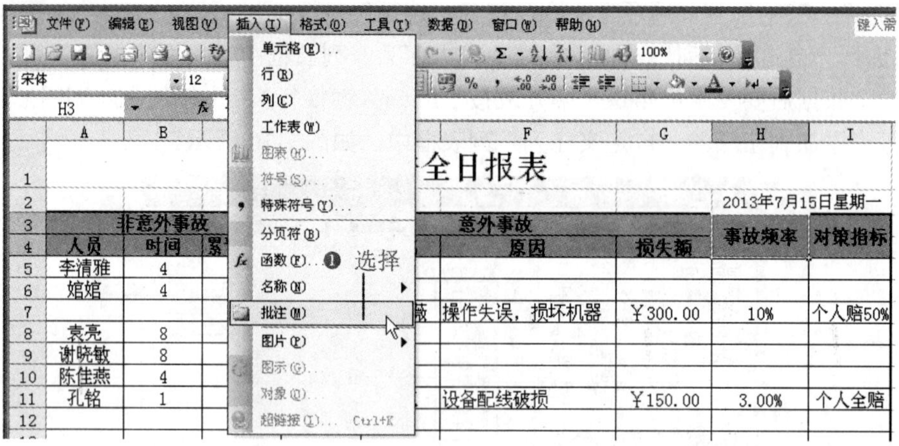

图 7-11

❷ 在批注编辑框中输入批注文字，并设置其字体、字号等格式，如图 7-12 所示。完成输入后，单击批注编辑框以外的区域即可。

❸ 其中默认出现的名称是安装 Excel 时设置的用户名，可以删除或修改。打开“选项”

对话框，选择“常规”选项卡，在“用户名”文本框中输入名称，如图 7-13 所示。

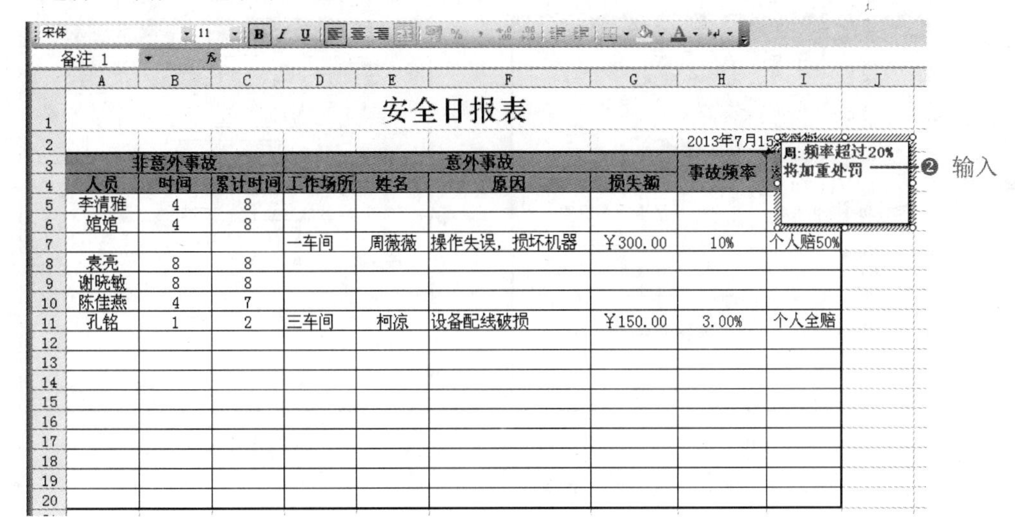

图 7-12

❹ 单击“确定”按钮，再插入一个批注，即可看到新的批注名称已经更改，如图 7-14 所示。

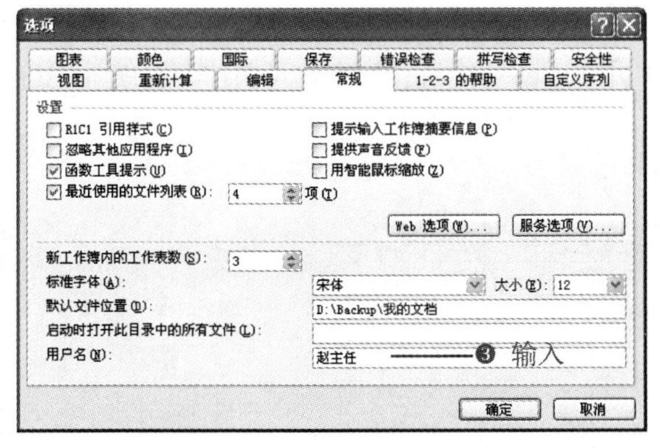

图 7-13

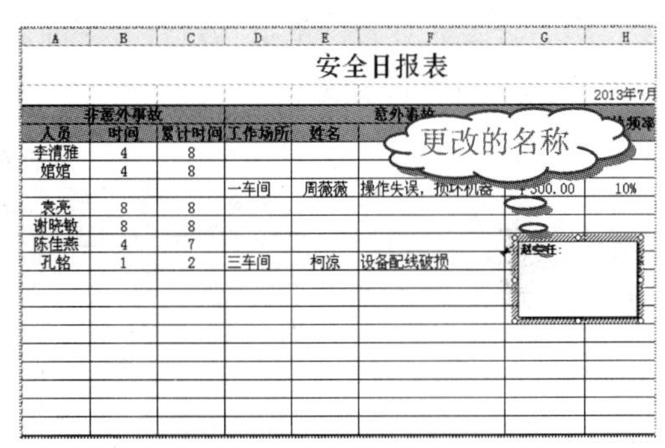

图 7-14

知识拓展

设置批注格式

除了重新编辑批注文字外，还可以对批注文字的格式以及批注框的格式重新设置，其具体操作如下。

选中批注框，选择“格式”→“批注”命令，打开“设置批注格式”对话框。选择“字体”选项卡，可以设置批注文字的字体、字号、字形等格式，如图 7-15 所示。

切换到“颜色与线条”选项卡，可以设置批注框的线条、填充效果等格式，如图 7-16 所示，设置完成后，单击“确定”按钮即可。

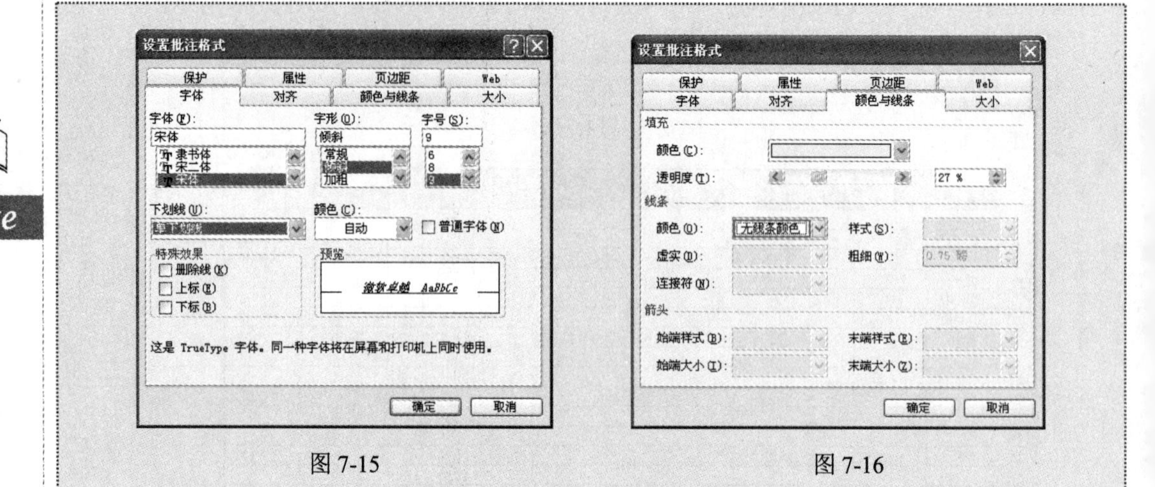

图 7-15　　　　图 7-16

7.2　商品库存需求表

库存是经营企业必然发生的事情，库存关系着企业产品的销售和生产、研发，统计好库存也是计算企业资产的必需程序。下面就利用 Excel 功能统计库存，并保护库存统计的工作簿等，如图 7-17 所示。

鼠标库存需求表

时间	产品型号	产品名称	订购量	库存量	需求量
2013-5-28	1953	E19C	200, 000	200, 000	
	1900	E19B	60000	60000	
	1909	E19A	440, 000	104, 000	336000
	1910	E19B	95, 500	10, 000	85500
	1908	E23A	1, 074, 500	1, 643, 500	431000
2013-5-27	1953	E19C	200, 000	156, 000	44000
	Feb-10	E19B	50, 000	38, 500	11500
	1850	E19C	288, 000	1, 216, 000	72000
	1909	E19A	440, 000	22, 000	418000
	1908	E23A	1, 074, 500	383, 500	691000
2013-5-26	1953	E19C	200, 000	102, 000	98000
	1900	E19B	60, 000	60, 000	
	1909	E19A	440, 000	24, 000	416000
	1908	E23A	1, 074, 500	543, 500	531000
2013-5-25	1953	E19C	200, 000	38, 000	162000
	1900	E19B	60, 000	60, 000	
	1909	E19A	440, 000	175, 000	265000
	1908	E23A	1, 074, 500	543, 500	531000
2013-5-24	1971	AP92EX	6, 708	6, 708	
	1900	E19B	60, 000	60, 000	
	1909	E19A	440, 000	24, 000	416000
	1908	E23A	1, 074, 500	433, 500	641000
2013-5-23	1900	E19B	60, 000	33, 000	27000
	1909	E19A	440000	524000	416000

图 7-17

7.2.1　创建库存需求工作簿

源文件：07/源文件/商品库存需求表.xls、**效果文件**：07/效果文件/商品库存需求表.xls、**视频文件**：07/视频/7.2.1 商品库存需求表.mp4

❶ 创建“商品库存需求表”工作簿，并在工作簿中输入内容，设置字体、字号和对齐

Note

方式等。

❷ 调整表格的行高和列宽，并为表格添加边框和底纹，最终效果如图 7-18 所示。

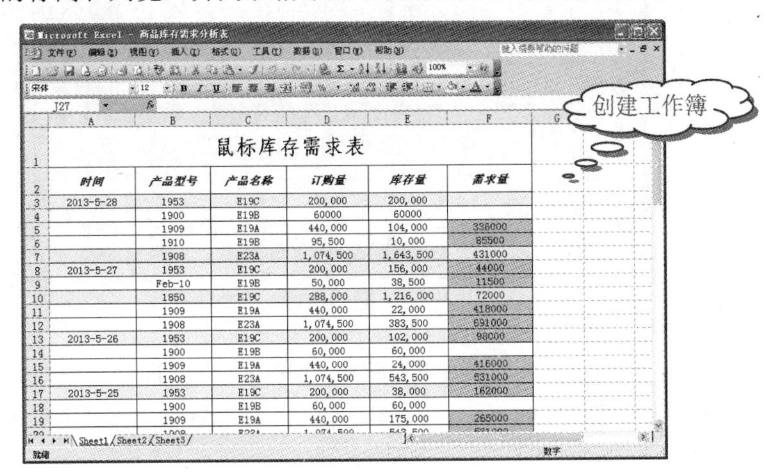

鼠标库存需求表					
时间	产品型号	产品名称	订购量	库存量	需求量
2013-5-28	1953	E19C	200,000	200,000	
	1900	E19B	60000	60000	
	1909	E19A	440,000	104,000	336000
	1910	E19B	95,500	10,000	85500
	1908	E23A	1,074,500	1,643,500	431000
2013-5-27	1953	E19C	200,000	156,000	44000
	Feb-10	E19B	50,000	38,500	11500
	1850	E19C	288,000	1,216,000	72000
	1909	E19A	440,000	22,000	418000
	1908	E23A	1,074,500	383,500	691000
2013-5-26	1953	E19C	200,000	102,000	98000
	1900	E19B	60,000	60,000	
	1909	E19A	440,000	24,000	416000
	1908	E23A	1,074,500	543,500	531000
2013-5-25	1953	E19C	200,000	38,000	162000
	1900	E19B	60,000	60,000	
	1909	E19A	440,000	175,000	265000

图 7-18

7.2.2　管理工作簿窗口

：源文件：07/源文件/商品库存需求表.xls、**效果文件**：07/效果文件/商品库存需求表.xls、**视频文件**：07/视频/7.2.2 商品库存需求表.mp4

1．新建窗口

在工作簿中新建窗口，可以创建一个与原工作簿窗口完全相同的窗口，且无论对哪个窗口进行操作，两个窗口中的内容都将同步发生改变。

❶ 选择“窗口”→“新建窗口”命令（如图 7-19 所示），即可新建一个与原有窗口相同的窗口。

Microsoft Excel - 商品库存需求分析表

窗口(W) 菜单：新建窗口(N)　重排窗口(A)...　并排比较(B)...　隐藏(H)　取消隐藏(U)...　拆分(S)　冻结窗格(F)　1 商品库存需求分析表

选择

F9　11500

鼠标库存需求表					
时间	产品型号	产品名称	订购量	库存量	需求量
2013-5-28	1953	E19C	200,000	200,000	
	1900	E19B	60000	60000	
	1909	E19A	440,000	104,000	336000
	1910	E19B	95,500	10,000	85500
	1908	E23A	1,074,500	1,643,500	431000
2013-5-27	1953	E19C	200,000	156,000	44000
	Feb-10	E19B	50,000	38,500	11500
	1850	E19C	288,000	1,216,000	72000
	1909	E19A	440,000	22,000	418000
	1908	E23A	1,074,500	383,500	691000

图 7-19

❷ 单击菜单栏最右侧的按钮，可以同时将两个窗口显示出来。两个窗口标题栏上的名称发生了改变，变为“*:1”和“*:2”这种形式，如图 7-20 所示。

Note

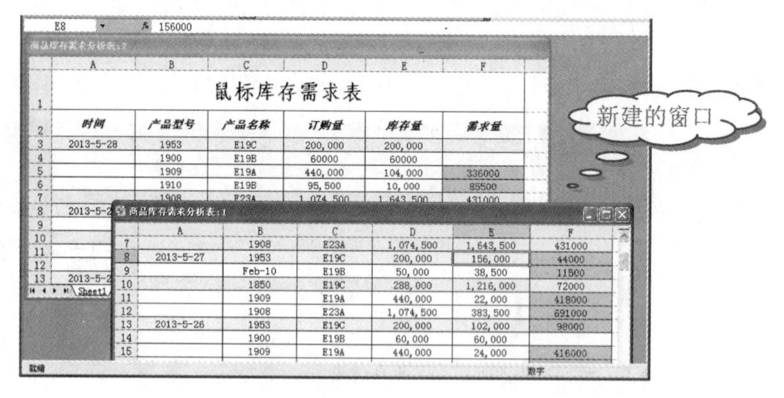

图 7-20

❸ 更改“商品库存需求分析表:1”窗口中 F5 单元格的值，可以看到“商品库存需求分析表:2”窗口中的 F5 单元格的值也同步发生改变；也可以利用两个窗口参照前面的数据编辑后面的单元格。

操作提示

新建窗口的作用在于查看大型数据库，可以将两个或多个窗口中的数据滑动至不同的位置，以方便比较查看。

知识拓展

重排窗口

当一个工作簿中同时打开或新建了多个窗口时，可以利用重排窗口功能有规律地排列窗口，以便管理。

选择“窗口”→“重排窗口”命令，打开“重排窗口”对话框，在“排列方式”栏中选择排列方式对应的单选按钮，例如选中“垂直并排”单选按钮，如图 7-21 所示，单击“确定”按钮，即可看到重排的窗口，如图 7-22 所示。

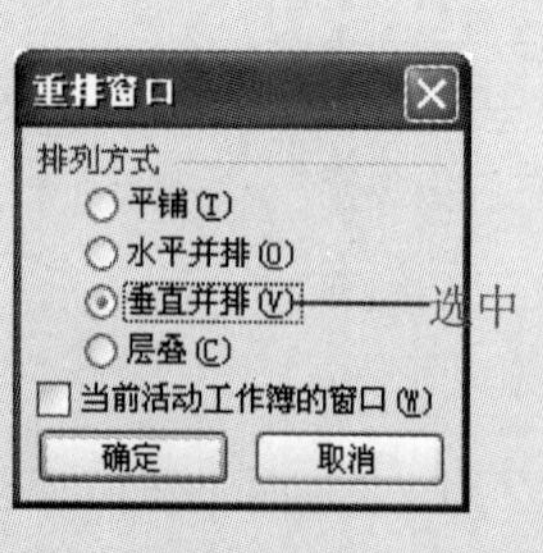

图 7-21

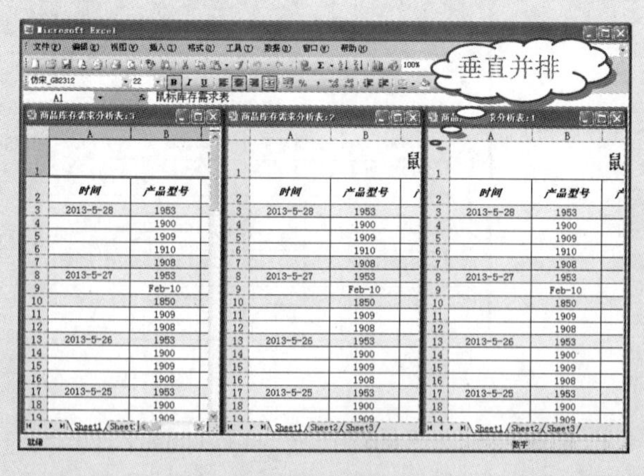

图 7-22

2. 冻结窗口

由于商品库存比较多，查看后面的数据时无法看到前面列标识。冻结窗口后，浏览工作表数据时，被冻结的区域将始终显示。

❶ 选中 A3 单元格，选择“窗口”→“冻结窗格”命令，如图 7-23 所示。

图 7-23

❷ 执行“冻结窗格”命令后，原拆分区域上方窗口的部分将被锁定，无论怎样向下滑动鼠标查看数据，被锁定的区域始终显示，如图 7-24 所示。

	A	B	C	D	E	F
1	鼠标库存需求表					
2	时间	产品型号	产品名称	订购量	库存量	需求量
69		1850	E19C	288,000	16,000	272000
70		1909	E19A	440,000	34,000	406000
71		1908	E23A	1,074,500	53,500	1021000
72	2013-5-9	1462	83-6.3	20,000	20,000	
73		1962	E19C	80,000	36,000	44000
74		1909	E19A	440,000	34,000	406000
75		1908	E23A	16500	53500	1021000
76	2013-5-8	1909	E19A	440,000	440,000	
77		Jan-04	83-6.3	20,000	5,000	15000
78		1908	E23A	14500	43500	1031000
79	2013-5-7	1596	E08A	20,000	20,000	
80		1921	E19A+AD2	150,000	110,000	40000
81		1909	E19A	440000	659000	181000
82		1908	E23A	174,500	43,500	131000
83						
84						
85						

始终显示列标识

Sheet1 / Sheet2 / Sheet3

图 7-24

知识拓展

拆分窗口

拆分窗口可以达到始终显示列标识的功能。选中 A3 单元格，在菜单中依次选择“窗口”→“拆分”命令，执行“拆分”命令后，窗口即被拆分，原拆分区域上方窗口的部分将被锁定，无论怎样向下滑动鼠标查看数据，被锁定的区域始终显示，如图 7-25 所示。

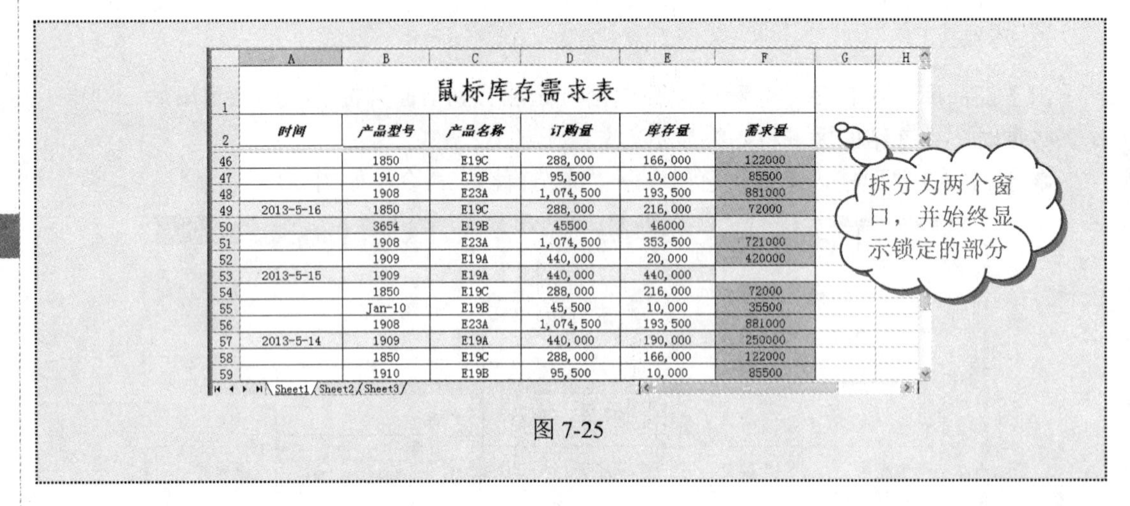

图 7-25

7.2.3 保护库存统计数据

：源文件：07/源文件/商品库存需求表.xls、**效果文件**：07/效果文件/商品库存需求表.xls、**视频文件**：07/视频/7.2.3 商品库存需求表.mp4

1．保护工作簿

为避免 Excel 文档中的数据遭到破坏，可以使用数据保护功能对工作簿进行保护，以提高数据安全性。

❶ 选择“工具”→“保护”→“保护工作簿”命令（如图 7-26 所示），打开“保护工作簿”对话框。

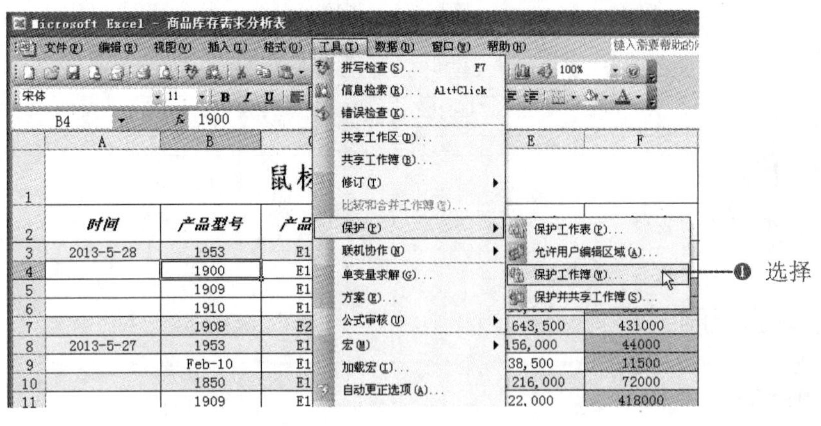

图 7-26

❷ 选中“结构”复选框，表示将禁止对工作表进行操作；选中“窗口”复选框，表示禁止对窗口进行移动、缩放等，输入密码，如图 7-27 所示。

❸ 单击“确定”按钮，打开“确认密码”对话框，在“重新输入密码”文本框中重复

输入相同的密码，如图 7-28 所示。

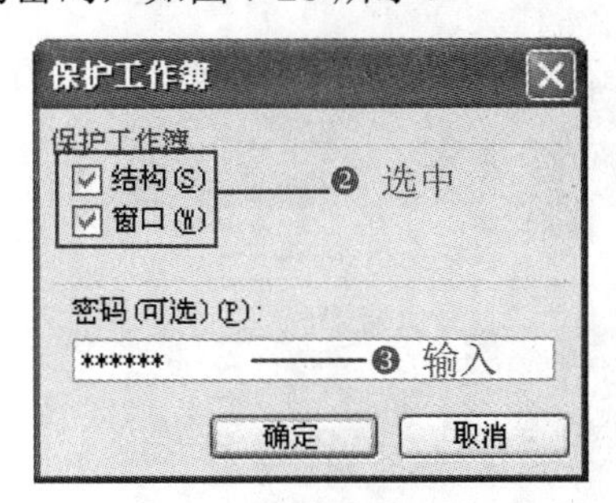

图 7-27

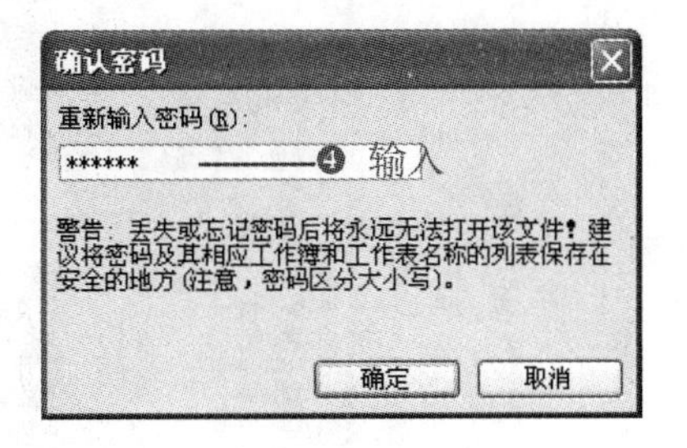

图 7-28

❹ 单击“确定”按钮，设置生效。此时可以看到工作簿窗口中菜单栏右侧的窗口大小控制按钮消失；同时也不能进行工作表的复制移动、插入删除的操作，在工作表标签上单击鼠标右键，可以看到执行这些操作的命令都为灰色不可操作状态，如图 7-29 所示。

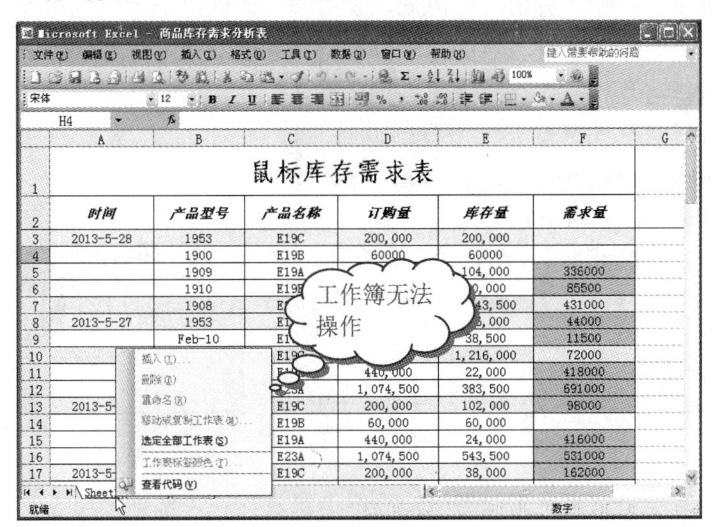

图 7-29

操作提示

选择“工具”→“保护”→“撤销保护工作簿”命令，打开“撤销保护工作簿”对话框，在“密码”文本框中输入设置的密码，单击“确定”按钮，即可撤销工作簿保护。

2. 创建数字证书

❶ 单击“开始”菜单，在弹出的菜单中选择“所有程序”→Microsoft Office→“Microsoft Office 工具”→“VBA 项目的数字证书”命令，如图 7-30 所示。

❷ 打开“创建数字证书”对话框，在“您的证书名称”文本框中输入名称，如图 7-31 所示。

Note

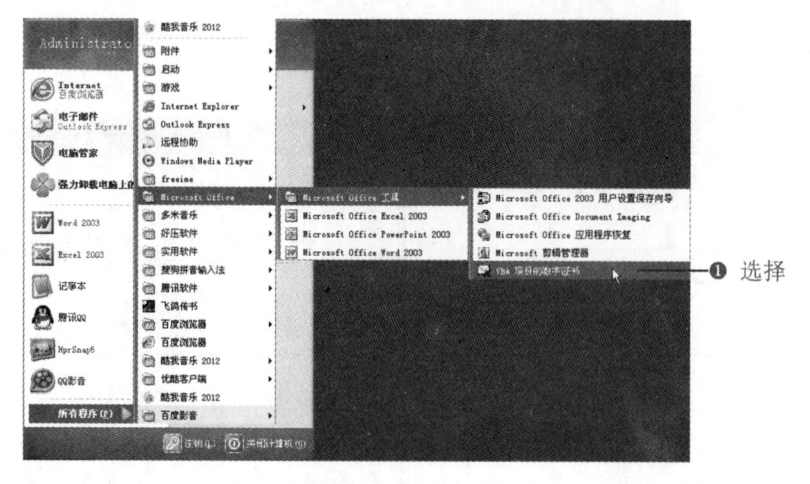

图 7-30

❸ 单击“确定”按钮，弹出“SelfCert 成功”对话框，提示已成功为“商品库存”新建证书，如图 7-32 所示，单击“确定”按钮。

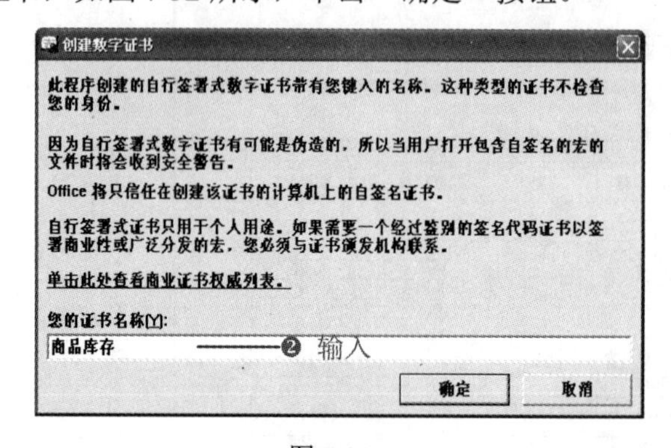

图 7-31

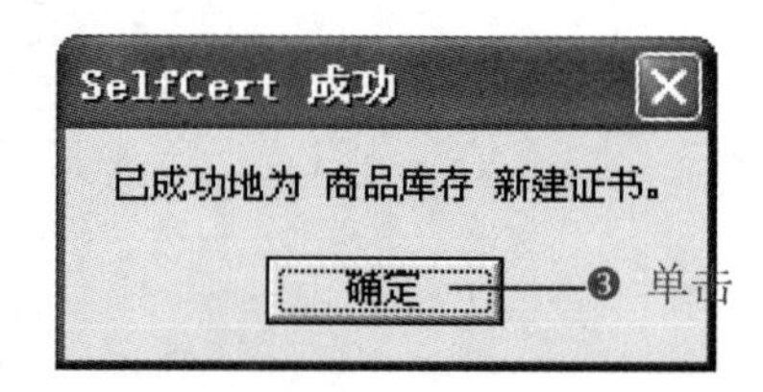

图 7-32

❹ 在“商品库存需求表”工作簿中，选择“工具”→“选项”命令，打开“选项”对话框，选择“安全性”选项卡，单击“数字签名”按钮，如图 7-33 所示。

❺ 打开“数字签名”对话框，单击其中的“添加”按钮，如图 7-34 所示。

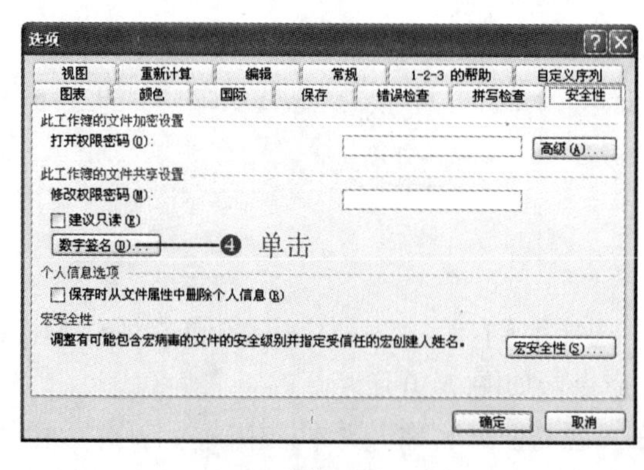

图 7-33

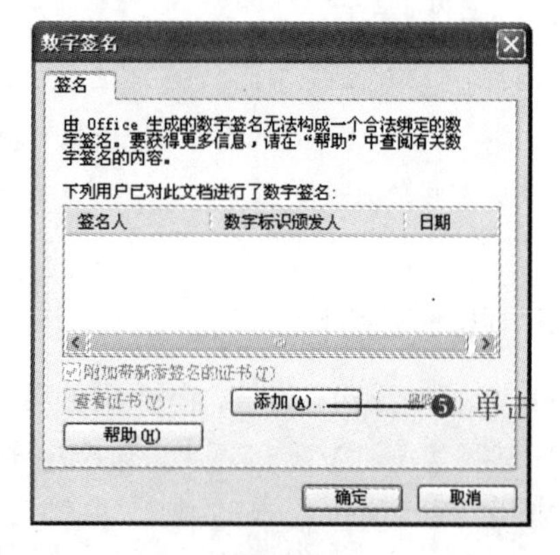

图 7-34

❻ 打开“选择证书”对话框，选择证书，如图 7-35 所示，单击“确定”按钮，返回“数字签名”对话框，可以看到添加的“商品库存”证书，如图 7-36 所示。

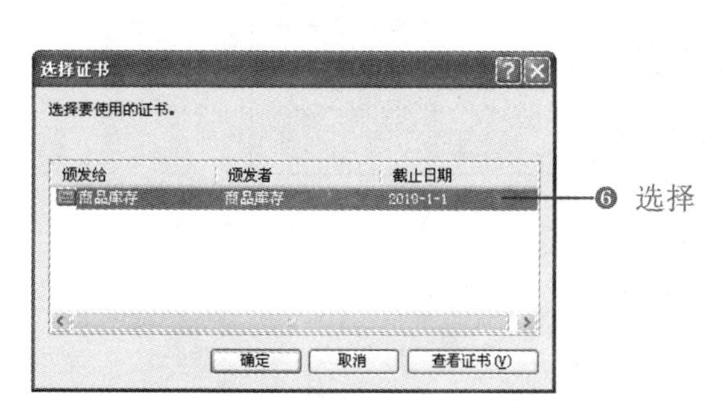

图 7-35

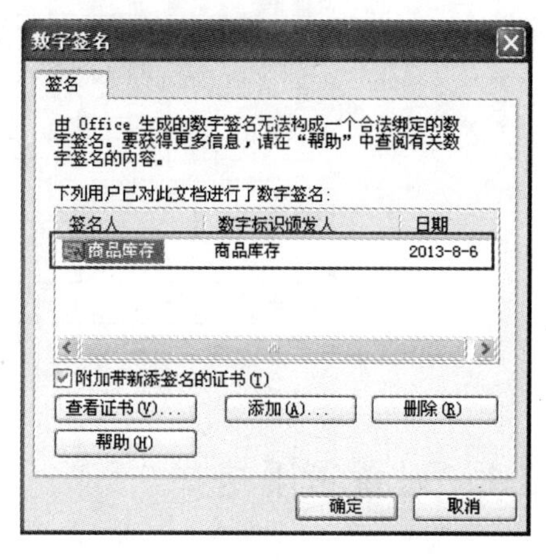

图 7-36

❼ 依次单击“确定”按钮，在 Excel 的标题栏中即可看到“已签名，未验证”字样，如图 7-37 所示。

Microsoft Excel - 商品库存需求分析表 [已签名，未验证]

	A	B	C	D	E	F
1	鼠标库存需求表					
2	时间	产品型号	产品名称	订购量	库存量	需求量
3	2013-5-28	1953	E19C	200, 000	200, 000	
4		1900	E19B	60000	60000	
5		1909	E19A	440, 000	104, 000	336000
6		1910	E19B	95, 500	10, 000	85500
7		1908	E23A	1, 074, 500	1, 643, 500	431000
8	2013-5-27	1953	E19C	200, 000	156, 000	44000
9		Feb-10	E19B	50, 000	38, 500	11500
10		1850	E19C	288, 000	1, 216, 000	72000
11		1909	E19A	440, 000	22, 000	418000
12		1908	E23A	1, 074, 500	383, 500	691000
13	2013-5-26	1953	E19C	200, 000	102, 000	98000
14		1900	E19B	60, 000	60, 000	
15		1909	E19A	440, 000	24, 000	416000
16		1908	E23A	1, 074, 500	543, 500	531000

图 7-37

7.3　安全日报表

安全日报表是用于记录每日安全情况的报表，其中记录了每日的工作安全情况，例如非意外事故的工作人员、工作时间，意外事故的工作场所、事故发生人、事故发生原因及相应的处理情况等信息，如图 7-38 所示。

安全日报表

2013年7月15日星期一

非意外事故			意外事故				事故频率	对策指标
人员	时间	累计时间	工作场所	姓名	原因	损失额		
李清雅	4	8						
婠婠	4	8						
			一车间	周薇薇	操作失误，损坏机器	¥300.00	10%	个人赔50%
袁亮	8	8						
谢晓敏	8	8						
陈佳燕	4	7						
孔铭	1	2	三车间	柯凉	设备配线破损	¥150.00	3.00%	个人全赔

图 7-38

7.3.1 设置货币格式

源文件：07/源文件/安全日报表.xls、**效果文件**：07/效果文件/安全日报表.xls、**视频文件**：07/视频/7.3.1 安全日报表.mp4

如果要输入的货币符号单元格不多，可以手动进行输入，但若输入的货币符号较多，通过设置自动出现更加方便。

❶ 创建“安全日报表”工作簿，并输入基本内容，设置字体、单元格格式，如图 7-39 所示。

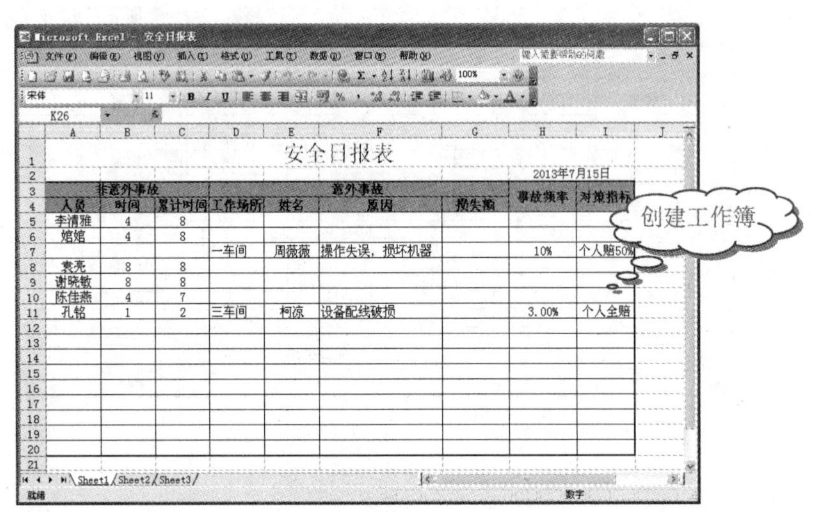

图 7-39

❷ 选中“损失额”列，选择“格式”→“单元格”命令，打开“单元格格式”对话框。

❸ 选择“数字”选项卡，在“分类”列表框中选择“货币”选项，在“小数位数”数值框中输入“2”，在“货币符号”下拉列表框中选择“¥”符号，如图 7-40 所示。

❹ 单击“确定”按钮，然后输入数额，如“300”、“150”等，按“Enter”键，自动输入为“¥300.00”和“¥150.00”，如图 7-41 所示。

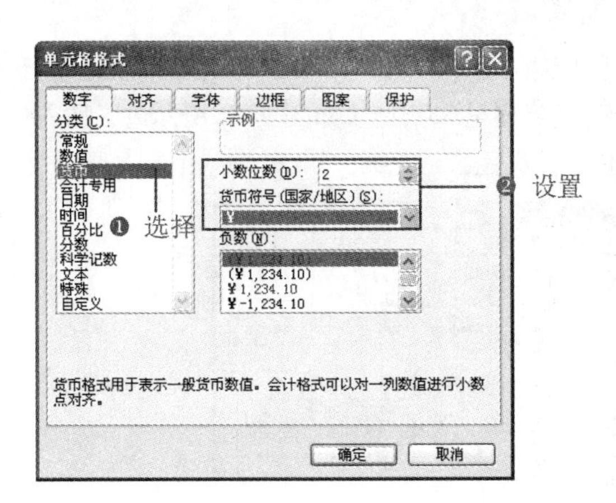

图 7-40

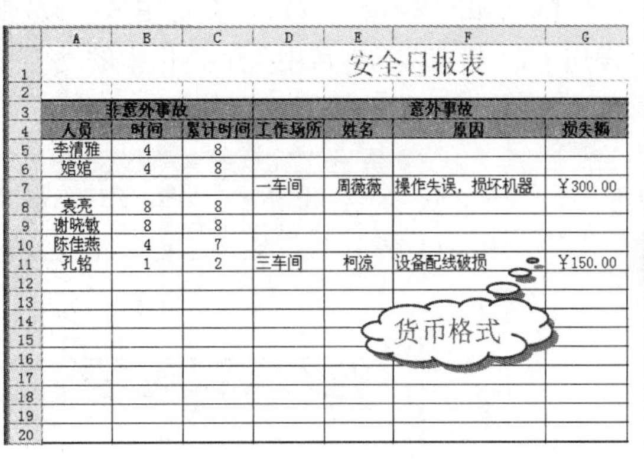

图 7-41

7.3.2　保护数据且共享工作簿

源文件：07/源文件/安全日报表.xls、**效果文件**：07/效果文件/安全日报表.xls、**视频文件**：07/视频/7.3.2 安全日报表.mp4

共享工作簿是为了给员工查看日常工作的安全情况，提醒员工注意，但是在共享时为了保证工作簿不被更改，可对工作簿进行保护。

1．保护工作表

通过保护工作表可以禁止在工作表中插入、删除行列、设置单元格的格式等操作。

❶ 选择要保护的工作表，选择“工具”→“保护”→“保护工作表”命令，打开“保护工作表”对话框。

❷ 选中“保护工作表及锁定的单元格内容”复选框，在“取消工作表保护时使用的密码”文本框中输入密码，在“允许此工作表的所有用户进行”列表框中根据需要设置需要禁止的操作（可采用默认设置或全部取消选中），如图 7-42 所示。

❸ 单击“确定”按钮，打开“确认密码”对话框，在“重新输入密码”文本框中重复输入相同的密码，如图 7-43 所示。

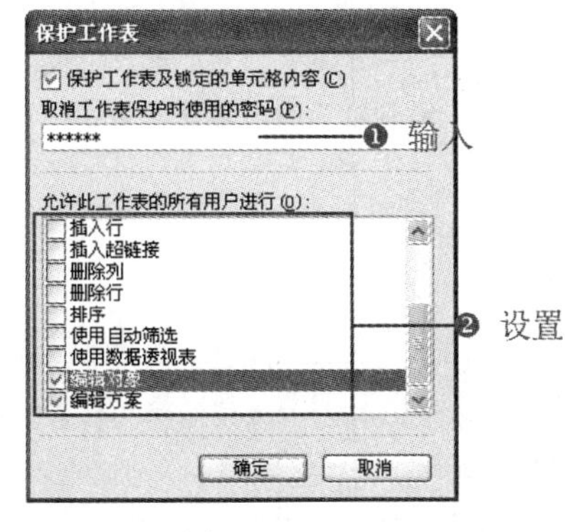

图 7-42

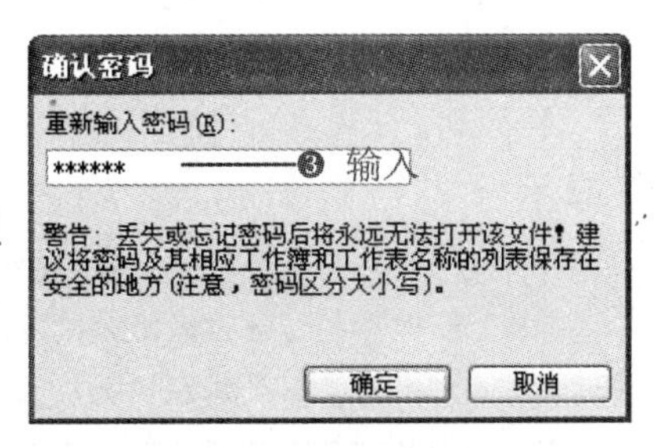

图 7-43

Note

❹ 单击“确定”按钮，设置生效。此时可以看到受保护的工作表中的很多操作都不可操作了，“格式”与“常用”工具栏中的功能按钮很多都呈现灰色（如图 7-44 所示）；“插入”菜单、“格式”菜单等菜单下的很多命令选项也呈现灰色。

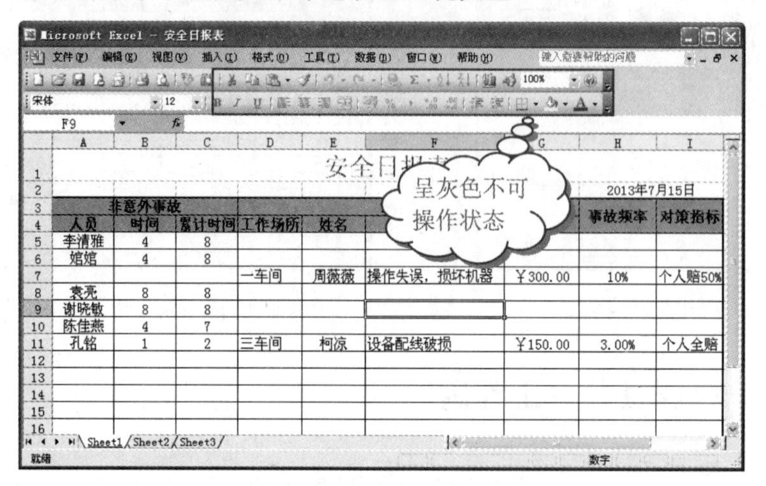

图 7-44

知识拓展

隐藏包含重要数据的工作表

如果一些工作表不想被别人看见，可以将其隐藏。选择“格式”→“工作表”→“隐藏”命令（如图 7-45 所示），即可将工作表隐藏。

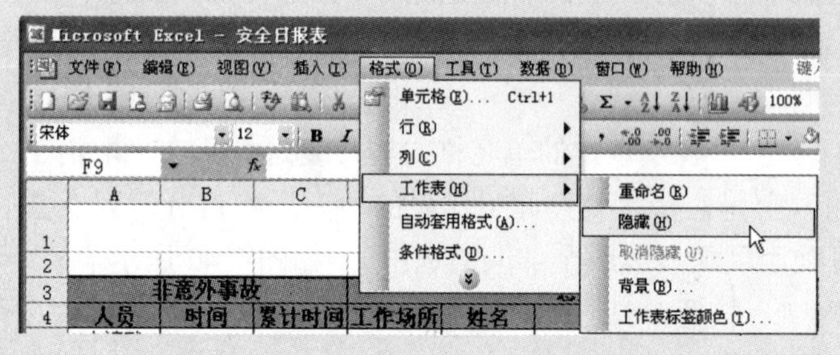

图 7-45

选择“格式”→“工作表”→“取消隐藏”命令，打开“取消隐藏”对话框，“取消隐藏工作表”列表框中显示的是当前工作簿中被隐藏的所有工作表，选择需要显示的工作表，单击“确定”按钮即可显示出来。

操作提示

依次选择“工具”→“保护”→“撤销保护工作表”命令，打开“撤销保护工作表”对话框，在“密码”文本框中输入正确的密码，单击“确定”按钮，即可取消工作表保护。

Note

2. 设置工作簿共享

Excel 提供了共享工作簿功能，工作簿被设置成共享后，就可以被多个用户同时查看。

❶ 选择“工具”→“共享工作簿”命令，打开“共享工作簿”对话框。选择“编辑”选项卡，选中“允许多用户同时编辑，同时允许工作簿合并”复选框，如图 7-46 所示。

❷ 单击“确定”按钮，可以看到工作簿的标题栏中出现了“共享”字样，如图 7-47 所示。

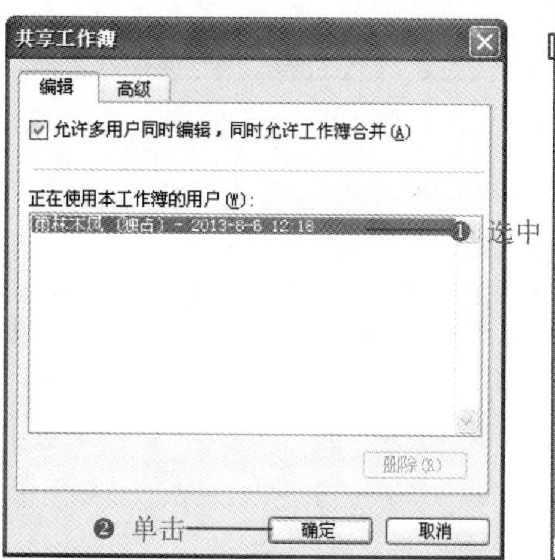

图 7-46

图 7-47

❸ 选择“文件”→“另存为”命令，打开“另存为”对话框，可以将该工作簿保存到之前建立后的一个共享文件夹中。

操作提示

假如现在局域网中另一用户需要查看上面已经共享的工作簿，打开“网上邻居”窗口，可以看到局域网中其他用户共享的工作簿，双击打开要访问的文件夹，找到要访问的工作簿文件。

3. 共享工作簿的保护

为工作簿设置共享保护以后，为避免丢失修订记录，可以为工作簿指定一个密码来保护共享。

❶ 选择“工具”→“保护”→“保护并共享工作簿”命令，打开“保护共享工作簿”对话框。

❷ 选中“以追踪修订方式共享”复选框，用这种方式就可以共享工作簿且避免丢失修订记录。如果希望其他用户在关闭冲突日志或撤销工作簿共享状态时输入密码，请在“密码”文本框中输入密码，如图 7-48 所示。

❸ 单击“确定”按钮提示再次输入密码（如图 7-49 所示），输入重复的密码后，单击“确定”按钮即可。

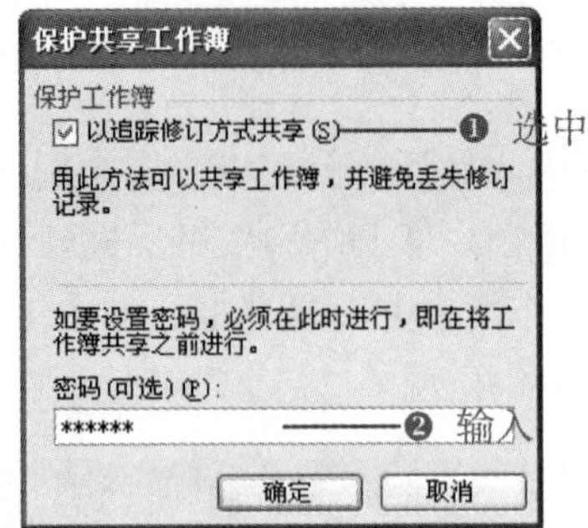

图 7-48

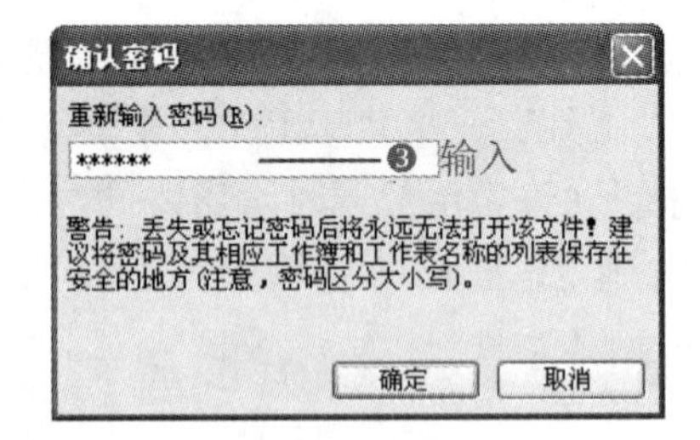

图 7-49

操作提示

如果需要取消共享工作簿，选择“工具”→“共享工作簿”命令，打开“共享工作簿”对话框，选择“编辑”选项卡，取消选中“允许多用户同时编辑，同时允许工作簿合并”复选框。

7.4　企业新进员工登记表

公司对于应聘的人员需要管理，录用后需要建立登记表进行管理，人员的管理是企业发展过程中最重要的环节之一，有效合理地开发、管理人才是企业走向成功的关键，如图 7-50 所示为新进员工登记表。

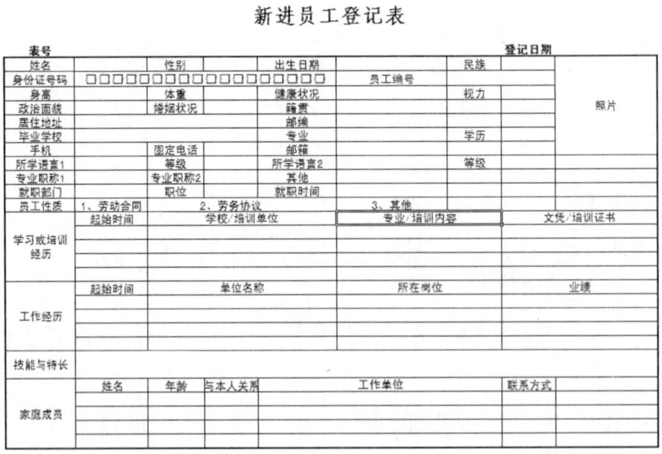

新进员工登记表

表号　　　　　　　　　　　　　　　　　　　　　登记日期

姓名		性别		出生日期		民族		照片
身份证号码	□□□□□□□□□□□□□□□□□□				员工编号			
身高		体重		健康状况		视力		
政治面貌		婚姻状况		籍贯				
居住地址				邮编				
毕业学校				专业		学历		
手机		固定电话		邮箱				
所学语言1		等级		所学语言2		等级		
专业职称1		专业职称2		其他				
就职部门		职位		就职时间				
员工性质	1、劳动合同	2、劳务协议			3、其他			

学习或培训经历	起始时间	学校/培训单位	专业/培训内容	文凭/培训证书

工作经历	起始时间	单位名称	所在岗位	业绩

技能与特长	

家庭成员	姓名	年龄	与本人关系	工作单位	联系方式

图 7-50

7.4.1　插入特殊符号

源文件：07/源文件/企业新进员工登记表.xls、**效果文件**：07/效果文件/企业新进员

工登记表.xls、**视频文件：**07/视频/7.4.1 企业新进员工登记表.mp4

这里的特殊符号指的是输入身份证号的方框。国家目前统一的身份证号码为 18 位，为了固定身份证号码，这里可以在“身份证号码”文本后面插入 18 个方框，方便书写。

❶ 创建“企业新进员工登记表”工作簿，将 Sheet1 命名为“新进员工登记表”，并输入基本内容。

❷ 设置字体格式、对齐方式、合并单元格，并且调整好行高、列宽，为表格添加边框，效果如图 7-51 所示。

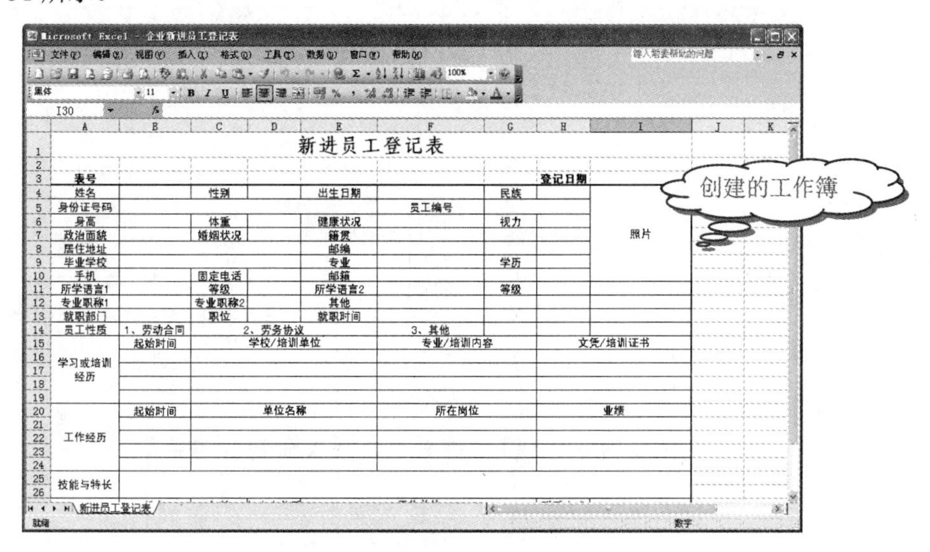

图 7-51

❸ 选中合并后的 B5 单元格，选择“插入”→“特殊符号”命令，如图 7-52 所示。

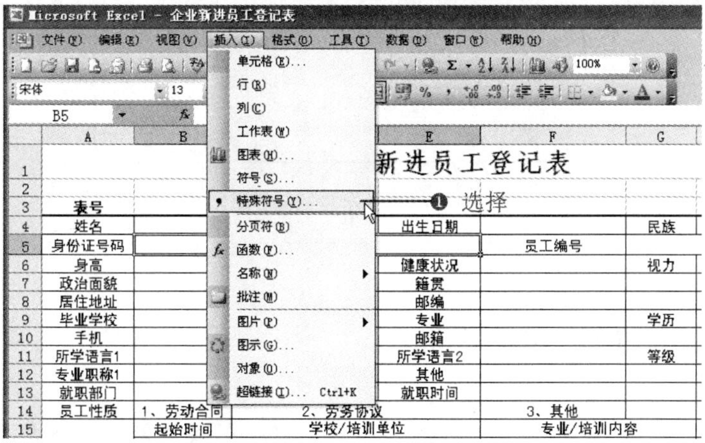

图 7-52

❹ 打开“插入特殊符号”对话框，选择“特殊符号”选项卡，选中方框符号，如图 7-53 所示。

❺ 单击“确定”按钮，即可插入方框，复制更多的方框，如图 7-54 所示。

Note

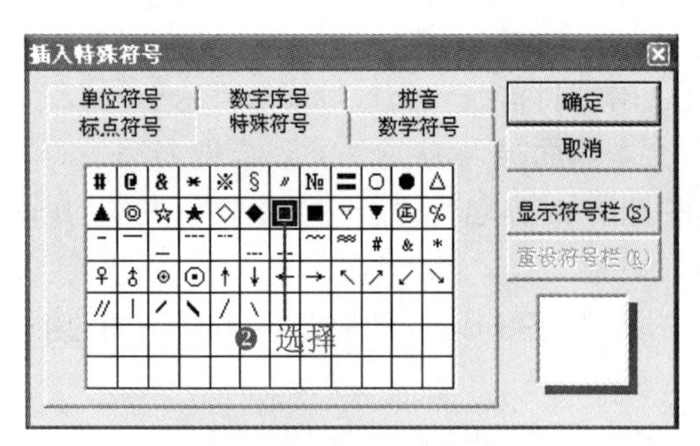

图 7-53

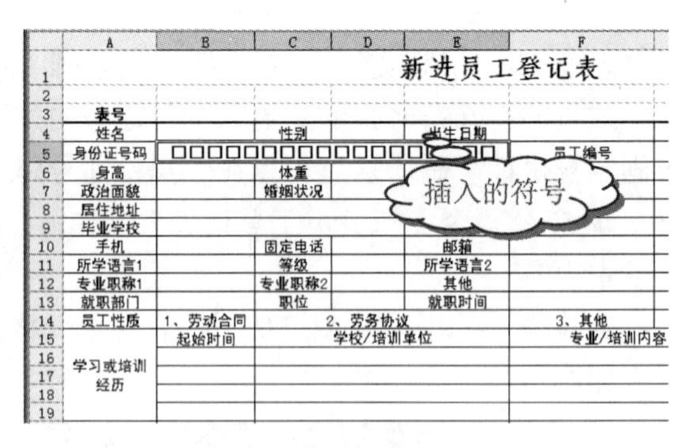

图 7-54

知识拓展

利用"符号"对话框插入符号

除了利用上面的方法插入一些特殊符号，还可以利用"符号"对话框插入。选择"插入"→"符号"命令，打开"符号"对话框，在"符号"选项卡的"字体"下拉列表框中选择一种字体，然后在"子集"下拉列表框中选择选项，可缩小查找范围，如图 7-55 所示，选择方框的符号，单击"插入"按钮，即可插入一个方框，不断地单击"插入"按钮，可插入多个，插入完后，单击"取消"按钮，关闭对话框即可。

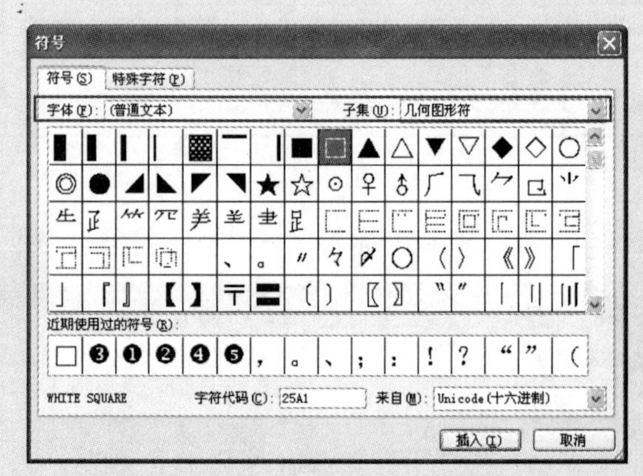

图 7-55

7.4.2 设置员工登记表的页面

源文件：07/源文件/企业新进员工登记表.xls、**效果文件**：07/效果文件/企业新进员工登记表.xls、**视频文件**：07/视频/7.4.2 企业新进员工登记表.mp4

1. 设置页面大小

页面的设置包括页面方向设置、纸张的选择等。

❶ 选择“文件”→“页面设置”命令，打开“页面设置”对话框。

❷ 选择“页面”选项卡，在“方向”栏中选中“纵向”单选按钮；在“缩放”栏中选中“调整为”单选按钮，在后面的数值框中输入“1”页宽，并设置“纸张大小”为“A4”，如图 7-56 所示。

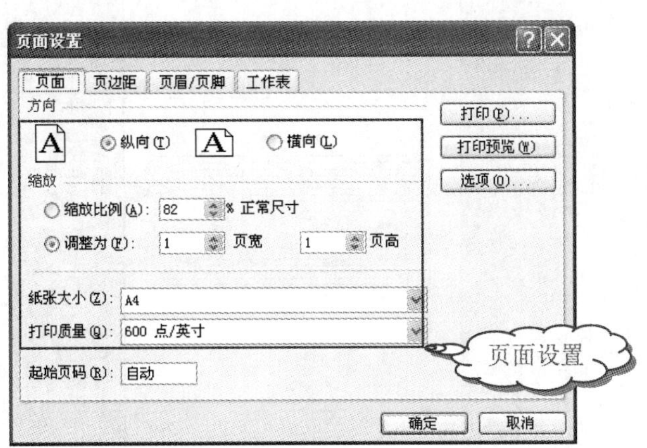

图 7-56

❸ 单击“确定”按钮，即可应用设置的页面大小。

2．设置页边距

表格实际内容的边缘与打印纸张的边缘之间的距离就是页边距。

❶ 选择“文件”→“页面设置”命令，打开“页面设置”对话框。选择“页边距”选项卡，重新调整“左”边距的值与“右”边距的值，如图 7-57 所示。

❷ 单击“打印预览”按钮，切换到打印预览窗口，如图 7-58 所示。

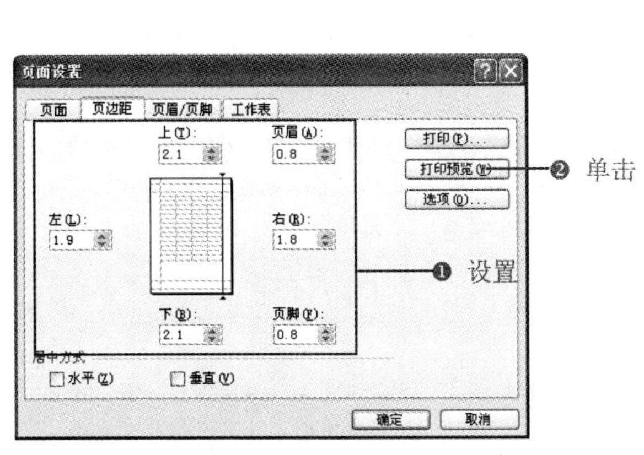

图 7-57

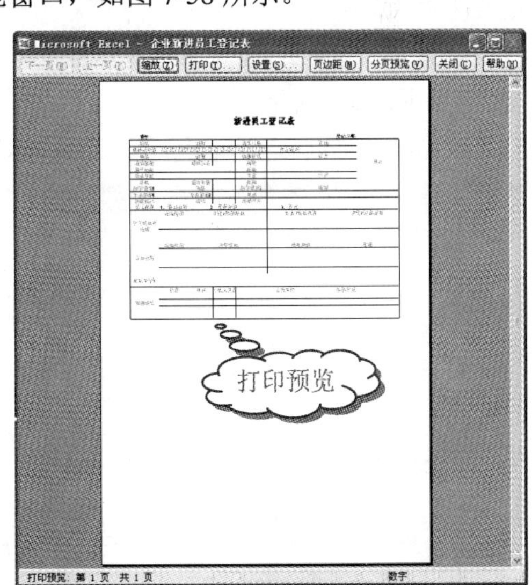

图 7-58

❸ 从预览窗口可以看出表格比较偏上，如果想让表格居中显示，在“页边距”选项卡

Note

中选中“水平”和“垂直”复选框，再单击“打印预览”按钮，在打开的窗口中可看到表格居中显示，如图 7-59 所示。

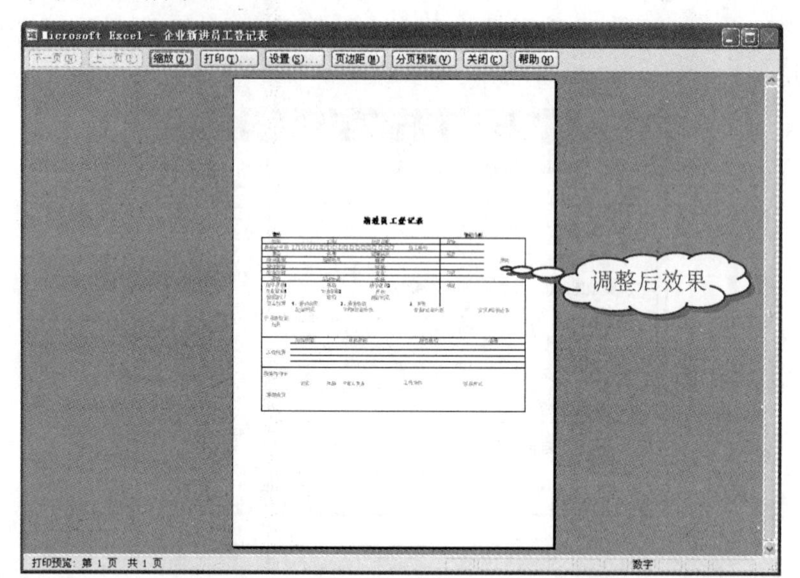

图 7-59

❹ 单击“关闭”按钮，可退出预览状态，同时关闭“页面设置”对话框，如果还需要设置，可单击“设置”按钮，返回“页面设置”对话框。

3. 自定义页眉和页脚

页眉页脚一般位于文档的上下方，主要用于显示页码、日期、时间、单位名称等具有统一性质的信息。

❶ 在打开的“页面设置”对话框中，选择“页眉/页脚”选项卡，再单击“自定义页眉”按钮，如图 7-60 所示。

❷ 打开“页眉”对话框，在“中”文本框中输入公司名称，如图 7-61 所示。

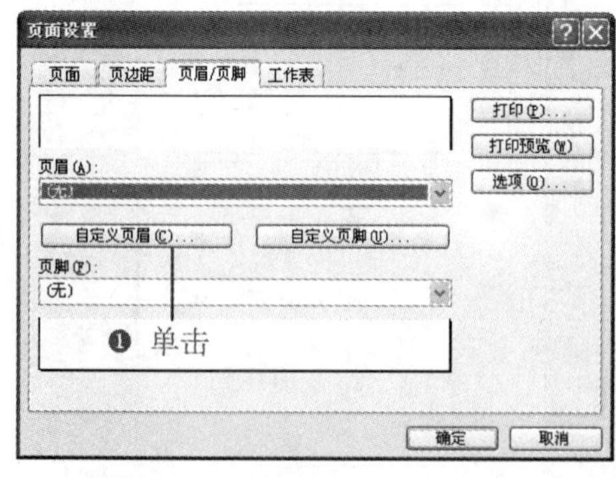

图 7-60

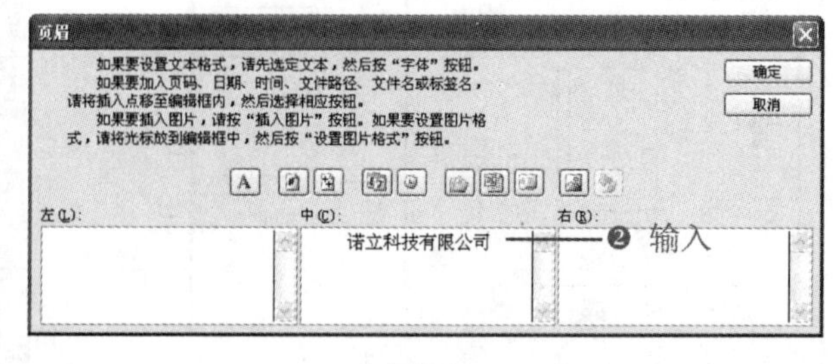

图 7-61

❸ 单击“确定”按钮，返回“页面设置”对话框，再单击“自定义页脚”按钮，打开“页脚”对话框，将光标定位到“左”文本框中，单击按钮，插入当前系统中的日期，

如图 7-62 所示。

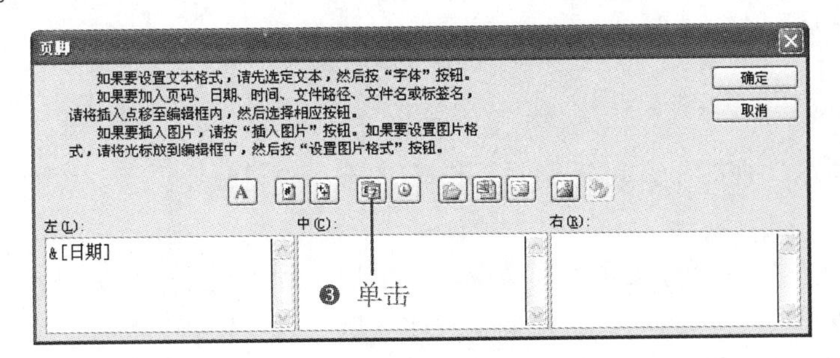

图 7-62

❹ 依次单击“确定”按钮，即可插入设置的页眉、页脚，如图 7-63 所示。

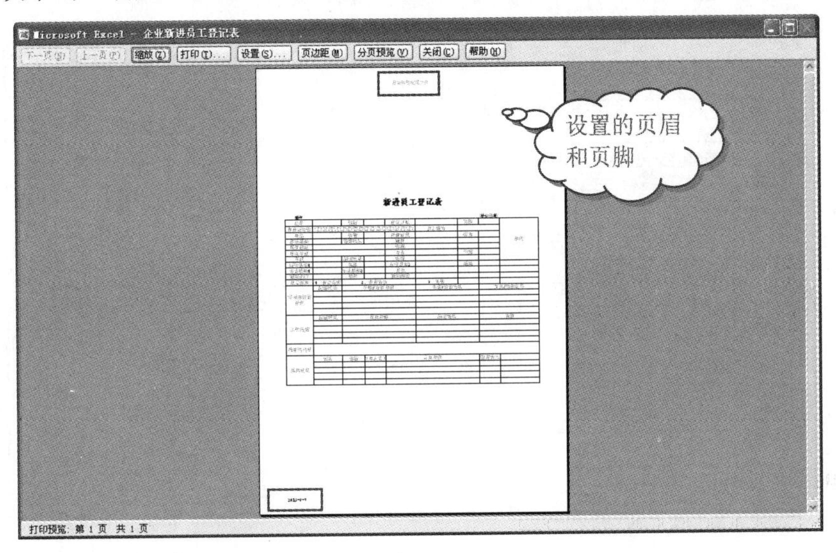

图 7-63

操作提示

在“页眉”和“页脚”对话框中，有各种不同的按钮，单击可插入不同的元素。

单击A按钮将打开“字体”对话框，设置页眉和页脚显示的字体样式；单击按钮将插入页码；单击按钮将插入工作表的总页数；单击按钮将插入当前系统中的时间；单击按钮将插入当前工作簿的路径和文件名；单击按钮将插入工作簿名称；单击按钮将插入工作表名称；单击按钮将插入图片；单击按钮将对插入的图片格式进行设置，只有插入了图片后，该按钮才被激活。

7.4.3　打印新进员工登记表

：源文件：07/源文件/企业新进员工登记表.xls、**效果文件**：07/效果文件/企业新进员工登记表.xls、**视频文件**：07/视频/7.4.3 企业新进员工登记表.mp4

企业新进员工登记表设置完成后，需要对工作表进行打印，但是打印前最好确认无误，然后再设置打印的一些选项进行打印。

1．分页预览

在“分页预览”视图下，可以编辑工作表、插入与调整分页符，以及调整打印区域等操作。

❶ 选择“视图”→“分页预览”命令，即可切换到分页预览模式下。

❷ 白色区域即为打印区域。若要调整打印区域，只需要将鼠标指针定位到打印区域的边框或右下角，当其变为双向箭头时，按住鼠标左键不放拖动调整即可，如图 7-64 所示。

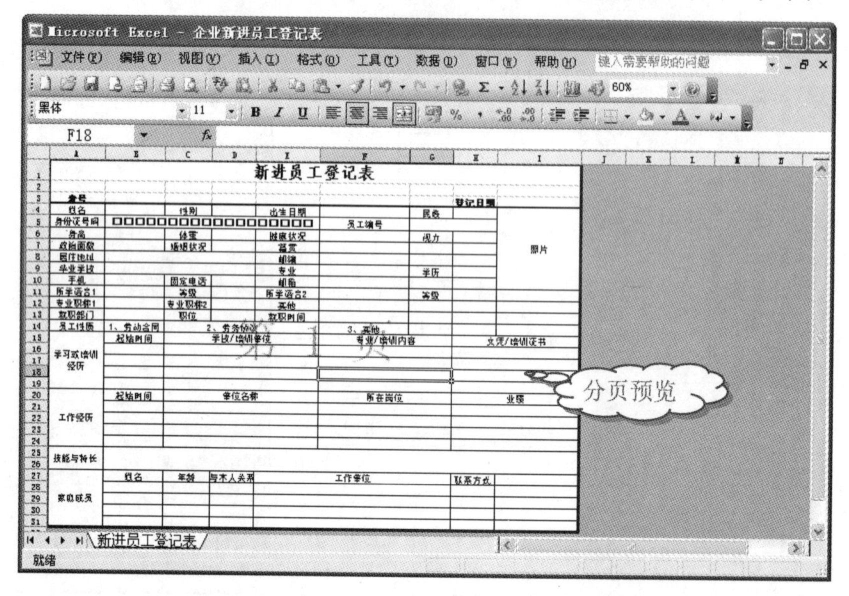

图 7-64

❸ 如要退出“分页预览”视图，在菜单中依次选择“视图”→“普通”命令，即可重新进入普通视图中。

操作提示

选择“文件”→“打印预览”命令，即可直接进入预览界面。

2．设置打印选项

在执行打印操作前，一般需要对打印选项进行一些设置，例如设置打印份数、设置打印范围等。

❶ 选择“文件”→“打印”命令，打开“打印内容”对话框，在“名称”下拉列表框中可以选择打印机；在“打印范围”栏中选中“全部”单选按钮；在“份数”栏中可以设置打印的份数，如图 7-65 所示。

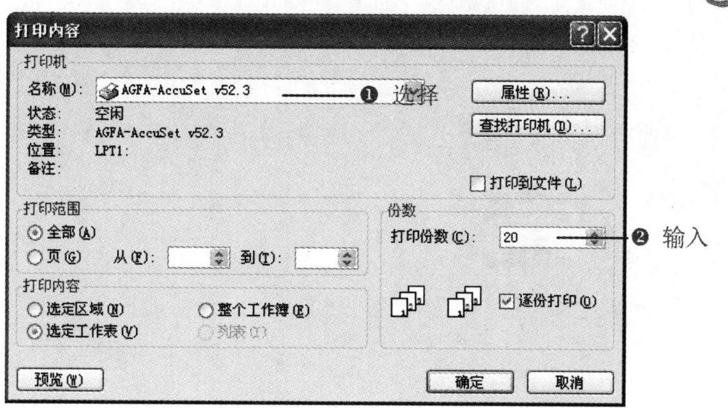

图 7-65

❷ 设置完成后，单击“确定”按钮，即可进行打印。

公式和函数的使用

利用公式和函数计算一些数据，可以很快得出结果，并且可以重复使用，计算出一个公式的数值后，其他单元格可以通过复制公式返回结果，这样就方便很多。Excel 的计算数据的功能是非常强大的。

- ☑ 应聘人员笔试成绩表
- ☑ 人事信息管理表
- ☑ 人事信息查询表
- ☑ 加班工资统计表

本章部分学习目标及案例

通讯费年度计划表

通讯费预算总计 166750 大写人民币 壹拾陆万陆仟柒佰伍拾元整

员工编号	姓名	通讯设备	号码	岗位类别	岗位最高限额（每月）	岗位标准（每月）	起始时间	结束时间	统计报销总时间	年度费用（每月）	报销地点	备注
00001	name1	手机	13562458975	副经理	1500	1500	2004年6月	2005年6月	13	19500	上海	
00002	name2	手机	13052468523	业务总监	1000	1000	2004年7月	2005年5月	11	11000	北京	
00003	name3	小灵通	8562354	销售部	2000	2000	2004年6月	2005年5月	12	2400	长沙	
00004	name4	手机	13962356789	服务部	1500	1500	2004年8月	2005年7月	12	18000	北京	
00005	name5	手机	13825647854	商品生产	600	600	2004年4月	2005年1月	10	6000	深圳	
00006	name6	手机	13105354689	技术研发	200	200	2004年6月	2005年9月	16	3200	武汉	
00007	name7	小灵通	8542156	总经理	2000	2000	2004年5月	2005年4月	11	2200	青岛	
00008	name8	小灵通	8654712	采购部	1000	1000	2004年9月	2005年3月	7	700	上海	
00009	name9	手机	13625365456	技术研发	200	200	2004年4月	2005年3月	11	2200	北京	
00010	name10	小灵通	8456231	采购部	1000	1000	2004年10月	2005年5月	8	800	杭州	
00011	name11	小灵通	8756945	采购部	1000	1000	2004年4月	2005年1月	10	1000	杭州	
00012	name12	手机	13456897896	服务部	1500	1500	2004年3月	2005年3月	13	19500	长沙	
00013	name13	手机	13821454567	副经理	1500	1500	2004年8月	2005年6月	11	16500	深圳	
00014	name14	手机	13325604879	商品生产	600	600	2004年10月	2005年8月	11	6600	武汉	
00015	name15	手机	13012546896	采购部	1000	1000	2004年11月	2005年7月	9	9000	北京	
00016	name16	小灵通	8563215	业务总监	1000	1000	2004年9月	2005年5月	9	900	青岛	
00017	name17	手机	13654821323	技术研发	200	200	2004年12月	2005年9月	10	2000	武汉	
00018	name18	手机	13863063811	服务部	1500	1500	2004年10月	2005年3月	6	9000	武汉	
00019	name19	小灵通	8546213	服务部	1500	1500	2004年2月	2005年4月	15	2250	北京	
00020	name20	手机	13965423125	总经理	2000	2000	2004年10月	2005年5月	8	16000	青岛	
00021	name21	手机	13605355241	副经理	1500	1500	2004年5月	2005年3月	10	15000	杭州	
00022	name22	手机	13906335463	技术研发	200	200	2004年6月	2005年1月	8	1600	武汉	
00023	name23	手机	13425789653	技术研发	200	200	2004年9月	2005年3月	7	1400	上海	

（1）

工作奖金核算表

工号	员工姓名	标准工作量(页)	实际工作量（页）	奖金
013025	吕芬芬	260	276	￥ 500.00
013026	路高泽	260	260	￥ -
013027	岳庆浩	240	253	￥ 500.00
013028	李雪儿	260	250	￥ -
013029	陈山	260	270	￥ 200.00
013030	廖晓	240	266	￥ 500.00
013031	张丽君	240	255	￥ 500.00
013032	吴华波	240	250	￥ 200.00
013033	黄孝铭	240	260	￥ 500.00
013034	丁锐	260	250	￥ -
013035	庄霞	260	278	￥ 500.00
013036	黄鹂	240	230	￥ -

（2）

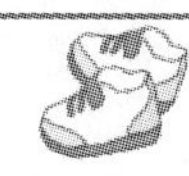

8.1　基础知识

8.1.1　设置数据有效性为满足特定的值区域

源文件：08/源文件/8.1.1 数据有效性数值.xls、**视频文件**：08/视频/8.1.1 数据有效性数值.mp4

数据有效性的常规设置就是指对值的界定。设置完成后，当输入的值不在界定范围之内时便提示错误信息。

❶ 选中要设置数据有效性的单元格或单元格区域，依次选择“数据”→“有效性”命令（如图 8-1 所示），打开“数据有效性”对话框。

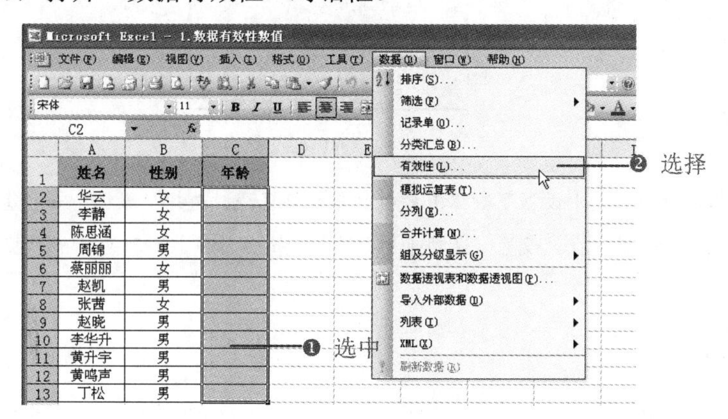

图 8-1

❷ 在“设置”选项卡的“允许”下拉列表框中可以设置允许输入的数据类型，这里选择“整数”选项，“数据”为“介于”、“最小值”为“22”、“最大值”为“50”，如图 8-2 所示。

❸ 设置完成后，单击“确定”按钮，当在设置了数据有效性的单元格内输入不符合要求的数据时，会弹出警告对话框，如图 8-3 所示。

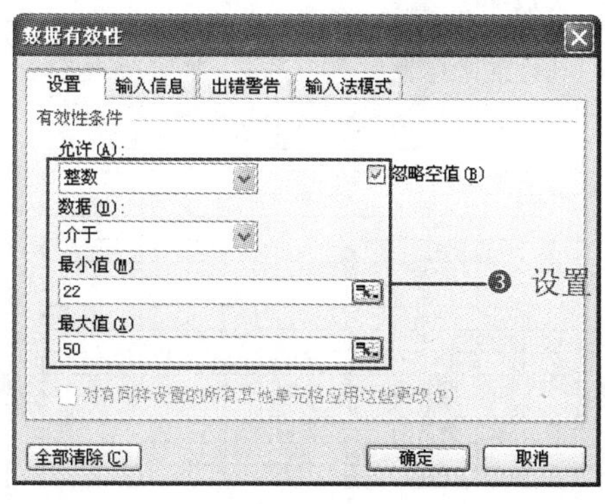

图 8-2

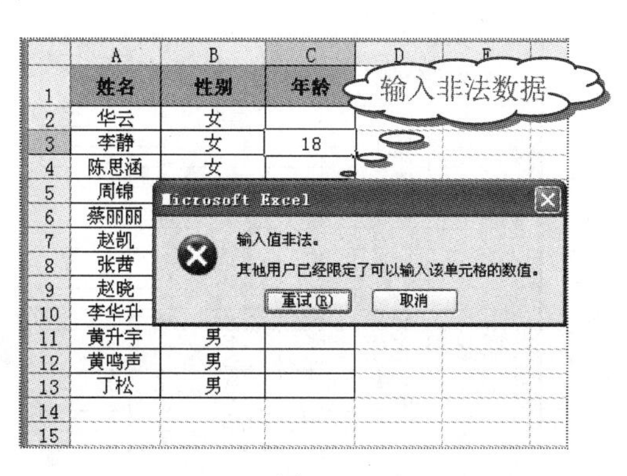

图 8-3

知识拓展

数据有效性的复制与删除

为单元格设置了数据有效性之后，可以复制数据有效性。当不需要再使用所设置的数据有效性时，可以将其清除。

复制数据有效性。选中设置了数据有效性的单元格，按“Ctrl+C”快捷键进行复制，然后选中目标单元格，选择“编辑”→“选择性粘贴”命令，打开“选择性粘贴”对话框，选中“有效性验证”单选按钮（如图 8-4 所示），单击“确定”按钮即可完成数据有效性的复制。

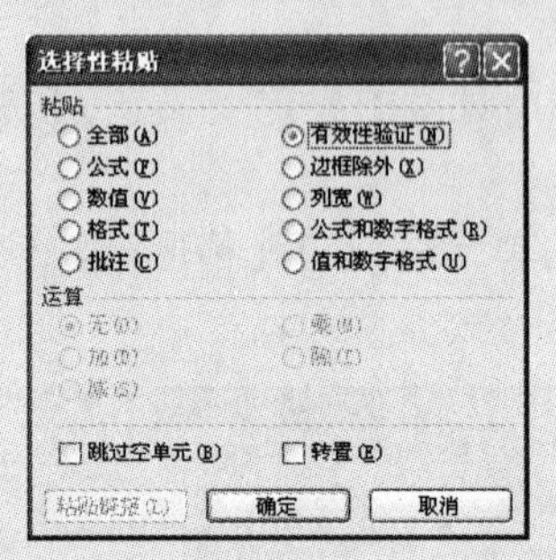

图 8-4

删除数据有效性。选中设置了数据有效性的单元格区域，选择“数据”→“有效性”命令，打开“数据有效性”对话框，在“设置”选项卡中单击“全部清除”按钮即可清除数据有效性。

8.1.2 输入公式

：源文件：08/源文件/8.1.2 输入公式.xls、**视频文件：**08/视频/8.1.2 输入公式.mp4

Excel 中输入公式与输入普通数据最显著的区别在于，输入公式要以“=”号开头。

❶ 选中 F2 单元格，直接输入“=”号，或将光标定位到编辑栏中并输入“=”，如图 8-5 所示。

❷ 在 D2 单元格上单击一次，可以看到 D2 单元格周围出现了彩色的边框，表示该单元格已成为公式中的一个元素了，如图 8-6 所示。

SUM =

	A	B	C	D	E	F
1	序号	产品名称	单位	单价	销量	销售额
2	1	D产品	箱	￥2,400	5	=
3	2	C产品	盒	￥856	16	
4	3	B产品	箱	￥1,230	30	
5	4	B产品	箱	￥1,230	12	
6	5	A产品	台	￥1,589	11	
7	6	D产品	箱	￥2,400	15	
8	7	C产品	盒	￥856	15	
9	8	C产品	盒	￥856	5	
10	9	B产品	箱	￥1,230	15	
11	10	A产品	台	￥1,589	5	
12	11	D产品	箱	￥2,400	15	
13	12	B产品	箱	￥1,230	28	
14	13	D产品	箱	￥2,400	23	
15	14	B产品	箱	￥1,230	5	
16	15	A产品	台	￥1,589	34	
17	16	A产品	台	￥1,589	25	
18	17	A产品	台	￥1,589	10	
19	18	A产品	台	￥1,589	15	

图 8-5

SUM =D2

	A	B	C	D	E	F
1	序号	产品名称	单位	单价	销量	销售额
2	1	D产品	箱	￥2,400	5	=D2
3	2	C产品	盒	￥856	16	
4	3	B产品	箱	￥1,230	30	
5	4	B产品	箱	￥1,230	12	
6	5	A产品	台	￥1,589	11	
7	6	D产品	箱	￥2,400	15	
8	7	C产品	盒	￥856	15	
9	8	C产品	盒	￥856	5	
10	9	B产品	箱	￥1,230	15	
11	10	A产品	台	￥1,589	5	
12	11	D产品	箱	￥2,400	15	
13	12	B产品	箱	￥1,230	28	
14	13	D产品	箱	￥2,400	23	
15	14	B产品	箱	￥1,230	5	
16	15	A产品	台	￥1,589	34	
17	16	A产品	台	￥1,589	25	
18	17	A产品	台	￥1,589	10	
19	18	A产品	台	￥1,589	15	

图 8-6

❸ 输入运算符“*”，接着再在 E2 单元格上单击，表示引用 E2 单元格的值进行计算，如图 8-7 所示。

❹ 按“Enter”键完成公式的输入，F2 单元格中显示的值就是 D2 单元格值乘以 E2 单元格值的计算结果，如图 8-8 所示。

SUM　=D2*E2

	A	B	C	D	E	F
1	序号	产品名称	单位	单价	销量	销售额
2	1	D产品	箱	¥2,400	5	=D2*E2
3	2	C产品	盒	¥856	16	
4	3	B产品	箱	¥1,230	30	
5	4	B产品	箱	¥1,230	12	
6	5	A产品	台	¥1,589	11	
7	6	D产品	箱	¥2,400	15	
8	7	C产品	盒	¥856	15	
9	8	C产品	盒	¥856	5	
10	9	B产品	箱	¥1,230	15	
11	10	A产品	台	¥1,589	5	
12	11	D产品	箱	¥2,400	15	
13	12	B产品	箱	¥1,230	28	
14	13	D产品	箱	¥2,400	23	
15	14	B产品	箱	¥1,230	5	
16	15	A产品	台	¥1,589	34	
17	16	A产品	台	¥1,589	25	
18	17	A产品	台	¥1,589	10	
19	18	A产品	台	¥1,589	15	

图 8-7

F2　=D2*E2

	A	B	C	D	E	F
1	序号	产品名称	单位	单价	销量	销售额
2	1	D产品	箱	¥2,400	5	¥12,000
3	2	C产品	盒	¥856	16	
4	3	B产品	箱	¥1,230	30	
5	4	B产品	箱	¥1,230	12	
6	5	A产品	台	¥1,589	11	
7	6	D产品	箱	¥2,400	15	
8	7	C产品	盒	¥856	15	
9	8	C产品	盒	¥856	5	
10	9	B产品	箱	¥1,230	15	
11	10	A产品	台	¥1,589	5	
12	11	D产品	箱	¥2,400	15	
13	12	B产品	箱	¥1,230	28	
14	13	D产品	箱	¥2,400	23	
15	14	B产品	箱	¥1,230	5	
16	15	A产品	台	¥1,589	34	
17	16	A产品	台	¥1,589	25	
18	17	A产品	台	¥1,589	10	
19	18	A产品	台	¥1,589	15	

图 8-8

重新编辑公式

双击法。在输入了公式且需要重新编辑公式的单元格中双击鼠标，此时进入公式编辑状态，直接重新编辑公式或对公式进行局部修改即可。

按“F2”功能键。选中需要重新编辑公式的单元格，按“F2”功能键，即可对公式进行编辑。

利用公式编辑栏。选中需要重新编辑公式的单元格，在编辑栏中单击一次，即可对公式进行编辑。

8.1.3　运算符的使用

：源文件：08/源文件/8.1.3 运算符的使用.xls、**视频文件：**08/视频/8.1.3 运算符的使用.mp4

运算符是公式的基本元素，也是必不可少的元素，每一个运算符代表一种运算。

1．常用运算符

Excel 中的运算符可分为算术运算符、比较运算符、文本运算符和引用运算符。

☑ 算术运算符：这种运算符的运算结果为数值。包括+（加法运算）、-（减法运算）、*（乘法运算）、/（除法运算）、%（百分比运算）和^（乘幂运算）。

☑ 比较运算符：这种运算符的运算结果为逻辑值 TRUE 或 FALSE，可以都是数值，或都是字符，或都是日期的数据进行比较。包括=（等于运算）、>（大于运算）、<（小于运算）、>=（大于或等于运算）、<=（小于或等于运算）、<>（不等于运算）。

Note

☑ 文本运算符：这种运算符即“&”，用于连接多个单元格中的文本字符串，产生一个文本字符串。

☑ 引用运算符：这种运算符用于对单元格区域的引用。包括:（冒号）用于特定区域引用运算；,（逗号）用于联合多个特定区域引用运算；（空格）交叉运算，即对两个共引用区域中共有的单元格进行运算。

2．运算符的优先级

各运算符的运算优先顺序也各不相同，具体如表 8-1 所示。

表 8-1

顺　　序	运　算　符	说　　明
1	:（冒号） （空格） ,（逗号）	引用运算符
2	-	作为负号使用（如-8）
3	%	百分比运算
4	^	乘幂运算
5	* 和 /	乘和除运算
6	+ 和 -	加和减运算
7	&	连接两个文本字符串
8	=、<、>、<=、>=、<>	比较运算符

操作提示

在 Excel 的公式中输入运算符时，注意要在半角状态下输入，否则输入的公式得不到正确的结果。

8.1.4　相对引用

：源文件：08/源文件/8.1.4 相对引用.xls、**视频文件：**08/视频/8.1.4 相对引用.mp4

在使用公式进行数据运算时，除了将一些常量运用到公式中外，最主要的是引用单元格中的数据来进行计算。数据有引用使得公式具备了极大的灵活性，当复制或移动完成批量运算时，公式中的引用位置也同步发生变化。

单元格的引用方式分为相对引用、绝对引用和混合引用，不同的引用方式其应用场合各不相同。下面主要介绍常用的相对引用和绝对引用。

❶ 选中 F3 单元格，可以看到之前建立的公式为“=D3*E3”，如图 8-9 所示。

❷ 选中 F8 单元格，可以看到公式变为“=D8*E8”，如图 8-10 所示。

❸ 通过上面复制公式几个单元格中公式变化可以看出相对引用的原理：当复制公式时，虽然在计算时单元格的地址发生了变化，但是相对于结果单元格与引用单元格而言，这正是完成其他计算需要的变化。

F3　=D3*E3

	A	B	C	D	E	F
1	序号	产品名称	单位	单价	销量	销售额
2	1	D产品	箱	￥2,400	5	￥12,000
3	2	C产品	盒	￥856	16	￥13,696
4	3	B产品	箱	￥1,230	30	￥36,900
5	4	B产品	箱	￥1,230	12	￥14,760
6	5	A产品	台	￥1,589	11	￥17,479
7	6	D产品	箱	￥2,400	15	￥36,000
8	7	C产品	盒	￥856	15	￥12,840
9	8	C产品	盒	￥856	5	￥4,280
10	9	B产品	箱	￥1,230	15	￥18,450

图 8-9

F8　=D8*E8

	A	B	C	D	E	F
1	序号	产品名称	单位	单价	销量	销售额
2	1	D产品	箱	￥2,400	5	￥12,000
3	2	C产品	盒	￥856	16	￥13,696
4	3	B产品	箱	￥1,230	30	￥36,900
5	4	B产品	箱	￥1,230	12	￥14,760
6	5	A产品	台	￥1,589	11	￥17,479
7	6	D产品	箱	￥2,400	15	￥36,000
8	7	C产品	盒	￥856	15	￥12,840
9	8	C产品	盒	￥856	5	￥4,280
10	9	B产品	箱	￥1,230	15	￥18,450

图 8-10

8.1.5　绝对引用

源文件：08/源文件/8.1.5 绝对引用.xls、**视频文件：**08/视频/8.1.5 绝对引用.mp4

所谓数据源的绝对引用，是指把公式复制或者填入到新位置，公式中对单元格的引用保持不变。要对数据源采用绝对引用方式，需要使用“$”符号来标注，其显示为$A$1、$A$2:$B$2 这种形式。

❶ 选中 C2 单元格，可以看到公式编辑栏中的公式为“=B2/SUM($B$3:$B$5)”，如图 8-11 所示。

❷ 选中 C4 单元格，可以看到公式编辑栏中的公式为“=B4/SUM($B$3:$B$5)”，如图 8-12 所示。

C2　=B2/SUM($B$3:$B$5)

	A	B	C	D
1	姓名	销售额	占总销售额比	
2	李雯	25000	0.2593361	
3	朱晓龙	21800	0.226141079	
4	周韵	32500	0.337136929	
5	何翔玉	42100	0.436721992	
6				
7				
8				

图 8-11

C4　=B4/SUM($B$3:$B$5)

	A	B	C	D
1	姓名	销售额	占总销售额比	
2	李雯	25000	0.2593361	
3	朱晓龙	21800	0.226141079	
4	周韵	32500	0.337136929	
5	何翔玉	42100	0.436721992	
6				
7				
8				

图 8-12

❸ 对 B2 单元格的引用采用相对引用，可以随公式的复制相对改变；对$B$3:$B$5 单元格区域采用绝对引用，无论移动复制到哪里都不发生变化。

知识拓展

引用其他工作表或工作簿中的数据

引用其他工作表数据。在建立公式运算时，需要使用其他工作表的数据源。在引用当前工作簿中其他工作表的数据来进行计算时，需要按如下格式来引用：‘工作表名’！数据源地址。

例如，要引用 Sheet3 工作表中的 E3 单元格，则应用输入公式“=Sheet3!E3”。在建立公式时一般不完全手工输入，而是配合用鼠标单击切换到其他工作表中选择数据源的方法。

引用其他工作簿数据。要引用其他工作簿中的数据参与运算，其引用格式为：[工作簿名称]工作表名!数据源地址。

例如，要引用“销售统计”工作簿中“1 月销售”工作表中的 H3 单元格，则应用输入公式“=[销售统计]1 月销售!$H$3”。在建立公式时一般不完全手工输入，而是配合用鼠标单击切换到其他工作簿中选择目标工作表再选择目标数据源的方法。

Note

8.1.6 认识函数

源文件：08/源文件/8.1.6 认识函数.xls、**视频文件：**08/视频/8.1.6 认识函数.mp4

函数是应用于公式中的一个最重要的元素，有了函数的参与，可以解决非常复杂的手工运算，甚至是无法通过手工完成的运算，利用函数可以轻松解决。

函数的结构以函数名称开始，后面是左圆括号、以逗号分隔的参数，接着则是标志函数结束的右圆括号。如果函数以公式的形式出现，则需要在函数名称前面输入等号。下面的图示显示了函数的结构。

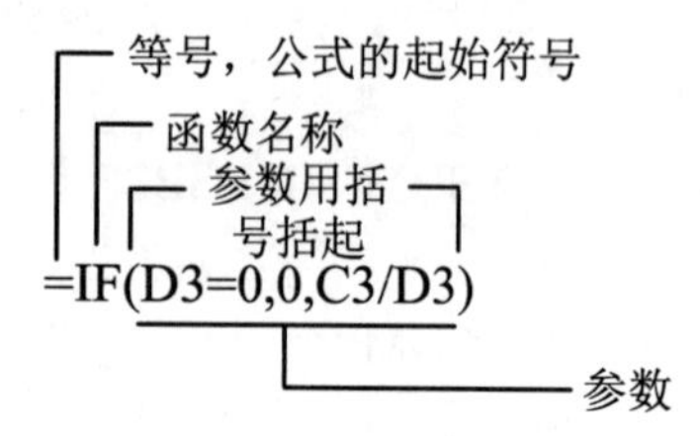

函数分为有参数函数和无参数函数。当函数有参数时，其参数就是指函数名称后圆括号内的常量值、变量、表达式或函数，多个参数间使用逗号分隔。无参数的函数只由函数名称与()组成，如 NA()。函数参数类型举例如下。

- ☑ 公式“=SUM(B2:B10)”中，括号中的“B2:B10”就是函数的参数，且是一个变量值。
- ☑ 公式“=IF(D3=0,0,C3/D3)”中，括号中“D3=0”、“0”、“C3/D3”，分别为 IF 函数的 3 个参数，且参数为常量和表达式两种类型。
- ☑ 公式“= VLOOKUP($A$9,$A$2:$D$6,COLUMN(B1))”中，除了使用了变量值作为参数，还使用了函数表达式“COLUMN(B1)”作为参数（以该表达式返回的值作为 VLOOKUP 函数的 3 个参数），这个公式是函数嵌套使用的例子。

操作提示

Excel 中函数分为数学与三角函数、文本函数、日期时间函数、统计函数、财务函数、查找与引用函数、数据库函数、逻辑函数和信息函数 9 类。

8.1.7 自动计算

源文件：08/源文件/8.1.7 自动计算.xls、**视频文件：**08/视频/8.1.7 自动计算.mp4

Excel 中提供的自动计算功能是指在状态栏中实时显示选择区域的求和、求平均值等计算结果，此结果只提供查看并不显示到单元格中。使用自动计算功能的操作如下。

❶ 选中需要自动计算的区域，在状态栏上单击鼠标右键，在弹出的快捷菜单中可以选择计算命令，例如选择“平均值”，如图 8-13 所示。

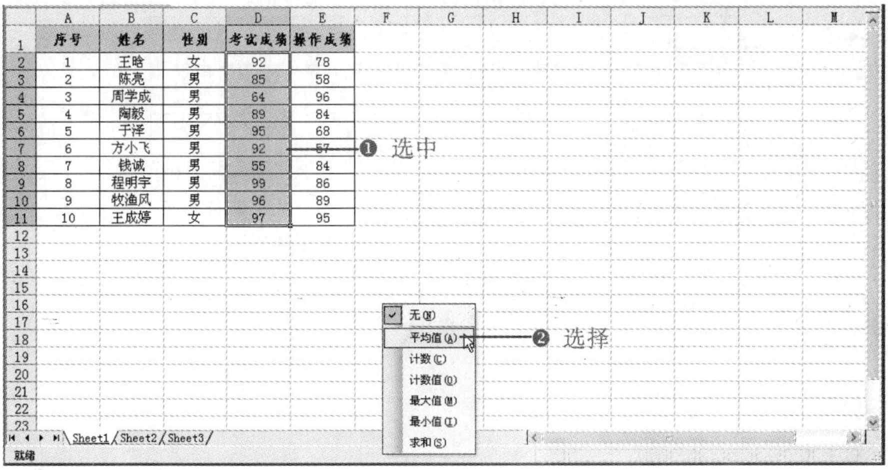

序号	姓名	性别	考试成绩	操作成绩
1	王晗	女	92	78
2	陈亮	男	85	58
3	周学成	男	64	96
4	陶毅	男	89	84
5	于泽	男	95	68
6	方小飞	男	92	57
7	钱诚	男	55	84
8	程明宇	男	99	86
9	牧渔风	男	96	89
10	王成婷	女	97	95

❶ 选中
无(N)
平均值(A)
计数(C)
计数值(O)
最大值(M)
最小值(I)
求和(S)
❷ 选择

图 8-13

❷ 执行命令后，状态栏中便显示出了选择区域的平均值结果，如图 8-14 所示。

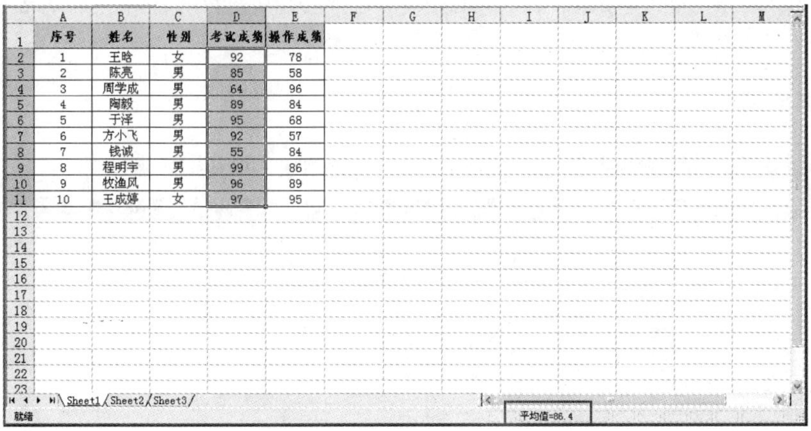

序号	姓名	性别	考试成绩	操作成绩
1	王晗	女	92	78
2	陈亮	男	85	58
3	周学成	男	64	96
4	陶毅	男	89	84
5	于泽	男	95	68
6	方小飞	男	92	57
7	钱诚	男	55	84
8	程明宇	男	99	86
9	牧渔风	男	96	89
10	王成婷	女	97	95

平均值=86.4

图 8-14

8.2　应聘人员笔试成绩表

为了更好地了解应聘者现在掌握的技能是否符合岗位要求，人力资源部门往往会根据岗位职责制作试卷，对应聘者的基本知识和操作技能进行考核择优选择应聘人员来胜任相应的岗位，如图 8-15 所示。

应聘人员笔试成绩表

序号	姓名	性别	考试成绩	操作成绩	平均成绩	总成绩
1	王晗	女	92	78	85	170
2	陈亮	男	85	58	71.5	143
3	周学成	男	64	96	80	160
4	陶毅	男	89	84	86.5	173
5	于泽	男	95	68	81.5	163
6	方小飞	男	92	57	74.5	149
7	钱诚	男	55	84	69.5	139
8	程明宇	男	99	86	92.5	185
9	牧渔风	男	96	89	92.5	185
10	王成婷	女	97	95	96	192
11	陈雅丽	女	95	47	71	142
12	权城	男	93	86	89.5	179
13	李烟	女	75	85	80	160
14	周松	男	68	84	76	152
15	放明亮	男	95	77	86	172
16	赵晓波	女	45	68	56.5	113

图 8-15

8.2.1 计算应聘人员的各项成绩

源文件：08/源文件/应聘人员笔试成绩表.xls、**效果文件**：08/效果文件/应聘人员笔试成绩表.xls、**视频文件**：08/视频/8.2.1 应聘人员笔试成绩表.mp4

首先建立“应聘人员笔试成绩表”工作簿，并输入相关的内容，然后对表格和字体进行美化设置，下面利用公式计算员工的平均成绩和总成绩。

1. 计算平均值

❶ 选中 F3 单元格，选择“插入”→“函数”命令，如图 8-16 所示。

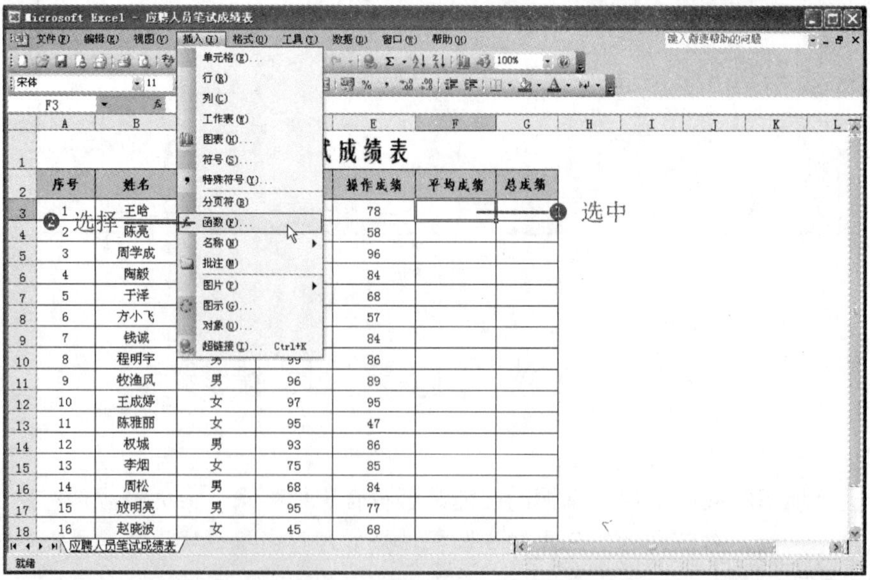

图 8-16

❷ 打开“插入函数”对话框，在“选择函数”列表框中选择“AVERAGE”函数，如图 8-17 所示。

❸ 单击“确定”按钮，打开“函数参数”对话框，在第一个参数设置框中（Number1）默认显示了用于求平均值的单元格区域，如图 8-18 所示，如果要调整这一参数，可以直接用鼠标在工作表中选择。

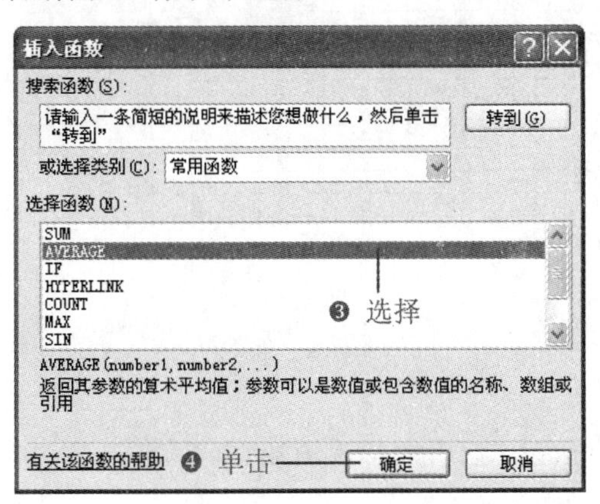

图 8-17

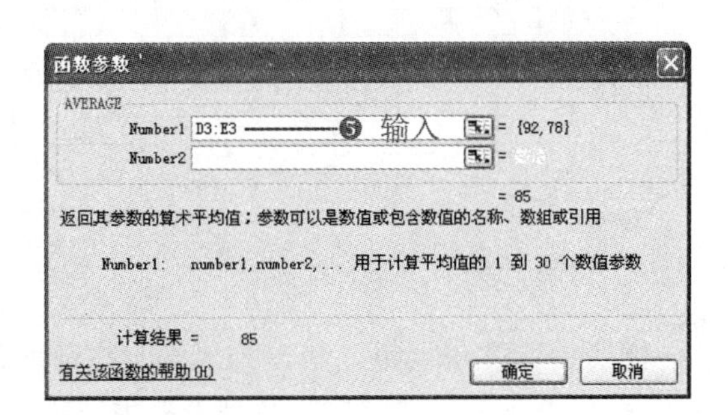

图 8-18

❹ 单击“确定”按钮，F3 单元格中显示出计算结果，如图 8-19 所示。

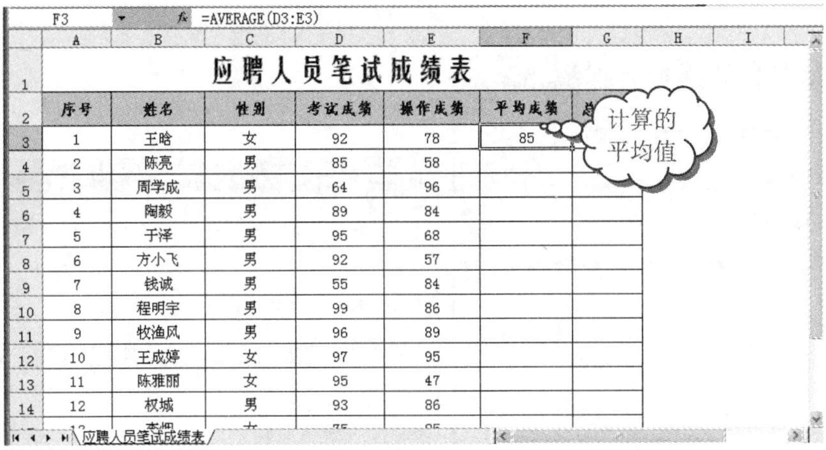

F3 =AVERAGE(D3:E3)

应聘人员笔试成绩表

序号	姓名	性别	考试成绩	操作成绩	平均成绩	总
1	王晗	女	92	78	85	
2	陈亮	男	85	58		
3	周学成	男	64	96		
4	陶毅	男	89	84		
5	于泽	男	95	68		
6	方小飞	男	92	57		
7	钱诚	男	55	84		
8	程明宇	男	99	86		
9	牧渔风	男	96	89		
10	王成婷	女	97	95		
11	陈雅丽	女	95	47		
12	权城	男	93	86		

计算的平均值

应聘人员笔试成绩表

图 8-19

❺ 选中 F3 单元格，将光标放置在右下角，当其变成实心十字形时，按住并向下拖动鼠标，如图 8-20 所示。

❻ 拖动到合适的单元格，释放鼠标即可自动填充其他人员的平均值，如图 8-21 所示。

操作提示

单击公式编辑栏前的 f_x 按钮，也可打开“插入函数”对话框；在“选择函数”列表框中如果没有需要的函数，单击“或选择类别”下拉按钮，在其下拉列表框中选择函数所在的列别即可。

F3 =AVERAGE(D3:E3)

应聘人员笔试成绩表

序号	姓名	性别	考试成绩	操作成绩	平均成绩	总成绩
1	王晗	女	92	78	85	
2	陈亮	男	85	58		
3	周学成	男	64	96		
4	陶毅	男	89	84		
5	于泽	男	95	68		
6	方小飞	男	92	57		
7	钱诚	男				
8	程明宇	男				
9	牧渔风	男				
10	王成婷	女				
11	陈雅丽	女		47		
12	权城	男	93			
13	李烟	女	75	85		
14	周松	男	68	84		
15	放明亮	男	95	77		
16	赵晓波	女	45	68		

图 8-20

F3 =AVERAGE(D3:E3)

应聘人员笔试成绩表

序号	姓名	性别	考试成绩	操作成绩	平均成绩	总成绩
1	王晗	女	92	78	85	
2	陈亮	男	85	58	71.5	
3	周学成	男	64		80	
4	陶毅	男	89		86.5	
5	于泽	男	95		81.5	
6	方小飞	男	92		74.5	
7	钱诚	男			69.5	
8	程明宇	男	99	86	92.5	
9	牧渔风	男	96	89	92.5	
10	王成婷	女	97	95	96	
11	陈雅丽	女	95	47	71	
12	权城	男	93	86	89.5	
13	李烟	女	75	85	80	
14	周松	男	68	84	76	
15	放明亮	男	95	77	86	
16	赵晓波	女	45	68	56.5	

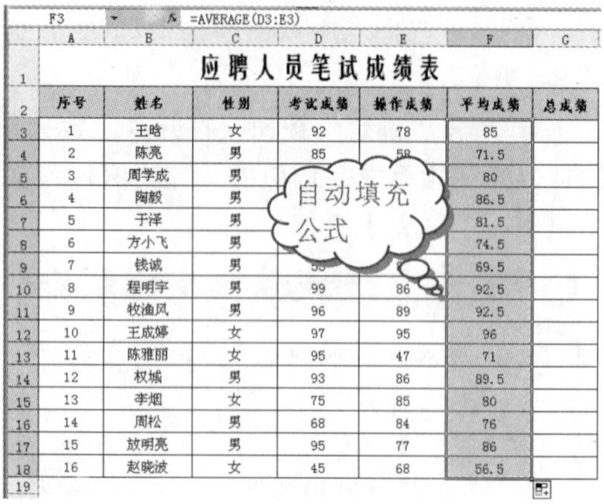

图 8-21

2．计算总分

❶ 选中 G3 单元格，单击公式编辑栏前的 f_x 按钮，打开“插入函数”对话框。

❷ 在“或选择类别”下拉列表框中选择“常用函数”选项，在“选择函数”列表框中选择“SUM”选项，如图 8-22 所示。

❸ 单击“确定”按钮，打开“函数参数”对话框，在“Number1”文本框中输入“D3:E3”，如图 8-23 所示。

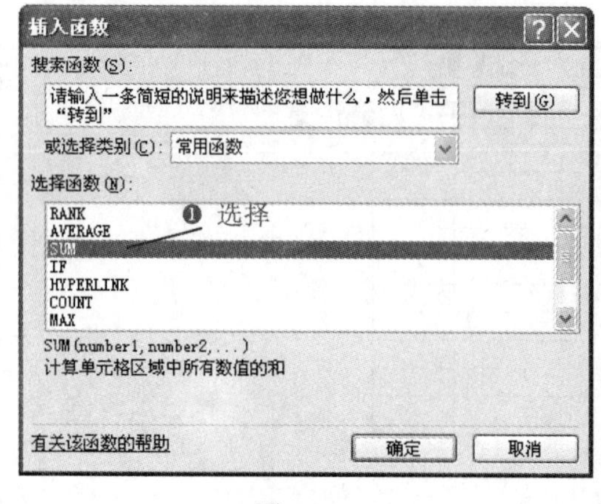

图 8-22

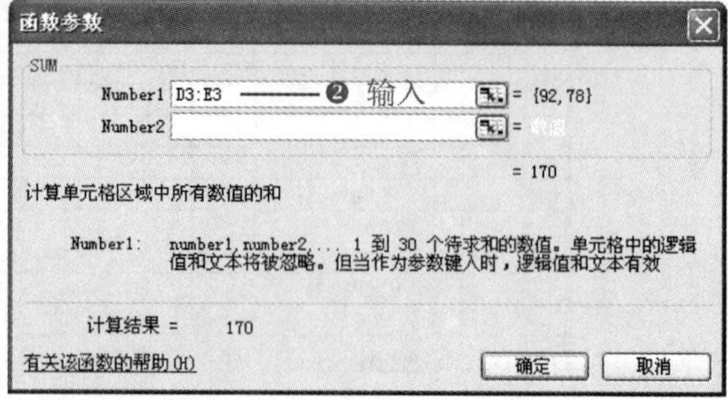

图 8-23

❹ 单击“确定”按钮，即可计算出第一位员工的总成绩，如图 8-24 所示。

❺ 将光标放在 G3 单元格右下角，当其变成实心十字形，向下拖动鼠标复制公式，即可计算出其他员工的总成绩，如图 8-25 所示。

操作提示

SUM 函数属于数学和三角函数类型，它用于返回某一单元格区域中所有数字之和。

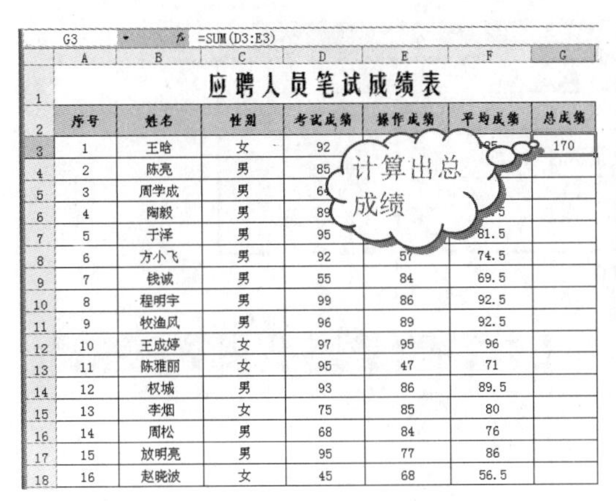

图 8-24

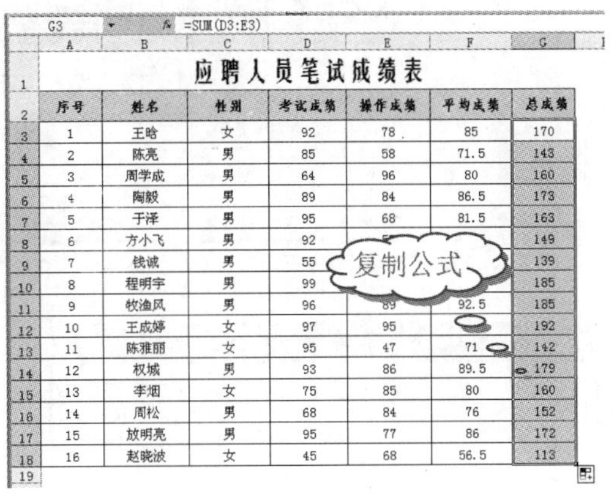

图 8-25

8.2.2 条件格式的应用

源文件：08/源文件/应聘人员笔试成绩表.xls、**效果文件**：08/效果文件/应聘人员笔试成绩表.xls、**视频文件**：08/视频/8.2.2 应聘人员笔试成绩表.mp4

通过设置条件格式，可以为满足一定条件的单元格应用指定的格式。例如，将大于特定值的单元格设置成红色边框，将小于特定值的单元格设置成蓝色字体等，可突出显示一部分数据。

❶ 选中 F3:F18 单元格区域，选择“格式”→“条件格式”命令，如图 8-26 所示。

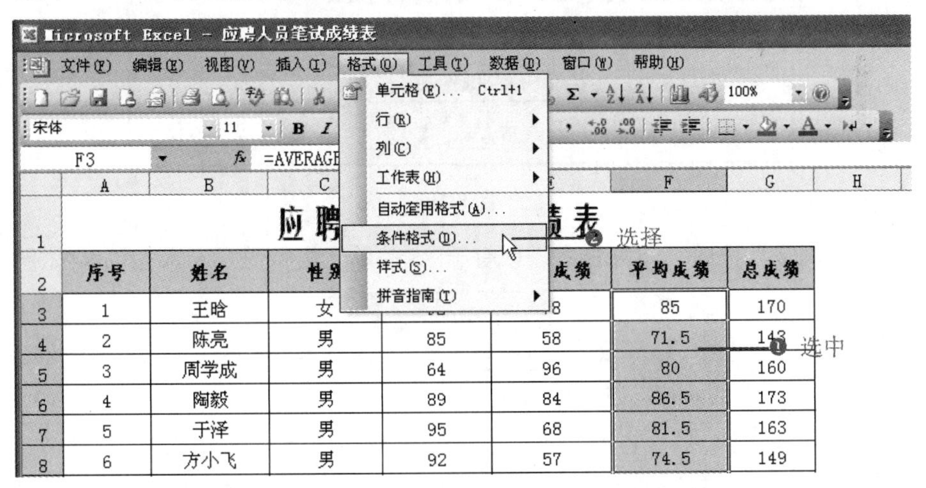

图 8-26

❷ 打开“条件格式”对话框，在“条件 1（1）”栏中中间的下拉列表框中选择“大于或等于”选项，在右边的文本框中输入“85”，如图 8-27 所示。

❸ 单击“格式”按钮，打开“单元格格式”对话框，在“字体”选项卡中设置字形为“加粗”，如图 8-28 所示；切换到“图案”选项卡，设置单元格的填充颜色，如图 8-29 所示。

Note

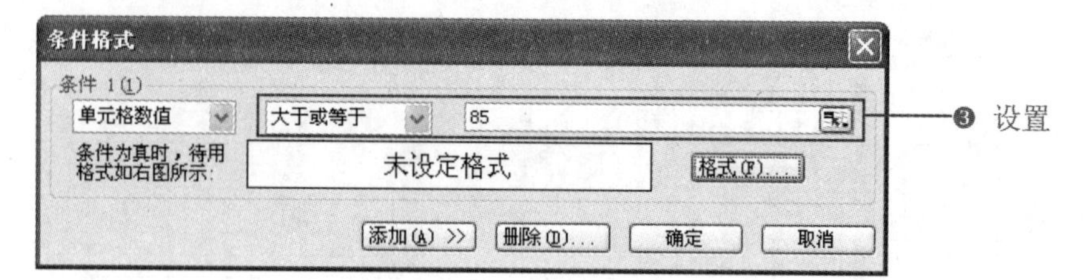

图 8-27

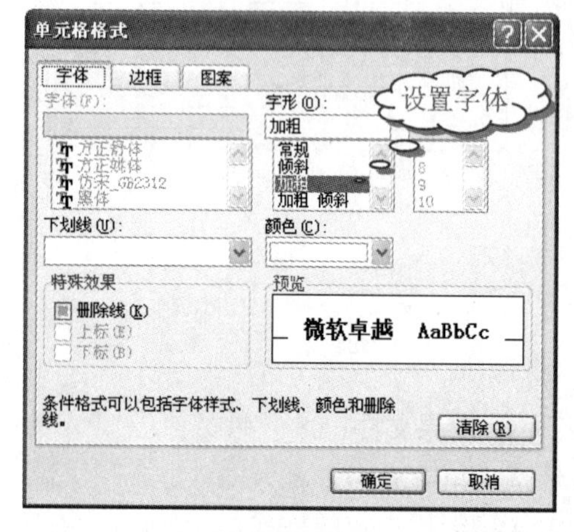

图 8-28

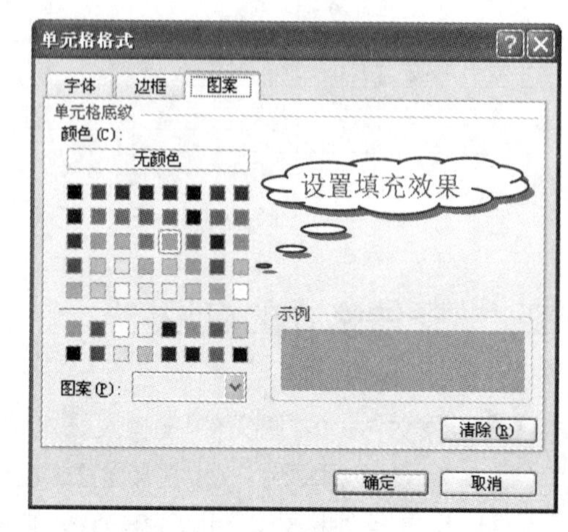

图 8-29

❹ 单击“确定”按钮，返回“条件格式”对话框，预览条件格式效果，如图 8-30 所示。

图 8-30

❺ 单击“确定”按钮，即可将大于或等于 85 的单元格特殊显示，如图 8-31 所示。

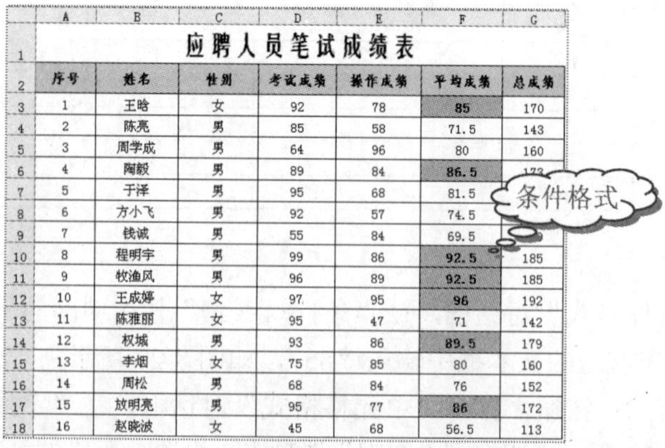

	A	B	C	D	E	F	G
1	应聘人员笔试成绩表						
2	序号	姓名	性别	考试成绩	操作成绩	平均成绩	总成绩
3	1	王晗	女	92	78	85	170
4	2	陈亮	男	85	58	71.5	143
5	3	周学成	男	64	96	80	160
6	4	陶毅	男	89	84	86.5	173
7	5	于泽	男	95	68	81.5	[illegible]
8	6	方小飞	男	92	57	74.5	[illegible]
9	7	钱诚	男	55	84	69.5	[illegible]
10	8	程明宇	男	99	86	92.5	185
11	9	牧渔风	男	96	89	92.5	185
12	10	王成婷	女	97	95	96	192
13	11	陈雅丽	女	95	47	71	142
14	12	权城	男	93	86	89.5	179
15	13	李烟	女	75	85	80	160
16	14	周松	男	68	84	76	152
17	15	放明亮	男	95	77	86	172
18	16	赵晓波	女	45	68	56.5	113

条件格式

图 8-31

操作提示

如果设置的条件格式比较多，在“条件格式”对话框中单击“添加”按钮，可添加更多的条件格式设置。Excel 允许最多设置 3 个条件格式，如果设置了多个条件，且单元格的数据符合其中两个以上的条件时，显示的格式以第 1 个格式为准。

Note

知识拓展

修改或删除条件格式

设置好的条件格式可以随时更改，其方法是打开“条件格式”对话框，直接在已建立的条件格式上重新更改即可。

如果要删除条件格式，打开“条件格式”对话框，单击“删除”按钮，打开“删除条件格式”对话框，选中需要删除的条件，如图 8-32 所示，单击“确定”按钮即可。

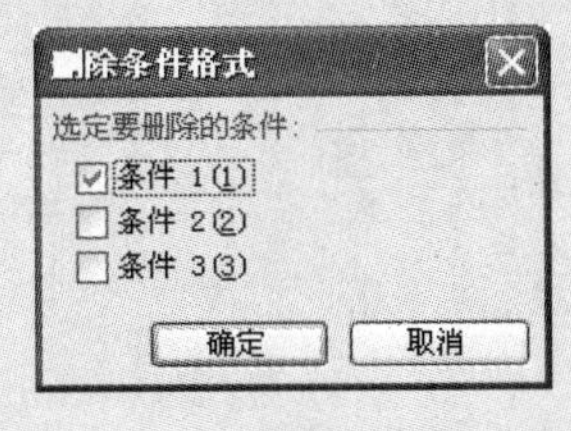

图 8-32

8.3　人事信息管理表

人事信息管理表用于记录员工个人真实、完整的信息。其包括员工的姓名、年龄、出生日期、身份证号码、学历、毕业院校、入职时间以及公司拟定的基本工资额等，如图 8-33 所示。

人事信息管理表

员工编号	姓名	性别	籍贯	身份证号码	出生日期	学历	职位	入职时间	基本工资	联系方式
NL001	华云	女	安徽 芜湖	340222198050650000	1980-50-65	本科	行政助理	2011-2-15	1800	15855178569
NL002	李静	女	湖南 株洲	340025197605162522	1976-05-16	本科	厂长	2010-6-7	3000	13800000000
NL003	陈思涵	女	四川 广汉	342001198011202528	1980-11-20	本科	主管	2011-5-10	2000	13811111111
NL004	周锦	男	湖北 武汉	340001198203088452	1982-03-08	专科	员工	2010-9-8	1500	13822222222
NL005	蔡丽丽	女	江西 赣州	340025198311043224	1983-11-04	本科	员工	2011-5-14	1500	13833333333
NL006	赵凯	男	江西 赣州	340025197902281235	1979-02-28	专科	员工	2009-4-5	1500	13844444444
NL007	张茜	女	湖南 株洲	340031198303026285	1983-03-02	本科	总监	2010-5-10	3000	13855555555
NL008	赵晓	女	湖北 武汉	340025840312056	1984-03-12	专科	经理	2010-6-18	2000	13866666666
NL009	李华升	男	四川 广汉	340025198502138578	1985-02-13	本科	大区经理	2010-7-18	1500	13877777777
NL010	黄升宇	男	江西 赣州	340025198603058573	1986-03-05	专科	大区经理	2008-7-5	1500	13888888888
NL011	黄鸣声	男	四川 成都	342031830214857	1983-02-14	本科	大区经理	2011-5-4	1500	13899999999
NL012	丁松	男	四川 成都	342025830213857	1983-02-13	专科	大区经理	2010-5-3	1500	13911111110
NL013	陈小霞	女	湖南 株洲	340025198402288563	1984-02-28	专科	大区经理	2010-11-5	1500	13922222221
NL014	周笙笙	女	四川 资阳	340025198802138548	1988-02-13	专科	主管	2011-7-1	2000	13933333332
NL015	顾笙箫	女	四川 简阳	340025197803170540	1978-03-17	专科	人事专员	2011-4-8	1500	13944444443
NL016	邓裕礼	男	浙江 温州	340042198210160517	1982-10-16	本科	人事专员	2011-7-8	1500	13955555554
NL017	王琪	女	山西 晋中	340025198506100224	1985-06-10	本科	行政经理	2009-5-8	3500	13966666665
NL018	陈潇	男	山西 晋中	340025198506100214	1985-06-10	专科	主管	2008-7-9	2000	13977777776
NL019	杨湘	男	四川 简阳	340025197503240657	1975-03-24	本科	行政文员	2008-9-10	1500	13988888887
NL020	张点点	男	四川 自贡	342701860213857	1986-02-13	专科	销售内勤	2011-7-15	3000	13999999998
NL021	于青青	男	江苏 常州	342701197002178573	1970-02-17	硕士	主办会计	2001-3-1	2800	13111111109
NL022	邓兰兰	女	江西 南昌	342701198202148521	1982-02-14	本科	会计	2007-4-8	1800	13122222220
NL023	罗羽	女	湖北 武汉	342701198504018543	1985-04-01	本科	会计	2010-4-15	1800	13133333331
NL024	杨宽	男	安徽 宿州	342701198202138579	1982-02-13	本科	主管	2005-5-15	2000	13144444442
NL025	金鑫	男	河北 石家庄	342701781213857	1978-12-13	大专	仓管	2008-5-15	2000	13155555553
NL026	刘猛	男	江苏 徐州	342701198302138572	1983-02-13	中专	司机	2010-5-15	2000	13166666664
NL027	郑淑娟	女	江苏 宿迁	342701198302138000	1983-02-13	初中	食堂	2010-6-3	1500	13177777775
NL028	钟菲菲	女	安徽 阜阳	342701700213858	1970-02-13	初中	食堂	2010-6-4	1500	13188888886

图 8-33

8.3.1　使用记录单登记数据

Note

：源文件：08/源文件/人事信息管理表.xls、**效果文件：**08/效果文件/人事信息管理表.xls、**视频文件：**08/视频/8.3.1 人事信息管理表.mp4

Excel 程序专门为工作表中的数据清单提供了数据记录单的功能，用来管理清单中的记录。利用数据记录单，可以方便地对一组记录中的所有数据进行修改，以及增加记录、删除记录等。

❶ 新建工作簿，重命名 Sheet1 工作表为“人事信息管理表”，在表格中输入标题和行列标识，并设置格式。

❷ 选中 A2:K2 单元格区域，选择“数据”→“记录单”命令（如图 8-34 所示），弹出 Microsoft Excel 对话框进行相关提示，单击“确定”按钮，如图 8-35 所示。

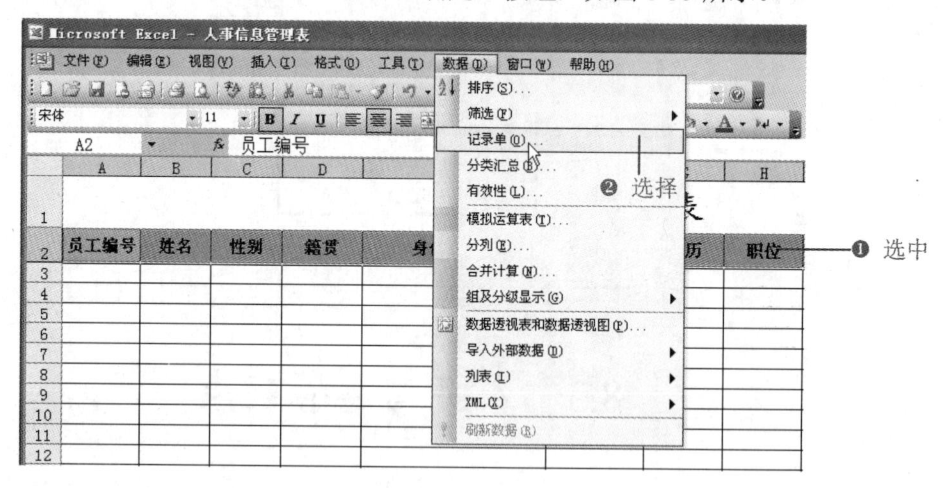

图 8-34

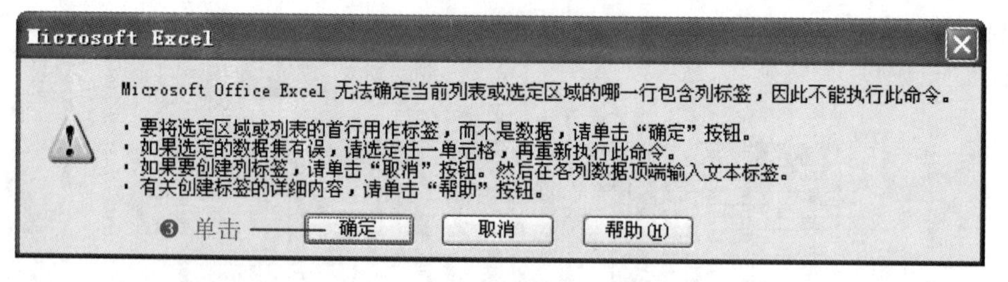

图 8-35

❸ 打开“Sheet1”对话框，以选定单元格区域的数值作为各项记录的标签，在各个标签对应的文本框中输入除“性别”和“出生日期”以外人员资料的数据，如图 8-36 所示。

❹ 输入完成后单击“新建”按钮，系统自动将“Sheet1”对话框中输入的数据写入相应的单元格中，继续在“Sheet1”对话框中输入各项数据，直到输入完成即可，如图 8-37 所示。

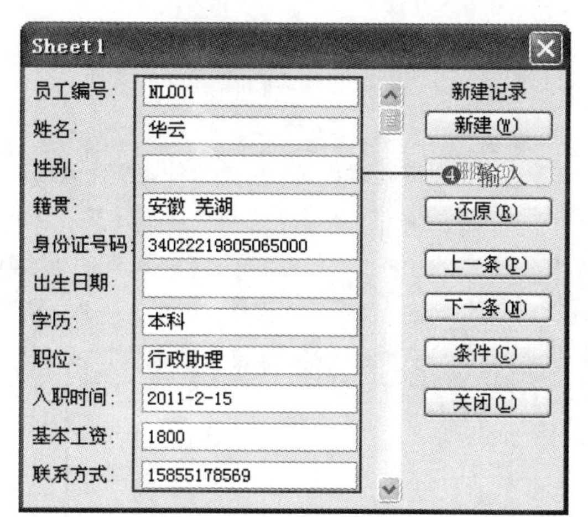

图 8-36

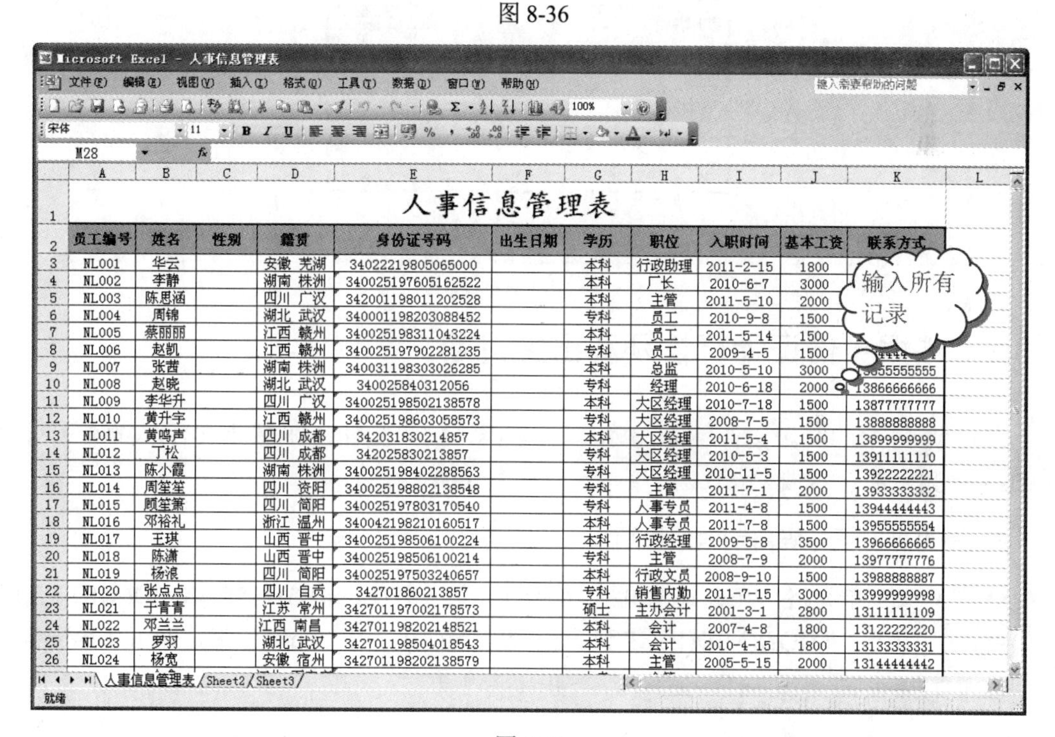

人事信息管理表

员工编号	姓名	性别	籍贯	身份证号码	出生日期	学历	职位	入职时间	基本工资	联系方式
NL001	华云		安徽 芜湖	34022219805065000		本科	行政助理	2011-2-15	1800	[illegible]
NL002	李静		湖南 株洲	340025197605162522		本科	厂长	2010-6-7	3000	[illegible]
NL003	陈思涵		四川 广汉	342001198011202528		本科	主管	2011-5-10	2000	[illegible]
NL004	周锦		湖北 武汉	340001198203088452		专科	员工	2010-9-8	1500	[illegible]
NL005	蔡丽丽		江西 赣州	340025198311043224		本科	员工	2011-5-14	1500	[illegible]
NL006	赵凯		江西 赣州	340025197902281235		专科	员工	2009-4-5	1500	[illegible]
NL007	张茜		湖南 株洲	340031198303026285		本科	总监	2010-5-10	3000	[illegible]
NL008	赵晓		湖北 武汉	340025840312056		专科	经理	2010-6-18	2000	13866666666
NL009	李华升		四川 广汉	340025198502138578		本科	大区经理	2010-7-18	1500	13877777777
NL010	黄升宇		江西 赣州	340025198603058573		专科	大区经理	2008-7-5	1500	13888888888
NL011	黄鸣声		四川 成都	342031830214857		本科	大区经理	2011-5-4	1500	13899999999
NL012	丁松		四川 成都	342025830213857		专科	大区经理	2010-5-3	1500	13911111110
NL013	陈小霞		湖南 株洲	340025198402288563		专科	大区经理	2010-11-5	1500	13922222221
NL014	周笙笙		四川 资阳	340025198802138548		专科	主管	2011-7-1	2000	13933333332
NL015	顾笙箫		四川 简阳	340025197803170540		专科	人事专员	2011-4-8	1500	13944444443
NL016	邓裕礼		浙江 温州	340042198210160517		本科	人事专员	2011-7-8	1500	13955555554
NL017	王琪		山西 晋中	340025198506100224		本科	行政经理	2009-5-8	3500	13966666665
NL018	陈潇		山西 晋中	340025198506100214		专科	主管	2008-7-9	2000	13977777776
NL019	杨浪		四川 简阳	340025197503240657		本科	行政文员	2008-9-10	1500	13988888887
NL020	张点点		四川 自贡	342701860213857		专科	销售内勤	2011-7-15	3000	13999999998
NL021	于青青		江苏 常州	342701197002178573		硕士	主办会计	2001-3-1	2800	13111111109
NL022	邓兰兰		江西 南昌	342701198202148521		本科	会计	2007-4-8	1800	13122222220
NL023	罗羽		湖北 武汉	342701198504018543		本科	会计	2010-4-15	1800	13133333331
NL024	杨宽		安徽 宿州	342701198202138579		本科	主管	2005-5-15	2000	13144444442

图 8-37

操作提示

选择“数据”→“记录单”命令，打开“人事信息管理表”记录单对话框，单击“下一条”按钮，直到显示出要修改的那条记录，在文本框中修改记录，单击“关闭”按钮，即可看到内容被修改了；单击“删除”按钮，弹出提示对话框，提示该记录将被删除。删除数据清单中的记录后将无法利用“撤销”命令恢复，记录单对话框中的“还原”按钮只能在修改某项记录的数据后，将其还原为修改前的数据。

知识拓展

查找记录

记录单对话框另一个显著的作用就是通过设置条件查找符合条件的记录。

打开“人事信息管理表”记录单对话框，单击“条件”按钮，然后在“学历”文本框中输入“本科”，在“基本工资”文本框中输入“>1800”，如图 8-38 所示，单击“表单”按钮，然后单击“下一条”按钮或按“Enter”键，将从第 1 条记录开始查找符合设置条件的记录。

人事信息管理表

员工编号：
姓名：
性别：
籍贯：
身份证号码：
出生日期：
学历：本科
职位：
入职时间：
基本工资：>1800
联系方式：

Criteria
新建(W)
清除(C)
还原(R)
上一条(P)
下一条(N)
表单(F)
关闭(L)

图 8-38

8.3.2　根据身份证计算性别和出生日期

：源文件：08/源文件/人事信息管理表.xls、**效果文件：**08/效果文件/人事信息管理表.xls、**视频文件：**08/视频/8.3.2 人事信息管理表.mp4

1．利用身份证号码自动返回性别

❶ 选中 C3 单元格，在公式编辑栏中输入公式：=IF(LEN(E3)=15,IF(MOD(MID(E3,15,1),2)=1,"男","女"),IF(MOD(MID(E3,17,1),2)=1,"男","女"))，按“Enter”键，即可从第一位员工的身份证号码中判断出该员工的性别，如图 8-39 所示。

C3　=IF(LEN(E3)=15,IF(MOD(MID(E3,15,1),2)=1,"男","女"),IF(MOD(MID(E3,17,1),2)=1,"男","女"))　❶ 输入

❷ 返回性别

人事信息管理表

员工编号	姓名	性别	籍贯	身份证号码	出生日期	学历	职位	入职时间	基本工资	联系方式
NL001	华云	女	安徽 芜湖	34022219805065000		本科	行政助理	2011-2-15	1800	15855178569
NL002	李静		湖南 株洲	340025197605162522		本科	厂长	2010-6-7	3000	13800000000
NL003	陈思涵		四川 广汉	342001198011202528		本科	主管	2011-5-10	2000	13811111111
NL004	周锦		湖北 武汉	340001198203088452		专科	员工	2010-9-8	1500	13822222222
NL005	蔡丽丽		江西 赣州	340025198311043224		本科	员工	2011-5-14	1500	13833333333
NL006	赵凯		江西 赣州	340025197902281235		专科	员工	2009-4-5	1500	13844444444
NL007	张茜		湖南 株洲	340031198303026285		本科	总监	2010-5-10	3000	13855555555
NL008	赵晓		湖北 武汉	340025840312056		专科	经理	2010-6-18	2000	13866666666
NL009	李华升		四川 广汉	340025198502138578		本科	大区经理	2010-7-18	1500	13877777777
NL010	黄升宇		江西 赣州	340025198603058573		专科	大区经理	2008-7-5	1500	13888888888
NL011	黄鸣声		四川 成都	342031830214857		本科	大区经理	2011-5-4	1500	13899999999
NL012	丁松		四川 成都	342025830213857		专科	大区经理	2010-5-3	1500	13911111110
NL013	陈小霞		湖南 株洲	340025198402288563		专科	大区经理	2010-11-5	1500	13922222221
NL014	周笙笙		四川 资阳	340025198802138548		专科	主管	2011-7-1	2000	13933333332
NL015	顾笙箫		四川 简阳	340025197803170540		专科	人事专员	2011-4-8	1500	13944444443
NL016	邓裕礼		浙江 温州	340042198210160517		本科	人事专员	2011-7-8	1500	13955555554
NL017	王琪		山西 晋中	340025198506100224		本科	行政经理	2009-5-8	3500	13966666665
NL018	陈潇		山西 晋中	340025198506100214		专科	主管	2008-7-9	2000	13977777776

图 8-39

❷ 选中 C3 单元格，拖动填充柄向下拖动进行公式填充，从而快速得出每位员工的性别，如图 8-40 所示。

	A	B	C	D	E	F	G	H	I	J	K
1	人事信息管理表										
2	员工编号	姓名	性别	籍贯	身份证号码	出生日期	学历	职位	入职时间	基本工资	联系方式
3	NL001	华云	女	安徽 芜湖	34022219805065000		本科	行政助理	2011-2-15	1800	15855178569
4	NL002	李静	女	湖南 株洲	340025197605162522		本科	厂长	2010-6-7	3000	13800000000
5	NL003	陈思涵	女	四川 广汉	342001198011202528		本科	主管	2011-5-10	2000	13811111111
6	NL004	周锦	男	湖北 武汉	340001198203088452		专科	员工	2010-9-8	1500	13822222222
7	NL005	蔡丽丽	女	江西 赣州	340025198311043224		本科	员工	2011-5-14	1500	13833333333
8	NL006	赵凯	男	江西 赣州	340025197902281235		专科	员工	2009-4-5	1500	13844444444
9	NL007	张茜	女	湖南 株洲	340031198303026285		本科	总监	2010-5-10	3000	13855555555
10	NL008	赵晓	女	湖北 武汉	340025840312056		专科	经理	2010-6-18	2000	13866666666
11	NL009	李华升	男	四川 广汉	340025198502138578		本科	大区经理	2010-7-18	1500	13877777777
12	NL010	黄升宇	男	江西 赣州	340025198603058573		专科	大区经理	2008-7-5	1500	13888888888
13	NL011	黄鸣声	男	四[illegible]	[illegible]0214857		本科	大区经理	2011-5-4	1500	13899999999
14	NL012	丁松	男	[illegible]	[illegible]213857		专科	大区经理	2010-5-3	1500	13911111110
15	NL013	陈小霞	女	[illegible]	[illegible]98402288563		专科	大区经理	2010-11-5	1500	13922222221
16	NL014	周笙笙	女	四[illegible]资阳	340025198802138548		专科	主管	2011-7-1	2000	13933333332
17	NL015	顾笙箫	女	四川 简阳	340025197803170540		专科	人事专员	2011-4-8	1500	13944444443
18	NL016	邓裕礼	男	浙江 温州	340042198210160517		本科	人事专员	2011-7-8	1500	13955555554
19	NL017	王琪	女	山西 晋中	340025198506100224		本科	行政经理	2009-5-8	3500	13966666665
20	NL018	陈潇	男	山西 晋中	340025198506100214		专科	主管	2008-7-9	2000	13977777776
21	NL019	杨浪	男	四川 简阳	340025197503240657		本科	行政文员	2008-9-10	1500	13988888887
22	NL020	张点点	男	四川 自贡	342701860213857		专科	销售内勤	2011-7-15	3000	13999999998
23	NL021	于青青	男	江苏 常州	342701197002178573		硕士	主办会计	2001-3-1	2800	13111111109
24	NL022	邓兰兰	女	江西 南昌	342701198202148521		本科	会计	2007-4-8	1800	13122222220
25	NL023	罗羽	女	湖北 武汉	342701198504018543		本科	会计	2010-4-15	1800	13133333331
26	NL024	杨宽	男	安徽 宿州	342701198202138579		本科	主管	2005-5-15	2000	13144444442
27	NL025	金鑫	男	河北 石家庄	342701781213857		大专	仓管	2008-5-15	2000	13155555553
28	NL026	刘猛	男	江苏 徐州	342701198302138572		中专	司机	2010-5-15	2000	13166666664
29	NL027	郑淑娟	女	江苏 宿迁	342701198302138000		初中	食堂	2010-6-3	1500	13177777775
30	NL028	钟菲菲	女	安徽 阜阳	342701700213858		初中	食堂	2010-6-4	1500	13188888886

图 8-40

2．根据身份证号码自动返回出生日期

❶ 选中 F3 单元格，在公式编辑栏输入公式：=IF(LEN(E3)=15,CONCATENATE("19",MID(E3,7,2),"-",MID(E3,9,2),"-",MID(E3,11,2)),CONCATENATE(MID(E3,7,4),"-",MID(E3,11,2),"-",MID(E3,13,2)))，按“Enter”键，即可从第一位员工的身份证号码中判断出该员工的出生日期，如图 8-41 所示。

	A	B	C	D	E	F	G	H	I	J	K
1	人事信息管理表										
2	员工编号	姓名	性别	籍贯	身份证号码	出生日期	学历	职位	入职时间	基本工资	联系方式
3	NL001	华云	女	安徽 芜湖	34022219805065000	1980-50-65	本科	行政助理	2011-2-15	1800	15855178569
4	NL002	李静	女	湖南 株洲	340025197605162522		本科	厂长	2010-6-7	3000	13800000000
5	NL003	陈思涵	女	四川 广汉	342001198011202528		本科	主管	2011-5-10	2000	13811111111
6	NL004	周锦	男	湖北 武汉	340001198203088452		专科	员工	2010-9-8	1500	13822222222
7	NL005	蔡丽丽	女	江西 赣州	340025198311043224		本科	员工	2011-5-14	1500	13833333333
8	NL006	赵凯	男	江西 赣州	340025197902281235		专科	员工	2009-4-5	1500	13844444444
9	NL007	张茜	女	湖南 株洲	340031198303026285		本科	总监	2010-5-10	3000	13855555555
10	NL008	赵晓	女	湖北 武汉	340025840312056		专科	经理	2010-6-18	2000	13866666666
11	NL009	李华升	男	四川 广汉	340025198502138578		本科	大区经理	2010-7-18	1500	13877777777
12	NL010	黄升宇	男	江西 赣州	340025198603058573		专科	大区经理	2008-7-5	1500	13888888888
13	NL011	黄鸣声	男	四川 成都	342031830214857		本科	大区经理	2011-5-4	1500	13899999999
14	NL012	丁松	男	四川 成都	342025830213857		专科	大区经理	2010-5-3	1500	13911111110
15	NL013	陈小霞	女	湖南 株洲	340025198402288563		专科	大区经理	2010-11-5	1500	13922222221
16	NL014	周笙笙	女	四川 资阳	340025198802138548		专科	主管	2011-7-1	2000	13933333332
17	NL015	顾笙箫	女	四川 简阳	340025197803170540		专科	人事专员	2011-4-8	1500	13944444443
18	NL016	邓裕礼	男	浙江 温州	340042198210160517		本科	人事专员	2011-7-8	1500	13955555554
19	NL017	王琪	女	山西 晋中	340025198506100224		本科	行政经理	2009-5-8	3500	13966666665
20	NL018	陈潇	男	山西 晋中	340025198506100214		专科	主管	2008-7-9	2000	13977777776
21	NL019	杨浪	男	四川 简阳	340025197503240657		本科	行政文员	2008-9-10	1500	13988888887
22	NL020	张点点	男	四川 自贡	342701860213857		专科	销售内勤	2011-7-15	3000	13999999998

图 8-41

❷ 选中 F3 单元格，向下拖动填充柄进行公式填充，从而快速得出每位员工的出生日期，如图 8-42 所示。

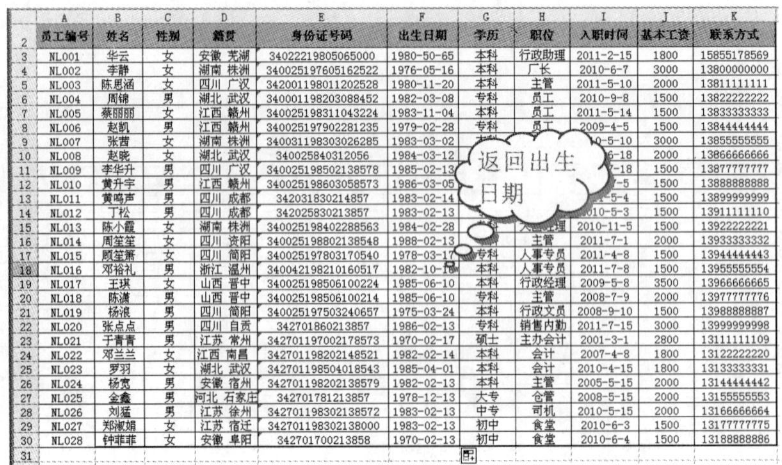

员工编号	姓名	性别	籍贯	身份证号码	出生日期	学历	职位	入职时间	基本工资	联系方式
NL001	华云	女	安徽 芜湖	34022219805065000	1980-50-65	本科	行政助理	2011-2-15	1800	15855178569
NL002	李静	女	湖南 株洲	340025197605162522	1976-05-16	本科	厂长	2010-6-7	3000	13800000000
NL003	陈思涵	女	四川 广汉	342001198011202528	1980-11-20	本科	主管	2011-5-10	2000	13811111111
NL004	周锦	男	湖北 武汉	340001198203088452	1982-03-08	专科	员工	2010-9-8	1500	13822222222
NL005	蔡丽丽	女	江西 赣州	340025198311043224	1983-11-04	本科	员工	2011-5-14	1500	13833333333
NL006	赵凯	男	江西 赣州	340025197902281235	1979-02-28	专科	员工	2009-4-5	1500	13844444444
NL007	张茜	女	湖南 株洲	340031198303026285	1983-03-02	[illegible]	[illegible]	[illegible]	3000	13855555555
NL008	赵晓	女	湖北 武汉	340025840312056	1984-03-12	[illegible]	[illegible]	[illegible]	2000	13866666666
NL009	李华升	男	四川 广汉	340025198502138578	1985-02-13	[illegible]	[illegible]	[illegible]	1500	13877777777
NL010	黄升宇	男	江西 赣州	340025198603058573	1986-03-05	[illegible]	[illegible]	[illegible]	1500	13888888888
NL011	黄鸣声	男	四川 成都	342031830214857	1983-02-14	[illegible]	[illegible]	[illegible]	1500	13899999999
NL012	丁松	男	四川 成都	342025830213857	1983-02-13	[illegible]	[illegible]	[illegible]	1500	13911111110
NL013	陈小霞	女	湖南 株洲	340025198402288563	1984-02-28	[illegible]	[illegible]	2010-11-5	1500	13922222221
NL014	周笙笙	女	四川 资阳	340025198802138548	1988-02-13	[illegible]	主管	2011-7-1	2000	13933333332
NL015	顾笙箫	女	四川 简阳	340025197803170540	1978-03-17	专科	人事专员	2011-4-8	1500	13944444443
NL016	邓裕礼	男	浙江 温州	340042198210160517	1982-10-16	本科	人事专员	2011-7-8	1500	13955555554
NL017	王琪	女	山西 晋中	340025198506100224	1985-06-10	本科	行政经理	2009-5-8	3500	13966666665
NL018	陈潇	男	山西 晋中	340025198506100214	1985-06-10	专科	主管	2008-7-9	2000	13977777776
NL019	杨浪	男	四川 简阳	340025197503240657	1975-03-24	本科	行政文员	2008-9-10	1500	13988888887
NL020	张点点	男	四川 自贡	342701860213857	1986-02-13	专科	销售内勤	2011-7-15	3000	13999999998
NL021	于青青	男	江苏 常州	342701197002178573	1970-02-17	硕士	主办会计	2001-3-1	2800	13111111109
NL022	邓兰兰	女	江西 南昌	342701198202148521	1982-02-14	本科	会计	2007-4-8	1800	13122222220
NL023	罗羽	女	湖北 武汉	342701198504018543	1985-04-01	本科	会计	2010-4-15	1800	13133333331
NL024	杨宽	男	安徽 宿州	342701198202138579	1982-02-13	本科	主管	2005-5-15	2000	13144444442
NL025	金鑫	男	河北 石家庄	342701781213857	1978-12-13	大专	仓管	2008-5-15	2000	13155555553
NL026	刘猛	男	江苏 徐州	342701198302138572	1983-02-13	中专	司机	2010-5-15	2000	13166666664
NL027	郑淑娟	女	江苏 宿迁	342701198302138000	1983-02-13	初中	食堂	2010-6-3	1500	13177777775
NL028	钟菲菲	女	安徽 阜阳	342701700213858	1970-02-13	初中	食堂	2010-6-4	1500	13188888886

图 8-42

8.4 人事信息查询表

建立了人事信息管理表之后，通常需要查询某位员工的档案信息，如果企业员工较多，那么查找起来会非常不便。利用 Excel 中的函数功能可以建立一个查询表，当需要查询某位员工的档案时，只需输入其编辑即可快速查询，如图 8-43 所示。

人事信息查询表

请选择要查询的编号	NL006
姓名	赵凯
性别	男
籍贯	江西 赣州
身份证号码	340025197902281235
出生日期	1979-02-28
学历	专科
职位	员工
入职时间	39908
基本工资	1500
联系方式	13844444444

图 8-43

8.4.1 转置粘贴

：源文件：08/源文件/人事信息管理表.xls、**效果文件**：08/效果文件/人事信息管理表.xls、**视频文件**：08/视频/8.4.1 人事信息管理表.mp4

利用选择性粘贴中的转置功能，可以将横排标题粘贴成竖排标题，这样就避免了再重

新输入，提高了办公效率。

❶ 在“人事信息管理表”工作簿中，重命名“Sheet2”工作表为“人事信息查询表”，并在工作表中输入表头信息，如图 8-44 所示。

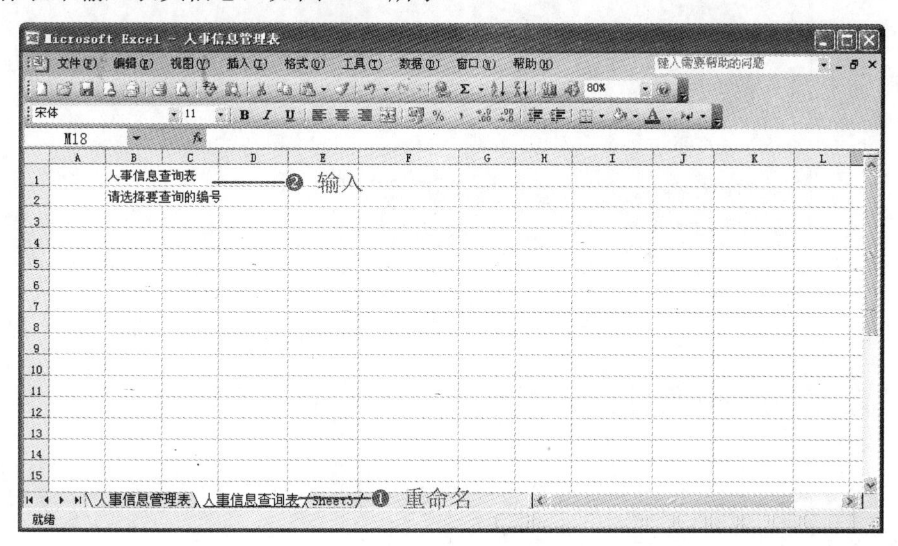

图 8-44

❷ 切换到“人事信息管理表”，选中 B2:K2 单元格区域，执行复制操作，切换到“人事资料查询表”，选中要放置粘贴内容的单元格，单击工具栏中的“粘贴”按钮右侧的下拉按钮，在展开的下拉菜单中选择“转置”命令，如图 8-45 所示。

❸ 执行命令后，即可将标题粘贴到表格中，如图 8-46 所示。

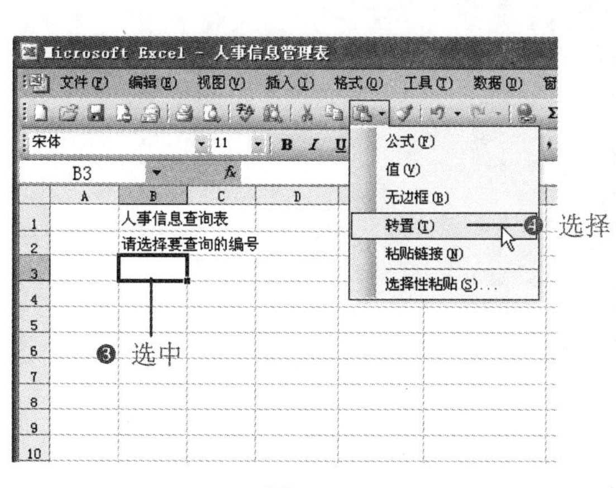

图 8-45

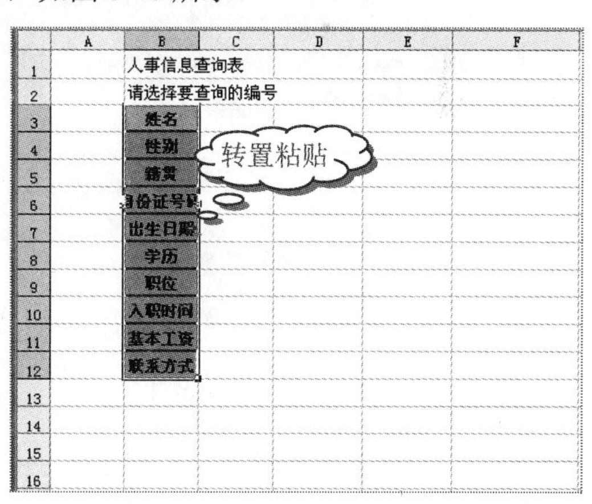

图 8-46

❹ 设置字体和表格格式，并对表格进行美化，效果如图 8-47 所示。

操作提示

打开“选择性粘贴”对话框，选中“转置”复选框，单击“确定”按钮，也可实现转置粘贴。

Note

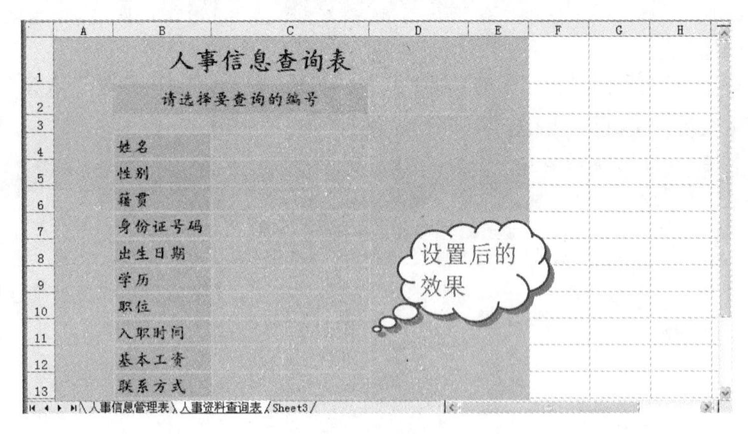

图 8-47

8.4.2 设置数据有效性

源文件：08/源文件/人事信息管理表.xls、**效果文件**：08/效果文件/人事信息管理表.xls、**视频文件**：08/视频/8.4.2 人事信息管理表.mp4

如果一列或一行表格中有固定的几个数据输入，可以利用数据有效性实现选择输入，不必一个一个输入，不但提高效率，而且防止出错。

❶ 在表格编辑区域外输入员工的编号。选中 D2 单元格，选择“数据”→“有效性”命令，如图 8-48 所示。

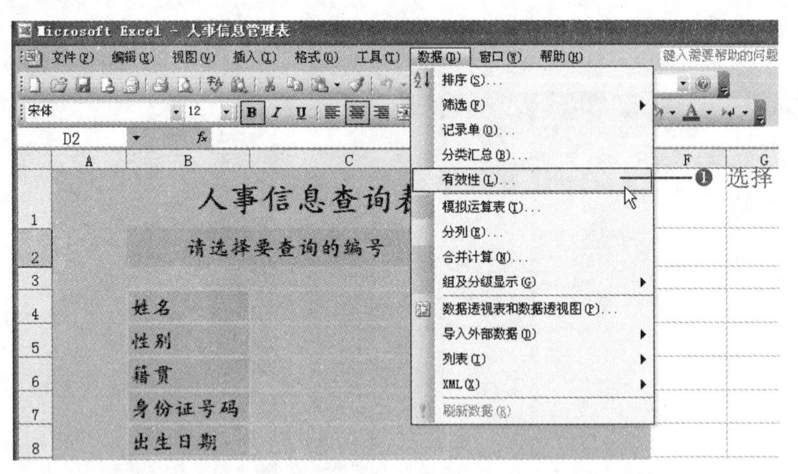

图 8-48

❷ 打开“数据有效性”对话框，在“允许”下拉列表框中选择“序列”选项，接着单击“来源”文本框后的按钮，选择员工编号，如图 8-49 所示。

❸ 切换到“输入信息”选项卡，设置选中该单元格时所显示的提示信息，如图 8-50 所示。

❹ 设置完成后单击“确定”按钮，返回工作表中，选中的单元格会显示提示信息，提示从下拉列表中选择员工编号，如图 8-51 所示。

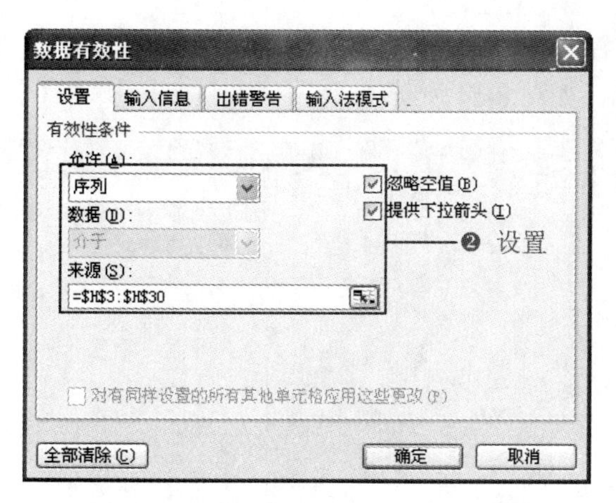

图 8-49

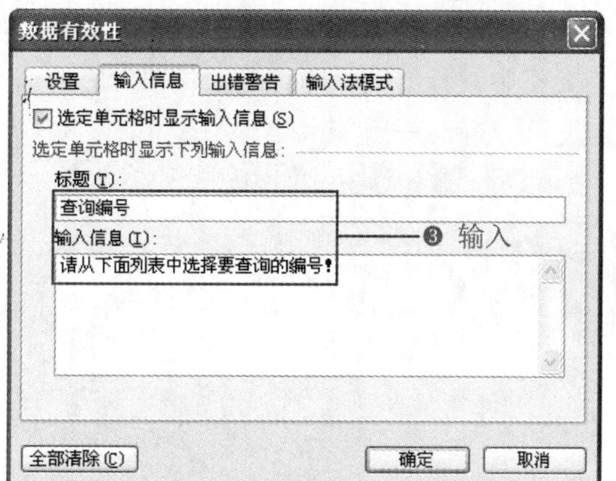

图 8-50

❺ 单击 D2 单元格右侧的下拉按钮，即可在下拉列表中选择员工的编号，如图 8-52 所示。

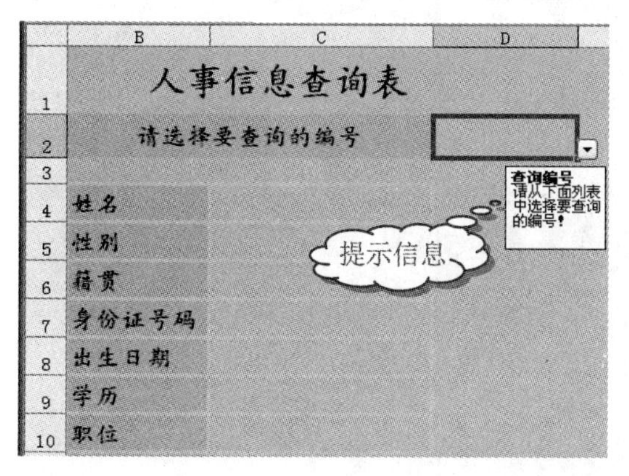

图 8-51

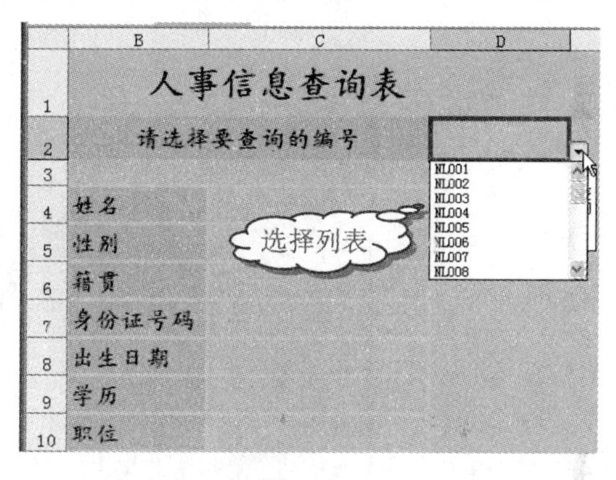

图 8-52

操作提示

在“数据有效性”对话框中选择“出错警告”选项卡，可输入出错警告语言，当在设置了数据有效性的单元格中输入不符合要求的内容，会弹出出错警告对话框。

8.4.3　VLOOKUP 函数应用

：源文件：08/源文件/人事信息管理表.xls、**效果文件**：08/效果文件/人事信息管理表.xls、**视频文件**：08/视频/8.4.3 人事信息管理表.mp4

利用函数可以自动返回员工的信息，只要选择员工的编号，便会出现员工的所有信息。

❶ 选中 C4 单元格，在公式编辑栏中输入公式：=VLOOKUP($D$2,人事信息管理表!$A$3:$K$500,ROW (A2))，按“Enter”键即可根据选择的员工编号返回员工姓名，如图 8-53 所示。

❷ 选中 C4 单元格，将光标定位到单元格右下角，当出现黑色十字形时向下拖动至 C13 单元格中，释放鼠标即可返回各项对应的信息，如图 8-54 所示。

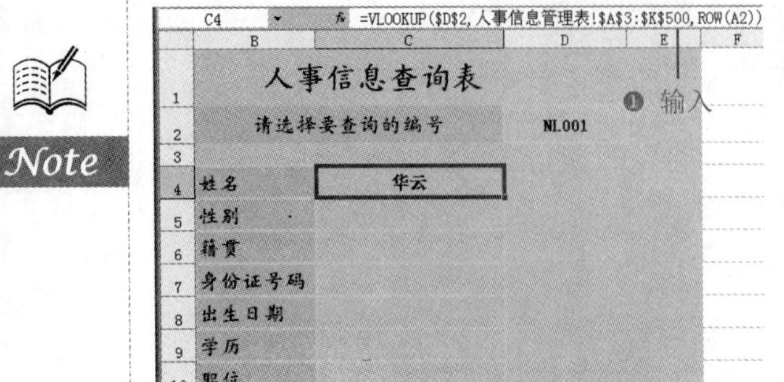

图 8-53

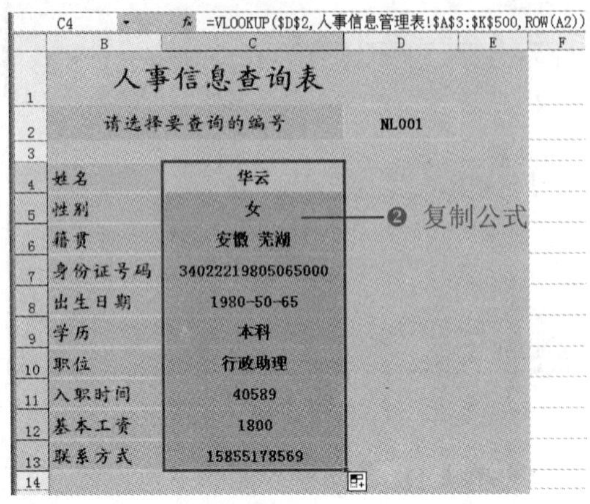

图 8-54

❸ 单击 D2 单元格下拉按钮，在其下拉列表中选择其他员工编号，如 NL006，系统即可自动更新出员工信息，如图 8-55 所示。

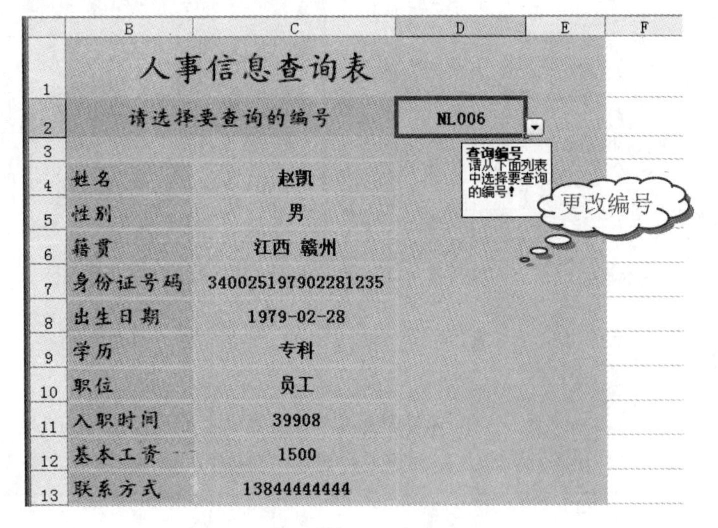

图 8-55

8.5 加班工资统计表

企业在节假日安排员工加班时，应按照不低于劳动者本身日或小时工资的 3 倍支付加班工资，而在周末安排员工加班时，应按照不低于员工本人日或小时工资的两倍支付，如图 8-56 所示。

加班工资统计表

姓名	班次类别	开始时间	结束时间	核算加班时数	基本小时工资	加班小时工资	加班费金额
陈冉冉	节假日班次	8:30	18:00	9.5	￥18.75	￥　56.25	￥　534.38
黄小龙	节假日班次	6:30	12:00	5.5	￥23.00	￥　69.00	￥　379.50
赵楠	休息日班次	7:30	16:00	8.5	￥18.75	￥　37.50	￥　318.75
刘玲	节假日班次	10:00	18:00	8	￥25.00	￥　75.00	￥　600.00
丁智慧	节假日班次	16:30	20:00	3.5	￥30.00	￥　90.00	￥　315.00
郭娜	节假日班次	8:30	18:00	9.5	￥31.50	￥　94.50	￥　897.75
罗西	休息日班次	6:30	12:00	5.5	￥38.50	￥　77.00	￥　423.50
赵晓艳	节假日班次	10:00	18:00	8	￥18.75	￥　56.25	￥　450.00
徐庆	休息日班次	8:30	18:00	9.5	￥24.56	￥　49.12	￥　466.64
黄鹂	节假日班次	6:30	12:00	5.5	￥25.60	￥　76.80	￥　422.40
侯娟娟	节假日班次	17:30	20:00	2.5	￥23.00	￥　69.00	￥　172.50
王福鑫	休息日班次	8:30	18:00	9.5	￥18.75	￥　37.50	￥　356.25
王琪	节假日班次	10:00	18:00	8	￥31.50	￥　94.50	￥　756.00
陈潇	休息日班次	6:30	12:00	5.5	￥30.00	￥　60.00	￥　330.00
杨浪	节假日班次	7:30	13:00	5.5	￥25.00	￥　75.00	￥　412.50
张点点	休息日班次	17:30	20:00	2.5	￥31.50	￥　63.00	￥　157.50
于青青	节假日班次	17:30	20:00	2.5	￥20.80	￥　62.40	￥　156.00
邓兰兰	休息日班次	10:00	18:00	8	￥24.80	￥　49.60	￥　396.80
罗羽	节假日班次	6:30	12:00	5.5	￥18.75	￥　56.25	￥　309.38
杨宽	休息日班次	7:30	13:00	5.5	￥23.56	￥　47.12	￥　259.16
合计总金额							￥　8,114.00

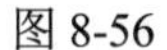

图 8-56

8.5.1　核算加班时数

：源文件：08/源文件/加班工资统计表.xls、**效果文件**：08/效果文件/加班工资统计表.xls、**视频文件**：08/视频/8.5.1 加班工资统计表.mp4

❶ 创建“加班工资统计表”工作簿，输入内容，并设置字体、表格格式，效果如图 8-57 所示。

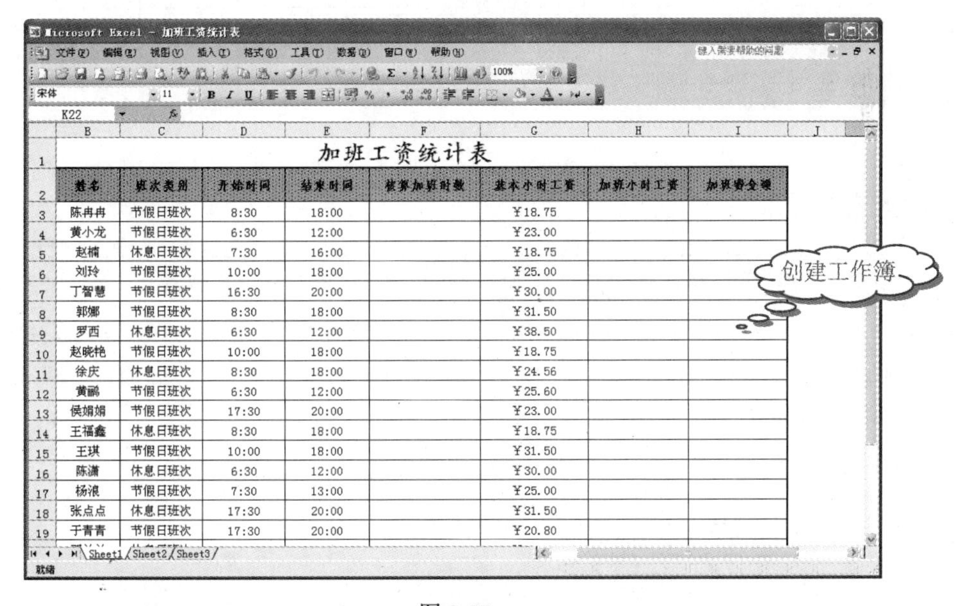

加班工资统计表

姓名	班次类别	开始时间	结束时间	核算加班时数	基本小时工资	加班小时工资	加班费金额
陈冉冉	节假日班次	8:30	18:00		￥18.75		
黄小龙	节假日班次	6:30	12:00		￥23.00		
赵楠	休息日班次	7:30	16:00		￥18.75		
刘玲	节假日班次	10:00	18:00		￥25.00		
丁智慧	节假日班次	16:30	20:00		￥30.00		
郭娜	节假日班次	8:30	18:00		￥31.50		
罗西	休息日班次	6:30	12:00		￥38.50		
赵晓艳	节假日班次	10:00	18:00		￥18.75		
徐庆	休息日班次	8:30	18:00		￥24.56		
黄鹂	节假日班次	6:30	12:00		￥25.60		
侯娟娟	节假日班次	17:30	20:00		￥23.00		
王福鑫	休息日班次	8:30	18:00		￥18.75		
王琪	节假日班次	10:00	18:00		￥31.50		
陈潇	休息日班次	6:30	12:00		￥30.00		
杨浪	节假日班次	7:30	13:00		￥25.00		
张点点	休息日班次	17:30	20:00		￥31.50		
于青青	节假日班次	17:30	20:00		￥20.80		

图 8-57

❷ 选中 F3 单元格，在公式编辑栏中输入公式：=HOUR(E3)+MINUTE(E3)/60-(HOUR(D3)+MINUTE(D3)/60)，按“Enter”键，即可计算出第一位员工的核算加班时数，如图 8-58

所示。

F3 =HOUR(E3)+MINUTE(E3)/60-(HOUR(D3)+MINUTE(D3)/60) ——❶ 输入

	B	C	D	E	F	G
1	加班工资统计表					
2	姓名	班次类别	开始时间	结束时间	核算加班时数	基本小时工资
3	陈冉冉	节假日班次	8:30	18:00	9.5	¥18.75
4	黄小龙	节假日班次	6:30	12:00		¥23.00
5	赵楠	休息日班次	7:30	16:00		¥18.75
6	刘玲	节假日班次	10:00	18:00		¥25.00
7	丁智慧	节假日班次	16:30	20:00		¥30.00
8	郭娜	节假日班次	8:30	18:00		¥31.50
9	罗西	休息日班次	6:30	12:00		¥38.50
10	赵晓艳	节假日班次	10:00	18:00		¥18.75

❷ 返回值

图 8-58

❸ 选中 F3 单元格，将光标放置在单元格右下角，拖动填充柄向下复制公式，即可计算出其他员工的核算加班时数，如图 8-59 所示。

F3 =HOUR(E3)+MINUTE(E3)/60-(HOUR(D3)+MINUTE(D3)/60)

	B	C	D	E	F	G	H	I
1	加班工资统计表							
2	姓名	班次类别	开始时间	结束时间	核算加班时数	基本小时工资	加班小时工资	加班费金额
3	陈冉冉	节假日班次	8:30	18:00	9.5	¥18.75		
4	黄小龙	节假日班次	6:30	12:00	5.5	¥23.00		
5	赵楠	休息日班次	7:30	16:00	8.5	¥18.75		
6	刘玲	节假日班次	10:00	18:00	8	¥25.00		
7	丁智慧	节假日班次	16:30	20:00	3.5			
8	郭娜	节假日班次	8:30	18:00	9.5			
9	罗西	休息日班次	6:30	12:00	5.5	[illegible].50		
10	赵晓艳	节假日班次	10:00	18:00	8	¥18.75		
11	徐庆	休息日班次	8:30	18:00	9.5	¥24.56		
12	黄鹂	节假日班次	6:30	12:00	5.5	¥25.60		
13	侯娟娟	节假日班次	17:30	20:00	2.5	¥23.00		
14	王福鑫	休息日班次	8:30	18:00	9.5	¥18.75		
15	王琪	节假日班次	10:00	18:00	8	¥31.50		
16	陈潇	休息日班次	6:30	12:00	5.5	¥30.00		
17	杨浪	节假日班次	7:30	13:00	5.5	¥25.00		
18	张点点	休息日班次	17:30	20:00	2.5	¥31.50		
19	于青青	节假日班次	17:30	20:00	2.5	¥20.80		
20	邓兰兰	休息日班次	10:00	18:00	8	¥24.80		
21	罗羽	节假日班次	6:30	12:00	5.5	¥18.75		

复制公式

Sheet1 / Sheet2 / Sheet3

图 8-59

公式解析

"=HOUR(E3)+MINUTE(E3)/60-(HOUR(D3)+MINUTE(D3)/60))"公式解析：

HOUR(E3)表示返回 E3 单元格时间值的小时数，MINUTE(E3)表示返回 E3 单元格的分钟数。

"=HOUR(E3)+MINUTE(E3)/60-(HOUR(D3)+MINUTE(D3)/60))"表示计算出 D3-E3 单元格时间差，即员工的加班时长。

8.5.2 计算加班小时工资

源文件：08/源文件/加班工资统计表.xls、**效果文件**：08/效果文件/加班工资统计表.xls、**视频文件**：08/视频/8.5.2 加班工资统计表.mp4

❶ 选中 H3 单元格，在公式编辑栏中输入公式：=IF(C3="节假日班次",G3*3,G3*2)，按

"Enter"键，即可计算出第一位员工的加班小时工资，如图 8-60 所示。

H3 =IF(C3="节假日班次",G3*3,G3*2)

	加班工资统计表					
姓名	班次类别	开始时间	结束时间	核算加班时数	基本小时工资	加班小时工资
陈冉冉	节假日班次	8:30	18:00	9.5	¥18.75	56.25
黄小龙	节假日班次	6:30	12:00	5.5	¥23.00	
赵楠	休息日班次	7:30	16:00	8.5	¥18.75	
刘玲	节假日班次	10:00	18:00	8	¥25.00	
丁智慧	节假日班次	16:30	20:00	3.5	¥30.00	
郭娜	节假日班次	8:30	18:00	9.5	¥31.50	
罗西	休息日班次	6:30	12:00	5.5	¥38.50	
赵晓艳	节假日班次	10:00	18:00	8	¥18.75	

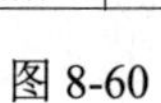

图 8-60

❷ 选中 H3:H22 单元格区域，选择"编辑"→"填充"命令，在展开的子菜单中选择"向下填充"命令，如图 8-61 所示。

	加班工资统计表						
姓名	班次类别	开始时间	结束时间	核算加班时数	基本小时工资	加班小时工资	加班费金额
陈冉			18:00	9.5	¥18.75	56.25	
黄小				5.5			
赵楠				8.5	¥18.75		
刘玲				8	¥25.00		
丁智				3.5	¥30.00		
郭娜				9.5	¥31.50		
罗西				5.5	¥38.50		
赵晓				8	¥18.75		
徐庆			18:00	9.5	¥24.56		
黄鹂			12:00	5.5	¥25.60		
侯娟娟			20:00	2.5	¥23.00		
王福鑫	休息日班次	8:30	18:00	9.5	¥18.75		
王琪	节假日班次	10:00	18:00	8	¥31.50		
陈潇	休息日班次	6:30	12:00	5.5	¥30.00		
杨浪	节假日班次	7:30	13:00	5.5	¥25.00		
张点点	休息日班次	17:30	20:00	2.5	¥31.50		
于青青	节假日班次	17:30	20:00	2.5	¥20.80		
邓兰兰	休息日班次	10:00	18:00	8	¥24.80		
罗羽	节假日班次	6:30	12:00	5.5	¥18.75		

图 8-61

❸ 此时在所选单元格区域中计算出其他员工的加班小时工资，如图 8-62 所示。

H3 =IF(C3="节假日班次",G3*3,G3*2)

	加班工资统计表						
姓名	班次类别	开始时间	结束时间	核算加班时数	基本小时工资	加班小时工资	加班费金额
陈冉冉	节假日班次	8:30	18:00	9.5	¥18.75	56.25	
黄小龙	节假日班次	6:30	12:00	5.5	¥23.00	69	
赵楠	休息日班次	7:30	16:00	8.5	¥18.75	37.5	
刘玲	节假日班次	10:00	18:00	8	¥25.00	75	
丁智慧	节假日班次	16:30	20:00	3.5	¥30.00	90	
郭娜	节假日班次	8:30	18:00	9.5	¥31.50	94.5	
罗西	休息日班次	6:30	12:00	5.5	¥38.50	77	
赵晓艳	节假日班次	10:00	18:00	8	¥18.75	56.25	
徐庆	休息日班次	8:30	18:00	9.5	¥24.56	49.12	
黄鹂	节假日班次	6:30	12:00	5.5	¥25.60	76.8	
侯娟娟	节假日班次	17:30	20:00	2.5	¥23.00	69	
王福鑫	休息日班次	8:30	18:00	9.5	¥18.75	37.5	
王琪	节假日班次	10:00	18:00	8	¥31.50	94.5	
陈潇	休息日班次	6:30	12:00	5.5	¥30.00	60	
杨浪	节假日班次	7:30	13:00	5.5	¥25.00	75	
张点点	休息日班次	17:30	20:00	2.5	¥31.50	63	
于青青	节假日班次	17:30	20:00	2.5	¥20.80	62.4	
邓兰兰	休息日班次	10:00	18:00	8	¥24.80	49.6	
罗羽	节假日班次	6:30	12:00	5.5	¥18.75	56.25	

图 8-62

公式解析

"=IF(C3="节假日班次",G3*3,G3*2)" 公式解析：

"=IF(C3="节假日班次",G3*3,G3*2)" 表示如果 C3 单元格等于"节假日加班次"，则返回 G3 单元格乘以 3 的值，否则返回 G3 单元格乘以 2 的值。

因为按照法律规定，节假日加班工资为平时工资的 3 倍，而休息日加班工资为平时工资的 2 倍。

Note

8.5.3 计算加班小时工资金额和总金额

源文件：08/源文件/加班工资统计表.xls、**效果文件**：08/效果文件/加班工资统计表.xls、**视频文件**：08/视频/8.5.3 加班工资统计表.mp4

❶ 选中 I3 单元格，在公式编辑栏中输入公式：=PRODUCT(F3,H3)，按"Enter"键，计算出第一位员工的加班费金额，将光标定位到单元格右下角，拖动填充柄向下复制公式，即可计算出其他员工的加班费金额，如图 8-63 所示。

I3 =PRODUCT(F3,H3)

加班工资统计表

姓名	班次类别	开始时间	结束时间	核算加班时数	基本小时工资	加班小时工资	加班费金额
陈冉冉	节假日班次	8:30	18:00	9.5	￥18.75	56.25	534.375
黄小龙	节假日班次	6:30	12:00	5.5	￥23.00	69	379.5
赵楠	休息日班次	7:30	16:00	8.5	￥18.75	37.5	318.75
刘玲	节假日班次	10:00	18:00	8	￥25.00	75	600
丁智慧	节假日班次	16:30	20:00	3.5	￥30.00	90	315
郭娜	节假日班次	8:30	18:00	9.5	￥31.50	94.5	897.75
罗西	休息日班次	6:30	12:00	5.5	￥38.50	77	423.5
赵晓艳	节假日班次	10:00	18:00	8	￥18.75	56.25	450
徐庆	休息日班次	8:30	18:00	9.5	￥24.56	49.12	466.64
黄鹂	节假日班次	6:30	12:00	5.5	￥25.60	76.8	422.4
侯娟娟	节假日班次	17:30	20:00	2.5	￥23.00	69	172.5
王福鑫	休息日班次	8:30	18:00	9.5	￥18.75	37.5	356.25
王琪	节假日班次	10:00	18:00	8	￥31.50	94.5	756
陈潇	休息日班次	6:30	12:00	5.5	￥30.00	60	330
杨浪	节假日班次	7:30	13:00	5.5	￥25.00	75	412.5
张点点	休息日班次	17:30	20:00	2.5	￥31.50	63	157.5
于青青	节假日班次	17:30	20:00	2.5	￥20.80	62.4	156

Sheet1 Sheet2 Sheet3

图 8-63

操作提示

"=PRODUCT(F3,H3)" 表示返回 E3 单元格数值乘以 H3 单元格数值的乘积。PRODUCT 函数用于求指定的多个数值的乘积。

❷ 选中 I23 单元格，在公式编辑栏中输入公式：=SUMPRODUCT(F3:F22,H3:H22)，按"Enter"键，计算出所有员工的加班费总金额，如图 8-64 所示。

I23 =SUMPRODUCT(F3:F22,H3:H22)

	B	C	D	E	F	G	H	I
7	丁智慧	节假日班次	16:30	20:00	3.5	¥30.00	90	315
8	郭娜	节假日班次	8:30	18:00	9.5	¥31.50	94.5	897.75
9	罗西	休息日班次	6:30	12:00	5.5	¥38.50	77	423.5
10	赵晓艳	节假日班次	10:00	18:00	8	¥18.75	56.25	450
11	徐庆	休息日班次	8:30	18:00	9.5	¥24.56	49.12	466.64
12	黄鹂	节假日班次	6:30	12:00	5.5	¥25.60	76.8	422.4
13	侯娟娟	节假日班次	17:30	20:00	2.5	¥23.00	69	172.5
14	王福鑫	休息日班次	8:30	18:00	9.5	¥18.75	37.5	356.25
15	王琪	节假日班次	10:00	18:00	8	¥31.50	94.5	756
16	陈潇	休息日班次	6:30	12:00	5.5	¥30.00	60	330
17	杨浪	节假日班次	7:30	13:00	5.5	¥25.00	75	412.5
18	张点点	休息日班次	17:30	20:00	2.5	¥31.50	63	157.5
19	于青青	节假日班次	17:30	20:00	2.5	¥20.80	62.4	156
20	邓兰兰	休息日班次	10:00	18:00	8	¥24.80	49.6	396.8
21	罗羽	节假日班次	6:30	12:00	5.5	¥18.75	56.25	309.375
22	杨宽	休息日班次	7:30	13:00	5.5	¥23.56	47.12	259.16
23	合计总金额							8114
24								

Sheet1 / Sheet2 / Sheet3 /

图 8-64

操作提示

“=SUMPRODUCT(F3:F22,H3:H22)”表示返回 E3:F22 单元格数值乘以 H3:H22 单元格数值的乘积的总和。SUMPRODUCT 函数用于在给定的几组数组中，将数组间对应的元素相乘，并返回乘积之和。

8.5.4 设置会计专用格式

源文件：08/源文件/加班工资统计表.xls、**效果文件**：08/效果文件/加班工资统计表.xls、**视频文件**：08/视频/8.5.4 加班工资统计表.mp4

❶ 按“Ctrl”键依次选中 H3:H22、I3:I23 单元格区域，选择“格式”→“单元格”命令，打开“单元格格式”对话框。

❷ 选择“数字”选项卡，在“分类”列表框中选择“会计专用”选项，如图 8-65 所示。

❸ 单击“确定”按钮，即可将选中的单元格设置成会计专用的格式，如图 8-66 所示。

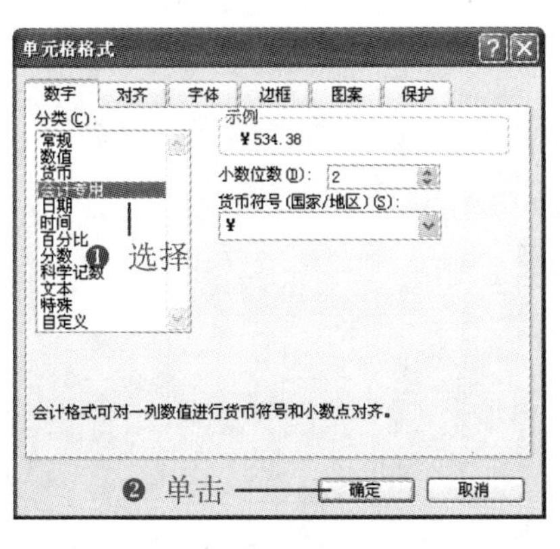

图 8-65

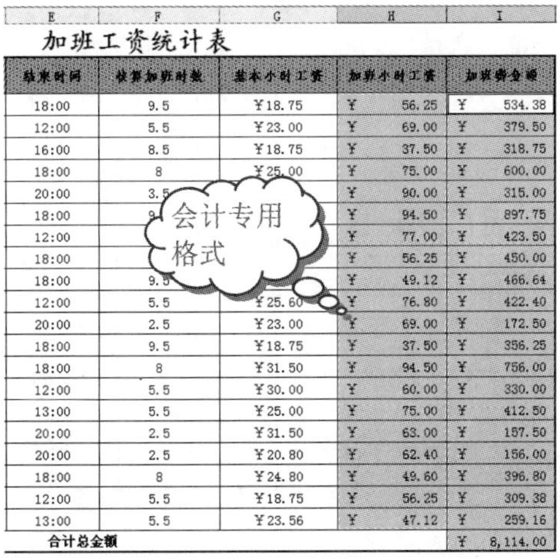

加班工资统计表

结束时间	核算加班时数	基本小时工资	加班小时工资	加班费金额
18:00	9.5	¥18.75	¥ 56.25	¥ 534.38
12:00	5.5	¥23.00	¥ 69.00	¥ 379.50
16:00	8.5	¥18.75	¥ 37.50	¥ 318.75
18:00	8	¥25.00	¥ 75.00	¥ 600.00
20:00	3.5	[illegible]	¥ 90.00	¥ 315.00
18:00	[illegible]	[illegible]	¥ 94.50	¥ 897.75
12:00	[illegible]	[illegible]	¥ 77.00	¥ 423.50
18:00	[illegible]	[illegible]	¥ 56.25	¥ 450.00
18:00	9.5	[illegible]	¥ 49.12	¥ 466.64
12:00	5.5	¥25.60	¥ 76.80	¥ 422.40
20:00	2.5	¥23.00	¥ 69.00	¥ 172.50
18:00	9.5	¥18.75	¥ 37.50	¥ 356.25
18:00	8	¥31.50	¥ 94.50	¥ 756.00
12:00	5.5	¥30.00	¥ 60.00	¥ 330.00
13:00	5.5	¥25.00	¥ 75.00	¥ 412.50
20:00	2.5	¥31.50	¥ 63.00	¥ 157.50
20:00	2.5	¥20.80	¥ 62.40	¥ 156.00
18:00	8	¥24.80	¥ 49.60	¥ 396.80
12:00	5.5	¥18.75	¥ 56.25	¥ 309.38
13:00	5.5	¥23.56	¥ 47.12	¥ 259.16
合计总金额				¥ 8,114.00

会计专用格式

图 8-66

图表的应用

Excel 表格中，不但可以利用基本表格编辑、分析数据，还可以利用图表直观地展示数据，并查看发展的趋势。图表的创建和设置有很大的选择性，本章主要介绍插入各式图表，并进行完善，使其更美观。

- ☑ 员工出勤情况分析
- ☑ 各等级薪资分布情况
- ☑ 员工流失率统计分析

本章部分学习目标及案例

各部门员工人数统计

部门	人数
生产部	30
销售部	15
综合部	7
后勤部	6
财务部	3

（1）

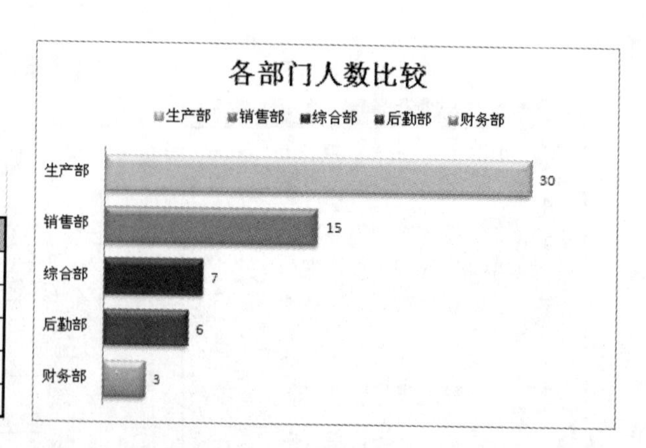

（2）

9.1 基 础 知 识

9.1.1 认识图表元素

：源文件：09/源文件/9.1.1 图表元素.xls、**视频文件**：09/视频/9.1.1 图表元素.mp4

图表由多个部分组成，在新建图表时包含一些特定部件，另外还可以通过相关的编辑操作添加其他部件或删除不需要的部件。

以如图 9-1 所示的图表为例，图表各部分名称如下：

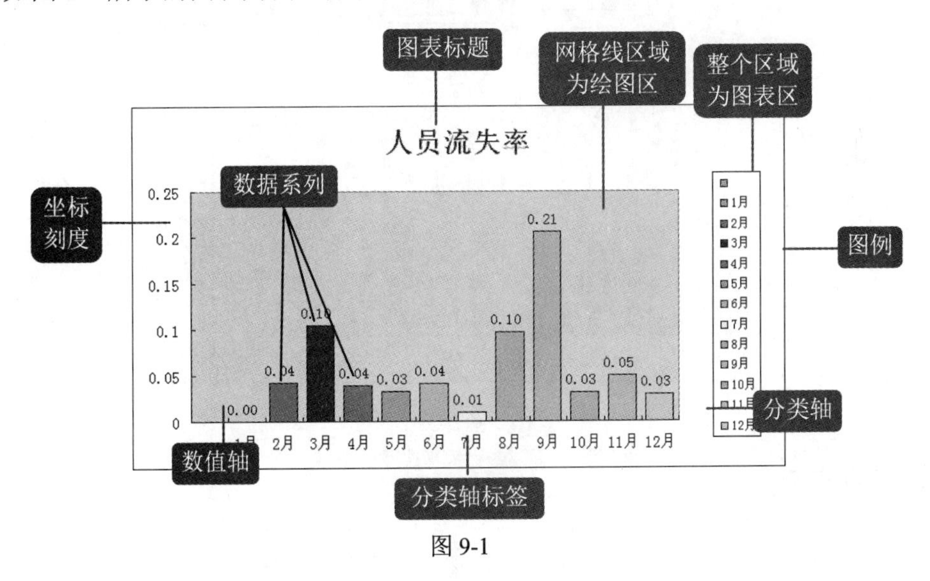

图 9-1

9.1.2 准确选中图表元素

：源文件：09/源文件/9.1.2 选中图表元素.xls、**视频文件**：09/视频/9.1.2 选中图表元素.mp4

准确地选中图表中的元素，对于图表的编辑操作非常重要。因为在建立初始的图表后，为了获取最佳的表达效果，通常还需要按实际需要进行一系列的编辑操作，而所有的编辑操作都需要首先准确地选中要编辑的对象。

方法一：在图表的边线上单击鼠标选中整张图表，然后将鼠标移动到选中对象上（停顿两秒，可出现提示文字，如图 9-2 所示），单击鼠标左键即可选中对象。

方法二：选中图表，默认自动打开“图表工具栏”，单击“图表对象”框右侧的下拉按钮，从打开的下拉列表中可以看到所有图表对象（如图 9-3 所示），单击即可选中。

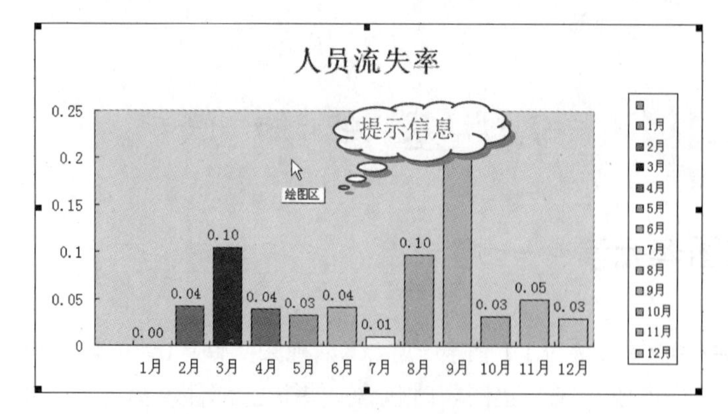

图 9-2

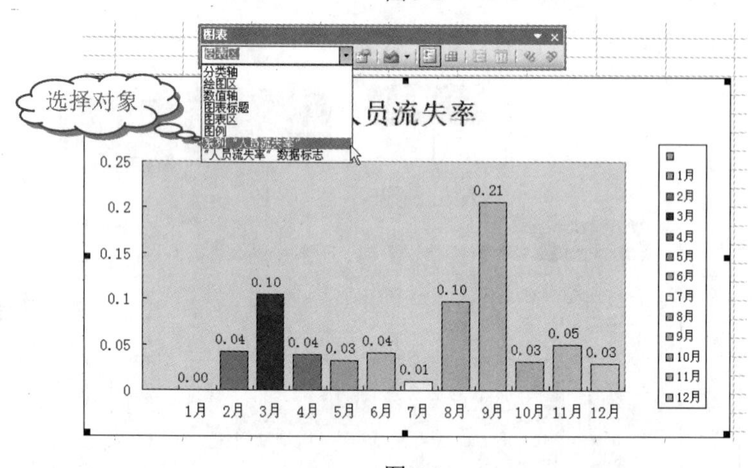

图 9-3

操作提示

如果选中图表后，未自动显示出“图表”工具栏，则需要选择“视图”→“工具栏”→“图表”命令将其打开。

9.1.3 使用工具栏创建图表

源文件：09/源文件/9.1.3 工具栏创建图表.xls、**视频文件**：09/视频/9.1.3 工具栏创建图表.mp4

利用“图表”工具栏可以快速地创建部分类型的图表，具体操作步骤如下。

❶ 选择“视图”→“工具栏”→“图表”命令，打开“图表”工具栏。

❷ 选中要生成图表的单元格区域，单击按钮右侧的下拉按钮，在弹出的下拉列表中选择需要创建的图表类型，如图 9-4 所示。

❸ 这里选择“柱形图”，单击即可直接插入图表，如图 9-5 所示。

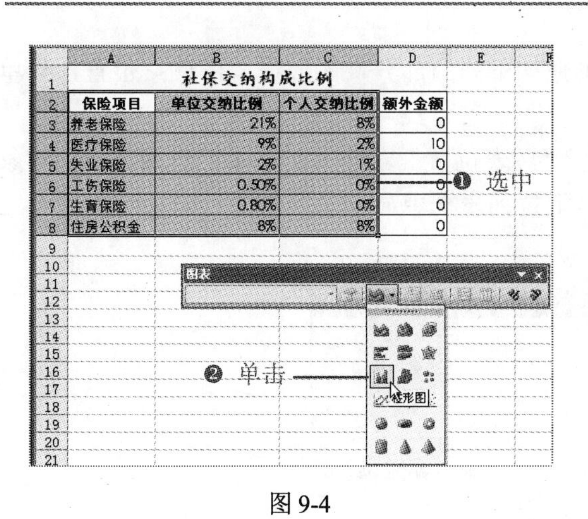

图 9-4

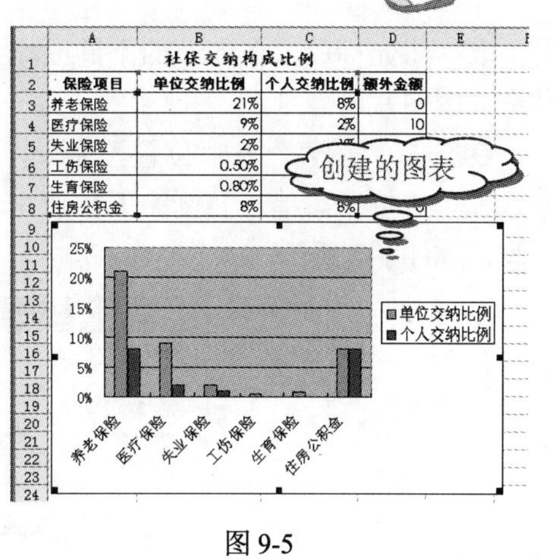

图 9-5

9.1.4　调整图表大小

：源文件：09/源文件/9.1.4 调整图表大小.xls、**视频文件**：09/视频/9.1.4 调整图表大小.mp4

图表的大小不是一成不变的，可以根据需要调整，具体操作如下。

❶ 选中图表，将光标放在图表的四角处，当光标变成双向箭头，拖动鼠标可同时调整图表的宽度与高度，如图 9-6 所示。

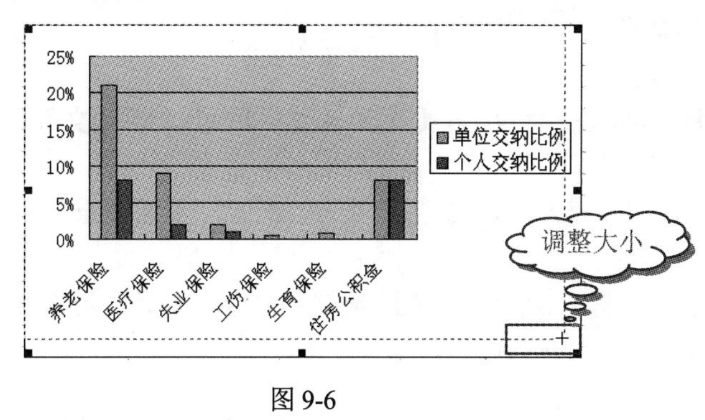

图 9-6

❷ 将光标放在图表的左右或上下控点上，即可调整图片的宽度与高度。

9.1.5　更改图表位置

：源文件：09/源文件/9.1.5 更改图表位置.xls、**视频文件**：09/视频/9.1.5 更改图表位置.mp4

图表位置调整包括在当前工作表中移动图表、将图表移至其他工作表与创建图表工作表。

❶ 选中图表，将光标放置在“图表区”，按住鼠标左键不放拖动即可在当前工作表中移

动图表（将光标放置在图表的不同区域，可拖动不同的部分，如放在“图例”位置，只单独拖动图例）。

❷ 选择“图表”→“位置”命令，打开“图表位置”对话框，选中“作为其中的对象插入”单选按钮，单击右侧的下拉按钮，该下拉列表框中显示了当前工作簿包含的所有工作表，如图 9-7 所示。

Note

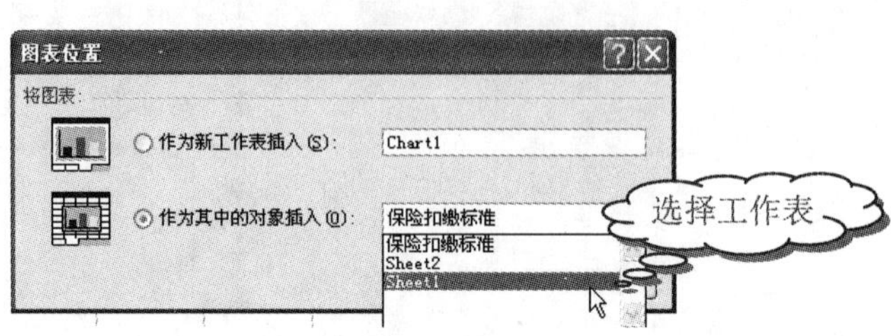

图 9-7

❸ 选中要将图表移至的工作表，单击“确定”按钮即可。

操作提示

在“图表位置”对话框中，选中“作为新工作表插入”单选按钮，单击“确定”按钮，即可新建一张工作表只显示创建的图表信息。

9.1.6 更改图表的数据源

：源文件：09/源文件/9.1.6 更改图表数据源.xls、**视频文件**：09/视频/9.1.6 更改图表数据源.mp4

建立图表后，如果需要重新更改图表的数据源，不需要重新建立图表，可以在当前图表中更改。

❶ 选中图表，选择“图表”→“源数据”命令，打开“源数据”对话框，且工作表中以闪烁边框显示出原图表的数据源，如图 9-8 所示。

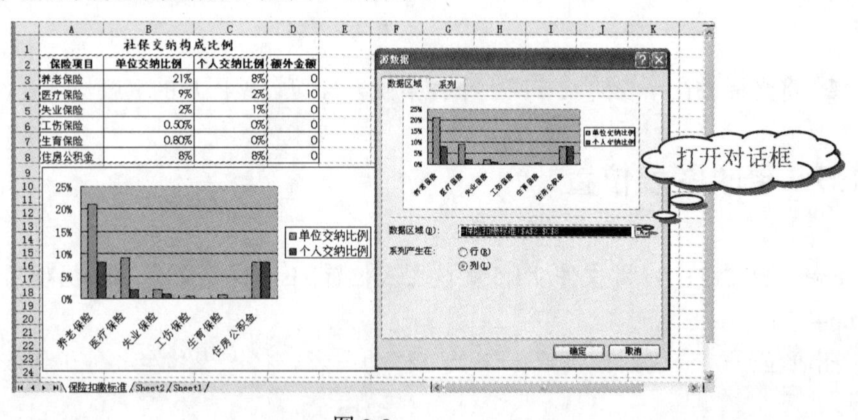

图 9-8

❷ 直接用鼠标在工作表中重新选择要建立为图表的数据区域（选择后在“源数据”对话框中可以看到预览效果），如图 9-9 所示。

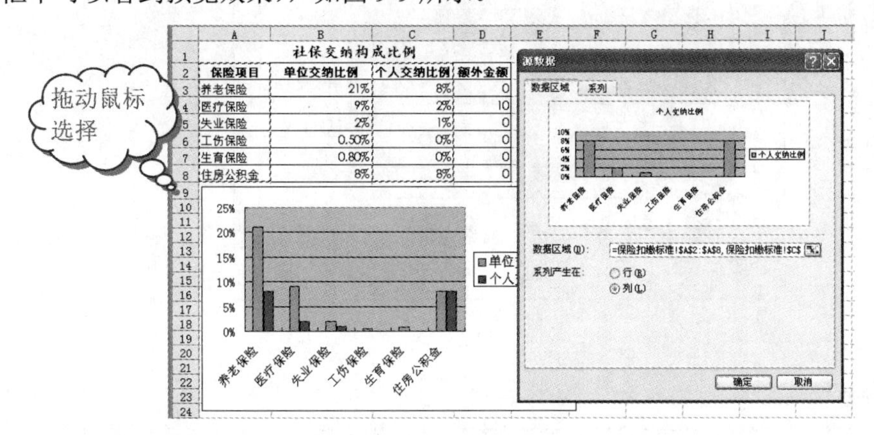

图 9-9

❸ 单击“确定”按钮，即可完成图表数据源的更改。

操作提示

如果要更改的数据源不连续显示，需要配合“Ctrl”键来选择。

9.1.7 添加新数据到图表中

:源文件：09/源文件/9.1.7 添加新数据.xls、**视频文件**：09/视频/9.1.7 添加新数据.mp4

图表创建完成后，如果需要添加新数据到图表中，可以通过编辑操作实现，而无需重新新建图表。

❶ 选中图表，选择“图表”→“添加数据”命令，打开“添加数据”对话框，在工作表中直接选中要添加的数据，如图 9-10 所示。

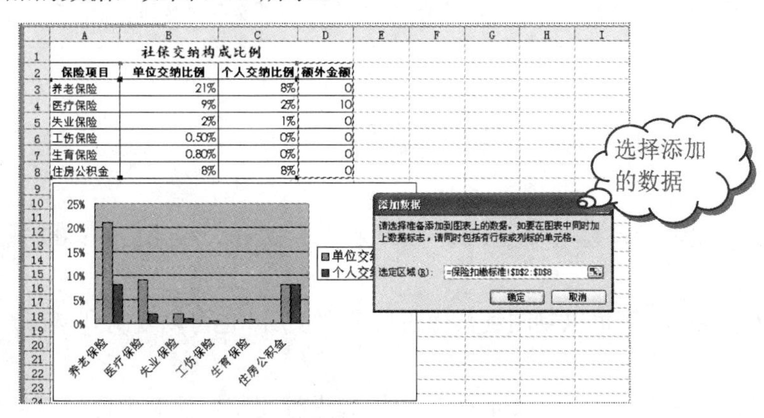

图 9-10

❷ 单击“确定”按钮，可以看到图表中添加了新系列，如图 9-11 所示。

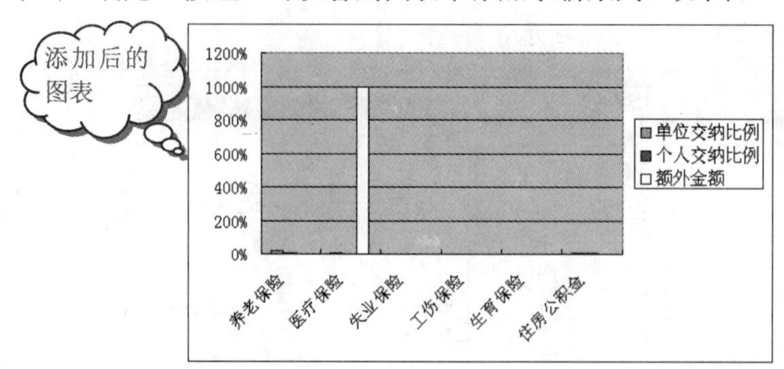

图 9-11

知识拓展

添加新数据的其他方法

为图表添加数据的方法有多种，下面介绍其他方法。

方法一：利用“复制/粘贴”的方法。选择要添加到图表中的单元格区域，按“Ctrl+C”快捷键进行复制，然后选中图表区，按“Ctrl+V”快捷键进行粘贴，则可以快速将该数据作为一个数据系列添加到图表中。

方法二：利用鼠标拖动的方法添加数据。选择要添加到图表中的单元格区域，将光标定位到选中区域的边线上，当光标变成十字箭头形状时，按住鼠标左键向图表中拖动，释放鼠标即可将该数据作为一个数据系列添加到图表中。

方法三：使用颜色标记的区域添加。建立图表并选中后，可以看到图表数据源区域显示相应的颜色标记（有绿色、蓝色和紫色 3 种颜色），若要向图表中添加新系列，那么可以在工作表中拖动蓝色的尺寸控点将新的数据和标志包括在矩形框中；如果只需要添加新的数据系列，那么可以在工作表中拖动绿色的尺寸控点来将新的数据和标志包括在矩形框中；如果要添加新的分类，那么可以在工作表中拖动紫色的尺寸控点来把矩形框中的新的数据和标签都选中。

方法四：利用“源数据”对话框添加。选中图表，选择“图表”→“源数据”命令，打开“源数据”对话框，选择“系列”选项卡，单击“添加”按钮可添加新系列。

9.1.8 图表的复制、粘贴与删除

源文件：09/源文件/9.1.8 图表复制、粘贴.xls、**视频文件：**09/视频/9.1.8 图表复制、粘贴.mp4

建立完成的图表可以复制到其他工作表中使用，也可以复制到 Word 文档或其他文档中使用。

❶ 选中目标图表，按“Ctrl+C”快捷键进行复制，然后定位到要粘贴的工作表单元格中，按“Ctrl+V”快捷键进行复制。

❷ 复制图表，切换到要使用该目标图表的 Word 文档，定位光标位置，按“Ctrl+V”快捷键进行复制。

❸ 复制图表，切换到 Word 文档中，选择“编辑”→“选择性粘贴”命令，打开“选择性粘贴”对话框，选中“粘贴链接”单选按钮，如图 9-12 所示，单击“确定”按钮，可让复制到其他文档中的图表自动更新。

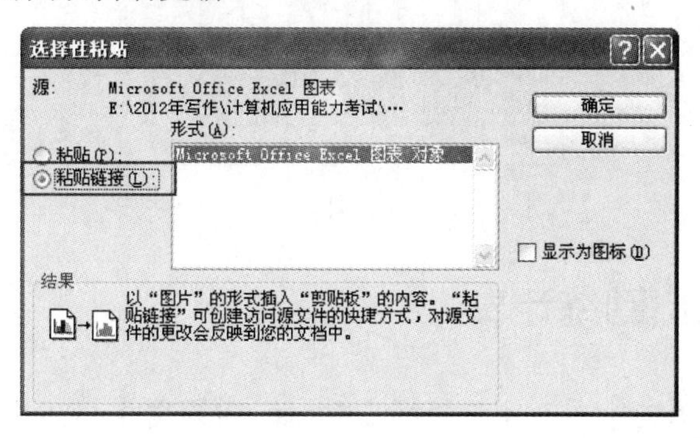

图 9-12

❹ 要删除图表，可选中图表，按“Delete”键。

知识拓展

复制图表格式

当建立图表并设置格式后，如果其他图表想使用相同的格式，可以采用复制图表格式的方法来快速实现，而不必重新设置。

选中设置好格式的图表，按“Ctrl+C”快捷键进行复制，选中要引用其格式的图表，选择“编辑”→“选择性粘贴”命令，打开“选择性粘贴”对话框，选中“格式”单选按钮，如图 9-13 所示，单击“确定”按钮即可实现图表格式的复制。

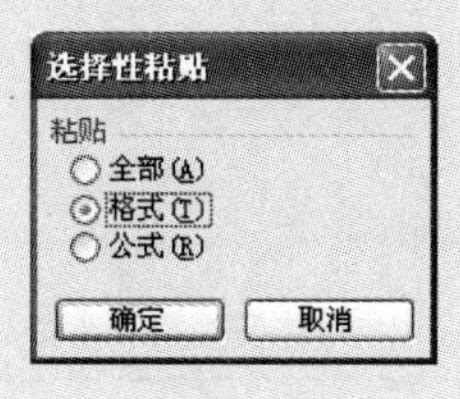

图 9-13

9.2 员工出勤情况分析

如果企业领导想要了解员工的日出勤情况，人力资源部门可以制作一张面积图来反映，因为面积图能够以面积区域大小来强调数量随着时间而变化的情况，从而有效地看出员工日出勤情况的变化程度，如图 9-14 所示。

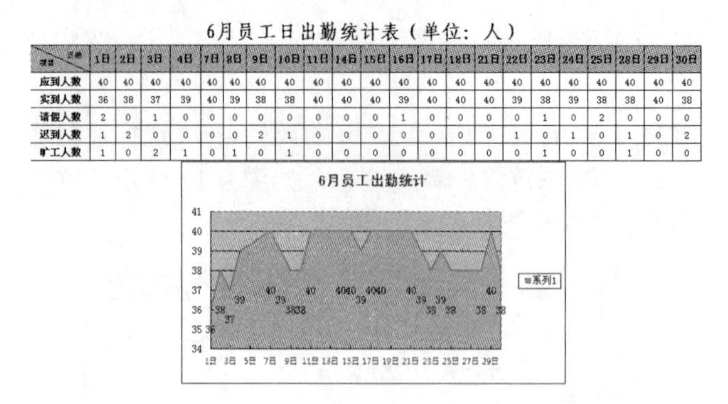

6月员工日出勤统计表（单位：人）

项目 \ 日期	1日	2日	3日	4日	7日	8日	9日	10日	11日	14日	15日	16日	17日	18日	21日	22日	23日	24日	25日	28日	29日	30日
应到人数	40	40	40	40	40	40	40	40	40	40	40	40	40	40	40	40	40	40	40	40	40	40
实到人数	36	38	37	39	40	39	38	38	40	40	40	39	40	40	40	39	38	39	38	38	40	38
请假人数	2	0	1	0	0	0	0	0	0	0	0	1	0	0	0	0	1	0	2	0	0	0
迟到人数	1	2	0	0	0	0	2	1	0	0	0	0	0	0	0	1	0	1	0	1	0	2
旷工人数	1	0	2	1	0	1	0	1	0	0	0	0	0	0	0	0	1	0	0	1	0	0

图 9-14

9.2.1 创建员工出勤统计表

：源文件：09/源文件/员工出勤情况分析.xls、**效果文件**：09/效果文件/员工出勤情况分析.xls、**视频文件**：09/视频/9.2.1 员工出勤情况分析.mp4

表格是创建图表的基础，首先把一些基本数据表现出来，然后再利用这些数据创建图表。

❶ 创建“员工出勤情况分析”工作簿，然后在表格中输入某月的出勤情况，这里统计的是 6 月的出勤情况。

❷ 设置字体格式，并为表格添加边框和底纹，最后效果如图 9-15 所示。

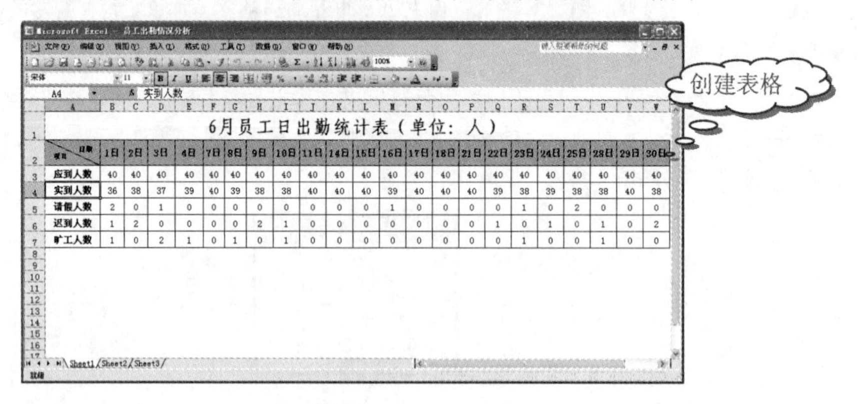

图 9-15

9.2.2 利用图表分析员工出勤情况

：源文件：09/源文件/员工出勤情况分析.xls、**效果文件**：09/效果文件/员工出勤情况分析.xls、**视频文件**：09/视频/9.2.2 员工出勤情况分析.mp4

1. 创建面积图

❶ 按“Ctrl”键依次选中 B2:W2、B4:W4 单元格区域，选择“插入”→“图表”命令，如图 9-16 所示。

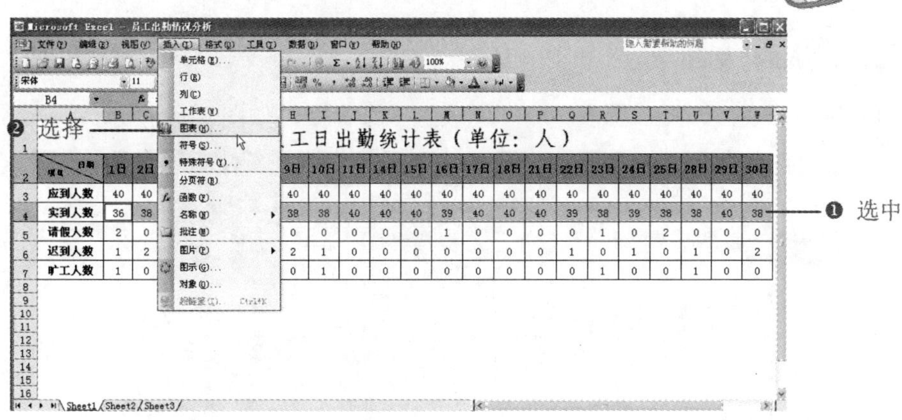

图 9-16

❷ 打开“图表向导”对话框，在“图表类型”列表框中选择“面积图”选项，然后在“子图表类型”列表框中选择“面积图”选项，如图 9-17 所示。

❸ 如果其他的暂时不设置，可直接单击“完成”按钮，创建的面积图如图 9-18 所示。

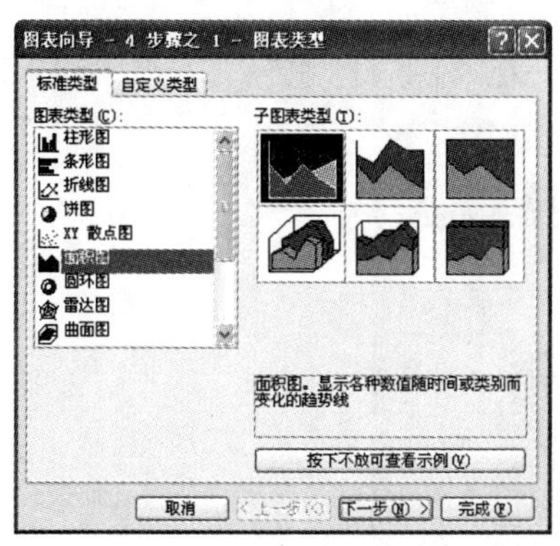

图 9-17

图 9-18

操作提示

在“图表向导”对话框中按照步骤操作，可设置图表的标题等，如果开始没有想好怎么设置，可直接单击“完成”按钮，后期再进行设置。

知识拓展

常用图表类型

不同的图表类型其表达重点有所不同，因此首先要了解各类型图表的应用范围，学会根据当前数据源以及分析目的选用最合适的图表类型来直观地表达。

Microsoft Excel 支持 11 种类型的图表，它们分别是柱形图、条形图、折线图、饼图、XY（散点图）、面积图、圆环图、雷达图、曲面图、气泡图和股价图，而且每种标准图表类型都有几种子类型。用户可根据需要选择图表类型。

Note

2．添加图表标题

❶ 选中图表，选择“图表”→“图表选项”命令，如图 9-19 所示。

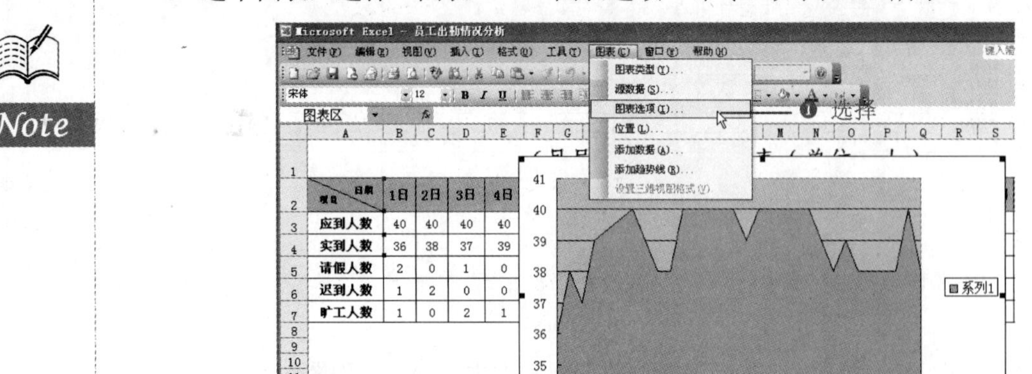

图 9-19

❷ 打开“图表选项”对话框，选择“标题”选项卡，在“图表标题”文本框中输入图表的标题，如图 9-20 所示。

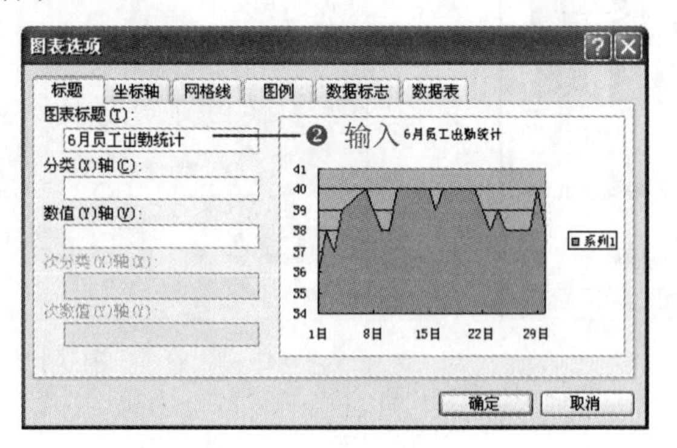

图 9-20

❸ 单击“确定”按钮，即可为图表添加标题，然后在“格式”工具栏中设置字体、字号，效果如图 9-21 所示。

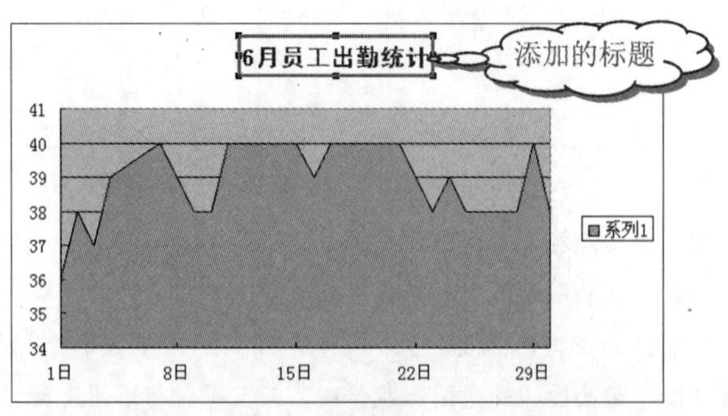

图 9-21

3. 更改坐标轴格式

❶ 双击图表区域横坐标轴，打开“坐标轴格式”对话框，在“刻度”选项卡中，设置“主要单位”为“2”，如图 9-22 所示。

❷ 切换到“字体”选项卡，设置坐标轴的字体格式，如设置为“微软雅黑”、“9”号字体，如图 9-23 所示。

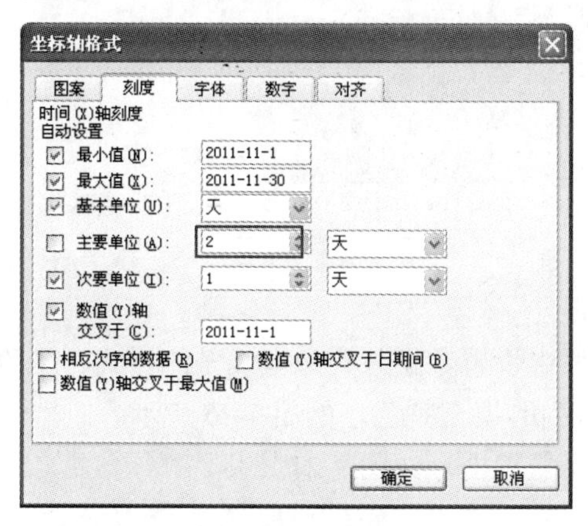

图 9-22

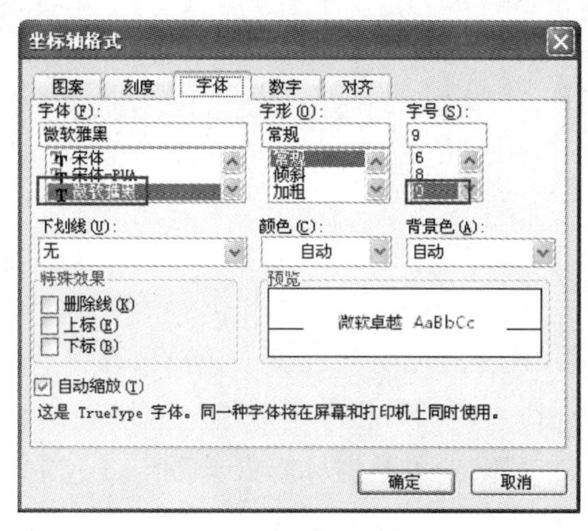

图 9-23

❸ 单击“确定”按钮，即可更改横坐标轴格式，效果如图 9-24 所示。

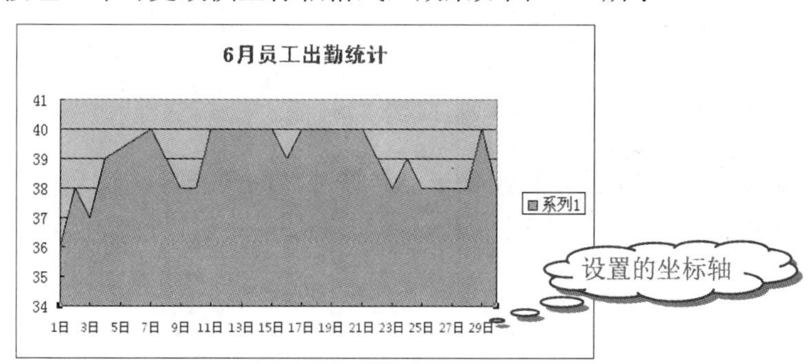

图 9-24

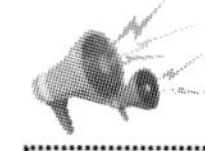

操作提示

选中图表的坐标轴，选择“格式”→“坐标轴”命令，也可打开“坐标轴格式”对话框。

4. 设置数据系列格式

数据系列格式的设置不仅包括设置各图形填充图案的美化设置，还包括添加数据标志、调整系列次序、设置分类间距等属性的设置。

❶ 选中图表中需要设置的数据系列对应的图形，依次选择“格式”→“数据系列”命令（如图 9-25 所示），打开“数据系列格式”对话框。

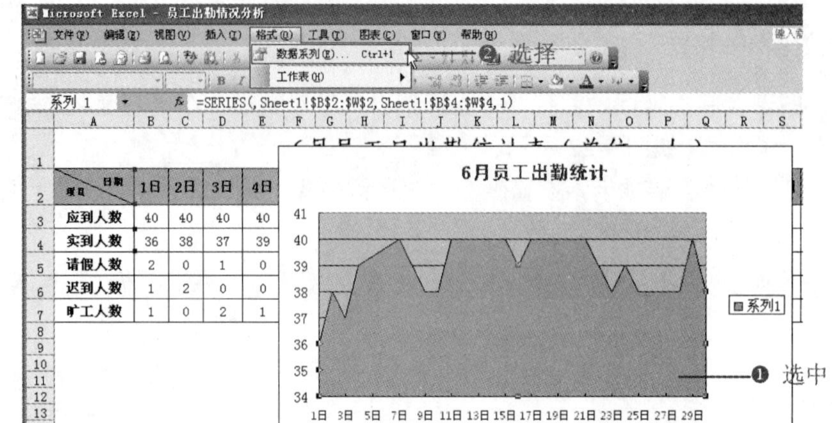

图 9-25

❷ 选择“图案”选项卡，可以在“边框”栏中设置数据系列边框线条的样式、颜色、粗细；在“内部”栏中可以选择色块设置数据系列的填充颜色，如图 9-26 所示。

❸ 切换到“数据标志”选项卡，选中“值”复选框，如图 9-27 所示。

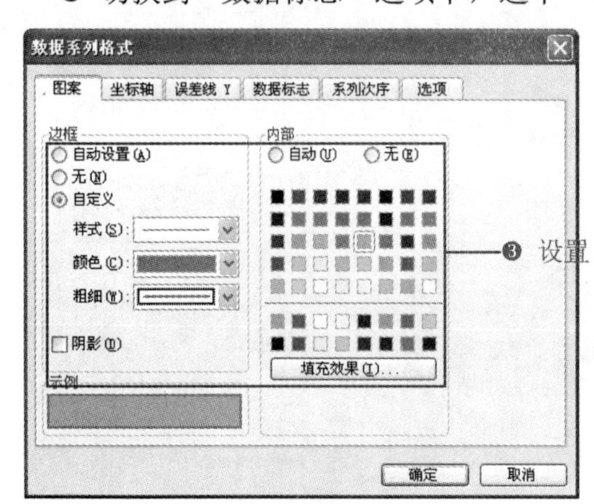

图 9-26

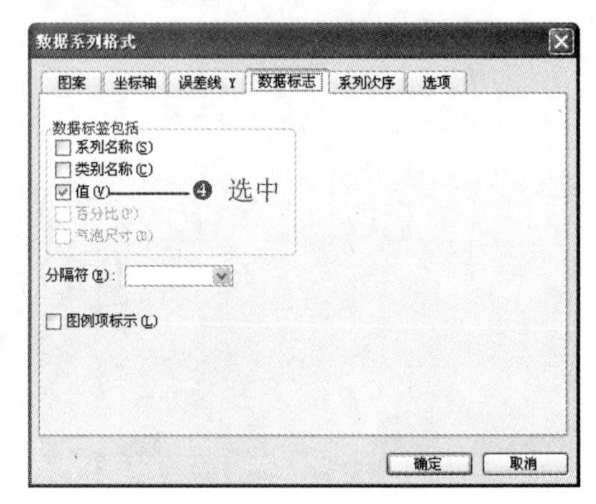

图 9-27

❹ 单击“确定”按钮，即可看到设置的数据系列，如图 9-28 所示。

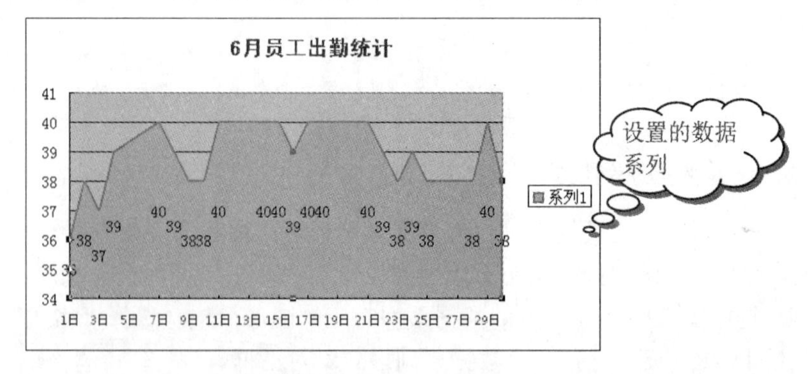

图 9-28

操作提示

在“图案”选项卡中，单击“填充效果”按钮，打开“填充效果”对话框，可以设置数据系列、渐变、纹理、图片等填充效果。

Note

9.3　各等级薪资分布情况

很多企业会根据员工的薪资划分为多个等级进行分析，例如企业将薪资划分为 4000 以下、4000～4999、5000～5999 以及 7000 以下等几个级别，可以使用 FREQUENCY 函数计算出领取各等级工资的员工人数，并创建图表显示员工等级薪资分布情况，如图 9-29 所示。

薪资等级	上限值	频数
4000元以下	3999	2
4000~4999元	4999	6
5000~5999元	5999	4
7000元以下	6999	1

图 9-29

9.3.1　创建薪资等级表格

源文件：09/源文件/各等级薪资分布情况.xls、**效果文件**：09/效果文件/各等级薪资分布情况.xls、**视频文件**：09/视频/9.3.1 各等级薪资分布情况.mp4

1．复制工作表

在 Excel 2003 中，用户可以根据需要调整工作表与工作表之间的排列顺序，也可进行工作表的复制。不但可以复制到同一工作簿中，还可以复制到其他工作簿。

❶ 同时打开“员工工资统计表”和“各等级薪资分布情况”工作簿，在“员工工资统计表”中选择“工资表”工作表，选择“编辑”→“移动或复制工作表”命令，如图 9-30 所示。

❷ 打开“移动或复制工作表”对话框，在“工作簿”下拉列表框中选择“各等级薪资分布情况.xls”选项，在“下列选定工作表之前”列表框中选中“Sheet1”，并选中下面的“建立副本”复选框，如图 9-31 所示。

❸ 单击“确定”按钮，即可将“工资表”复制到“各等级薪资分布情况.xls”工作簿的 Sheet1 前面，重新设置表格的格式，如图 9-32 所示。

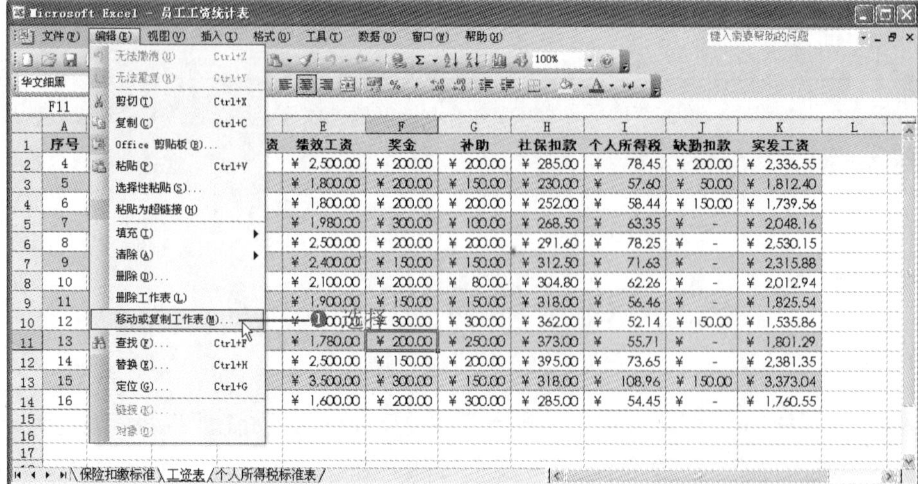

图 9-30

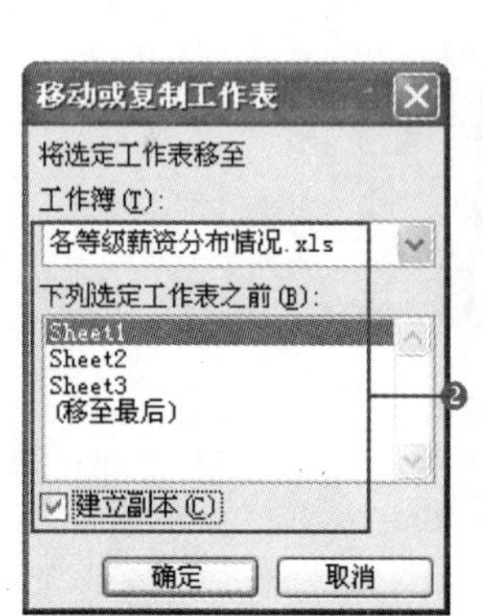

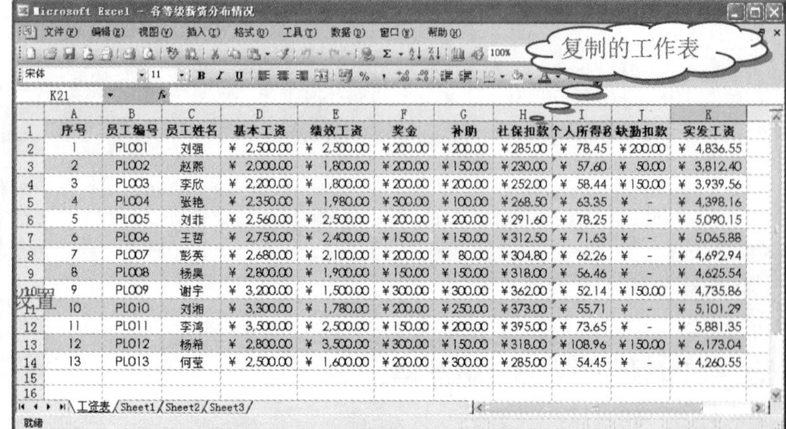

图 9-31

图 9-32

操作提示

在“移动或复制工作表”对话框中，如果不选中“建立副本”复选框，就会将工作表直接移动到其他地方，而不是复制。

2. FREQUENCY 函数应用

❶ 将 Sheet2 工作表命名为“各等级薪资分布情况”，并删除多余工作表，在工作表中输入基本内容，并设置字体、单元格格式。

❷ 选中 D3:D6 单元格区域，在公式编辑栏中输入公式：=FREQUENCY(工资表!K2:K14,各等级薪资分布情况!C3:C6)，按“Shift+Ctrl+Enter”组合键即可计算出“频数”，如图 9-33 所示。

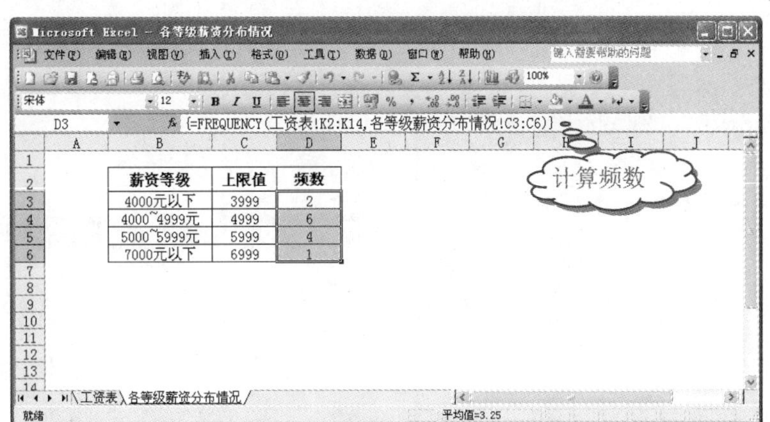

图 9-33

9.3.2　创建图形体现工资等级

源文件：09/源文件/各等级薪资分布情况.xls、**效果文件**：09/效果文件/各等级薪资分布情况.xls、**视频文件**：09/视频/9.3.2 各等级薪资分布情况.mp4

创建合适的图形可以清晰地展现工资等级情况，便于用户分析。

1．建立饼图

❶ 选择 B3:B6、D3:D6 单元格区域，选择“插入”→“图表”命令，打开“图表向导”对话框。

❷ 在“图表向导-4 步骤之 1-图表类型”对话框中，选择“饼图”选项，如图 9-34 所示。

❸ 单击“下一步”按钮，在“图表向导-4 步骤之 2-图表源数据”对话框中显示了选取的数据源（如果不正确还可以更改），如图 9-35 所示。

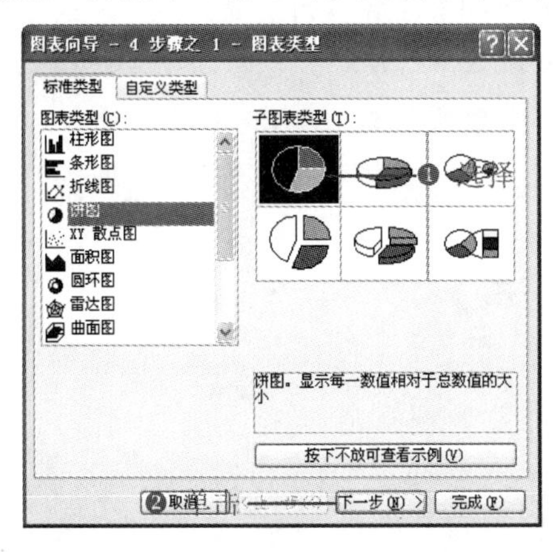

图 9-34

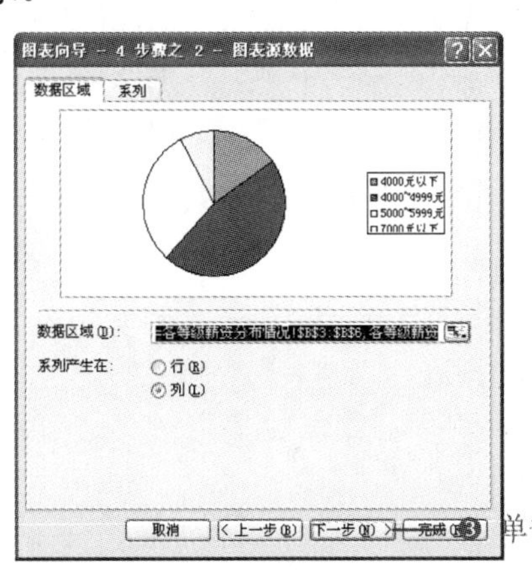

图 9-35

❹ 单击“下一步”按钮，在“图表向导-4 步骤之 3-图表选项”对话框中，在“图表标题”文本框中输入图表标题，如图 9-36 所示。

❺ 单击“下一步”按钮，在“图表向导-4 步骤之 4-图表位置”对话框中保持默认设置，如图 9-37 所示。

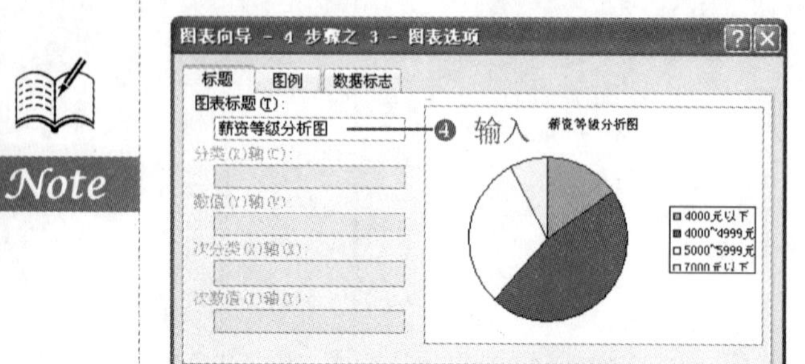

图 9-36

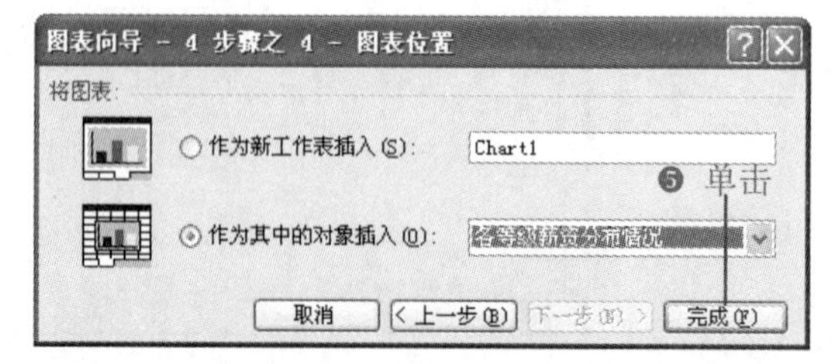

图 9-37

❻ 单击“完成”按钮，即可在工作表中插入饼图，如图 9-38 所示。

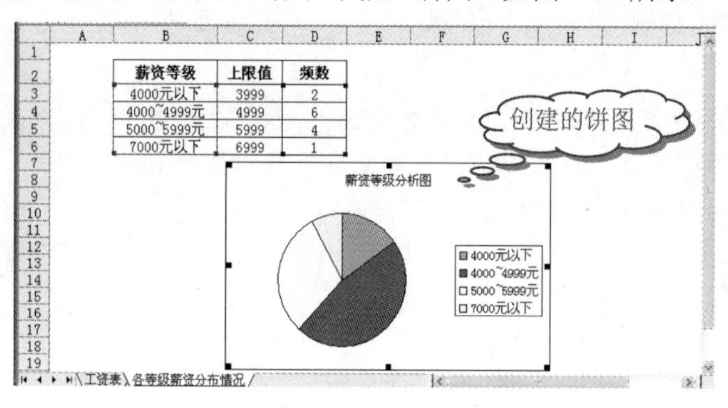

图 9-38

2. 设置图例格式

❶ 设置标题格式，然后双击图例区域，打开“图例格式”对话框，在“图案”选项卡的“边框”栏中选中“无”单选按钮，如图 9-39 所示。

❷ 切换到“位置”选项卡，选中“底部”单选按钮，如图 9-40 所示。

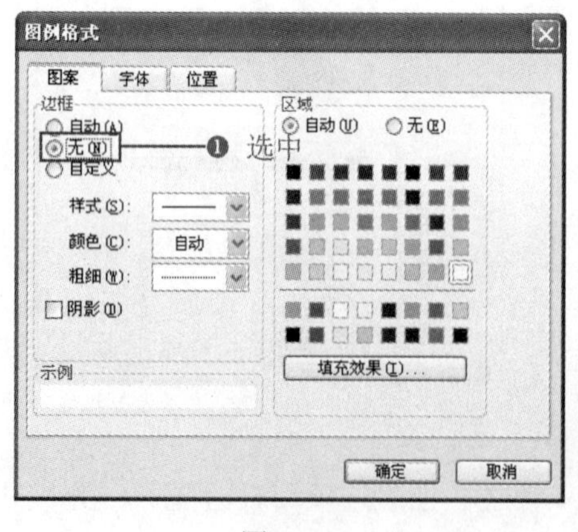

图 9-39

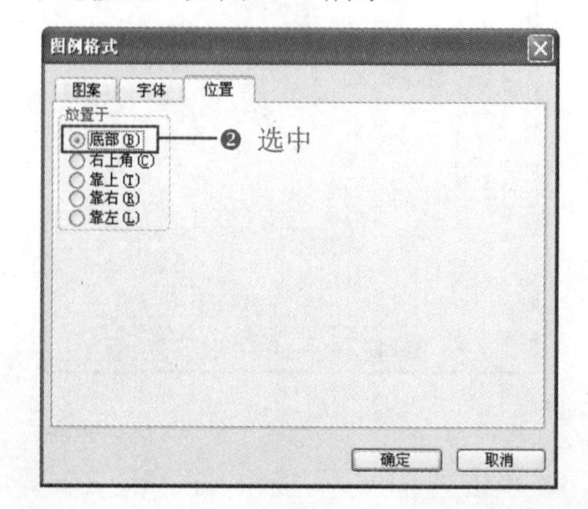

图 9-40

❸ 单击“确定”按钮，即可更改图例格式，效果如图 9-41 所示。

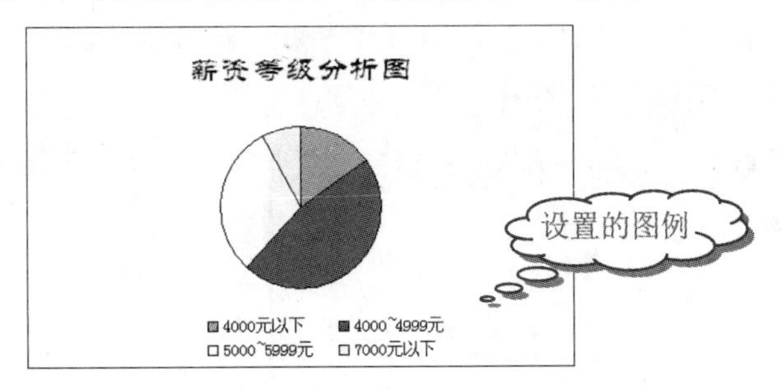

图 9-41

3．添加数据标签

❶ 双击数据标签区域，打开“数据系列格式”对话框，选择“数据标志”选项卡，选中“百分比”复选框，如图 9-42 所示。

❷ 单击“确定”按钮，即可在数据标签上添加百分比值，如图 9-43 所示。

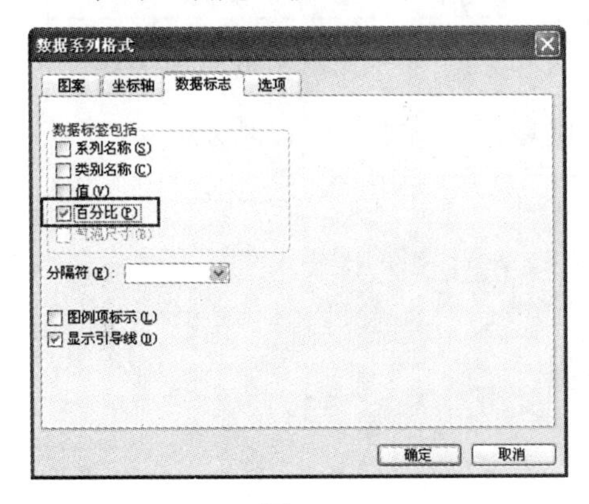

图 9-42

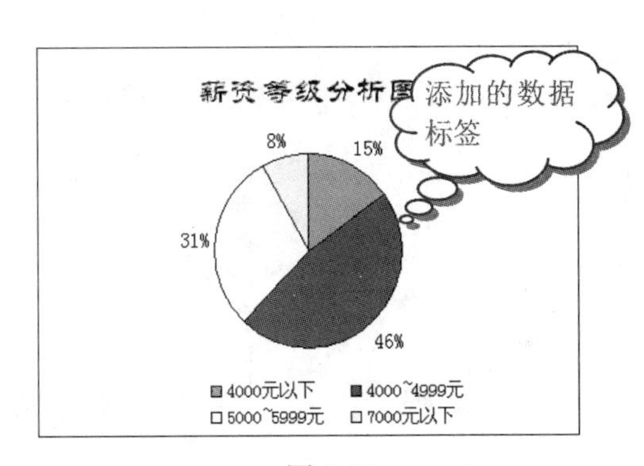

图 9-43

4．设置图标区格式

❶ 选中图表，选择“格式”→“图表区”命令（如图 9-44 所示），打开“图表区格式”对话框。

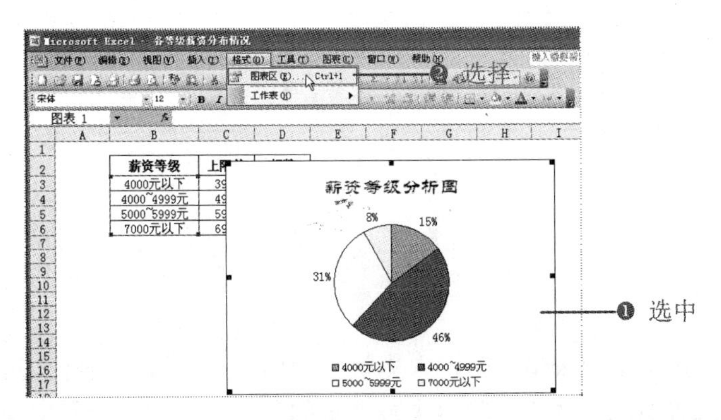

图 9-44

❷ 选择“图案”选项卡，然后单击“填充效果”按钮，如图 9-45 所示。

❸ 打开“填充效果”对话框，选择“渐变”选项卡，选中“双色”单选按钮，然后设置“颜色 1”和“颜色 2”，如图 9-46 所示。

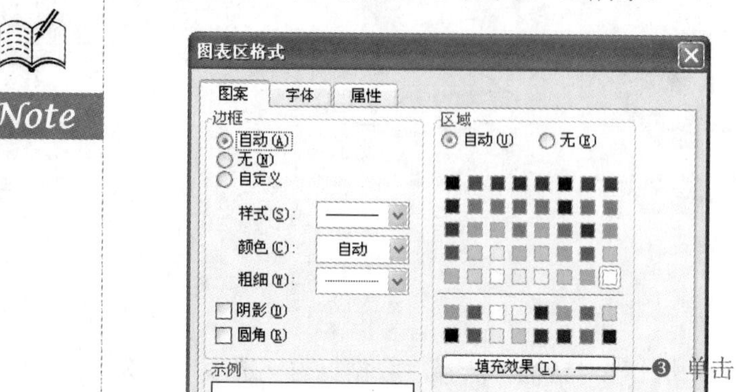

图 9-45

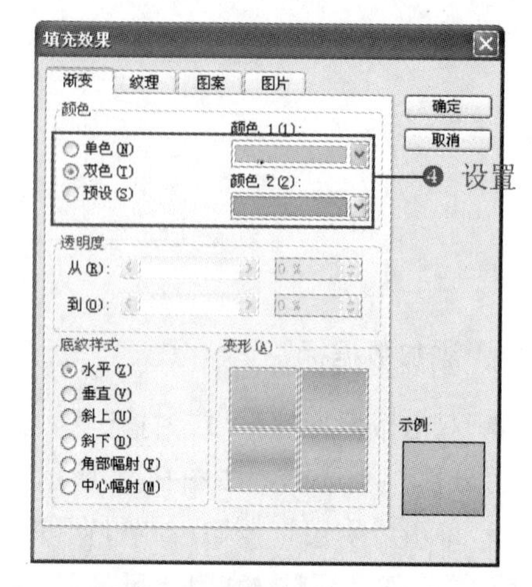

图 9-46

❹ 单击“确定”按钮，即可看到设置的图表区域格式，如图 9-47 所示。

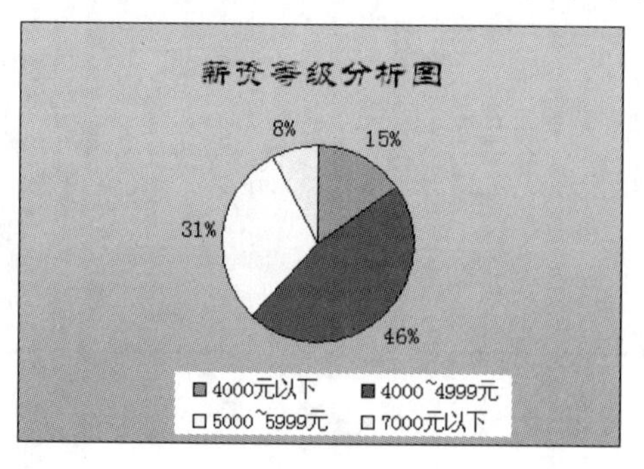

图 9-47

操作提示

在“图表区格式”对话框中，选择“字体”选项卡，可以设置整个图表内文字的格式，如果只选择标题、图例等单独的区域，只能设置选择的字体格式。

9.4 员工流失率统计分析

在分析公司员工流失情况时，人力资源部门还可以按月统计人员流失率，然后图形比较各月人员流失情况，找出人员流失最严重的月份，从而为未来的招聘工作做好准备，如

图 9-48 所示。

公司员工流失率统计分析

时间	在职人数	较上月减少人数		较上月增加人数	人员变动原因	人员流失率
		整月减少人员	期间减少人员			
1月	120	0	0	0	一、人员减少原因 1. 受全球金融危机影响，公司人员重新进行编制； 2. 工资待遇问题； 3. 工作环境问题； 4. 管理机制问题； 5. 培训工作不能和用人机制相适应； 二、人员增加原因 1. 人员流失补充； 2. 扩大经营项目	0
2月	115	5	0	0		4.17%
3月	102	10	2	2		10.43%
4月	94	0	4	4		3.92%
5月	98	0	3	3		3.19%
6月	101	1	3	3		4.08%
7月	103	0	1	1		0.99%
8月	97	8	2	2		9.71%
9月	97	10	10	10		20.62%
10月	100	0	3	3		3.09%
11月	105	0	5	5		5.00%
12月	108	0	3	3		2.86%

人员流失率

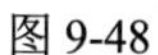

图 9-48

9.4.1 计算人员流失率

源文件：09/源文件/员工流失率统计分析.xls、**效果文件**：09/效果文件/员工流失率统计分析.xls、**视频文件**：09/视频/9.4.1 员工流失率统计分析.mp4

员工的流失率需要在现有人数和流失人数的基础上进行计算，所以在计算之前要做好数据统计，然后进行计算。

❶ 创建“公司员工流失率统计分析”工作簿，输入调查的基本数据，并设置字体、表格格式，如图 9-49 所示。

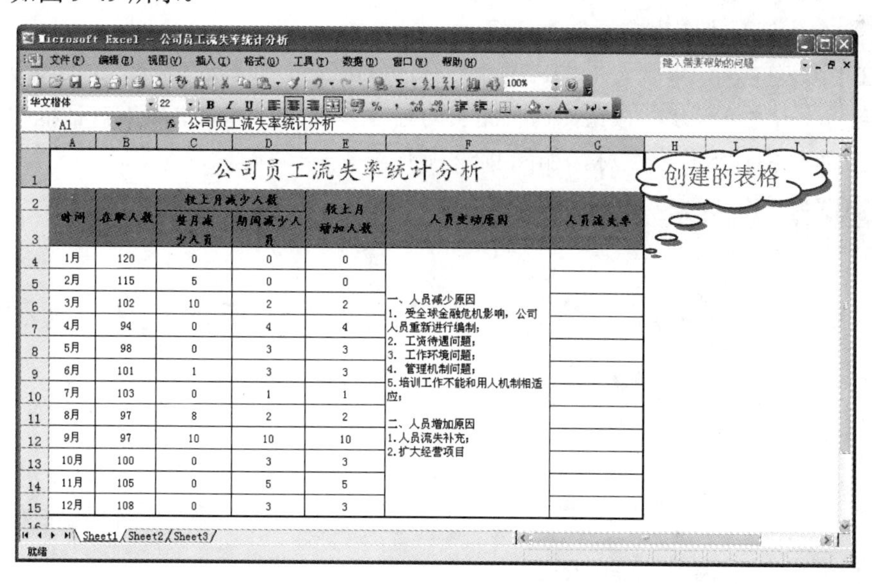

图 9-49

❷ 选中 G5 单元格，在公式编辑栏中输入公式：=(C5+D5)/B4，按“Enter”键后，向下复制公式，计算各月人员流失率，如图 9-50 所示。

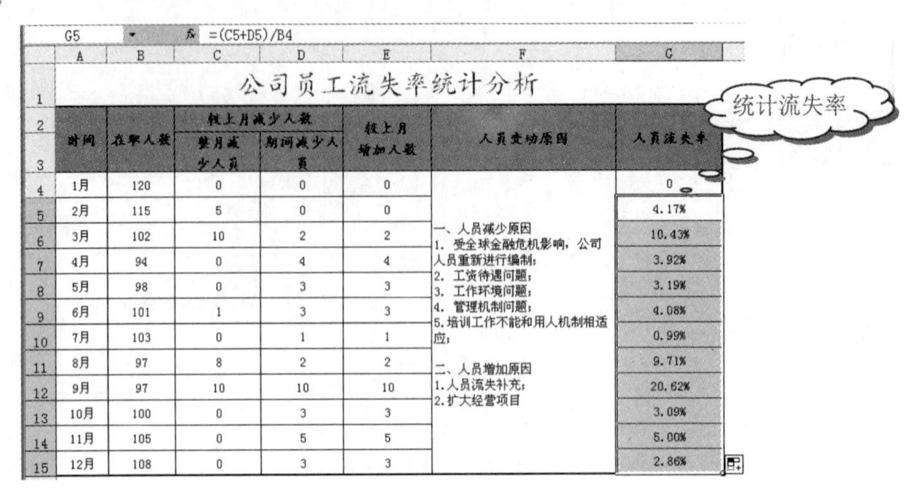

G5 =(C5+D5)/B4

公司员工流失率统计分析

时间	在职人数	较上月减少人数		较上月增加人数	人员变动原因	人员流失率
		整月减少人员	期间减少人员			
1月	120	0	0	0	一、人员减少原因 1. 受全球金融危机影响，公司人员重新进行编制； 2. 工资待遇问题； 3. 工作环境问题； 4. 管理机制问题； 5.培训工作不能和用人机制相适应； 二、人员增加原因 1.人员流失补充； 2.扩大经营项目	0
2月	115	5	0	0		4.17%
3月	102	10	2	2		10.43%
4月	94	0	4	4		3.92%
5月	98	0	3	3		3.19%
6月	101	1	3	3		4.08%
7月	103	0	1	1		0.99%
8月	97	8	2	2		9.71%
9月	97	10	10	10		20.62%
10月	100	0	3	3		3.09%
11月	105	0	5	5		5.00%
12月	108	0	3	3		2.86%

图 9-50

9.4.2 为员工培训方案制作培训计划表

源文件：09/源文件/员工流失率统计分析.xls、**效果文件**：09/效果文件/员工流失率统计分析.xls、**视频文件**：09/视频/9.4.2 员工流失率统计分析.mp4

1. 创建簇状条形图

❶ 按“Ctrl”键依次选中 A2:A15 单元格区域和 G2:G15 单元格区域，选择“插入”→“图表”命令，打开“图表向导”对话框。

❷ 在“图表向导-4 步骤之 1-图表类型”对话框中选择“簇状条形图”，如图 9-51 所示。

❸ 连续单击“下一步”按钮，在“图表向导-4 步骤之 3-图表选项”对话框中，在“图表标题”文本框中输入标题名称，如图 9-52 所示。

图 9-51

图表向导 - 4 步骤之 3 - 图表选项

标题 | 坐标轴 | 网格线 | 图例 | 数据标志 | 数据表

图表标题(T): 人员流失率 ❷ 输入

分类(X)轴(C):

数值(Y)轴(V):

次分类(X)轴(X):

次数值(Y)轴(Y):

人员流失率

12月 10月 8月 6月 4月 2月

0 0.05 0.1 0.15 0.2 0.25

人员流失率

取消 < 上一步(B) 下一步(N) > 完成(F)

图 9-52

❹ 单击“下一步”按钮，再单击“完成”按钮，即可创建图形，如图 9-53 所示。

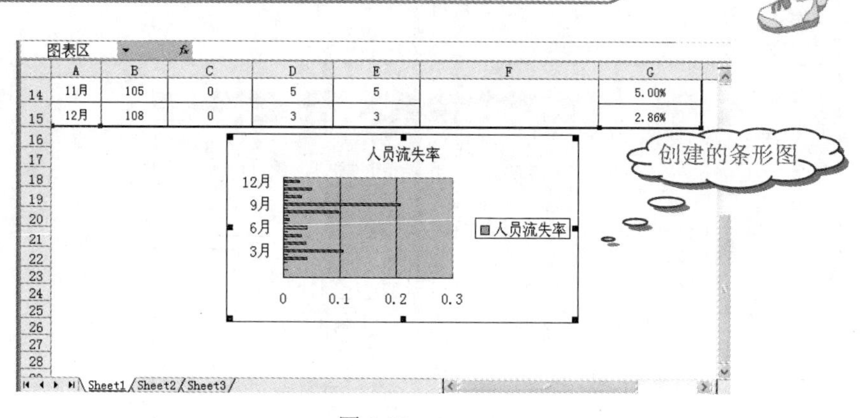

图 9-53

❺ 拖动鼠标放大图表，设置标题格式，更改坐标轴字体格式和刻度，并添加数据标签，如图 9-54 所示。

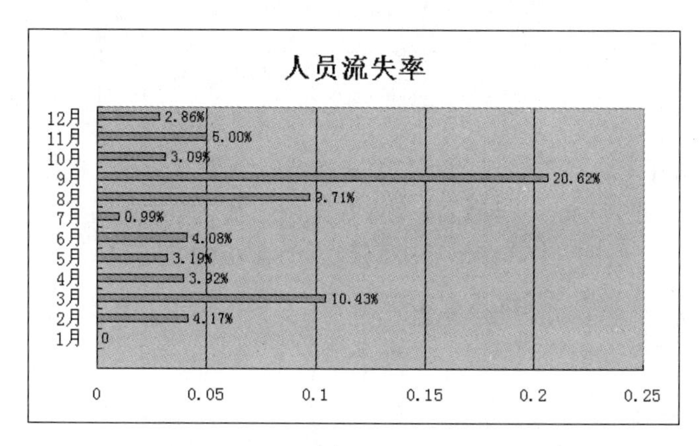

图 9-54

知识拓展

更改图表类型

图表建立完成后，如果感觉当前图表类型达不到满意效果，可以直接更改图表的类型，无需重新创建。更改图表类型需要遵循下面的几个原则：

☑ 若更改三维的柱形图或条形图，则可将数据系列更改为圆锥、圆柱或棱锥等同样为三维图形的图表类型。

☑ 大部分二维图表之间可以相互更改。

☑ 图表中有多个数据系列时，若将其更改为饼图，则只能绘制出一个数据系列。

☑ 像 XY 散点图、曲面图、股价图，一般用于专业数据的分析，普通数据转换为这些图表类型时不具太大意义。

更改的方法：选中图表（注意要选择图表区或绘图区），依次选择“图表”→“图表类型”命令，打开“图表类型”对话框，重新选择需要的图表类型，如图 9-55 所示。更改图表的类型后，图表所设置的所有格式都不改变，只是图表的类型更改了。

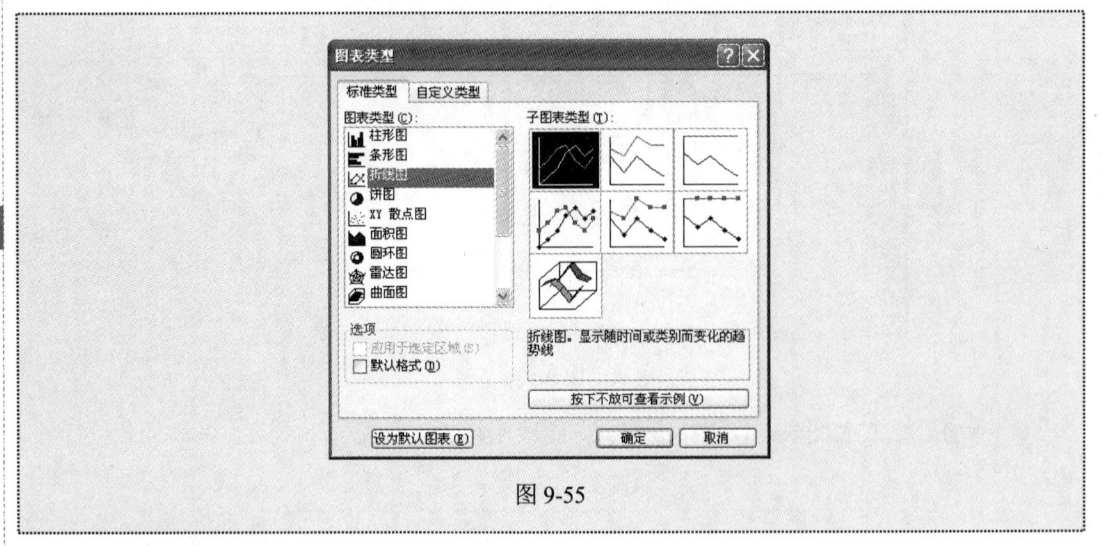

图 9-55

2. 调整分类间距

❶ 选择数据系列，选择“格式”→“数据系列”命令，打开“数据系列格式”对话框。

❷ 选择“选项”选项卡，重新设置“重叠比例”和“分类间距”值，如图 9-56 所示。

❸ 单击“确定”按钮，即可调整分类间距，如图 9-57 所示。

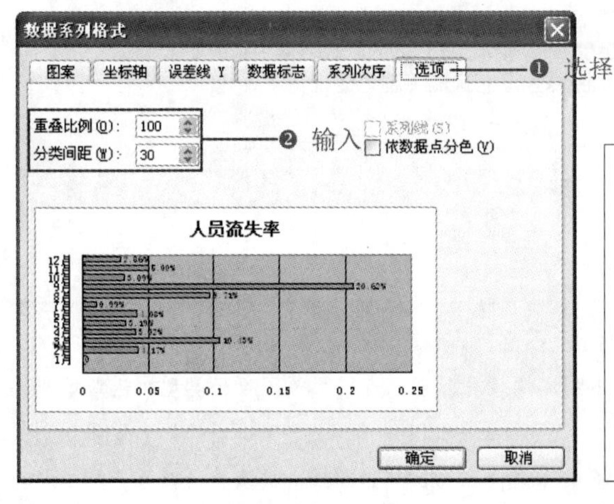

图 9-56

人员流失率

图 9-57

3. 设置数据系列填充颜色

❶ 单击一次数据系列，选中所有数据系列，然后再单击任何一个数据系列，只单独选中一个，单击“填充颜色”右侧的下拉按钮，在展开的下拉列表中选择一种填充颜色，如图 9-58 所示。

❷ 按照同样的方法设置其他数据系列的填充颜色，并将绘图区格式设置为“无”填充颜色，最后效果如图 9-59 所示。

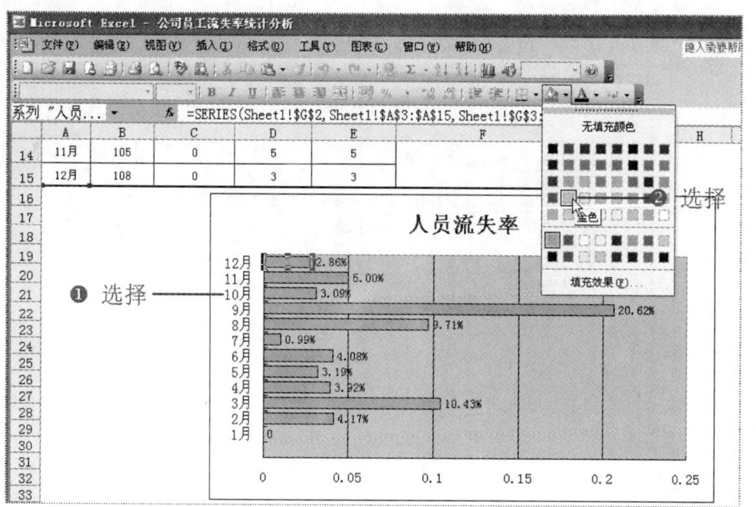

图 9-58

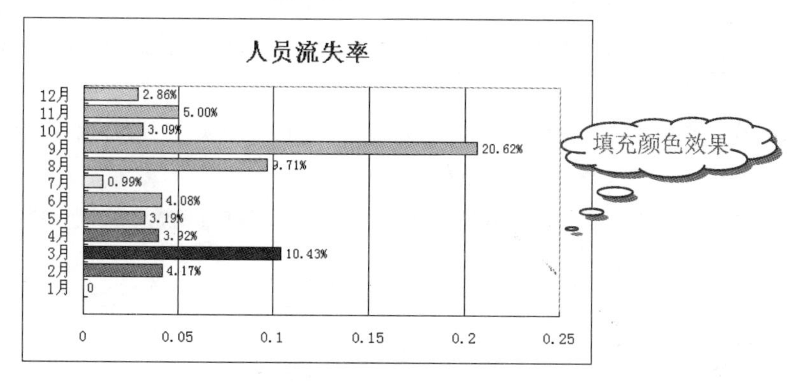

图 9-59

4．设置图表网格线

❶ 选择图表，选择“图表”→“图表选项”命令，打开“图表选项”对话框。

❷ 选择“网格线”选项卡，取消选中“数值轴”栏中的“主要网格线”复选框，如图 9-60 所示。

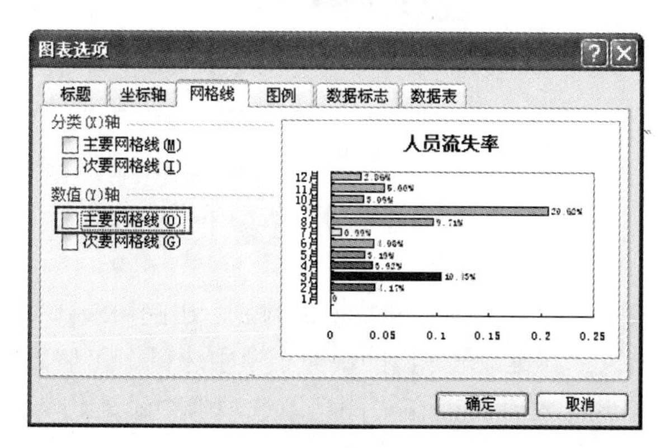

图 9-60

❸ 单击“确定”按钮，即可取消数值轴的网格线，如图 9-61 所示。

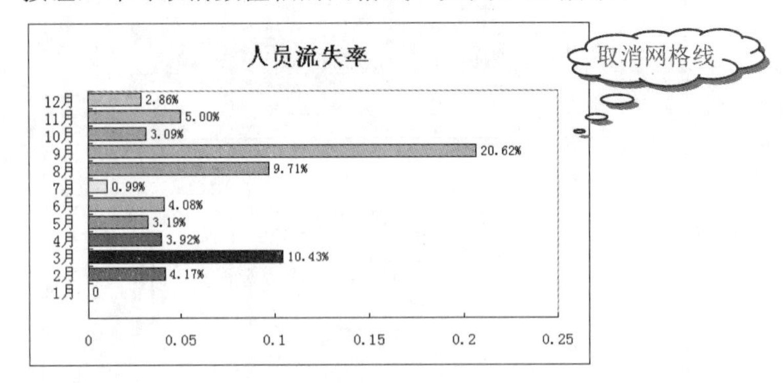

图 9-61

Note

5. 添加趋势线

趋势线的作用在于显示数据系列的数据变化走向趋势。支持趋势线的图表有条形图、柱形图、折线图、二维的面积图、XY（散点）图和气泡图。而三维图表、雷达图、饼图和圆环图则不能添加趋势线。

❶ 选中要添加趋势线的数据系列，依次选择“图表”→“添加趋势线”命令（如图 9-62 所示），打开“添加趋势线”对话框。

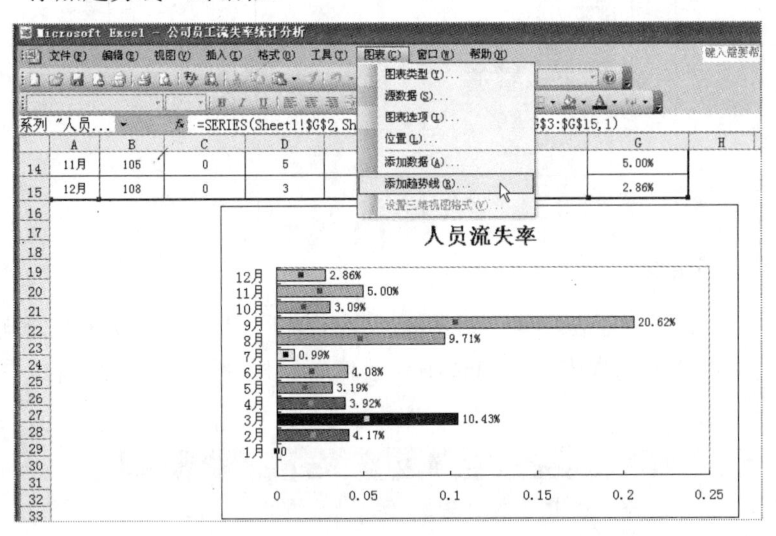

图 9-62

❷ 在“类型”选项卡的“趋势预测/回归分析类型”栏中选择趋势线的类型，如图 9-63 所示。

❸ 单击“确定”按钮，即可让指定的数据系列显示出趋势线，如图 9-64 所示。

❹ 在趋势线上单击鼠标右键，在弹出的快捷菜单中选择“趋势线格式”命令（如图 9-65 所示），打开“趋势线格式”对话框，在“图案”选项卡中设置趋势线的线条，如图 9-66 所示。

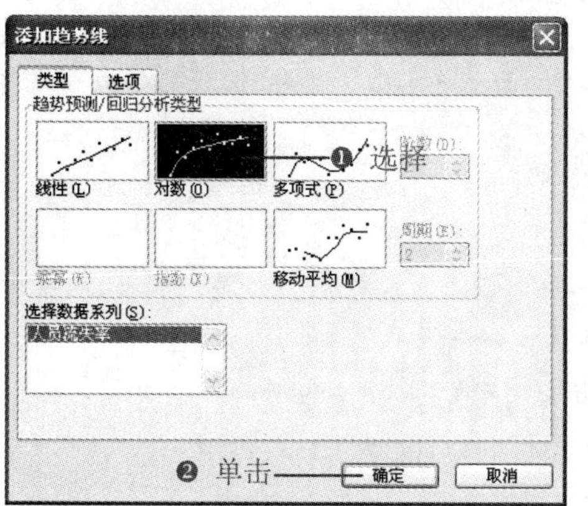

图 9-63

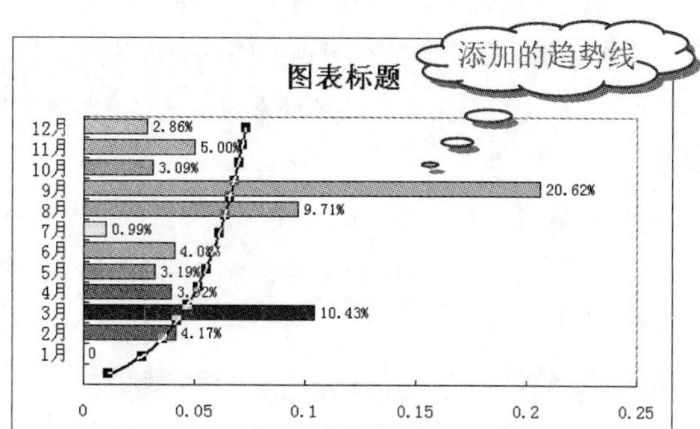

图 9-64

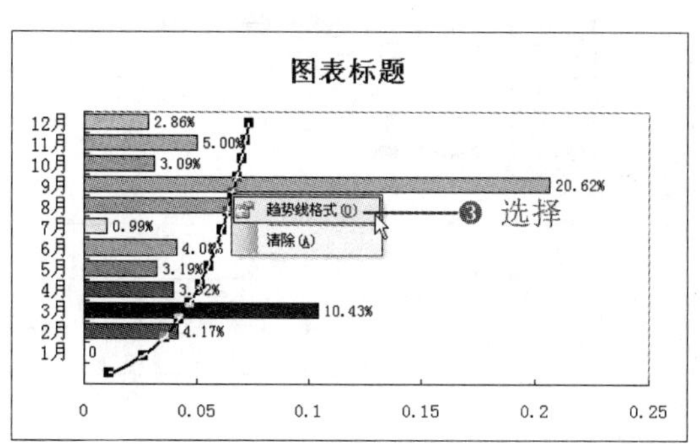

图 9-65

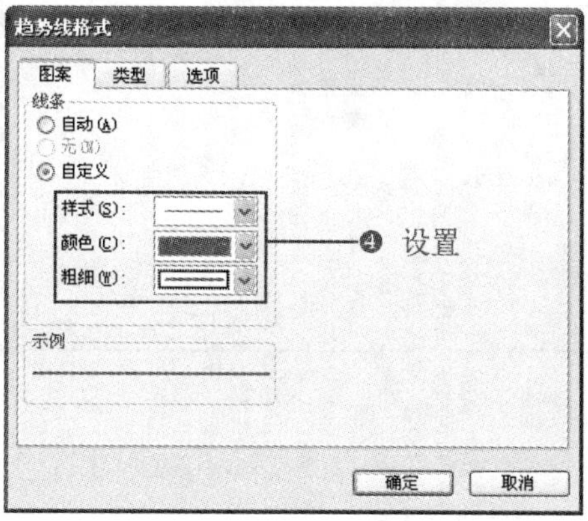

趋势线格式

图案　类型　选项

线条

自动(A)

无(N)

自定义

样式(S):

颜色(C):

粗细(W):

❹ 设置

示例

确定　取消

图 9-66

❺ 单击“确定”按钮，即可成功设置趋势线，效果如图 9-67 所示。

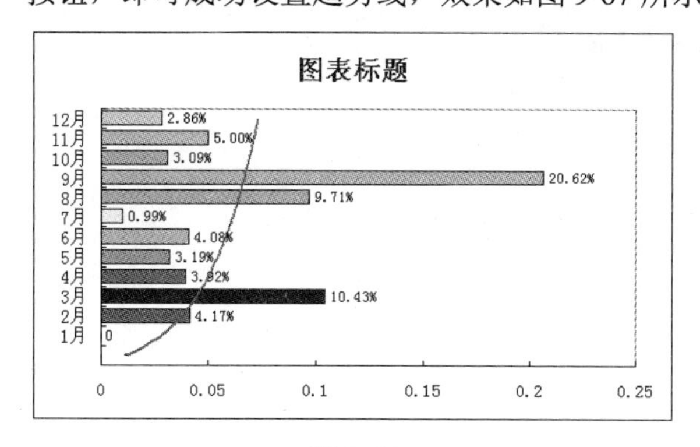

图 9-67

知识拓展

添加误差线

误差线以图形形式显示数据系列中数据的潜在误差或不确定因素。

例如，可以为某项数据设置一个定值，然后允许其有正负 5% 的可能误差量。

Note

支持误差线的图表有条形图、柱形图、折线图、二维的面积图、XY（散点）图和气泡图。而三维图表、雷达图、饼图和圆环图则不能添加误差线。

❶ 选中要添加误差线的数据系列，选择“格式”→“数据系列”命令，打开“数据系列格式”对话框。

❷ 选择“误差线 Y”选项卡，在“显示方式”栏中选择需要的显示方式，此处选中“正偏差”；在“误差量”栏中可以根据实际需要设置误差量，如图 9-68 所示。

❸ 单击“确定”按钮，即可让指定的数据系列显示出误差线，如图 9-69 所示。

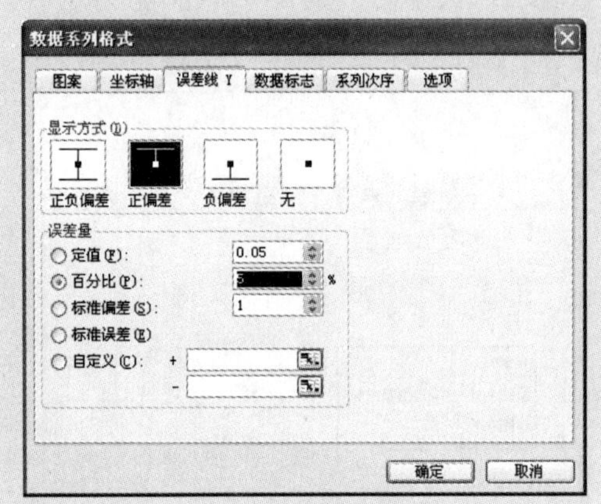

图 9-68

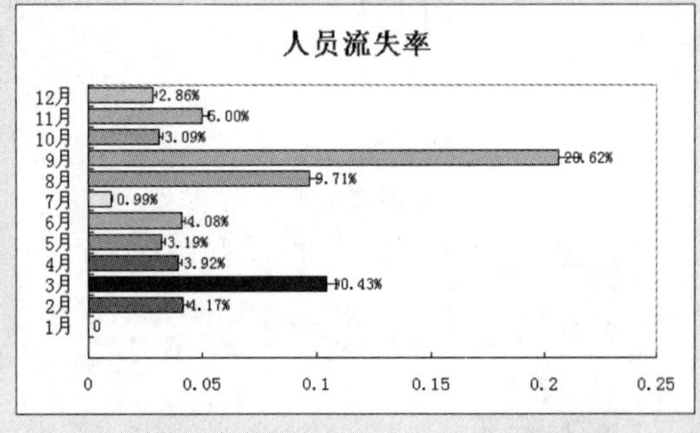

图 9-69

操作提示

若要删除添加的趋势线，选中趋势线，在菜单中依次选择“编辑”→“清除”→“趋势线”命令，或是选中趋势线后，按“Delete”键删除即可。

表格数据排序、筛选和分类汇总

Excel 有很大的数据处理功能，可以帮助用户对数据进行排序，使用户可以清楚地看到数据分布情况；也可以对数据进行筛选，把符合条件的数据筛选出来；用户还可以对数据进行分类汇总，汇总出每个种类数据的总数或平均值等。

- ☑ 值班记录查询表
- ☑ 企业日常费用支出统计
- ☑ 员工业绩汇总表
- ☑ 年度获奖情况统计表

本章部分学习目标及案例

培训成绩统计表

学员编号	学员姓名	培训成绩
HY01002	王晓晓	85
HY01003	陈明珠	54
HY01004	张敏	59
HY01005	陈佳一	85
HY01006	张强	69
HY01007	李明浩	88
HY01008	周伯通	58
HY01009	李勇	84
HY01010	吴洁喜	71
HY01011	魏琳琳	45
HY01012	章小蕙	88
HY01013	李菲	57
HY01014	吴昊	59
HY01015	王夏林	86
HY01016	刘佩佩	44
HY01017	滕念	99
HY01018	冯雪	58
HY01019	刘英娇	59
HY01020	苏雪雪	55

筛选条件

培训成绩	
>60	<=90

筛选结果

学员编号	学员姓名	培训成绩
HY01002	王晓晓	85
HY01005	陈佳一	85
HY01006	张强	69
HY01007	李明浩	88
HY01009	李勇	84
HY01010	吴洁喜	71
HY01012	章小蕙	88
HY01015	王夏林	86
HY01017	滕念	99

（1）

员工出勤查询表

员工姓名：庄霞

应到天数	20	实到天数	19
出差天数	3	事假次数	1
病假次数	0	旷工次数	0
迟到半个小时以内	0	迟到1个小时以内	0
迟到1个小时以上	0	年假	0
婚假	0	出勤率	95.00%

（2）

10.1 基 础 知 识

Note

10.1.1 使用“Excel 帮助”目录

源文件：10/源文件/10.1.1 Excel 帮助.xls、**视频文件：**10/视频/10.1.1 Excel 帮助.mp4

通过 Excel 帮助可以帮助用户了解一些不知道的知识，方便用户使用 Excel 的功能。

❶ 选择“帮助”→“Microsoft Excel 帮助”命令（如图 10-1 所示），或按“F1”键均可打开“Excel 帮助”任务窗格。

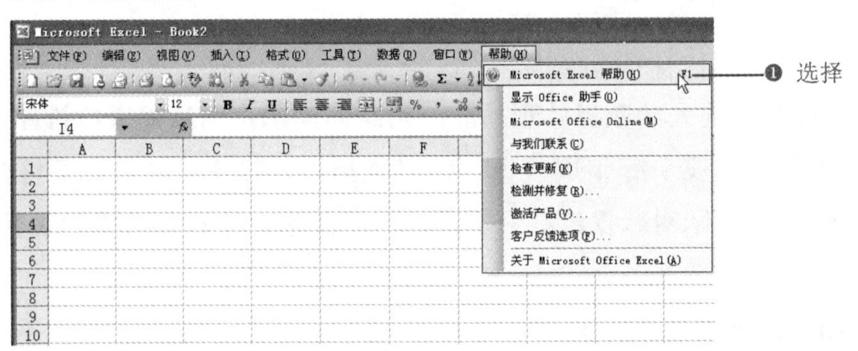

图 10-1

❷ 在任务窗格中单击“目录”超链接，如图 10-2 所示，可以看到一个包含完整分类的帮助目录，单击某个标题即可展开该级标题，有多级标题的可以依次展开，如图 10-3 所示。

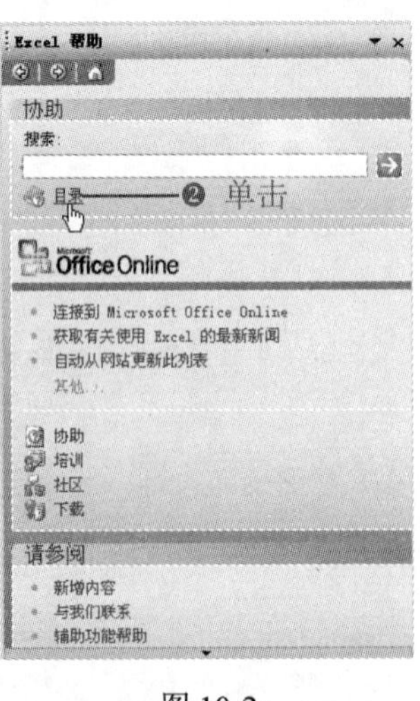

图 10-2

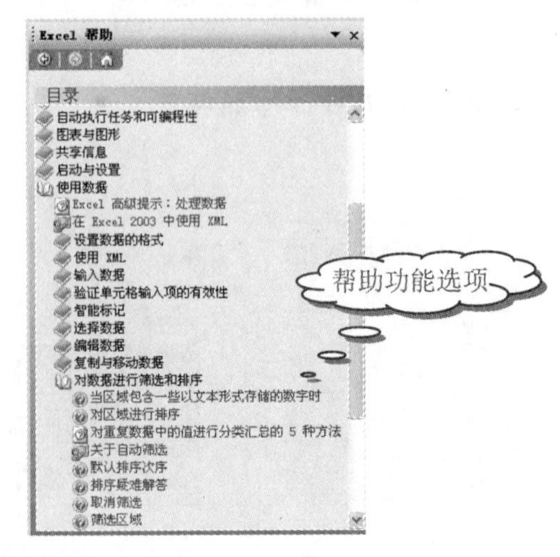

图 10-3

❸ 当帮助目录中左侧出现图标时，表示单击该超链接，便可打开相应的帮助信息窗口，如图 10-4 所示为单击“有关筛选”超链接后打开的帮助窗口。

Note

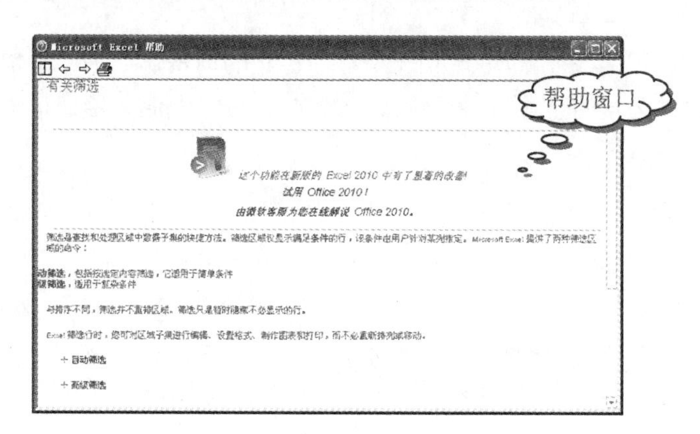

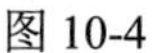

图 10-4

操作提示

还可以使用“Excel 帮助”搜索有关帮助功能，在“Excel 帮助”任务窗格的“搜索”文本框中输入与需获取帮助相关的信息，然后单击按钮或按“Enter”键，即可在窗格下方寻找需要的帮助信息对应的超链接。

10.1.2　使用自动更正

源文件：10/源文件/10.1.2 使用自动更正.xls、**视频文件**：10/视频/10.1.2 使用自动更正.mp4

在 Excel 中使用自动更正功能可以简化输入。另外，对于输入数据时经常会出现的错误情况，也可以尽可能地避免。

❶ 选择“工具”→“自动更正选项”命令（如图 10-5 所示），打开“自动更正”对话框。

❷ 选择“自动更正”选项卡，选中“键入时自动替换”复选框，在“替换”文本框中输入“诺立”；在“替换为”文本框中输入“诺立科技有限公司”，如图 10-6 所示。

图 10-5

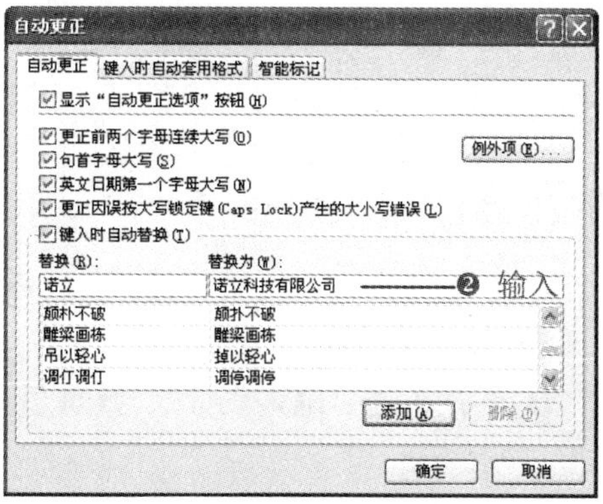

图 10-6

❸ 单击“添加”按钮，即可建立一个自动更正的词条，单击“确定”按钮退出。当在工作表中需要输入公司的全称时，只输入“诺立”，按“Enter”键即可输入“诺立科技有限公司”。

操作提示

Note

如果在输入数据时，有些常用数据总是出错，也可以按如下方法设置自动更正。例如，在输入“Excel”时经常会输入成“Excle”，则可以在“替换”文本框中输入“Excle”；在“替换为”文本框中输入“Excel”，添加完成后，当输入错误的“Excle”时就会自动被替换为“Excel”。

10.1.3 使用自定义排序

源文件：10/源文件/10.1.3 自定义排序.xls、**视频文件：**10/视频/10.1.3 自定义排序.mp4

除了使用简单排序和排序对话框设置排序，还可以通过设置实现自定义排序。

❶ 选中表格中任意一个单元格，选择“数据”→“排序”命令（如图 10-7 所示），打开“排序”对话框。

❷ 在“主要关键字”下拉列表框中选择“销售员”选项，并选中右侧的“升序”单选按钮，如图 10-8 所示。

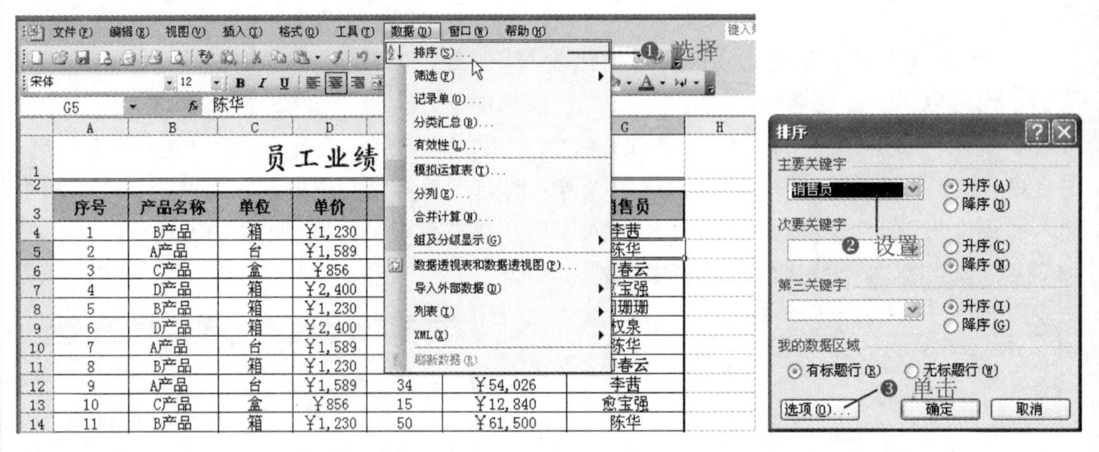

图 10-7　　　　图 10-8

❸ 单击“选项”按钮，打开“排序选项”对话框，选中“方法”栏中的“笔划排序”单选按钮，如图 10-9 所示。

❹ 依次单击“确定”按钮，可以看到表格按“销售员”笔划的升序排序后的效果，如图 10-10 所示。

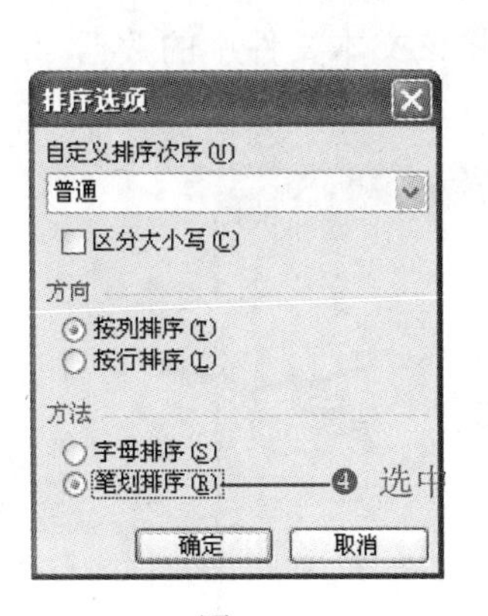

图 10-9

员工业绩汇总表

序号	产品名称	单位	单价	销量	销售额	销售员
6	D产品	箱	¥2,400	15	¥36,000	权泉
19	B产品	箱	¥1,230	28	¥34[illegible]	[illegible]
3	C产品	盒	¥856	24	¥[illegible]	[illegible]
8	B产品	箱	¥1,230	26	¥31,[illegible]	[illegible]
18	D产品	箱	¥2,400	24	¥57,[illegible]	何春云
21	D产品	箱	¥2,400	7	¥1[illegible]00	何春云
25	B产品	箱	¥1,230	8	[illegible],840	何春云
27	B产品	箱	¥1,230	21	¥25,830	何春云
1	B产品	箱	¥1,230	5	¥6,150	李茜
9	A产品	台	¥1,589	34	¥54,026	李茜
12	D产品	箱	¥2,400	23	¥55,200	李茜
16	A产品	台	¥1,589	25	¥39,725	李茜
20	A产品	台	¥1,589	10	¥15,890	李茜
28	A产品	台	¥1,589	15	¥23,835	李茜
2	A产品	台	¥1,589	20	¥31,780	陈华
7	A产品	台	¥1,589	20	¥31,780	陈华
11	B产品	箱	¥1,230	50	¥61,500	陈华

排序后效果

图 10-10

知识拓展

恢复排序前数据

在保存并关闭了排序后的数据清单后，一般无法恢复到排序前的状态，此时可以利用下面的技巧实现恢复。

方法一：在实现排序前将该工作表复制一份。

方法二：通过建立临时列。在工作表中建立一个临时列，其内容为“1、2、3、……”这样的序号，如图 10-11 所示，当执行了排序并保存排序后的数据后，如果想恢复排序前的数据，可以对“临时列”字段重新按“升序”方式进行排序即可。

序号	产品名称	单位	单价	销量	销售额	销售员	临时列
6	D产品	箱	¥2,400	15	¥36,000	权泉	1
19	B产品	箱	¥1,230	28	¥34,440	权泉	2
3	C产品	盒	¥856	24	¥20,544	何春云	3
8	B产品	箱	¥1,230	26	¥31,980	何春云	4
18	D产品	箱	¥2,400	24	¥57,600	何春云	5
21	D产品	箱	¥2,400	7	¥16,800	何春云	6
25	B产品	箱	¥1,230	8	¥9,840	何春云	7
27	B产品	箱	¥1,230	21	¥25,830	何春云	8
1	B产品	箱	¥1,230	5	¥6,150	李茜	9
9	A产品	台	¥1,589	34	¥54,026	李茜	10
12	D产品	箱	¥2,400	23	¥55,200	李茜	11
16	A产品	台	¥1,589	25	¥39,725	李茜	12
20	A产品	台	¥1,589	10	¥15,890	李茜	13
28	A产品	台	¥1,589	15	¥23,835	李茜	14
2	A产品	台	¥1,589	20	¥31,780	陈华	15
7	A产品	台	¥1,589	20	¥31,780	陈华	16
11	B产品	箱	¥1,230	50	¥61,500	陈华	17

图 10-11

10.1.4 导入文本文件数据

源文件：10/源文件/10.1.4 导入文本文件数据.xls、**视频文件：**10/视频/10.1.4 导入文本文件数据.mp4

文本文件数据就是记事本程序中的数据。要将文本文件数据导入到 Excel 表格中，首先文本文件中的数据要具有一定的规律，否则 Excel 程序将无法正确判断，导入的数据也是杂乱无章的。

Note

❶ 当前文本文件中的数据如图 10-12 所示，现在需要将该文本文件中的数据导入到 Excel 表格中。

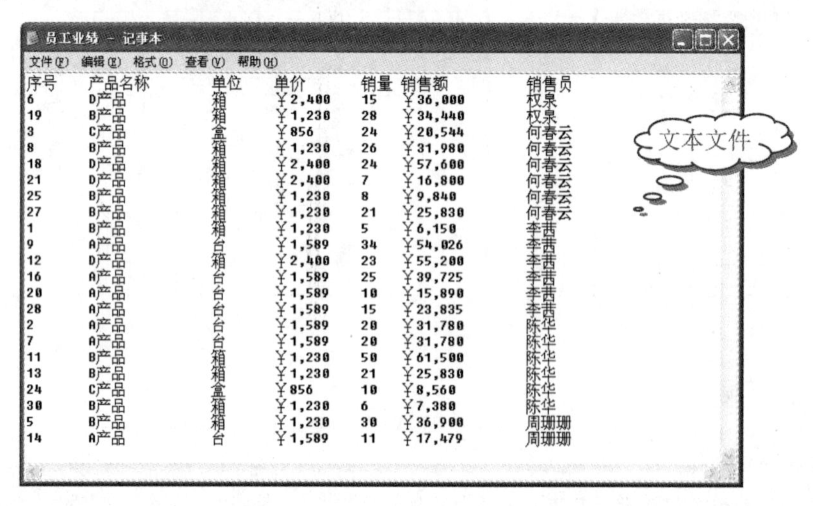

员工业绩 - 记事本

文件(F) 编辑(E) 格式(O) 查看(V) 帮助(H)

序号	产品名称	单位	单价	销量	销售额	销售员
6	D产品	箱	￥2,400	15	￥36,000	权泉
19	B产品	箱	￥1,230	28	￥34,440	权泉
3	C产品	盒	￥856	24	￥20,544	何春云
8	B产品	箱	￥1,230	26	￥31,980	何春云
18	D产品	箱	￥2,400	24	￥57,600	何春云
21	D产品	箱	￥2,400	7	￥16,800	何春云
25	B产品	箱	￥1,230	8	￥9,840	何春云
27	B产品	箱	￥1,230	21	￥25,830	何春云
1	B产品	箱	￥1,230	5	￥6,150	李茜
9	A产品	台	￥1,589	34	￥54,026	李茜
12	D产品	箱	￥2,400	23	￥55,200	李茜
16	A产品	台	￥1,589	25	￥39,725	李茜
20	A产品	台	￥1,589	10	￥15,890	李茜
28	A产品	台	￥1,589	15	￥23,835	李茜
2	A产品	台	￥1,589	20	￥31,780	陈华
7	A产品	台	￥1,589	20	￥31,780	陈华
11	B产品	箱	￥1,230	50	￥61,500	陈华
13	B产品	箱	￥1,230	21	￥25,830	陈华
24	C产品	盒	￥856	10	￥8,560	陈华
30	B产品	箱	￥1,230	6	￥7,380	陈华
5	B产品	箱	￥1,230	30	￥36,900	周珊珊
14	A产品	台	￥1,589	11	￥17,479	周珊珊

图 10-12

❷ 创建新工作簿，依次选择“数据”→“导入外部数据”→“导入数据”命令（如图 10-13 所示），打开“选取数据源”对话框。

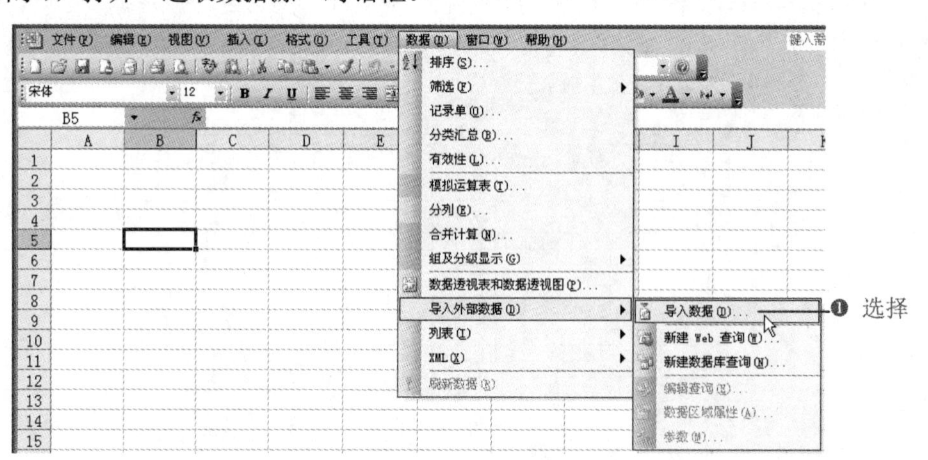

图 10-13

❸ 在“查找范围”下拉列表框中选择文本文件的保存位置，在右侧的列表框中选择“员工业绩”文件，如图 10-14 所示。

❹ 单击“打开”按钮，打开“文本导入向导-3 步骤之 1”对话框，在“请选择最合适的文件类型”栏中选中“分隔符号”单选按钮。在“导入起始行”数值框中可以设置从文本文件的第几行开始导入，如图 10-15 所示。

❺ 单击“下一步”按钮，打开“文本导入向导-3 步骤之 2”对话框，在“分隔符号”栏中选中文本文件中相应的分隔号对应的复选框，这里应该选中“空格”复选框，如图 10-16 所示。

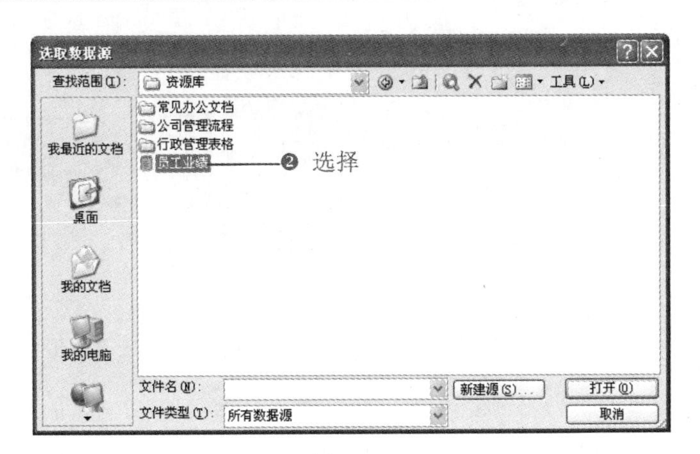

图 10-14

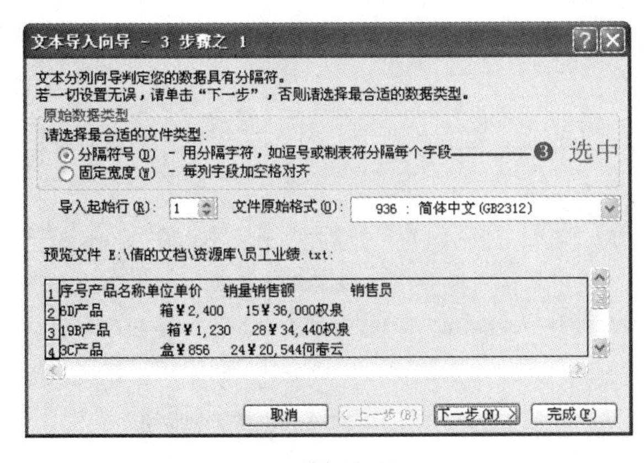

图 10-15

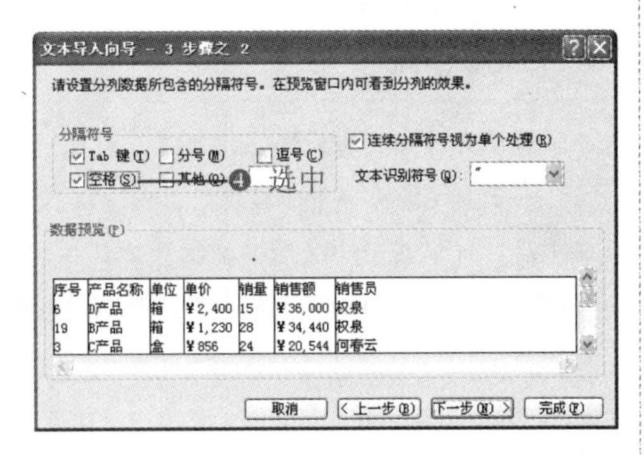

图 10-16

❻ 单击“下一步”按钮，打开“文本导入向导-3 步骤之 3”对话框，选择某一列数据，可在“列数据格式”栏中设置其格式，这里选中“文本”单选按钮，如图 10-17 所示。

❼ 单击“完成”按钮，打开“导入数据”对话框，选中“现有工作表”单选按钮，并设置导入数据存放的位置，如图 10-18 所示。

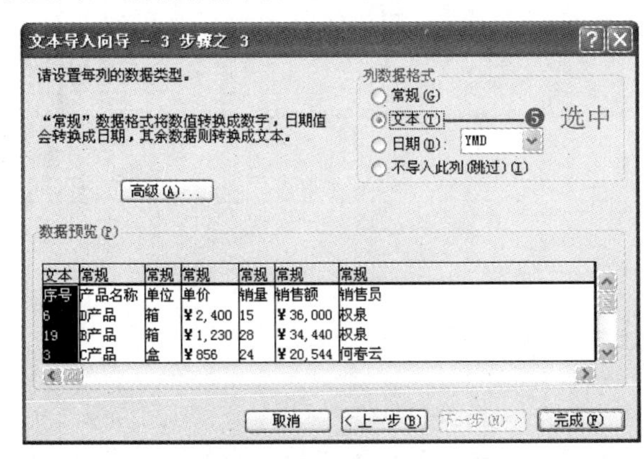

图 10-17

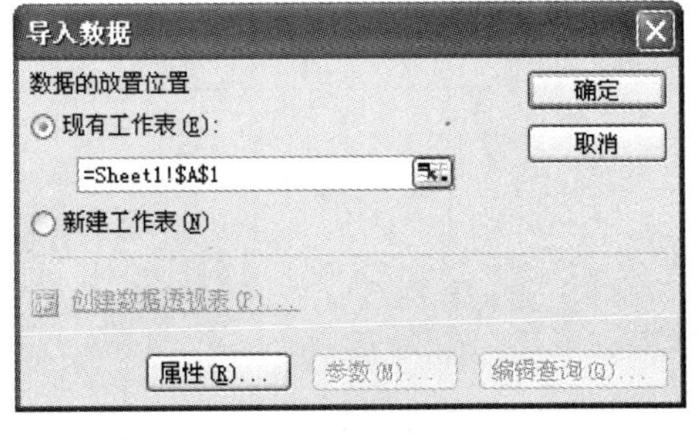

图 10-18

❽ 单击“确定”按钮，完成导入，如图 10-19 所示。

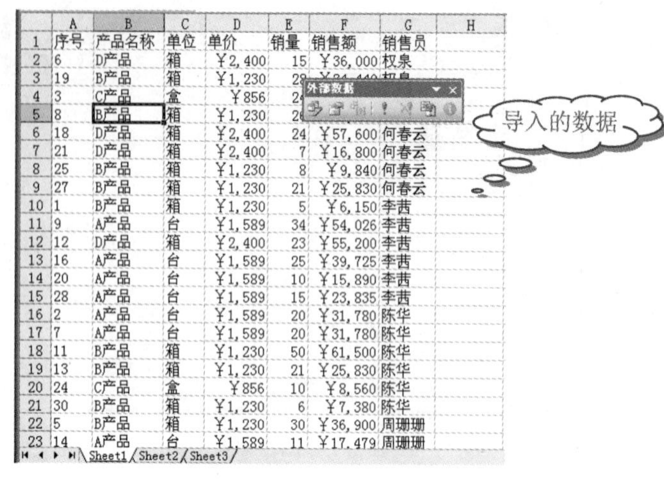

图 10-19

知识拓展

自动更新导入的数据

当更新文本文件中的数据后，Excel 也可以同时自动更新导入到其中的数据，导入数据到 Excel 表格中后，可以显示出“外部数据”工具栏，单击“外部数据”工具栏中的“全部更新”按钮（如图 10-20 所示），在打开的对话框中选择导入的文本文件，如图 10-21 所示，单击“导入”按钮即可更新数据。

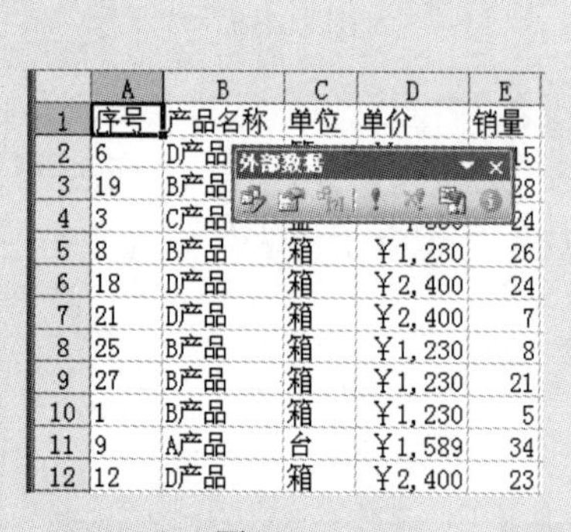

图 10-20

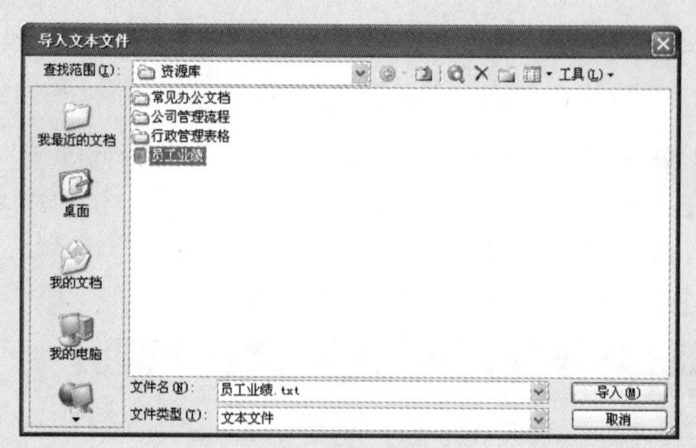

图 10-21

10.2　值班记录查询表

如果人力资源部门已经做好近期值班安排，但是管理人员突然想查看某天或某员工的值班安排，此时可以使用 Excel 中的筛选功能来快速查找，如图 10-22 所示。

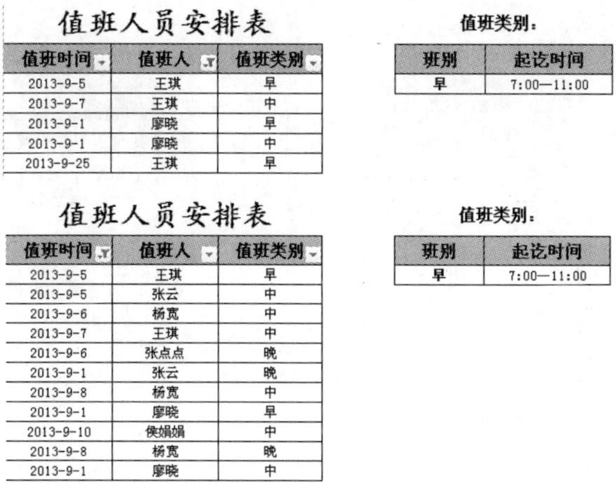

值班人员安排表

值班时间	值班人	值班类别
2013-9-5	王琪	早
2013-9-7	王琪	中
2013-9-1	廖晓	早
2013-9-1	廖晓	中
2013-9-25	王琪	早

值班类别：

班别	起讫时间
早	7:00—11:00

值班人员安排表

值班时间	值班人	值班类别
2013-9-5	王琪	早
2013-9-5	张云	中
2013-9-6	杨宽	中
2013-9-7	王琪	中
2013-9-6	张点点	晚
2013-9-1	张云	晚
2013-9-8	杨宽	中
2013-9-1	廖晓	早
2013-9-10	侯娟娟	中
2013-9-8	杨宽	晚
2013-9-1	廖晓	中

值班类别：

班别	起讫时间
早	7:00—11:00

图 10-22

10.2.1 复制工作表

：源文件：10/源文件/值班记录查询表.xls、**效果文件：**10/效果文件/值班记录查询表.xls、**视频文件：**10/视频/10.2.1 值班记录查询表.mp4

在工作表中要输入与其他工作表相同的内容时，通过复制工作表即可实现快速输入。

❶ 创建“值班记录查询表”工作簿，将 Sheet1 命名为“值班人员安排表”，并输入内容、设置格式，如图 10-23 所示。

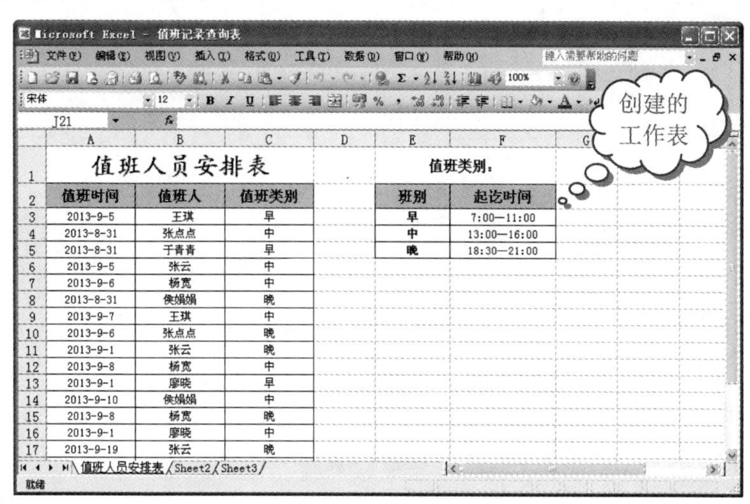

值班人员安排表

值班时间	值班人	值班类别
2013-9-5	王琪	早
2013-8-31	张点点	中
2013-8-31	于青青	早
2013-9-5	张云	中
2013-9-6	杨宽	中
2013-8-31	侯娟娟	晚
2013-9-7	王琪	中
2013-9-6	张点点	晚
2013-9-1	张云	晚
2013-9-8	杨宽	中
2013-9-1	廖晓	早
2013-9-10	侯娟娟	中
2013-9-8	杨宽	晚
2013-9-1	廖晓	中
2013-9-19	张云	晚

值班类别：

班别	起讫时间
早	7:00—11:00
中	13:00—16:00
晚	18:30—21:00

图 10-23

❷ 右键单击“值班人员安排表”工作表标签，在弹出的快捷菜单中选择“移动或复制工作表”命令，如图 10-24 所示。

❸ 打开“移动或复制工作表”对话框，选择“Sheet2”选项，接着选中“建立副本”复选框，如图 10-25 所示。

值班人员安排表		
值班时间	值班人	值班类别
2013-9-5	王琪	早
2013-8-31	张点点	中
2013-8-31	于青青	早
2013-9-5	张云	中
2013-9-6	杨宽	中
2013-8-31	侯娟娟	晚
2013-9-7	王琪	中
2013-		晚
2013-		晚
2013-		中
2013-		早
2013-		中
2013-		晚
2013-		中
2013-		晚

图 10-24

图 10-25

❹ 单击“确定”按钮，系统自动生成一个与“值班记录查询表”数据和格式相同的工作表，重命名工作表为“王琪、廖晓的值班安排”，如图 10-26 所示。

值班人员安排表				值班类别：	
值班时间	值班人	值班类别		班别	起讫时间
2013-9-5	王琪	早		早	7:00—11:00
2013-8-31	张点点	中		中	13:00—16:00
2013-8-31	于青青	早		晚	18:30—21:00
2013-9-5	张云	中			
2013-9-6	杨宽	中			
2013-8-31	侯娟娟	晚			
2013-9-7	王琪	中			
2013-9-6	张点点	晚			
2013-9-1	张云	晚			
2013-9-8	杨宽	中			
2013-9-1	廖晓	早			
2013-9-10	侯娟娟	中			
2013-9-8	杨宽	晚			
2013-9-1	廖晓	中			
2013-9-19	张云	晚			
2013-9-20	于青青	中			
2013-9-21	张点点	早			

复制的工作表

值班人员安排表 / 王琪、廖晓的值班安排 / Sheet2 / Sheet3

图 10-26

10.2.2 筛选值班记录

源文件：10/源文件/值班记录查询表.xls、**效果文件**：10/效果文件/值班记录查询表.xls、**视频文件**：10/视频/10.2.2 值班记录查询表.mp4

1. 添加自动筛选

❶ 选中表格中的任意单元格，选择“数据”→“筛选”→“自动筛选”命令（如图 10-27 所示），可以看到表格所有列标识上添加筛选下拉按钮。

❷ 单击“值班人”右侧的下拉按钮，在展开的下拉菜单中选择“自定义”命令，如图 10-28 所示，打开“自定义自动筛选方式”对话框。

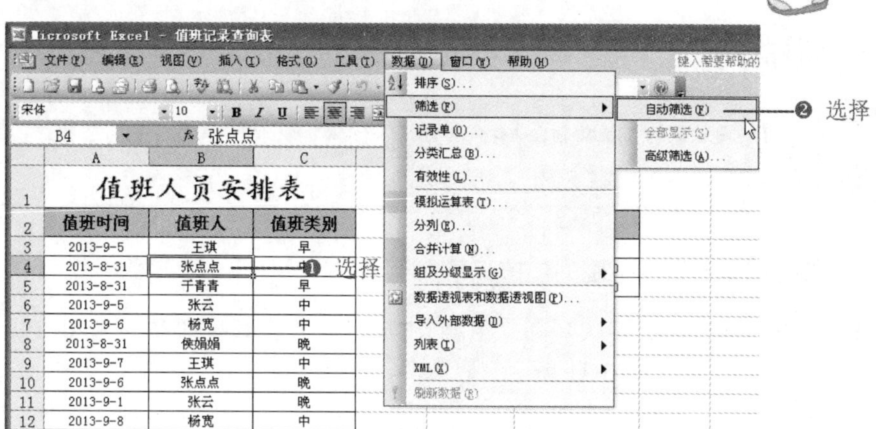

图 10-27

❸ 在“包含”下拉列表框右侧输入“王琪”，选中“或”单选按钮，在其左侧下拉列表框中选择“包含”选项，并在右侧下拉列表框中输入“廖晓”，如图 10-29 所示。

图 10-28

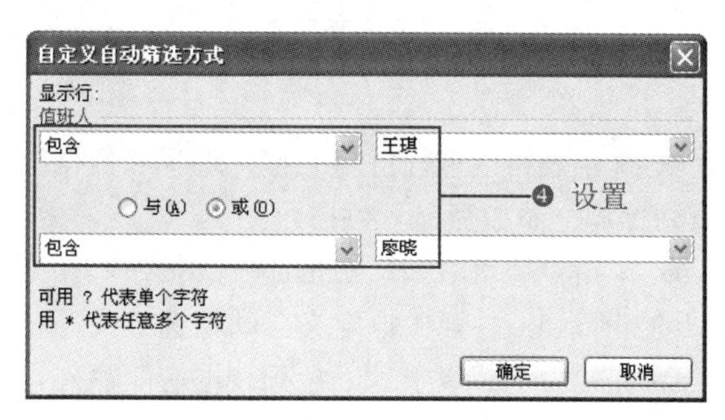

图 10-29

❹ 单击“确定”按钮，返回工作表中，此时在当前工作表中仅显示了王琪和廖晓的值班安排情况，如图 10-30 所示。

值班人员安排表

值班时间	值班人	值班类别
2013-9-5	王琪	早
2013-9-7	王琪	中
2013-9-1	廖晓	早
2013-9-1	廖晓	中
2013-9-25	王琪	早

值班类别：

班别	起讫时间
早	7:00—11:00

筛选的值班记录

值班人员安排表　王琪、廖晓的值班安排　Sheet2　Sheet3

图 10-30

操作提示

单击不同字段右侧的下拉按钮，其打开的下拉列表有所不同。单击下面的名称选项，能设置单独的筛选方式。

Note

2. 筛选出指定日期范围的值班记录

❶ 按照相同的方法再次复制“值班安排表”，并将其重命名为“2013-9-1—2013-9-10之间的值班安排”，如图 10-31 所示。

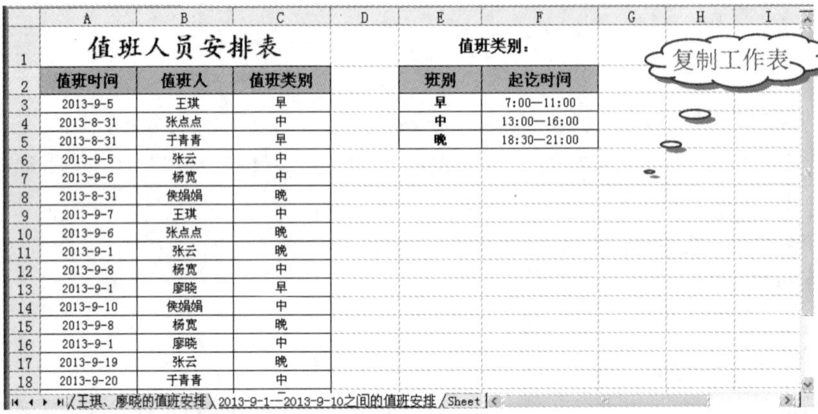

值班人员安排表

值班时间	值班人	值班类别
2013-9-5	王琪	早
2013-8-31	张点点	中
2013-8-31	于青青	早
2013-9-5	张云	中
2013-9-6	杨宽	中
2013-8-31	侯娟娟	晚
2013-9-7	王琪	中
2013-9-6	张点点	晚
2013-9-1	张云	晚
2013-9-8	杨宽	中
2013-9-1	廖晓	早
2013-9-10	侯娟娟	中
2013-9-8	杨宽	晚
2013-9-1	廖晓	中
2013-9-19	张云	晚
2013-9-20	于青青	中

值班类别：

班别	起讫时间
早	7:00—11:00
中	13:00—16:00
晚	18:30—21:00

复制工作表

王琪、廖晓的值班安排 | 2013-9-1—2013-9-10之间的值班安排 | Sheet

图 10-31

❷ 选中表格区域任意单元格，选择“数据”→“筛选”→“自动筛选”命令，在表格所有列标识上添加筛选下拉按钮。

❸ 单击“值班时间”右侧的筛选按钮，在打开的下拉菜单中选择“自定义”命令（如图 10-32 所示），打开“自定义自动筛选方式”对话框。

❹ 在“大于或等于”下拉列表框右侧输入“2013-9-1”，选中“与”单选按钮，在“小于或等于”右侧下拉列表框中输入“2013-9-10”，如图 10-33 所示。

值班人员安排表

值班时间	值班人	值班类别
	王琪	早
	张点点	中
	于青青	早
	张	中
	杨宽	中
	侯娟娟	晚
	王琪	中
	张点点	晚
	张云	晚
	杨宽	中
	廖晓	早
	侯娟娟	中
	杨宽	晚
2013-9-1	廖晓	中

升序排列
降序排列
(全部)
(前 10 个...)
(自定义...)
2013-8-31
2013-9-1
2013-9-5
2013-9-6
2013-9-7
2013-9-8
2013-9-10
2013-9-19
2013-9-20
2013-9-21
2013-9-22
2013-9-23
2013-9-24
2013-9-25

❶ 选择

图 10-32

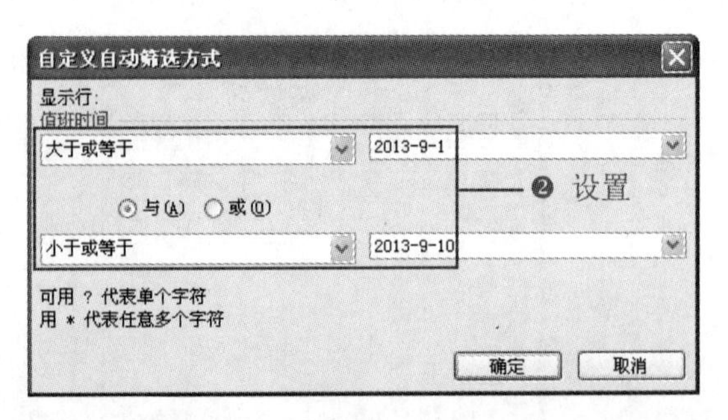

图 10-33

❺ 单击“确定”按钮，返回工作表中，此时在当前工作表中仅显示了 2013-9-1—2013-9-10 之间的值班安排情况，如图 10-34 所示。

	A	B	C	D	E	F
1	值班人员安排表				值班类别:	
2	值班时间	值班人	值班类别		班别	起讫时间
3	2013-9-5	王琪	早		早	7:00—11:00
6	2013-9-5	张云	中			
7	2013-9-6	杨宽	中			
9	2013-9-7	王琪	中			
10	2013-9-6	张点点	晚			
11	2013-9-1	张云	晚			
12	2013-9-8	杨宽	中			
13	2013-9-1	廖晓	早			
14	2013-9-10	侯娟娟	中			
15	2013-9-8	杨宽	晚			
16	2013-9-1	廖晓	中			
24						
25						

筛选后的结果

王琪、廖晓的值班安排 / 2013-9-1—2013-9-10之间的值班安排

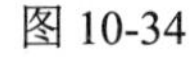

图 10-34

知识拓展

筛选出同时满足两个或多个条件的记录

通过自动筛选还可以筛选出同时满足两个或多个条件的记录，如筛选出 2013-9-1—2013-9-10 之间的早班的值班人员。

通过上面的方法筛选出 2013-9-1—2013-9-10 之间的值班人员后，再单击“值班类别”筛选按钮，在展开的下拉菜单中选择“早”命令，如图 10-35 所示，即可筛选出同时满足两个条件的记录，如图 10-36 所示。如果还要筛选，还可在此基础上筛选。

	A	B	C
1	值班人员安排表		
2	值班时间	值班人	值班类别
3	2013-9-5	王琪	升序排列 降序排列
6	2013-9-5	张云	(全部) (前 10 个...) (自定义...)
7	2013-9-6	杨宽	晚
9	2013-9-7	王琪	早
10	2013-9-6	张点点	中
11	2013-9-1	张云	
12	2013-9-8	杨宽	中
13	2013-9-1	廖晓	早
14	2013-9-10	侯娟娟	中
15	2013-9-8	杨宽	晚
16	2013-9-1	廖晓	中

图 10-35

	A	B	C
1	值班人员安排表		
2	值班时间	值班人	值班类别
3	2013-9-5	王琪	早
13	2013-9-1	廖晓	早
24			

图 10-36

10.3　企业日常费用支出统计

企业在日常运作过程中会不断产生相关费用，如差旅费、餐饮费、购买办公用品费等，这些日常费用要建立表格按日期记录下来，在期末财务部门还需要对日常费用的支出情况进行系统的分析，从而有效控制各个环节的日常费用，如图 10-37 所示。

2013年日常费用支出统计表

序号	月	日	费用类别	产生部门	支出金额	负责人	备注
008	1	15	办公用品采购费	企划部	￥8,200	周光华	新增笔、纸等办公用品
011	1	15	办公用品采购费	企划部	￥1,500	王应权	办公设备
			办公用品采购费 汇总		￥9,700		
013	1	15	餐饮费	人事部	￥1,050	车明亮	与蓝天科技客户
003	1	6	餐饮费	销售部	￥550	汪铭	与海宁商贸
			餐饮费 汇总		￥1,600		
001	1	6	差旅费	销售部	￥560	李茜	出差南京
007	1	6	差旅费	行政部	￥1,200	李雯	到上海出差
			差旅费 汇总		￥1,760		
016	2	8	福利品采购费	企划部	￥5,400	刘玲	节假日福利品
			福利品采购费 汇总		￥5,400		
009	1	15	会务费	销售部	￥2,800	刘浩	交流会
			会务费 汇总		￥2,800		
004	1	6	交通费	财务部	￥58	匡海名	本市考查
010	1	15	交通费	企划部	￥200	马睿	采访
005	1	6	交通费	人事部	￥100	杨松	本市政府办
018	2	8	交通费	销售部	￥1,600	马德辉	北京出差
021	2	12	交通费	销售部	￥500	孔明丽	
015	2	8	交通费	行政部	￥1,400	丁志会	到北京出差
			交通费 汇总		￥3,858		
002	1	6	外加工费	销售部	￥1,000	王宏	海报
019	2	12	外加工费	销售部	￥3,200	李逸	支付包装袋货款
			外加工费 汇总		￥4,200		
012	1	15	业务拓展费	销售部	￥1,200	魏伟	公交站广告
022	2	12	业务拓展费	销售部	￥2,120	王正波	展位费
017	2	8	业务拓展费	行政部	￥6,470	吴大强	

图 10-37

10.3.1 利用数据有效性输入数据

：源文件：10/源文件/企业日常费用支出统计.xls、**效果文件**：10/效果文件/企业日常费用支出统计.xls、**视频文件**：10/视频/10.3.1 企业日常费用支出统计.mp4

首先创建日常支出费用统计表格，如果需要重复输入相同的数据，可以利用数据有效性。

❶ 新建“企业日常费用支出统计表”工作簿，并将 Sheet1 工作表名称重命名为“日常费用统计表”，输入基本数据并设置格式，如图 10-38 所示。

2013年日常费用支出统计表

序号	月	日	费用类别	产生部门	支出金额	负责人	备注
001	1	6			￥560	李茜	出差南京
002	1	6			￥1,000	王宏	海报
003	1	6			￥550	汪铭	与海宁商贸
004	1	6			￥58	匡海名	本市考查
005	1	6			￥100	杨松	本市政府办
006	1	6			￥400	俞宝强	培训教材
007	1	6			￥1,200	李雯	到上海出差
008	1	15			￥8,200	周光华	新增笔、纸等办公用品
009	1	15			￥2,800	刘浩	交流会
010	1	15			￥200	马睿	采访
011	1	15			￥1,500	王应权	办公设备
012	1	15			￥1,200	魏伟	公交站广告
013	1	15			￥1,050	车明亮	与蓝天科技客户
014	1	15			￥450	娄盼盼	市人才中心招聘
015	2	8			￥1,400	丁志会	到北京出差
016	2	8			￥5,400	刘玲	节假日福利品
017	2	8			￥6,470	吴大强	

图 10-38

❷ 选中需要设置数据有效性的单元格区域，选择“数据”→“有效性”命令，如图 10-39 所示。

图 10-39

❸ 打开“数据有效性”对话框，选择“设置”选项卡，在“允许”下拉列表框中选择“序列”选项，然后将光标定位到“来源”文本框中，直接拖动鼠标选择序列区域（这些数据需提前输入），如图 10-40 所示。

❹ 单击“确定”按钮，即可看到选择的区域设置了数据有效性序列，如图 10-41 所示。

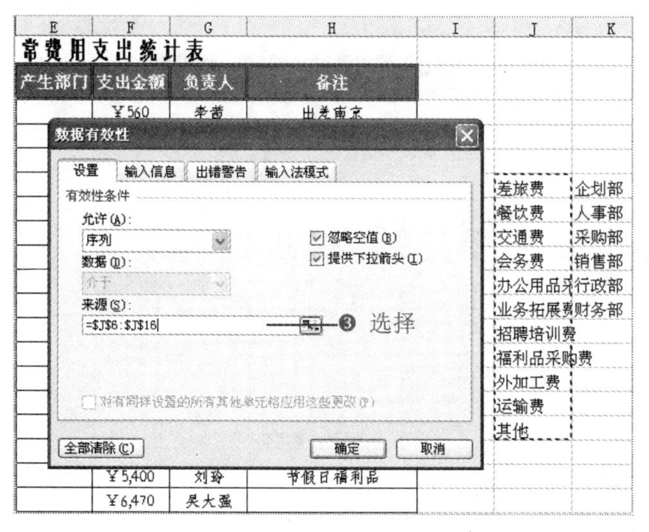

图 10-40

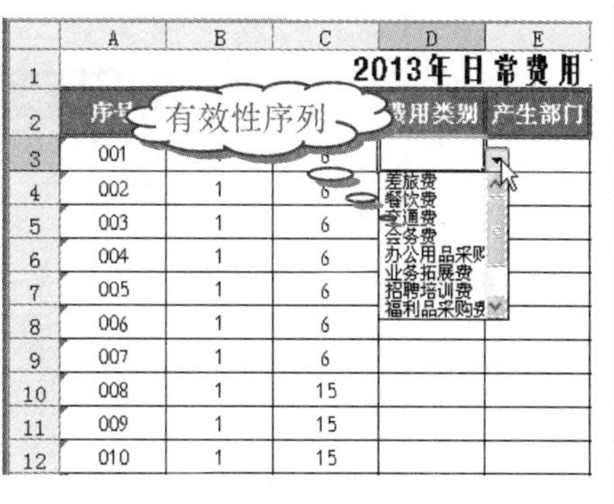

图 10-41

❺ 按照相同的方法，为“产生部门”设置数据有效性序列，然后从序列中选择数据完成表格，如图 10-42 所示。

2013年日常费用支出统计表

序号	月	日	费用类别	产生部门	支出金额	负责人	备注
001	1	6	差旅费	销售部	¥560	李茜	出差南京
002	1	6	外加工费	销售部	¥1,000	王宏	海报
003	1	6	餐饮费	销售部	¥550	汪铭	与海宁商贸
004	1	6	交通费	财务部	¥58	匡海名	本市考查
005	1	6	交通费	人事部	¥100	杨松	本市政府办
006	1	6	招聘培训费	企划部	¥400	俞宝强	培训教材
007	1	6	差旅费	行政部	¥1,200	李雯	到上海出差
008	1	15	办公用品采购费	企划部	¥8,200	周光华	新增笔、纸等办公用品
009	1	15	会务费	销售部	¥2,800	刘浩	交流会
010	1	15	交通费	企划部	¥200	马睿	采访
011	1	15	办公用品采购费	企划部	¥1,500	王应权	办公设备
012	1	15	业务拓展费	销售部	¥1,200	魏伟	公交站广告
013	1	15	餐饮费	人事部	¥1,050	车明亮	与蓝天科技客户
014	1	15	招聘培训费	财务部	¥450	娄盼盼	市人才中心招聘
015	2	8	交通费	行政部	¥1,400	丁志会	到北京出差
016	2	8	福利品采购费	企划部	¥5,400	刘玲	节假日福利品
017	2	8	业务拓展费	行政部	¥6,470	吴大强	
018	2	8	交通费	销售部	¥1,600	马德辉	北京出差
019	2	12	外加工费	销售部	¥3,200	李逸	支付包装袋货款

图 10-42

10.3.2　汇总不同部门与类别的支出费用

：源文件：10/源文件/企业日常费用支出统计.xls、**效果文件**：10/效果文件/企业日常费用支出统计.xls、**视频文件**：10/视频/10.3.2 企业日常费用支出统计.mp4

1．为数据简单排序

❶ 选中“产生部门”列任意单元格，然后在“常用”工具栏中单击“升序排序”或“降序排序”按钮，这里单击“升序排序”按钮，如图 10-43 所示。

Microsoft Excel - 企业日常费用支出统计表

E5　销售部

2013年日常费用支出统计表

序号	月	日	费用类别	产生部门	支出金额	负责人	备注
001	1	6	差旅费	销售部	¥560	李茜	出差南京
002	1	6	外加工费	销售部	¥1,000	王宏	海报
003	1	6	餐饮费	销售部	¥550	汪铭	与海宁商贸
004	1	6	交通费	财务部	¥58	匡海名	本市考查
005	1	6	交通费	人事部	¥100	杨松	本市政府办
006	1	6	招聘培训费	企划部	¥400	俞宝强	培训教材
007	1	6	差旅费	行政部	¥1,200	李雯	到上海出差
008	1	15	办公用品采购费	企划部	¥8,200	周光华	新增笔、纸等办公用品
009	1	15	会务费	销售部	¥2,800	刘浩	交流会
010	1	15	交通费	企划部	¥200	马睿	采访
011	1	15	办公用品采购费	企划部	¥1,500	王应权	办公设备
012	1	15	业务拓展费	销售部	¥1,200	魏伟	公交站广告
013	1	15	餐饮费	人事部	¥1,050	车明亮	与蓝天科技客户

❶ 选择　❷ 单击　升序排序

图 10-43

❷ 单击按钮后，可以实现对“产生部门”列的升序排序，如图 10-44 所示。

	A	B	C	D	E	F	G	H
1	2013年日常费用支出统计表							
2	序号	月	日	费用类别	产生部门	支出金额	负责人	备注
3	004	1	6	交通费	财务部	¥58	匡海名	本市考查
4	014	1	15	招聘培训费	财务部	¥450	娄盼盼	市人才中心招聘
5	006	1	6	招聘培训费	企划部	¥		培训教材
6	008	1	15	办公用品采购费	企划部			笔、纸等办公用品
7	010	1	15	交通费	企划部			采访
8	011	1	15	办公用品采购费	企划部	¥1,500	王应权	办公设备
9	016	2	8	福利品采购费	企划部	¥5,400	刘玲	节假日福利品
10	005	1	6	交通费	人事部	¥100	杨松	本市政府办
11	013	1	15	餐饮费	人事部	¥1,050	车明亮	与蓝天科技客户
12	001	1	6	差旅费	销售部	¥560	李茜	出差南京
13	002	1	6	外加工费	销售部	¥1,000	王宏	海报
14	003	1	6	餐饮费	销售部	¥550	汪铭	与海宁商贸
15	009	1	15	会务费	销售部	¥2,800	刘浩	交流会
16	012	1	15	业务拓展费	销售部	¥1,200	魏伟	公交站广告
17	018	2	8	交通费	销售部	¥1,600	马德辉	北京出差
18	019	2	12	外加工费	销售部	¥3,200	李逸	支付包装袋货款
19	021	2	12	交通费	销售部	¥500	孔明丽	
20	022	2	12	业务拓展费	销售部	¥2,120	王正波	展位费

升序排列

图 10-44

2. 统计不同部门产生的支出金额总计

❶ 选择表格内任意单元格，选择“数据”→“分类汇总”命令，打开“分类汇总”对话框。

❷ 设置“分类字段”为“产生部门”，“汇总方式”为“求和”，“选定汇总项”为“支出金额”，如图 10-45 所示。

❸ 单击“确定”按钮，从表格中可以直观地看到各个产生部门的支出费用合计金额，如图 10-46 所示。

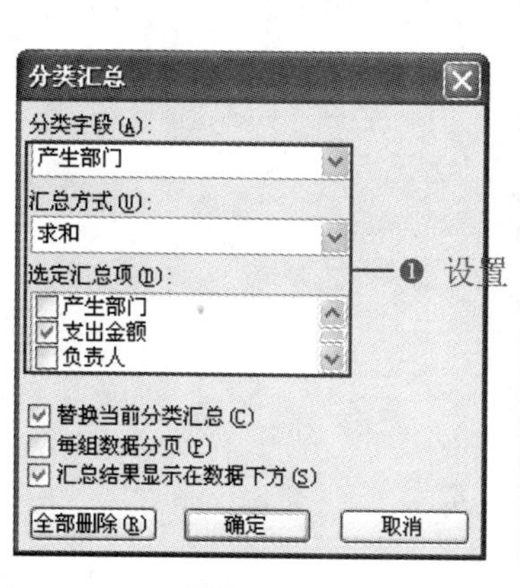

图 10-45

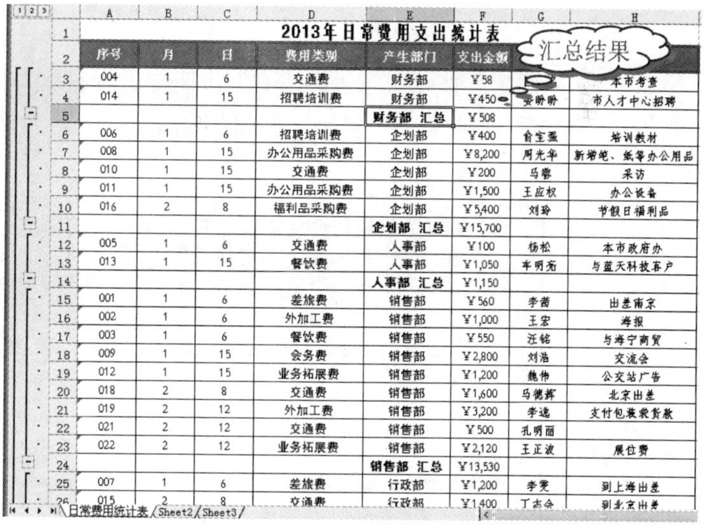

	A	B	C	D	E	F	G	H
1	2013年日常费用支出统计表							
2	序号	月	日	费用类别	产生部门	支出金额		
3	004	1	6	交通费	财务部	¥58		本市考查
4	014	1	15	招聘培训费	财务部	¥450	娄盼盼	市人才中心招聘
5					财务部 汇总	¥508		
6	006	1	6	招聘培训费	企划部	¥400	俞宝强	培训教材
7	008	1	15	办公用品采购费	企划部	¥8,200	周光华	新增笔、纸等办公用品
8	010	1	15	交通费	企划部	¥200	马睿	采访
9	011	1	15	办公用品采购费	企划部	¥1,500	王应权	办公设备
10	016	2	8	福利品采购费	企划部	¥5,400	刘玲	节假日福利品
11					企划部 汇总	¥15,700		
12	005	1	6	交通费	人事部	¥100	杨松	本市政府办
13	013	1	15	餐饮费	人事部	¥1,050	车明亮	与蓝天科技客户
14					人事部 汇总	¥1,150		
15	001	1	6	差旅费	销售部	¥560	李茜	出差南京
16	002	1	6	外加工费	销售部	¥1,000	王宏	海报
17	003	1	6	餐饮费	销售部	¥550	汪铭	与海宁商贸
18	009	1	15	会务费	销售部	¥2,800	刘浩	交流会
19	012	1	15	业务拓展费	销售部	¥1,200	魏伟	公交站广告
20	018	2	8	交通费	销售部	¥1,600	马德辉	北京出差
21	019	2	12	外加工费	销售部	¥3,200	李逸	支付包装袋货款
22	021	2	12	交通费	销售部	¥500	孔明丽	
23	022	2	12	业务拓展费	销售部	¥2,120	王正波	展位费
24					销售部 汇总	¥13,530		
25	007	1	6	差旅费	行政部	¥1,200	李雯	到上海出差
26	015	2	8	交通费	行政部	¥1,400	丁杰会	到北京出差

汇总结果

日常费用统计表 / Sheet2 / Sheet3

图 10-46

3. 复制分类汇总

❶ 在分级显示列表框中单击 1 2 3 中的“2”图表，即可隐藏支出费用的明细数据，仅显示各部门支出金额汇总的结果，如图 10-47 所示。

图 10-47

❷ 选中 A2:H30 单元格区域，按“F5”键，调出“定位”对话框，如图 10-48 所示，单击“定位条件”按钮，在弹出的“定位条件”对话框中选中“可见单元格”单选按钮，如图 10-49 所示。

图 10-48

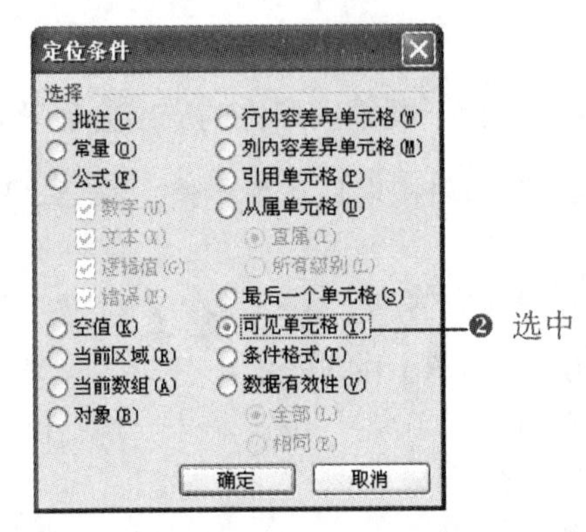

图 10-49

❸ 单击“确定”按钮，按“Ctrl+C”快捷键进行复制，然后在“Sheet2”工作表中合适位置按“Ctrl+V”快捷键完成复制，并将“Sheet2”命名为“各部门支出汇总”，如图 10-50 所示。

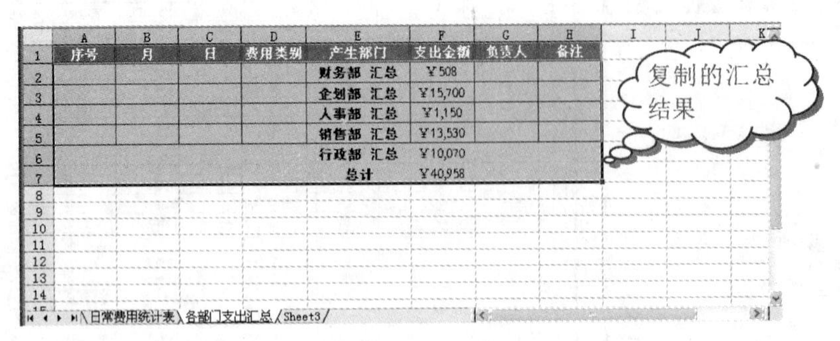

图 10-50

操作提示

如果不对汇总结果进行“可见单元格”设置，粘贴过去的汇总结果还会显示明细数据，不会只显示汇总结果，所以这是重要的设置步骤。

4．统计不同类别费用的支出金额总计

❶ 选中“费用类别”列任意单元格，实现对“费用类别”列升序排序，再次打开“分类汇总”对话框，设置“分类字段”为“费用类别”，“汇总方式”为“求和”，“选定汇总项”为“支出金额”，如图 10-51 所示。

❷ 单击“确定”按钮，从表格中可以直观地看到各个费用类别的支出费用合计金额，如图 10-52 所示。

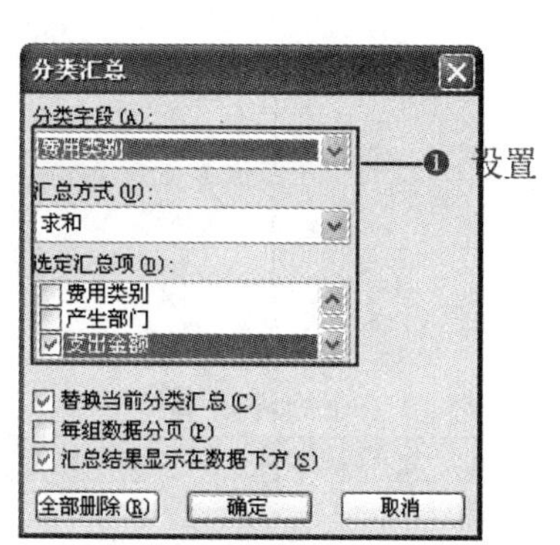

图 10-51

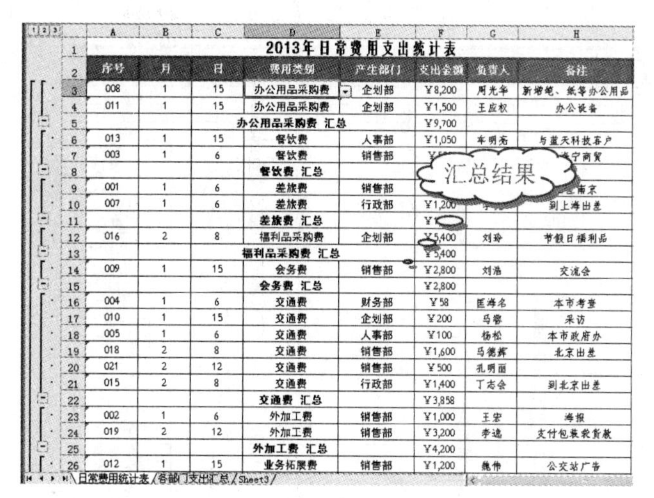

2013年日常费用支出统计表

	序号	月	日	费用类别	产生部门	支出金额	负责人	备注
3	008	1	15	办公用品采购费	企划部	¥8,200	周光华	新增笔、纸等办公用品
4	011	1	15	办公用品采购费	企划部	¥1,500	王应权	办公设备
5				办公用品采购费 汇总		¥9,700		
6	013	1	15	餐饮费	人事部	¥1,050	车明涛	与蓝天科技客户
7	003	1	6	餐饮费	销售部	[illegible]	[illegible]	[illegible]宁商贸
8				餐饮费 汇总		[illegible]		
9	001	1	6	差旅费	销售部	[illegible]	[illegible]	[illegible]南京
10	007	1	6	差旅费	行政部	¥1,200	[illegible]	到上海出差
11				差旅费 汇总		[illegible]		
12	016	2	8	福利品采购费	企划部	¥5,400	刘玲	节假日福利品
13				福利品采购费 汇总		¥5,400		
14	009	1	15	会务费	销售部	¥2,800	刘浩	交流会
15				会务费 汇总		¥2,800		
16	004	1	6	交通费	财务部	¥58	匡海名	本市考查
17	010	1	15	交通费	企划部	¥200	马馨	采访
18	005	1	6	交通费	人事部	¥100	杨松	本市政府办
19	018	2	8	交通费	销售部	¥1,600	马德辉	北京出差
20	021	2	12	交通费	销售部	¥500	孔明丽	
21	015	2	8	交通费	行政部	¥1,400	丁志会	到北京出差
22				交通费 汇总		¥3,858		
23	002	1	6	外加工费	销售部	¥1,000	王宏	海报
24	019	2	12	外加工费	销售部	¥3,200	李逸	支付包装袋货款
25				外加工费 汇总		¥4,200		
26	012	1	15	业务拓展费	销售部	¥1,200	魏伟	公交站广告

日常费用统计表 / 各部门支出汇总 / Sheet3

图 10-52

知识拓展

在分类汇总后，表格左上方会显示[1][2][3]一排按钮，这是分类汇总不同的显示级别按钮，每个级别可查看不同内容。

单击[1]按钮，只能看到“支出金额”总和，如图 10-53 所示。

2013年日常费用支出统计表

	序号	月	日	费用类别	产生部门	支出金额	负责人	备注
35				总计		¥40,958		
36								

图 10-53

单击[2]按钮，可查看各费用类别的总和，如图 10-54 所示；单击[3]按钮，可查看全部明细数据。

2013年日常费用支出统计表

	序号	月	日	费用类别	产生部门	支出金额	负责人	备注
5				办公用品采购费 汇总		¥9,700		
8				餐饮费 汇总		¥1,600		
11				差旅费 汇总		¥1,760		
13				福利品采购费 汇总		¥5,400		
15				会务费 汇总		¥2,800		
22				交通费 汇总		¥3,858		
25				外加工费 汇总		¥4,200		
29				业务拓展费 汇总		¥9,790		
31				运输费 汇总		¥1,000		
34				招聘培训费 汇总		¥850		
35				总计		¥40,958		
36								
37								

图 10-54

10.4 员工业绩汇总表

Note

员工业绩是指员工在工作中取得的成绩，例如销售人员取得的销售业绩、技术人员完成的工作量等，员工业绩统计表用于存放按员工姓名汇总的各项业绩，如图 10-55 所示。

员工业绩汇总表

序号	产品名称	单位	单价	销量	销售额	销售员
6	D产品	箱	￥2,400	15	￥36,000	权泉
19	B产品	箱	￥1,230	28	￥34,440	权泉
3	C产品	盒	￥856	24	￥20,544	何春云
8	B产品	箱	￥1,230	26	￥31,980	何春云
18	D产品	箱	￥2,400	24	￥57,600	何春云
21	D产品	箱	￥2,400	7	￥16,800	何春云
25	B产品	箱	￥1,230	8	￥9,840	何春云
27	B产品	箱	￥1,230	21	￥25,830	何春云
1	B产品	箱	￥1,230	5	￥6,150	李茜
9	A产品	台	￥1,589	34	￥54,026	李茜
12	D产品	箱	￥2,400	23	￥55,200	李茜
16	A产品	台	￥1,589	25	￥39,725	李茜
20	A产品	台	￥1,589	10	￥15,890	李茜
28	A产品	台	￥1,589	15	￥23,835	李茜
2	A产品	台	￥1,589	20	￥31,780	陈华
7	A产品	台	￥1,589	20	￥31,780	陈华
11	B产品	箱	￥1,230	50	￥61,500	陈华
13	B产品	箱	￥1,230	21	￥25,830	陈华
24	C产品	盒	￥856	10	￥8,560	陈华
30	B产品	箱	￥1,230	6	￥7,380	陈华
5	B产品	箱	￥1,230	30	￥36,900	周珊珊
14	A产品	台	￥1,589	11	￥17,479	周珊珊
17	C产品	盒	￥856	16	￥13,696	周珊珊
22	B产品	箱	￥1,230	12	￥14,760	周珊珊
26	D产品	箱	￥2,400	5	￥12,000	周珊珊
4	D产品	箱	￥2,400	15	￥36,000	愈宝强
10	C产品	盒	￥856	15	￥12,840	愈宝强
15	B产品	箱	￥1,230	15	￥18,450	愈宝强
23	A产品	台	￥1,589	5	￥7,945	愈宝强
29	C产品	盒	￥856	5	￥4,280	愈宝强

员工业绩评价表

销售员	员工业绩	业绩评价
周珊珊	94835	中
愈宝强	79515	差
权泉	70440	差
李茜	194826	优
何春云	162594	优
陈华	166830	良

图 10-55

10.4.1 汇总员工业绩

：源文件：10/源文件/员工业绩汇总表.xls、**效果文件**：10/效果文件/员工业绩汇总表.xls、**视频文件**：10/视频/10.4.1 员工业绩汇总表.mp4

1. 多重排序

❶ 创建“员工业绩汇总表”工作簿，将 Sheet1 命名为“员工业绩汇总表”，输入基本内容，并设置格式，效果如图 10-56 所示。

❷ 选中表格编辑区域内任意单元格，选择“数据”→“排序”命令，打开“排序”对话框。

❸ 单击“主要关键字”右侧的下拉按钮，在其下拉列表中选择“销售员”选项，并设置为“降序”；设置“次要关键字”为“产品名称”，并设置为“降序”，如图 10-57 所示。

❹ 单击“确定”按钮，即可按照设置的条件排序，效果如图 10-58 所示。

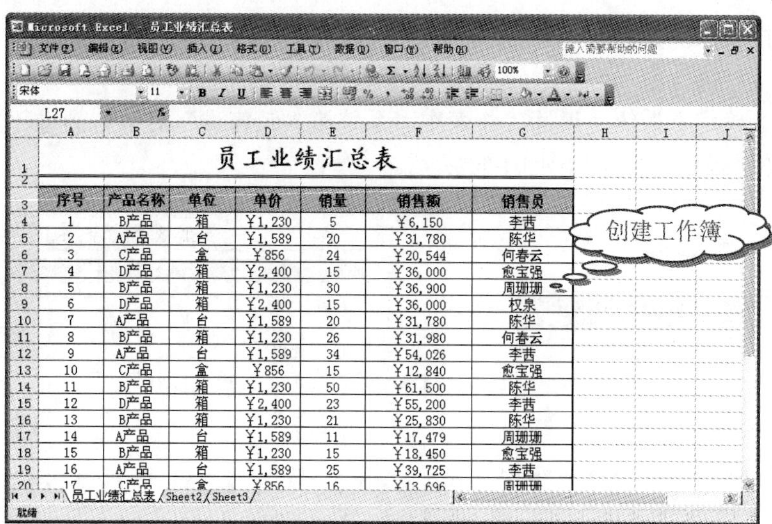

员工业绩汇总表

序号	产品名称	单位	单价	销量	销售额	销售员
1	B产品	箱	¥1,230	5	¥6,150	李茜
2	A产品	台	¥1,589	20	¥31,780	陈华
3	C产品	盒	¥856	24	¥20,544	何春云
4	D产品	箱	¥2,400	15	¥36,000	愈宝强
5	B产品	箱	¥1,230	30	¥36,900	周珊珊
6	D产品	箱	¥2,400	15	¥36,000	权泉
7	A产品	台	¥1,589	20	¥31,780	陈华
8	B产品	箱	¥1,230	26	¥31,980	何春云
9	A产品	台	¥1,589	34	¥54,026	李茜
10	C产品	盒	¥856	15	¥12,840	愈宝强
11	B产品	箱	¥1,230	50	¥61,500	陈华
12	D产品	箱	¥2,400	23	¥55,200	李茜
13	B产品	箱	¥1,230	21	¥25,830	陈华
14	A产品	台	¥1,589	11	¥17,479	周珊珊
15	B产品	箱	¥1,230	15	¥18,450	愈宝强
16	A产品	台	¥1,589	25	¥39,725	李茜
17	C产品	盒	¥856	16	¥13,696	周珊珊

图 10-56

操作提示

在“常用”工具栏中单击“降序”按钮，即可将选中的单元格列按照降序排列，单击“升序”按钮可实现升序排列。这里的排列只能实现简单的排序。

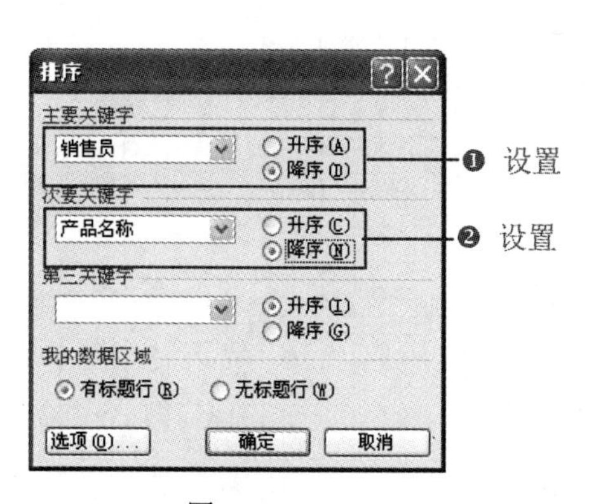

图 10-57

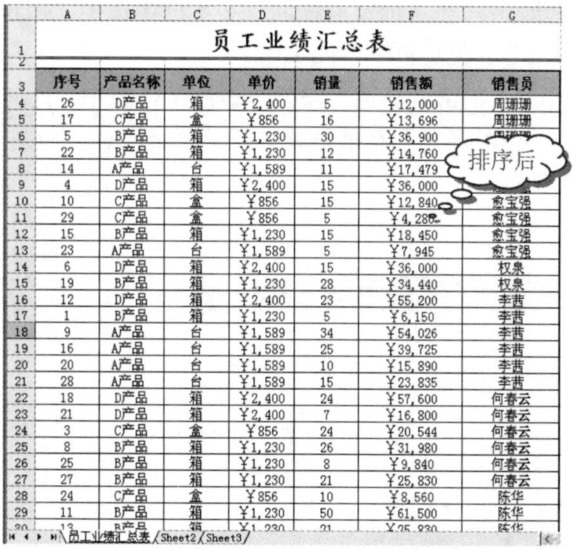

员工业绩汇总表

序号	产品名称	单位	单价	销量	销售额	销售员
26	D产品	箱	¥2,400	5	¥12,000	周珊珊
17	C产品	盒	¥856	16	¥13,696	周珊珊
5	B产品	箱	¥1,230	30	¥36,900	[illegible]
22	B产品	箱	¥1,230	12	¥14,760	[illegible]
14	A产品	台	¥1,589	11	¥17,479	[illegible]
4	D产品	箱	¥2,400	15	¥36,000	[illegible]
10	C产品	盒	¥856	15	¥12,840	愈宝强
29	C产品	盒	¥856	5	¥4,28[illegible]	愈宝强
15	B产品	箱	¥1,230	15	¥18,450	愈宝强
23	A产品	台	¥1,589	5	¥7,945	愈宝强
6	D产品	箱	¥2,400	15	¥36,000	权泉
19	B产品	箱	¥1,230	28	¥34,440	权泉
12	D产品	箱	¥2,400	23	¥55,200	李茜
1	B产品	箱	¥1,230	5	¥6,150	李茜
9	A产品	台	¥1,589	34	¥54,026	李茜
16	A产品	台	¥1,589	25	¥39,725	李茜
20	A产品	台	¥1,589	10	¥15,890	李茜
28	A产品	台	¥1,589	15	¥23,835	李茜
18	D产品	箱	¥2,400	24	¥57,600	何春云
21	D产品	箱	¥2,400	7	¥16,800	何春云
3	C产品	盒	¥856	24	¥20,544	何春云
8	B产品	箱	¥1,230	26	¥31,980	何春云
25	B产品	箱	¥1,230	8	¥9,840	何春云
27	B产品	箱	¥1,230	21	¥25,830	何春云
24	C产品	盒	¥856	10	¥8,560	陈华
11	B产品	箱	¥1,230	50	¥61,500	陈华
13	B产品	箱	¥1,230	21	¥25,830	陈华

排序后

图 10-58

2. 多重分类汇总

❶ 选中数据区域任意单元格，选择“数据”→“分类汇总”命令，打开“分类汇总”对话框。

❷ 在“分类字段”下拉列表框中选择“销售员”选项，接着在“汇总方式”下拉列表

框中选择“求和”选项，在“选定汇总项”列表框中选中“销售额”复选框，如图 10-59 所示。

❸ 单击“确定”按钮，返回工作表中，系统按“销售员”对销售额进行分类统计，并在左侧显示分级显示列表，如图 10-60 所示。

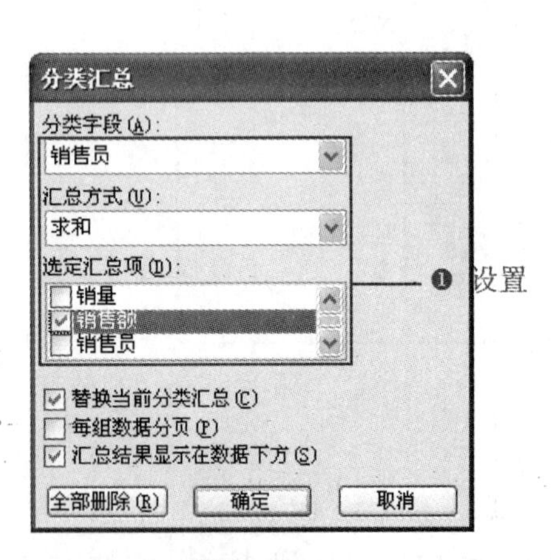

图 10-59

员工业绩汇总表

	序号	产品名称	单位	单价	销量	销售额	销售员
4	26	D产品	箱	¥2,400	5	¥12,000	周珊珊
5	17	C产品	盒	¥856	16	¥13,696	周珊珊
6	5	B产品	箱	¥1,230	30	¥36,900	周珊珊
7	22	B产品	箱	¥1,230	12	¥14,760	周珊珊
8	14	A产品	台	¥1,589	11	¥17,479	周珊珊
9						¥94,835	周珊珊 汇总
10	4	D产品	箱	¥2,400	15	[illegible]	[illegible]
11	10	C产品	盒	¥856	15	[illegible]	[illegible]
12	29	C产品	盒	¥856	5	[illegible]	[illegible]
13	15	B产品	箱	¥1,230	15	[illegible]	俞宝强
14	23	A产品	台	¥1,589	5	¥7,945	俞宝强
15						¥79,515	俞宝强 汇总
16	6	D产品	箱	¥2,400	15	¥36,000	权泉
17	19	B产品	箱	¥1,230	28	¥34,440	权泉
18						¥70,440	权泉 汇总
19	12	D产品	箱	¥2,400	23	¥55,200	李茜
20	1	B产品	箱	¥1,230	5	¥6,150	李茜
21	9	A产品	台	¥1,589	34	¥54,026	李茜
22	16	A产品	台	¥1,589	25	¥39,725	李茜
23	20	A产品	台	¥1,589	10	¥15,890	李茜
24	28	A产品	台	¥1,589	15	¥23,835	李茜
25						¥194,826	李茜 汇总
26	18	D产品	箱	¥2,400	24	¥57,600	何春云
27	21	D产品	箱	¥2,400	7	¥16,800	何春云
28	3	C产品	盒	¥856	24	¥20,544	何春云
29	8	B产品	箱	¥1,230	26	¥31,980	何春云

汇总后

图 10-60

❹ 再次打开“分类汇总”对话框，设置“分类字段”为“产品名称”，“汇总方式”为“求和”，在“选定汇总项”文本框中选中“销售额”复选框，接着取消选中“替换当前分类汇总”复选框，如图 10-61 所示。

❺ 单击“确定”按钮，返回工作表中，此时在按“销售员”分类统计的基础上，再次按“产品名称”对销售额进行了分类汇总，如图 10-62 所示。

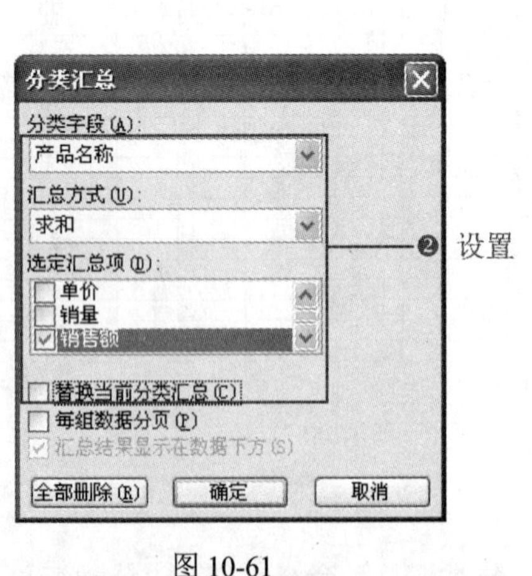

图 10-61

员工业绩汇总表

	序号	产品名称	单位	单价	销量	销售额	销售员
4	26	D产品	箱	¥2,400	5	¥12,000	周珊珊
5		D产品 汇总				¥12,000	
6	17	C产品	盒	¥856	16	¥13,696	周珊珊
7		C产品 汇总				¥13,696	
8	5	B产品	箱	¥1,230	30	¥36,900	周珊珊
9	22	B产品	箱	¥1,230	12	¥14,760	周珊珊
10		B产品 汇总				¥51,660	
11	14	A产品	台	¥1,589	11	[illegible]	周珊珊
12		A产品 汇总				[illegible]	
13						[illegible]	[illegible]
14	4	D产品	箱	¥2,400	15	[illegible]	俞宝强
15		D产品 汇总				[illegible]	
16	10	C产品	盒	¥856	15	¥12,840	俞宝强
17	29	C产品	盒	¥856	5	¥4,280	俞宝强
18		C产品 汇总				¥17,120	
19	15	B产品	箱	¥1,230	15	¥18,450	俞宝强
20		B产品 汇总				¥18,450	
21	23	A产品	台	¥1,589	5	¥7,945	俞宝强
22		A产品 汇总				¥7,945	
23						¥79,515	俞宝强 汇总
24	6	D产品	箱	¥2,400	15	¥36,000	权泉
25		D产品 汇总				¥36,000	
26	19	B产品	箱	¥1,230	28	¥34,440	权泉
27		B产品 汇总				¥34,440	
28						¥70,440	权泉 汇总
29	12	D产品	箱	¥2,400	23	¥55,200	李茜
30		D产品 汇总				¥55,200	

汇总后

员工业绩汇总表 / Sheet2 / Sheet3

图 10-62

❻ 在分级显示列表框中单击 1 2 3 4 中的“3”图表，即可隐藏产品销售记录的明细数据，仅显示按销售员和销售产品名称分类汇总的结果，如图 10-63 所示。

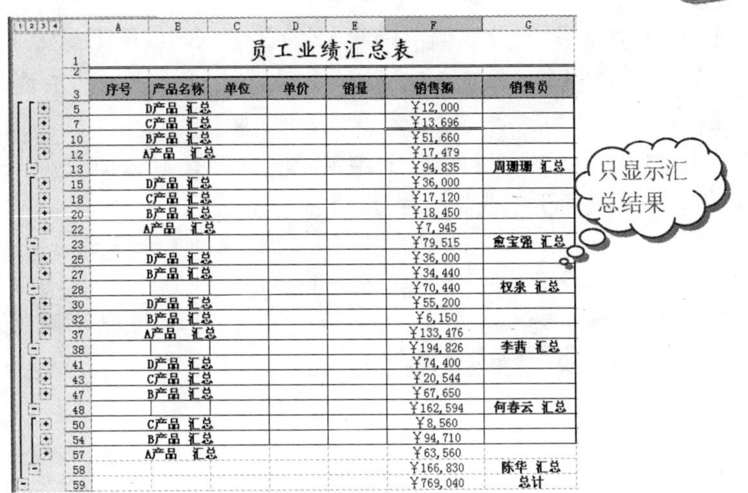

员工业绩汇总表

行	序号	产品名称	单位	单价	销量	销售额	销售员
5		D产品 汇总				¥12,000	
7		C产品 汇总				¥13,696	
10		B产品 汇总				¥51,660	
12		A产品 汇总				¥17,479	
13						¥94,835	周珊珊 汇总
15		D产品 汇总				¥36,000	
18		C产品 汇总				¥17,120	
20		B产品 汇总				¥18,450	
22		A产品 汇总				¥7,945	
23						¥79,515	俞宝强 汇总
25		D产品 汇总				¥36,000	
27		B产品 汇总				¥34,440	
28						¥70,440	权泉 汇总
30		D产品 汇总				¥55,200	
32		B产品 汇总				¥6,150	
37		A产品 汇总				¥133,476	
38						¥194,826	李茜 汇总
41		D产品 汇总				¥74,400	
43		C产品 汇总				¥20,544	
47		B产品 汇总				¥67,650	
48						¥162,594	何春云 汇总
50		C产品 汇总				¥8,560	
54		B产品 汇总				¥94,710	
57		A产品 汇总				¥63,560	
58						¥166,830	陈华 汇总
59						¥769,040	总计

图 10-63

操作提示

设置了分类汇总后，如果需要取消分类汇总恢复到汇总前的状态，只需打开“分类汇总”对话框，单击“全部删除”按钮即可。

10.4.2　制定员工业绩评价表

源文件：10/源文件/员工业绩汇总表.xls、**效果文件**：10/效果文件/员工业绩汇总表.xls、**视频文件**：10/视频/10.4.2 员工业绩汇总表.mp4

1. SUMIF 函数应用

❶ 将 Sheet2 命名为“员工业绩评价表”，并输入每个员工的姓名，设置字体、表格格式，如图 10-64 所示。

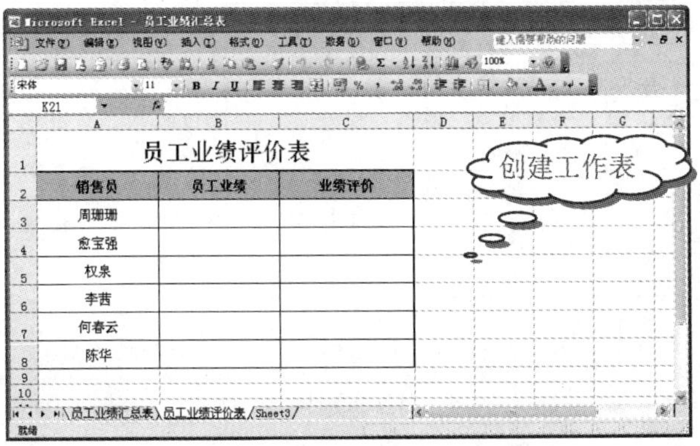

员工业绩评价表

销售员	员工业绩	业绩评价
周珊珊		
俞宝强		
权泉		
李茜		
何春云		
陈华		

创建工作表

图 10-64

❷ 选中 B3 单元格，在公式编辑栏输入公式：=SUMIF(员工业绩汇总表!$G$4:$G$33,A3,员工业绩汇总表!$F$4:$F$33)，按“Enter”键，即可计算出“周珊珊”的员工业绩，如图 10-65 所示。

❸ 选中 B3 单元格，将光标定位到该单元格右下角，拖动填充柄向下填充到 B8 单元格，即可统计出各个员工的员工业绩，如图 10-66 所示。

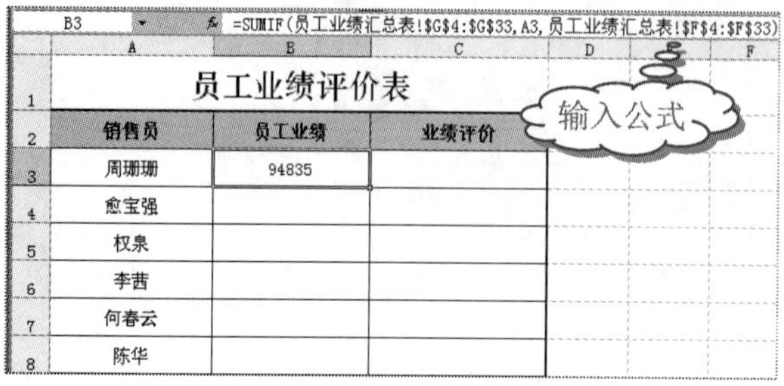

B3 =SUMIF(员工业绩汇总表!$G$4:$G$33,A3,员工业绩汇总表!$F$4:$F$33)

员工业绩评价表

销售员	员工业绩	业绩评价
周珊珊	94835	
俞宝强		
权泉		
李茜		
何春云		
陈华		

输入公式

图 10-65

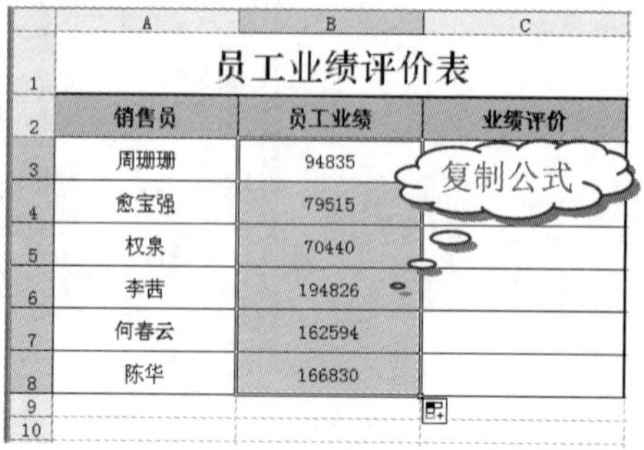

员工业绩评价表

销售员	员工业绩	业绩评价
周珊珊	94835	
俞宝强	79515	
权泉	70440	
李茜	194826	
何春云	162594	
陈华	166830	

复制公式

图 10-66

操作提示

“=SUMIF(员工业绩汇总表!$G$4:$G$33,A3,员工业绩汇总表!$F$4:$F$33)”表示在员工业绩汇总表的 G4:G33 单元格区域查找与 A3 单元格相同的内容，并将 A3 单元格对应的 F4:F33 单元格区域的数据进行求和计算，返回求和计算的逻辑值。

2. IF 函数应用

❶ 选中 C3 单元格，在公式编辑栏输入公式：=IF(B3<80000,"差",IF(AND(B3>=80000,B3<100000),"中",IF(AND(B3>=100000,C4<160000),"良","优")))，按“Enter”键，即可计算出“周珊珊”的业绩评价，如图 10-67 所示。

C3 =IF(B3<80000,"差",IF(AND(B3>=80000,B3<100000),"中",IF(AND(B3>=100000,C4<160000),"良","优")))

员工业绩评价表

销售员	员工业绩	业绩评价
周珊珊	94835	中
俞宝强	79515	
权泉	70440	
李茜	194826	
何春云	162594	
陈华	166830	

图 10-67

❷ 将光标定位到 C3 单元格右下角，拖动填充柄向下填充到 C8 单元格，即可统计出各个员工的业绩评价，如图 10-68 所示。

C3 =IF(B3<80000,"差",IF(AND(B3>=80000,B3<100000),"中",IF(AND(B3>=100000,C4<160000),"良","优")))

员工业绩评价表		
销售员	员工业绩	业绩评价
周珊珊	94835	中
愈宝强	79515	差
权泉	70440	差
李茜	194826	优
何春云	162594	优
陈华	166830	良

图 10-68

操作提示

"=IF(B3<80000,"差",IF(AND(B3>=80000,B3<100000),"中",IF(AND(B3>=100000,C4<160000),"良","优")))"表示如果 B3 单元格的数据小于 8000，返回"差"；B3 单元格的数据大于等于 80000 小于 100000，返回"中"；B3 单元格的数据大于等于 100000 小于 160000，返回"良"；B3 单元格的数据大于等于 160000，返回"优"。

10.5　年度获奖情况统计表

年度奖励统计表是将企业全年内，所有获得奖励的员工信息记录在一个表格中，方便管理者查看与核对。可以统计查看各部门工作业绩情况和员工个人的努力与才华，方便对企业人才的培养，如图 10-69 所示。

获奖人员	获奖编号	所属部门	获奖名称	获奖时间	颁奖部门	奖励金额
陈染	SQ01_0120	生产部	超额完成任务	2013年7月	人力资源部	￥1,500
鲁斯请	KX02_0101	技术部	科学技术进步奖	2013年8月	研发部	￥1,000
周明升	JD02_0320	销售部	季度绩效优异奖	2013年3月	人力资源部	￥2,000
丁宇	JD01_0152	销售部	季度绩效优异奖	2013年3月	人力资源部	￥2,000
方邢	JD01_0325	销售部	季度绩效优异奖	2013年3月	人力资源部	￥2,000
丁锐	KX02_0123	技术部	科学技术进步奖	2013年4月	研发部	￥1,200
庄霞	KX02_0125	技术部	科学技术进步奖	2013年5月	研发部	￥1,200
黄鹂	KX04_0152	技术部	科学技术进步奖	2013年8月	研发部	￥1,200
侯娟娟	JD02_0145	销售部	季度绩效优异奖	2013年9月	人力资源部	￥1,500
王福鑫	SQ01_0253	生产部	超额完成任务	2013年9月	人力资源部	￥900
高路泽	JD02_0574	销售部	季度绩效优异奖	2013年9月	人力资源部	￥1,500
吕芬芬	SQ01_0275	生产部	超额完成任务	2013年11月	人力资源部	￥800
陈山	JD02_0534	销售部	季度绩效优异奖	2013年3月	人力资源部	￥1,000
廖晓	JD02_0521	销售部	季度绩效优异奖	2013年3月	人力资源部	￥2,000
张丽君	KX02_0134	技术部	科学技术进步奖	2013年4月	人力资源部	￥2,500
吴华波	KX02_0456	技术部	科学技术进步奖	2013年8月	人力资源部	￥3,000
黄孝铭	KX02_0231	技术部	科学技术进步奖	2013年3月	研发部	￥3,000
赵明	SQ01_0278	生产部	超额完成任务	2013年3月	研发部	￥900
黄玉桦	SQ01_0285	生产部	超额完成任务	2013年3月	研发部	￥1,200

图 10-69

10.5.1　导入 Word 表格

源文件：10/源文件/获奖人员名单.doc、**效果文件**：10/效果文件/年度获奖情况统

计表.xls、**视频文件：**10/视频/10.5.1 年度获奖情况统计表.mp4

如果在其他程序中已经建立了表格，现在需要将其导入到 Excel 工作表中，可以通过下面的方式来实现。

Note

❶ 在 Word 文档中，鼠标移到表格上，表格左上角会出现⊞图标，将鼠标移至该图标上并单击，可选中整张表格，并进行复制，如图 10-70 所示。

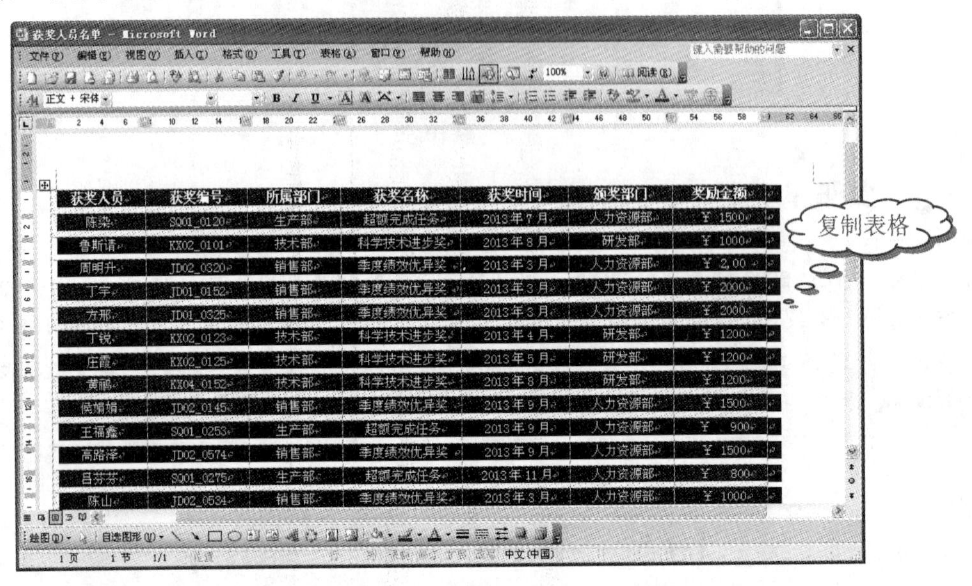

获奖人员	获奖编号	所属部门	获奖名称	获奖时间	颁奖部门	奖励金额
陈染	SQ01_0120	生产部	超额完成任务	2013 年 7 月	人力资源部	￥ 1500
鲁斯请	KX02_0101	技术部	科学技术进步奖	2013 年 8 月	研发部	￥ 1000
周明升	JD02_0320	销售部	季度绩效优异奖	2013 年 3 月	人力资源部	￥ 2,00
丁宇	JD01_0152	销售部	季度绩效优异奖	2013 年 3 月	人力资源部	￥ 2000
方邢	JD01_0325	销售部	季度绩效优异奖	2013 年 3 月	人力资源部	￥ 2000
丁锐	KX02_0123	技术部	科学技术进步奖	2013 年 4 月	研发部	￥ 1200
庄霞	KX02_0125	技术部	科学技术进步奖	2013 年 5 月	研发部	￥ 1200
黄鹂	KX04_0152	技术部	科学技术进步奖	2013 年 8 月	研发部	￥ 1200
侯娟娟	JD02_0145	销售部	季度绩效优异奖	2013 年 9 月	人力资源部	￥ 1500
王福鑫	SQ01_0253	生产部	超额完成任务	2013 年 9 月	人力资源部	￥ 900
高路泽	JD02_0574	销售部	季度绩效优异奖	2013 年 9 月	人力资源部	￥ 1500
吕芬芬	SQ01_0275	生产部	超额完成任务	2013 年 11 月	人力资源部	￥ 800
陈山	JD02_0534	销售部	季度绩效优异奖	2013 年 3 月	人力资源部	￥ 1000

图 10-70

❷ 创建“年度获奖情况统计表”工作簿，在工作表中选中某个单元格作为导入数据后的起始单元格，按“Ctrl+V”快捷键进行粘贴，如图 10-71 所示。

获奖人员	获奖编号	所属部门	获奖名称	获奖时间	颁奖部门	奖励金额
陈染	SQ01_0120	生产部	超额完成任务	2013年7月	人力资源部	￥1,500
鲁斯请	KX02_0101	技术部	科学技术进步奖	2013年8月	研发部	￥1,00
周明升	JD02_0320	销售部	季度绩效优异奖	2013年3月	人力资源部	￥ 2,0
丁宇	JD01_0152	销售部	季度绩效优异奖	2013年3月	人力资源部	￥2,000
方邢	JD01_0325	销售部	季度绩效优异奖	2013年3月	人力资源部	￥2,000
丁锐	KX02_0123	技术部	科学技术进步奖	2013年4月	研发部	￥1,200
庄霞	KX02_0125	技术部	科学技术进步奖	2013年5月	研发部	￥1,200
黄鹂	KX04_0152	技术部	科学技术进步奖	2013年8月	研发部	￥1,200
侯娟娟	JD02_0145	销售部	季度绩效优异奖	2013年9月	人力资源部	￥1,500
王福鑫	SQ01_0253	生产部	超额完成任务	2013年9月	人力资源部	￥900
高路泽	JD02_0574	销售部	季度绩效优异奖	2013年9月	人力资源部	￥1,500
吕芬芬	SQ01_0275	生产部	超额完成任务	2013年11月	人力资源部	￥800
陈山	JD02_0534	销售部	季度绩效优异奖	2013年3月	人力资源部	￥1,000
廖晓	JD02_0521	销售部	季度绩效优异奖	2013年3月	人力资源部	￥2,000
张丽君	KX02_0134	技术部	科学技术进步奖	2013年4月	人力资源部	￥2,500
吴华波	KX02_0456	技术部	科学技术进步奖	2013年8月	人力资源部	￥3,000
黄孝铭	KX02_0231	技术部	科学技术进步奖	2013年3月	研发部	￥3,000
赵明	SQ01_0278	生产部	超额完成任务	2013年3月	研发部	￥900
黄玉梓	SQ01_0285	生产部	超额完成任务	2013年3月	研发部	￥1,200

粘贴表格

图 10-71

以链接方式导入 Word 表格数据

如果希望导入到 Excel 中的数据随着 Word 表格中数据而更新，可以按如下步骤操作。

在 Word 中复制表格后，选择目标工作表，选择"编辑"→"选择性粘贴"命令，打开"选择性粘贴"对话框，选中"粘贴链接"单选按钮，如图 10-72 所示，单击"确定"按钮，表格以对象的形式被导入到 Excel 工作表中，在 Word 文档中更改了表格数据后，可以看到 Excel 同步进行了更改。

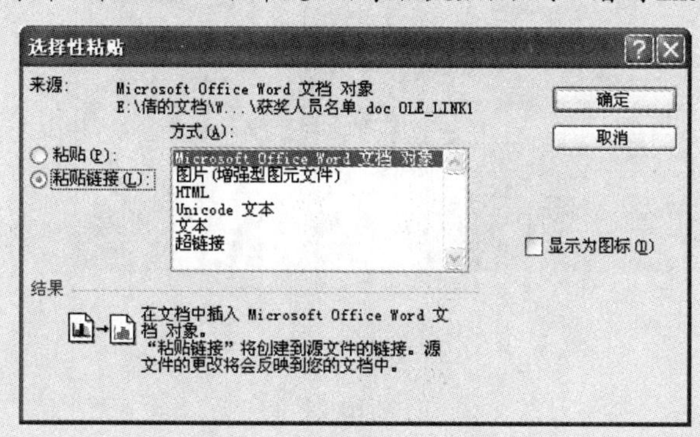

图 10-72

10.5.2　高级筛选

：源文件：10/源文件/年度获奖情况统计表.xls、**效果文件：**10/效果文件/年度获奖情况统计表.xls、**视频文件：**10/视频/10.5.2 年度获奖情况统计表.mp4

采用高级筛选方式可以设置复杂的筛选条件，并将筛选到的结果存放于其他位置上，以便于得到单一的分析结果，便于使用。

❶ 设置筛选条件，在 I4:J6 单元格区域设置筛选条件，如图 10-73 所示。

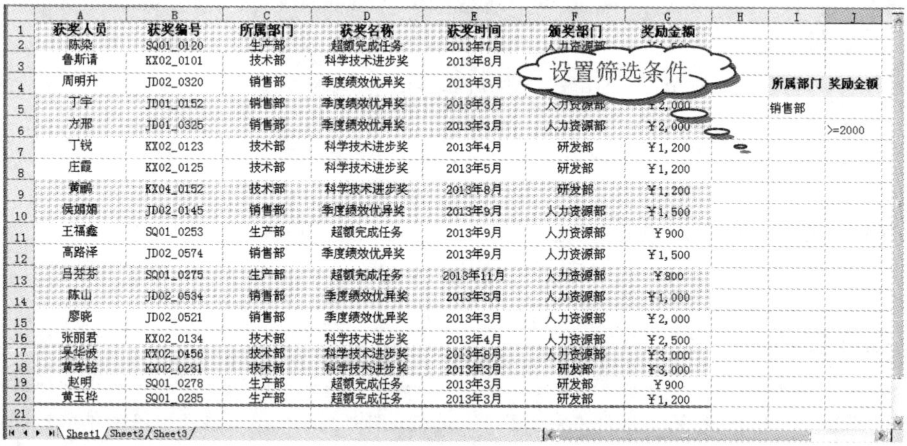

	A	B	C	D	E	F	G	H	I	J
1	获奖人员	获奖编号	所属部门	获奖名称	获奖时间	颁奖部门	奖励金额			
2	陈染	SQ01_0120	生产部	超额完成任务	2013年7月	人力资源部	[illegible]			
3	鲁斯请	KX02_0101	技术部	科学技术进步奖	2013年8月	[illegible]	[illegible]			
4	周明升	JD02_0320	销售部	季度绩效优异奖	2013年3月	[illegible]	[illegible]		所属部门	奖励金额
5	丁宇	JD01_0152	销售部	季度绩效优异奖	2013年3月	人力资源部	¥2,000		销售部	
6	方邢	JD01_0325	销售部	季度绩效优异奖	2013年3月	人力资源部	¥2,000			>=2000
7	丁锐	KX02_0123	技术部	科学技术进步奖	2013年4月	研发部	¥1,200			
8	庄霞	KX02_0125	技术部	科学技术进步奖	2013年5月	研发部	¥1,200			
9	黄鹂	KX04_0152	技术部	科学技术进步奖	2013年8月	研发部	¥1,200			
10	侯娟娟	JD02_0145	销售部	季度绩效优异奖	2013年9月	人力资源部	¥1,500			
11	王福鑫	SQ01_0253	生产部	超额完成任务	2013年9月	人力资源部	¥900			
12	高路泽	JD02_0574	销售部	季度绩效优异奖	2013年9月	人力资源部	¥1,500			
13	吕芬芬	SQ01_0275	生产部	超额完成任务	2013年11月	人力资源部	¥800			
14	陈山	JD02_0534	销售部	季度绩效优异奖	2013年3月	人力资源部	¥1,000			
15	廖晓	JD02_0521	销售部	季度绩效优异奖	2013年3月	人力资源部	¥2,000			
16	张丽君	KX02_0134	技术部	科学技术进步奖	2013年4月	人力资源部	¥2,500			
17	吴华波	KX02_0456	技术部	科学技术进步奖	2013年8月	人力资源部	¥3,000			
18	黄孝铭	KX02_0231	技术部	科学技术进步奖	2013年3月	研发部	¥3,000			
19	赵明	SQ01_0278	生产部	超额完成任务	2013年3月	研发部	¥900			
20	黄玉桦	SQ01_0285	生产部	超额完成任务	2013年3月	研发部	¥1,200			
21										

设置筛选条件

Sheet1 / Sheet2 / Sheet3

图 10-73

❷ 选择“数据”→“筛选”→“高级筛选”命令，打开“高级筛选”对话框。

❸ 选中“将筛选结果复制到其他位置”单选按钮，设置“列表区域”为参与筛选的单元格区域，设置“条件区域”为之前建立条件的区域，设置“复制到”为要将筛选结果放置到的位置，如图 10-74 所示。

Note

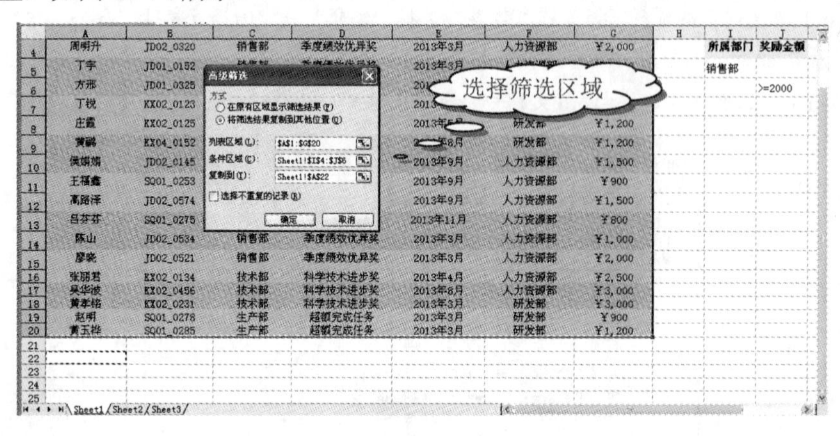

图 10-74

操作提示

输入条件的区域与数据清单必须至少相隔一行或一列，输入条件的字段必须与数据清单中的字段完成匹配。条件在同一行上表示“与”关系，在同一列上的表示“或”关系，如上面的设置表示“或”关系。

❹ 设置完成后，单击“确定”按钮，即可根据设置的条件筛选出满足条件的记录（“所属部门”为“销售部”或“奖励金额”为大于或等于 2000 的记录），如图 10-75 所示。

	A	B	C	D	E	F	G
21							
22	获奖人员	获奖编号	所属部门	获奖名称	获奖时间	颁奖部门	[illegible]
23	周明升	JD02_0320	销售部	季度绩效优异奖	2013年3月	人力资源部	[illegible]
24	丁宇	JD01_0152	销售部	季度绩效优异奖	2013年3月	人力资源部	[illegible]
25	方邢	JD01_0325	销售部	季度绩效优异奖	2013年3月	人力资源部	[illegible]
26	侯娟娟	JD02_0145	销售部	季度绩效优异奖	2013年9月	人力资源部	[illegible]
27	高路泽	JD02_0574	销售部	季度绩效优异奖	2013年9月	人力资源部	1,500
28	陈山	JD02_0534	销售部	季度绩效优异奖	2013年3月	人力资源部	￥1,000
29	廖晓	JD02_0521	销售部	季度绩效优异奖	2013年3月	人力资源部	￥2,000
30	张丽君	KX02_0134	技术部	科学技术进步奖	2013年4月	人力资源部	￥2,500
31	吴华波	KX02_0456	技术部	科学技术进步奖	2013年8月	人力资源部	￥3,000
32	黄孝铭	KX02_0231	技术部	科学技术进步奖	2013年3月	研发部	￥3,000
33							
34							

筛选后的结果

Sheet1 / Sheet2 / Sheet3

图 10-75

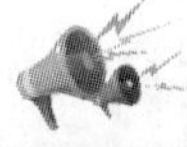

操作提示

如果不选中“将筛选结果复制到其他位置”复选框，筛选结果将直接在原数据清单中实现筛选。也可以设置将复制结果显示到其他工作表中。

数据的统计与分析

Excel 表格不但可以统计、编辑数据，还可以通过建立的表格分析数据，通过建立数据透视表可以分析数据的各种求和、计数等项目，还可以通过建立数据透视图来直观地展示数据的变化。

- ☑ 员工年龄结构分析
- ☑ 各部门员工性别分析
- ☑ 分析客户应收账款

本章部分学习目标及案例

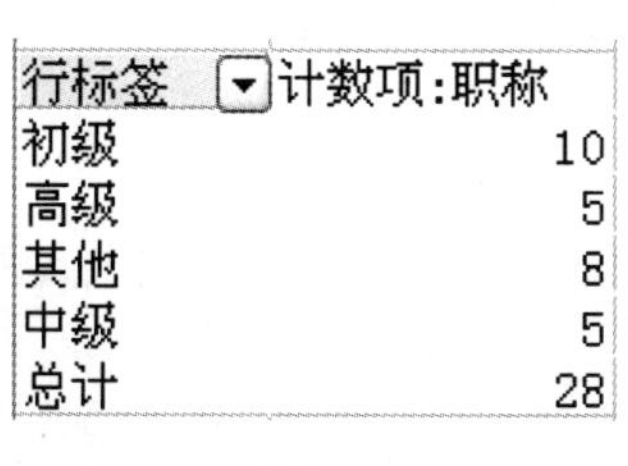

行标签	计数项:职称
初级	10
高级	5
其他	8
中级	5
总计	28

（1）

员工职称分布图

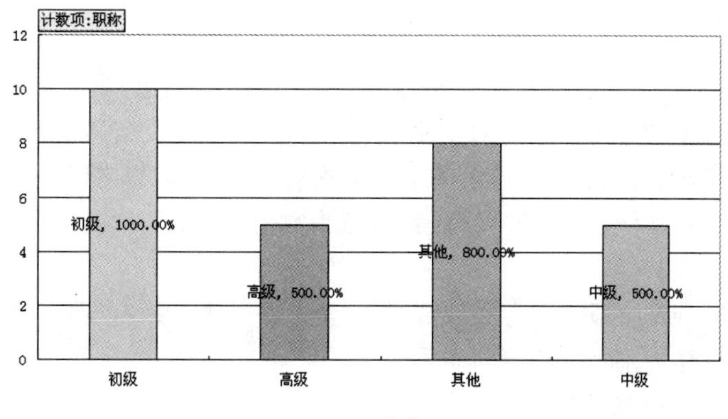

（2）

11.1 基础知识

Note

11.1.1 了解数据透视表

源文件：11/源文件/11.1.1 了解数据透视表.xls、**视频文件：**11/视频/11.1.1 了解数据透视表.mp4

数据透视表有机地综合了数据排序、筛选、分类汇总等数据分析的优点，可方便地调整分类汇总的方式，灵活地以多种不同方式展示数据统计分析结果。

数据透视表创建完成后，就可以在工作表中显示数据透视表的结构与各组成元素，如图 11-1 所示。

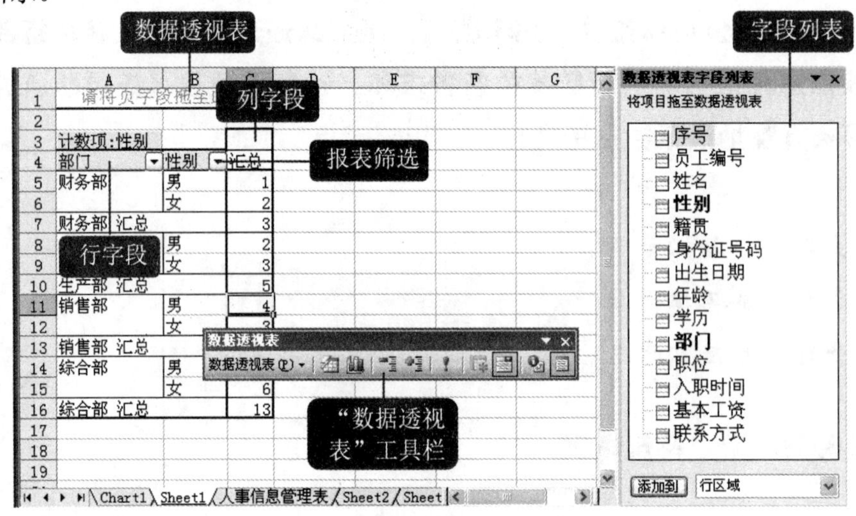

图 11-1

数据透视表中包含的元素有字段、项、Σ数值和报表筛选。

（1）字段

建立数据透视表后，源数据表中的列标识都会产生相应的字段，“数据透视表字段列表”中显示的都是字段。对于字段列表中的字段，根据其设置不同又分为行字段、列字段和数值字段。如图 11-1 所示的数据透视表中，“部门”字段被设置为行字段，“性别”字段被设置为列字段，“人数”字段被设置为数值字段。

（2）项

项是字段的子分类或成员。如图 11-1 所示，行标签下的具体部门名称，以及列标签下的具体性别名称都可叫做项。

（3）Σ数值

用来对数据字段中的值进行合并的计算类型。数据透视表通常为包含数字的数据字段

使用 SUM（求和）函数，而为包含文本的数据字段使用 COUNT（计数）函数。建立数据透视表并设置汇总后，可选择其他汇总函数，如 AVERAGE、MIN、MAX 等。

（4）报表筛选

字段下拉列表显示了可在字段中显示的项的列表，利用下拉列表可以进行数据的筛选。当包含▼按钮时，则可单击打开下拉列表，如图 11-2 所示。

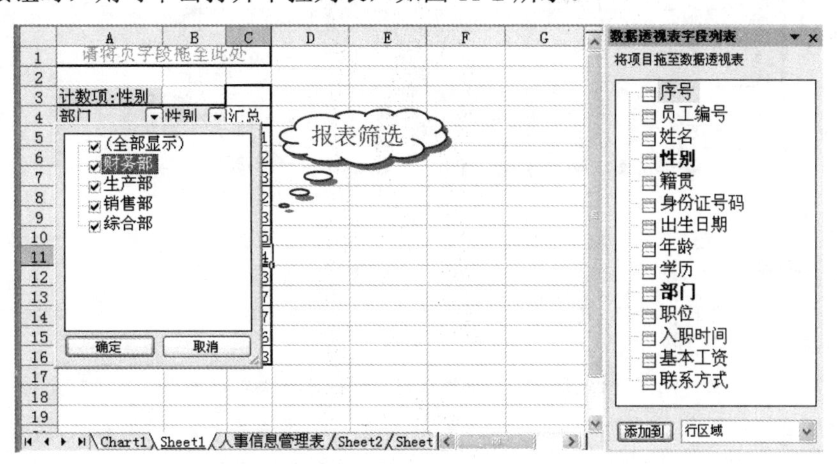

图 11-2

11.1.2　添加字段

：源文件：11/源文件/11.1.2 添加字段.xls、**视频文件**：11/视频/11.1.2 添加字段.mp4

❶ 在“数据透视表字段列表”中选中需要添加的字段，如“部门”字段，按住鼠标左键将其拖至“行字段”处（如图 11-3 所示），释放鼠标即可添加字段为行字段。

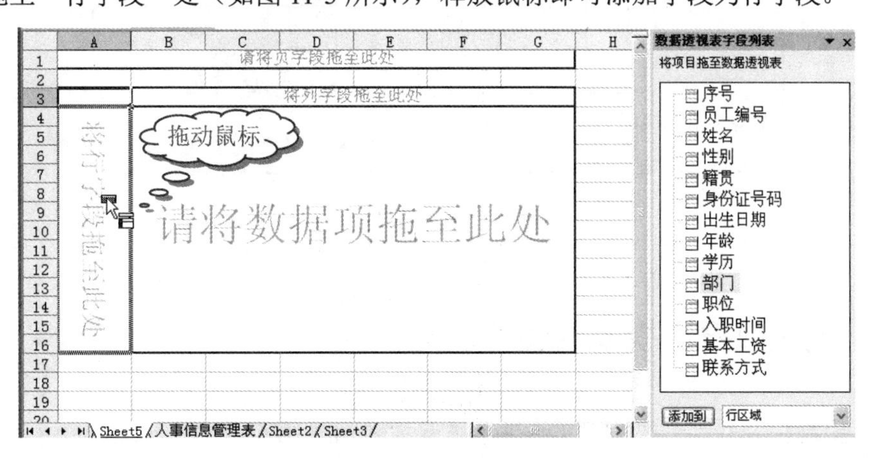

图 11-3

❷ 再按照相同的方法拖动“年龄”字段到“数据项”处，释放鼠标可以看到当前数据透视表统计出各部门年龄的总和，如图 11-4 所示。

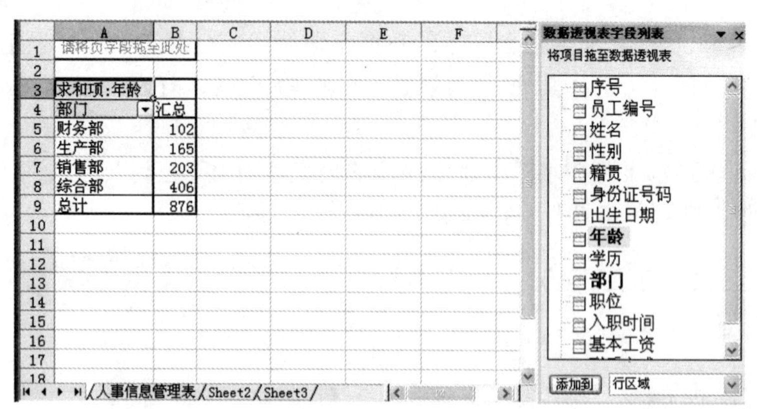

图 11-4

利用图表向导添加字段

进入“数据透视表和数据透视图向导-3 步骤之 3”对话框后，可以单击“布局”按钮，打开“数据透视表和数据透视图向导-布局”对话框（如图 11-5 所示）。在该对话框中也可以通过拖动字段到左边图上的“行”、“列”、“数据”位置上，在这一步就完成字段的设置。此处设置字段与直接在工作表中设置字段的意义是一样的。

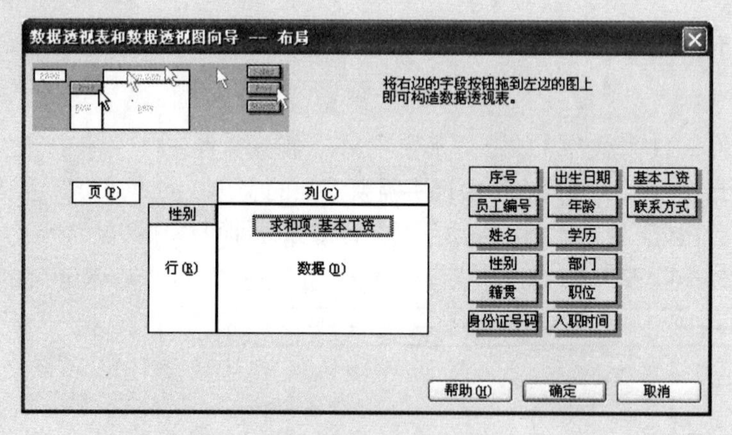

图 11-5

11.1.3 更改数据透视表的值显示方式

源文件：11/源文件/11.1.3 更改值显示方式.xls、**视频文件**：11/视频/11.1.3 更改值显示方式.mp4

设置了数据透视表的数值字段之后，还可以设置值显示方式，例如让汇总出的各年龄段人数的值显示方式为占总人数的百分比，具体操作如下。

❶ 选中数据透视表需要设置列的任意单元格，在“数据透视表”工具栏中单击“字段

设置”按钮（如图 11-6 所示），打开“数据透视表字段”对话框。

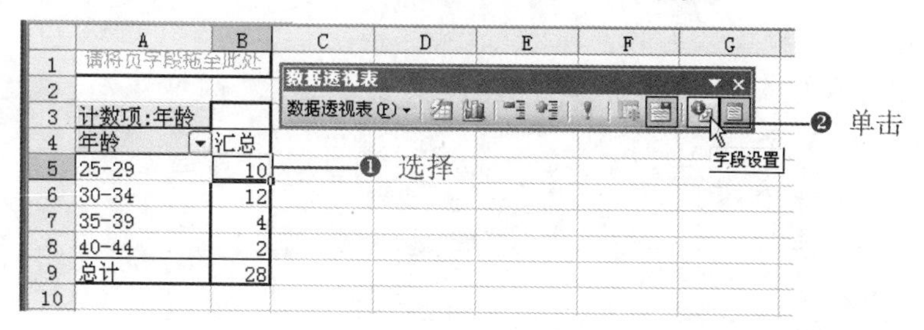

图 11-6

❷ 单击选项(O) >>按钮展开对话框，在“数据显示方式”下拉列表框中选择“占同列数据总和的百分比”，如图 11-7 所示。

❸ 单击“确定”按钮，即可将字段值的显示方式更改为百分比，如图 11-8 所示。

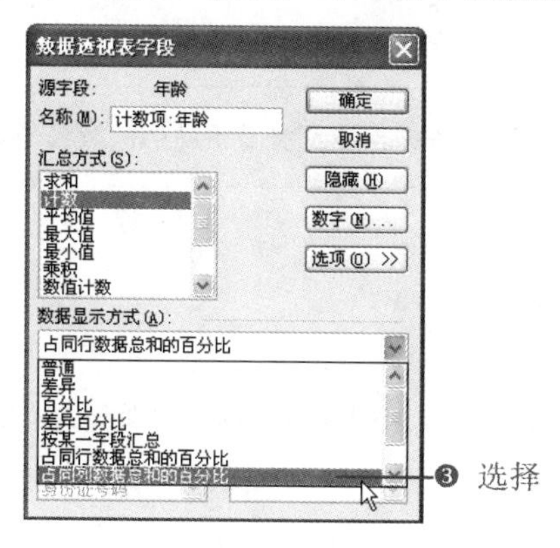

图 11-7

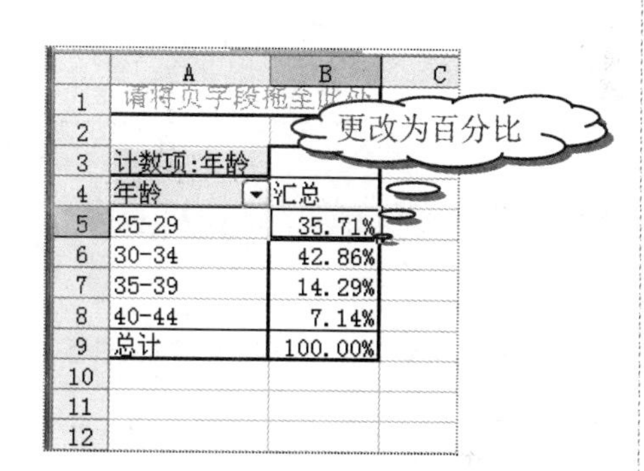

图 11-8

11.1.4　显示明细数据

源文件：11/源文件/11.1.4 显示明细数据.xls、**视频文件**：11/视频/11.1.4 显示明细数据.mp4

通过显示明细数据可以查看某一项的具体内容。

❶ 选中数据透视表中汇总列的 B5 单元格，在“数据透视表”工具栏中单击“显示明细数据”按钮，如图 11-9 所示。

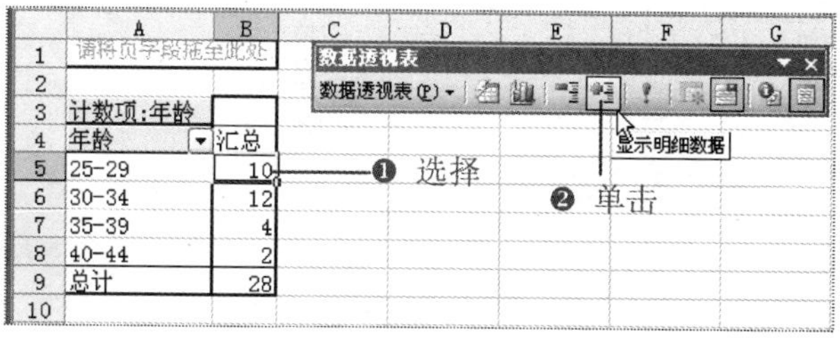

图 11-9

❷ 即可创建一个新工作表用来显示所有在此“年龄段”的所有员工情况，如图 11-10 所示。

	A	B	C	D	E	F	G	H	I	J	K	L
1	序号	员工编号	姓名	性别	籍贯	身份证号码	出生日期	年龄	学历	部门	职位	[illegible]
2	1	NL001	陈珊	女	安徽 芜湖	340222198805065000	1988-05-06	25	本科	综合部	行政助理	[illegible]
3	23	NL023	罗羽	女	湖北 武汉	342701198504018543	1985-04-01	28	本科	财务部	会计	[illegible]
4	20	NL020	张点点	男	四川 自贡	342701860213857	1986-02-13	27	专科	综合部	销售内勤	[illegible]
5	18	NL018	陈潇	男	山西 晋中	340025198506100214	1985-06-10	28	专科	综合部	主管	[illegible]
6	17	NL017	王琪	女	山西 晋中	340025198506100224	1985-06-10	28	本科	综合部	行政经理	2009-5-8
7	14	NL014	黄鹂	女	四川 资阳	340025198802138548	1988-02-13	25	专科	综合部	主管	[illegible]
8	13	NL013	庄霞	女	湖南 株洲	340025198402288563	1984-02-28	29	专科	销售部	大区经理	[illegible]
9	8	NL008	廖晓	女	湖北 武汉	340025840312056	1984-03-12	29	专科	销售部	经理	2010-6-18
10	9	NL009	朱俊	男	四川 广汉	340025198502138578	1985-02-13	28	本科	销售部	大区经理	2010-7-18
11	10	NL010	吴华波	男	江西 赣州	340025198603058573	1986-03-05	27	专科	销售部	大区经理	2008-7-5

Chart4 / Sheet5 / Sheet1 / 人事信息管理表 / Sheet2 / Sheet3

显示明细数据

图 11-10

操作提示

在“数据透视表”工具栏中，单击“隐藏明细数据”按钮，即可将显示的明细数据隐藏起来。

11.1.5 更新数据透视表

源文件：11/源文件/11.1.5 更新数据透视表.xls、**视频文件**：11/视频/11.1.5 更新数据透视表.mp4

若源工作表中的数据发生更改，此时则需要通过刷新才能让数据透视表重新得到正确的统计结果。

方法一：选中数据透视表中的任意单元格，单击“数据透视表”工具栏中的 按钮，即可进行更新。

方法二：选中数据透视表中的任意单元格，依次选择“数据”→“刷新数据”命令，如图 11-11 所示。

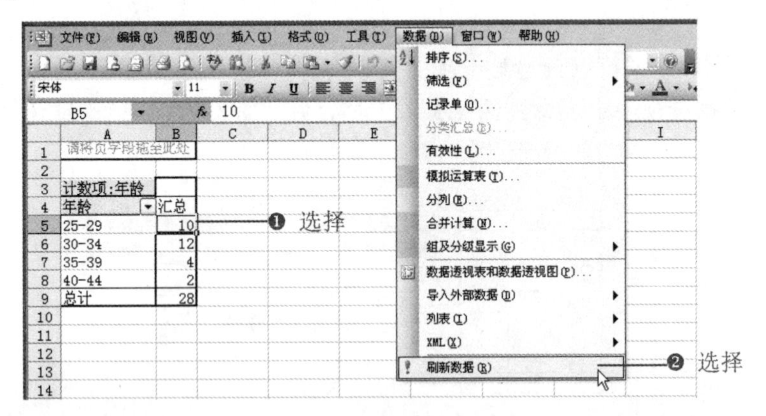

图 11-11

11.1.6　删除数据透视表

源文件：11/源文件/11.1.6 删除数据透视表.xls、**视频文件**：11/视频/11.1.6 删除数据透视表.mp4

数据透视表是一个整体，不能单一地删除其中任意单元格的数据（删除时会弹出错误提示），要删除数据透视表需要整体删除，其操作方法如下。

❶ 选中数据透视表中任意一个单元格，单击“数据透视表”工具栏中的数据透视表(P)▾按钮，在弹出的下拉菜单中选择“选定”→“整张表格”命令，如图 11-12 所示。

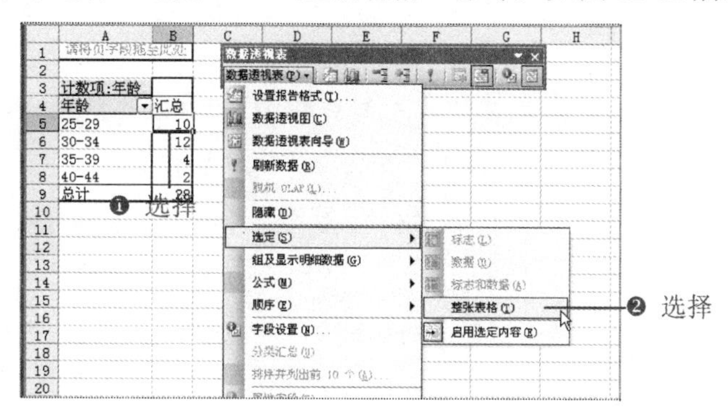

图 11-12

❷ 按“Delete”键，或依次选择“编辑”→“清除”→“全部”命令即可删除整张工作表。

11.2　员工年龄结构分析

年龄是象征企业员工研究能力、市场开拓能力在内的综合素质高低的重要标志之一，想要了解企业年龄结构分布情况，可以借助 Excel 中的数据透视表对企业员工年龄层次进行分段，并通过图表来分析各个年龄段员工所占比例，如图 11-13 所示。

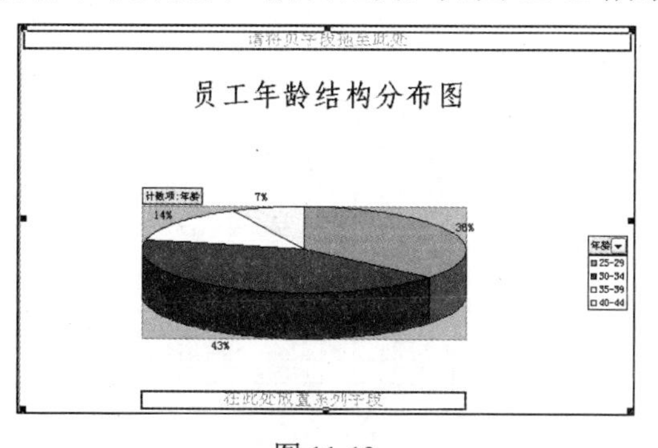

图 11-13

11.2.1 计算员工年龄

源文件：11/源文件/员工年龄结构分析.xls、**效果文件**：11/效果文件/员工年龄结构分析.xls、**视频文件**：11/视频/11.2.1 员工年龄结构分析.mp4

❶ 创建“各部门员工年龄分析”工作簿，并将 Sheet1 命名为“人事信息管理表”。

❷ 在工作表中输入基本内容，并设置字体、单元格格式，最后效果如图 11-14 所示。

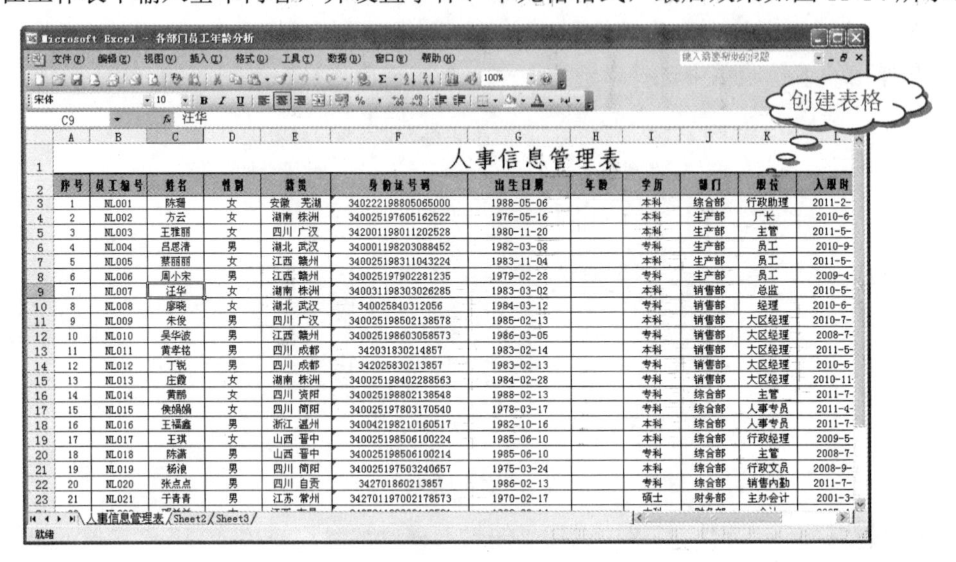

人事信息管理表

序号	员工编号	姓名	性别	籍贯	身份证号码	出生日期	年龄	学历	部门	职位	入职时
1	NL001	陈珊	女	安徽 芜湖	340222198805065000	1988-05-06		本科	综合部	行政助理	2011-2-
2	NL002	方云	女	湖南 株洲	340025197605162522	1976-05-16		本科	生产部	厂长	2010-6-
3	NL003	王雅丽	女	四川 广汉	342001198011202528	1980-11-20		本科	生产部	主管	2011-5-
4	NL004	吕思清	男	湖北 武汉	340001198203088452	1982-03-08		专科	生产部	员工	2010-9-
5	NL005	蔡丽丽	女	江西 赣州	340025198311043224	1983-11-04		本科	生产部	员工	2011-5-
6	NL006	周小宋	男	江西 赣州	340025197902281235	1979-02-28		专科	生产部	员工	2009-4-
7	NL007	汪华	女	湖南 株洲	340031198303026285	1983-03-02		本科	销售部	总监	2010-5-
8	NL008	廖晓	女	湖北 武汉	340025840312056	1984-03-12		专科	销售部	经理	2010-6-
9	NL009	朱俊	男	四川 广汉	340025198502138578	1985-02-13		本科	销售部	大区经理	2010-7-
10	NL010	吴华波	男	江西 赣州	340025198603058573	1986-03-05		专科	销售部	大区经理	2008-7-
11	NL011	黄孝铭	男	四川 成都	342031830214857	1983-02-14		本科	销售部	大区经理	2011-5-
12	NL012	丁锐	男	四川 成都	342025830213857	1983-02-13		专科	销售部	大区经理	2010-5-
13	NL013	庄霞	女	湖南 株洲	340025198402288563	1984-02-28		专科	销售部	大区经理	2010-11
14	NL014	黄鹂	女	四川 资阳	340025198802138548	1988-02-13		专科	综合部	主管	2011-7-
15	NL015	侯娟娟	女	四川 简阳	340025197803170540	1978-03-17		专科	综合部	人事专员	2011-4-
16	NL016	王福鑫	男	浙江 温州	340042198210160517	1982-10-16		本科	综合部	人事专员	2011-7-
17	NL017	王琪	女	山西 晋中	340025198506100224	1985-06-10		本科	综合部	行政经理	2009-5-
18	NL018	陈潇	男	山西 晋中	340025198506100214	1985-06-10		专科	综合部	主管	2008-7-
19	NL019	杨浪	男	四川 简阳	340025197503240657	1975-03-24		本科	综合部	行政文员	2008-9-
20	NL020	张点点	男	四川 自贡	342701860213857	1986-02-13		专科	综合部	销售内勤	2011-7-
21	NL021	于青青	男	江苏 常州	342701197002178573	1970-02-17		硕士	财务部	主办会计	2001-3-

图 11-14

❸ 选中 H3 单元格，在公式编辑栏中输入公式：=YEAR(TODAY())-YEAR(G3)，按“Enter”键，即可根据出生日期计算出第一位员工的年龄，选中 H3 单元格，拖动填充柄向下填充公式，即可得到所有员工的年龄，如图 11-15 所示。

H3 =YEAR(TODAY())-YEAR(G3)

人事信息管理表

序号	员工编号	姓名	性别	籍贯	身份证号码	出生日期	年龄	
1	NL001	陈珊	女	安徽 芜湖	340222198805065000	1988-05-06	25	[illegible]
2	NL002	方云	女	湖南 株洲	340025197605162522	1976-05-16	37	[illegible]
3	NL003	王雅丽	女	四川 广汉	342001198011202528	1980-11-20	33	[illegible]
4	NL004	吕思清	男	湖北 武汉	340001198203088452	1982-03-08	31	科
5	NL005	蔡丽丽	女	江西 赣州	340025198311043224	1983-11-04	30	本科
6	NL006	周小宋	男	江西 赣州	340025197902281235	1979-02-28	34	专科
7	NL007	汪华	女	湖南 株洲	340031198303026285	1983-03-02	30	本科
8	NL008	廖晓	女	湖北 武汉	340025840312056	1984-03-12	29	专科
9	NL009	朱俊	男	四川 广汉	340025198502138578	1985-02-13	28	本科
10	NL010	吴华波	男	江西 赣州	340025198603058573	1986-03-05	27	专科
11	NL011	黄孝铭	男	四川 成都	342031830214857	1983-02-14	30	本科
12	NL012	丁锐	男	四川 成都	342025830213857	1983-02-13	30	专科
13	NL013	庄霞	女	湖南 株洲	340025198402288563	1984-02-28	29	专科
14	NL014	黄鹂	女	四川 资阳	340025198802138548	1988-02-13	25	专科
15	NL015	侯娟娟	女	四川 简阳	340025197803170540	1978-03-17	35	专科
16	NL016	王福鑫	男	浙江 温州	340042198210160517	1982-10-16	31	本科
17	NL017	王琪	女	山西 晋中	340025198506100224	1985-06-10	28	本科
18	NL018	陈潇	男	山西 晋中	340025198506100214	1985-06-10	28	专科

计算员工年龄

图 11-15

11.2.2 利用数据透视表分析员工年龄结构

源文件：11/源文件/员工年龄结构分析.xls、**效果文件**：11/效果文件/员工年龄结构分析.xls、**视频文件**：11/视频/11.2.2 员工年龄结构分析.mp4

根据数据透视表可以分析整个公司员工的层次结构，帮助公司制定招聘计划。

1. 创建数据透视表

❶ 选中表格内任意单元格，选择“数据”→“数据透视表和数据透视图”命令，如图 11-16 所示。

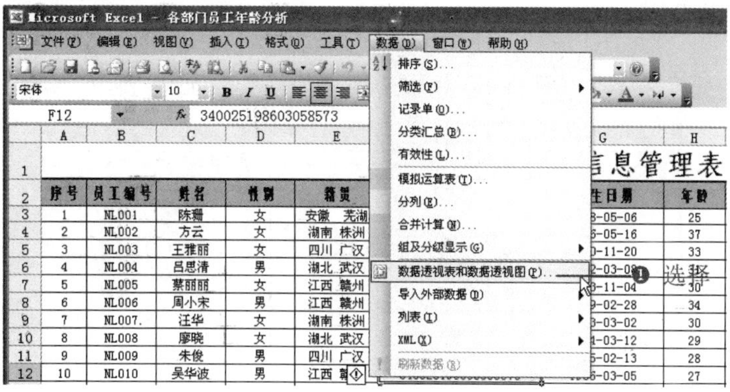

Microsoft Excel - 各部门员工年龄分析

文件(F) 编辑(E) 视图(V) 插入(I) 格式(O) 工具(T) 数据(D) 窗口(W) 帮助(H)

宋体 10 B I U

F12 fx 340025198603058573

数据(D) 菜单：排序(S)... 筛选(F) 记录单(O)... 分类汇总(B)... 有效性(L)... 模拟运算表(T)... 分列(E)... 合并计算(N)... 组及分级显示(G) 数据透视表和数据透视图(P)... 导入外部数据(D) 列表(I) XML(X) 刷新数据(R)

❶ 选择

	A	B	C	D	E	G	H
1						言息管理表	
2	序号	员工编号	姓名	性别	籍贯	生日期	年龄
3	1	NL001	陈珊	女	安徽 芜湖	8-05-06	25
4	2	NL002	方云	女	湖南 株洲	6-05-16	37
5	3	NL003	王雅丽	女	四川 广汉	0-11-20	33
6	4	NL004	吕思清	男	湖北 武汉	2-03-08	31
7	5	NL005	蔡丽丽	女	江西 赣州	3-11-04	30
8	6	NL006	周小宋	男	江西 赣州	9-02-28	34
9	7	NL007.	汪华	女	湖南 株洲	3-03-02	30
10	8	NL008	廖晓	女	湖北 武汉	4-03-12	29
11	9	NL009	朱俊	男	四川 广汉	5-02-13	28
12	10	NL010	吴华波	男	江西 赣	6-03-05	27

图 11-16

❷ 打开“数据透视表和数据透视图向导-3 步骤之 1”对话框，保持对话框中默认的选择，如图 11-17 所示。

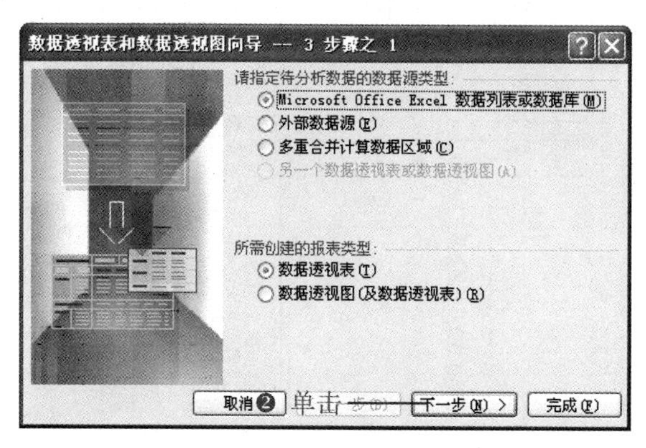

图 11-17

❸ 单击“下一步”按钮，进入“数据透视表和数据透视图向导-3 步骤之 2”对话框，选择区域，如果默认的区域正确，就不用重新选择，如图 11-18 所示。

❹ 单击“下一步”按钮，进入“数据透视表和数据透视图向导-3 步骤之 3”对话框，选中“新建工作表”单选按钮，如图 11-19 所示。

Note

图 11-18

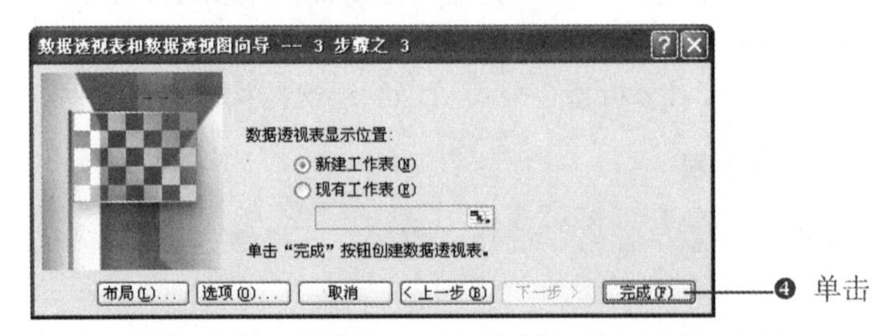

图 11-19

❺ 单击"完成"按钮，即可创建数据透视表的框架，如图 11-20 所示。

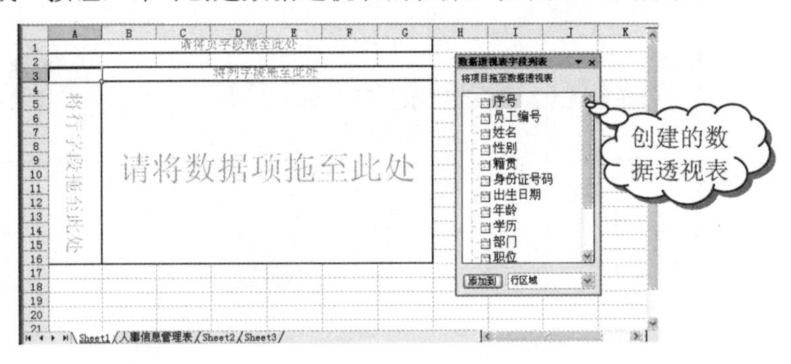

图 11-20

❻ 在"数据透视表字段列表"中，将"年龄"字段添加到"行标签"和"数值"区域，如图 11-21 所示。

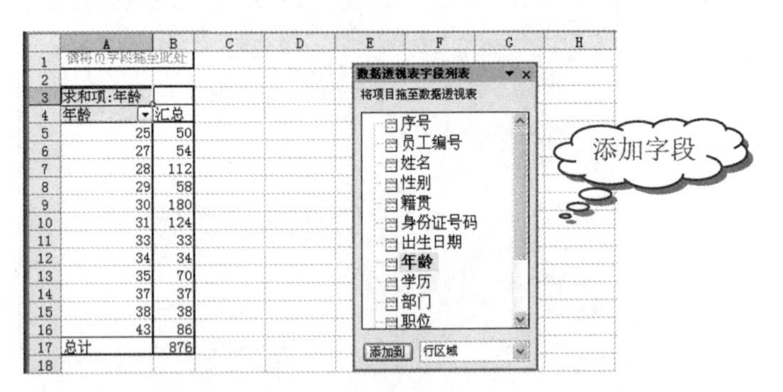

图 11-21

操作提示

在"数据透视表字段列表"中选中需要添加的字段，在下方的下拉列表中选择所要添加的区域，然后单击"添加到"按钮，可将字段添加到列表中。

2. 更改默认的汇总方式

当设置了“年龄”字段为数值字段后，默认的汇总方式为求和，现在要将数值字段的汇总方式更改为计数。

❶ 选中数据透视表中“汇总”列任意单元格，在“数据透视表”工具栏中单击“字段设置”按钮（如图 11-22 所示），打开“数据透视表字段”对话框。

❷ 在“汇总方式”列表框中选中“计数”选项，如图 11-23 所示。

图 11-22　　　　图 11-23

❸ 单击“确定”按钮，可以看到数据透视表的统计结果进行了改变，如图 11-24 所示。

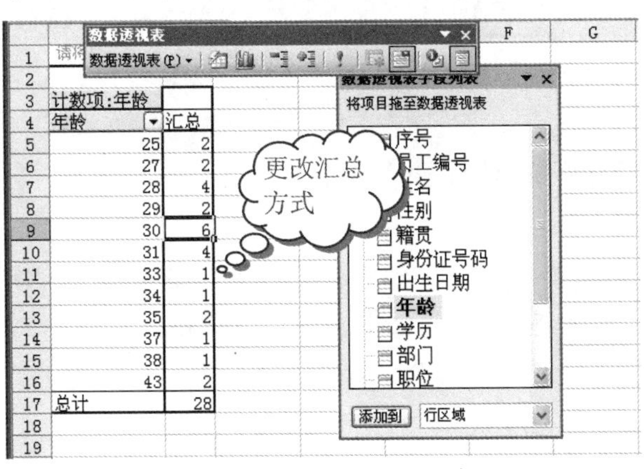

图 11-24

3. 为行标签年龄设置分组

❶ 选中行标签任意单元格，在“数据透视表”工具栏中单击“数据透视表”下拉按钮，在展开的下拉菜单中选择“组及显示明细数据”命令，在展开的子菜单中选择“组合”命令，如图 11-25 所示。

❷ 打开“组合”对话框，在“起始于”文本框中输入最小年龄 25，在“终止于”文本框中输入最大年龄 43，接着在“步长”文本框中输入“5”，如图 11-26 所示。

Note

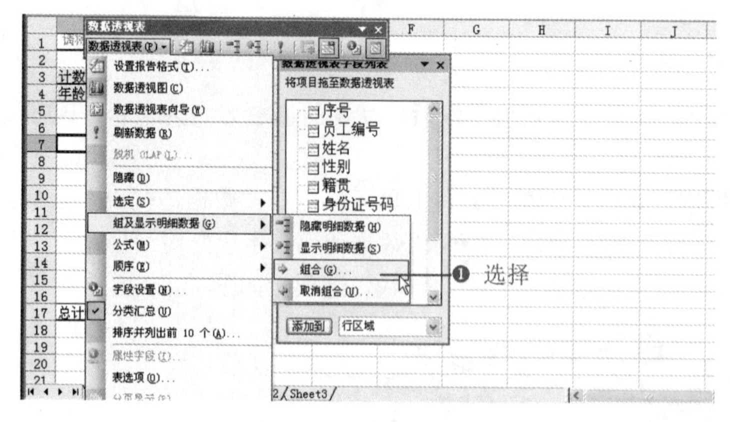

图 11-25

❸ 单击“确定”按钮，即可看到设置数值组合，如图 11-27 所示。

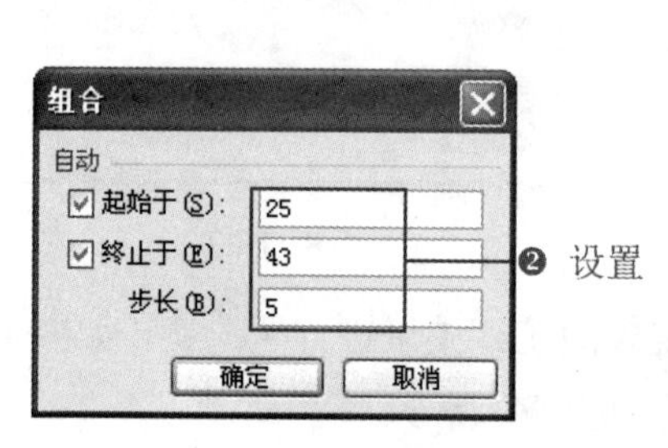

图 11-26

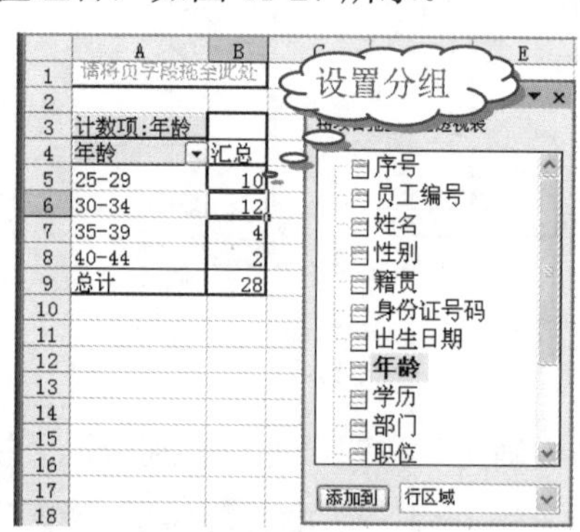

图 11-27

11.2.3　利用数据透视图分析数据

：源文件：11/源文件/员工年龄结构分析.xls、**效果文件**：11/效果文件/员工年龄结构分析.xls、**视频文件**：11/视频/11.2.3 员工年龄结构分析.mp4

数据透视表可以更直观地展示每个年龄段的分布情况，方便用户分析员工分布情况。

1. 插入三维饼图

❶ 选中数据透视表任意单元格，单击“数据透视表”工具栏中的“图表向导”按钮，将新建工作表展示图形，如图 11-28 所示。

❷ 默认的图形为柱形图，再单击“数据透视表”工具栏中的“图表向导”按钮，打开“图表向导-4 步骤之 1-图表类型”对话框，选择图表类型，如图 11-29 所示。

❸ 单击“下一步”按钮，打开“图表向导-4 步骤之 3-图表选项”对话框，在“图表标题”文本框中输入标题，如图 11-30 所示。

❹ 单击“下一步”按钮，打开“图表向导-4 步骤之 4-图表位置”对话框，选择位置，如图 11-31 所示。

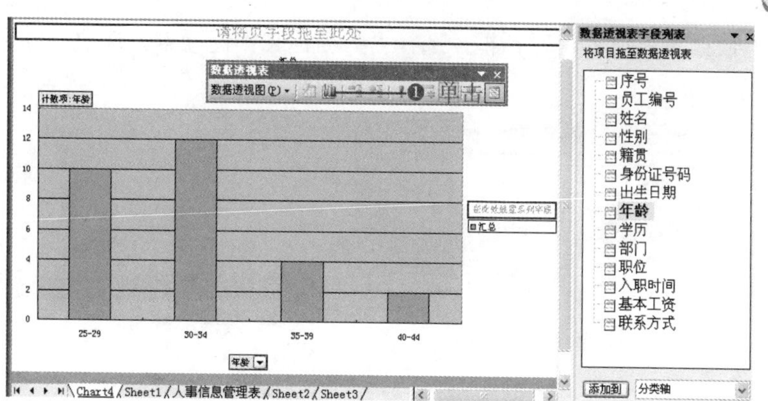

图 11-28

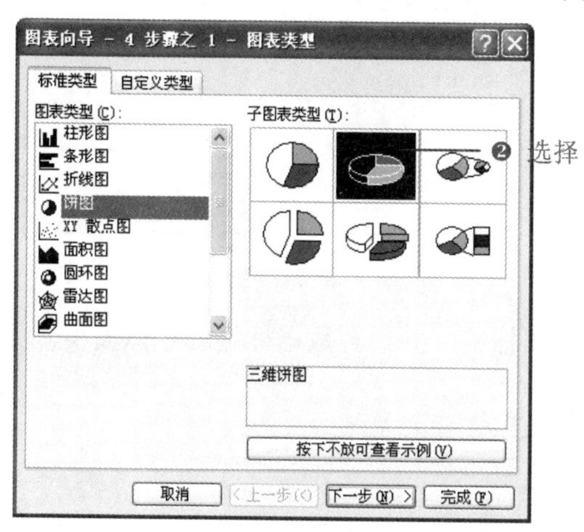

图 11-29

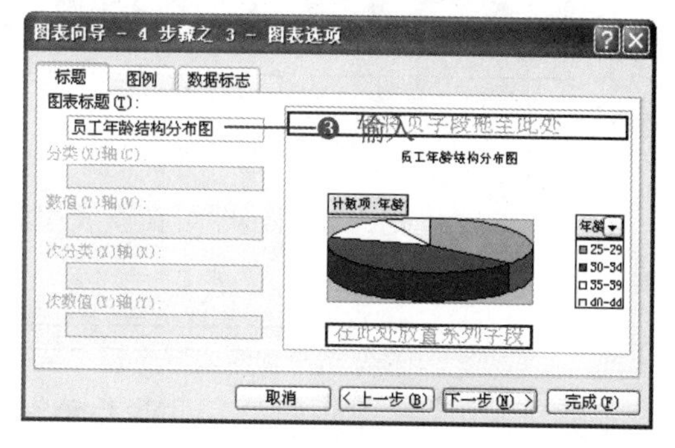

图 11-30

❺ 单击“完成”按钮，即可插入三维饼图，并设置标题格式，如图 11-32 所示。

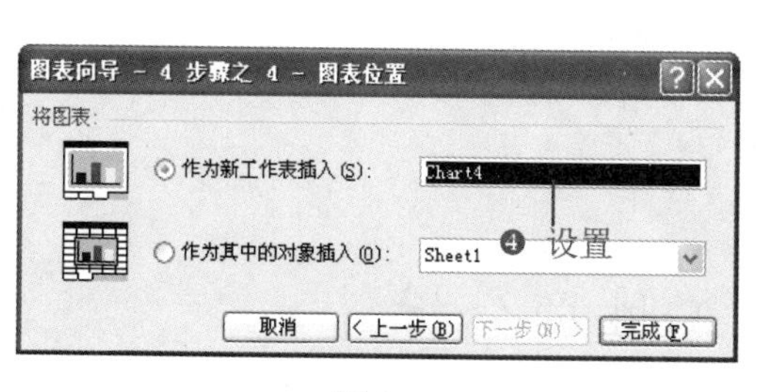

图 11-31

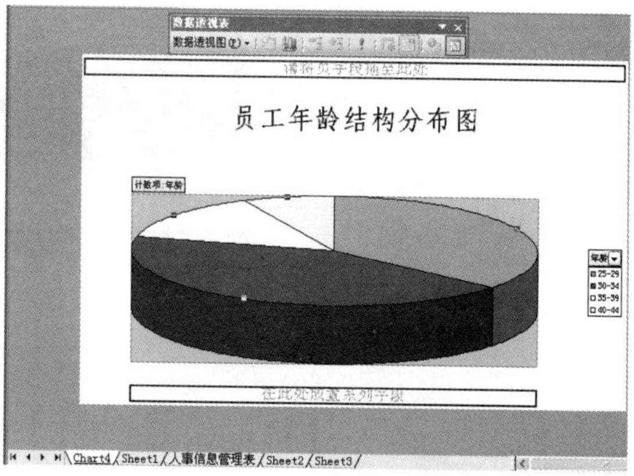

员工年龄结构分布图

图 11-32

2. 添加数据标签

❶ 选择图表数据系列，选择“格式”→“数据系列”命令，如图 11-33 所示。

❷ 打开“数据系列格式”对话框，选择“数据标志”选项卡，选中“百分比”复选框，如图 11-34 所示。

Note

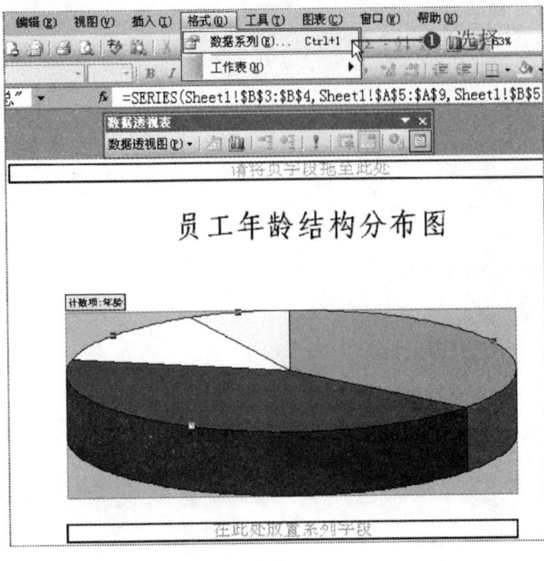

图 11-33

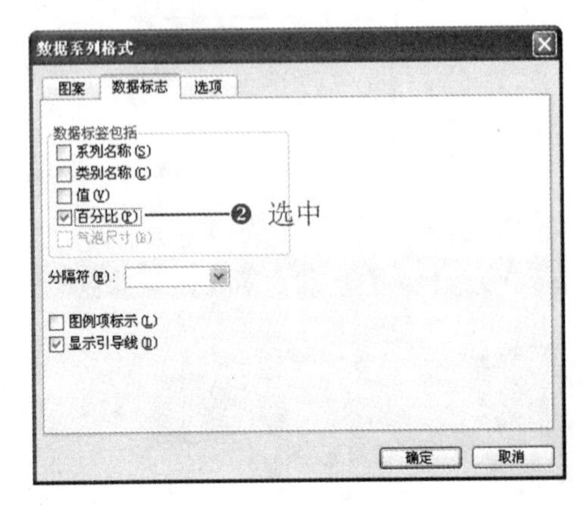

图 11-34

❸ 单击“确定”按钮，即可在图表中添加数据标签，并设置数据标签的字体大小，如图 11-35 所示。

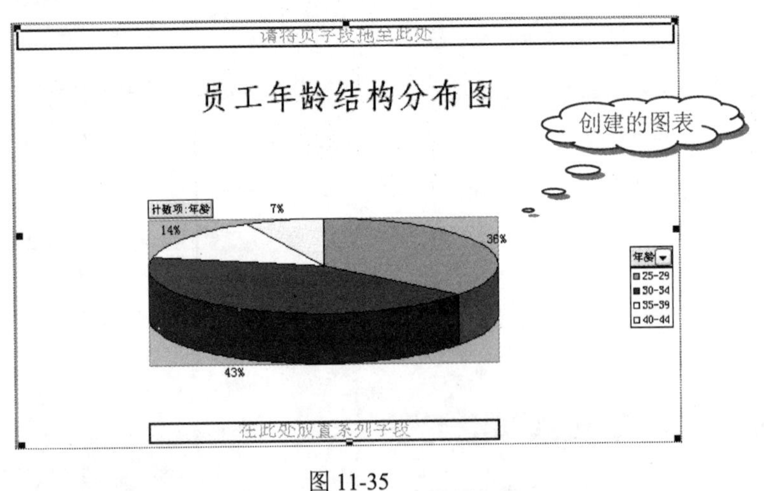

图 11-35

11.3 各部门员工性别分析

当企业想了解各部门男女员工的构成情况时，数据透视表分析各个部门员工男女分布情况，并借助柱形图比较各部门员工的性别情况进行分析，如图 11-36 所示。

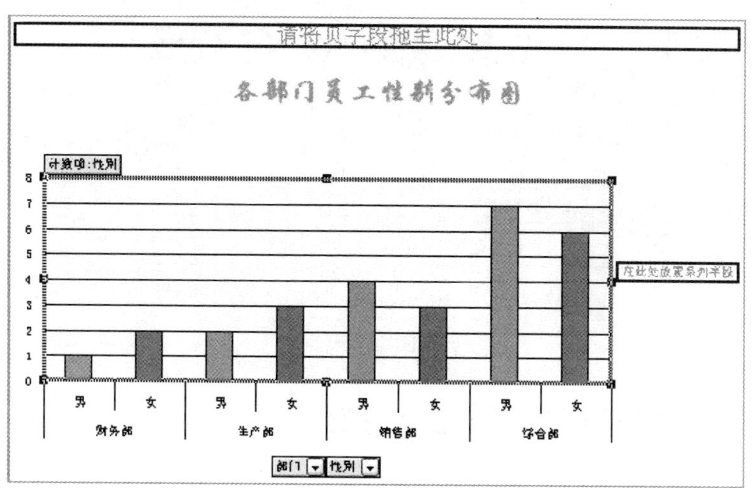

图 11-36

11.3.1　创建数据透视表

：源文件：11/源文件/各部门员工性别分析.xls、**效果文件**：11/效果文件/各部门员工性别分析.xls、**视频文件**：11/视频/11.3.1 各部门员工性别分析.mp4

❶ 创建“各部门员工性别分析”工作簿，通过复制工作表，将“人事信息管理表”工作表复制到此工作簿中，如图 11-37 所示。

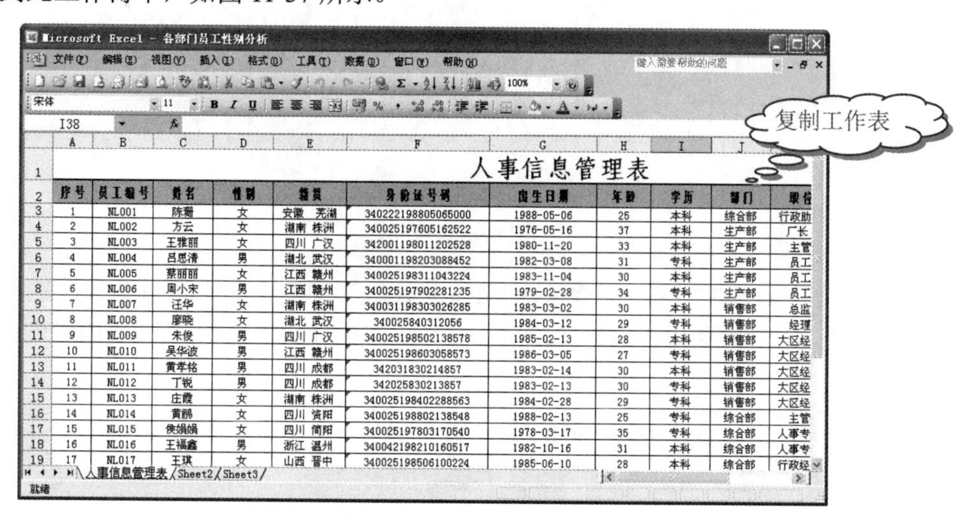

序号	员工编号	姓名	性别	籍贯	身份证号码	出生日期	年龄	学历	部门	职位
1	NL001	陈珊	女	安徽 芜湖	340222198805065000	1988-05-06	25	本科	综合部	行政助
2	NL002	方云	女	湖南 株洲	340025197605162522	1976-05-16	37	本科	生产部	厂长
3	NL003	王雅丽	女	四川 广汉	342001198011202528	1980-11-20	33	本科	生产部	主管
4	NL004	吕思清	男	湖北 武汉	340001198203088452	1982-03-08	31	专科	生产部	员工
5	NL005	蔡丽丽	女	江西 赣州	340025198311043224	1983-11-04	30	本科	生产部	员工
6	NL006	周小宋	男	江西 赣州	340025197902281235	1979-02-28	34	专科	生产部	员工
7	NL007	汪华	女	湖南 株洲	340031198303026285	1983-03-02	30	本科	销售部	总监
8	NL008	廖晓	女	湖北 武汉	340025840312056	1984-03-12	29	专科	销售部	经理
9	NL009	朱俊	男	四川 广汉	340025198502138578	1985-02-13	28	本科	销售部	大区经
10	NL010	吴华波	男	江西 赣州	340025198603058573	1986-03-05	27	专科	销售部	大区经
11	NL011	黄孝铭	男	四川 成都	342031830214857	1983-02-14	30	本科	销售部	大区经
12	NL012	丁锐	男	四川 成都	342025830213857	1983-02-13	30	专科	销售部	大区经
13	NL013	庄霞	女	湖南 株洲	340025198402288563	1984-02-28	29	专科	销售部	大区经
14	NL014	黄鹂	女	四川 资阳	340025198802138548	1988-02-13	25	专科	综合部	主管
15	NL015	侯娟娟	女	四川 简阳	340025197803170540	1978-03-17	35	专科	综合部	人事专
16	NL016	王福鑫	男	浙江 温州	340042198210160517	1982-10-16	31	本科	综合部	人事专
17	NL017	王琪	女	山西 晋中	340025198506100224	1985-06-10	28	本科	综合部	行政经

图 11-37

❷ 选中表格内任意单元格，选择“数据”→“数据透视表和数据透视图”命令，按照步骤创建数据透视表。

❸ 在“数据透视表字段列表”窗口中将“部门”和“性别”字段添加到“行标签”区域，将“性别”字段添加到“数值”区域，如图 11-38 所示。

图 11-38

11.3.2 利用图表直观展示员工性别分布

：源文件：11/源文件/各部门员工性别分析.xls、**效果文件**：11/效果文件/各部门员工性别分析.xls、**视频文件**：11/视频/11.3.2 各部门员工性别分析.mp4

1. 创建柱形图

❶ 选中数据透视表中的任意单元格，单击“数据透视表”工具栏中的“图表向导”按钮，即可自动创建新工作表，插入柱形图，如图 11-39 所示。

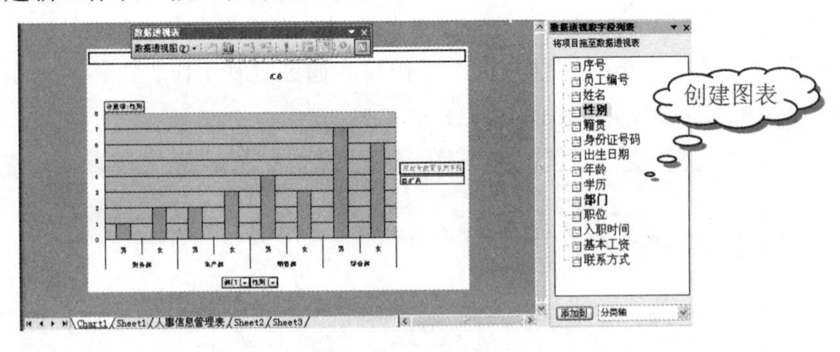

图 11-39

❷ 选择图表标题，输入正确的标题，并设置标题的格式，然后选中图例并单击鼠标右键，在弹出的快捷菜单中选择“清除”命令（如图 11-40 所示），即可删除图表图例，如图 11-41 所示。

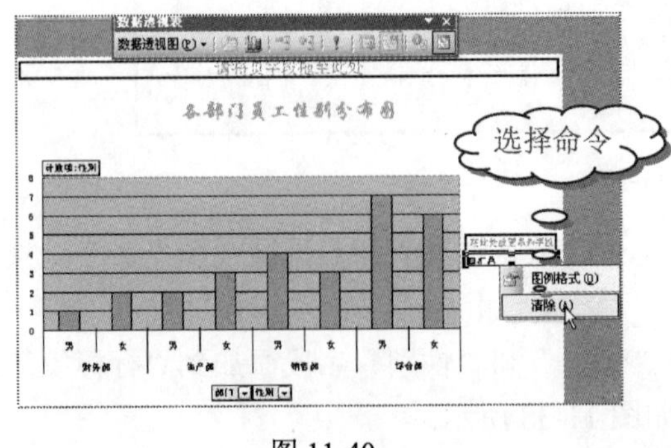

图 11-40

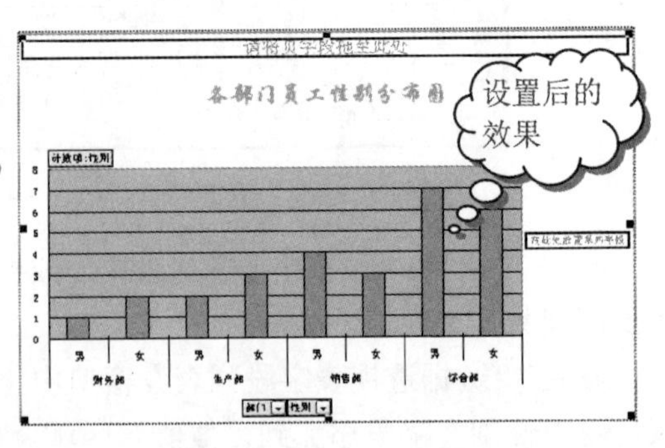

图 11-41

2. 美化数据透视图

❶ 选中数据系列的其中一个系列，单击“填充颜色”下拉按钮，在展开的下拉列表中选择“天蓝”选项，如图11-42所示，即可将“男”系列设置成天蓝色。

❷ 再选择“女”其中的一个数据系列，然后单击“填充颜色”下拉按钮，在展开的下拉列表中选择“橙色”选项，如图11-43所示，即可将“女”系列设置成橙色。

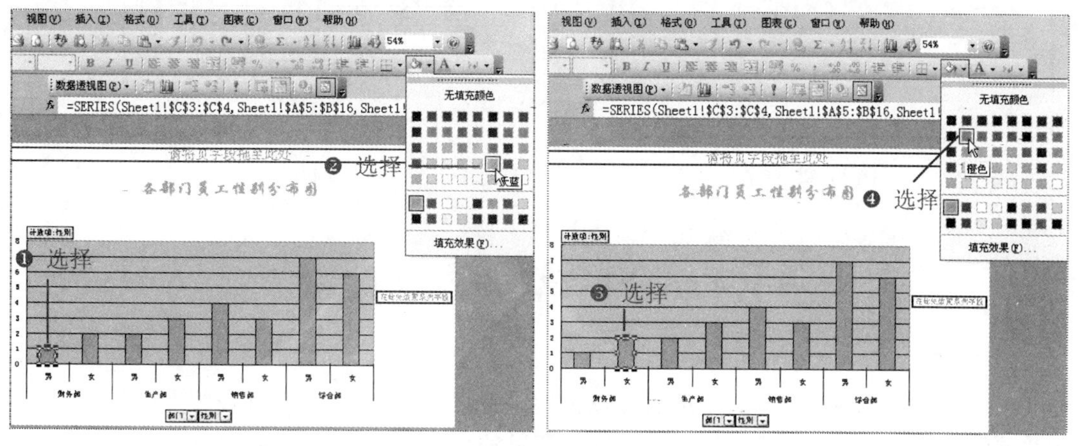

图 11-42　　　　图 11-43

❸ 按照同样的方法设置其他男、女系列填充颜色，效果如图11-44所示。

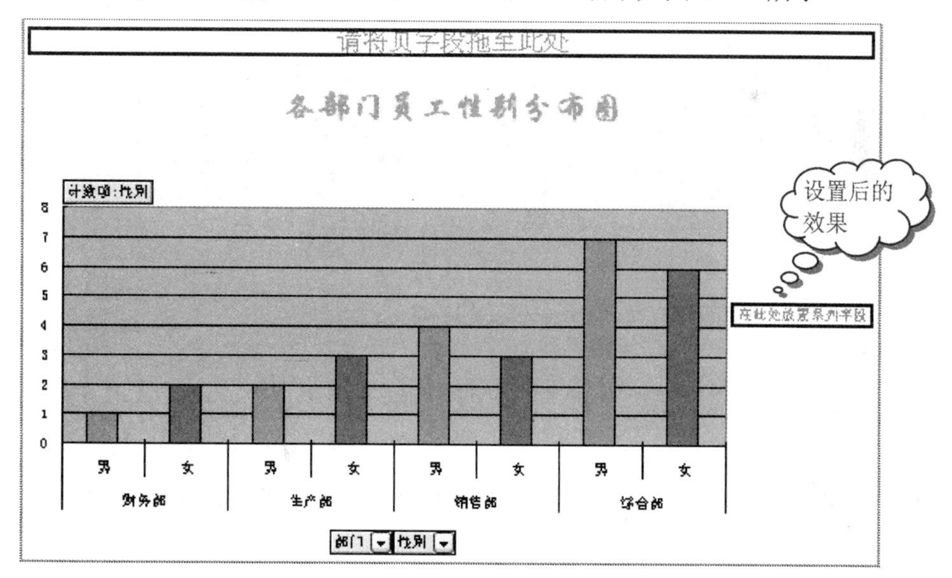

图 11-44

❹ 双击图表的绘图区，打开“绘图区格式”对话框，在“区域”栏中选择绘图区的颜色，如图11-45所示。

❺ 单击“确定”按钮，即可将绘图区设置成选择的颜色，如图11-46所示。

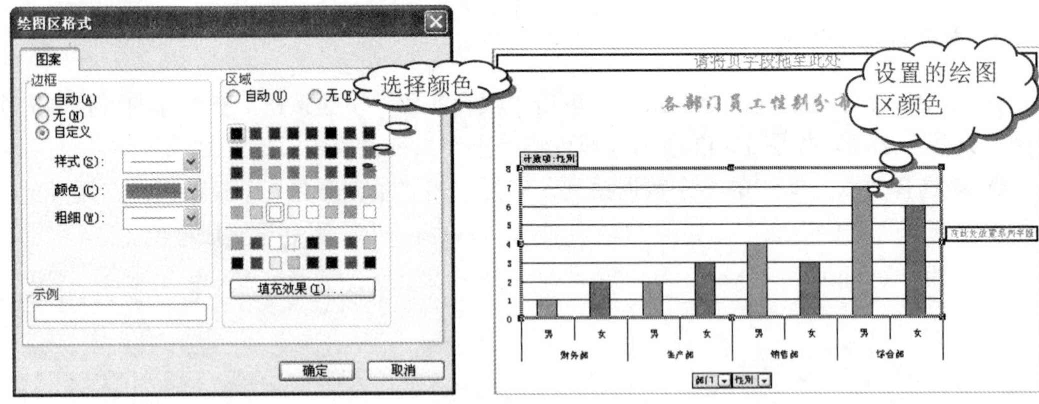

图 11-45　　　　　　　　　　　　　　图 11-46

11.4　分析客户应收账款

企业日常运作中产生的每笔应收账款需要进行记录，在 Excel 中建表管理应收账款，方便数据的计算，同时也便于后期对应收账款账龄的分析等，如图 11-47 所示。

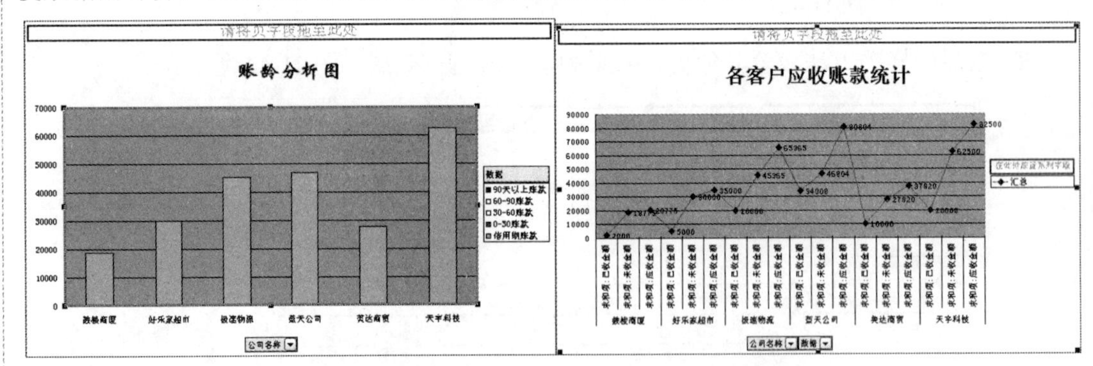

图 11-47

11.4.1　统计应收账款清单并计算账龄

源文件：11/源文件/分析客户应收账款.xls、**效果文件**：11/效果文件/分析客户应收账款.xls、**视频文件**：11/视频/11.4.1 分析客户应收账款.mp4

1. 统计应收账款清单表

❶ 建立“客户应收账款分析”工作簿，并将 Sheet1 命名为“应收账款清单”，输入内容，并设置格式，美化表格，效果如图 11-48 所示。

❷ 选中 F4 单元格，在公式编辑栏中输入公式：=D4-E4，按“Enter”键，计算出第一条记录的未收金额，选中 F4 单元格，向下复制公式，快速计算出各条应收账款的未收金额，

如图 11-49 所示。

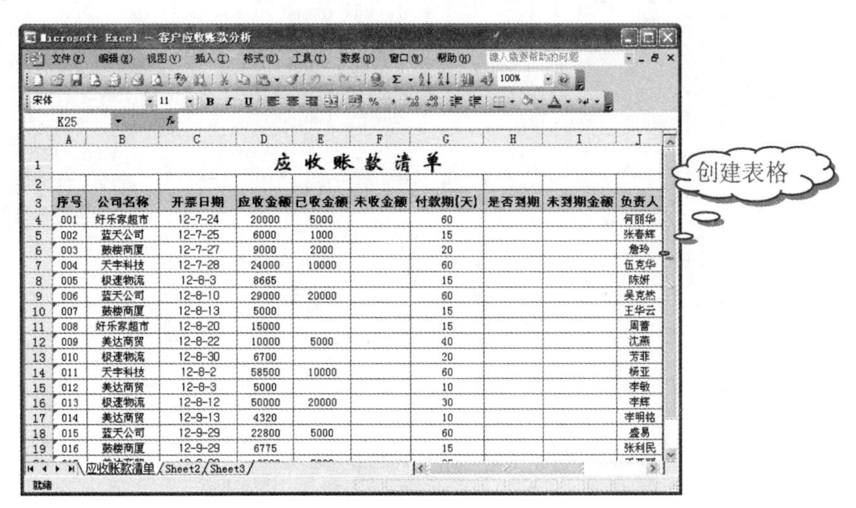

	A	B	C	D	E	F	G	H	I	J
1				应收账款清单						
2										
3	序号	公司名称	开票日期	应收金额	已收金额	未收金额	付款期(天)	是否到期	未到期金额	负责人
4	001	好乐家超市	12-7-24	20000	5000		60			何丽华
5	002	蓝天公司	12-7-25	6000	1000		15			张春辉
6	003	鼓楼商厦	12-7-27	9000	2000		20			詹玲
7	004	天宇科技	12-7-28	24000	10000		60			伍克华
8	005	根速物流	12-8-3	8665			15			陈妍
9	006	蓝天公司	12-8-10	29000	20000		60			吴克然
10	007	鼓楼商厦	12-8-13	5000			15			王华云
11	008	好乐家超市	12-8-20	15000			15			周蕾
12	009	美达商贸	12-8-22	10000	5000		40			沈燕
13	010	根速物流	12-8-30	6700			20			芳菲
14	011	天宇科技	12-8-2	58500	10000		60			杨亚
15	012	美达商贸	12-8-3	5000			10			李敏
16	013	根速物流	12-8-12	50000	20000		30			李辉
17	014	美达商贸	12-9-13	4320			10			李明铭
18	015	蓝天公司	12-9-29	22800	5000		60			盛易
19	016	鼓楼商厦	12-9-29	6775			15			张利民

图 11-48

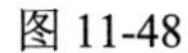

❸ 选中 H4 单元格，在公式编辑栏中输入公式：=IF((C4+G4)<$C$2,"是","否")，按“Enter”键，判断出第一条应收账款记录是否到期，选中 H4 单元格，向下复制公式，快速判断出各条应收账款是否到期，如图 11-50 所示。

F4　=D4-E4　❶ 输入

	A	B	C	D	E	F	G
1				应收账款清单			
2							
3	序号	公司名称	开票日期	应收金额	已收金额	未收金额	付款期
4	001	好乐家超市	12-7-24	20000	5000	15000	60
5	002	蓝天公司	12-7-25	6000	1000	5000	15
6	003	鼓楼商厦	12-7-27	9000	2000	7000	20
7	004	天宇科技	12-7-28	24000	10000	14000	60
8	005	根速物流	12-8-3	8665		8665	15
9	006	蓝天公司	12-8-10	29000	20000	9000	60
10	007	鼓楼商厦	12-8-13	5000		5000	15
11	008	好乐家超市	12-8-20	15000		15000	15
12	009	美达商贸	12-8-22	10000	5000	5000	40
13	010	根速物流	12-8-30	6700		6700	20
14	011	天宇科技	12-8-2	58500	10000	48500	60
15	012	美达商贸	12-8-3	5000		5000	10
16	013	根速物流	12-8-12	50000	20000	30000	30
17	014	美达商贸	12-9-13	4320		4320	10
18	015	蓝天公司	12-9-29	22800	5000	17800	60
19	016	鼓楼商厦	12-9-29	6775		6775	15
20	017	美达商贸	12-9-29	18500	5000	13500	25
21	018	蓝天公司	12-9-30	23004	8000	15004	40

图 11-49

H4　=IF((C4+G4)<$C$2,"是","否")　❷ 输入

	A	B	C	D	E	F	G	H
1				应收账款清单				
2								
3	序号	公司名称	开票日期	应收金额	已收金额	未收金额	付款期(天)	是否到期
4	001	好乐家超市	12-7-24	20000	5000	15000	60	否
5	002	蓝天公司	12-7-25	6000	1000	5000	15	否
6	003	鼓楼商厦	12-7-27	9000	2000	7000	20	否
7	004	天宇科技	12-7-28	24000	10000	14000	60	否
8	005	根速物流	12-8-3	8665		8665	15	否
9	006	蓝天公司	12-8-10	29000	20000	9000	60	否
10	007	鼓楼商厦	12-8-13	5000		5000	15	否
11	008	好乐家超市	12-8-20	15000		15000	15	否
12	009	美达商贸	12-8-22	10000	5000	5000	40	否
13	010	根速物流	12-8-30	6700		6700	20	否
14	011	天宇科技	12-8-2	58500	10000	48500	60	否
15	012	美达商贸	12-8-3	5000		5000	10	否
16	013	根速物流	12-8-12	50000	20000	30000	30	否
17	014	美达商贸	12-9-13	4320		4320	10	否
18	015	蓝天公司	12-9-29	22800	5000	17800	60	否
19	016	鼓楼商厦	12-9-29	6775		6775	15	否
20	017	美达商贸	12-9-29	18500	5000	13500	25	否
21	018	蓝天公司	12-9-30	23004	8000	15004	40	否

图 11-50

❹ 选中 I4 单元格，在公式编辑栏中输入公式：=IF($C$2-(C4+G4)<0,D4-E4,0)，按“Enter”键，计算出第一条应收账款记录的未到期金额，选中 I4 单元格，向下复制公式，快速计算出各条应收账款的未到期金额，如图 11-51 所示。

2. 计算各条应收账款的账龄

❶ 在“应收账款清单”表中建立账龄分段标识。选中 K4 单元格，在公式编辑栏中输入公式：=IF(AND($C$2-(C4+G4)>0,$C$2-(C4+G4)<=30),D4-E4,0)，按“Enter”键，判断第一条应收账款记录是否到期，如果到期，是否在“0-30”区间，如果是返回应收金额，否则返回 0 值，如图 11-52 所示。

I4 =IF($C$2-(C4+G4)<0,D4-E4,0) ❸ 输入

	A	B	C	D	E	F	G	H	I	J
1	应收账款清单									
2										
3	序号	公司名称	开票日期	应收金额	已收金额	未收金额	付款期(天)	是否到期	未到期金额	负责人
4	001	好乐家超市	12-7-24	20000	5000	15000	60	否	15000	何丽华
5	002	蓝天公司	12-7-25	6000	1000	5000	15	否	5000	张春辉
6	003	鼓楼商厦	12-7-27	9000	2000	7000	20	否	7000	詹玲
7	004	天宇科技	12-7-28	24000	10000	14000	60	否	14000	伍克华
8	005	极速物流	12-8-3	8665		8665	15	否	8665	陈妍
9	006	蓝天公司	12-8-10	29000	20000	9000	60	否	9000	吴克然
10	007	鼓楼商厦	12-8-13	5000		5000	15	否	5000	王华云
11	008	好乐家超市	12-8-20	15000		15000	15	否	15000	周蕾
12	009	美达商贸	12-8-22	10000	5000	5000	40	否	5000	沈燕
13	010	极速物流	12-8-30	6700		6700	20	否	6700	芳菲
14	011	天宇科技	12-8-2	58500	10000	48500	60	否	48500	杨亚
15	012	美达商贸	12-8-3	5000		5000	10	否	5000	李敏
16	013	极速物流	12-8-12	50000	20000	30000	30	否	30000	李辉
17	014	美达商贸	12-9-13	4320		4320	10	否	4320	李明铭
18	015	蓝天公司	12-9-29	22800	5000	17800	60	否	17800	盛易
19	016	鼓楼商厦	12-9-29	6775		6775	15	否	6775	张利民
20	017	美达商贸	12-9-29	18500	5000	13500	25	否	13500	于亚丽
21	018	蓝天公司	12-9-30	23004	8000	15004	40	否	15004	李逸
22										

应收账款清单 / Sheet2 / Sheet3

图 11-51

K4 =IF(AND($C$2-(C4+G4)>0,$C$2-(C4+G4)<=30),D4-E4,0) ❶ 输入

	A	B	C	D	E	F	G	H	I	J	K	L
1	应收账款清单										账龄	
2												
3	序号	公司名称	开票日期	应收金额	已收金额	未收金额	付款期(天)	是否到期	未到期金额	负责人	0-30	30-60
4	001	好乐家超市	12-7-24	20000	5000	15000	60	否	15000	何丽华	0	
5	002	蓝天公司	12-7-25	6000	1000	5000	15	否	5000	张春辉	0	
6	003	鼓楼商厦	12-7-27	9000	2000	7000	20	否	7000	詹玲	0	
7	004	天宇科技	12-7-28	24000	10000	14000	60	否	14000	伍克华	0	
8	005	极速物流	12-8-3	8665		8665	15	否	8665	陈妍	0	
9	006	蓝天公司	12-8-10	29000	20000	9000	60	否	9000	吴克然	0	
10	007	鼓楼商厦	12-8-13	5000		5000	15	否	5000	王华云	0	
11	008	好乐家超市	12-8-20	15000		15000	15	否	15000	周蕾	0	
12	009	美达商贸	12-8-22	10000	5000	5000	40	否	5000	沈燕	0	
13	010	极速物流	12-8-30	6700		6700	20	否	6700	芳菲	0	
14	011	天宇科技	12-8-2	58500	10000	48500	60	否	48500	杨亚	0	
15	012	美达商贸	12-8-3	5000		5000	10	否	5000	李敏	0	

图 11-52

❷ 选中 L4 单元格，在公式编辑栏中输入公式：=IF(AND($C$2-(C4+G4)>30,$C$2-(C4+G4)<=60),D4-E4,0)，按“Enter”键，判断第一条应收账款记录是否到期，如果到期，是否在“30-60”区间，如果是返回应收金额，否则返回 0 值，如图 11-53 所示。

L4 =IF(AND($C$2-(C4+G4)>30,$C$2-(C4+G4)<=60),D4-E4,0) ❷ 输入

	A	B	C	D	E	F	G	H	I	J	K	L
1	应收账款清单										账龄	
2												
3	序号	公司名称	开票日期	应收金额	已收金额	未收金额	付款期(天)	是否到期	未到期金额	负责人	0-30	30-60
4	001	好乐家超市	12-7-24	20000	5000	15000	60	否	15000	何丽华	0	0
5	002	蓝天公司	12-7-25	6000	1000	5000	15	否	5000	张春辉	0	
6	003	鼓楼商厦	12-7-27	9000	2000	7000	20	否	7000	詹玲	0	
7	004	天宇科技	12-7-28	24000	10000	14000	60	否	14000	伍克华	0	
8	005	极速物流	12-8-3	8665		8665	15	否	8665	陈妍	0	
9	006	蓝天公司	12-8-10	29000	20000	9000	60	否	9000	吴克然	0	
10	007	鼓楼商厦	12-8-13	5000		5000	15	否	5000	王华云	0	
11	008	好乐家超市	12-8-20	15000		15000	15	否	15000	周蕾	0	
12	009	美达商贸	12-8-22	10000	5000	5000	40	否	5000	沈燕	0	
13	010	极速物流	12-8-30	6700		6700	20	否	6700	芳菲	0	
14	011	天宇科技	12-8-2	58500	10000	48500	60	否	48500	杨亚	0	
15	012	美达商贸	12-8-3	5000		5000	10	否	5000	李敏	0	

图 11-53

❸ 选中 M4 单元格，在公式编辑栏中输入公式：=IF(AND($C$2-(C4+G4)>60,$C$2-(C4+G4)<=90),D4-E4,0)，按“Enter”键，判断第一条应收账款记录是否到期，如果到期，是否在“60-90”区间，如果是返回应收金额，否则返回 0 值，如图 11-54 所示。

M4 =IF(AND($C$2-(C4+G4)>60,$C$2-(C4+G4)<=90),D4-E4,0) ❸ 输入

序号	公司名称	开票日期	应收金额	已收金额	未收金额	付款期(天)	是否到期	未到期金额	负责人	0-30	30-60	60-90	9
001	好乐家超市	12-7-24	20000	5000	15000	60	否	15000	何丽华	0	0	0	
002	蓝天公司	12-7-25	6000	1000	5000	15	否	5000	张春辉	0			
003	鼓楼商厦	12-7-27	9000	2000	7000	20	否	7000	詹玲	0			
004	天宇科技	12-7-28	24000	10000	14000	60	否	14000	伍克华	0			
005	极速物流	12-8-3	8665		8665	15	否	8665	陈妍	0			
006	蓝天公司	12-8-10	29000	20000	9000	60	否	9000	吴克然	0			
007	鼓楼商厦	12-8-13	5000		5000	15	否	5000	王华云	0			
008	好乐家超市	12-8-20	15000		15000	15	否	15000	周蕾	0			
009	美达商贸	12-8-22	10000	5000	5000	40	否	5000	沈燕	0			
010	极速物流	12-8-30	6700		6700	20	否	6700	芳菲	0			
011	天宇科技	12-8-2	58500	10000	48500	60	否	48500	杨亚	0			
012	美达商贸	12-8-3	5000		5000	10	否	5000	李敏	0			
013	极速物流	12-8-12	50000	20000	30000	30	否	30000	李辉	0			

图 11-54

❹ 选中 N4 单元格，在公式编辑栏中输入公式：=IF($C$2-(C4+G4)>90,D4-E4,0)，按“Enter”键，判断第一条应收账款记录是否到期，如果到期，是否在“90 天以上”区间，如果是返回应收金额，否则返回 0 值，如图 11-55 所示。

N4 =IF($C$2-(C4+G4)>90,D4-E4,0) ❹ 输入

序号	公司名称	开票日期	应收金额	已收金额	未收金额	付款期(天)	是否到期	未到期金额	负责人	0-30	30-60	60-90	90天以上
001	好乐家超市	12-7-24	20000	5000	15000	60	否	15000	何丽华	0	0	0	0
002	蓝天公司	12-7-25	6000	1000	5000	15	否	5000	张春辉	0			
003	鼓楼商厦	12-7-27	9000	2000	7000	20	否	7000	詹玲	0			
004	天宇科技	12-7-28	24000	10000	14000	60	否	14000	伍克华	0			
005	极速物流	12-8-3	8665		8665	15	否	8665	陈妍	0			
006	蓝天公司	12-8-10	29000	20000	9000	60	否	9000	吴克然	0			
007	鼓楼商厦	12-8-13	5000		5000	15	否	5000	王华云	0			
008	好乐家超市	12-8-20	15000		15000	15	否	15000	周蕾	0			
009	美达商贸	12-8-22	10000	5000	5000	40	否	5000	沈燕	0			
010	极速物流	12-8-30	6700		6700	20	否	6700	芳菲	0			
011	天宇科技	12-8-2	58500	10000	48500	60	否	48500	杨亚	0			
012	美达商贸	12-8-3	5000		5000	10	否	5000	李敏	0			
013	极速物流	12-8-12	50000	20000	30000	30	否	30000	李辉	0			

图 11-55

❺ 选中 K4:N4 单元格区域，将光标定位到该单元格区域右下角，当出现黑色十字形时，按住鼠标左键向下拖动。拖动到目标位置后，释放鼠标即可快速返回各条应收账款所在的账龄区间，如图 11-56 所示。

序号	公司名称	开票日期	应收金额	已收金额	未收金额	付款期(天)	是否到期	未到期金额	负责人	0-30	30-60	60-90	90天以上
001	好乐家超市	12-7-24	20000	5000	15000	60	否	15000	何丽华	0	0	0	0
002	蓝天公司	12-7-25	6000	1000	5000	15	否	5000	张春辉	0	0	0	
003	鼓楼商厦	12-7-27	9000	2000	7000	20	否	7000	詹玲	0	0	0	
004	天宇科技	12-7-28	24000	10000	14000	60	否	14000	伍克华	0	0	0	
005	极速物流	12-8-3	8665		8665	15	否	8665	陈妍	0	0	0	0
006	蓝天公司	12-8-10	29000	20000	9000	60	否	9000	吴克然	0	0	0	0
007	鼓楼商厦	12-8-13	5000		5000	15	否	5000	王华云	0	0	0	0
008	好乐家超市	12-8-20	15000		15000	15	否	15000	周蕾	0	0	0	0
009	美达商贸	12-8-22	10000	5000	5000	40	否	5000	沈燕	0	0	0	0
010	极速物流	12-8-30	6700		6700	20	否	6700	芳菲	0	0	0	0
011	天宇科技	12-8-2	58500	10000	48500	60	否	48500	杨亚	0	0	0	0
012	美达商贸	12-8-3	5000		5000	10	否	5000	李敏	0	0	0	0
013	极速物流	12-8-12	50000	20000	30000	30	否	30000	李辉	0	0	0	0
014	美达商贸	12-9-13	4320		4320	10	否	4320	李明铭	0	0	0	0
015	蓝天公司	12-9-29	22800	5000	17800	60	否	17800	盛易	0	0	0	0
016	鼓楼商厦	12-9-29	6775		6775	15	否	6775	张利民	0	0	0	0
017	美达商贸	12-9-29	18500	5000	13500	25	否	13500	于亚丽	0	0	0	0
018	蓝天公司	12-9-30	23004	8000	15004	40	否	15004	李逸	0	0	0	0

复制公式

图 11-56

11.4.2 分客户统计应收账款

Note

源文件：11/源文件/分析客户应收账款.xls、**效果文件**：11/效果文件/分析客户应收账款.xls、**视频文件**：11/视频/11.4.2 分析客户应收账款.mp4

1. 建立数据透视表统计各客户应收账款

❶ 在“应收账款清单”表中，选中 A3:J21 单元格区域，创建数据透视表，将新工作表重新命名为“分客户统计应收账款”，然后设置“公司名称”为行标签字段，分别设置“应收金额”、“已收金额”、“未收金额”为数值字段，数据透视表显示如图 11-57 所示。

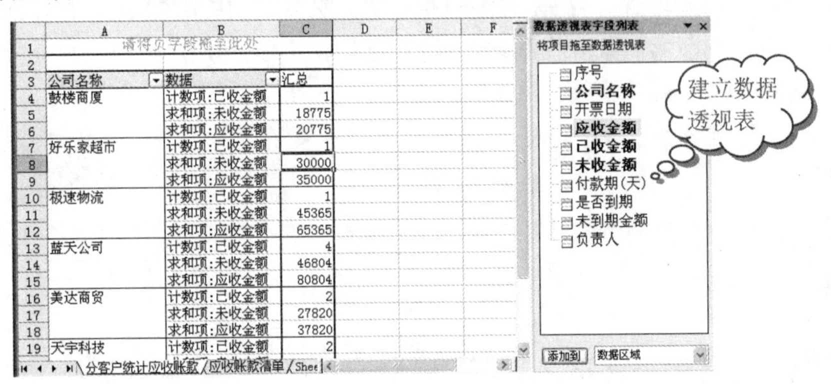

图 11-57

❷ “已收金额”字段默认采用的“计数”汇总方式，这里需要将其更改为“求和”汇总方式。选中“计数项：已收金额”单元格区域，单击“数据透视表”工具栏中的“字段设置”按钮，打开“数据透视表字段”对话框，选中“求和”选项，如图 11-58 所示。

❸ 单击“确定”按钮，即可将计数项改为求和项，如图 11-59 所示。

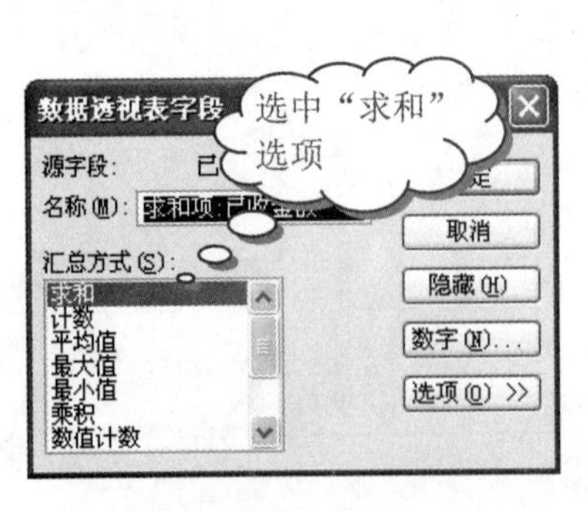

图 11-58

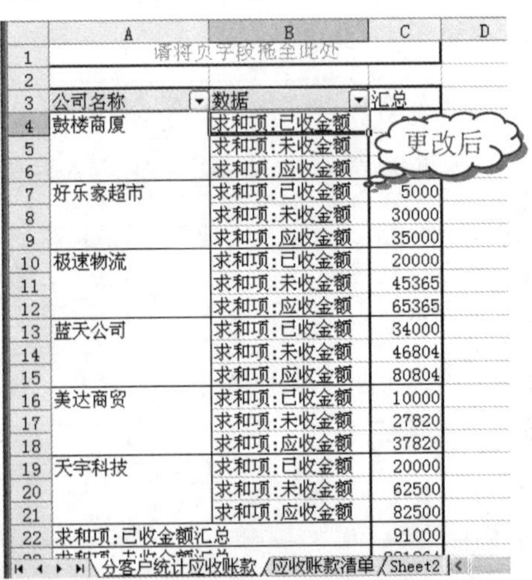

图 11-59

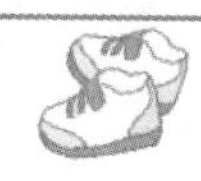

2．建立数据透视图直观显示各客户应收账款

❶ 选中数据透视表任意单元格，单击“数据透视表”工具栏中的“图表向导”按钮，新建工作表插入默认的柱形图，再单击“数据透视表”工具栏中的“图表向导”按钮，打开“图表向导-4 步骤之 1-图表类型”对话框，选择需要的图表类型，如图 11-60 所示。

❷ 单击“完成”按钮，即可更改为折线图，然后输入图表标题并进行美化，最后效果如图 11-61 所示。

图 11-60

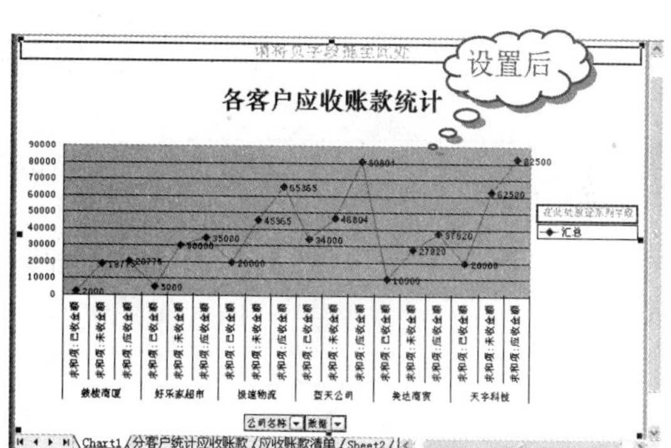

图 11-61

11.4.3 分客户分账龄分析应收账款

:源文件：11/源文件/分析客户应收账款.xls、**效果文件**：11/效果文件/分析客户应收账款.xls、**视频文件**：11/视频/11.4.3 分析客户应收账款.mp4

1．建立“分客户分账龄分析应收账款”表

❶ 在“应收账款清单”表中选中包含列标识的整个表格编辑区域，建立数据透视表，将新工作表重新命名为“分客户分析应收账款的账龄”；然后设置“公司名称”为行标签字段，分别设置“未到期金额”、“0-30”、“30-60”、“60-90”、“90 天以上”为数值字段，数据透视表显示如图 11-62 所示。

❷ 选中“求和项：未到期金额”单元格字段，单击“数据透视表”工具栏中的“字段设置”按钮，打开“数据透视表字段”对话框，在“名称”文本框中输入名称，如图 11-63 所示，单击“确定”按钮，即可看到更改的名称，如图 11-64 所示。

❸ 按相同的方法更改其他数值字段的名称，然后再重新输入行标签名称，如图 11-65 所示。

Note

图 11-62

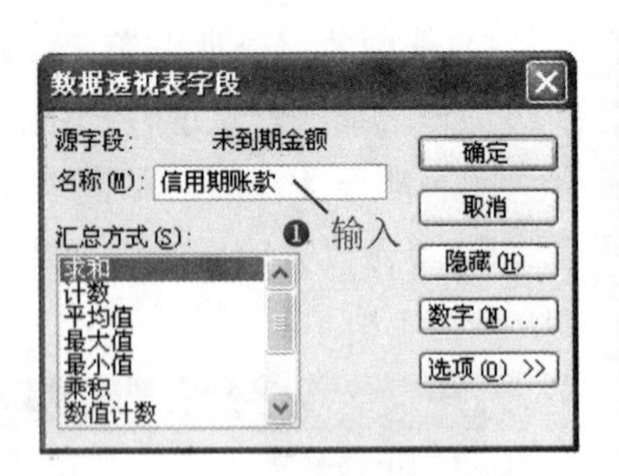

图 11-63

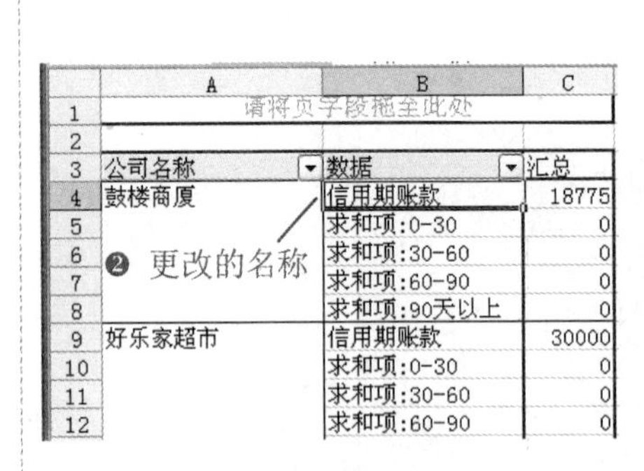

图 11-64

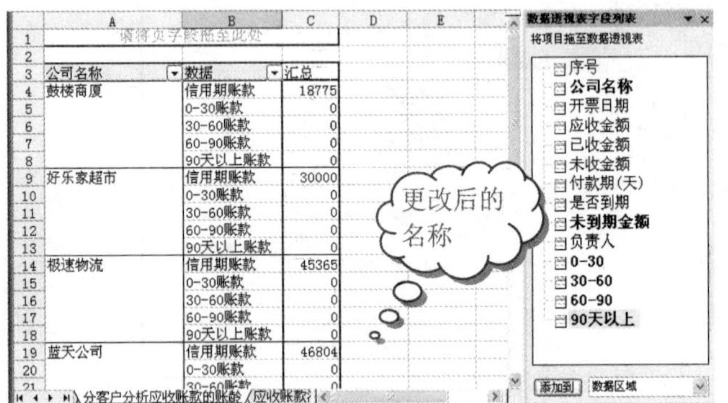

图 11-65

2. 美化数据透视表

数据透视表也可以像普通表格一样进行美化，除了通过设置字体、填充颜色外，还可以直接套用格式，具体操作如下。

❶ 选中数据透视表任意单元格，单击“数据透视表”工具栏中的“设置报告格式”按钮，打开“自动套用格式”对话框，在列表中选择合适的格式，如图 11-66 所示。

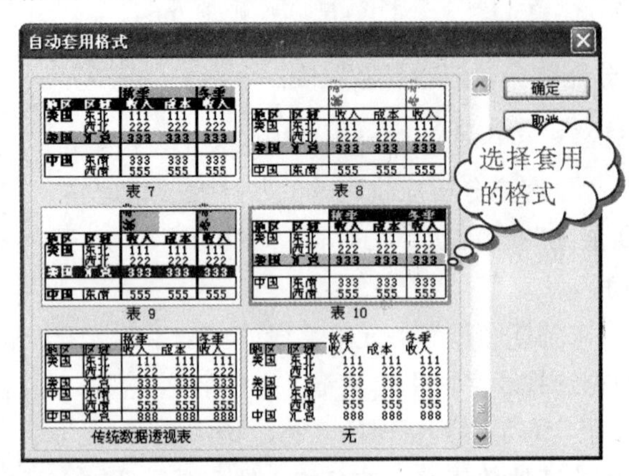

图 11-66

❷ 单击“确定”按钮，即可自动套用格式，如图 11-67 所示。

图 11-67

3．用图表直观分析各客户账龄表

❶ 选中数据透视表任意单元格，按照同样的方法创建“堆积柱形图”图表，如图 11-68 所示。

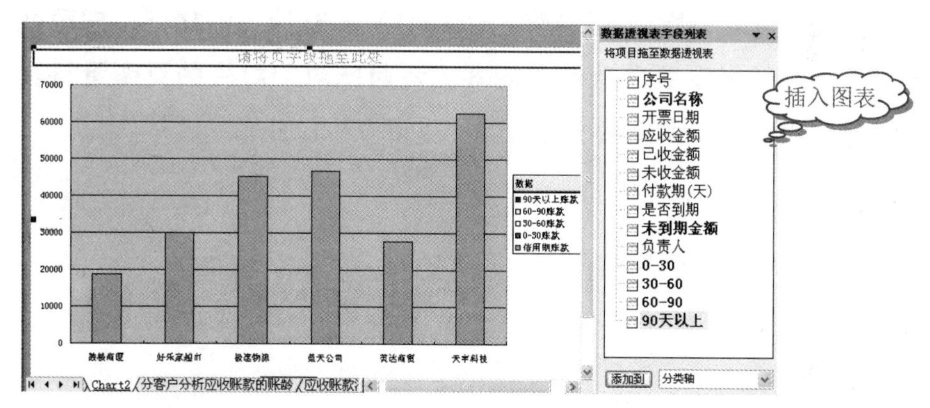

图 11-68

❷ 为图表添加标题，并设置图表格式，如图 11-69 所示。从图表中可以直观地看到各账龄分段类的账款金额及信用期内的金额。

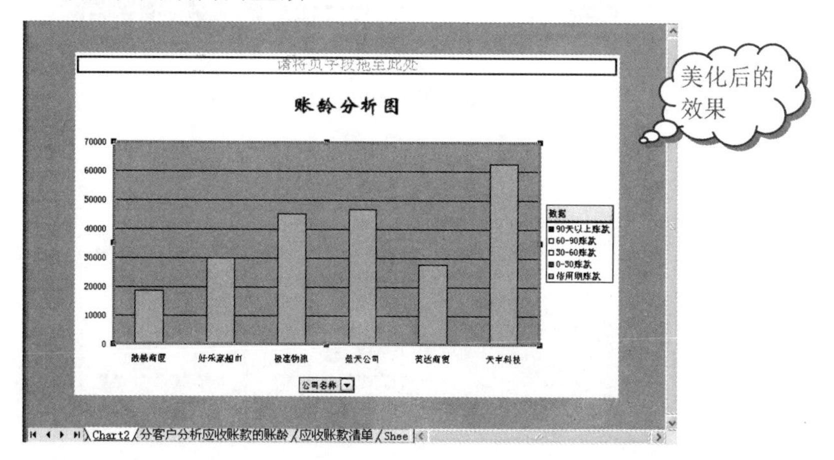

图 11-69

第12章

幻灯片版面设计及文本编辑

PowerPoint 2003 在设计和展示幻灯片上有独特的功能，它可以一张一张幻灯片有条理地展示所要表达的内容，还可以对幻灯片的页面进行美化，达到赏心悦目的效果，本章主要介绍文字和页面方面的设置。

☑ 企业文化培训

☑ 新员工入职工作流程

本章部分学习目标及案例

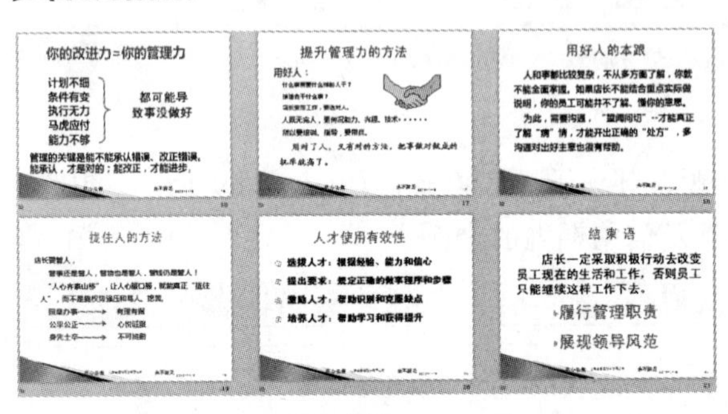

（1）

（2）

12.1　基 础 知 识

12.1.1　根据设计模板创建演示文稿

：源文件：12/源文件/12.1.1 根据设计模板创建.ppt、**视频文件**：12/视频/12.1.1 根据设计模板创建.mp4

演示文稿是指 PowerPoint 文档，在一个演示文稿中包含多张幻灯片。通过模板创建演示文稿可以帮助用户快速地创建，节省时间，而且效果较好。

❶ 选择“文件”→“新建”命令，打开“新建演示文稿”任务窗格，然后单击“根据设计模板”超链接，如图 12-1 所示。

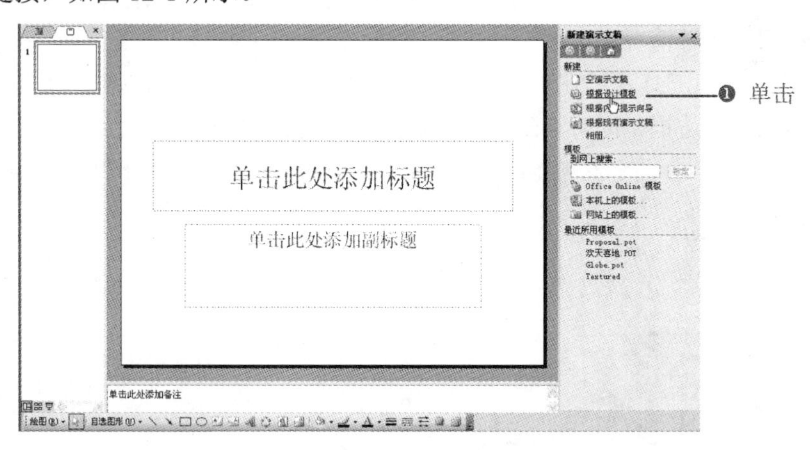

图 12-1

❷ 单击后显示“幻灯片设计”任务窗格，在这里展示了很多模板，单击合适的模板即可应用，如图 12-2 所示。

图 12-2

根据内容提示向导创建

在“新建演示文稿”任务窗格中除了根据设计模板创建演示文稿外，还可以根据向导创建。单击“新建演示文稿”任务窗格中的“根据内容提示向导”超链接，打开“内容提示向导”对话框，根据提示创建即可。

12.1.2 选择幻灯片

：源文件：12/源文件/12.1.2 选择幻灯片.ppt、**视频文件**：12/视频/12.1.2 选择幻灯片.mp4

选择幻灯片分为选择单张幻灯片、选择多张连续幻灯片、选择多张不连续幻灯片和选择全部幻灯片 4 种情况。

❶ 选择单张幻灯片。在“大纲”窗格或“幻灯片”窗格中单击某张幻灯片，幻灯片周围就会出现蓝色边框，同时在幻灯片编辑区显示这张幻灯片的内容，如图 12-3 所示。

图 12-3

❷ 选择多张连续幻灯片。在“大纲”窗格或“幻灯片”窗格中单击所需的第一张幻灯片，按“Shift”键不放单击所需的最后一张幻灯片，即可选中这两张幻灯片之间的所有幻灯片，如图 12-4 所示。

❸ 选择多张不连续幻灯片。在“大纲”窗格或“幻灯片”窗格中单击所需的第一张幻灯片，按“Ctrl”键不放然后单击所需的其他幻灯片，即可选择选中的幻灯片，如图 12-5 所示。

❹ 选择全部幻灯片。选择“编辑”→“全选”命令，或按“Ctrl+A”快捷键即可全选。

图 12-4

图 12-5

12.1.3　在不同的演示文稿中复制幻灯片

：源文件：12/源文件/12.1.3 复制幻灯片.ppt、**视频文件**：12/视频/12.1.3 复制幻灯片.mp4

在操作幻灯片时，幻灯片中的内容在其他幻灯片中也可应用，直接复制过去比重新制作要方便，通过下面的方法可实现。

❶ 打开两个需要复制和粘贴的演示文稿，选择“窗口”→“全部重排”命令，如图 12-6 所示。

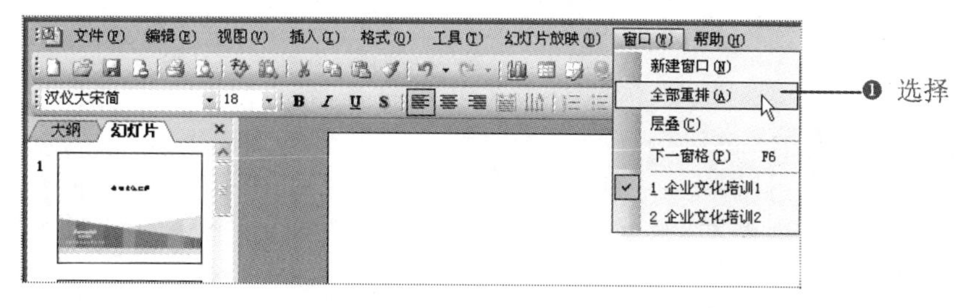

图 12-6

❷ 这时两个文件就会排列在一个窗口中，选择要复制的幻灯片，如“企业文化培训 1”的第 14 张幻灯片，选择“编辑”→“复制”命令，或在“幻灯片”窗格中的第 14 张幻灯片上单击鼠标右键，在弹出的快捷菜单中选择“复制”命令，如图 12-7 所示。

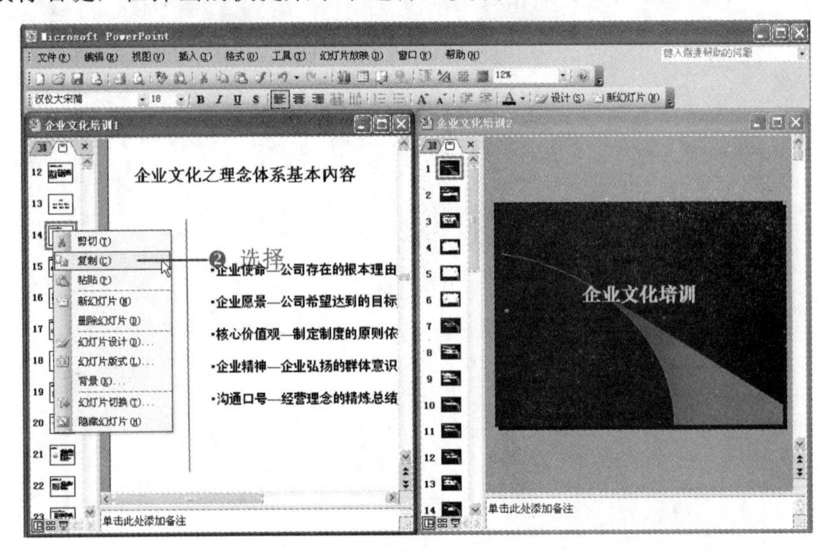

图 12-7

❸ 切换到“企业文化培训 2”演示文稿，选择第一张幻灯片之前的位置，按“Ctrl+V”快捷键进行粘贴，这样“企业文化培训 2”中的第一张幻灯片就成了粘贴后的新幻灯片，如图 12-8 所示。

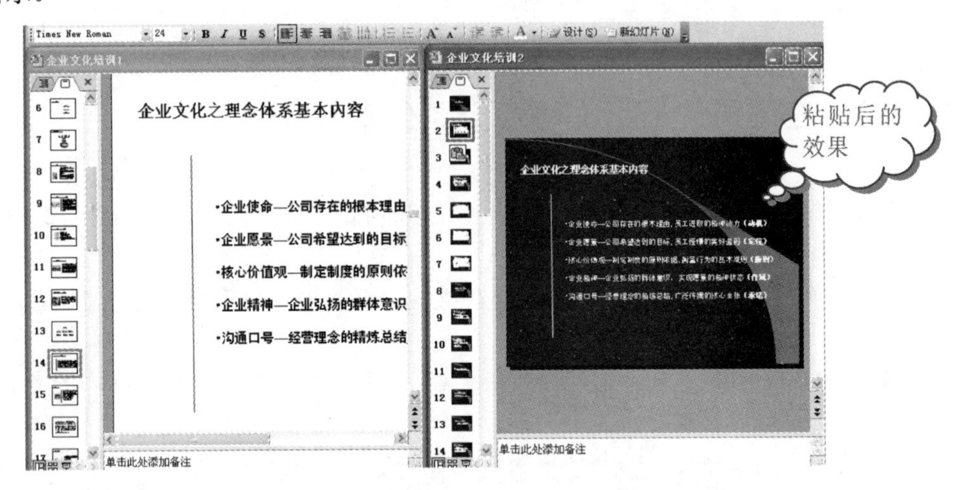

图 12-8

操作提示

在不同的演示文稿中复制幻灯片时，粘贴后的幻灯片会自动套用被粘贴到的演示文稿中的模板样式。

12.1.4　幻灯片的移动和删除

源文件：12/源文件/12.1.4 幻灯片移动和删除.ppt、**视频文件**：12/视频/12.1.4 幻灯片移动和删除.mp4

若幻灯片的顺序不对，可将其移动到合适的位置，有些幻灯片不需要，就可以将其删除，具体操作如下。

❶ 移动幻灯片。在幻灯片“大纲”、“幻灯片”窗格和“幻灯片浏览”视图中都可以移动幻灯片，鼠标指向要移动的幻灯片，按住鼠标左键并移动鼠标，这时可看到一条竖线随之移动，将该竖线移动到幻灯片的目标位置后松开鼠标左键即可，如图 12-9 所示。

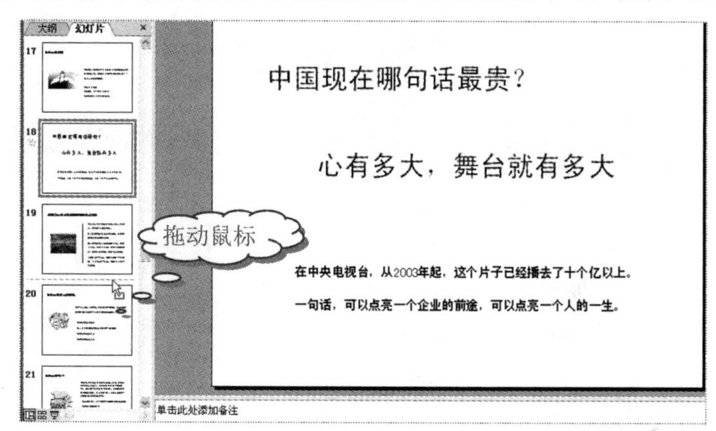

图 12-9

❷ 删除幻灯片。选中要删除的幻灯片，选择“编辑”→“删除幻灯片”命令，或按“Delete”键。

知识拓展

查找幻灯片

如果在演示文稿中一时找不到需要的幻灯片，只记得这张幻灯片上的部分文字内容，便可对其进行查找。

选择“编辑”→“查找”命令，打开“查找”对话框，在“查找内容”文本框中输入查找内容，如图 12-10 所示，单击“查找下一个”按钮，即可根据设置条件进行查找。

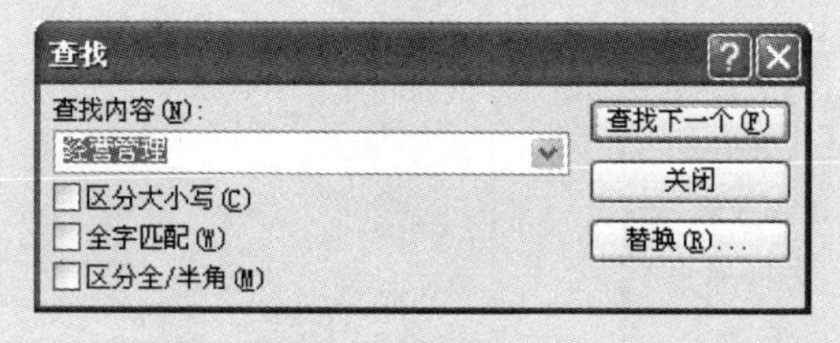

图 12-10

Note

12.1.5 设置填充图片背景

源文件：12/源文件/12.1.5 填充幻灯片背景.ppt、**视频文件**：12/视频/12.1.5 填充幻灯片背景.mp4

幻灯片背景不仅可以用颜色填充，还可以用图片进行填充，具体操作如下。

❶ 在幻灯片空白处单击鼠标右键，在弹出的快捷菜单中选择“背景”命令，如图 12-11 所示，或选择“格式”→“背景”命令。

❷ 打开“背景”对话框，单击“背景填充”下拉按钮，选择“填充效果”选项，如图 12-12 所示。

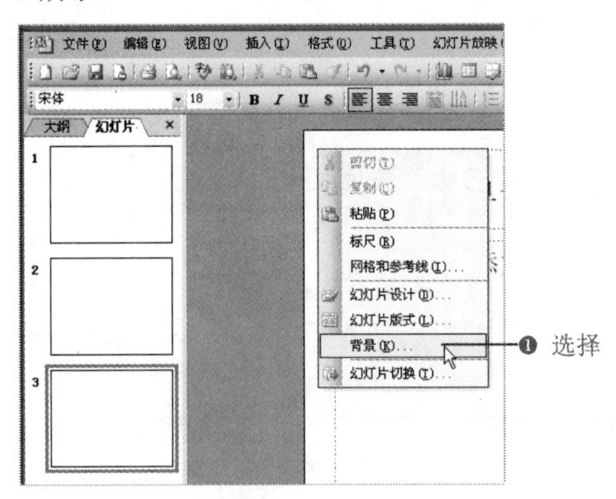

图 12-11

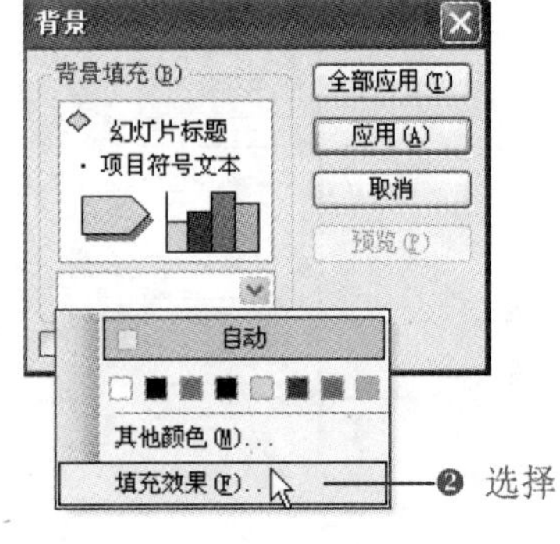

图 12-12

❸ 打开“填充效果”对话框，选择“图片”选项卡，单击“选择图片”按钮，如图 12-13 所示，打开“选择图片”对话框，选择需要的背景图片，如图 12-14 所示。

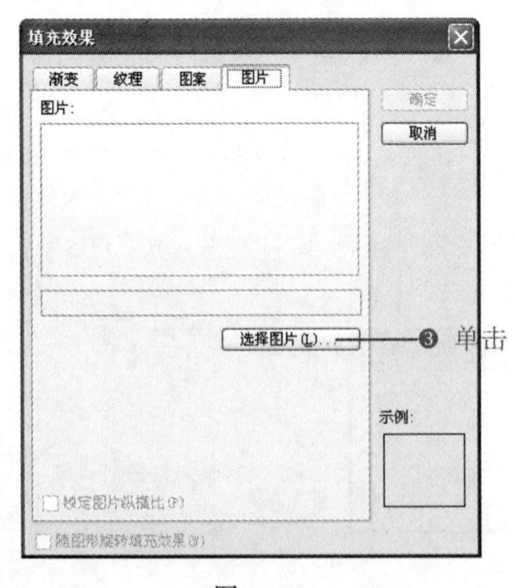

图 12-13

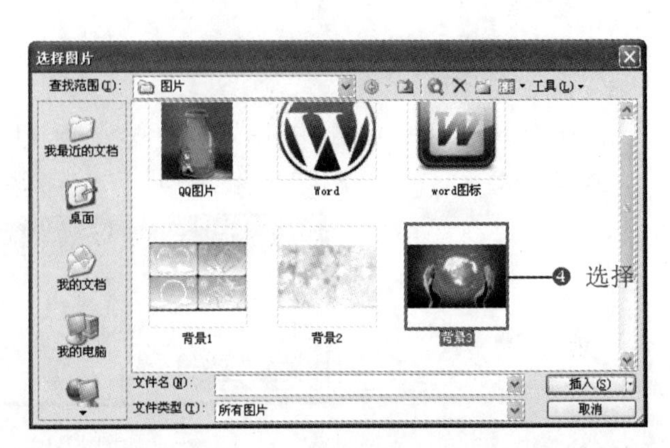

图 12-14

❹ 单击“插入”按钮，再单击“确定”按钮，最后单击“全部应用”按钮，即可将图片设置为所有幻灯片的背景，如图 12-15 所示。

图 12-15

12.1.6　在文本占位符中输入文本

：**源文件**：12/源文件/12.1.6 在占位符输入文本.ppt、**视频文件**：12/视频/12.1.6 在占位符输入文本.mp4

选择幻灯片版式后，大多数幻灯片中会自动出现文本占位符。文本占位符其实就是为输入文本预留的位置，表现为一个虚框，虚框内部往往有“单击此处添加标题”之类的提示语，如图 12-16 所示。

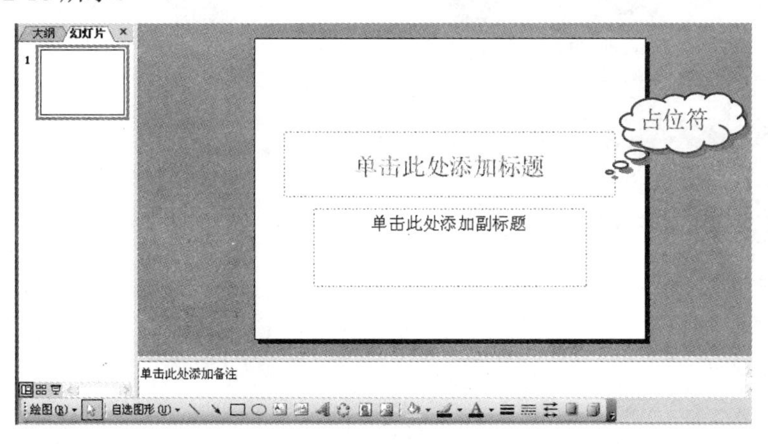

图 12-16

❶ 单击文本占位符之后，该占位符中原有的“单击此处添加标题”的提示语消失，出现闪烁的光标，且虚线边框变粗，如图 12-17 所示。

❷ 在闪烁的光标处输入文本，也可直接粘贴文本，完成文本输入后单击幻灯片空白处

退出文本输入状态，且文本占位符边框消失，如图 12-18 所示，接着可以在其他占位符中输入文本。

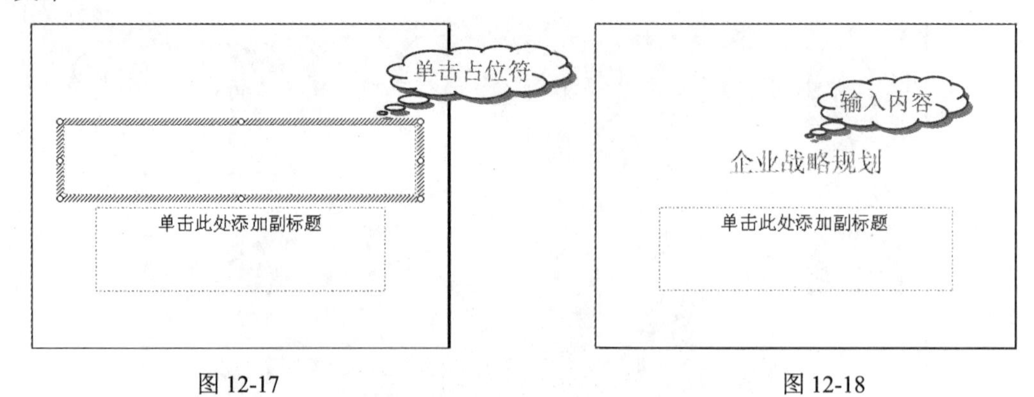

图 12-17　　图 12-18

12.2　企业文化培训

企业要实现可持续发展，必须有一个长远的发展目标和发展规划。企业今后朝什么方向发展、如何发展等问题都应让全体员工尽快了解。发展战略只有得到全体员工的认同，才能发挥出应有的导向作用，才能成为全体员工的行动纲领。在企业文化建设中，要充分利用网络等载体，采取灵活多样的形式，搞好企业发展战略的宣传和落实。通过积极开展企业战略文化建设，进一步理清工作思路，明确企业的发展方向，激发员工的工作热情，如图 12-19 所示为制作的企业文化培训演示文稿。

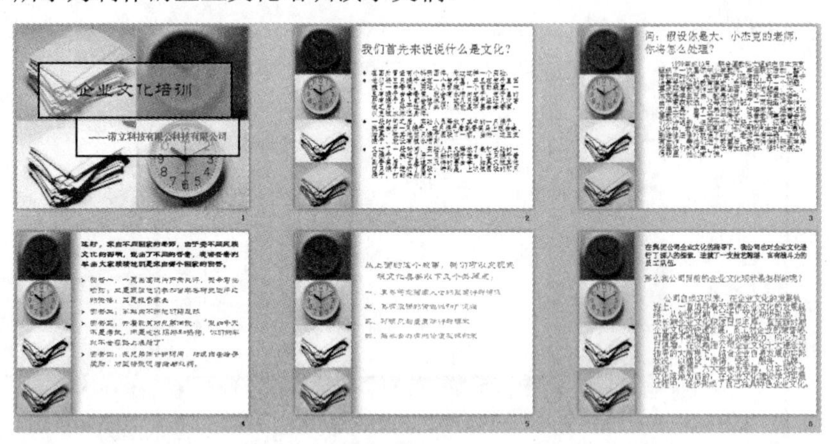

图 12-19

12.2.1　设计企业文化幻灯片母版

：源文件：12/源文件/企业文化培训.ppt、**效果文件**：12/效果文件/企业文化培训.ppt、

视频文件：12/视频/12.2.1 企业文化培训.mp4

母版可用来为所有的幻灯片设置默认的格式和版式。在 PowerPoint 2003 中有 3 种母版类型，即幻灯片母版、讲义母版和备注母版。

幻灯片母版主要是用于存储幻灯片设计模板的模板信息。这些信息主要包括字形、占位符大小和位置、背景设置和配色方案等。在母版的基础上可以快速地制作出多张统一风格的幻灯片。

1. 设置母版幻灯片样式

❶ 新建一个空白演示文稿并打开，选择“视图”→“母版”命令，然后在展开的子菜单中选择“幻灯片母版”命令，如图 12-20 所示。

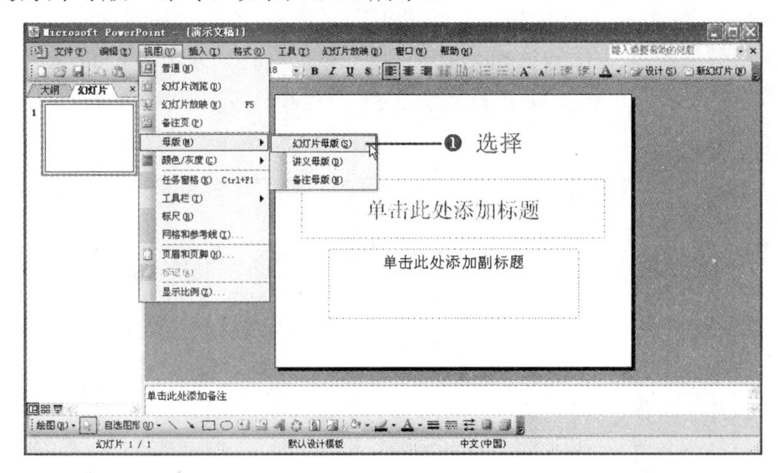

图 12-20

❷ 此时进入了幻灯片母版编辑状态，显示默认的幻灯片母版，并出现“幻灯片母版视图”工具栏，如图 12-21 所示。

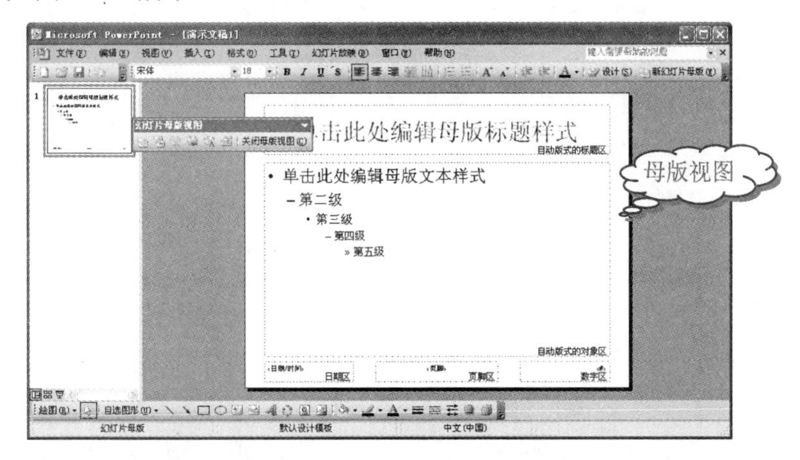

图 12-21

❸ 选择“格式”→“幻灯片设计”命令，如图 12-22 所示。

Note

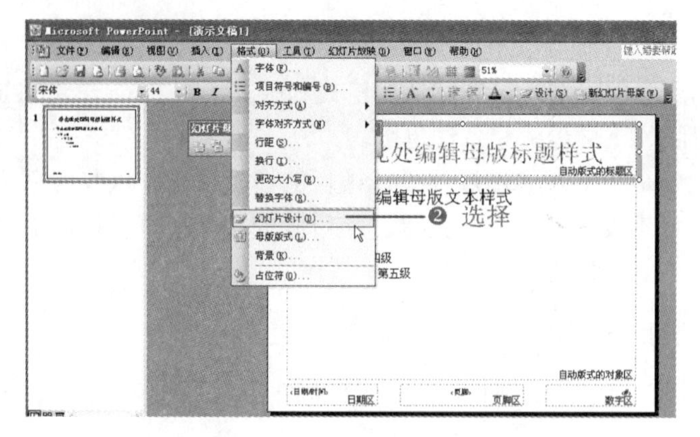

图 12-22

❹ 打开“幻灯片设计”任务窗格，在“应用设计模板”列表中，将光标指向需要的设计模板，出现下拉按钮，单击此按钮在展开的下拉菜单中选择“添加设计方案”命令，如图 12-23 所示。

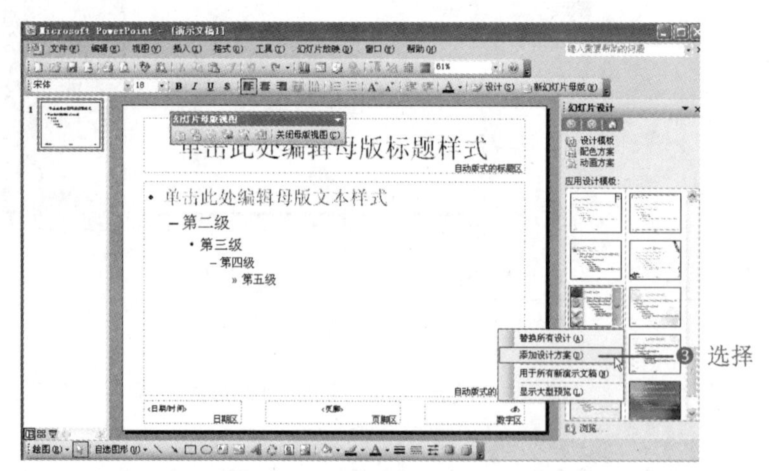

图 12-23

❺ 执行命令后，即可应用模板，如图 12-24 所示，完成编辑后，在“备注母版视图”工具栏中单击关闭母版视图(C)按钮，退出备注母版视图。

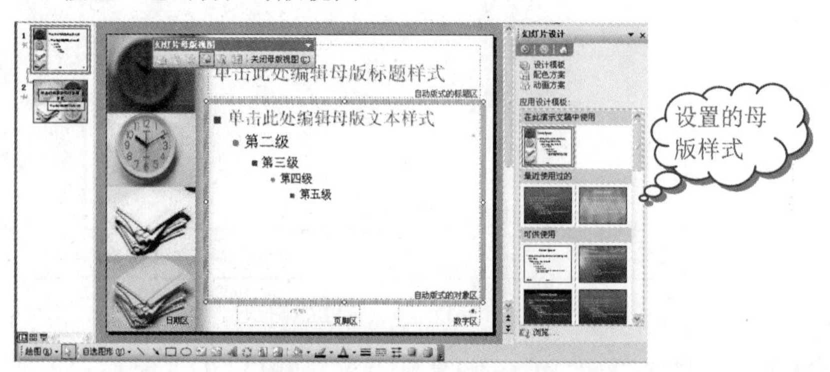

图 12-24

知识拓展

设计讲义母版和备注母版

在讲义母版中是以多张幻灯片的形式显示的。编辑讲义母版很简单，进入讲义母版视图后，在“讲义母版视图”工具栏中设置显示的幻灯片张数即可。在“母版”子菜单中选择“讲义母版”命令，此时进入讲义母版视图，并显示“讲义母版视图”工具栏，单击相应的按钮设置显示的幻灯片张数，如图 12-25 所示。

在“母版”子菜单中选择“备注母版”命令，此时进入备注母版视图，并显示“备注母版视图”工具栏，在该视图的下半部分的“备注文本区”可输入备注内容和设置格式，效果如图 12-26 所示。

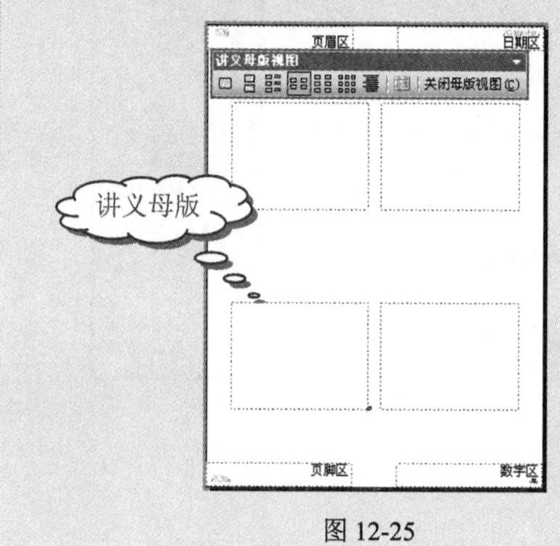

图 12-25

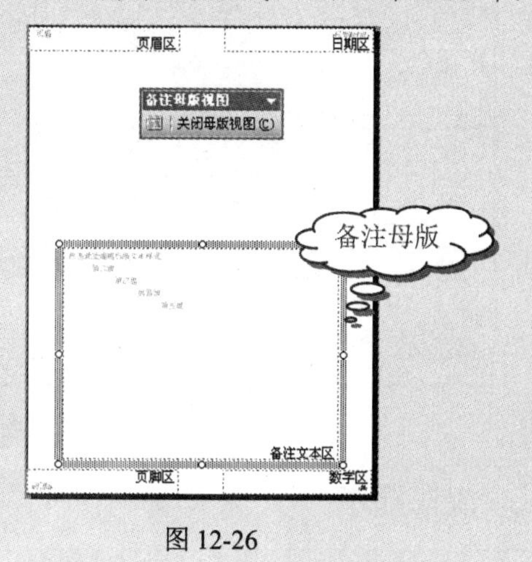

图 12-26

2. 插入新幻灯片

一般新建的演示文稿只有一个幻灯片，需要更多的幻灯片就需要进行添加，具体操作如下。

❶ 选择“插入”→“新幻灯片”命令，如图 12-27 所示。

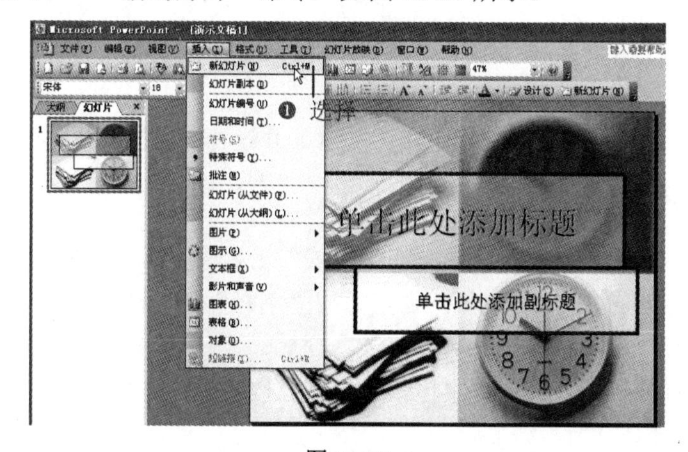

图 12-27

Note

❷ 执行命令后，即可插入一张新的幻灯片，再按照同样的方法插入更多的幻灯片，如图 12-28 所示。

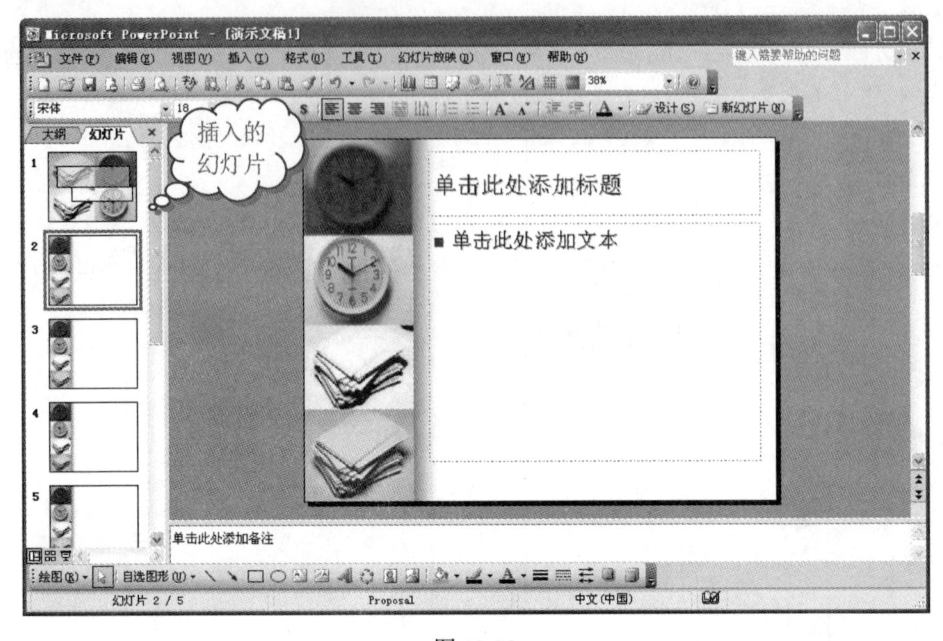

图 12-28

操作提示

在“幻灯片”窗格中，选择某张幻灯片，在后面的空白处单击确认新幻灯片的插入位置，按“Enter”键便可在后面插入新的幻灯片。

12.2.2 设置企业文化培训文本

：源文件：12/源文件/企业文化培训.ppt、**效果文件**：12/效果文件/企业文化培训.ppt、**视频文件**：12/视频/12.2.2 企业文化培训.mp4

幻灯片插入后，就需要在幻灯片中输入文本，并设置文本的格式，以加强和美化。

1．设置幻灯片字体格式

❶ 在占位符中输入文字，并选中，在“格式”工具栏中单击“字体”下拉列表框右侧的下拉按钮“▾”，选择“华文隶书”，在其后的“字号”列表框中选择“60”，如图 12-29 所示。

❷ 单击“格式”工具栏中的“字体颜色”下拉按钮，在展开的列表中选择字体颜色，设置后的效果如图 12-30 所示。

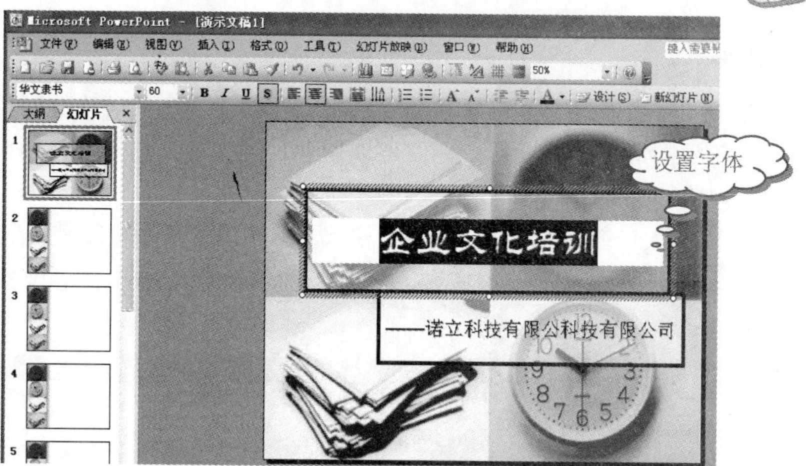

图 12-29

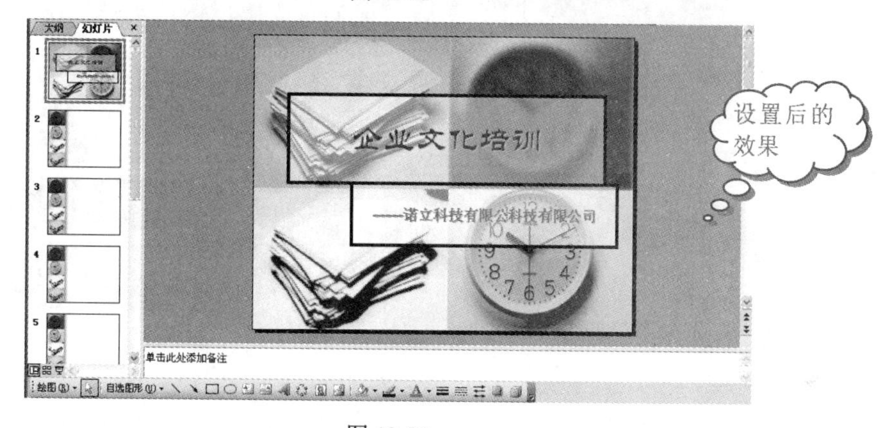

图 12-30

知识拓展

一般格式可以通过常用工具栏进行设置，除此之外，还可以通过“字体”对话框进行设置。

选择“格式”→“字体”命令，打开“字体”对话框，如图 12-31 所示，在此对话框中可以有更多的设置选项，用户可根据需要进行设置。

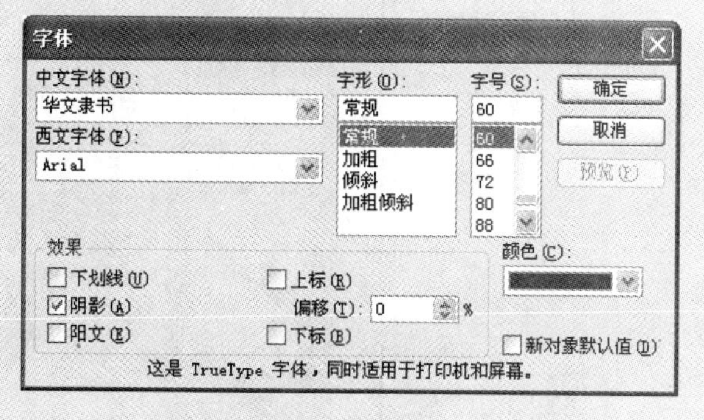

图 12-31

Note

2. 添加项目符号

为幻灯片中的文本设置项目符号和编号，可以使文本内容的层次分明，要点突出，易于理解。项目符号的形式非常丰富，不仅可以用各种类型的文字、字符和图形符号，还可以是用户自己创建的图像。

❶ 选择要添加项目符号的文本，选择“格式”→“项目符号和编号”命令，如图 12-32 所示，或在文本任意位置单击鼠标右键，在弹出的快捷菜单中选择“项目符号和编号”命令。

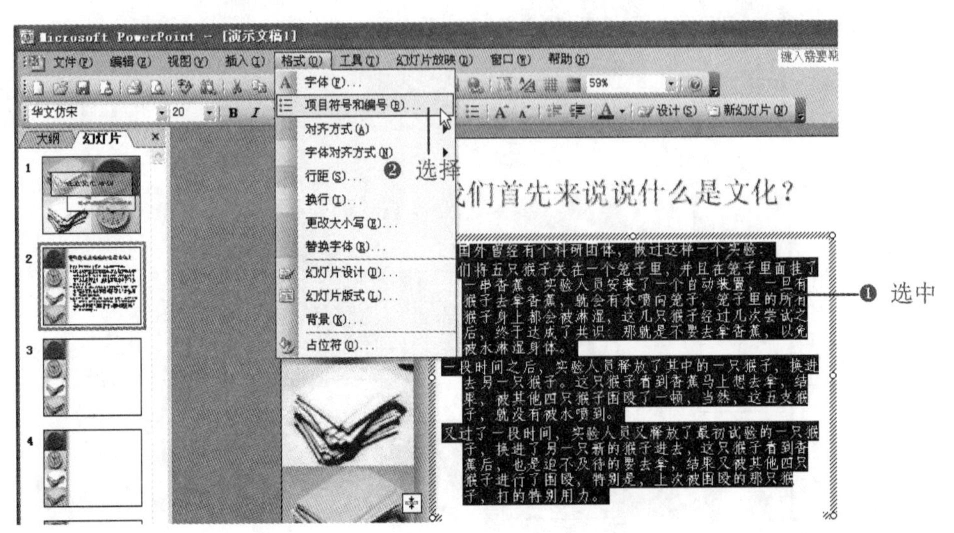

图 12-32

❷ 打开“项目符号和编号”对话框，选择其中一种项目符号，通过改变“大小”的数值，来确定项目符号与文本的比例；通过单击“颜色”下拉列表框，选择需要的颜色，如图 12-33 所示。

❸ 当设置完成以后，单击“确定”按钮，添加后的效果如图 12-34 所示。

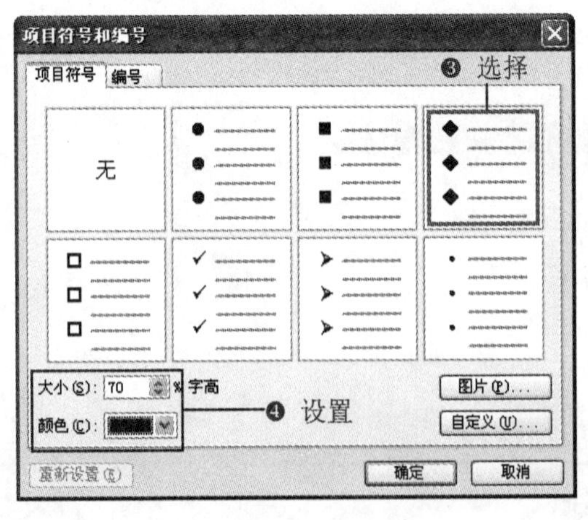

图 12-33

图 12-34

知识拓展

自定义项目符号

在“项目符号和编号”对话框中，单击“图片”按钮，打开“图片项目符号”对话框，选择一种图片，或单击“导入”按钮，如图 12-35 所示，导入自己喜欢的图片设置为项目符号。

在“项目符号和编号”对话框中，单击“自定义”按钮，打开“符号”对话框，如图 12-36 所示，选择一个所需的符号，再单击“确定”按钮即可。

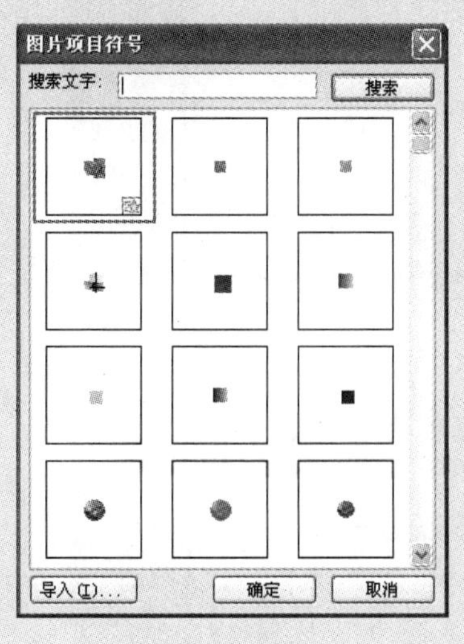

图 12-35

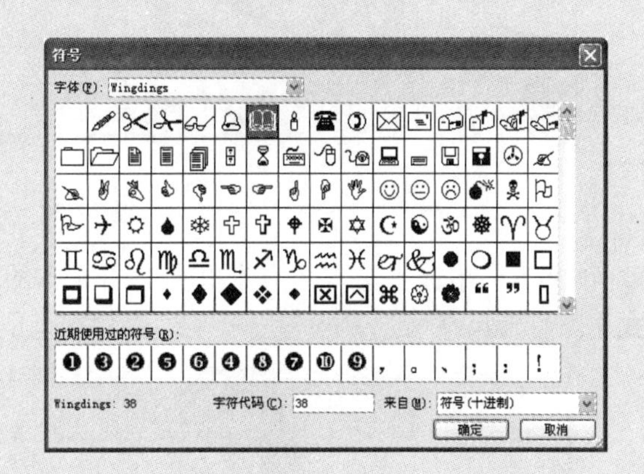

图 12-36

3. 插入文本框

❶ 选择需要的幻灯片，选择“插入”→“文本框”命令，在展开的子菜单中选择“水平”命令，如图 12-37 所示。

图 12-37

❷ 此时将光标移至幻灯片编辑区域，光标变成“↓”时，在需要的位置单击鼠标即可添加水平文本框，并自动进入编辑状态，如图 12-38 所示。

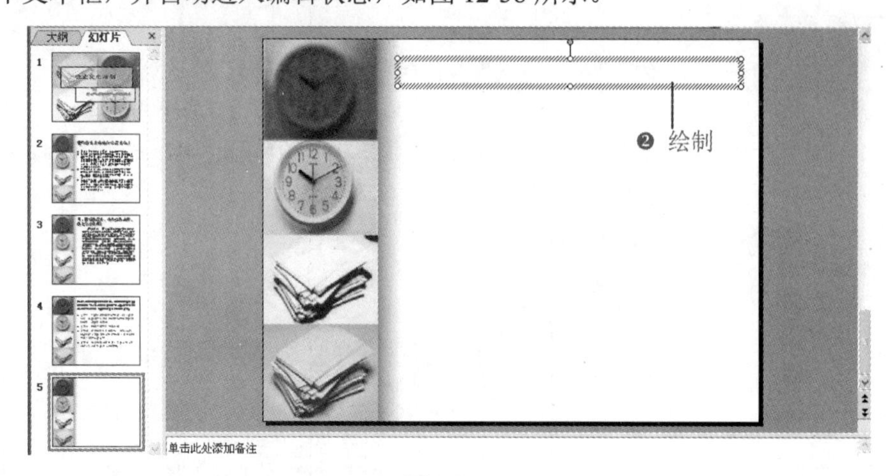

图 12-38

❸ 在文本框中输入文本，文本框会随着文本的增多自动改变文本框大小，然后设置文本格式，如图 12-39 所示。

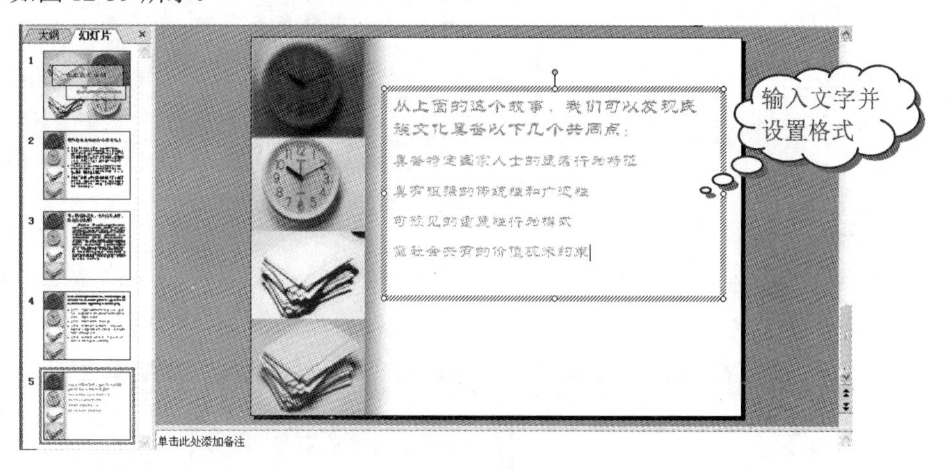

图 12-39

知识拓展

填充文本框颜色

默认的文本框的填充格式只是无色填充，其实文本框的填充格式多种多样，分为填充纯色、填充渐变色、填充纹理效果、填充图案、填充图片、填充背景等。

选中需要填充颜色的文本框，选择“格式”→“文本框”命令，或者在文本框内右击，在弹出的快捷菜单中选择“设置文本框格式”命令，打开“设置文本框格式”对话框，选择“颜色和线条”选项卡，单击“填充”栏中的“颜色”下拉按钮，在展开的列表中选择填充的颜色，如图 12-40 所示，若选择“填充效果”命令，可设置渐变、纹理、图案、图片等填充效果，如图 12-41 所示。

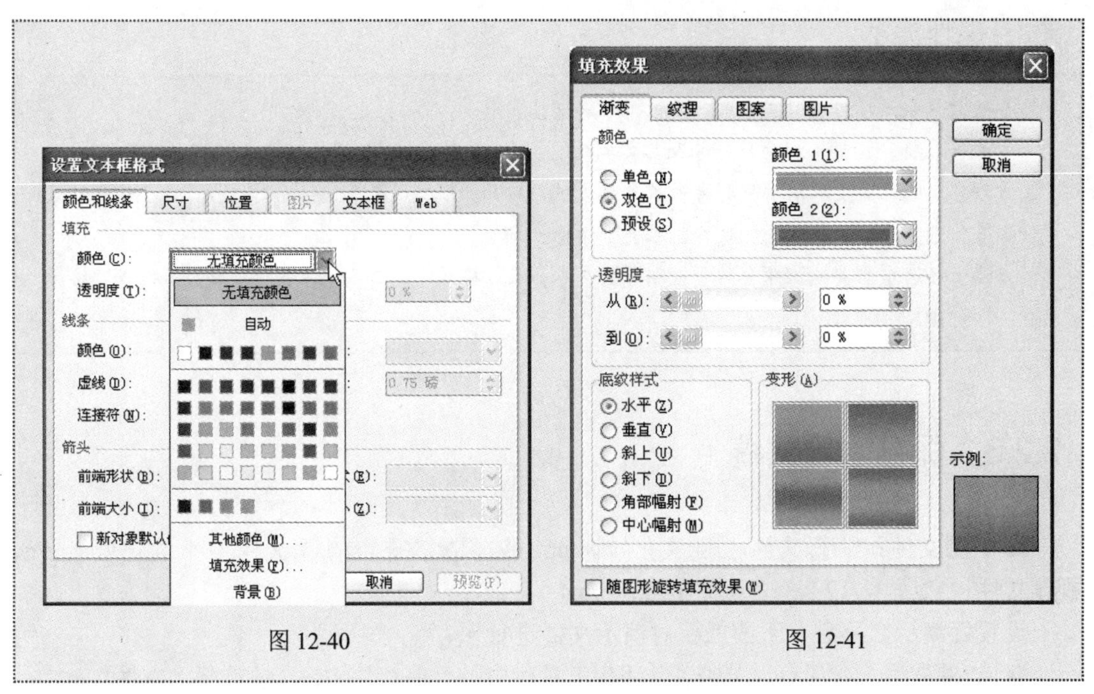

图 12-40　　　　图 12-41

4．设置编号

❶ 选择需要添加编号的文本，选择"格式"→"项目符号和编号"命令，打开"项目符号和编号"对话框。

❷ 选择"编号"选项卡，选择编号样式，在"大小"数值框中设置文本和编号的比例，这里输入"100"；在"颜色"下拉列表框中选择编号的颜色，这里选择"绿色"；在"开始于"数值框中可输入起始的编号，这里输入"1"，如图 12-42 所示。

❸ 单击"确定"按钮，完成编号添加，效果如图 12-43 所示。

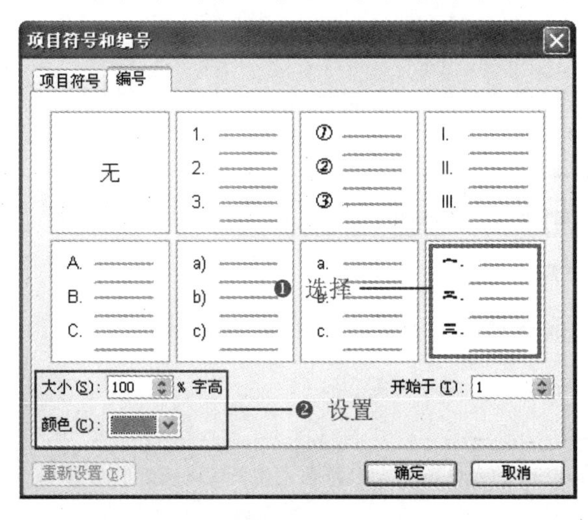

图 12-42

从上面的这个故事，我们可以发现民族文化具备以下几个共同点：
添加的编号

图 12-43

操作提示

如果需要取消项目符号或编号，有以下 3 种方法。

方法一：将光标插入到项目符号及其文本之间，按“Backspace”退格键即可取消项目符号。

方法二：选中需要取消项目符号或编号的文本，打开“项目符号和编号”对话框，在“项目符号”或“编号”选项卡中选择“无”选项，单击“确定”按钮。

方法三：选中需要取消项目符号或编号的文本，在“格式”工具栏中单击“项目符号”或“编号”按钮，即可删除。

12.2.3 保存演示文稿

源文件：12/源文件/企业文化培训.ppt、**效果文件**：12/效果文件/企业文化培训.ppt、**视频文件**：12/视频/12.2.3 企业文化培训.mp4

设置好演示文稿后，下面就要对演示文稿进行保存。

❶ 如果是第一次保存，单击“常用”工具栏中的“保存”按钮，或选择“文件”→“另存为”命令，打开“另存为”对话框。

❷ 选择演示文稿保存的位置，然后在“文件名”文本框中输入名称，在“保存类型”下拉列表框中选择类型，如图 12-44 所示。

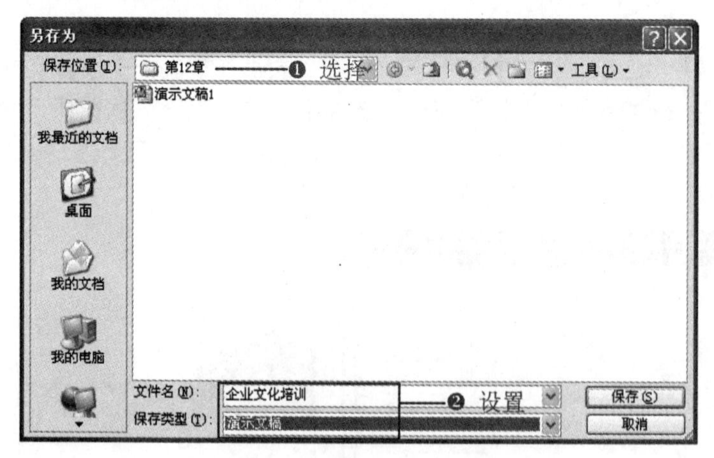

图 12-44

❸ 单击“保存”按钮，即可将演示文稿保存到指定的位置。

操作提示

在编辑内容之前最好将文档保存好，防止在操作的过程中丢失内容，养成每操作一段时间后就单击“保存”按钮的习惯，防止意外发生。

12.3　新员工入职工作流程

新员工入职都有一定的程序要走，熟悉这些程序可以帮助新员工尽快进入到本职工作中，通过 PPT 模式向员工展示这些程序，方便用户掌握，如图 12-45 所示。

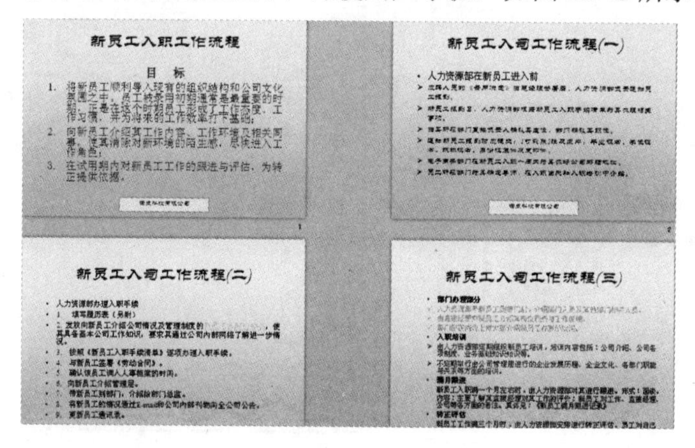

图 12-45

12.3.1　新进员工文稿的美化和完善

：源文件：12/源文件/新员工入职工作流程.ppt、**效果文件**：12/效果文件/新员工入职工作流程.ppt、**视频文件**：12/视频/12.3.1 新员工入职工作流程.mp4

1．设置背景填充颜色

为了使幻灯片更加美观或有某种特殊需要，可以为幻灯片设置背景填充颜色。

❶ 创建"新员工入职工作流程"演示文稿，输入内容，并设置文字格式。

❷ 选择"格式"→"背景"命令，如图 12-46 所示。

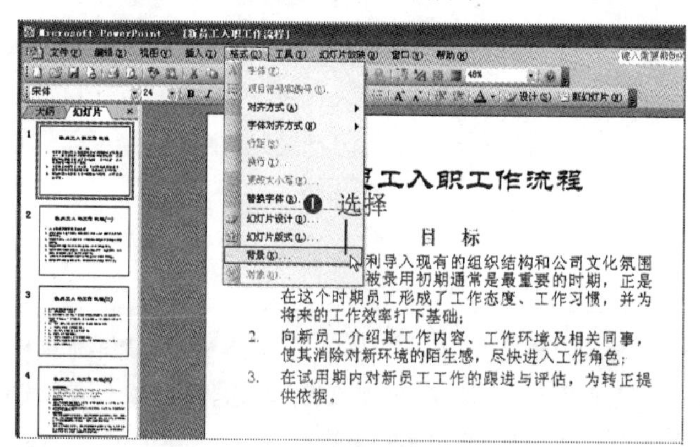

图 12-46

Note

❸ 打开“背景”对话框，单击“背景填充”下拉按钮，选择所需要的颜色作为背景填充颜色，没有合适颜色选择“填充效果”命令，如图 12-47 所示。

❹ 打开“填充效果”对话框，选择“渐变”选项卡，选中“双色”单选按钮，然后设置“颜色 1”和“颜色 2”的颜色，如图 12-48 所示。

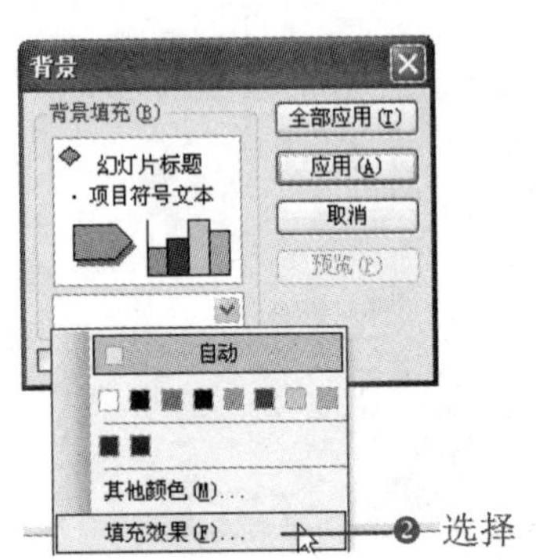

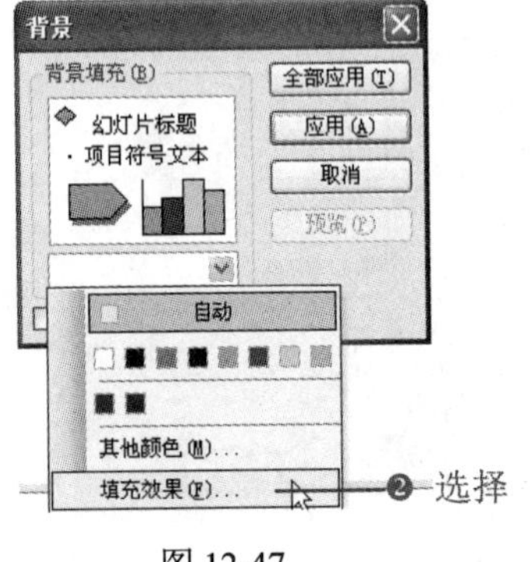

图 12-47

填充效果
渐变 纹理 图案 图片
颜色
单色(N)
双色(T)
预设(S)
颜色 1(1):
颜色 2(2):
❸ 设置
确定
取消
透明度
从(R):
到(O):
底纹样式
水平(Z)
垂直(V)
斜上(U)
斜下(D)
角部辐射(F)
从标题(M)
变形(A)
示例:

图 12-48

❺ 单击“确定”按钮，再单击“全部应用”按钮，即可将所有幻灯片设置为设置的渐变颜色，如图 12-49 所示。

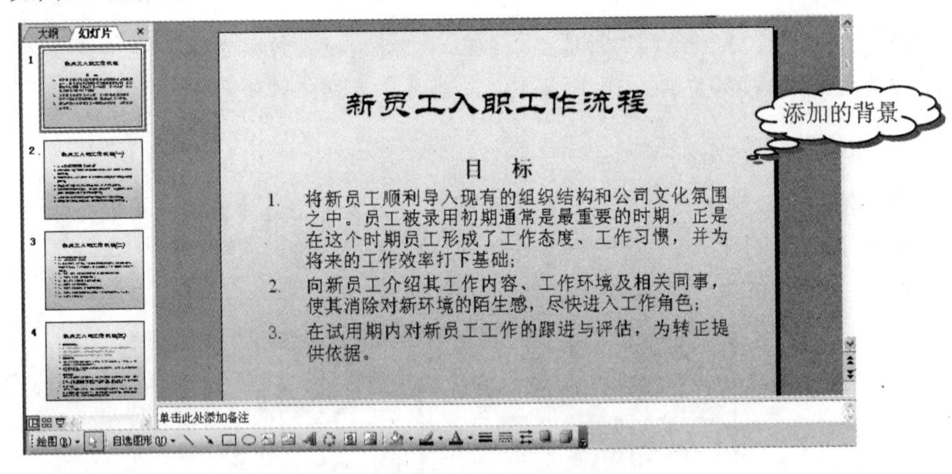

图 12-49

操作提示

在“背景”对话框中单击“背景填充”下拉按钮，在展开的下拉菜单中选择“其他颜色”命令，打开“颜色”对话框，有更多的颜色可选择，这里设置是单色背景；在“填充效果”对话框的“渐变”选项卡中选中“单色”单选按钮，也可设置单色背景。

2. 插入超链接

当建立的文档需要引用查看别处文档资料时，如果将这些资料文档全部放在当前文档中，既不符合逻辑，又会使文档显得杂乱。此时可以通过设置超链接，以实现当需要查阅资料文档时，单击即可跳转。

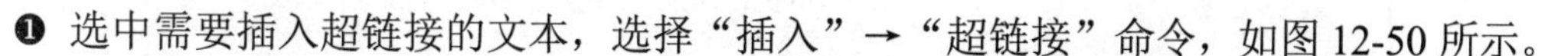

❶ 选中需要插入超链接的文本，选择“插入”→“超链接”命令，如图 12-50 所示。

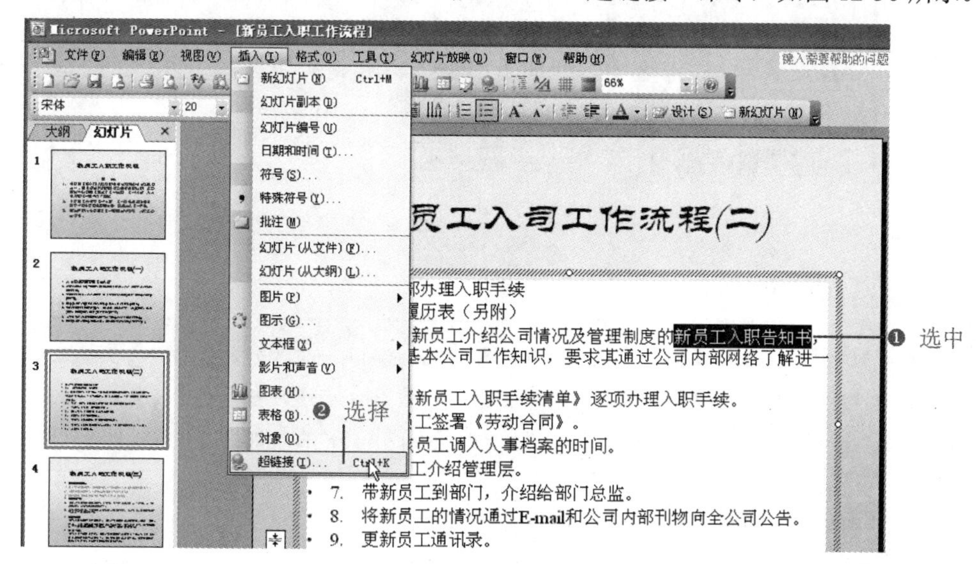

图 12-50

❷ 打开“插入超链接”对话框，选中“原有文件或网页”选项，在“查找范围”下拉列表框中选择文档所在的位置，然后在下面的列表框中选中需要链接的文档，如图 12-51 所示。

❸ 单击“屏幕提示”按钮，打开“设置超链接屏幕提示”对话框，在文本框中输入提示文字，如图 12-52 所示。

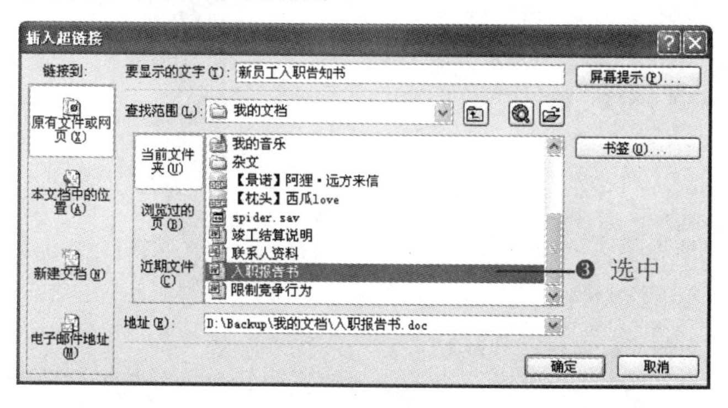

图 12-51

图 12-52

❹ 依次单击“确定”按钮，即可为选择的文本设置超链接，如图 12-53 所示，当放映幻灯片时单击即可打开链接文档。

Note

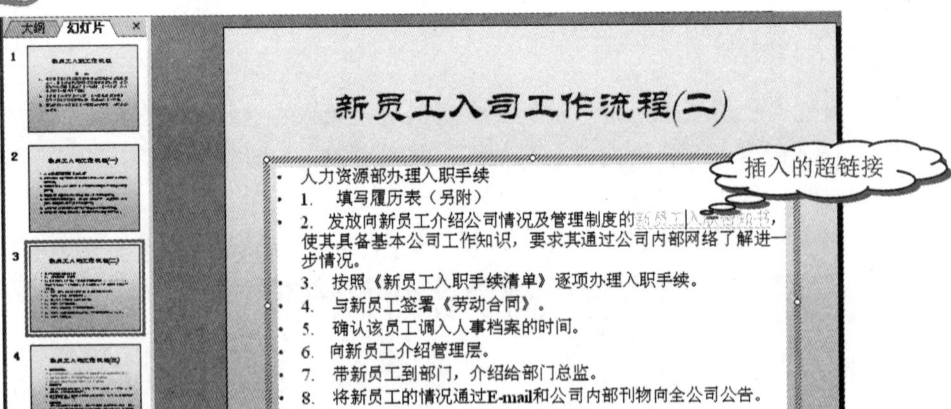

图 12-53

操作提示

在超链接中，不但可以插入已有的文档，还可以链接到同一文档的其他地方，在“插入超链接”对话框的“链接到”栏中选中“本文档中的位置”选项，进行设置即可；也可将文本链接到网页中，在“地址”下拉列表框中输入网址，单击“确定”按钮，直接单击超链接文本即可打开网页。

3. 在备注栏中输入备注

在备注栏中输入备注可以起到解释作用，也提醒了员工注意，防止遗漏某点。

❶ 选择需要添加备注的幻灯片，然后在“单击此处添加备注”单击，即可显示输入光标，输入备注内容即可，如图 12-54 所示。

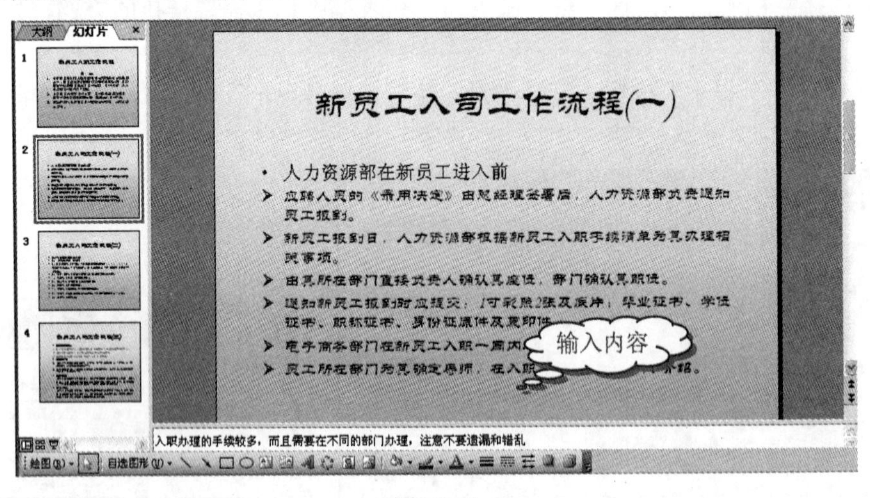

图 12-54

❷ 如果觉得默认备注栏太小，可将光标移至上边边框，当光标变成÷时，即可拖动调整备注栏的大小，如图 12-55 所示。

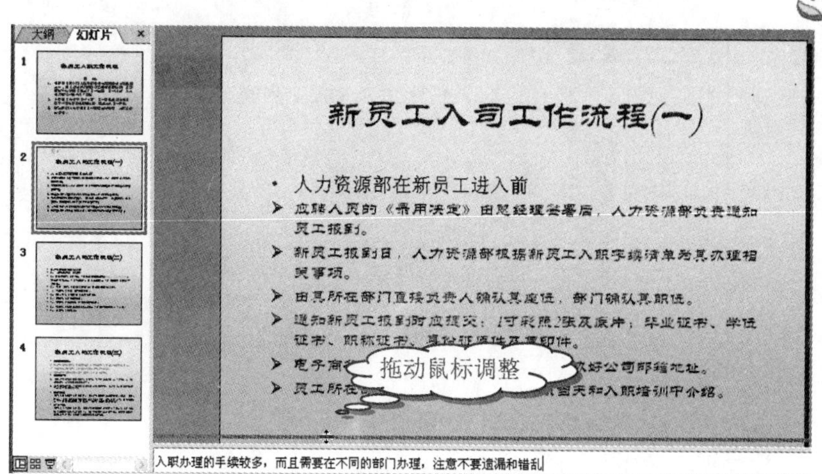

图 12-55

12.3.2　幻灯片版面布局

源文件：12/源文件/新员工入职工作流程.ppt、**效果文件**：12/效果文件/新员工入职工作流程.ppt、**视频文件**：12/视频/12.3.2 新员工入职工作流程.mp4

1．设置页面

用户在制作演示文稿之前，想要对演示文稿的页面做一些设置，如页面的高度和宽度等细节方面的设置，具体操作如下。

❶ 选择“文件”→“页面设置”命令，打开“页面设置”对话框。

❷ 在“幻灯片大小”下拉列表框中选择“自定义”选项，设置幻灯片“高度”、“宽度”，以及幻灯片的“方向”和页面的起始页，如图 12-56 所示。

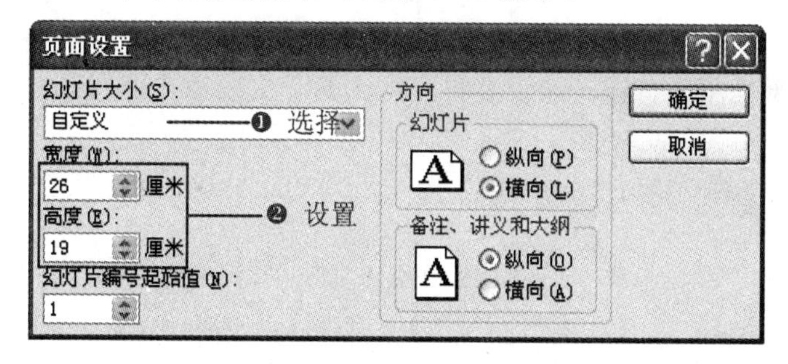

图 12-56

❸ 单击“确定”按钮，即可看到幻灯片的高度和宽度都进行了改变，如图 12-57 所示。

2．添加页眉和页脚

在对演示文稿的页面进行设置完成后，幻灯片应设置页眉页脚，才能构成一个完整的严谨的页面。

Note

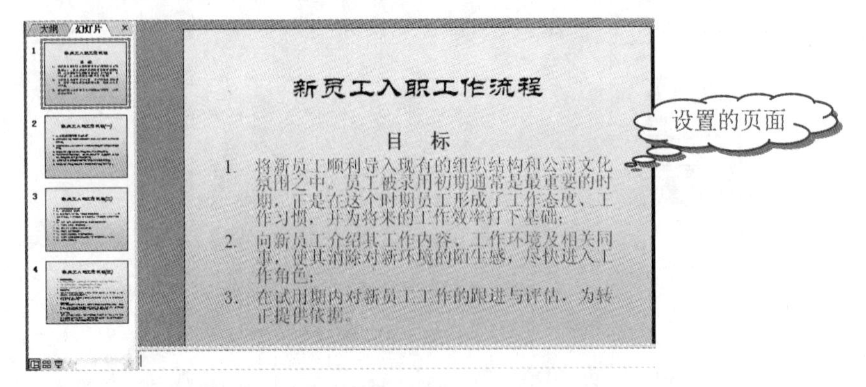

图 12-57

❶ 选择“视图”→“页眉和页脚”命令，如图 12-58 所示。

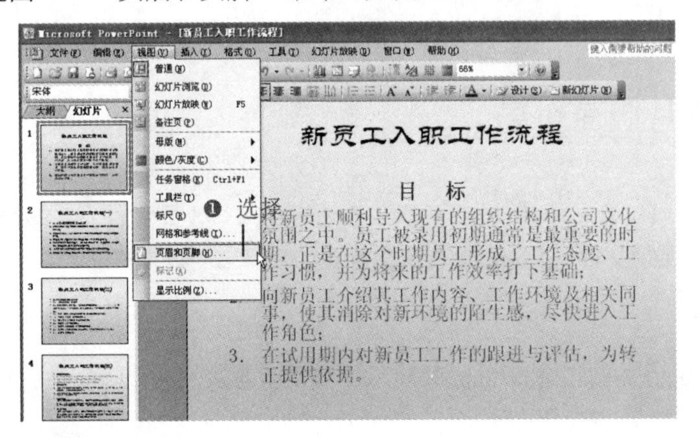

图 12-58

❷ 打开“页眉和页脚”对话框，选择“幻灯片”选项卡，选中“自动更新”单选按钮，则插入的日期和时间会随着系统日期时间的改变而改变，然后在“页脚”文本框中输入页脚内容，如图 12-59 所示。

❸ 单击“全部应用”按钮，该设置将应用到演示文稿中的每一张幻灯片，如图 12-60 所示。

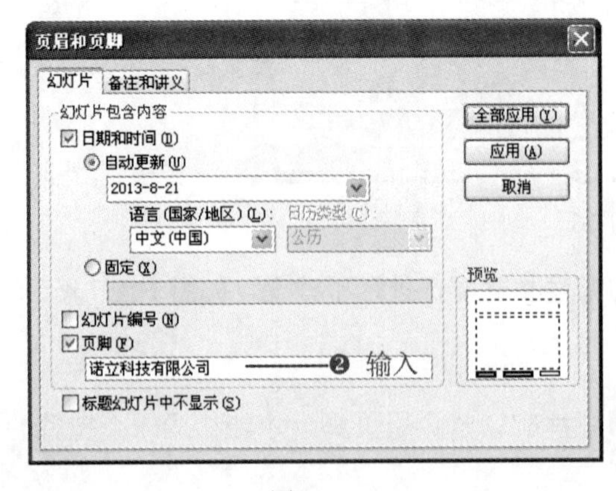

图 12-59

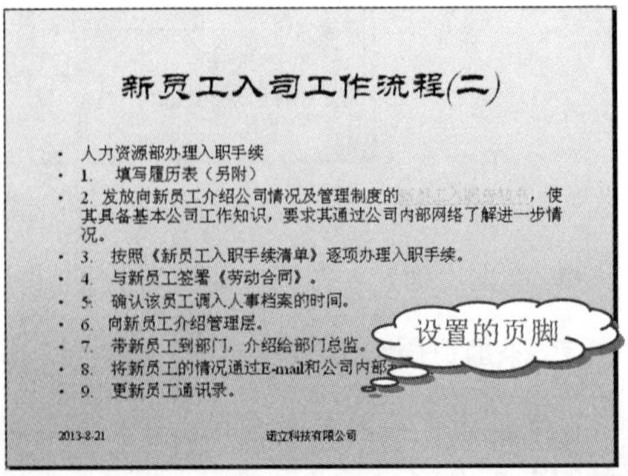

图 12-60

操作提示

如果要更改和删除页眉页脚，打开“页眉和页脚”对话框，在其中根据需要进行更改；如果要删除页眉和页脚，只需取消选中相应的复选框即可。

3. 设置页眉和页脚格式

对于创建好的页眉和页脚，可进行编辑和更改，根据需要可对页眉页脚的位置、大小、字体进行设置。

❶ 选择“视图”→“母版”命令，在展开的子菜单中选择“幻灯片母版”命令，切换到模板视图中。

❷ 选中页脚文本，然后设置文本的字体、字号等格式，如图 12-61 所示，按照同样的方法设置日期的格式。

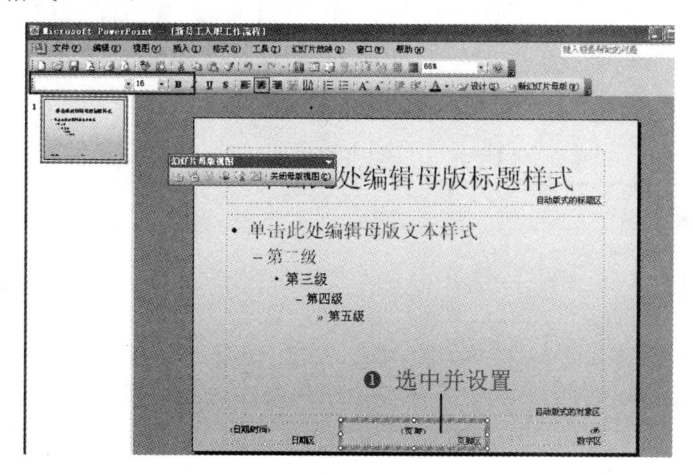

图 12-61

❸ 选择“页脚区”文本，选择“格式”→“占位符”命令，如图 12-62 所示。

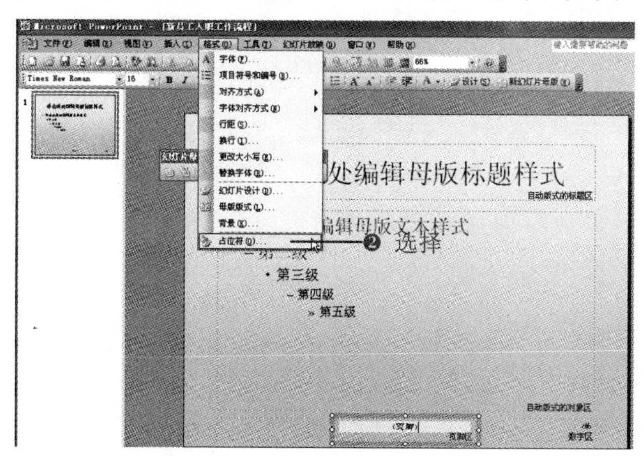

图 12-62

❹ 打开“设置自选图形格式”对话框，这里将填充“颜色”设置为浅黄色，将“透明度”设置为25%；将线条“颜色”设置为水蓝，“样式”选择“3 磅”，“粗细”也设置为“3 磅”，如图 12-63 所示。

❺ 单击“确定”按钮，选择占位符，将出现白色控制点，将鼠标移至白色控制点处，按住鼠标左键不放移动鼠标即可调整占位符的大小。

❻ 设置完成后，关闭母版视图模式，即可看到设置的页脚效果，如图 12-64 所示。

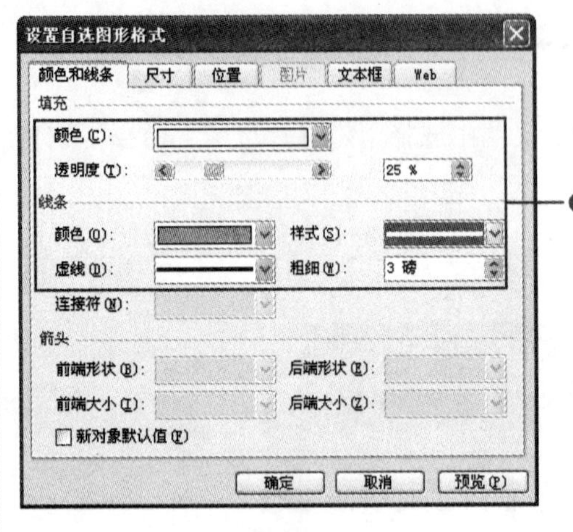

图 12-63

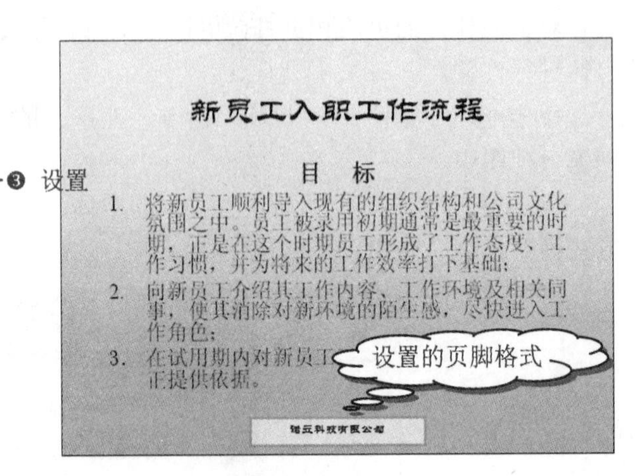

图 12-64

操作提示

除了可以在“幻灯片母版”视图中设置页脚格式，在“讲义母版”和“备注母版”中也可以对页眉页脚进行设置。

插入图片、表格及其他对象

PowerPoint不但可以展示文字，而且可以插入图形、图片、表格和图表等对象，使幻灯片更加丰富多彩，且能够使幻灯片的文字更有说服力。本章主要介绍如何插入上述对象，以及对这些对象的编辑、美化等操作。

☑ 企业财务分析报告

☑ 职场礼仪介绍

本章部分学习目标及案例

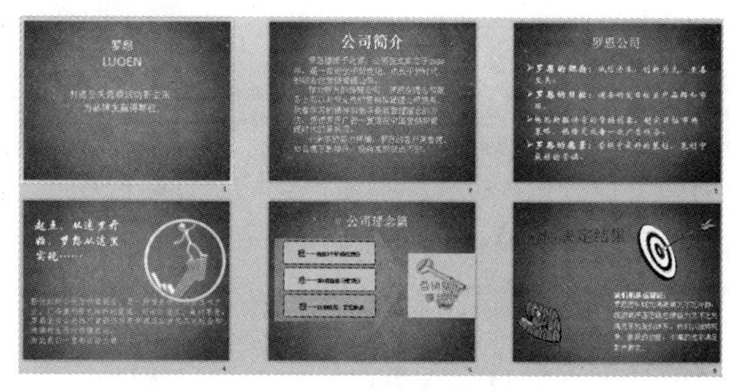

（1）

（2）

13.1 基础知识

Note

13.1.1 基本形状的特殊绘制方法

源文件：13/源文件/13.1.1 基本图形.ppt、**视频文件**：13/视频/13.1.1 基本图形.mp4

基本图形的常用绘制方法比较简单，通过某些特殊绘制方法可绘制出符合一定要求的图形，例如绘制圆、正方形、立方体等。

❶ 绘制圆形。首先在“绘图”工具栏中单击“椭圆”○按钮，按住“Shift”键和鼠标左键拖动鼠标即可绘制圆，如图 13-1 所示。

❷ 绘制正方形。单击“绘图”工具栏中的“矩形”□按钮，按住“Shift”键和鼠标左键拖动鼠标即可绘制正方形，如图 13-2 所示。

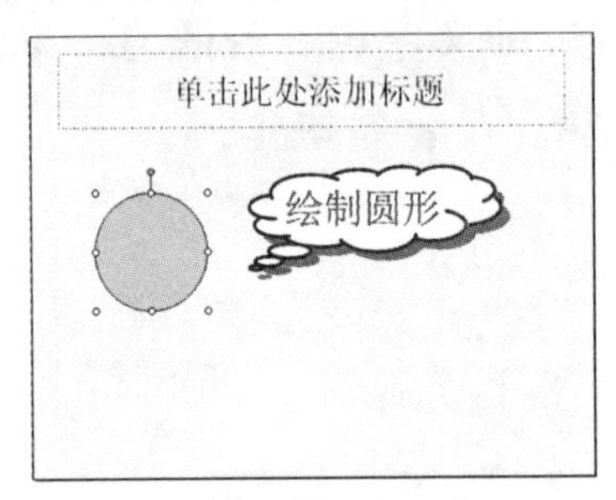

图 13-1

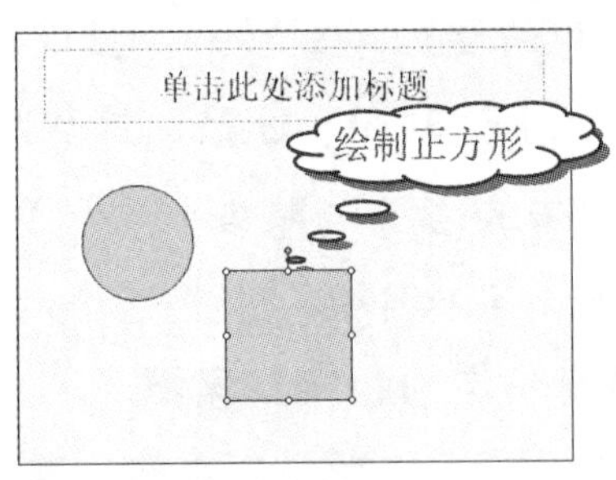

图 13-2

❸ 绘制立方体。在“绘图”工具栏中选择“自选图形”→“基本形状”命令，在弹出的子菜单中单击“立方体”按钮，按住鼠标左键拖动鼠标即可绘制立方体，如图 13-3 所示。选中立方体后会出现多个控制点，拖动其中的黄色控制点可改变立方体宽度。

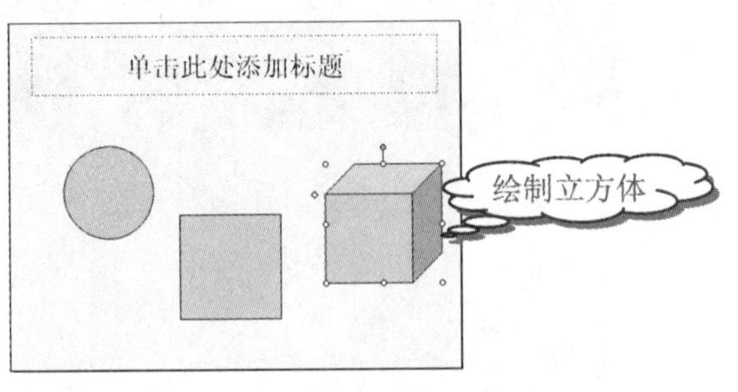

图 13-3

操作提示

利用“Shift”键，按住“Shift+Ctrl”快捷键，拖动鼠标左键可绘制以起始点为中心的正方形、圆形等图形。

13.1.2　对齐和分布图形

：源文件：13/源文件/13.1.2 对齐分布图形.ppt、**视频文件**：13/视频/13.1.2 对齐分布图形.mp4

在幻灯片中如果添加了多个图形，可为其设置对齐或分布方式，使其排列整齐。

❶ 按住“Ctrl”键选中图形，在“绘图”工具栏中单击“绘图”按钮，在弹出的菜单中选择“对齐或分布”命令，在其子菜单中选择相应的命令进行对齐设置或分布设置，这里选择“水平居中”命令，如图 13-4 所示。

❷ 执行命令后，选中的图形即被设置成水平居中，如图 13-5 所示。

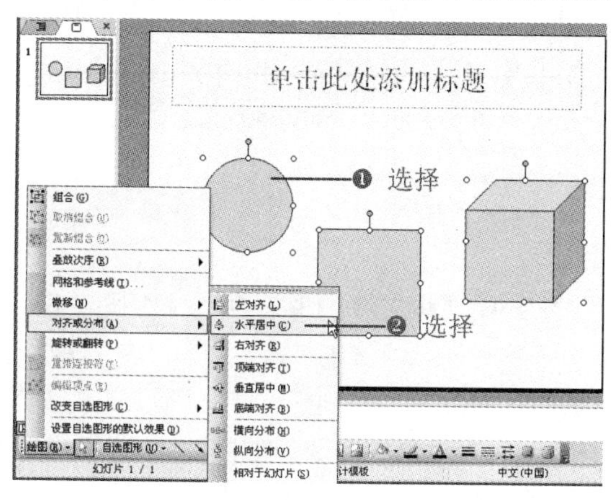

图 13-4

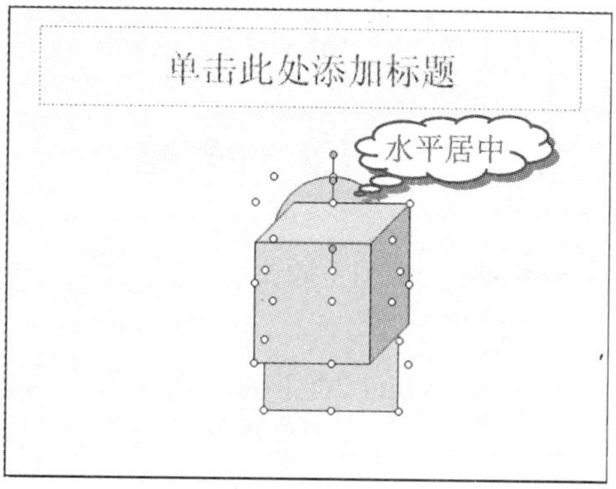

图 13-5

❸ 在“绘图”工具栏中单击“绘图”按钮，在弹出的菜单中选择“对齐或分布”→“底端对齐”命令，即可将图形设置为底端对齐分布，如图 13-6 所示。

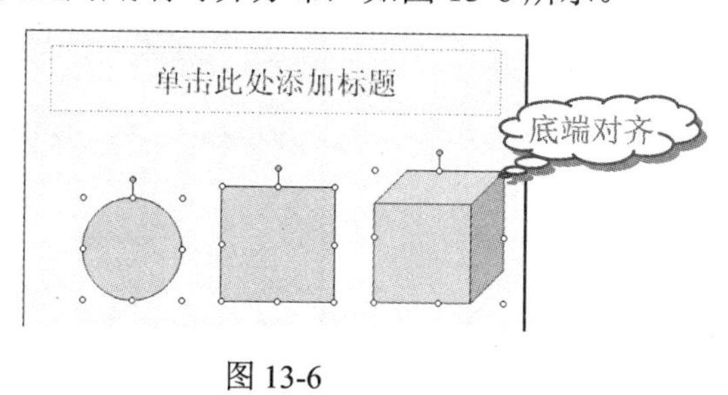

图 13-6

13.1.3　设置图形立体效果

：源文件：13/源文件/13.1.3 图形立体效果.ppt、**视频文件**：13/视频/13.1.3 图形立体效果.mp4

❶ 选择图形，单击“绘图”工具栏中的“三维效果样式”按钮，在展开的列表中选择一种立体效果，如图 13-7 所示。

❷ 单击后图形将应用“三维样式 2”效果，然后在“三维效果样式”列表中选择“三维设置”选项，打开“三维设置”工具栏，可以对三维效果进行设置，如图 13-8 所示为设置的“三维颜色”效果。

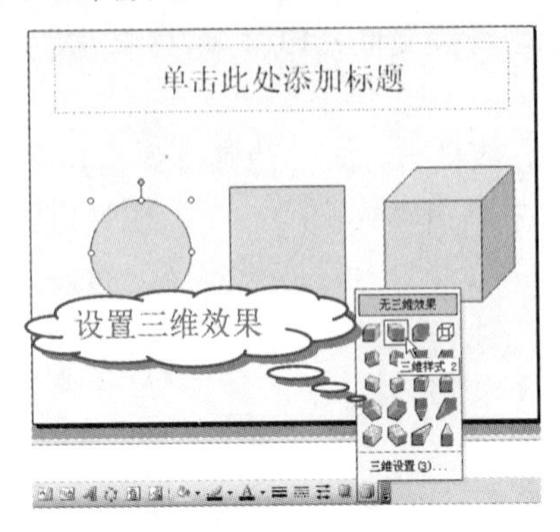

图 13-7

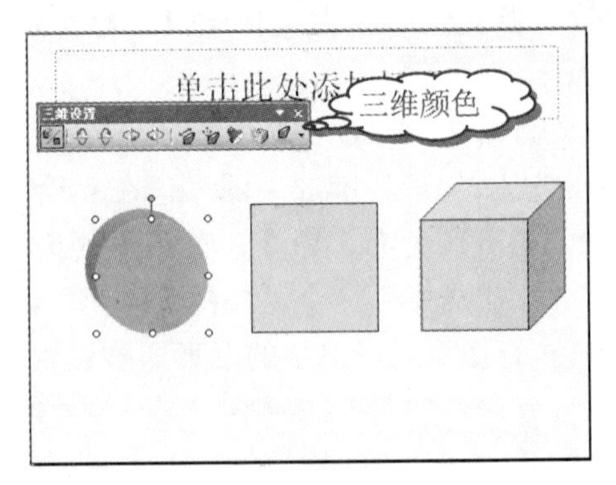

图 13-8

13.1.4 插入 Excel 表格

源文件： 13/源文件/13.1.4 插入 Excel 表格.ppt、**视频文件：** 13/视频/13.1.4 插入 Excel 表格.mp4

在 PowerPoint 2003 中可通过插入对象的方法插入 Excel 表格，也可直接复制 Excel 表格。

❶ 选择需要插入表格的幻灯片，选择“插入”→“对象”命令，如图 13-9 所示。

❷ 打开“插入对象”对话框，选中“新建”单选按钮，在“对象类型”列表框中选择“Microsoft Excel 工作表”选项，如图 13-10 所示。

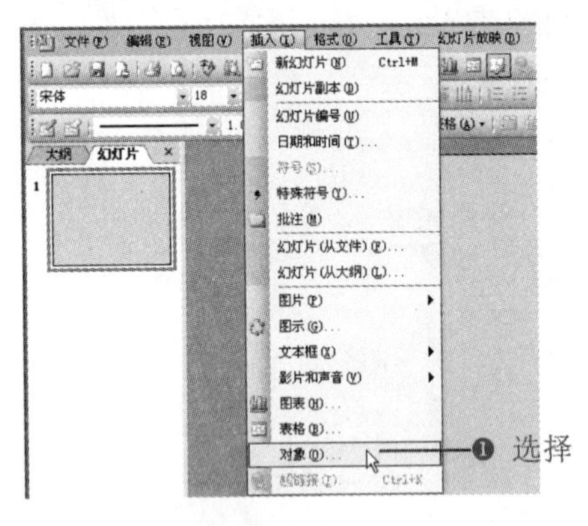

图 13-9

图 13-10

操作提示

通过直接复制可将 Excel 表格中原有的数据复制到幻灯片中，在 Excel 中选择需复制的单元格区域，执行复制操作，切换到 PowerPoint 2003 中，选择需粘贴表格的幻灯片，再执行粘贴操作即可完成表格复制。

❸ 单击“确定”按钮，即可在幻灯片中新建一个 Excel 表格，在表格中输入数据，如图 13-11 所示，在空白处单击即可看到设置的效果，如图 13-12 所示。

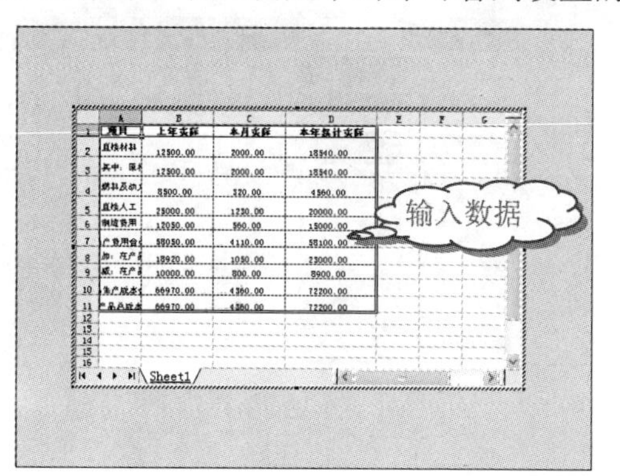

图 13-11

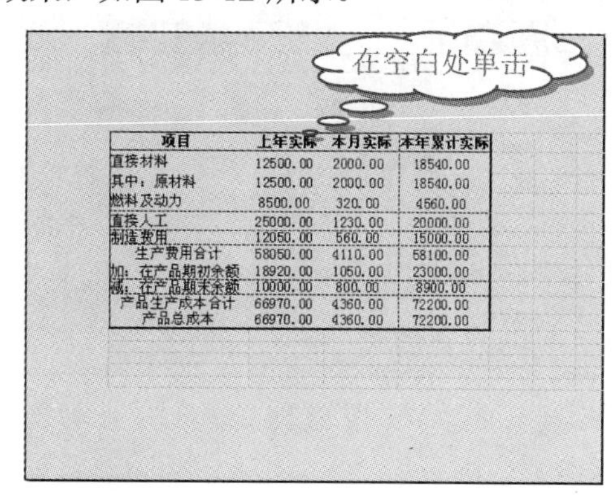

项目	上年实际	本月实际	本年累计实际
直接材料	12500.00	2000.00	18540.00
其中：原材料	12500.00	2000.00	18540.00
燃料及动力	8500.00	320.00	4560.00
直接人工	25000.00	1230.00	20000.00
制造费用	12050.00	560.00	15000.00
生产费用合计	58050.00	4110.00	58100.00
加：在产品期初余额	18920.00	1050.00	23000.00
减：在产品期末余额	10000.00	800.00	8900.00
产品生产成本合计	66970.00	4360.00	72200.00
产品总成本	66970.00	4360.00	72200.00

图 13-12

13.1.5　插入行和列

源文件：13/源文件/13.1.5 插入行或列.ppt、**视频文件**：13/视频/13.1.5 插入行或列.mp4

插入的表格不一定刚好符合需要，用户可根据需要在表格中插入行、列。

❶ 将光标定位到需要插入行的临近行的任意单元格，在其上单击鼠标右键，在弹出的快捷菜单中选择“插入行”命令，如图 13-13 所示，即可在单元格上方插入一行，如图 13-14 所示。

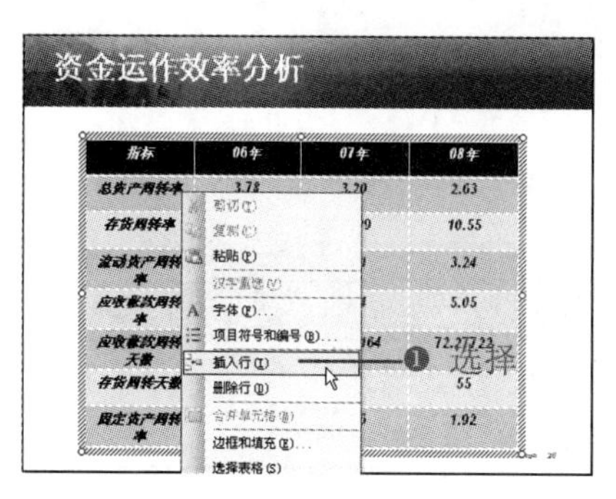

图 13-13

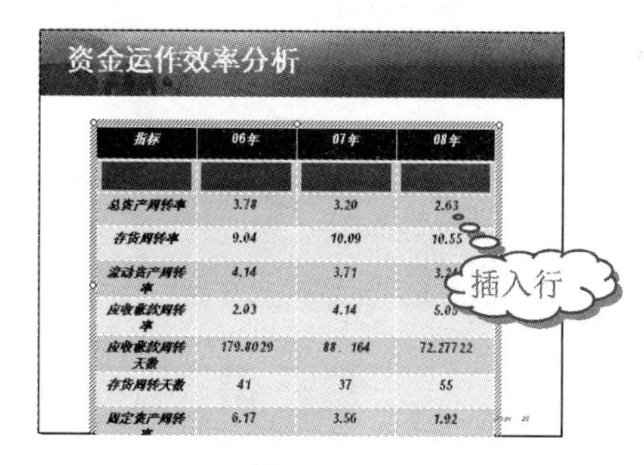

图 13-14

❷ 选择插入列位置右侧的列，在其上单击鼠标右键，在弹出的快捷菜单中选择“插入列”命令，如图 13-15 所示，即可在左侧插入一列，如图 13-16 所示。

操作提示

在需要删除的行或列的任意单元格中单击鼠标右键，在弹出的快捷菜单中选择“删除行”或“删除列”命令，可删除当前行或当前列；或者在“表格和边框”工具栏中单击“表格”按钮，在弹出的菜单中选择“删除行”或“删除列”命令也可删除。

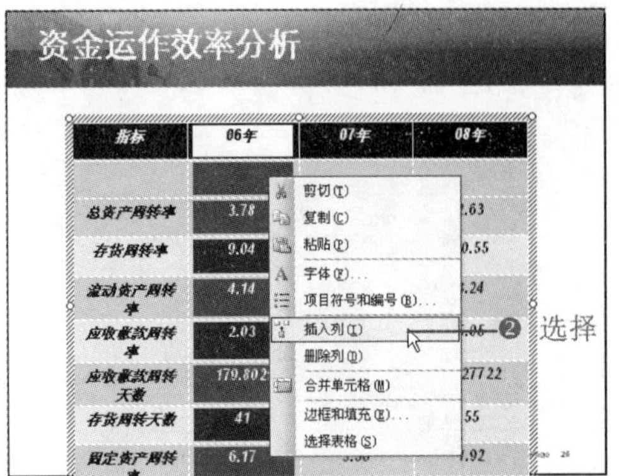

图 13-15

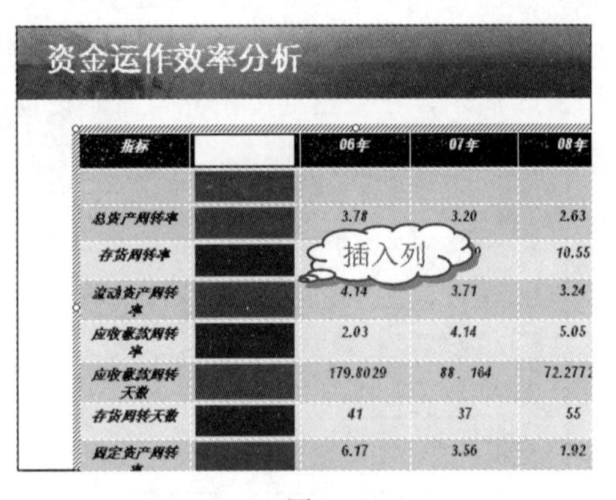

图 13-16

13.2 企业财务分析报告

企业财务报表是按一定的财务指标体系总括反映企业财务状况和经营成果的报告文件。它是根据企业账簿记录和有关资料加以归类、整理、分析和汇总后编制的。企业的财务报表由主表、附表、附注等组成，有着巨大的信息容量，集中、概括地反映了企业的财务状况、经营成果和现金流量等财务信息，对其进行财务分析，可以更加系统地揭示企业的偿债能力、营运能力、盈利能力和发展能力等财务状况，如图 13-17 所示。

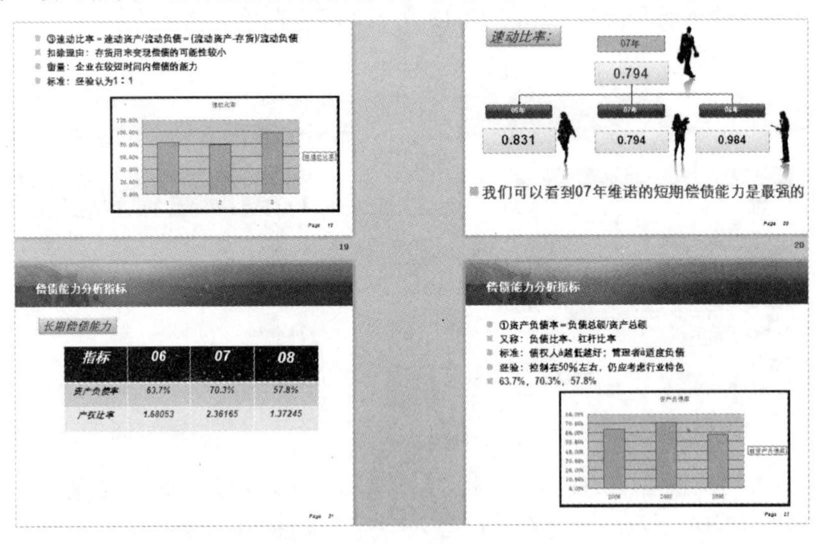

图 13-17

13.2.1 在财务分析报告中插入图形、图片

源文件：13/源文件/企业财务分析报告.ppt、**效果文件**：13/效果文件/企业财务分

析报告.ppt、**视频文件**：13/视频/13.2.1 企业财务分析报告.mp4

在幻灯片中除了可以添加文本，还可以绘制和插入图形。利用图形、图片不但可以美化幻灯片，而且可以使其表达得更清晰。

1．插入来自文件的图片

❶ 创建“企业财务分析报告”演示文稿，输入文本，并设置文字格式及幻灯片背景。选择需要插入图片的幻灯片，选择“插入”→“图片”→“来自文件”命令，如图 13-18 所示，或单击“绘图”工具栏中的按钮。

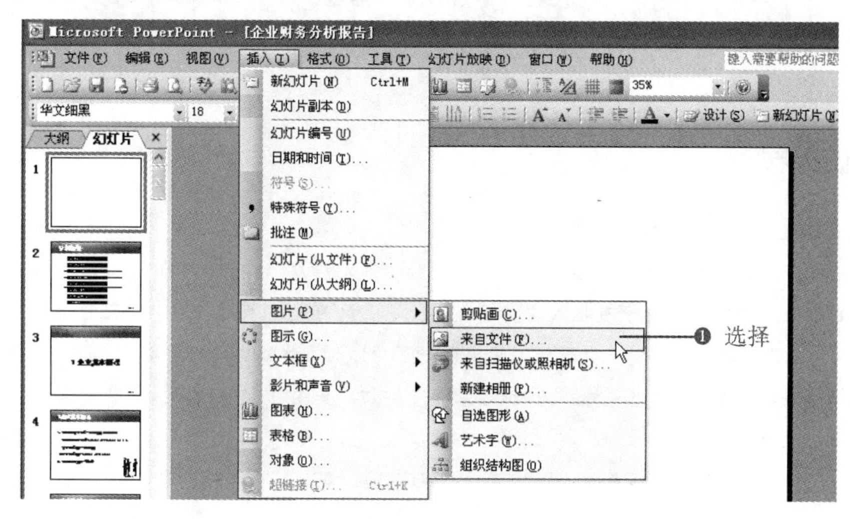

图 13-18

❷ 打开“插入图片”对话框，找到图片所在的文件夹，并选择需插入的图片，如图 13-19 所示。

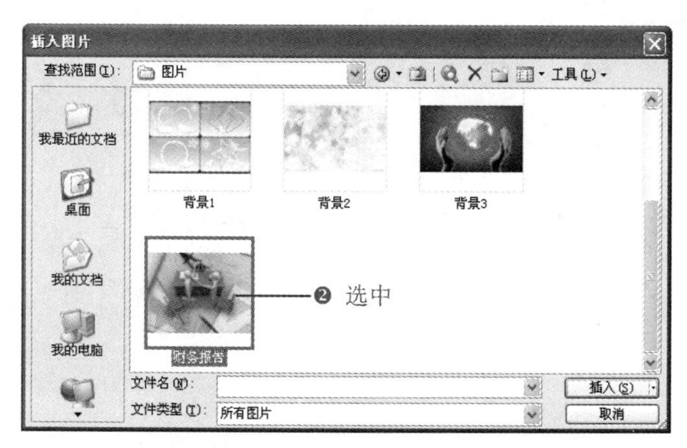

图 13-19

❸ 单击“插入”按钮，即可在幻灯片中插入图片，调整图片位置和大小，最后效果如图 13-20 所示，按照同样的方法可在其他需要插入图片的地方插入图片。

Note

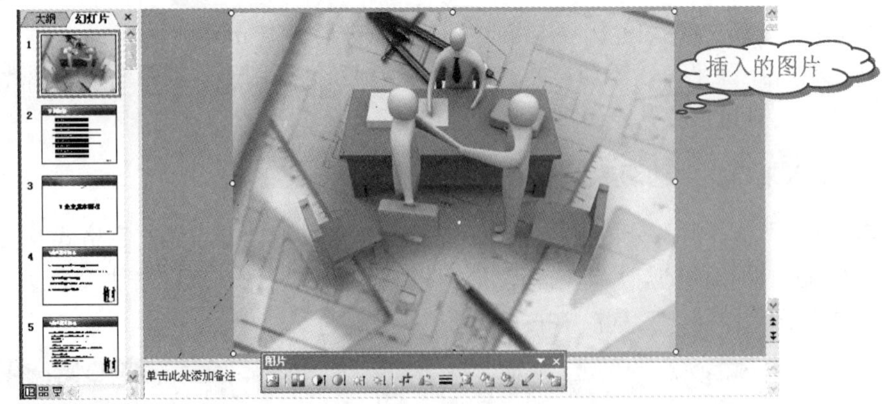

图 13-20

知识拓展

通过“插入对象”面板插入图片

新建一张空白幻灯片，单击“格式”工具栏中的“新幻灯片”按钮，打开“幻灯片版式”任务窗格，在版式列表框中选择一个带有插入图片的版式。单击即可应用到幻灯片中，此时幻灯片将应用该版式，中间会出现“插入对象”工具面板，其中包括了“插入表格”、“插入图表”、“插入剪贴画”、“插入图片”、“插入组织结构图”和“插入剪辑对象”等按钮，如图 13-21 所示。单击“插入图片”按钮即可插入相应的对象。

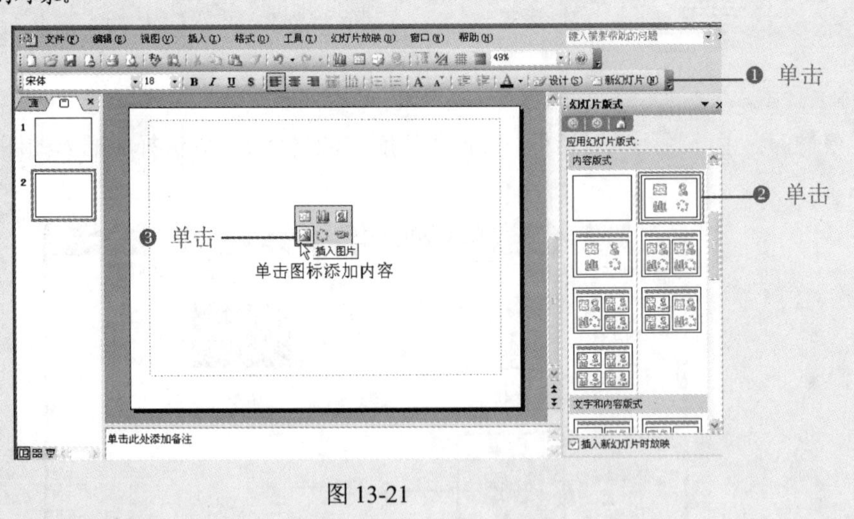

图 13-21

2．绘制图形

❶ 选择需要绘制图形的幻灯片，在“绘图”工具栏中选择“自选图形”→“基本形状”命令，在展开的子菜单中选择“圆角矩形”选项，如图 13-22 所示。

❷ 在合适的位置按住鼠标左键，拖动鼠标绘制图形，到合适的大小释放鼠标即可，如图 13-23 所示。

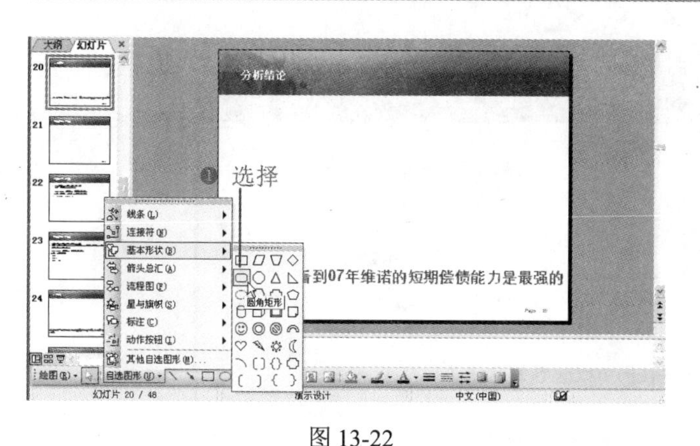

图 13-22

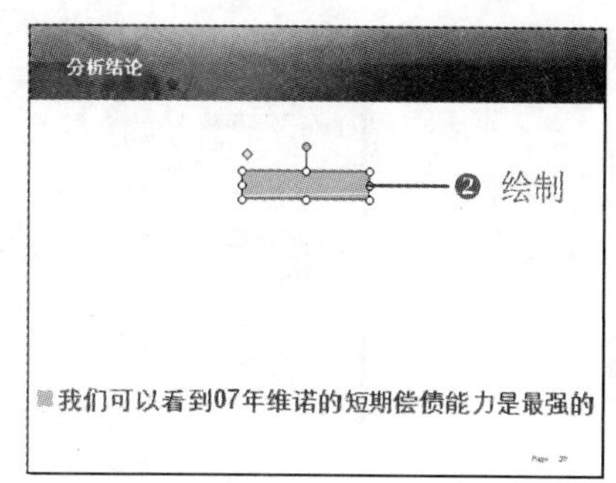

图 13-23

操作提示

在“自选图形”中有许多图形，用户可根据需要进行选择，每个分组中的图形有不同的用途，如“连接符”选项是连接基本图形等图形。

3. 在图形中输入文本

❶ 在图形上单击鼠标右键，在弹出的快捷菜单中选择“添加文本”命令（选择图形后，直接输入文本也可），如图 13-24 所示。

❷ 在图形中输入文字，并设置文字的格式，如图 13-25 所示。

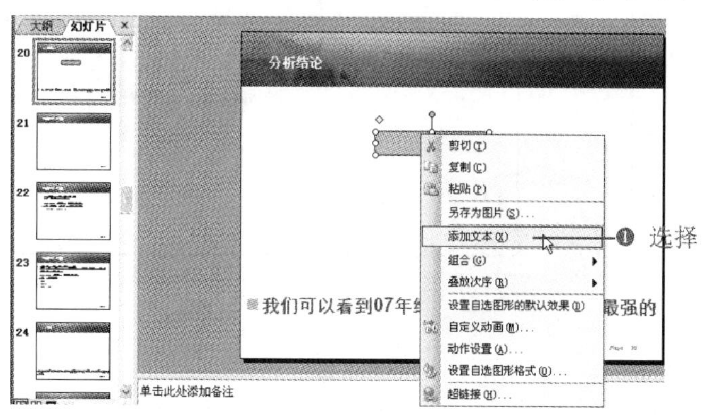

图 13-24

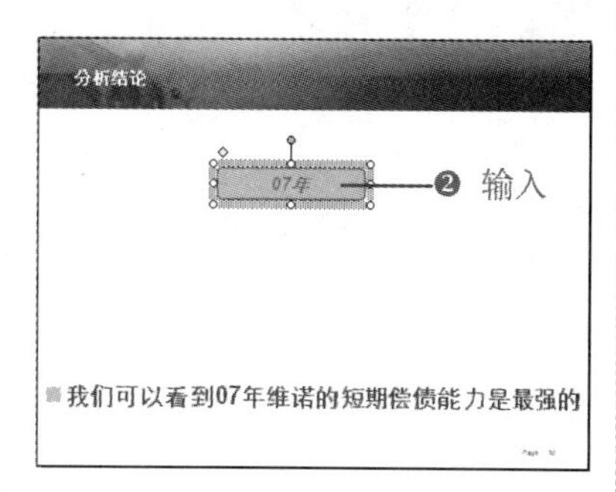

图 13-25

4. 设置图形的颜色和线条

❶ 在选择的图形上单击鼠标右键，在弹出的快捷菜单中选择“设置自选图形格式”命令（或双击所需图形），如图 13-26 所示。

❷ 打开“设置自选图形格式”对话框，选择“颜色和线条”选项卡，在“填充”栏的“颜色”下拉列表框中设置填充颜色，在“透明度”数值框中可输入透明度百分比；在“线条”栏中可设置线条颜色、样式、虚线、粗细，如图 13-27 所示。

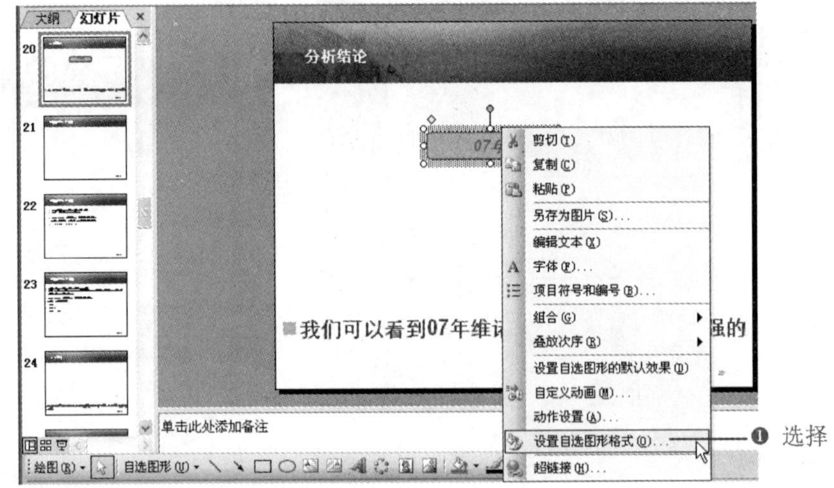

图 13-26

❸ 设置完成后，单击“确定”按钮，即可看到设置的效果，如图 13-28 所示。

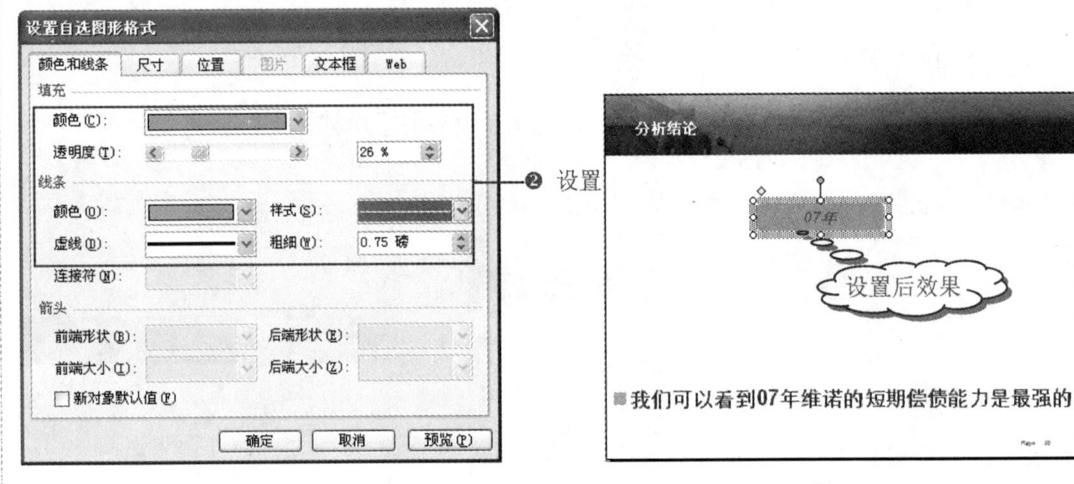

图 13-27

图 13-28

操作提示

选择图形后，在“绘图”工具栏中单击相应的按钮可设置图形的填充颜色、线条颜色等，如“填充颜色”按钮、“线条颜色”按钮、“线型”按钮等。

5. 为图形添加阴影效果

❶ 选择需添加阴影的图像，单击“绘图”工具栏中的“阴影”按钮，弹出“阴影”列表，在其中选择一种阴影效果即可，如图 13-29 所示。

❷ 执行命令后，在空白处单击，即可看到设置的阴影效果，如图 13-30 所示。

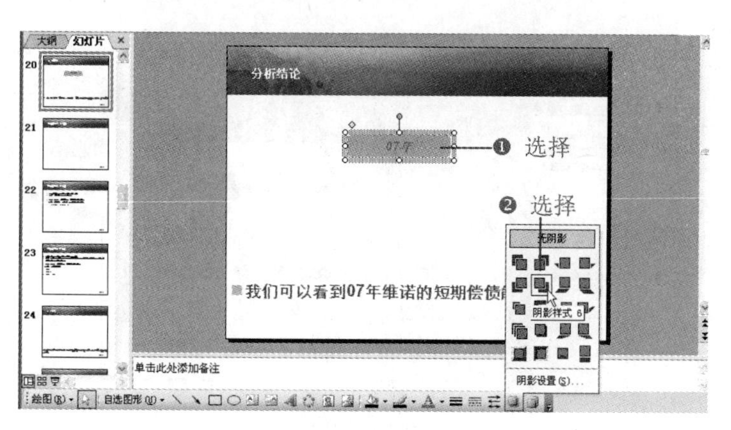

图 13-29

图 13-30

知识拓展

如果需要设置阴影颜色等效果，可在“阴影”列表中选择“阴影设置”命令，打开“阴影设置”工具栏，在其中可对阴影进行各种设置，如将阴影向左移、向右移、向上移、向下移及设置阴影颜色等，如图 13-31 所示。

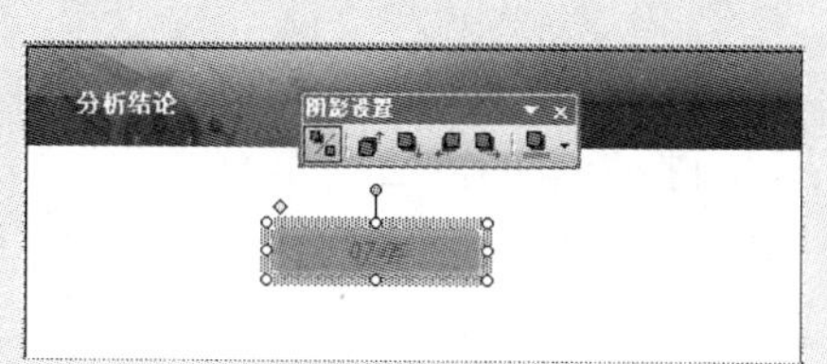

图 13-31

6．组合图形

将多个图形组合成一个图形后，可以防止图形不小心被打乱，也方便移动。

❶ 按照同样的方法，绘制其他图形，并放置在合适的位置，再用连接符将它们连接起来，使其美观并有层次，并插入一些小图标，如图 13-32 所示。

❷ 先选择一个图形，然后按住“Ctrl”键或“Shift”键单击其他图形，直到所有图形都被选择，在图形上单击鼠标右键，在弹出的快捷菜单中选择“组合”→“组合”命令，如

Note

图 13-33 所示。

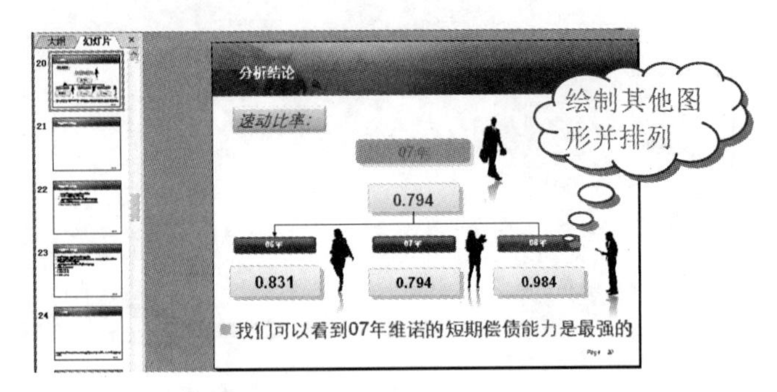

图 13-32

操作提示

如果需要对组合图形取消组合，在组合图形上单击鼠标右键，在弹出的快捷菜单中选择“组合”→“取消组合”命令，或在“绘图”工具栏中单击“绘图”按钮，再选择“取消组合”命令即可。

❸ 执行命令后，所有图形即被组合成一个图形，如图 13-34 所示，此时进行图形大小、方向的调整操作将会对组合中的所有图形有效。

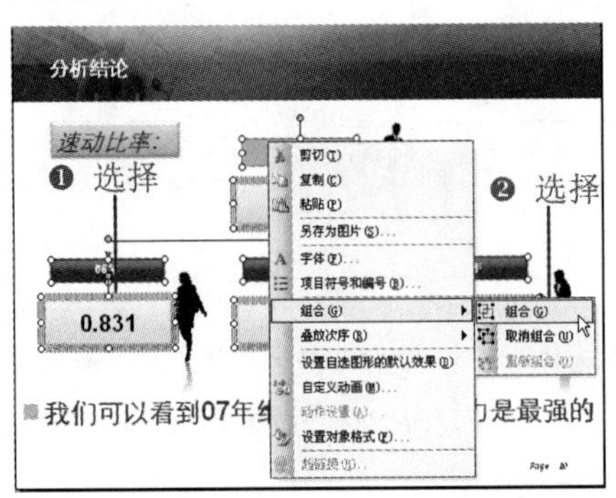

图 13-33

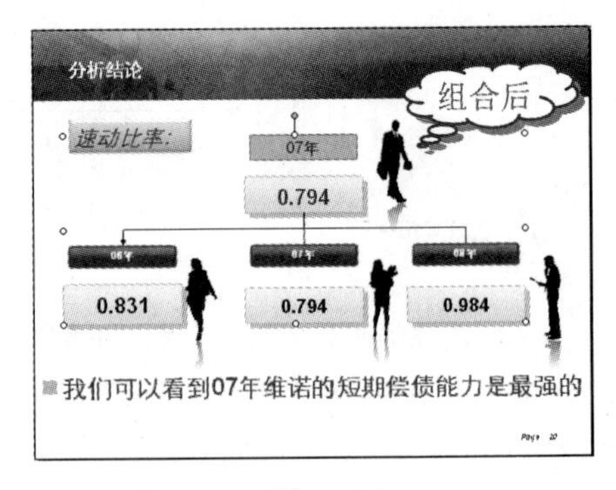

图 13-34

❹ 其他幻灯片中的图形，可按类似的方法操作设置。

知识拓展

如果需要对组合中的某个图形进行操作，可先选中组合图形，然后单击选择需要设置的图形，被选中图形的周围将出现灰色控制点，如图 13-35 所示。此时即可对该图形进行设置，而不会影响到其他图形。对于组合中的单个图形不能调整大小方向，只能设置填充颜色、线条颜色等。

图 13-35

13.2.2　利用表格展示财务数据

源文件：13/源文件/企业财务分析报告.ppt、**效果文件**：13/效果文件/企业财务分析报告.ppt、**视频文件**：13/视频/13.2.2 企业财务分析报告.mp4

利用表格、图表可以更加清晰地展示数据，并分析数据的变化情况。

1．插入表格

❶ 选择“插入”→“表格”命令（如图 13-36 所示），打开“插入表格”对话框，在“列数”和“行数”数值框中输入数值，如图 13-37 所示。

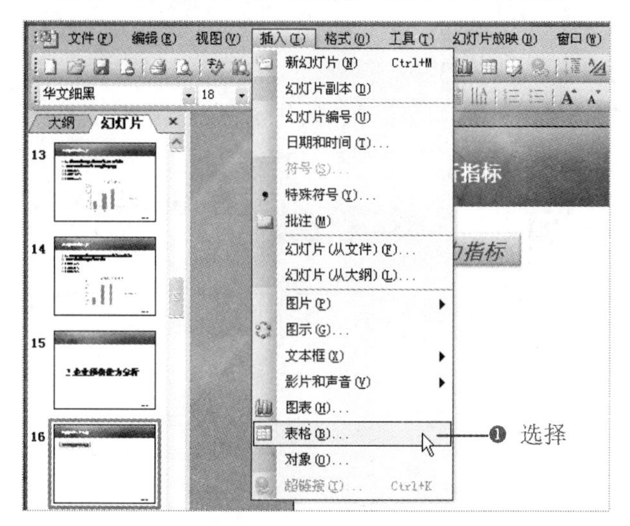

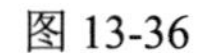

图 13-36

图 13-37

❷ 单击“确定”按钮，即可在幻灯片中插入表格，并弹出“表格和边框”工具栏，如图 13-38 所示。

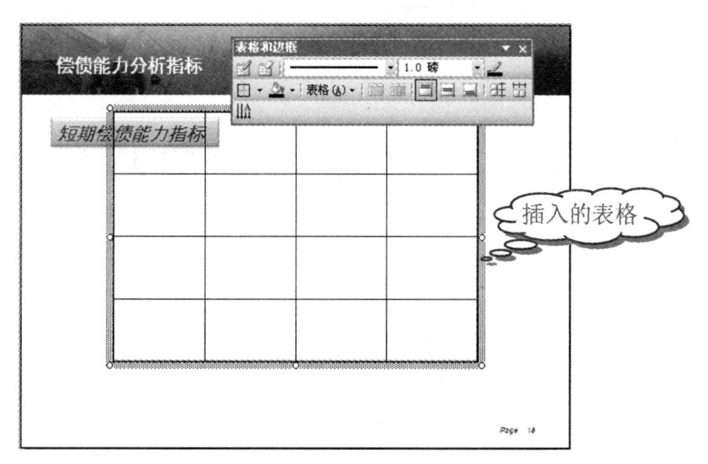

图 13-38

操作提示

Note

插入表格的方法比较多，选择一种包含"插入对象"面板的幻灯片版式，或在"常用"工具栏中单击"插入表格"按钮，将弹出表格框，按住鼠标左键并拖动鼠标确定表格的行列数，若插入的表格较大，表格框默认的数量不够时，可按住鼠标左键往表格框下方或右方拖动鼠标，以扩大表格框选择。

2．调整表格大小和位置

通过上面插入的表格可以看到表格较大，已经超过标题上面，通过调整大小和位置，可以使表格更加美观、合理。

❶ 选中表格，将鼠标光标移至表格的顶点处，当其变为双向箭头形状时，按住鼠标左键拖动表格，即可实现调整表格的大小，如图 13-39 所示。

❷ 将鼠标光标移至表格的四周，当其变为形状时，按住鼠标左键拖动表格，即可实现调整表格的位置，如图 13-40 所示。

图 13-39

图 13-40

3．调整行高和列宽

❶ 在单元格内输入相应的内容，在"格式"工具栏中设置字体、字号等格式，如图 13-41 所示。

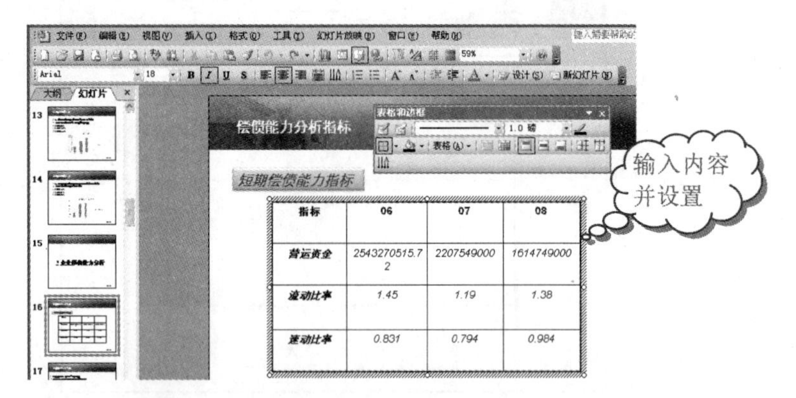

图 13-41

❷ 将鼠标光标移至表格的横线处，当其变为÷形状时，按住鼠标左键拖动表格的横线即可更改行高，如图 13-42 所示。

❸ 将鼠标光标移至表格的竖线处，当其变为+形状时，按住鼠标左键拖动表格的竖线即可更改列宽，如图 13-43 所示。

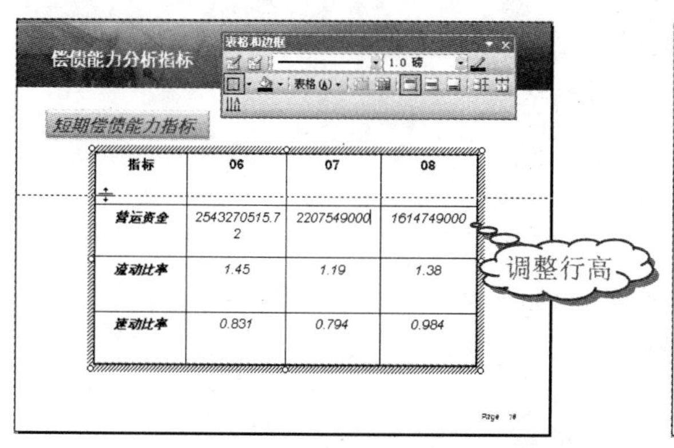

图 13-42

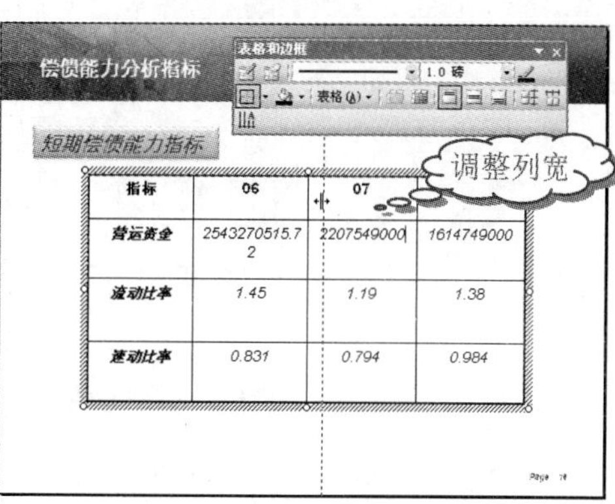

图 13-43

❹ 按照同样的方法调整其他行高和列宽，直到看起来美观、协调，如图 13-44 所示。

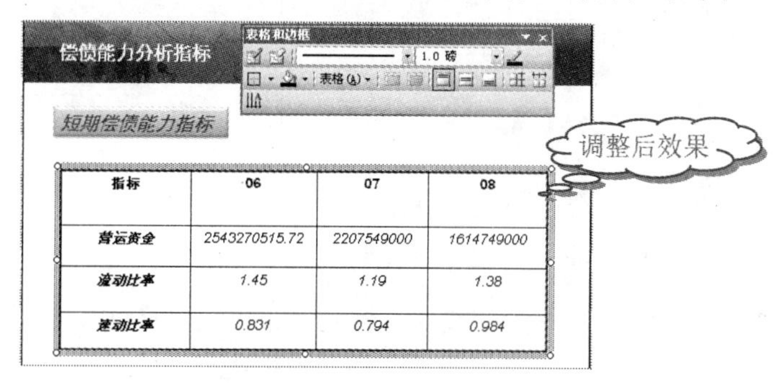

图 13-44

操作提示

当在单元格中输入文本时，如果文本过多，系统将自动调节表格的行高以适应文本的大小。将光标定位到表格任意一处，单击“表格和边框”工具栏中的“平均分布各行”按钮即可平均分布行高，单击“平均分布各列”按钮可平均分布列宽。

4．设置表格边框和底纹

❶ 选择整个表格，选择“格式”→“设置表格格式”命令，如图 13-45 所示，或在表格上单击鼠标右键，在弹出的快捷菜单中选择“边框和填充”命令。

❷ 打开“设置表格格式”对话框，选择“边框”选项卡，设置表格的边框“样式”、“颜色”和“宽度”，然后在右边单击相应的框线，如果设置的内外边框边线不同，需要反复进行设置，如图 13-46 所示。

Note

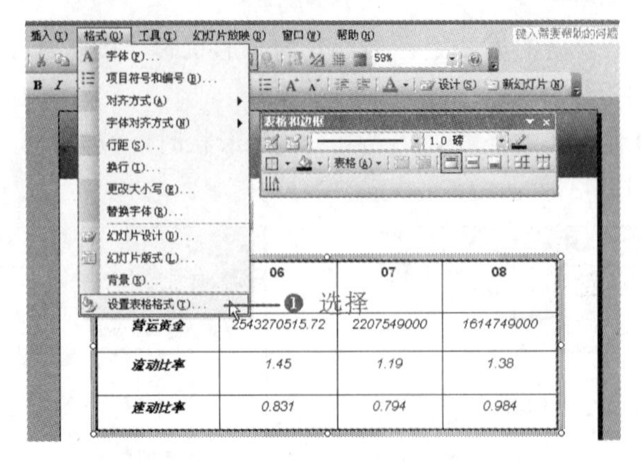

图 13-45

❸ 单击“确定”按钮，即可应用设置的框线，如图 13-47 所示。

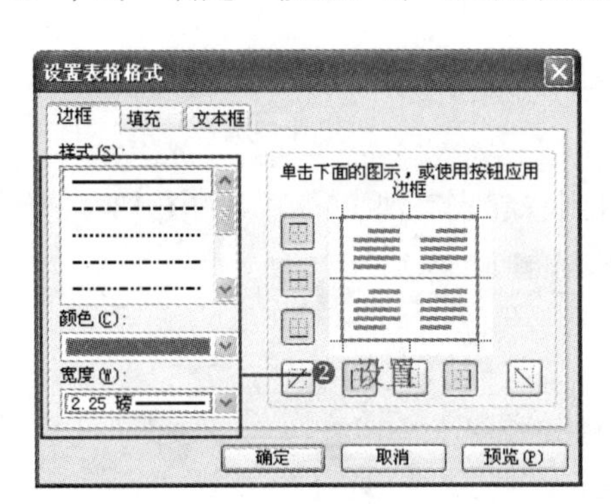

图 13-46

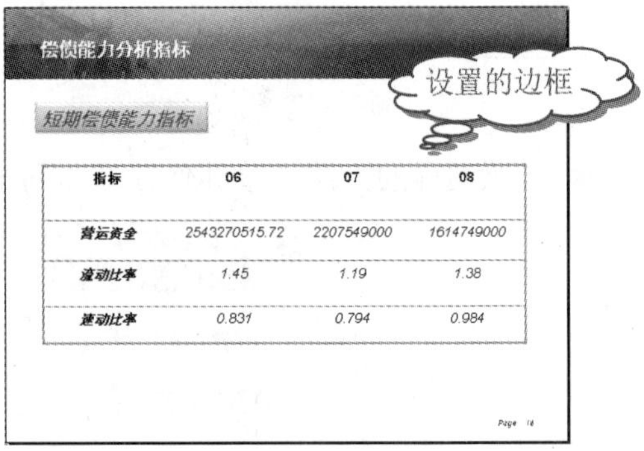

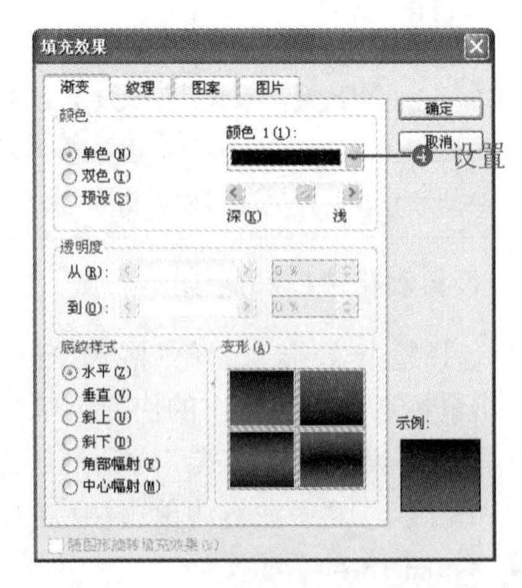

图 13-47

❹ 再选择需要添加底纹的行或列，打开“设置表格格式”对话框，选择“填充”选项卡，单击“填充颜色”下拉按钮，在其下拉列表中选择“填充效果”选项，如图 13-48 所示。

❺ 打开“填充效果”对话框，选择“渐变”选择卡，选中“单色”单选按钮，设置颜色和透明度，如图 13-49 所示。

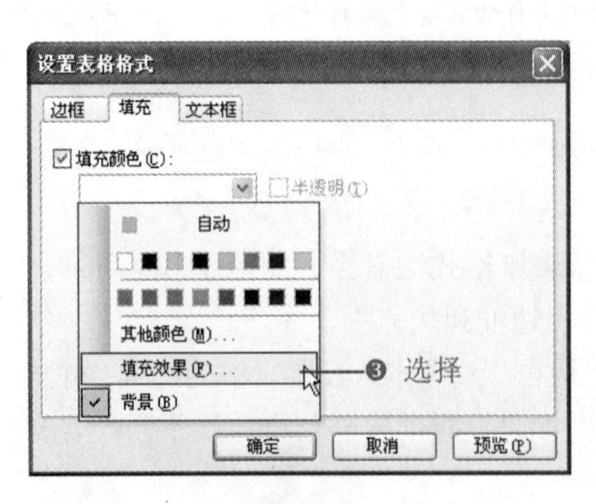

图 13-48

填充效果 ❹ 设置

图 13-49

❻ 单击“确定”按钮，即可看到设置的效果，如图 13-50 所示。再按照同样的方式设置其他行或列的填充颜色，效果文件如图 13-51 所示。

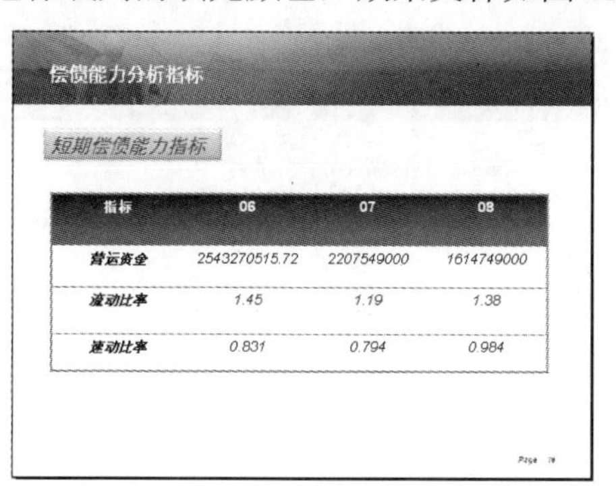

图 13-50

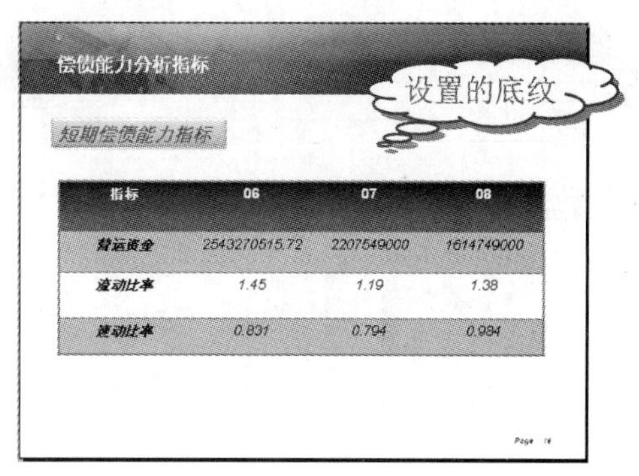

图 13-51

操作提示

利用“表格和边框”工具栏也可设置边框和底纹，但是这里的框线只提供几个固定的格式，不能自定义，没有合适的框线，需要打开“设置表格格式”对话框进行设置。

13.2.3　应用图表分析财务数据

源文件：13/源文件/企业财务分析报告.ppt、**效果文件**：13/效果文件/企业财务分析报告.ppt、**视频文件**：13/视频/13.2.3 企业财务分析报告.mp4

1. 插入图表

❶ 选择需要添加图表的幻灯片，在“常用”工具栏中单击“插入图表”按钮，或选择“插入”→“图表”命令，将弹出一个数据表，如图 13-52 所示。

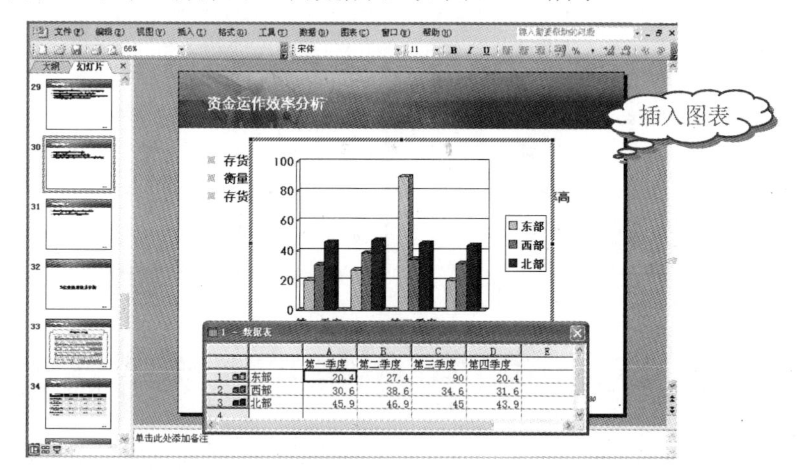

图 13-52

Note

❷ 在数据表内根据需要输入项目、数据等内容，如图 13-53 所示。然后单击空白处，数据表消失，完成图表的创建，如图 13-54 所示。

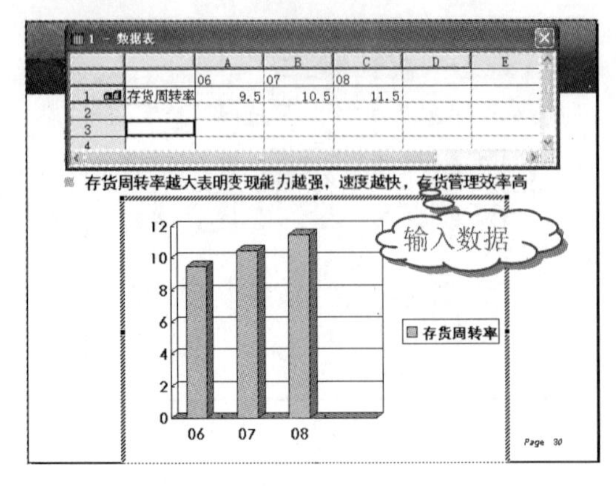

图 13-53

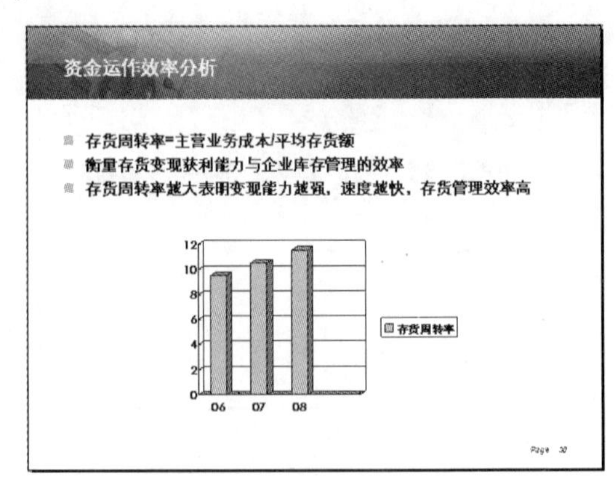

图 13-54

操作提示

默认工作表中提供 3 种数据，如果有多余的，可以利用右键菜单执行删除操作，即可将多余的数据和图形删除。

2. 为图表添加标题

❶ 双击图表进入编辑状态，选择"图表"→"图表选项"命令，如图 13-55 所示。

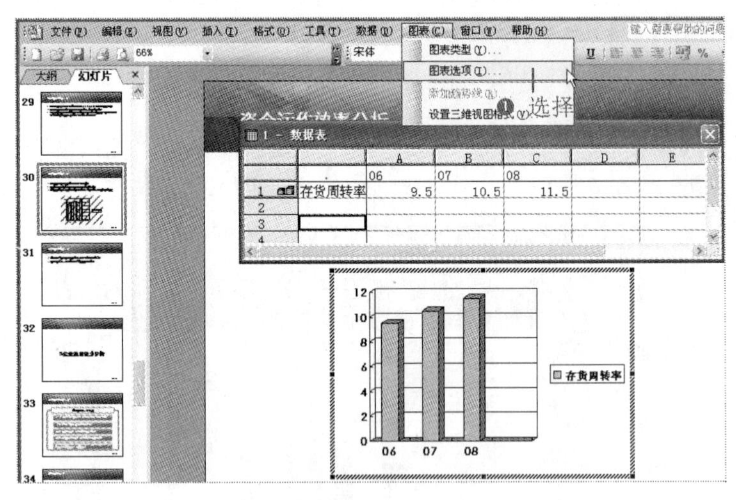

图 13-55

❷ 打开"图表选项"对话框，选择"标题"选项卡，在"图表标题"文本框中输入标题，如图 13-56 所示。

❸ 单击"确定"按钮，即可在图表上方插入标题，并设置标题格式，如图 13-57 所示。

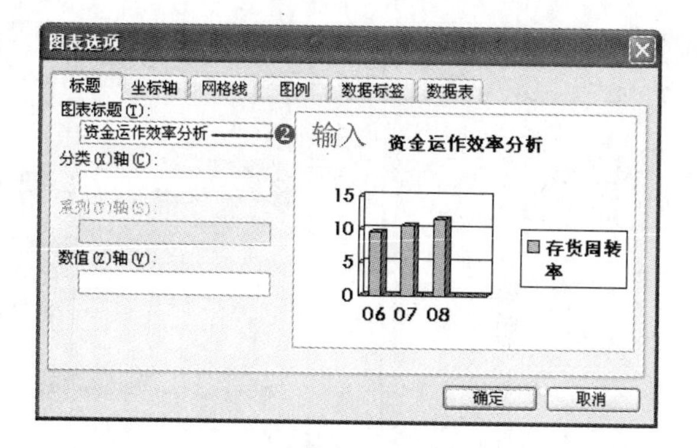

图 13-56

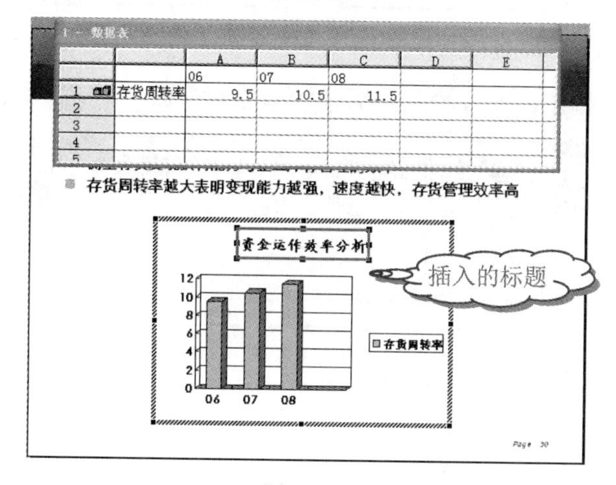

图 13-57

3. 设置坐标轴格式

坐标轴包括数值轴和分类轴，数值轴就是图表中左侧标有数字的坐标轴，根据需要设置坐标轴格式，下面设置“数值轴”格式。

❶ 在数值轴上单击鼠标右键，在弹出的快捷菜单中选择“设置坐标轴格式”命令（如图 13-58 所示），打开“坐标轴格式”对话框。

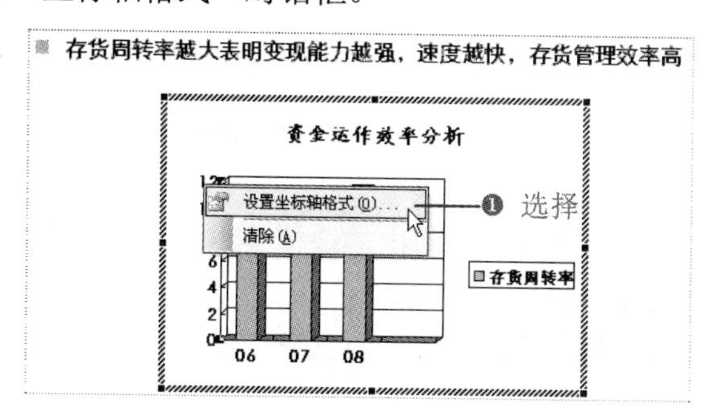

图 13-58

❷ 选择“刻度”选项卡，设置坐标轴的“最小值”、“最大值”和“主要刻度单位”，如图 13-59 所示；切换到“字体”选项卡，设置数值的字体、字号、颜色等，如图 13-60 所示。

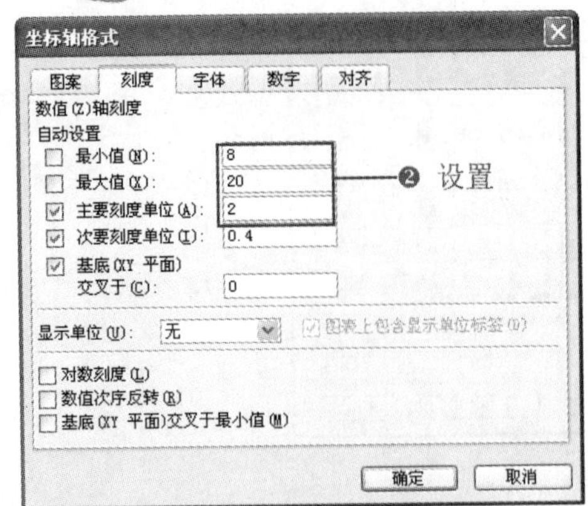

图 13-59

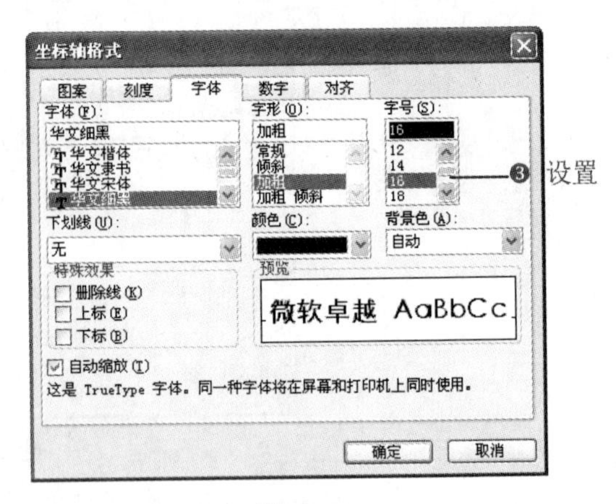

图 13-60

❸ 单击"确定"按钮，即可看到坐标轴的刻度和字体发生了改变，如图 13-61 所示。

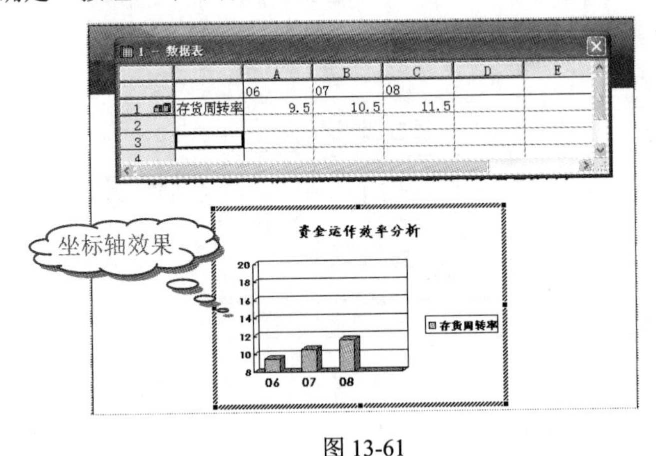

图 13-61

操作提示

"分类轴"格式的设置方法与"数值轴"设置的方法相似，用户可根据需要进行设置。

4. 设置背景格式

图表的背景区域，即为位于图表中间的图形内的空白区域，用户可根据需要设置背景格式。

❶ 在背景区域上单击鼠标右键，在弹出的快捷菜单中选择"设置背景墙格式"命令（如图 13-62 所示），打开"背景墙格式"对话框。

❷ 在"边框"栏中设置图表边框的样式、颜色、粗细；然后在"区域"栏中选择区域的填充颜色，如图 13-63 所示。

❸ 设置完成后，单击"确定"按钮，然后调整图表的大小和位置，在空白处单击，最后效果如图 13-64 所示。

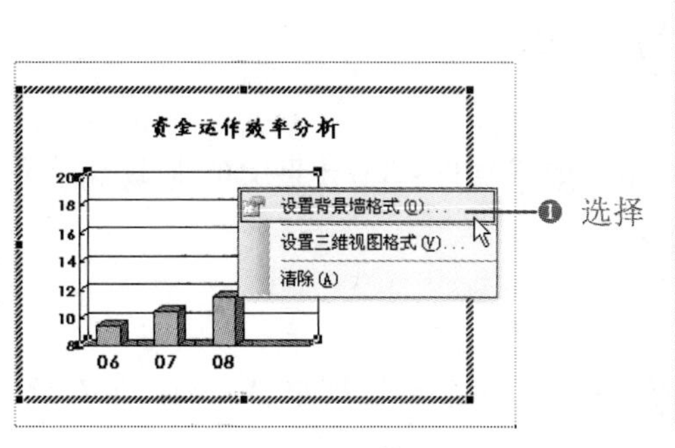

图 13-62

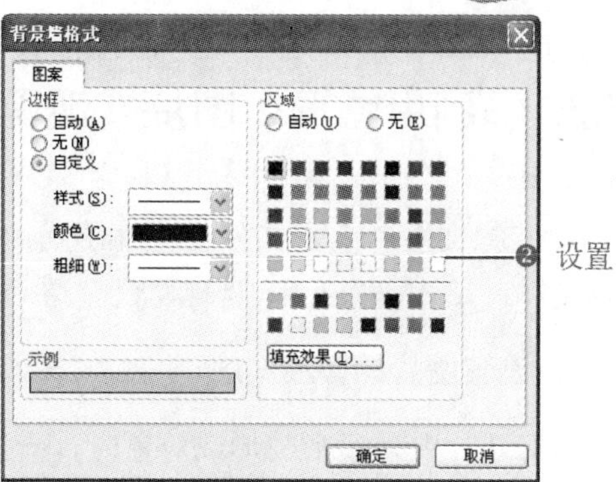

图 13-63

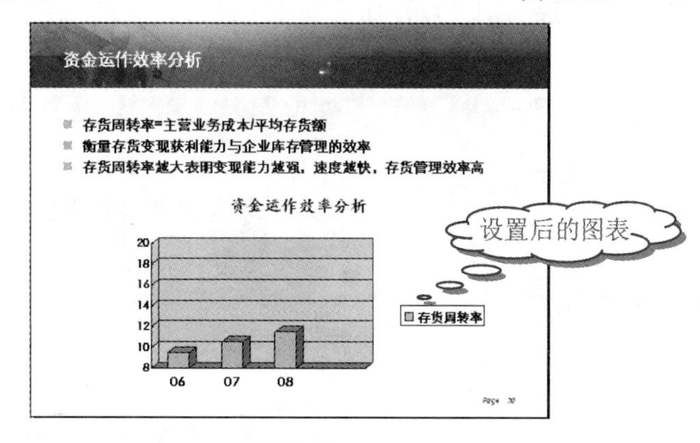

图 13-64

13.3 职场礼仪介绍

职场礼仪是日常交际中必备礼仪，它在商会会谈时可以展现企业文化，体现商业往来中的诚意和礼貌，如图 13-65 所示。

图 13-65

13.3.1 利用图形、图片展现职场礼仪

Note

源文件：13/源文件/职场礼仪介绍.ppt、**效果文件**：13/效果文件/职场礼仪介绍.ppt、**视频文件**：13/视频/13.3.1 职场礼仪介绍.mp4

1. 设置图片的叠放次序

当幻灯片中有多个图形或对象时，会显得杂乱，可能会出现重叠。当出现对象重叠时，可根据需要调整图形的叠放次序。

❶ 选择需要插入图片的幻灯片，插入需要的图片，并调整好大小和位置，如图 13-66 所示。

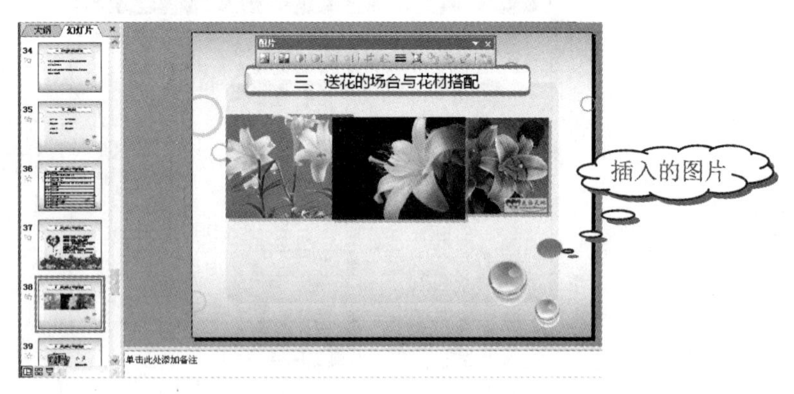

图 13-66

❷ 在需要设置的图片上单击鼠标右键，在弹出的快捷菜单中选择“叠放次序”命令，在展开的子菜单中选择“置于顶层”命令，如图 13-67 所示，即可将此图片置于所有图片的上面。

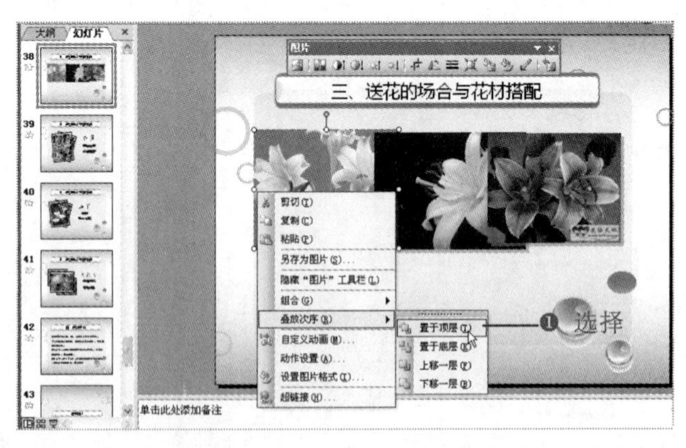

图 13-67

❸ 再在需要设置的图片上单击鼠标右键，在弹出的快捷菜单中选择“叠放次序”命令，在展开的子菜单中选择“下移一层”命令，如图 13-68 所示。

❹ 调整好图片的叠放次序后，并调整图片的位置，使其看起来协调，如图 13-69 所示。

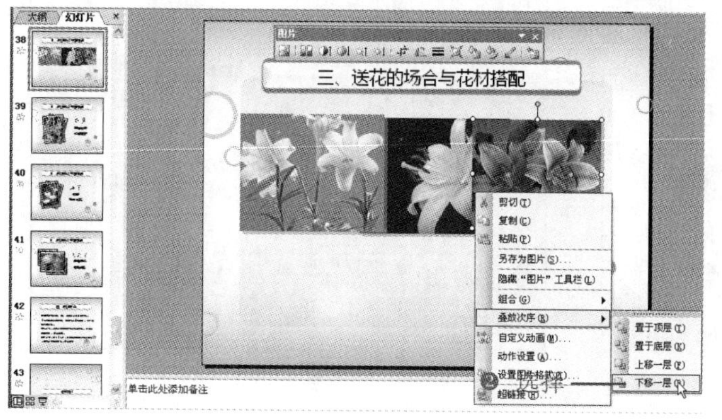

图 13-68

图 13-69

操作提示

通过"绘图"工具栏也可以调整图形的叠放次序，单击"绘图"按钮，在弹出的菜单中选择"叠放次序"命令，在弹出的子菜单中可以设置叠放次序。

2．旋转图形

❶ 选中图片，将鼠标放置在图片上方的绿色控点上，当其变成带箭头的圆圈时，拖动鼠标即可旋转图片，如图 13-70 所示。

❷ 当旋转到合适的角度后，释放鼠标即可旋转图片，如图 13-71 所示。

图 13-70

图 13-71

3．利用文本框对图片进行说明

❶ 在合适的位置插入 3 个文本框，并输入文字，对每个图片进行介绍，然后绘制线条连接文本框和图片，如图 13-72 所示。

❷ 在文本框上单击鼠标右键，在弹出的快捷菜单中选择"设置文本框格式"命令，如图 13-73 所示。

❸ 打开"设置文本框格式"对话框，选择"颜色和线条"选项卡，设置文本框的线条颜色和样式，如图 13-74 所示。

图 13-72

图 13-73

❹ 单击“确定”按钮，然后按照同样的方法设置其他文本框，再设置文字的字号和颜色，最后效果如图 13-75 所示。

图 13-74

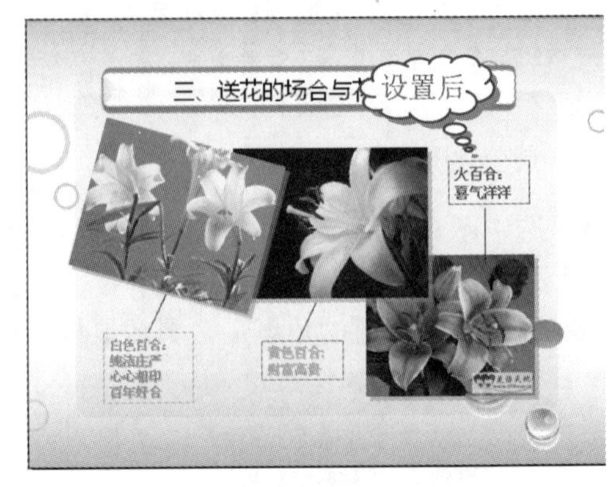

图 13-75

13.3.2 利用表格体现送花礼仪

源文件：13/源文件/职场礼仪介绍.ppt、**效果文件：**13/效果文件/职场礼仪介绍.ppt、**视频文件：**13/视频/13.3.2 职场礼仪介绍.mp4

1. 绘制表格

❶ 选择“视图”→“工具栏”→“表格和边框”命令，或在“常用”工具栏中单击“表格和边框”按钮，打开“表格和边框”工具栏。

❷ 单击“绘制表格”按钮，此时将鼠标光标移至“幻灯片编辑”窗格，当其变成形状时按住鼠标左键拖动，即可绘制出表格的边框，如图 13-76 所示。

❸ 拖动鼠标在边框内绘制行线条和列线条，如图 13-77 所示。

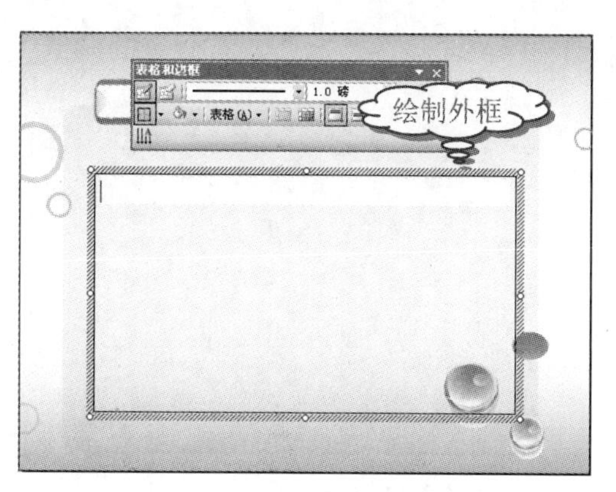

图 13-76

图 13-77

操作提示

如果有绘制错误的线条，可单击“擦除”按钮，此时鼠标光标将变为形状，在需要擦除的线条上单击即可将其删除。

2. 合并单元格

❶ 在表格内输入内容，并设置字体格式和文本对齐方式，选择需要合并的单元格，在其上单击鼠标右键，在弹出的快捷菜单中选择“合并单元格”命令，如图 13-78 所示。

❷ 执行命令后，即可将选择的单元格合并成一个单元格，如图 13-79 所示。

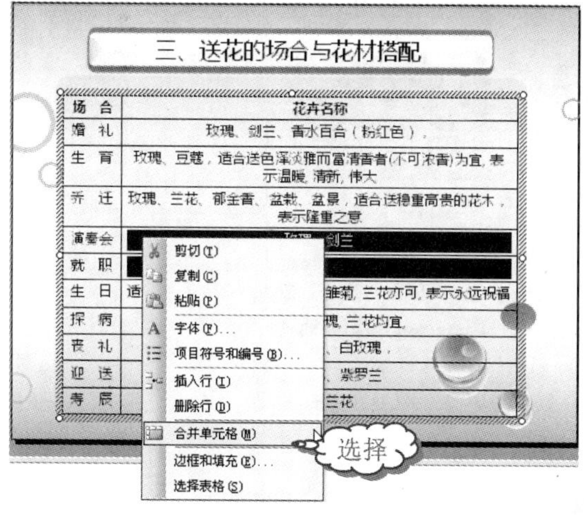

图 13-78

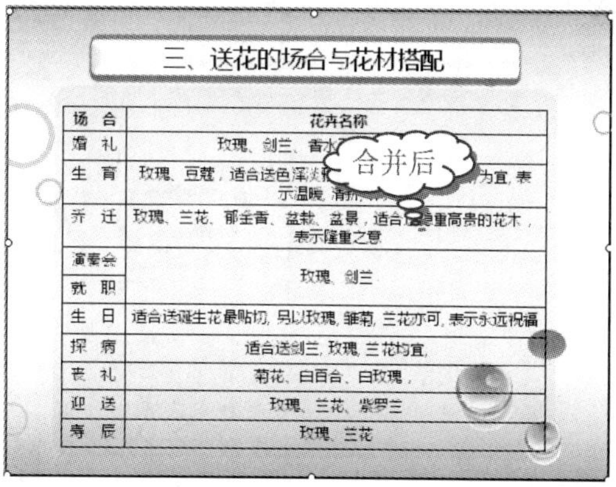

图 13-79

操作提示

合并后的单元格如果要拆分，在合并的单元格上单击鼠标右键，在弹出的快捷菜单中选择“拆分单元格”命令，即可将合并的单元格拆分为合并前的状态。

演示文稿的动画设计

PowerPoint 中的动画设置和多媒体设置对丰富和美化幻灯片起到了很大的作用，使幻灯片具有多样化和生动性；另外，为幻灯片添加动画，可以使幻灯片转换具有多样性，增加幻灯片的观赏性。

☑ 员工入职培训

☑ 人力资源保障方案

本章部分学习目标及案例

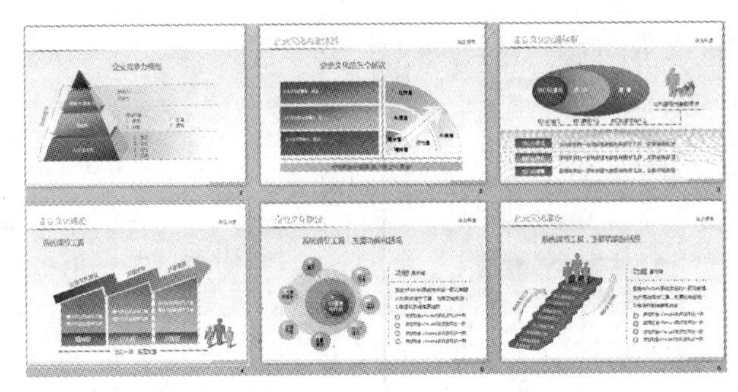

(1)

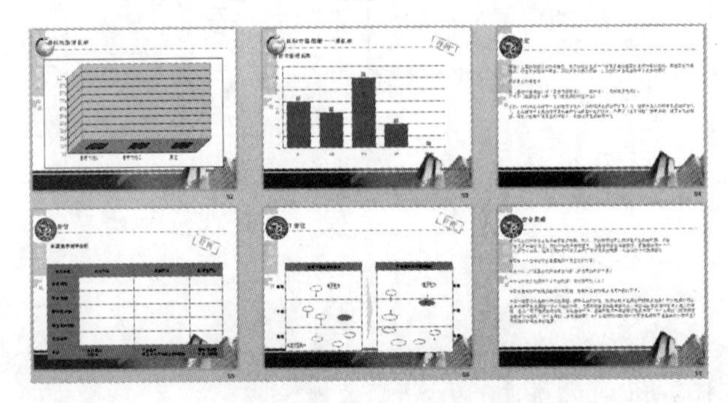

(2)

Note

14.1 基 础 知 识

14.1.1 插入剪辑管理器中的声音

源文件：14/源文件/14.1.1 剪辑管理器声音.ppt、**视频文件**：14/视频/14.1.1 剪辑管理器声音.mp4

剪辑管理器中的声音有多种，用户可根据需要选择使用。

❶ 选择需要插入声音的幻灯片，选择“插入”→“影片和声音”→“剪辑管理器中的声音”命令（如图 14-1 所示），打开“剪贴画”任务窗格。

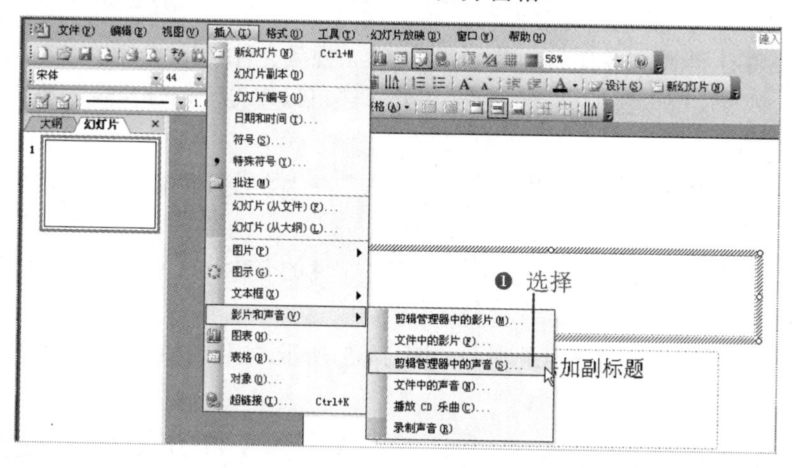

图 14-1

❷ 单击选择所需的声音，将打开一个提示对话框，询问声音播放的方式，如图 14-2 所示。

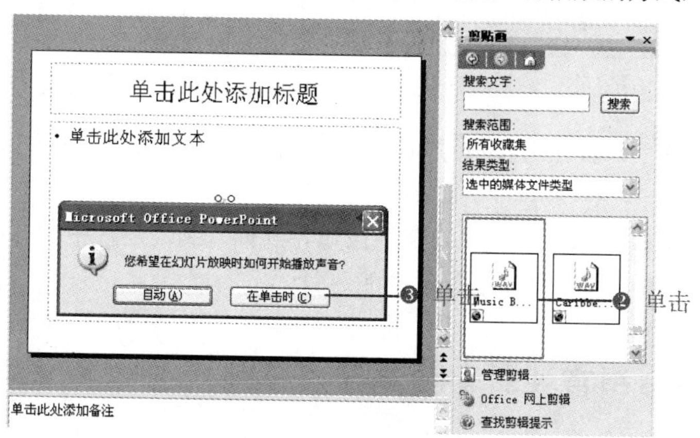

图 14-2

❸ 单击“在单击时”按钮，声音即插入幻灯片中，显示为一个小喇叭图标，如图 14-3

所示，可以根据需要移动和更改其大小。

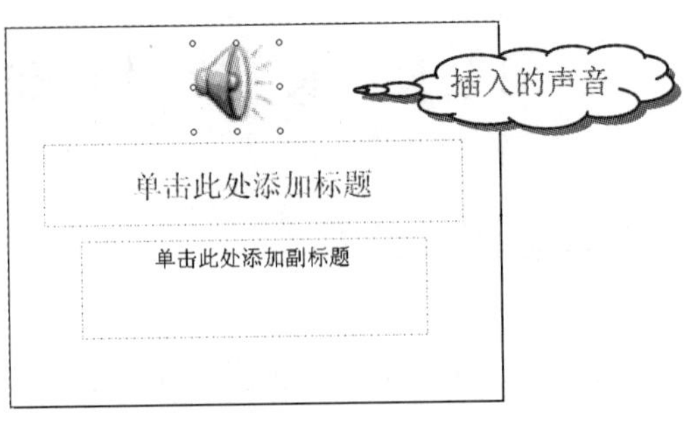

图 14-3

Note

14.1.2 录制声音

：源文件：14/源文件/14.1.2 录制声音.ppt、**视频文件**：14/视频/14.1.2 录制声音.mp4

在幻灯片中不仅可以添加已有的声音文件，还可以直接为幻灯片录制声音或旁白，符合实际需要。

❶ 选择需要录制声音的幻灯片，选择“插入”→“影片和声音”→“录制声音”命令，打开“录音”对话框。

❷ 在该对话框的“名称”文本框中输入声音文件的名称，这里输入“旁白”，如图 14-4 所示。

❸ 单击“录制”按钮开始录制，如图 14-5 所示，录制结束时单击“停止”按钮停止录音。

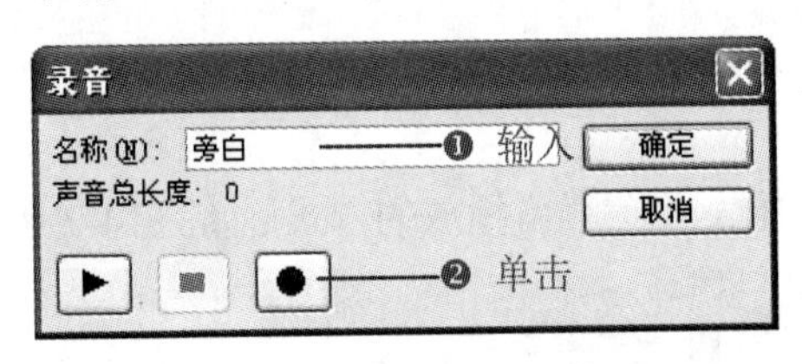

图 14-4

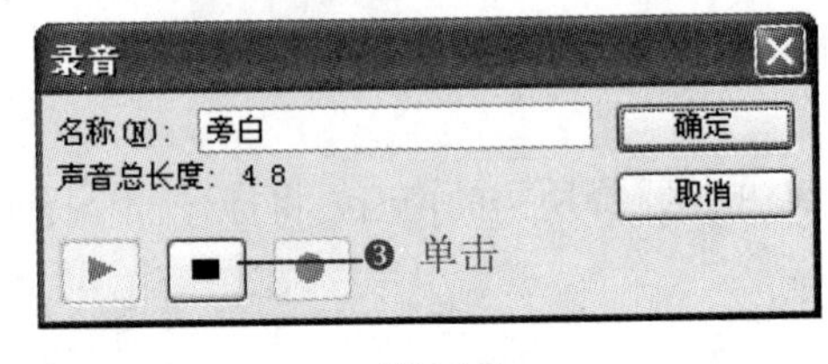

图 14-5

❹ 单击“播放”按钮可播放预览刚才录制的声音，如果不满意则单击“取消”按钮，然后重新录制。

❺ 如果录制效果满意，单击“确定”按钮将其插入到幻灯片中，并出现一个小喇叭形状的图标，双击小喇叭图标可以播放录制的声音。

14.1.3 插入剪辑管理器中的影片

：源文件：14/源文件/14.1.3 剪辑管理器影片.ppt、**视频文件**：14/视频/14.1.3 剪辑管理器影片.mp4

在幻灯片中可以插入 PowerPoint 2003 自带的影片，也可插入电脑中存储的影片。

❶ 单击“常用”工具栏中的“新建”按钮，打开“幻灯片版式”任务窗格，在其中选择有“插入对象”面板的版式，如图 14-6 所示。

❷ 在幻灯片中单击“插入对象”面板中的“插入媒体剪辑”按钮，打开“媒体剪辑”对话框，选择需插入的影片，然后单击“确定”按钮，如图 14-7 所示。

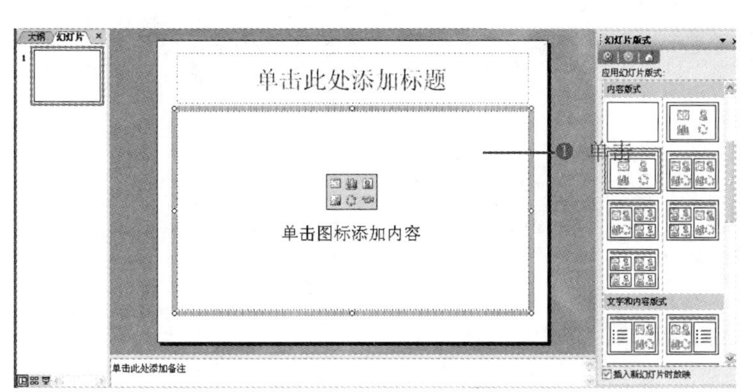

图 14-6

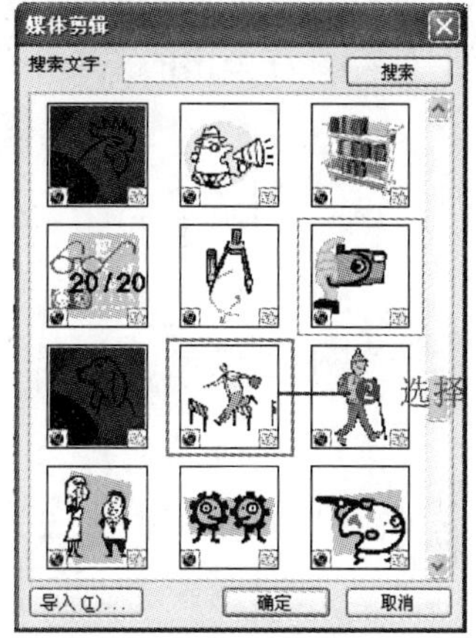

图 14-7

❸ 如果插入的是带有声音的视频影片，将会打开提示对话框，如图 14-8 所示。单击“自动”按钮，在放映到该幻灯片时将自动播放影片，如图 14-9 所示。

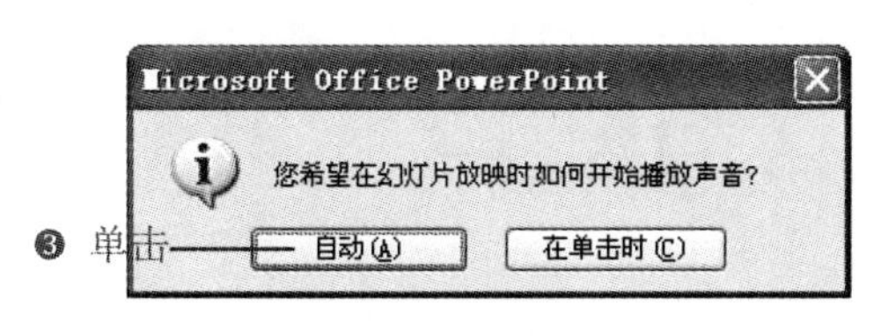

图 14-8

图 14-9

操作提示

除了以上方法外，还可以像插入剪辑管理器中的声音一样插入影片，选择“插入”→“影片和声音”→“剪辑管理器中的影片”命令，打开“剪贴画”任务窗格，显示了剪辑管理器中的影片，单击需要的影片，即可插入到幻灯片中。

14.1.4　使用高级日程表

源文件：14/源文件/14.1.4 高级日程表.ppt、**视频文件**：14/视频/14.1.4 高级日程

表.mp4

通过高级日程表可显示动画效果的开始时间、持续时间等详细信息，具体操作方法如下。

Note

❶ 单击“幻灯片放映”按钮，在展开的下拉菜单中选择“自定义动画”命令，打开“自定义动画”任务窗格。

❷ 在列表框中选择需进行设置的动画项，该动画项右侧出现下拉按钮，单击该下拉按钮（ ），在弹出的菜单中选择“显示高级日程表”命令，如图 14-10 所示。

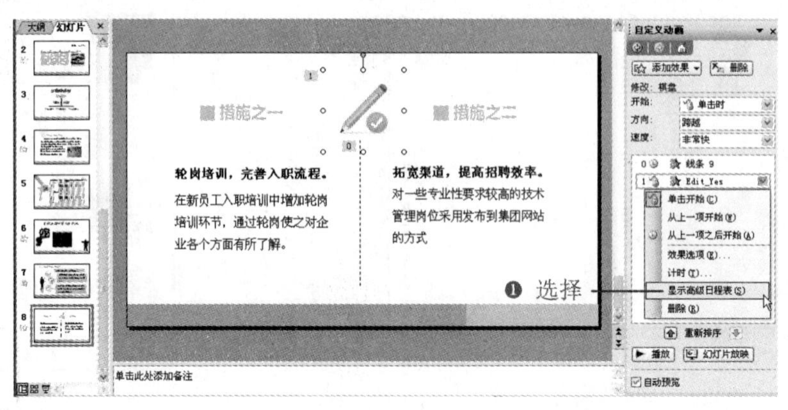

图 14-10

❸ 此时在“自定义动画”任务窗格底部将显示高级日程表，将鼠标光标指向列表框中动画的时间块上，将显示动画的开始和结束时间，如图 14-11 所示。

❹ 单击 秒 按钮，在弹出的菜单中有“放大”和“缩小”两个命令（如图 14-12 所示），选择“放大”命令，高级日程表的坐标将会放大，即时间单位将会变得更小，用户可查看得更精确。

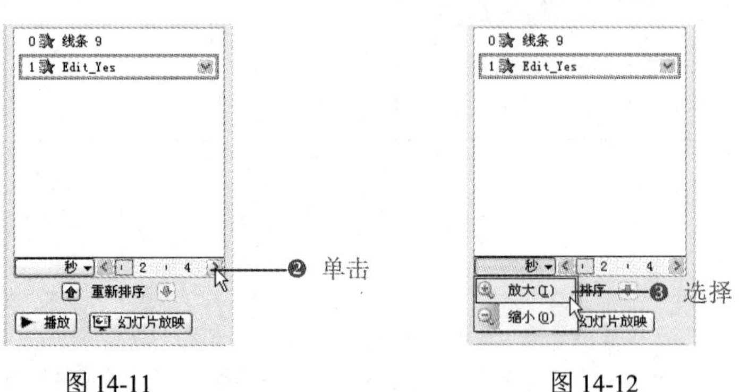

图 14-11　　图 14-12

14.1.5　调整动画顺序

源文件：14/源文件/14.1.5 调整动画顺序.ppt、**视频文件**：14/视频/14.1.5 调整动画顺序.mp4

在“自定义动画”任务窗格的动画列表框中如果有多个动画选项，可根据需要调整动

画的顺序。

❶ 选择“幻灯片放映”→“自定义动画”命令，打开“自定义动画”任务窗格。

❷ 单击选择最后一个动画，然后单击“上移”按钮使其上移一位，如图 14-13 所示。

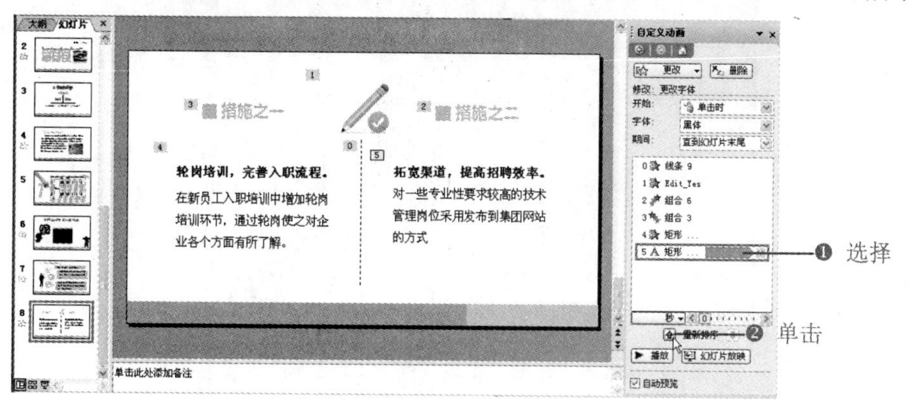

图 14-13

❸ 再选择需要下移的动画，单击“下移”按钮使当前动画项下移一位，如图 14-14 所示。

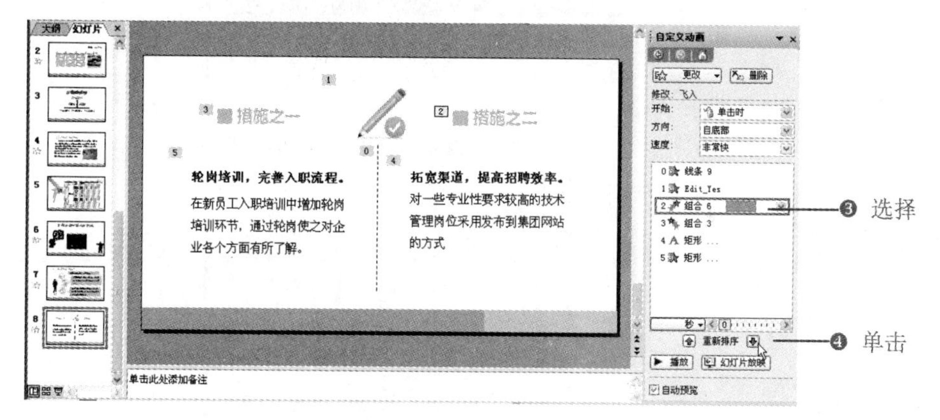

图 14-14

❹ 按照同样的方法移动其他需要移动的动画，将不同动画的出场顺序设置得有条理。

14.1.6　添加动作按钮

源文件：14/源文件/14.1.6 添加动作按钮.ppt、**视频文件**：14/视频/14.1.6 添加动作按钮.mp4

动作按钮其实也是超链接的一种，通过动作按钮可在播放幻灯时方便地切换到上一张或下一张幻灯片。

❶ 选择需要添加动作按钮的幻灯片，选择“幻灯片放映”→“动作按钮”命令，展开子菜单，如图 14-15 所示。或在“绘图”工具栏中单击“自选图形”按钮，在弹出的菜单中

Note

选择“动作按钮”命令，在弹出的子菜单中选择一种动作按钮。

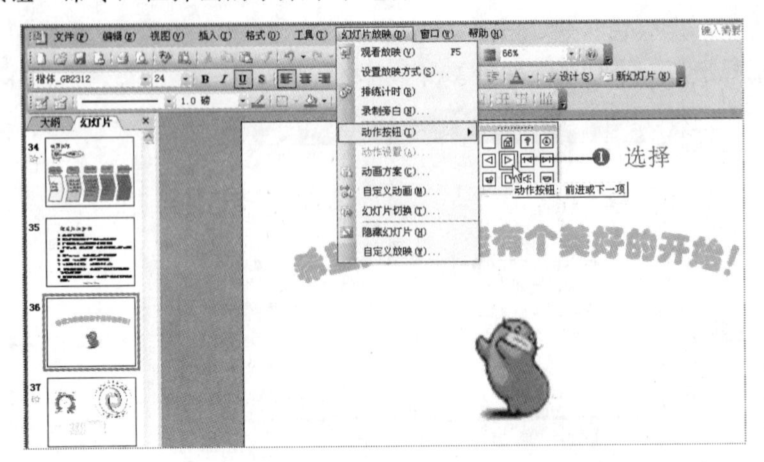

图 14-15

❷ 在幻灯片中要插入动作按钮的位置单击，将打开“动作设置”对话框，选中“超链接到”单选按钮，然后在其下拉列表框中选择“下一张幻灯片”选项，如图 14-16 所示。

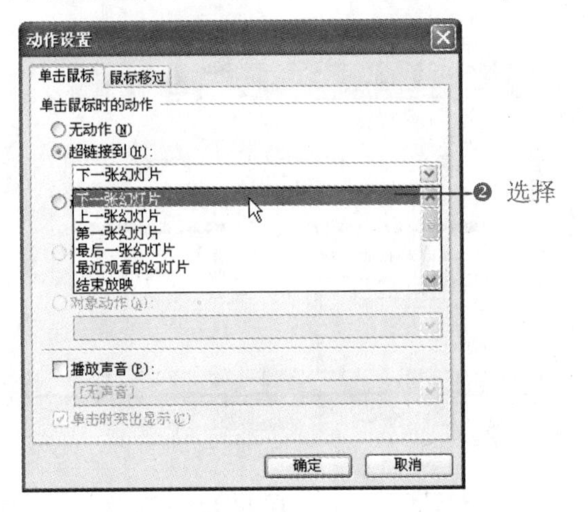

图 14-16

❸ 单击“确定”按钮完成动作按钮的添加，如图 14-17 所示，在放映幻灯片中单击此按钮时，可以切换到下一张幻灯片。

图 14-17

操作提示

在“动作按钮”子菜单中有多种动作按钮，用户可根据需要进行选择，然后在“动作设置”对话框中设置其发生的动作命令。

14.1.7　在幻灯片母版中创建动作按钮

源文件：14/源文件/14.1.7 母板创建动作按钮.ppt、**视频文件**：14/视频/14.1.7 母板创建动作按钮.mp4

在每张幻灯片中创建动作按钮都一样，可直接在幻灯片母版中进行创建。

❶ 选择“视图”→“母版”→“幻灯片母版”命令，进入母版视图，选择第一张母版幻灯片。

❷ 选择“幻灯片放映”→“动作按钮”命令，在弹出的子菜单中选择所需的动作按钮，如图 14-18 所示。

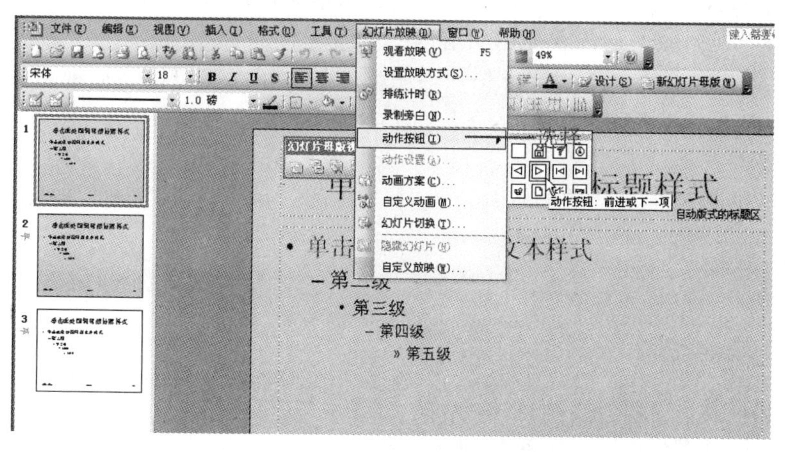

图 14-18

❸ 在需要创建动作按钮的地方单击，打开“动作设置”对话框，按照上面介绍的方法进行设置，完成后单击“幻灯片母版视图”工具栏中的关闭母版视图(C)按钮退出母版视图，即可看到除标题幻灯片外每张幻灯片都添加了相同的动作按钮。

14.2　员工入职培训

员工在入职前进行入职培训可以快速了解企业的文化、工作程序以及工作职责，帮助员工快速进入到工作状态，以更好的心态面临日常的工作，如图 14-19 所示。

Note

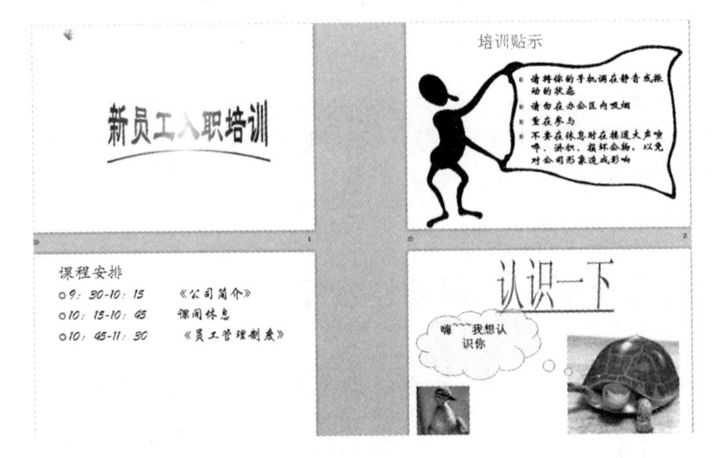

图 14-19

14.2.1 设置入职培训艺术标题

源文件：14/源文件/员工入职培训.ppt、**效果文件**：14/效果文件/员工入职培训.ppt、**视频文件**：14/视频/14.2.1 员工入职培训.mp4

在多媒体演示中，艺术字既可以起到强调突出的作用，又可以美化画面，赏心悦目。

1. 插入艺术字

❶ 选择需要插入艺术字的幻灯片，选择"插入"→"图片"→"艺术字"命令，如图 14-20 所示。

❷ 打开"艺术字库"对话框，在其中选择一种艺术字样式，如图 14-21 所示。

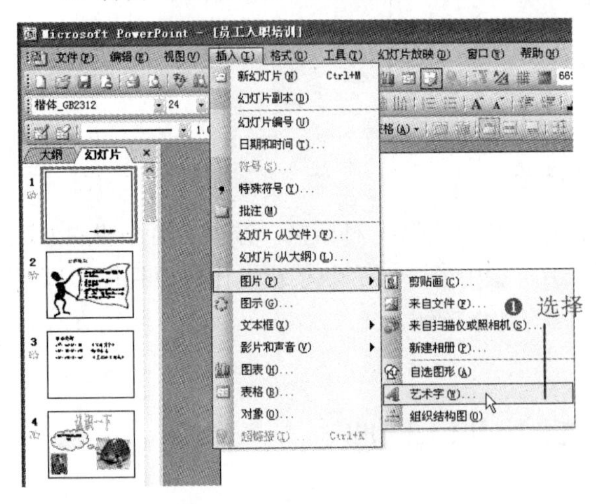

图 14-20

图 14-21

❸ 单击"确定"按钮，打开"编辑'艺术字'文字"对话框，输入所需插入的艺术字文本，并设置字体、字号等，如图 14-22 所示。

❹ 单击“确定”按钮，即可在幻灯片中插入艺术字，如图 14-23 所示。将鼠标放置在艺术字周围的控点上可调整艺术字大小。

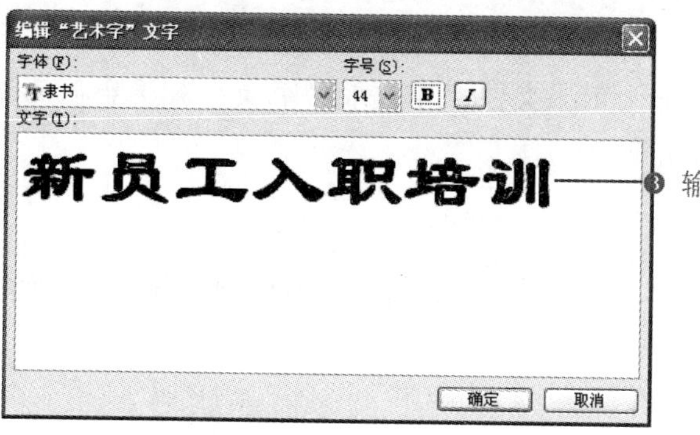

图 14-22

图 14-23

操作提示

在“绘图”工具栏中单击“插入艺术字”按钮，或在“艺术字”工具栏中单击“插入艺术字”按钮，都可插入艺术字。

2. 设置艺术字形状

选中艺术字，将出现“艺术字”工具栏，单击其中的“艺术字形状”按钮，在弹出的列表中选择所需的艺术字样式，这里选择“朝鲜鼓”形状，如图 14-24 所示。单击后，效果如图 14-25 所示。

图 14-24

图 14-25

操作提示

在“艺术字”工具栏中单击“设置艺术字格式”按钮，打开“设置艺术字格式”对话框，可设置艺术字填充颜色、边框样式；在绘图工具栏中可设置艺术字阴影、三维效果等，艺术字的编辑设置有很多，用户可根据需要进行设置。

14.2.2 在幻灯片中插入声音效果

Note

：源文件：14/源文件/员工入职培训.ppt、**效果文件**：14/效果文件/员工入职培训.ppt、**视频文件**：14/视频/14.2.2 员工入职培训.mp4

1. 插入外部声音文件

在幻灯片中插入合适的声音可以在放映幻灯片时舒缓气氛，对幻灯片起到画龙点睛的作用。

❶ 选择需插入声音的幻灯片，选择“插入”→“影片和声音”→“文件中的声音”命令，如图 14-26 所示。

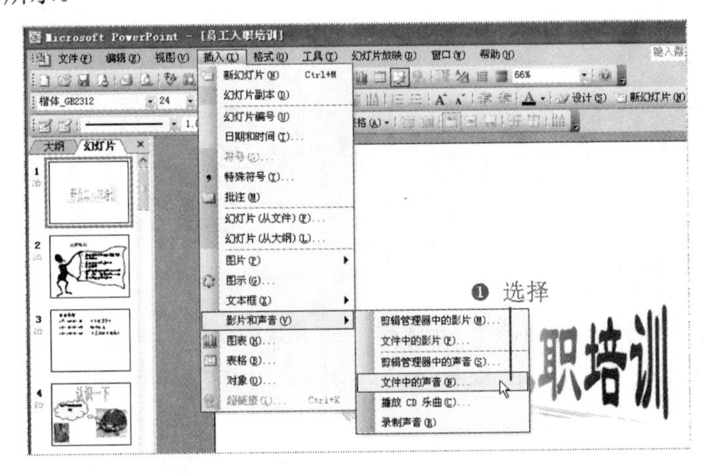

图 14-26

❷ 打开“插入声音”对话框，找到所需声音文件的位置，并选择需插入的声音文件，如图 14-27 所示。

❸ 单击“确定”按钮，打开提示对话框，如图 14-28 所示。单击“在单击时”按钮，即可在幻灯片中插入声音图标，如图 14-29 所示。放映时单击一下声音图标即会播放声音。

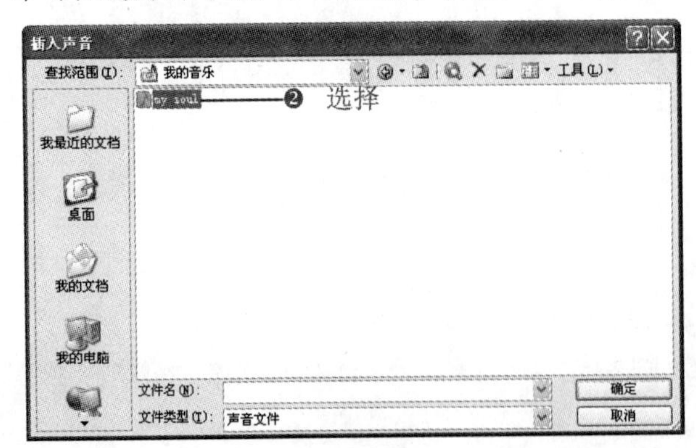

图 14-27

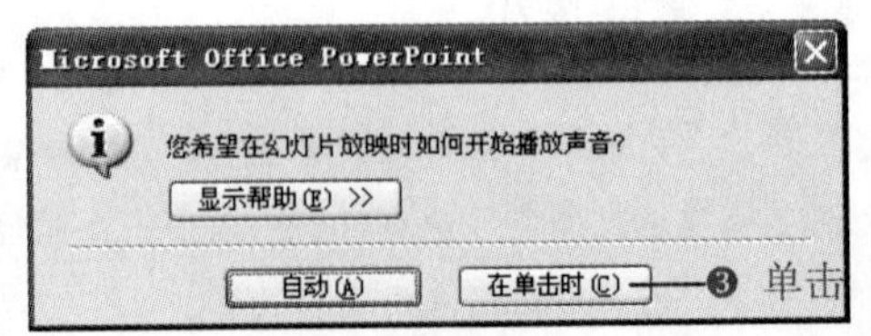

图 14-28

图 14-29

知识拓展

播放 CD 声音

除了可以在幻灯片中插入外部的声音文件外，还可以在幻灯片中播放 CD 音乐。选择“插入”→“影片和声音”→“播放 CD 乐曲”命令，打开“插入 CD 乐曲”对话框，设置播放的选项，如图 14-30 所示。单击“确定”按钮，打开提示对话框进行播放设置，完成后将在幻灯片中出现一个 CD 图标，如图 14-31 所示。

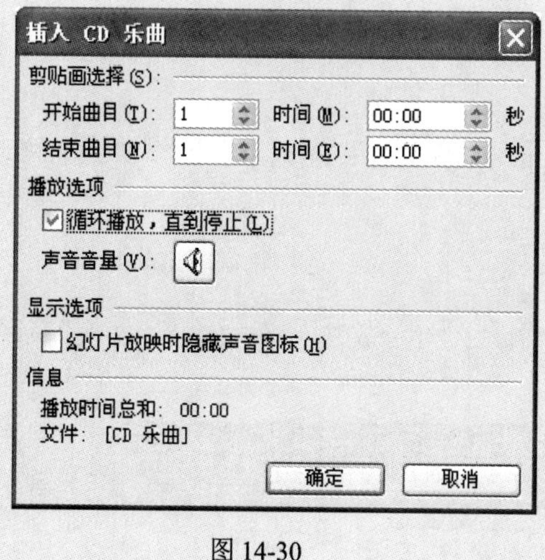

图 14-30

图 14-31

2. 编辑声音

❶ 选择声音图标后，选择“编辑”→“声音对象”命令，如图 14-32 所示，或在插入的声音文件上单击鼠标右键，在弹出的快捷菜单中选择“编辑声音对象”命令。

❷ 打开“声音选项”对话框，选中“循环播放，直到停止”复选框，单击“声音音量”按钮，打开“音量调节”面板，通过拖动其中的滑块可调节声音音量的大小，如图 14-33 所示。

❸ 单击“确定”按钮，在放映幻灯片时即可应用设置。

Note

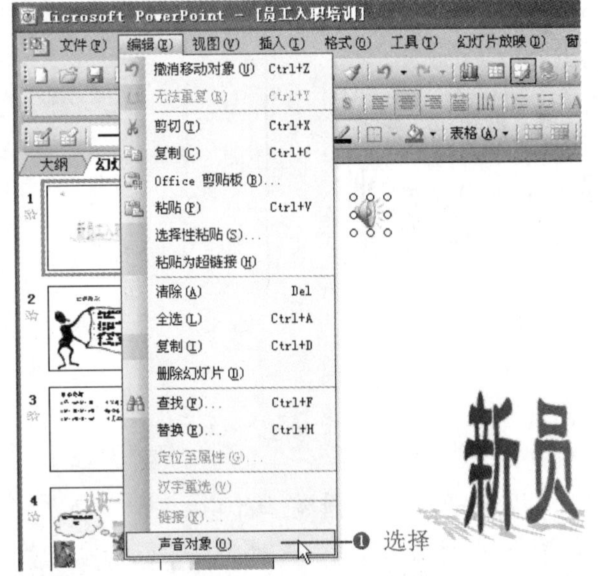

图 14-32

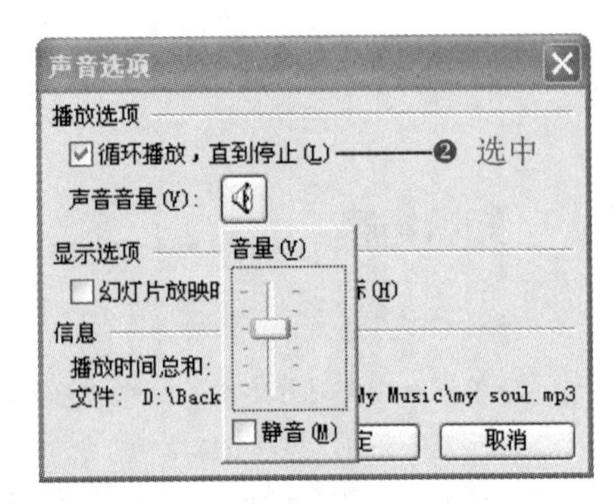

图 14-33

14.2.3 设置幻灯片的切换方式

源文件：14/源文件/员工入职培训.ppt、**效果文件**：14/效果文件/员工入职培训.ppt、**视频文件**：14/视频/14.2.3 员工入职培训.mp4

1. 为幻灯片添加切换动画

❶ 选择需要添加切换动画的幻灯片，选择“幻灯片放映”→“幻灯片切换”命令，如图 14-34 所示，打开“幻灯片切换”任务窗格。

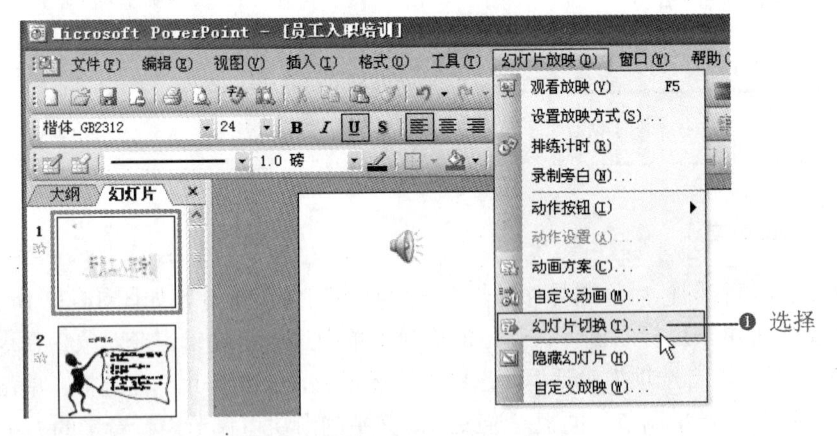

图 14-34

❷ 在“应用于所选幻灯片”列表框中列出了多种切换方案，单击所需的动画方案，如图 14-35 所示，即可将其添加于选择的幻灯片。

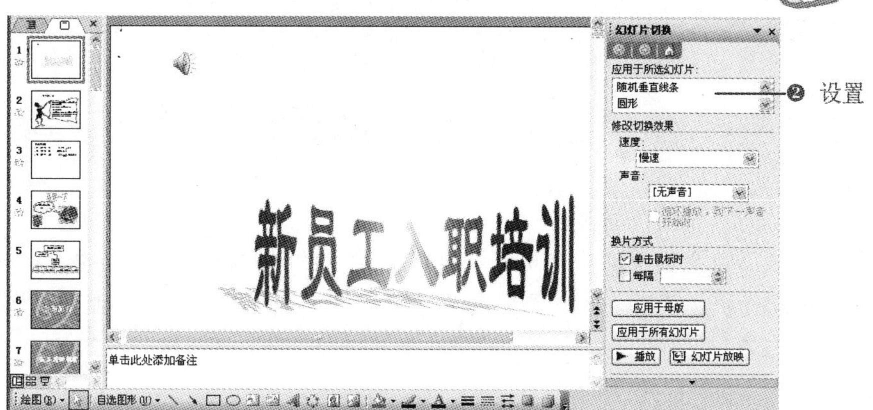

图 14-35

❸ 切换到其他幻灯片，按照同样的方法设置其他幻灯片的切换动画效果即可。

操作提示

有时在一个演示文稿中有很多幻灯片，如果一个一个设置比较麻烦，在“应用于所选幻灯片”列表框中选择所需的方案，然后单击应用于所有幻灯片按钮，可将该方案应用于演示文稿的所有幻灯片。

2. 设置切换效果

❶ 选择需要设置的幻灯片，在“幻灯片切换”任务窗格中的“速度”下拉列表框中选择切换的速度，如“中速”。

❷ 在“声音”下拉列表框中选择切换幻灯片时的声音，如“风铃”，然后选中“单击鼠标时”复选框，如图 14-36 所示。

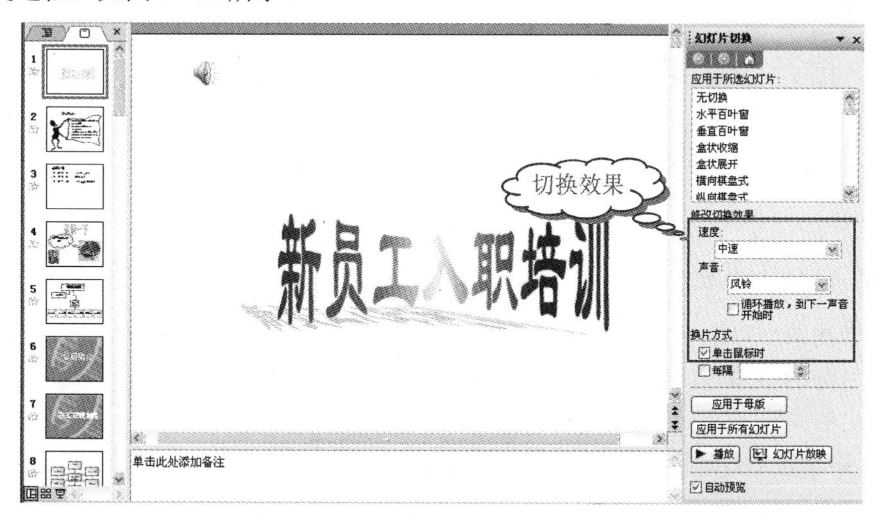

图 14-36

❸ 单击“应用于所有幻灯片”按钮，即可将设置应用于所有幻灯片中。

14.3 人力资源保障方案

Note

人力资源保障是为保障企业员工的利益而设立的，它在保护员工的人身利益的同时，也为企业招聘提供了基础，招聘到好的人才可以为员工提供更多的利益，如图 14-37 所示。

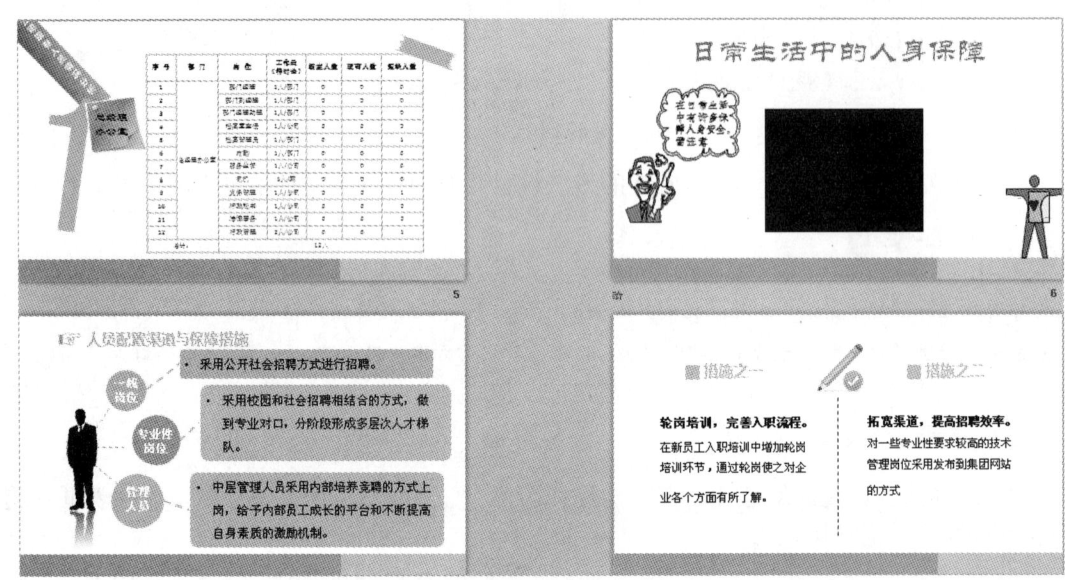

图 14-37

14.3.1 展示企业组织架构

：源文件：14/源文件/人力资源保障方案.ppt、**效果文件**：14/效果文件/人力资源保障方案.ppt、**视频文件**：14/视频/14.3.1 人力资源保障方案.mp4

1. 插入组织结构图

组织结构图可以用于说明各种概念性的材料，显示一种层次关系、一个循环过程、一系列实现目标的步骤等，如在企业中应用组织结构图，可以直观地表现一个企业或组织中部门或人员的结构。

❶ 在第 2 张幻灯片后面插入一个新幻灯片，并输入标题，为标题添加阴影效果，选择“插入”→“图片”→“组织结构图”命令，如图 14-38 所示。

❷ 执行命令后，即可在幻灯片中插入组织结构图，在相应的图形内输入内容，如图 14-39 所示。

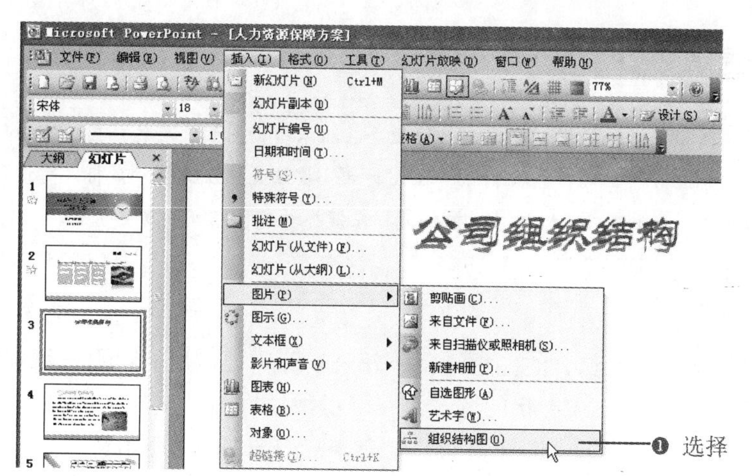

图 14-38

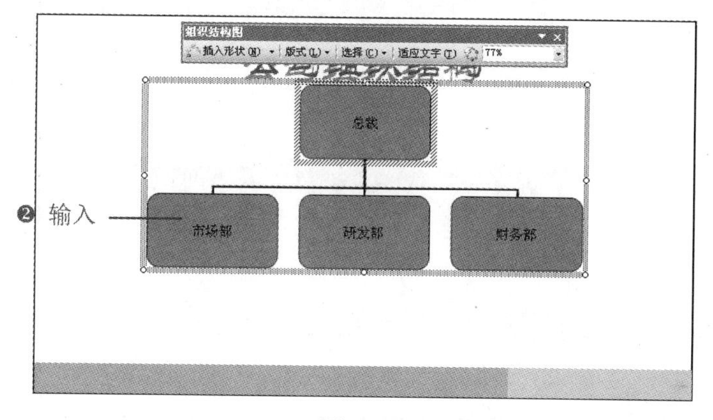

图 14-39

知识拓展

插入其他图示

选择“插入”→“图示”命令，打开“图示库”对话框，选择一种图示，如“循环图”，如图 14-40 所示。单击“确定”按钮，即可插入循环图，如图 14-41 所示，进行编辑即可。

图 14-40

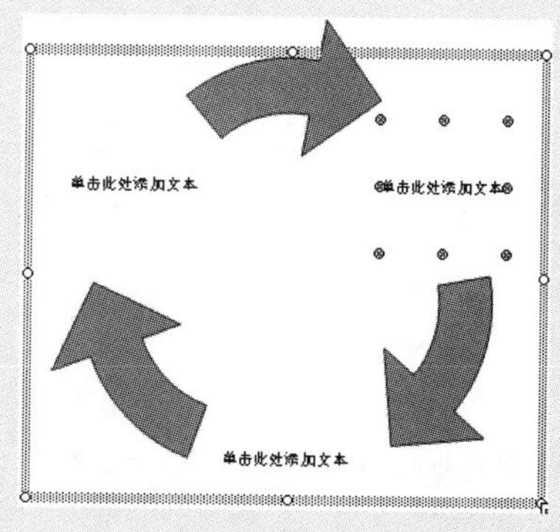

图 14-41

操作提示

Note

在组织结构图中任意处单击可显示出其边框，在组织结构图最外层边框内的空白处单击，可选择整个组织结构图，此时将出现白色控制点，在控制点处按住鼠标左键拖动鼠标即可调整其大小，将鼠标光标移至边框上，当其变成✥形状时，按住鼠标左键拖动鼠标即可移动其位置。

2．添加形状

创建的组织结构图所包含的图框通常不符合实际需要，用户可自己添加或删除图框。

❶ 选中需要在其下添加形状的图形，在“组织结构图”工具栏中单击“插入形状”下拉按钮，在展开的下拉菜单中选择“助手”命令，如图 14-42 所示。

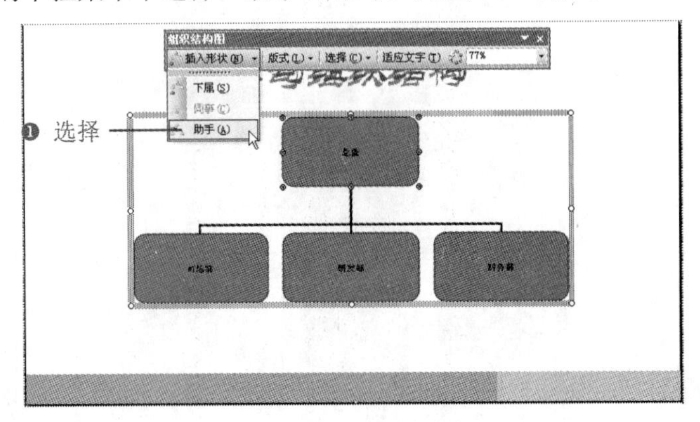

图 14-42

❷ 在插入的形状中输入内容，并选中此形状，单击“插入形状”下拉按钮，在展开的下拉菜单中选择“同事”命令，如图 14-43 所示。

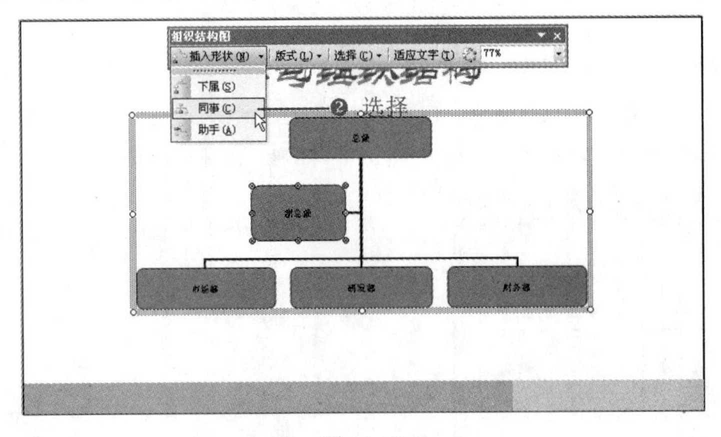

图 14-43

❸ 即可插入同一级别的形状，并输入内容，然后设置整个组织结构图的字体格式，效果如图 14-44 所示。

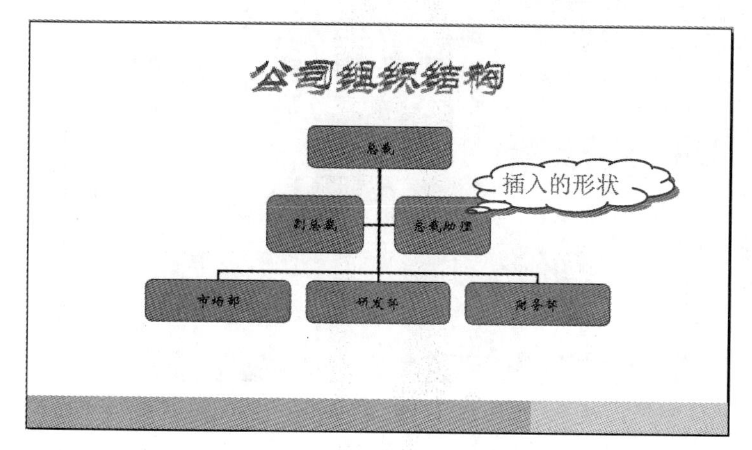

图 14-44

操作提示

对于不需要的图框，可将其删除。在需删除的图框边框上单击鼠标右键，在弹出的快捷菜单中选择“删除”命令，或者单击选中需删除图框的边框，直接按“Delete”键即可。

3．自动套用格式美化结构图

❶ 选择组织结构图，单击“组织结构图”工具栏中的“自动套用格式”按钮，打开“组织结构图样式库”对话框，选择一种样式，如图 14-45 所示。

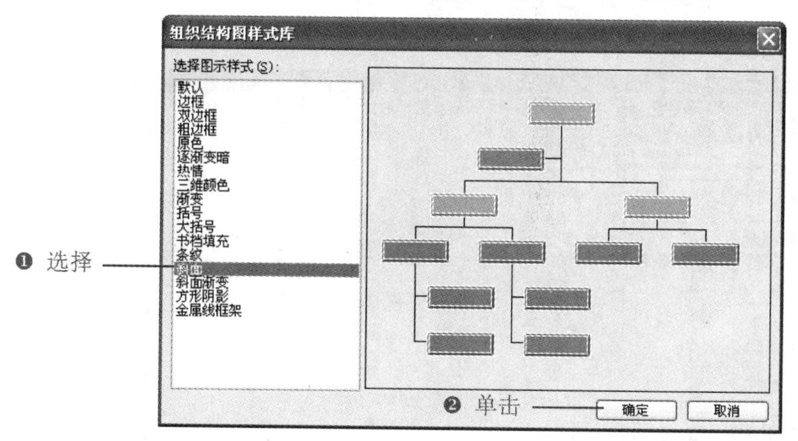

图 14-45

❷ 单击“确定”按钮，即可为结构图套用样式，如图 14-46 所示。

操作提示

单独选择每个图形，可以一个一个设置每个形状，为每个形状填充不同的颜色，也可美化结构图，用户可根据需要进行设置。

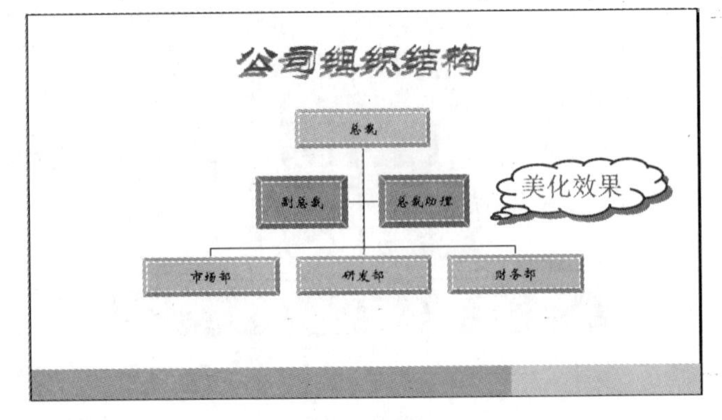

图 14-46

14.3.2 插入多媒体视频分析人力资源保障

：**源文件**：14/源文件/人力资源保障方案.ppt、**效果文件**：14/效果文件/人力资源保障方案.ppt、**视频文件**：14/视频/14.3.2 人力资源保障方案.mp4

在幻灯片中插入视频，不但可以丰富主题，而且可以省去很多文字内容，利用影片展示所要表达的内容，可以增加听者的兴趣。

1. 插入视频

❶ 选择需要添加影片的幻灯片，选择“插入”→“影片和声音”→“文件中的影片”命令，如图 14-47 所示。

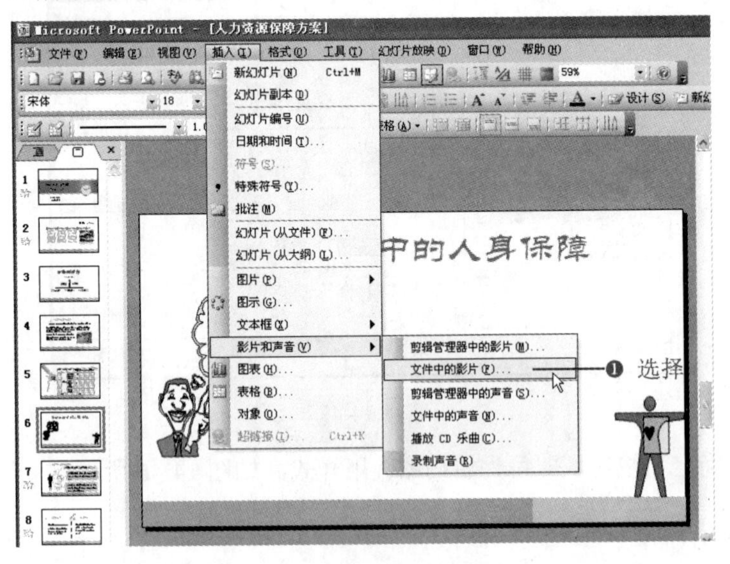

图 14-47

❷ 打开“插入影片”对话框，在其中选择所需的影片，这里选择“人身保障-动画篇”影片，如图 14-48 所示。

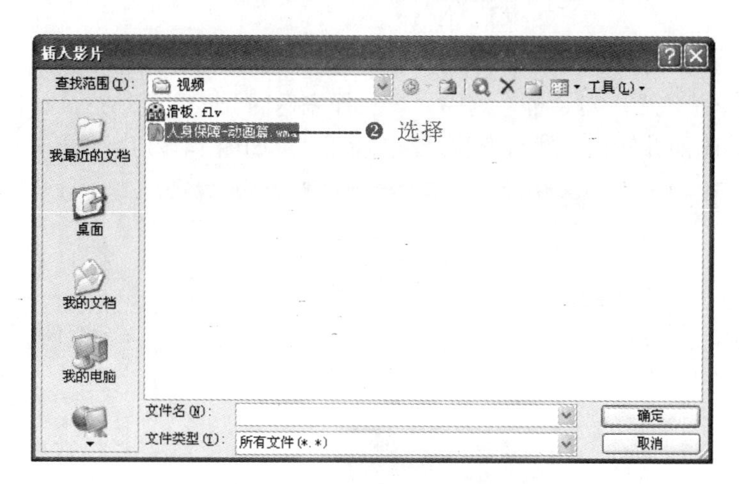

图 14-48

❸ 单击“确定”按钮，弹出提示对话框，如图 14-49 所示。单击“在单击时”按钮，即可在幻灯片中插入视频，效果如图 14-50 所示。

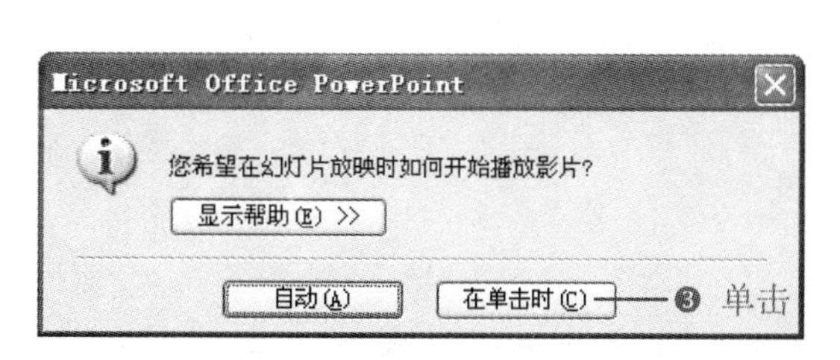

图 14-49

图 14-50

2. 编辑影片

插入影片后，可根据需要调整影片大小与设置影片属性。

❶ 选择视频，视频四周出现白色控制点，将鼠标放置在任意控点上，当其变成双向箭头时，拖动控制点即可调整其大小，如图 14-51 所示。

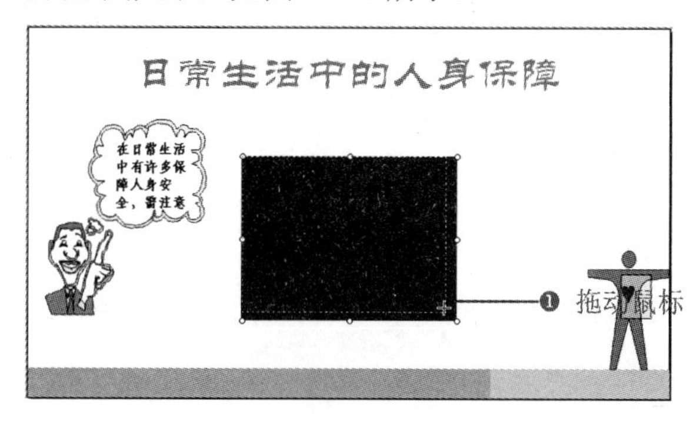

图 14-51

❷ 选择影片后，选择“编辑”→“影片对象”命令，如图 14-52 所示，或者在影片上

单击鼠标右键，在弹出的快捷菜单中选择“编辑影片对象”命令。

❸ 打开“影片选项”对话框，选中“影片播完返回开头”复选框，影片将播放完第一遍后回到开始的画面并停止；然后调整“声音音量”，如图 14-53 所示。

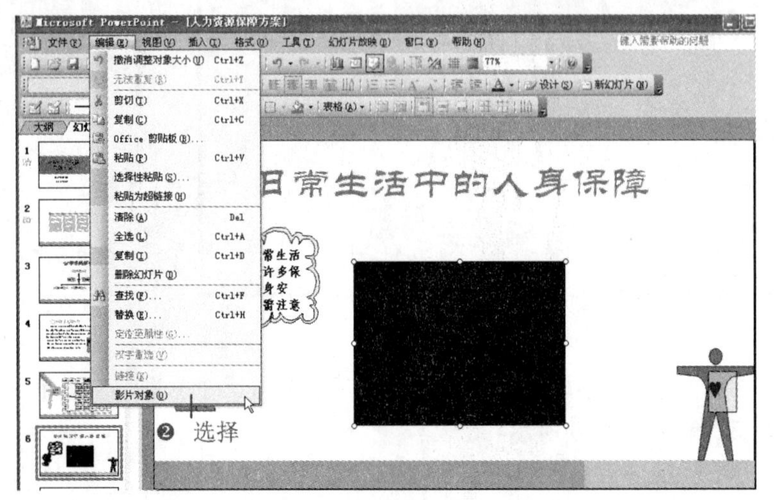

图 14-52

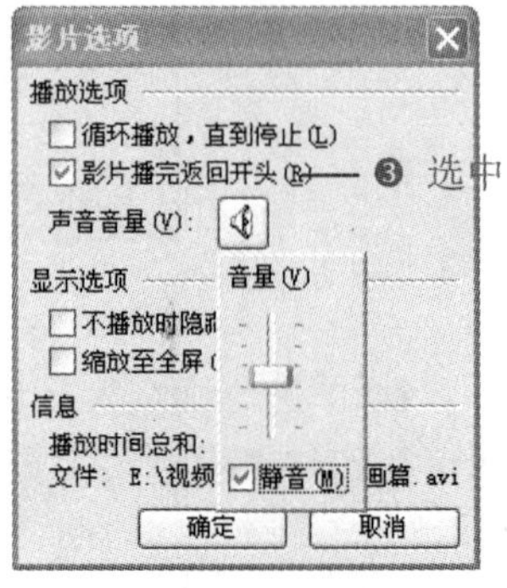

图 14-53

❹ 单击“确定”按钮，即可设置成功。

14.3.3 为幻灯片添加动画效果

：源文件：14/源文件/人力资源保障方案.ppt、**效果文件**：14/效果文件/人力资源保障方案.ppt、**视频文件**：14/视频/14.3.3 人力资源保障方案.mp4

动画效果是指放映幻灯片时出现的一系列动作，添加适当的动画效果可以使幻灯片更加丰富多彩，更能吸引观众的眼球，使主题更为突出。

为方便用户设置幻灯片对象的动画效果，PowerPoint 2003 为幻灯片切换、幻灯片的标题、文本提供了多种预设的动画方案。

1. 使用动画方案

❶ 选择“幻灯片放映”→“动画方案”命令，如图 14-54 所示，打开“幻灯片设计”任务窗格。

❷ 在列表框中显示了多种动画方案，选择一种动画效果，如“随机线条”，如图 14-55 所示，系统会显示该动画方案的预览。

❸ 单击[应用于所有幻灯片]按钮，将该动画方案应用于演示文稿的所有幻灯片。

2. 自定义动画

通过自定义动画，可以对幻灯片中的文本、图片、表格、文本框、占位符等对象设置动画效果。

Note

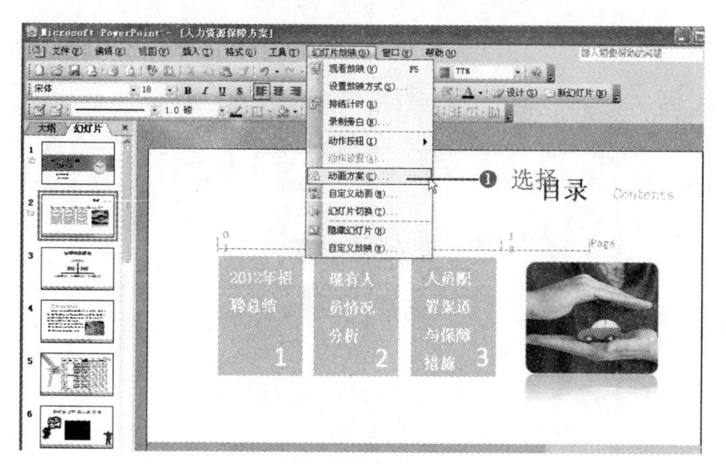

图 14-54

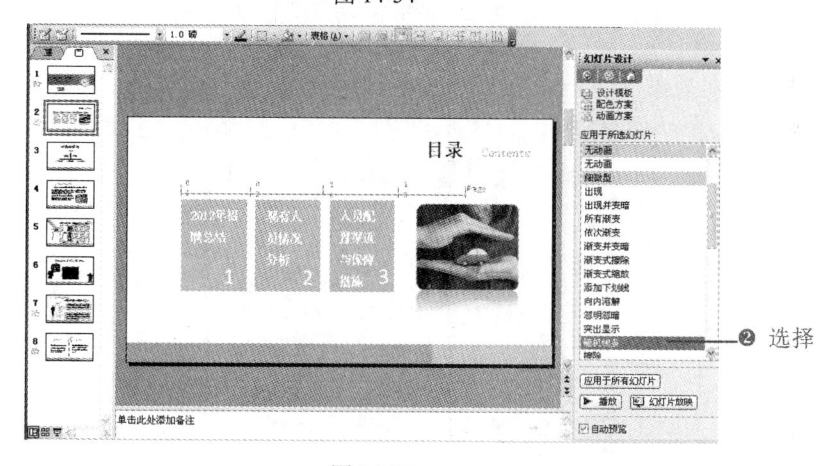

图 14-55

❶ 选择“幻灯片放映”→“自定义动画”命令，打开“自定义动画”任务窗格，如图 14-56 所示。

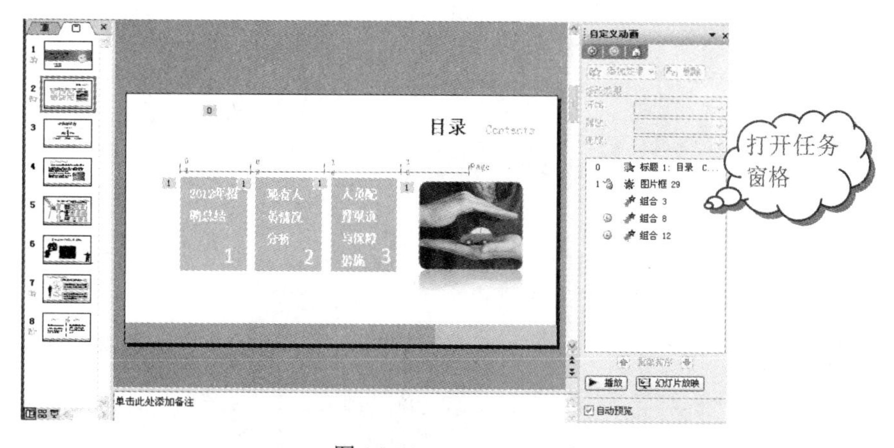

图 14-56

❷ 选择需添加动画的对象，在“自定义动画”任务窗格中单击[添加效果]下拉按钮，在

弹出的菜单中选择“进入”命令，在展开的子菜单中选择“百叶窗”命令，如图 14-57 所示。

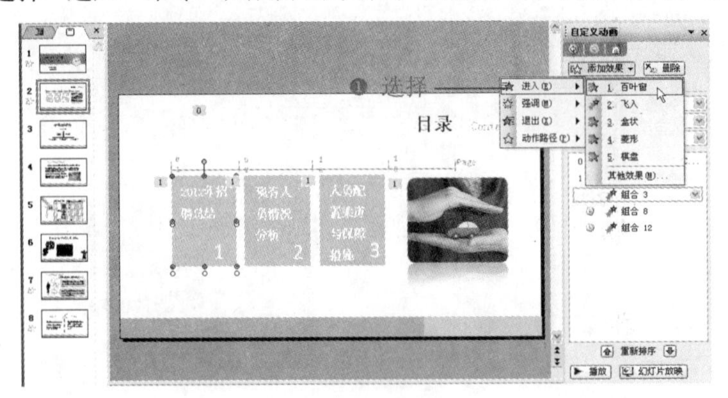

图 14-57

❸ 添加了动画后在“自定义动画”任务窗格的列表框中将出现添加的动画项，按照同样的方法为其他对象添加动画效果，如图 14-58 所示。

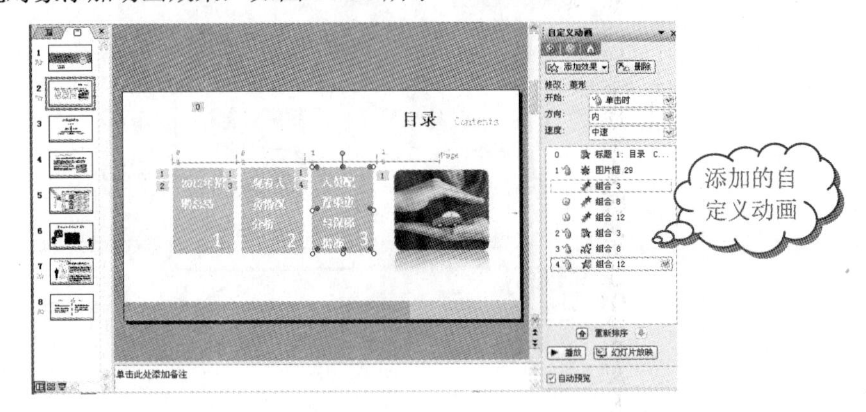

图 14-58

❹ 选择该幻灯片的标题占位符，单击“添加效果”下拉按钮，在弹出的下拉菜单中选择“动作路径”→“对角线向右下”命令，如图 14-59 所示，为其添加动作路径，此时将在幻灯片中显示对象的路径，如图 14-60 所示。

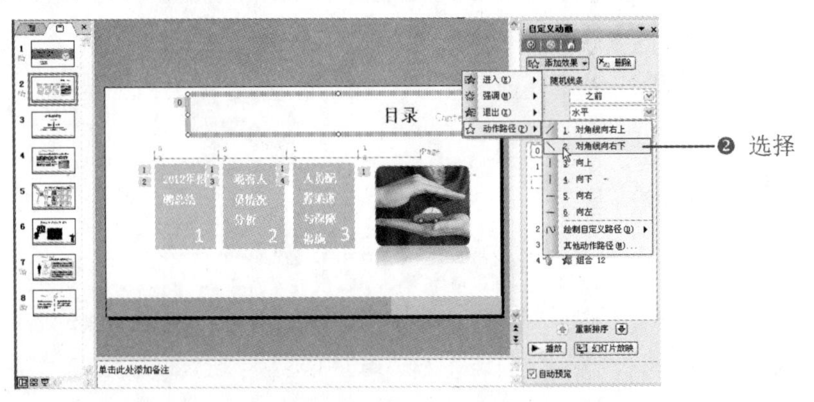

图 14-59

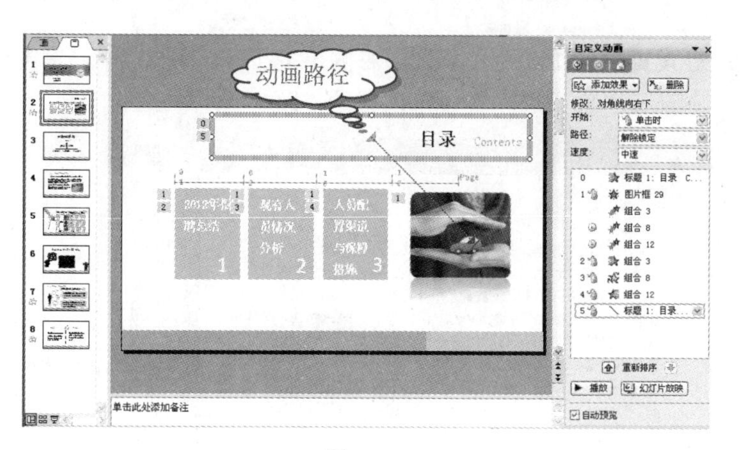

图 14-60

知识拓展

设置其他路径动画

除了上述提供的几个动画路径外，还可以绘制或选择其他路径。单击“添加效果”下拉按钮，在弹出的下拉菜单中选择“动作路径”→“绘制自定义路径”命令，在展开的子菜单中选择绘制的路径，如图 14-61 所示，然后在幻灯片中绘制对象的路径。

单击“添加效果”下拉按钮，在弹出的下拉菜单中选择“动作路径”→“其他动作路径”命令，打开“添加动作路径”对话框，如图 14-62 所示，从中选择一种可选择路径。

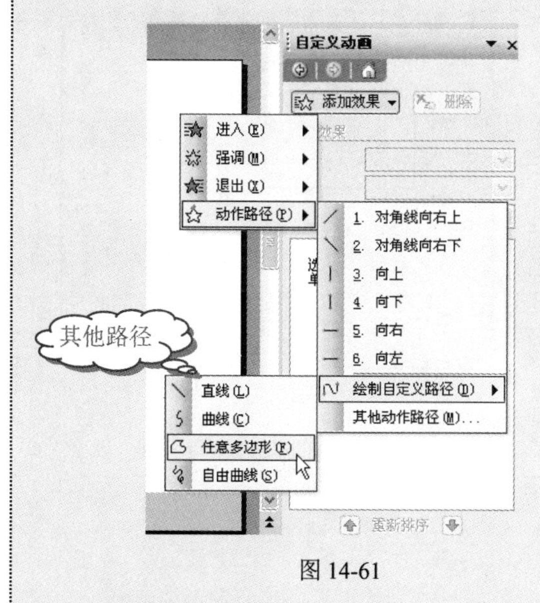

图 14-61

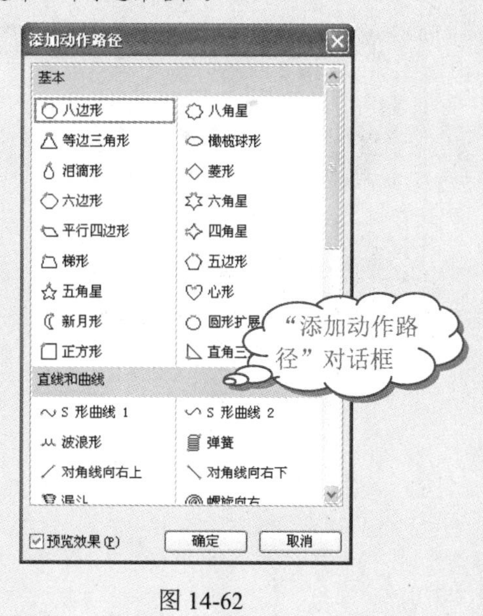

图 14-62

3．动画效果设置

对所添加的动画还可进行添加声音效果、设置计时等操作。

❶ 选择“幻灯片放映”→“自定义动画”命令，打开“自定义动画”任务窗格，在列

Note

表框中选择需进行设置的动画项，该动画项右侧出现下拉按钮（ ），单击该下拉按钮，在弹出的下拉菜单中选择“效果选项”命令，如图 14-63 所示。

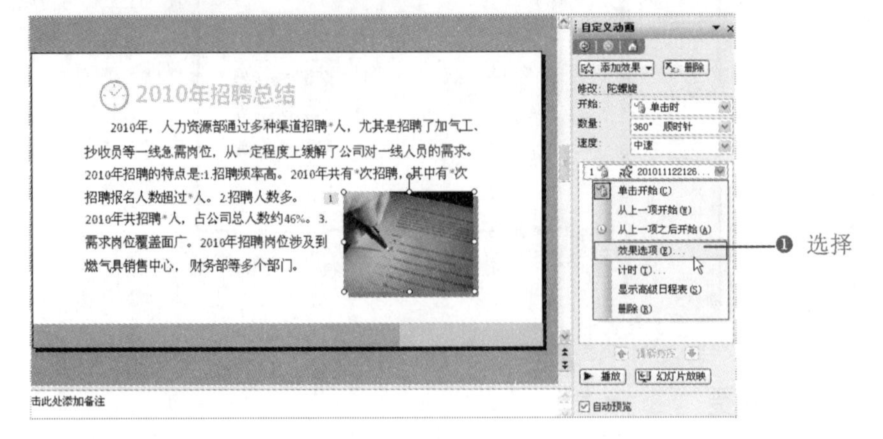

图 14-63

❷ 此时将打开一个对话框，该对话框的名称和所选的动画名称相同，如这里的动画是“陀螺旋”，则打开的是“陀螺旋”对话框。在“效果”选项卡中，选中“自动翻转”复选框，并设置“声音”效果，如“锤打”，如图 14-64 所示。

❸ 切换到“计时”选项卡，设置“开始”时间、“延迟”时间、“速度”和“重复”次数，如图 14-65 所示。

图 14-64

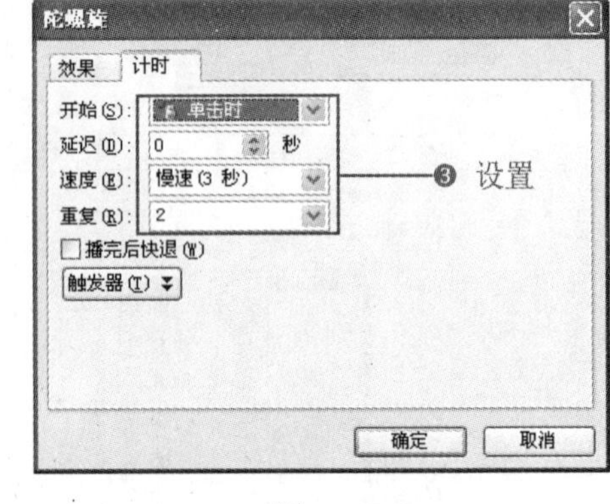

图 14-65

❹ 单击“确定”按钮，即可预览效果，按照同样效果设置其他对象。

放映、打包及打印演示文稿

演示文稿制作完成后，一般是要给别人观赏的，但是观赏也有不同的要求和形式，用户可根据需要设置放映的方式，或者将演示文稿打包发布到网络上，供更多人观赏，若需要也可将演示文稿打印出来。

☑ 企业产品品牌宣传

☑ 岗位职责培训

本章部分学习目标及案例

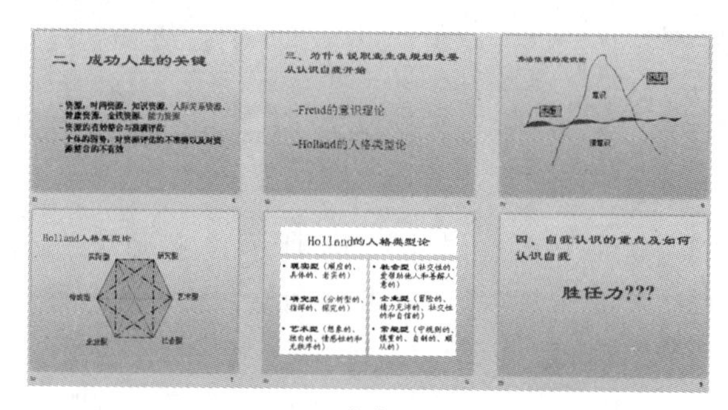

（1）

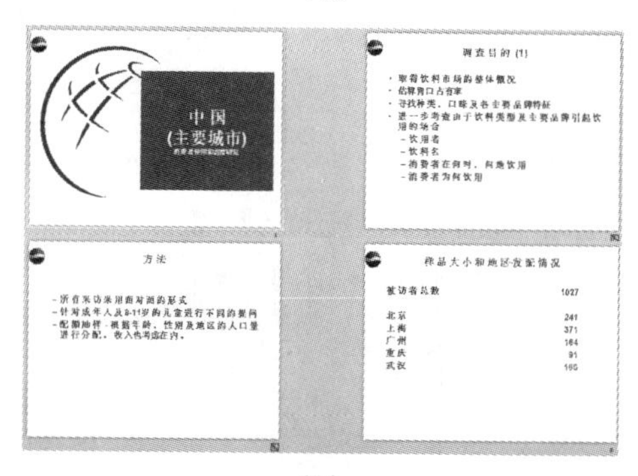

（2）

15.1 基础知识

Note

15.1.1 自定义放映幻灯片

源文件：15/源文件/15.1.1 自定义放映幻灯片.ppt、**视频文件：**15/视频/15.1.1 自定义放映幻灯片.mp4

在放映幻灯片时，可能只需放映演示文稿中的一部分幻灯片，这时可通过创建幻灯片的自定义放映来达到目的。

❶ 选择"幻灯片放映"→"自定义放映"命令，如图 15-1 所示，打开"自定义放映"对话框。

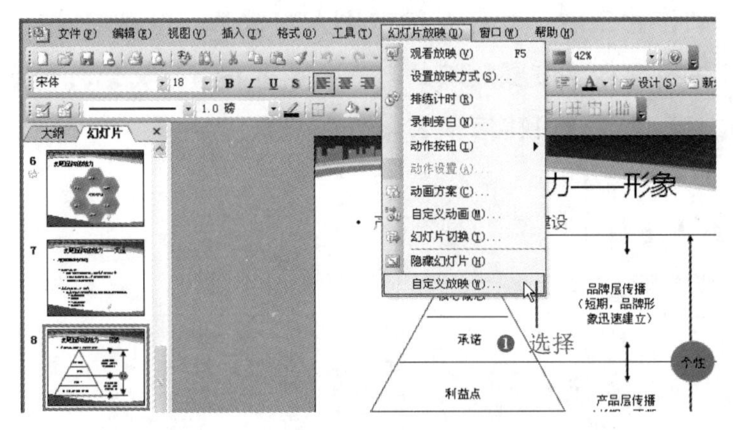

图 15-1

❷ 单击对话框中的"新建"按钮（如图 15-2 所示），打开"定义自定义放映"对话框。

❸ 在对话框的"幻灯片放映名称"文本框中可输入幻灯片名称，在左侧"在演示文稿中的幻灯片"列表框中选择需自定义放映的幻灯片（可配合使用"Ctrl"按键一次性选择多张幻灯片），单击"添加"按钮，将其添加到右侧的"在自定义放映中的幻灯片"列表框中，如图 15-3 所示。

图 15-2

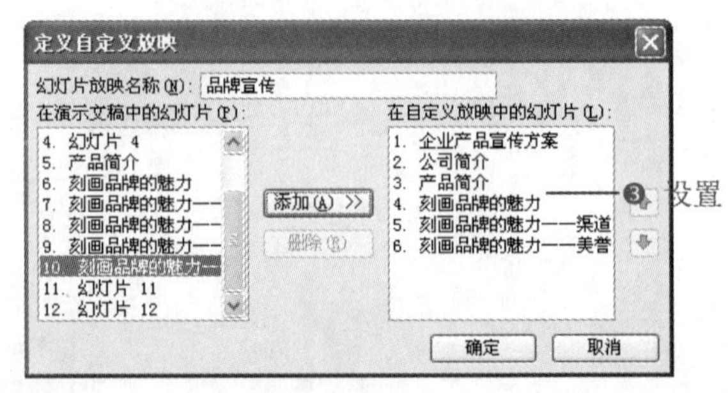

图 15-3

❹ 设置完成后单击“确定”按钮，然后关闭“自定义放映”对话框。选择“幻灯片放映”→“观看放映”命令，进入幻灯片放映视图，单击鼠标右键，在弹出的快捷菜单中选择“自定义放映”命令，在弹出的子菜单中可选择所设置的自定义放映选项进行放映，如图 15-4 所示。

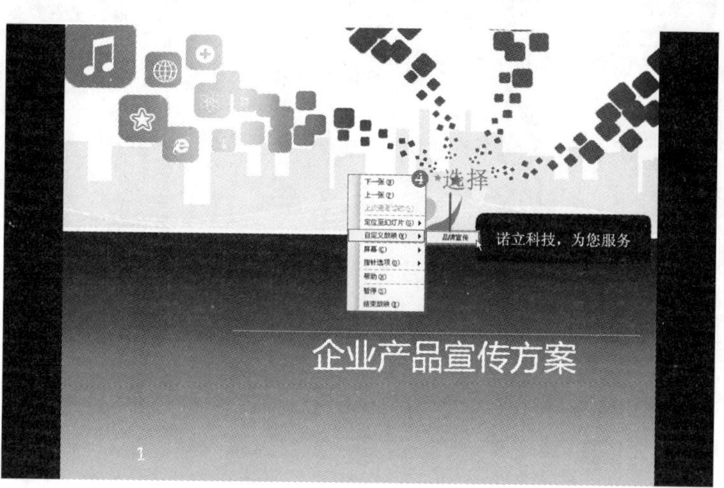

图 15-4

15.1.2 显示与隐藏幻灯片

源文件：15/源文件/15.1.2 显示隐藏幻灯片.ppt、**视频文件**：15/视频/15.1.2 显示隐藏幻灯片.mp4

放映幻灯片时，系统将自动按设置的方式依次放映每张幻灯片。但实际操作时，并不需要放映所有幻灯片，这时可以将不放映的幻灯片隐藏起来，需要放映时再显示它们。

❶ 选择需要隐藏的幻灯片，再选择“幻灯片放映”→“隐藏幻灯片”命令，如图 15-5 所示，或者用鼠标右键单击需要隐藏的幻灯片，在弹出的快捷菜单中选择“隐藏幻灯片”命令，即可将幻灯片隐藏起来。

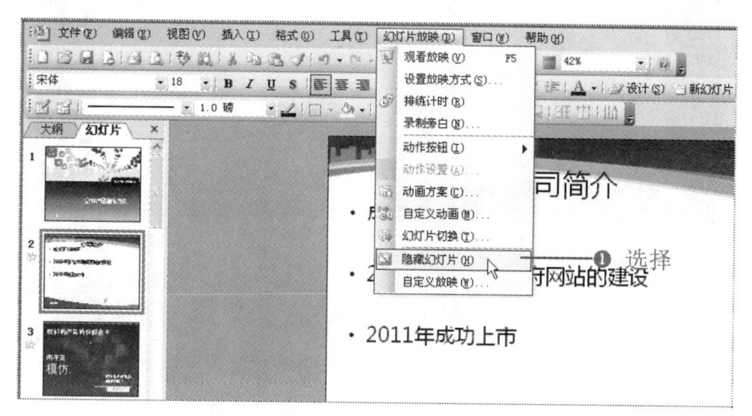

图 15-5

❷ 在“幻灯片”视图窗格中选择已被隐藏的幻灯片，选择“幻灯片放映”→“隐藏幻灯片”命令，如图 15-6 所示，即可取消隐藏。

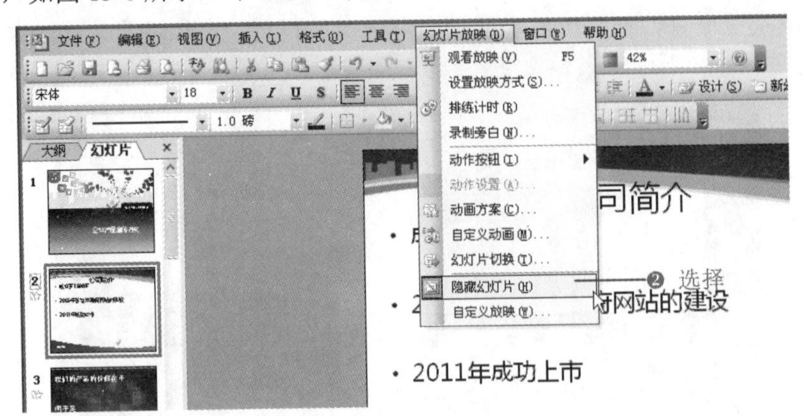

图 15-6

15.1.3 使用绘图笔

源文件：15/源文件/15.1.3 使用绘图笔.ppt、**视频文件：**15/视频/15.1.3 使用绘图笔.mp4

在放映幻灯片时，演讲者可以在屏幕上添加注释，勾勒重点或特殊的地方，这称为添加墨迹注释。

❶ 进行幻灯片放映时，在幻灯片上单击鼠标右键，在弹出的快捷菜单中选择“指针选项”命令，在弹出的子菜单中选择一种绘图笔类型，如“荧光笔”，如图 15-7 所示。

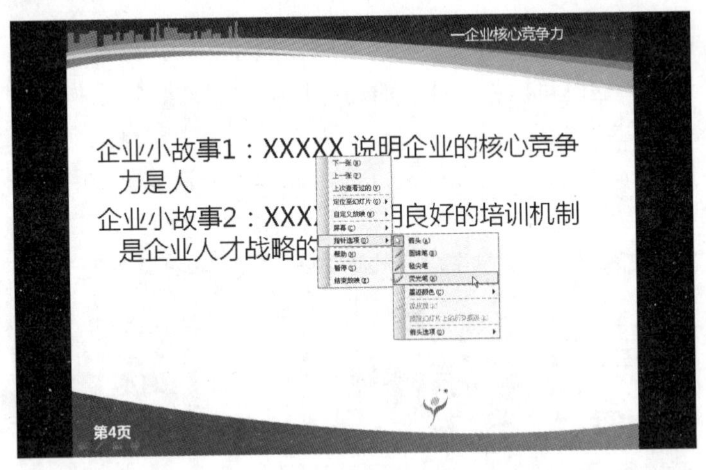

图 15-7

❷ 在幻灯片上单击鼠标右键，在弹出的快捷菜单中选择“指针选项”→“墨迹颜色”命令，在弹出的子菜单中为墨迹注释选择一种颜色，如图 15-8 所示。

❸ 在幻灯片上单击鼠标右键，在弹出的快捷菜单中选择“指针选项”→“箭头选项”命令，在弹出的子菜单中可选择鼠标指针是否显示，如图 15-9 所示。

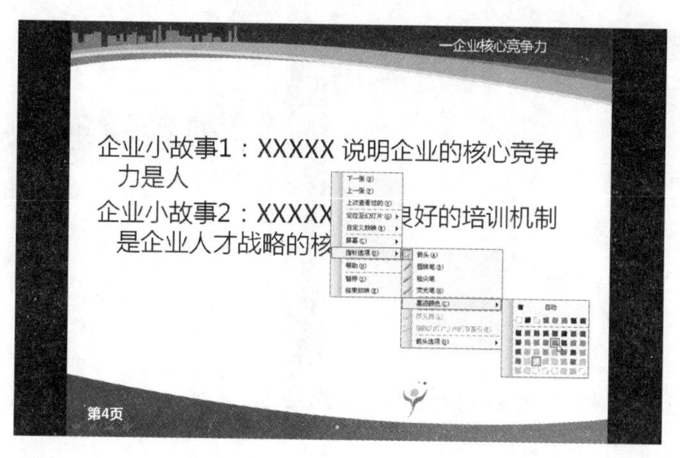

图 15-8

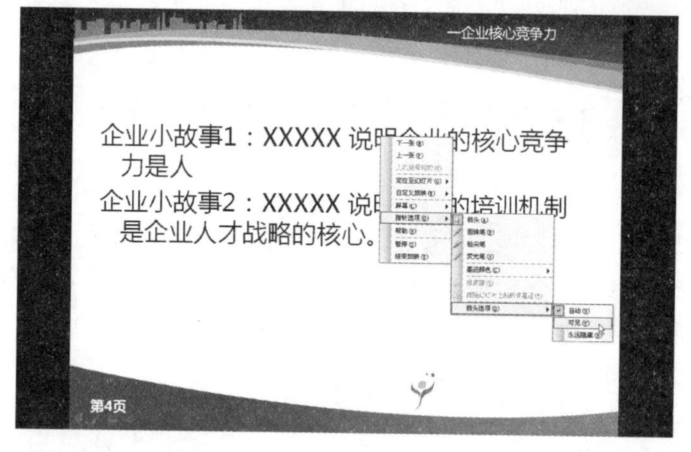

图 15-9

❹ 按住鼠标左键不放，在幻灯片中拖动鼠标可进行任意绘制，绘制出的内容即称为墨迹注释，当退出幻灯片放映时，会打开提示对话框提示是否保留墨迹注释，如图 15-10 所示。根据需要进行选择即可。

图 15-10

15.1.4　查看备注

源文件：15/源文件/15.1.4 查看备注.ppt、**视频文件：**15/视频/15.1.4 查看备注.mp4

在幻灯片放映过程中，可查看、修改和创建备注，具体操作如下。

❶ 在放映的幻灯片上单击鼠标右键，在弹出的快捷菜单中选择“屏幕”→“演讲者备注”命令，如图 15-11 所示。

❷ 打开“演讲者备注”对话框，如图 15-12 所示，在其中可查看预先设定好的备注内容，如果有需要，可对备注内容进行修改。

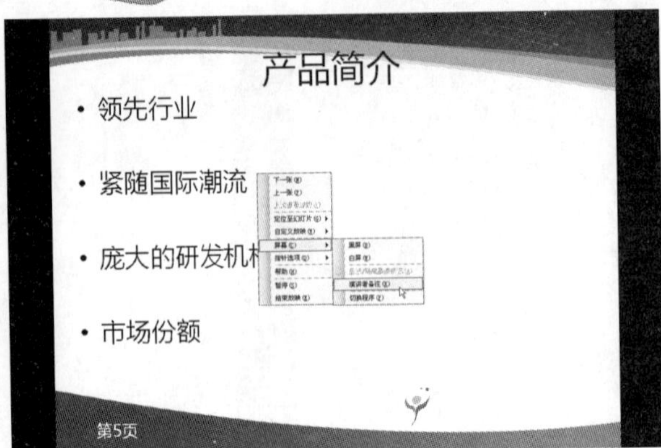

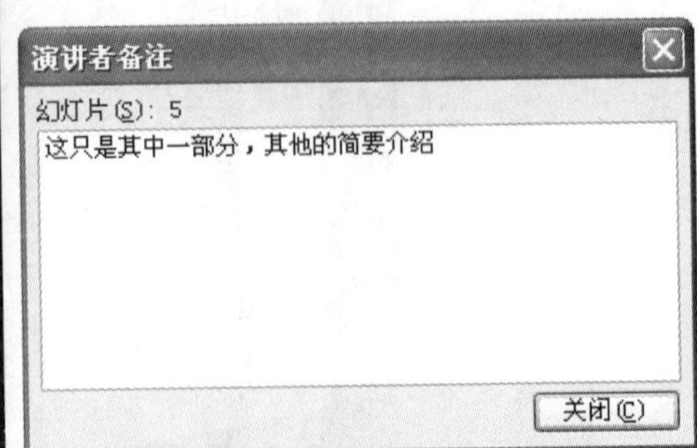

图 15-11　　　　图 15-12

❸ 完成后单击“关闭”按钮关闭对话框即可。

15.2　企业产品品牌宣传

企业的产品是企业生产发展的主要业务，而产品发展快、升值大的重要因素是树立产品的品牌效应，不但可以使企业形象升值，而且可以扩大产品的市场占有率，使企业获得长远的发展，如图 15-13 所示。

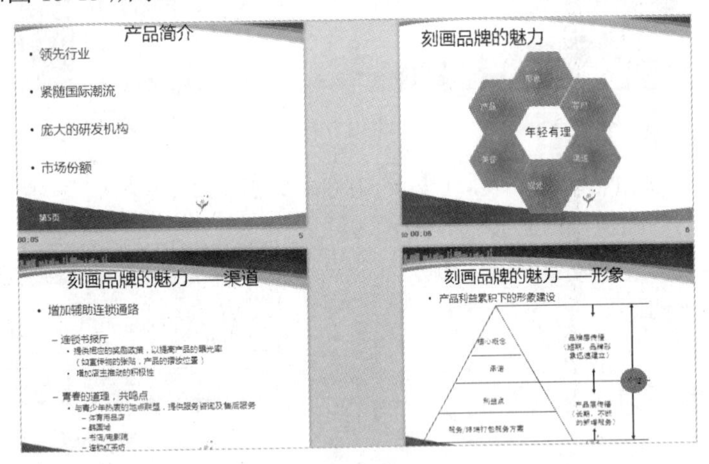

图 15-13

15.2.1　放映企业产品品牌宣传演示文稿

源文件：15/源文件/企业产品品牌宣传.ppt、**效果文件**：15/效果文件/企业产品品牌宣传.ppt、**视频文件**：15/视频/15.2.1 企业产品品牌宣传.mp4

幻灯片制作完成后，下面就要放映预览效果，或者直接在公众面前宣传展示，具体操

作如下。

1. 设置放映方式

在放映演示文稿时，可根据对放映方式的不同需求设置幻灯片的放映方式。

❶ 选择“幻灯片放映”→“设置放映方式”命令（如图15-14所示），打开“设置放映方式”对话框。

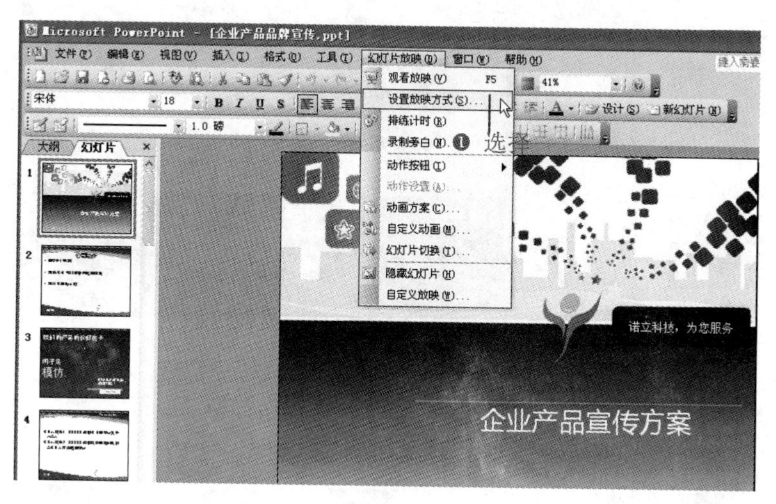

图15-14

❷ 在“放映类型”栏中选中“演讲者放映（全屏幕）”单选按钮，可全屏显示幻灯片；在“放映选项”栏中选中“循环放映，按Esc键终止”复选框；在“换片方式”栏中选中“如果存在排练时间，则使用它”单选按钮，如图15-15所示。

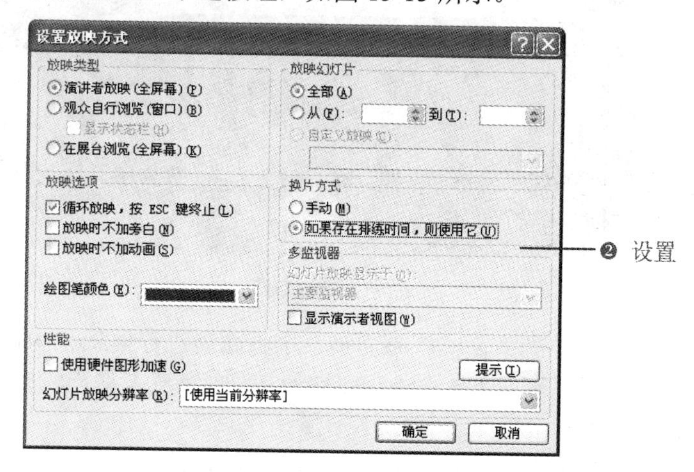

图15-15

❸ 设置完成后，单击“确定”按钮。

2. 排练倒计时

通过幻灯片计时，可以知道放映完成整个演示文稿和放映每张幻灯片所需的时间，并

Note

可以自动控制幻灯片的放映，不需要人为的干预。

❶ 选择“幻灯片放映”→“排练计时”命令，如图 15-16 所示，进入放映排练状态。

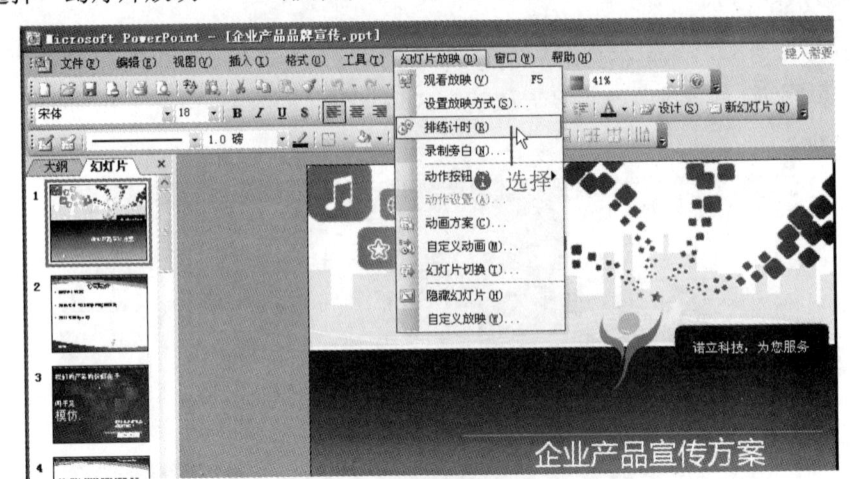

图 15-16

❷ 出现“预演”工具栏，此时在该工具栏中开始进行计时，需要播放下一个对象时，单击“预演”工具栏中的 按钮，如图 15-17 所示。

图 15-17

❸ 幻灯片在人工控制下，一个画面接一个画面地进行展示和切换。放映结束后，屏幕中将打开提示对话框，提示排练计时的时间以及询问是否采用预演计时的时间控制，如图 15-18 所示。

图 15-18

❹ 单击“是”按钮，可保存排练计时，并在每个幻灯片下显示排练的时间，如图15-19所示。

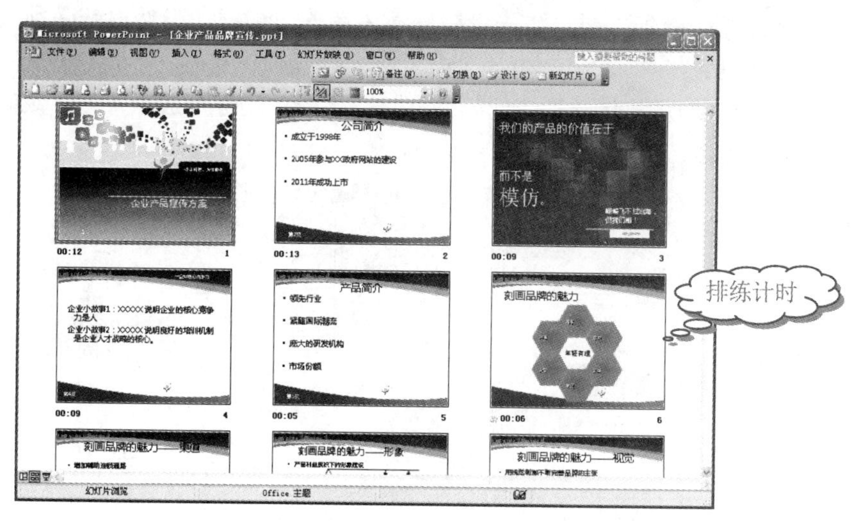

图 15-19

操作提示

在“预演”工具栏的时间框中还可以手动输入放映时间。

知识拓展

手动设置放映时间

除了利用上面介绍的排练计时，还可以手动设置放映时间。

选择“幻灯片放映”→“幻灯片切换”命令，打开“幻灯片切换”任务窗格，在“换片方式”栏中选中“每隔”复选框，在其后的数值框中设置放映时间即可，如图15-20所示，如果选中“单击鼠标时”复选框，则在没到达放映时间时单击鼠标也会进行切换。

图 15-20

Note

3. 录制旁白

在放映幻灯片之前，可以事先录制好演讲者的演讲词，当然电脑必须安装有声卡和麦克风才能够录音。

❶ 选择一张幻灯片作为旁白起始幻灯片，选择“幻灯片放映”→“录制旁白”命令，如图 15-21 所示。

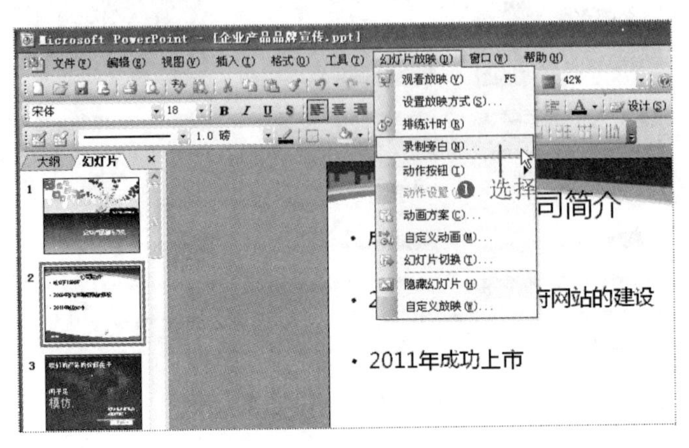

图 15-21

❷ 打开“录制旁白”对话框，显示当前的录制质量信息，如图 15-22 所示。单击“设置话筒级别”按钮，打开“话筒检查”对话框，自动检查话筒是否工作正常（如图 15-23 所示），音量大小是否合适。

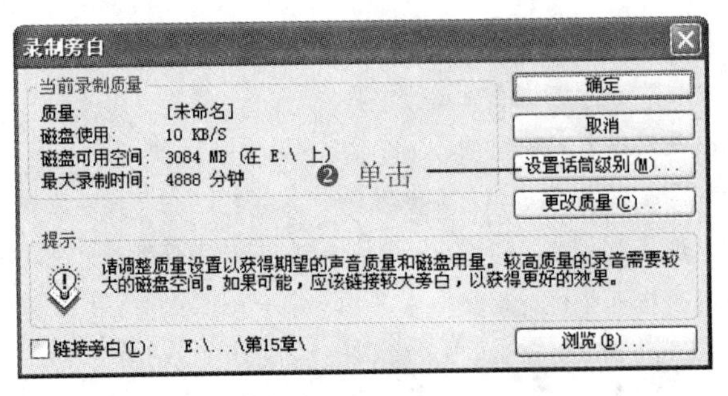

图 15-22

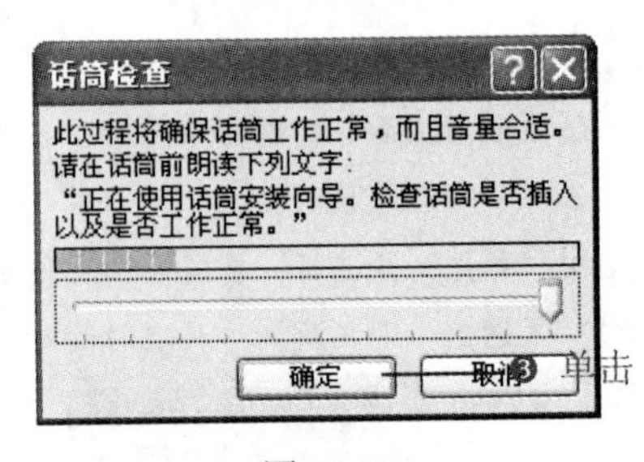

图 15-23

❸ 单击“确定”按钮，返回“录制旁白”对话框，单击“更改质量”按钮，打开“声音选定”对话框，在“名称”下拉列表框中可设置录制的质量，如图 15-24 所示。

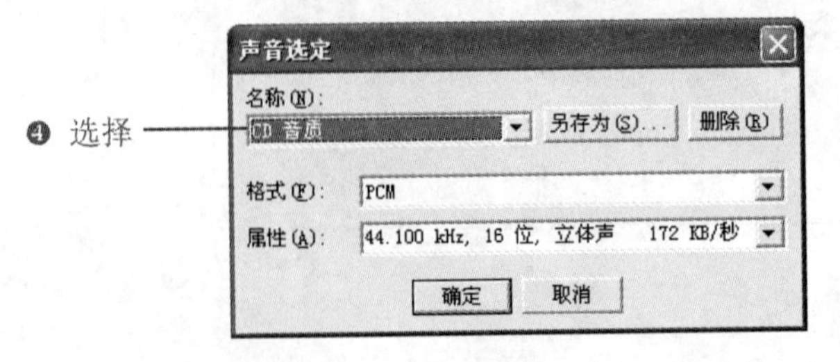

图 15-24

❹ 单击“确定”按钮，返回“录制旁白”对话框，选中“链接旁白”复选框，则可将录制的旁白存储为文件，单击其后的“浏览”按钮可选择保存位置。

❺ 单击“确定”按钮，如果选择的不是第一张幻灯片，则会打开要求选择起始幻灯片的对话框，如图 15-25 所示。

图 15-25

❻ 单击“当前幻灯片”按钮，开始录制旁白，录制完一张幻灯片的旁白后，单击切换到下一张幻灯片继续录制。在幻灯片中单击鼠标右键，在弹出的快捷菜单中可选择命令暂停或继续录制旁白。

❼ 录制结束后，弹出提示对话框，要求选择是否保存排练计时，如图 15-26 所示，单击“保存”按钮即可。

图 15-26

4．从第一张幻灯片开始放映

方法一：选择“幻灯片放映”→“观看放映”命令，如图 15-27 所示，即可从第一张幻灯片开始放映。

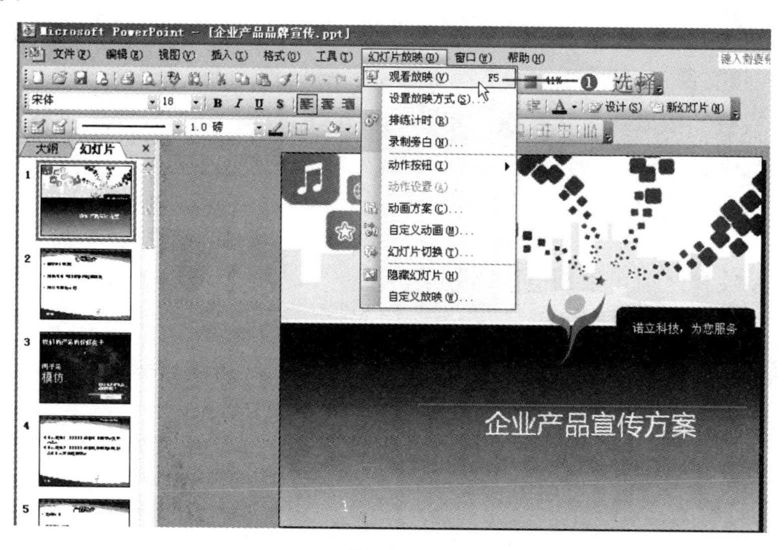

图 15-27

方法二：选择“视图”→“幻灯片放映”命令（如图 15-28 所示），或直接按“F5”键，

即可从第一张幻灯片开始放映。

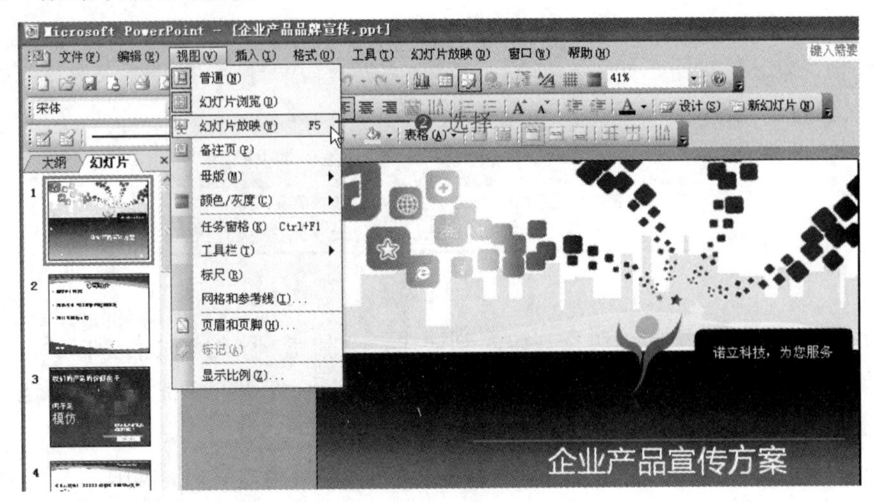

图 15-28

操作提示

在放映幻灯片时如果因为一些原因，而推出幻灯片放映，但是接下来需从当前幻灯片开始放映，可以通过如下方式：单击演示文稿左下角的“从当前幻灯片开始幻灯片放映”按钮，或按“Shift+F5”快捷键。

15.2.2 打印演示文稿

源文件：15/源文件/企业产品品牌宣传.ppt、**效果文件**：15/效果文件/企业产品品牌宣传.ppt、**视频文件**：15/视频/15.2.2 企业产品品牌宣传.mp4

将演示文稿打印出来，可以在没有电脑的情况下讲解，在打印演示文稿之前必须连接打印机和电脑，下面具体进行介绍。

1. 幻灯片打印预览

在打印演示文稿之前可以预览打印效果，以便及时发现错误并修改。

❶ 选择“文件”→“打印预览”命令，进入打印预览视图，如图 15-29 所示。

❷ 将鼠标光标移至幻灯片上，当其变为形状时，单击鼠标将以 100%的比例显示幻灯片，如图 15-30 所示，再单击一次即可返回。

❸ 单击“下一页”按钮预览，预览完毕后，单击关闭(C)按钮关闭预览状态。

2. 打印幻灯片

通过打印预览确认要打印的幻灯片后，就可以通过打印机将制作好的演示文稿打印出来。

图 15-29

图 15-30

❶ 选择“文件”→“打印”命令，打开“打印”对话框。

❷ 在“名称”下拉列表框中可选择所需的打印机；在“打印范围”栏中可设置打印范围，这里选中“全部”单选按钮；在“份数”栏中可设置打印份数和打印方式；选中“根据纸张调整大小”复选框，则打印的幻灯片会自动根据纸张大小调整尺寸，如图 15-31 所示。

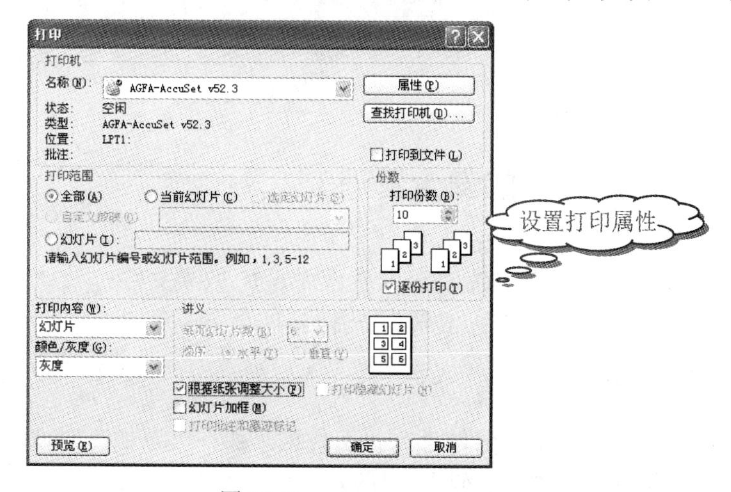

图 15-31

❸ 设置完成后，单击“确定”按钮，即可开始打印。

操作提示

Note

在上面介绍打印预览时，如果检查没有什么问题，单击“打印(P)”按钮，也可打开“打印”对话框进行打印。

15.3 岗位职责培训

岗位职责指一个岗位所要求的需要去完成的工作内容以及应当承担的责任范围。岗位，是组织为完成某项任务而确立的，由工种、职务、职称和等级内容组成；职责，是职务与责任的统一，由授权范围和相应的责任两部分组成。

岗位职责培训可以最大限度地实现劳动用工的科学配置；有效地防止因职务重叠而发生的工作扯皮现象；提高内部竞争活力，更好地发现和使用人才；是组织考核的依据；提高工作效率和工作质量；规范操作行为等，如图 15-32 所示。

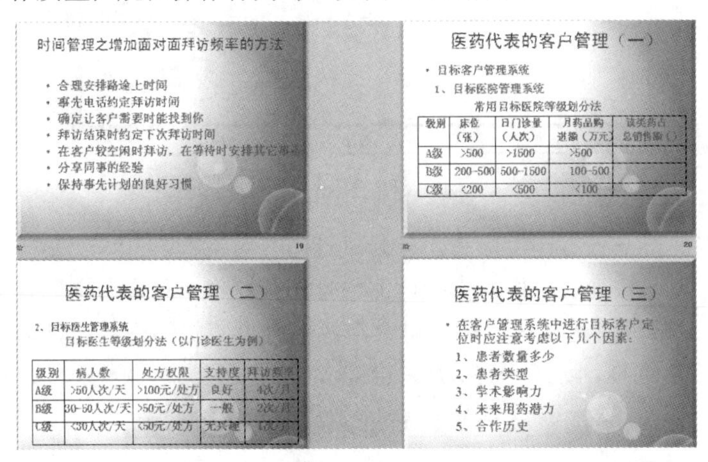

图 15-32

15.3.1 演示文稿的安全管理

源文件：15/源文件/岗位职责培训.ppt、**效果文件**：15/效果文件/岗位职责培训.ppt、**视频文件**：15/视频/15.3.1 岗位职责培训.mp4

1. 设置密码保护

如果一份演示文稿包含敏感或机密数据，那么可以加密文件，使用密码保护文件。加密是对文件进行的一种“编码”，目的是使任何人都无法查看此文件。

❶ 选择“工具”→“选项”命令，如图 15-33 所示。

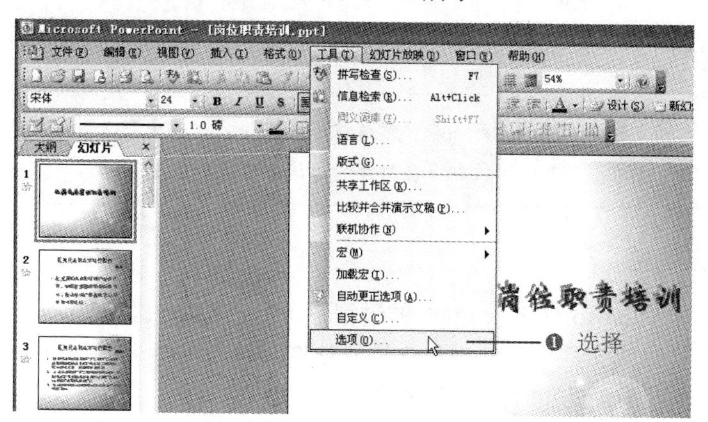

图 15-33

❷ 打开“选项”对话框，选择“安全性”选项卡，在“打开权限密码”和“修改权限密码”文本框中输入密码，如图 15-34 所示。

❸ 单击“确定”按钮，弹出“确认密码”对话框，重新输入打开权限密码，如图 15-35 所示。

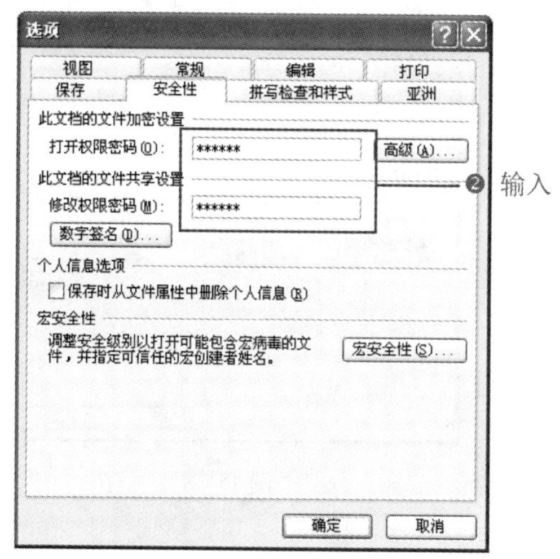

图 15-34

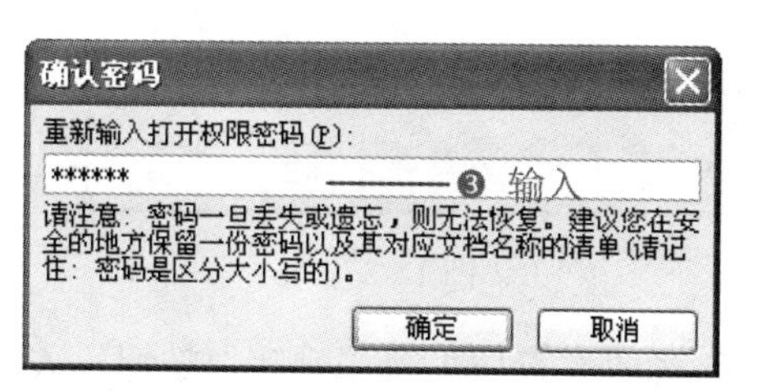

图 15-35

❹ 单击“确定”按钮，再次弹出“确认密码”对话框，重新输入修改权限密码，如图 15-36 所示。

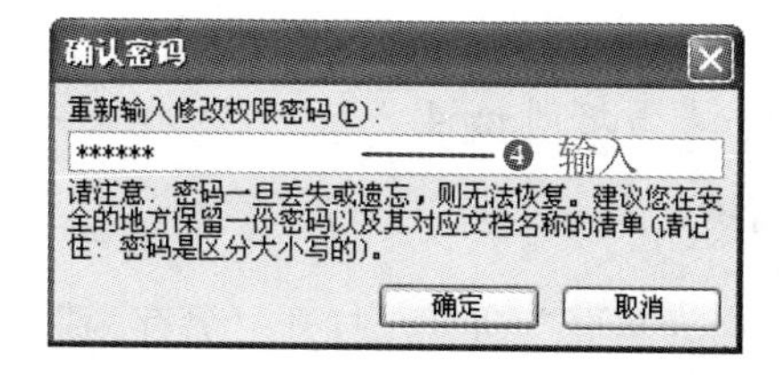

图 15-36

Note

❺ 单击“确定”按钮，即可为演示文稿设置打开和修改的密码。

操作提示

如果只需设置打开演示文稿的密码，在“修改权限密码”文本框中不必再输入密码；如果需要设置位数较多的密码，可单击“高级”按钮，在打开的对话框中进行设置。

2. 设置个人信息

在安装和注册 Microsoft Office 2003 的过程中，用户都输入了部分个人信息，这些个人信息都会保留在软件或文档中，其中包含注册软件时填写的姓名等信息、作者、保存者等文件属性信息，以及隐藏的批注等隐藏信息。

❶ 打开“选项”对话框，切换到“常规”选项卡，在“用户信息”栏中可以看到用户的个人信息，如图 15-37 所示。

❷ 对于一些不重要的信息，可以将其删除。切换到“安全性”选项卡，在“个人信息选项”栏中选中“保存时从文件属性中删除个人信息”复选框，如图 15-38 所示。

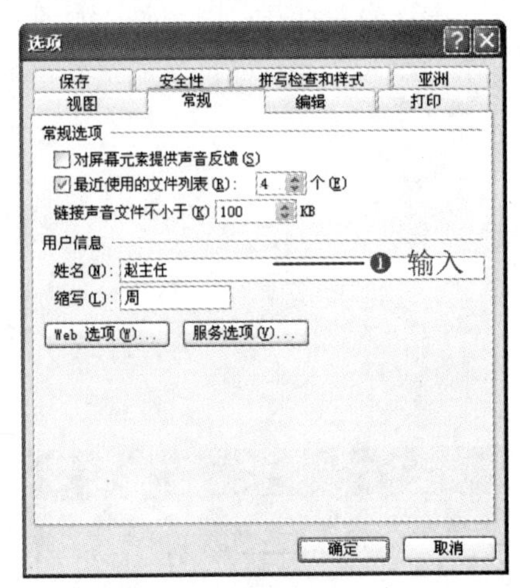

图 15-37

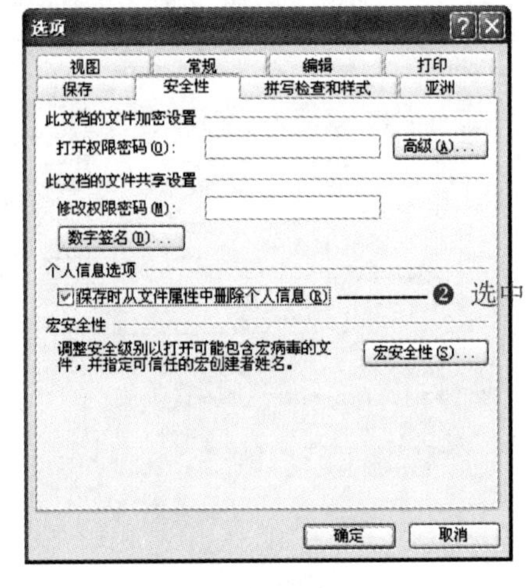

图 15-38

❸ 完成设置后单击“确定”按钮，关闭对话框。

15.3.2 将演示文稿发布到网络

源文件：15/源文件/岗位职责培训.ppt、**效果文件**：15/效果文件/岗位职责培训.ppt、**视频文件**：15/视频/15.3.2 岗位职责培训.mp4

1. 将演示文稿发布到网络

❶ 选择“文件”→“另存为网页”命令，打开“另存为”对话框。

❷ 在“文件名”下拉列表框中输入文件名，在“保存类型”下拉列表框中选择“单个

文件网页”选项，并设置保存位置，如图 15-39 所示。

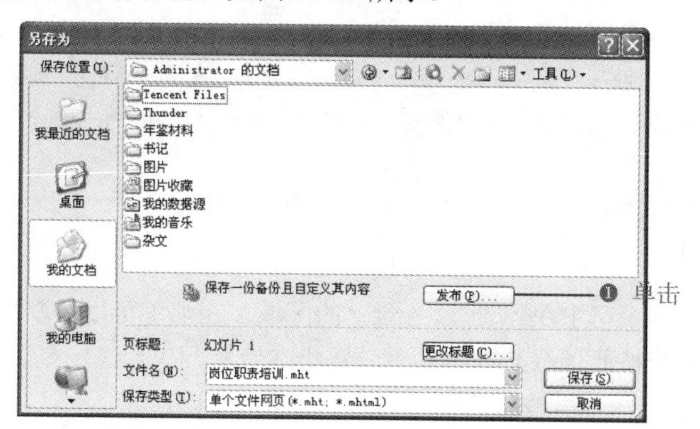

图 15-39

❸ 单击“发布”按钮，打开“发布为网页”对话框，在其中可设置发布位置、发布内容等，如图 15-40 所示。

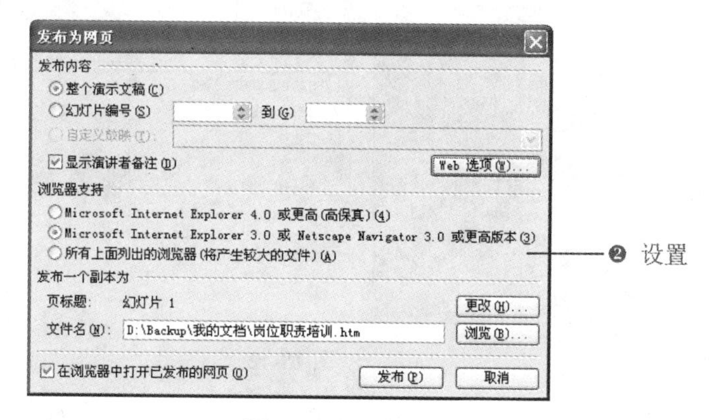

图 15-40

❹ 单击“发布”按钮，将其保存为 Web 格式（如果没有做发布设置，则直接在“另存为”对话框中单击“保存”按钮将其保存为 Web 格式），并且可以预览其网页状态，如图 15-41 所示。

图 15-41

操作提示

选择“文件”→“网页预览”命令，也可预览网页效果，发布以后的演示文稿将包含导航和幻灯片框架，包含显示/隐藏备注窗格、大纲窗格和浏览器工具栏等，也和普通的演示文稿一样支持全屏播放。

Note

2. 共享工作区

共享工作区是一个宿主在 Web 服务器上的区域，在那里可以共享文档和信息，维护相关数据的列表，并使彼此了解给定项目的最新状态信息。

❶ 选择“工具”→“共享工作区”命令，如图 15-42 所示。

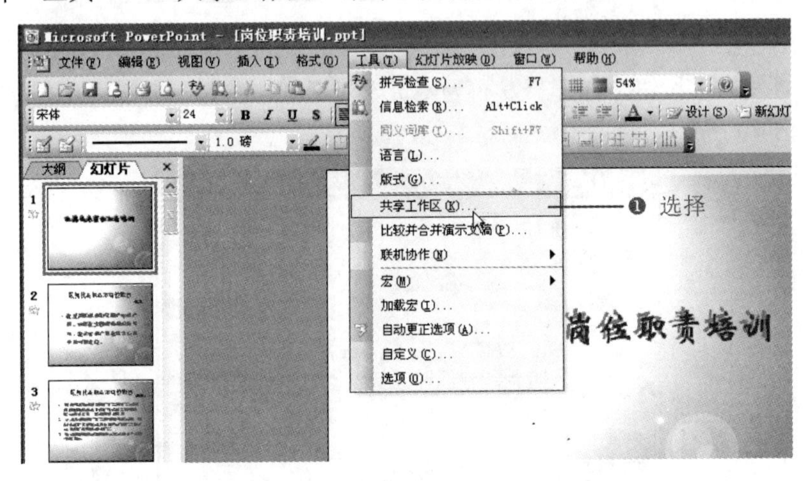

图 15-42

❷ 打开“共享工作区”任务窗格，在其中设置共享选项，如图 15-43 所示。

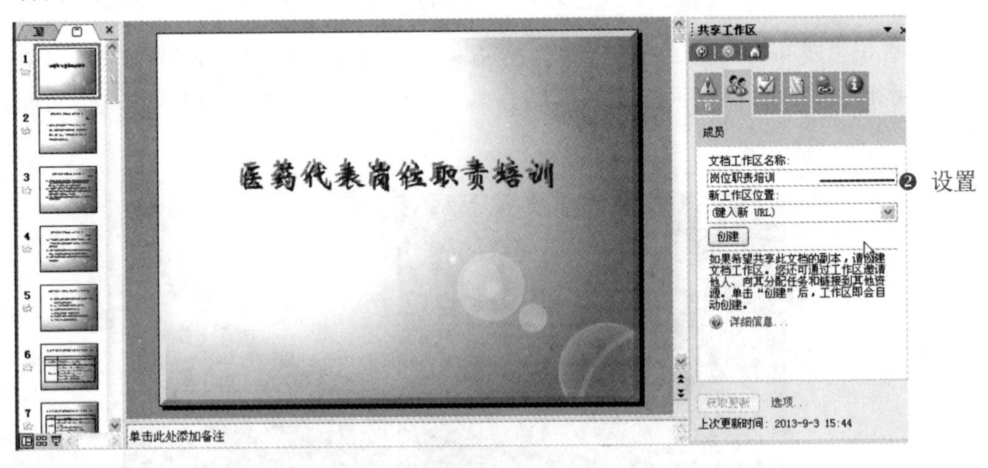

图 15-43

❸ 设置完成后，单击“创建”按钮，即可进行创建。

15.3.3　打包演示文稿

源文件：15/源文件/岗位职责培训.ppt、**效果文件**：15/效果文件/岗位职责培训.ppt、**视频文件**：15/视频/15.3.3 岗位职责培训.mp4

1．将演示文稿打包到文件夹

将演示文稿所需要的文件进行打包，可将演示文稿压缩到存储介质中，同时在压缩包中包含了 PowerPoint 2003 播放器。这样，在其他没有安装 PowerPoint 2003 的电脑上也可以放映该演示文稿。而且可以将该演示文稿复制到其他磁盘或网络位置上，再将该文件解包到目标电脑或网络上，即可运行该演示文稿。

❶ 选择“文件”→“打包成 CD”命令，如图 15-44 所示。

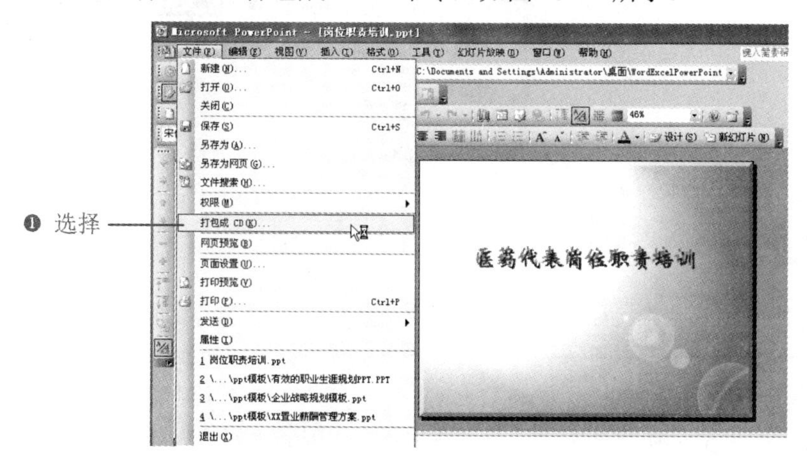

图 15-44

❷ 打开“打包成 CD”对话框，单击“选项”按钮，如图 15-45 所示，打开“选项”对话框，在“打开文件的密码”和“修改文件的密码”文本框中输入需要设置的密码，如图 15-46 所示。

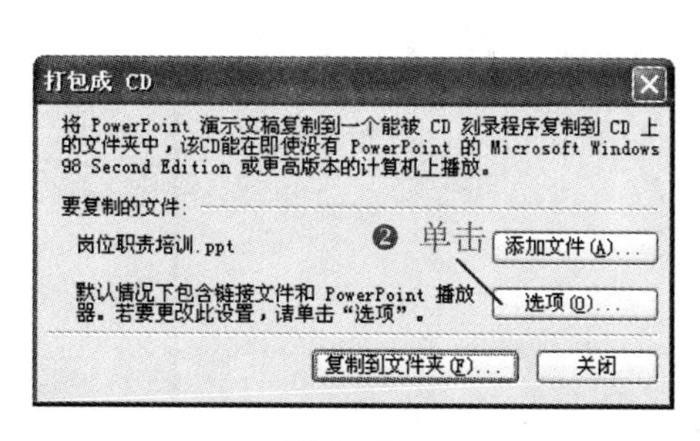

图 15-45

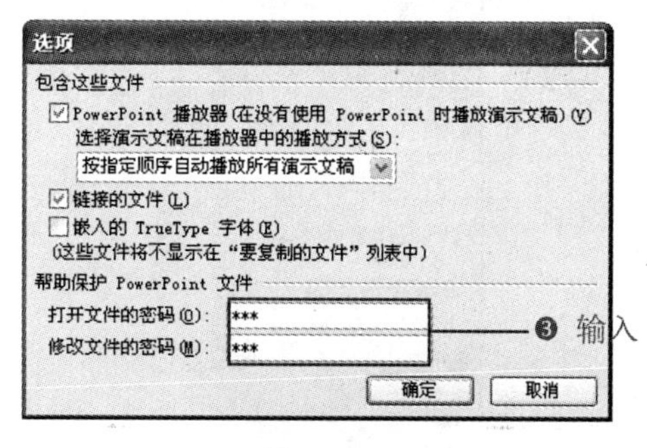

图 15-46

❸ 打开“确认密码”对话框，在文本框中重新输入打开权限密码，如图 15-47 所示，

单击“确定”按钮，在打开的对话框中重新输入修改权限密码，如图 15-48 所示。

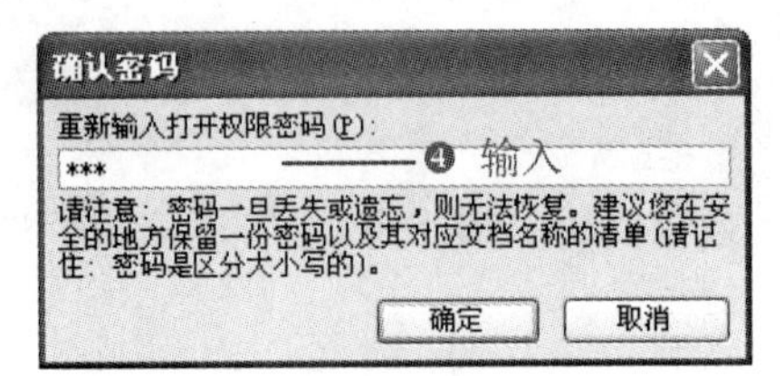

图 15-47

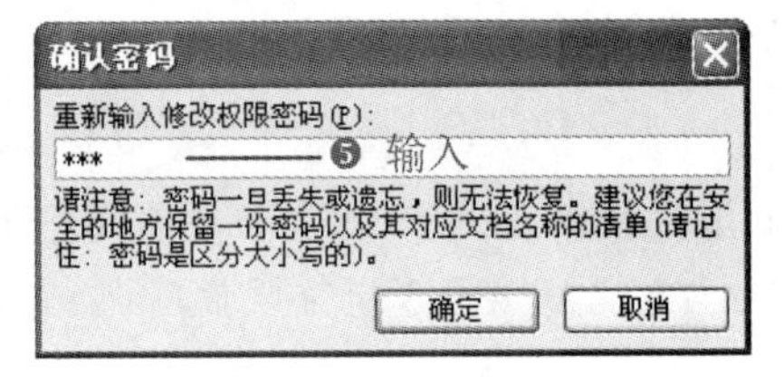

图 15-48

❹ 单击“确定”按钮，返回“打包成 CD”对话框，单击“复制到文件夹”按钮，打开“复制到文件夹”对话框，在“文件夹名称”文本框中输入名称，如图 15-49 所示。

❺ 单击“浏览”按钮，打开“选择位置”对话框，选择打包后需保存的位置，如图 15-50 所示。

图 15-49

图 15-50

❻ 单击“选择”按钮，然后再单击“关闭”按钮，关闭对话框，完成打包操作。打开前面设置的存放路径，可看到所创建的演示文稿文件夹，如图 15-51 所示。

图 15-51

知识拓展

添加打包的演示文稿

在“打包成 CD”对话框中单击“添加文件”按钮，打开“添加文件”对话框，选择需添加打包的演示文稿，如图 15-52 所示，单击“添加”按钮，返回“打包成 CD”对话框，在该对话框的列表框中将显示需打包的演示文稿，如图 15-53 所示。

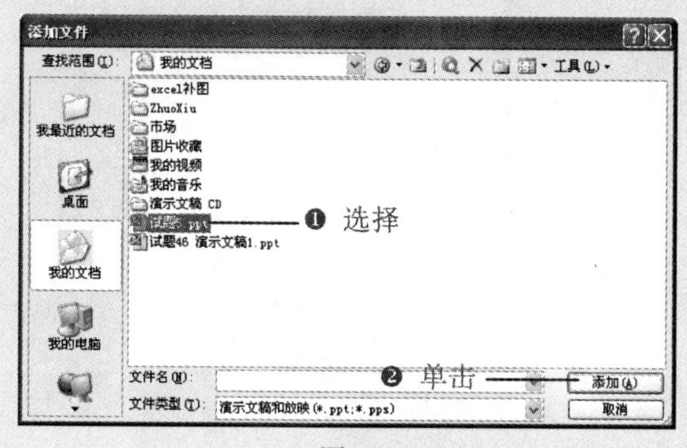

图 15-52

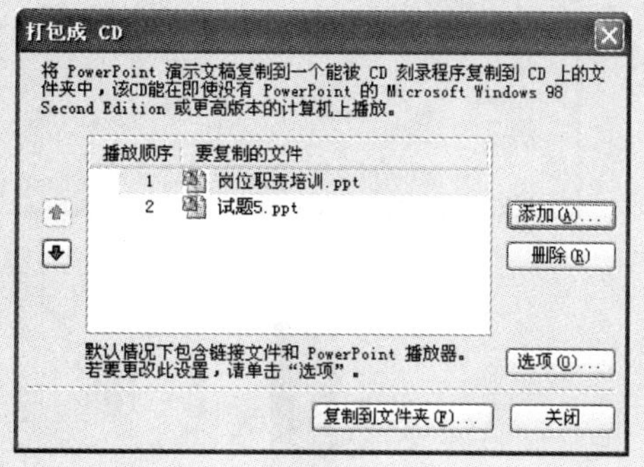

图 15-53

2. 放映打包后的演示文稿

打包后的演示文稿可以通过 PowerPoint 2003 播放器进行放映。

❶ 打开存放打包演示文稿文件的文件夹，在其中双击“pptview.exe”文件，如图 15-54 所示。

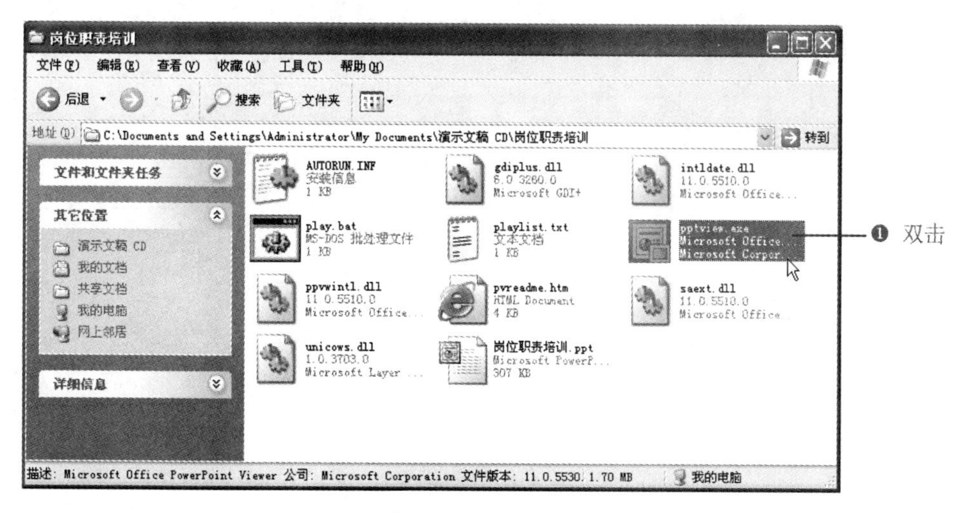

图 15-54

❷ 在打开的对话框中选择需要播放的演示文稿，如图 15-55 所示，单击“打开”按钮，弹出“密码”对话框，输入先前设置的打开权限密码，如图 15-56 所示。

❸ 单击“确定”按钮，即可开始幻灯片的放映，如图 15-57 所示。

图 15-55

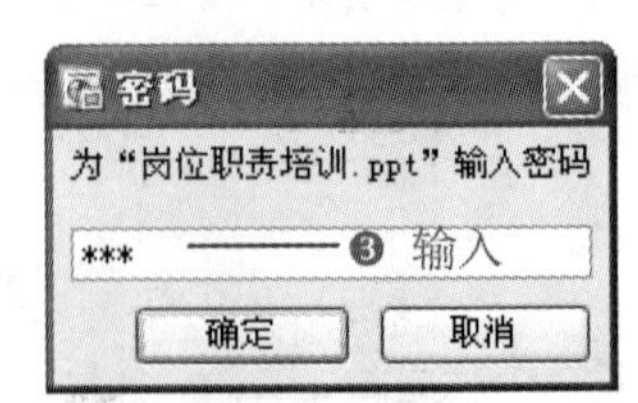

图 15-56

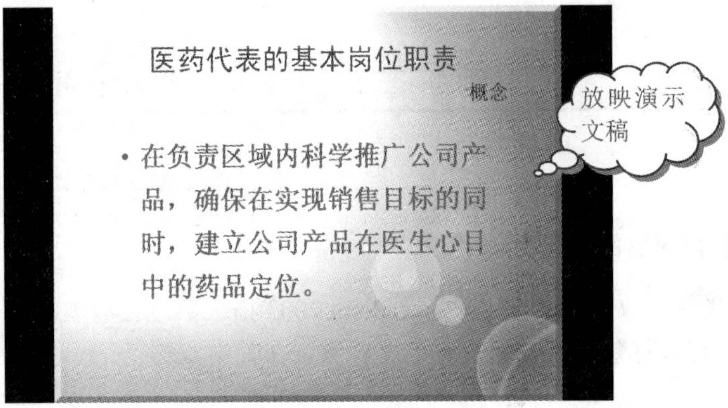

医药代表的基本岗位职责

概念

• 在负责区域内科学推广公司产品，确保在实现销售目标的同时，建立公司产品在医生心目中的药品定位。

放映演示文稿

图 15-57

画卷 精品图书 推荐阅读

“画卷”系列是一套图形图像软件从入门到精通类丛书。全系列包括 12 个品种，含平面设计、3d、数码照片处理、影视后期制作等多个方向。全系列唯美、实用、好学，适合专业入门类读者使用。该系列丛书还有如下特点：

1. 同步视频讲解，让学习更轻松更高效
2. 资深讲师编著，让图书质量更有保障
3. 大量中小实例，通过多动手加深理解
4. 多种商业案例，让实战成为终极目的
5. 超值学习套餐，让学习更方便更快捷

（本系列丛书在各地新华书店、书城及当当网、亚马逊、京东商城有售）